冲压模具设计
实用手册

多工位级进模卷

金龙建　编著

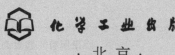化学工业出版社

·北京·

图书在版编目（CIP）数据

冲压模具设计实用手册. 多工位级进模卷/金龙建编
著. —北京：化学工业出版社，2018.6（2024.4 重印）
ISBN 978-7-122-32067-4

Ⅰ.①冲…　Ⅱ.①金…　Ⅲ.①冲模-设计-手册
Ⅳ.①TG385.2-62

中国版本图书馆 CIP 数据核字（2018）第 086737 号

责任编辑：贾　娜　　　　　　　　　　　文字编辑：陈　喆
责任校对：边　涛　　　　　　　　　　　装帧设计：刘丽华

出版发行：化学工业出版社（北京市东城区青年湖南街 13 号　邮政编码 100011）
印　　装：北京科印技术咨询服务有限公司数码印刷分部
787mm×1092mm　1/16　印张 28½　字数 789 千字　2024 年 4 月北京第 1 版第 6 次印刷

购书咨询：010-64518888　　　　　　　售后服务：010-64518899
网　　址：http://www.cip.com.cn
凡购买本书，如有缺损质量问题，本社销售中心负责调换。

定　　价：128.00 元

前言

FOREWORD

　　冲压是一种先进的少或无切屑加工方法，具有生产率高、加工成本低、材料利用率高、制件尺寸精度稳定等优点，易于达到产品结构轻量化，操作简单，容易实现自动化，在汽车、航空航天、仪器仪表、家电、电子、通信、军工、玩具、日用品等产品的生产中得到了广泛的应用。

　　多工位级进模是冲压模具中的一种先进高效模具，是在单工序冲压模具基础上发展起来的多工序集成模具。某些形状较为复杂的，如冲裁、弯曲、成形、拉深及攻螺纹等多个工序的冲压零件，可在一副多工位级进模上冲制完成。因此，多工位级进模是实现自动化、半自动化的生产装备，是确保冲压加工质量稳定的一种先进模具结构形式。合理的模具结构既要保证生产产品的各项技术指标要求，又要缩短模具制造周期，降低模具制造成本，以满足现代化工业生产对模具高质、高效、低成本的要求。

　　为了使更多从事冲压模具相关工作的技术人员系统、全面地了解并掌握多工位级进模的基本结构和设计方法，进一步提高多工位级进模的设计水平，笔者在长期从事冲压工艺研究及多工位级进模设计、制作、生产的基础上，不断总结实践经验，从工程实用角度出发，广泛吸收国内外多工位级进模的先进工艺和典型结构优点，对多工位级进模基本工艺的特点、工艺参数及工艺计算、排样设计、模具结构图设计及零部件设计等内容进行了详细的论述。

　　本书分为 3 大篇共 13 章。

　　第 1 篇包括第 1～5 章，主要介绍多工位级进模设计基础，冲压工艺计算，多工位级进模的排样设计，多工位级进模零部件设计及多工位级进模的自动监测与安全保护等。

　　第 2 篇包括第 6～9 章，主要介绍纯冲裁排样设计，冲裁、弯曲工艺排样设计，冲裁、拉深工艺排样设计及冲裁、成形工艺排样设计。

　　第 3 篇包括第 10～13 章，主要讲解纯冲裁多工位级进模实例，冲裁、弯曲多工位级进模实例，冲裁、拉深多工位级进模实例及冲裁、成形多工位级进模实例。

　　本书主要特点如下。

　　① 提供了丰富的经验数据图、表，文、图、表紧密配合，资料完整，可供实际生产应用参考。

　　② 归纳了各类模具设计的实例，着重介绍模具结构分析，便于讲授和自学。

　　③ 对一般模具结构设计的介绍从简，对复杂模具结构设计的讲解翔实。

　　④ 归纳了笔者多年实践经验积累的灵活运用模具设计知识的技巧，分析、比较了大量多工位级进模实例的排样设计方法，对制件排样设计这一多工位级进模设计的关键环节做了详细讲解。

　　⑤ 对多工位级进模中常用的零部件设计、机构设计及相关装置设计等做了详细的解说。特别对固定板、垫板设计，卸料装置设计，导料、浮料装置设计，带料定距机构设计，防止废料回跳或堵料及微调机构设计等特殊机构做了专门介绍。将大部分机构设计直接运用到第 3 篇的 43 个实例中。

　　⑥ 第 3 篇列举的 43 个实例，主要介绍多工位级进模的结构设计，并在每个实例的最后都总结归纳出该实例的设计技巧或经验。特别对在先进的级进模内实行模内攻螺纹工艺及连续拉

深套料等结构做了详细的讲解。

⑦ 书中实例均来自生产一线，具有较高的实用性和参考价值，可供读者参考和借鉴。

本书的编写兼顾了理论基础和生产实践两个方面，使用简洁明了的语言，避免晦涩难懂的理论分析，同时应用了大量的模具结构图实例来解说，力求做到通俗易懂，且内容全面，实用性强，可供从事冲压模具相关工作的工程技术人员参考使用，也可供高校相关专业师生学习借鉴。

本书由金龙建编著，陈杰红、金龙周、金欢欢、金小霞、聂兰启、张鹜、张灿红、卢鸳凤、蒋红超、金哩哩等参加了书稿的整理及资料提供工作。本书在编写过程中还得到了陈炎嗣高级工程师、上海交通大学塑性成形技术与装备研究院洪慎章和吴公明教授、武汉理工大学刘艳雄副教授、《模具制造》编辑部杜贵军及《模具工业》编辑部主编王冲、执行主编李捷、编辑刘静及重庆市轻工业学校高级讲师赵勇等的热情帮助和指导，在此一并表示衷心的感谢！

由于笔者水平所限，书中不足之处在所难免，敬请专家和读者批评指正。

金龙建

目录
CONTENTS

第1篇 多工位级进模设计方法

第1章 多工位级进模设计基础

第2章 冲压工艺计算

第3章 多工位级进模的排样设计

第4章 多工位级进模零部件设计

第5章 多工位级进模的自动监测与安全保护

第2篇 多工位级进模排样设计实例精选

第6章 纯冲裁排样设计

第3篇　多工位级进模结构实例精解

第1篇

多工位级进模设计方法

多工位级进模设计基础

- 多工位级进模的组成及分类
- 多工位级进模设计步骤
- 多工位级进模设计注意事项

多工位级进模是冲压模具中一种先进高效的冲压模具。它是在单工序冲压模具上发展起来的多工序集成模具。对某些形状较为复杂的，具有冲裁、弯曲、成形、拉深等多工序的冲压零件，可在一副多工位级进模上冲制完成。多工位级进模是实现自动化、半自动化的生产装备，是确保冲压加工质量稳定的一种先进模具结构形式。合理的模具结构既要保证生产产品的各项技术指标要求，又要缩短模具制造周期，降低模具制造成本，以满足现代化工业生产对模具高质、高效、低成本的要求。

1.1 多工位级进模的组成及分类

1.1.1 多工位级进模的组成

级进模结构示意图如图 1-1 所示，一般在大型模具中使用此种结构，小型或闭合高度低的中大型模具，就不必用上托板、上垫脚、下垫脚、下托板。

模板厚度的选取原则：考虑弹簧长度、标准凸模长度、凹模厚度及闭模高度等。一副完整的级进模分为上模与下模两大部分，工作时，上模与压力机滑块连接在一起，并随压力机滑块上下往复运动。中小型模具采用模柄与压力机滑块连接（大型模具用压板固定在滑块底平面）。下模则用压板固定在压力机的下台面上，工作中不能移动位置。

(1) 级进模的上模组成部分

① 上托板。上托板的作用是将上模部分通过夹模器连接固定在冲压设备的滑块上，可使模具的上模随冲压设备上下运动。

② 上垫块。上垫块又称上模脚或上垫脚。上垫块是位于上托板与上模座之间，起垫高作用，根据需要调整其高度，可使模具适用于不同的冲压设备，并可保证夹模器有足够的安放空间，上垫脚排布的位置会影响到整个受力状况，从而影响到模具的工作质量。

③ 上模座。上模座是上模部分及外导柱或外导套的固定板，没有上托板时，还具有上托板的功能。

④ 固定板垫板。又称上垫板。固定板垫板是承受凸模的作用力，保证弹簧有足够的压缩行程。

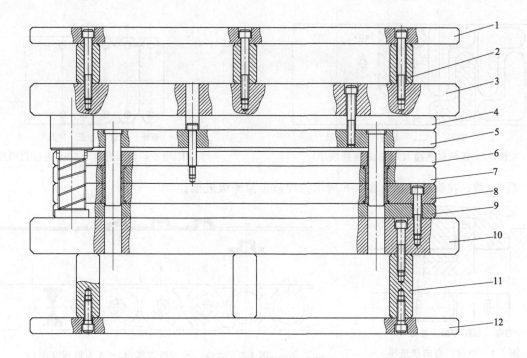

图 1-1　级进模结构示意图

1—上托板；2—上垫块；3—上模座；4—固定板垫板；5—固定板；6—卸料板垫板；
7—卸料板；8—下模板；9—下模板垫板；10—下模座；11—下垫块；12—下托板

⑤ 固定板。又称上夹板。固定板是对凸模和小导柱等零部件起夹持与定位作用。

⑥ 卸料板垫板。卸料板垫板的作用是承受卸料组件和卸料板镶块的冲击载荷。

⑦ 卸料板。卸料板起卸料、压料、导向作用。模具合模时，卸料板先把带料（条料）压紧在下模板上，保证条料不产生移动、走料、扭曲的现象；模具分模时，卸料板起卸料作用。

(2) 级进模的下模组成部分

① 下模板。又称凹模固定板。下模板的作用是固定凹模镶件、与卸料板一起压紧带料（条料），也作为刃口使用，通常也称凹模板。

② 下模板垫板。又称凹模垫板。下模板垫板是承受凹模或凹模镶件的作用力。

③ 下模座。下模座是下模部分及外导套或外导柱的固定板（一般比上模座厚 5mm 或 10mm）。

④ 下垫块。又称下模脚或下垫脚。下垫块是位于下托板与下模座之间，起垫高及方便排废料作用，根据需要调整此高度，可使模具适用于不同的冲压设备，下垫块排布位置也会影响到整副模具的受力状况，从而影响各模板的工作质量及产品质量。

⑤ 下托板。下托板的作用是将模具的下部分通过夹模器连接固定在冲压设备的工作台上。

1.1.2　多工位级进模的分类

(1) 按冲压工序性质及其排列顺序分类

① 落料级进模。图 1-2 所示为落料级进模。

② 剪切级进模。图 1-3 所示为剪切级进模。

③ 冲裁、弯曲级进模。图 1-4 所示为冲裁、弯曲级进模。

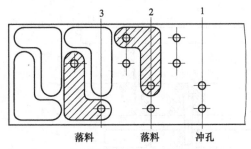

落料　　　落料　　　冲孔

图1-2　落料级进模（1～3为排列顺序）

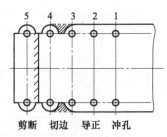

剪断　切边　导正　冲孔

图1-3　剪切级进模（1～5为排列顺序）

④ 冲裁、拉深级进模。图1-5所示为冲裁、拉深级进模。

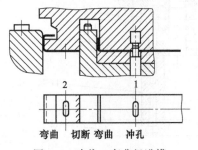

弯曲　切断　弯曲　冲孔

图1-4　冲裁、弯曲级进模
（1，2为排列顺序）

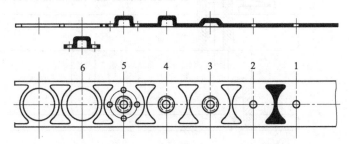

图1-5　冲裁、拉深级进模（1～6为排列顺序）

⑤ 冲裁、成形级进模。图1-6所示为冲裁、成形级进模。

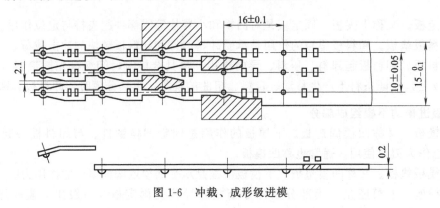

图1-6　冲裁、成形级进模

⑥ 冲裁、弯曲、拉深级进模。图1-7所示为冲裁、弯曲、拉深级进模。

除以上图1-2～图1-7介绍外，还有冲裁、弯曲、成形级进模；冲裁、拉深、成形级进模；冲裁、弯曲、拉深、成形级进模等。

(2) 按排样的方式不同分类

按排样方式的不同，可分为封闭型孔连续式级进模和分段切除多段式级进模。

① 封闭型孔连续式级进模。这种级进模的各个工作型孔（除定距侧刃型孔外）与被冲制件的各个孔及制件外形（弯曲件指展开外形）的形状一致，并把它们分别设置在一定的工位上，材料沿各工位经过连续冲压，最后获得所需制件。用这种方法设计的级进模称封闭型孔连续式级进模。图1-8所示为采用封闭型孔连续式级进模的制件图、排样图和模具结构图。从图1-8（b）上可以看出，该制件分为两个工位冲压，分别为：工位①冲两个"工"字形异形孔及两个ϕ2.6mm圆孔；工位②落料。

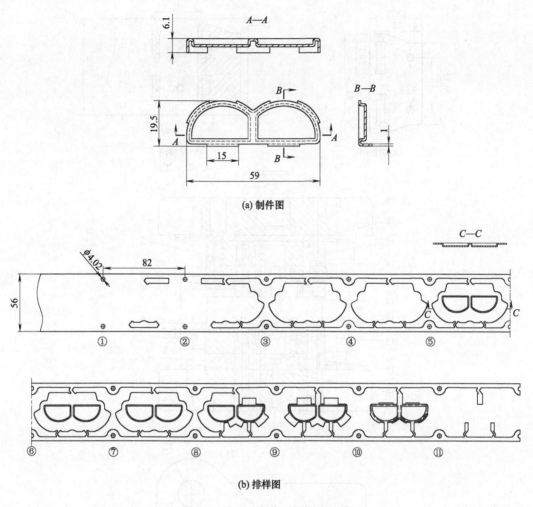

(a) 制件图

(b) 排样图

图 1-7　冲裁、弯曲、拉深级进模

工位①—冲导正销孔及冲切周边外形废料；工位②—冲切周边外形废料；工位③,④—空工位；工位⑤—拉深；
工位⑥—空工位；工位⑦—整形；工位⑧,⑨—切边；工位⑩—弯曲、翻边；工位⑪—落料（制件与载体分离）

通过图 1-8 中的条料排样图可以清楚地看到这副级进模冲制过程顺序与各型孔的形状。模具中的各型孔与制件的每个型孔及制件的外形完全一样。

封闭型孔连续式级进模的特点：结构较简单，制造容易，一般用于冲制形状简单、适合高速送料或手工送料和冲制半成品。

② 分断切除多段式级进模。这种级进模对冲压制件的复杂异形孔和制件的整个外形采用分段切除多余废料的方式进行。即在前一工位先切除一部分废料，在以后工位再切除一部分废料，经过逐步工位的连续冲制，就能获得一个完整的制件或半成品。对于制件上的简单型孔，模具上相应的型孔可与制件上的型孔做成一样。

如图 1-9 所示，该制件采用分断切除多段式级进模，其排样图如图 1-9（b）所示，共分 8 个工位。

工位①：冲导正孔。

工位②：冲切 $2 \times \phi 1.0$mm 孔。

工位③：空工位。

工位④：冲切两端废料。

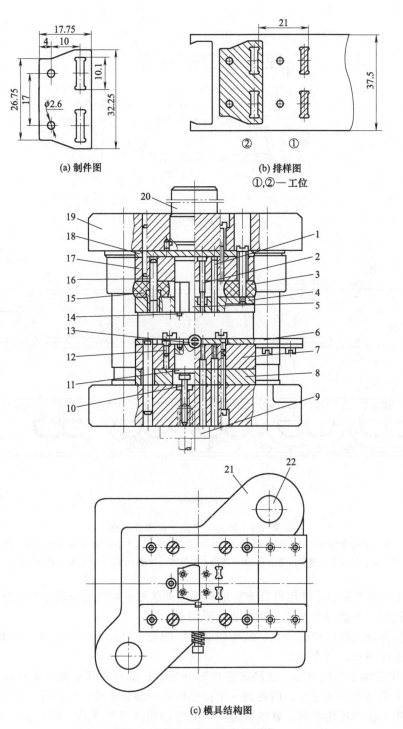

(a) 制件图　　　　　(b) 排样图
①，②—工位

(c) 模具结构图

图 1-8　封闭型孔连续式级进模

1，2—冲孔凸模；3—橡胶体；4—卸料板；5—落料凸模；6—导料板；7—凹模；8—下垫板；9—弹顶器；
10—顶杆；11—顶块；12—固定挡料销；13—始用挡料装置；14—导正销；15—小导套；16—小导柱；
17—固定板；18—上垫板；19—上模座；20—模柄；21—下模座；22—导柱

工位⑤：冲切中部废料。

工位⑥："U" 形弯曲。

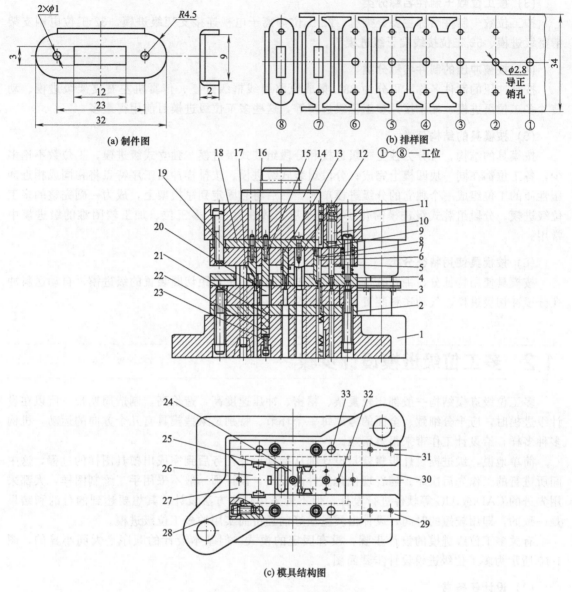

(a) 制件图

(b) 排样图
①~⑧—工位

(c) 模具结构图

图 1-9 分断切除多段式级进模

1—下模座；2—下垫板；3—套式顶料杆；4—卸料板；5,7—圆凸模；6—导正销；8—保护套；9,11—螺塞；10—垫柱；12,13—凸模；14—模柄；15—弯曲凸模；16—方孔凸模；17—切断凸模；18—上垫板；19—固定板；20—顶件器；21—硬橡皮；22—托垫；23—调整螺钉；24—第一段凹模；25—压弯凹模；26—第三段凹模；27,28—围框板；29,31—导料板；30—承料板；32—圆孔凹模；33—圆柱销

工位⑦：冲中部 3mm×12mm 长方孔。

工位⑧：冲切载体。

由于要求不同，设计模具的指导思想也不一样。分断切除多段式级进模的工位数比封闭型孔连续级进模多；在分断切除废料的过程中，可以进行弯曲、拉深、成形等工艺，一般采用全自动连续冲压。这种模具结构复杂，制造精度高；由于能冲出完整制件，所以生产率和冲件的精度都要很高。在设计多工位级进模时，还应根据实际生产中的问题，将这两种设计方法结合起来，灵活运用。

(3) 按工位数＋制件名称分类

按工位数＋制件名称主要分类有：22 工位等离子电视连接支架级进模、32 工位电刷支架精密级进模、52 工位接线端子级进模等。

(4) 按被冲压的制件名称分类

按被冲压的制件名称，可分为 28L 集成电路引线框级进模、传真机左右支架级进模、动簧片多工位级进模、端子接片多工位级进模等，这些多工位级进模目前用得最多。

(5) 按模具的结构分类

按模具的结构，可分为独立式级进模和分段组装式级进模。独立式级进模，工位数不论多少，各工位都在同一块凹模上完成；分段组装式级进模，按排样冲压工序特点将相同或相近冲压性质的工位组成一个独立的分级进模单元，然后将它固定到总模架上，成为一副完整的多工位级进模。分段组装式级进模简化了制模难度，故在大型、多工位、加工较困难的级进模中常用。

(6) 按模具使用特征分类

按模具使用特征分，主要有带自动挡料销级进模、带定距切断装置的级进模、自动送料冲孔分段冲切级进模、气动送料装置冲孔级进模等。

1.2 多工位级进模设计步骤

多工位级进模结构一般都比较复杂、精密、冲压速度高，造价高，制造周期长，所以在设计级进模时，应十分细致、全面的考虑每一个环节。特别是某些模具有几个方向的运动，机构多种多样，给设计工作带来很多困难。

简单地说，级进模设计步骤就是设计师从接到设计任务后到完成出模具图样的过程，这中间所进行的工作先后次序。随着现代化软件的发展，设计师一般不采用手工绘制图样，大都采用先进的 CAD 或 UG 等软件进行设计，但不管采用什么方法设计，其想要达到的目的和结果是一致的，即用较短的时间，设计出质量最好的经济而实用的多工位级进模。

有关多工位级进模的设计步骤，没有固定的模式，但基本设计的顺序是大同小异的，图1-10 所示为多工位级进模设计步骤简图。

(1) 设计任务书

设计任务书是提供模具设计的主要依据之一，设计任务书中应向模具设计者提供重要的资料为制件图，包括制件的年产量、送料方向、使用压力机技术要求等。从制件图中，设计师可以了解制件的形状、结构、尺寸大小、公差精度、材质及相关的技术条件。

(2) 工艺分析

① 对制件的形状特点、尺寸大小、精度要求、断面质量、装配关系以及相关的技术要求等进行全面的分析。

② 特别是对于尺寸精度要求比较高或成形工艺较为复杂繁琐的部位进行重点的分析，提出解决方案。

③ 分析制件所用的材料是否符合冲压工艺的要求。

④ 根据制件的产量，决定模具的结构形式以及选用模具的材料等。

⑤ 根据现有的制造水平及装备情况，为模具结构设计提供依据。

通过以上分析，才能确定整个制件的冲压工艺方案，包括排样、冲裁或成形的先后分解，

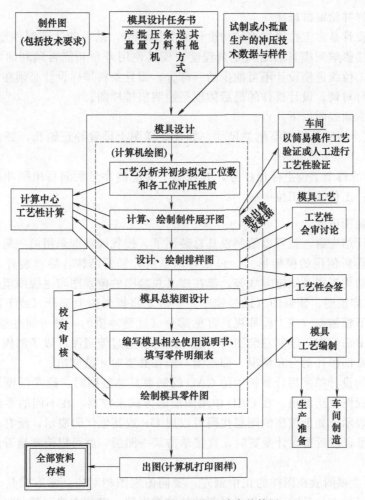

图 1-10 多工位级进模设计步骤简图

变形程度的合理分配，工位数的多少以及模具制造能力的评估等，为后面的排样图和模具结构设计提供依据。

(3) 工艺计算

根据制件图的工艺分析及尺寸公差对制件进行工艺计算。计算前将收集相关的数据及计算资料等。

① 计算制件毛坯尺寸（除平板落料制件外），并对毛坯进行合理排样，计算出材料利用率。

② 计算冲压力，其中包括冲裁力、弯曲力、拉深力、卸料力、推件力、压边力及成形力等，以便确定压力机。

③ 选择合适的压力机型号、规格。

④ 计算压力中心，以免模具偏心负荷而影响模具的使用寿命。

⑤ 计算并确定模具的主要零件（如凸模、凹模、凸模固定板及垫板等）的外形尺寸以及弹性原件的大小及高度等。

⑥ 确定凸、凹模间隙，并计算凸、凹模工作部分尺寸。

⑦ 如制件中有拉深形状的，计算出拉深模压边力、拉深次数、各工序的尺寸分配以及半成品的尺寸等。

（4）设计排样并绘制排样图

条料的排样设计是多工位级进模结构设计的关键环节，是否能达到制件要求的重要一步，排样的好坏，直接影响到模具的结构复杂程度、模具使用寿命和能否顺利的冲压出合格的制件。因此它是多工位级进模设计不可缺少的一部分，而且条料排样设计必须在模具结构设计之前，前后顺序不可对调。设计排样的最后体现是绘制出排样图。

在排样图上必须表明以下几点。

① 标明步距、料厚及料宽等相关尺寸，如在排样图上设置导正销孔，必须标出导正销孔的尺寸。

② 在排样图的每个工位上标出序号，并在每个对应的序号后面写出所冲压的名称。如工位①冲导正销孔；工位②空工位……

（5）模具总装图设计

当排样图设计结束后，就可以绘制模具总装图了，按我国标准采用第一角画法。在模具总装图里要确定模具所使用的模架形式，包括导向系统，卸料结构，导料装置，送料和定距方式，凸、凹模的结构形式及固定方法等，都在模具总装图的俯视图和主视图里一一绘制出。

① 俯视图和仰视图。俯视图（或仰视图）一般是将模具的上部分（或下部分）拿掉，视图只反映模具的下模俯视（或上模仰视）可见部分（这是冲模的一种习惯性绘制法）。俯视图通常放在图样的下面偏左，绘制总装图时一般先画出。通过俯视图可以了解模具零件的平面布置、排样方法以及凹模孔的分布情况。仰视图一般在必要时才绘制出。

一般工厂里的设计师采用计算机中的 CAD 绘制模具总装图时，通常把模具里的所有模板和零部件都在俯视图里绘制出，在 CAD 中用图层的方式来控制，在不同的零部件里用不同的图层代码或编号表示。如上模座的图层代码可以用 UP 或其他代码表示，所有的凸模可以放进 PUNCH 的图层里，以后要设计变更时，直接单击某一图层，就可以清晰地看到该图层里的相关内容及信息。

② 主视图。主视图放在图样的正中偏左，要同俯视图相对应。常取模具闭合状态、剖面画法。从主视图可以充分反映出模具各零部件的结构形状、安装方式和某些设计要素。主视图是模具的主体，一般不可缺少。

主视图的上下模部分一般在一张图纸上表达出来，当模具较大时，也可以在两张图纸上绘制，但每张图纸上应注明视图的性质。

模具的总装图一般采用 1∶1 比例绘制。

（6）编写模具相关使用说明书、填写零件明细表

1）说明书内容

① 选用的压力机、模具闭合高度、轮廓尺寸、规定行程范围及每分钟冲压次数等。

② 选用自动送料机构类型、送料步距及公差。

③ 安装调整要点。

④ 模具刃磨和维修注意点（如哪些凸模和凹模需拆下刃磨，刃磨后如何调整各工作部分高度差值）。

⑤ 对易损件及备件应有零件明细表。

但一般工厂不把第④、⑤点编写在模具的说明书内容里，有时会单独列出。

2）零件明细表的内容

表中填写各零件件号及对应的名称、材料、数量等相关信息。如个别易损件要增加备件的，可以在备注栏中标明。

(7) 模具零件图设计

完成模具总装图绘制后，再画出模具零件图。模具零件图是指模具总装图里的所有零部件，当模具总装图里部分零部件可以直接到标准件的厂家采购时，可以不在模具零件图里绘制出，直接在明细表里标明标准件的代号、数量等相关信息即可。

对模具零件图而言，视图的多少，以能明白图形为准。由于零件的大小不一，对于特别细小的零件，为表达清楚，常用局部放大表示。在零件图里要标明全部尺寸、公差配合、形外公差、表面粗糙度、材料热处理硬度及相关的技术要求等。也有的在模具零件图里不标出表面粗糙度，如直接标明采用快走丝或慢走丝割一修一或慢走丝割一修二等加工，在模具工厂里也能明白其粗糙度值为多少。

模具的零件图一般采用1:1比例绘制，并严格按照机械制图标准绘制。

(8) 出图（计算机打印图样）

完成模具所有的图样，采用计算机打印出，经过校对及审核后盖上受控章才可发行。模具所有的图样为一式两份，一份由制造部门签收，另一份为档案室存档用。

(9) 全部资料存档

待模具制造结束后，应试制完成投入生产，这时把所有的技术资料进行整理归档。其内容包括下列几项。

① 客户所有的技术资料。

② 模具所有的图样。

③ 试模时出现的问题点记录及模具照片。

④ 制件检测报告。

⑤ 模具验收报告等。

1.3 多工位级进模设计注意事项

随着产品向精密化和复杂化发展，制件也日益复杂，级进模的工位数随之增加，对模具精度、模具使用寿命要求也不断的提高，这对多工位级进模的设计技术也提出了新的要求。那么，在设计多工位级进模中，要注意以下这些问题点。

① 要有系统的观点，从冲压工艺、模具制造等多方面构成的大系统中确定级进模的结构和制件方案，要重视实践经验的作用。一方面要结合实际，确立切实可行的模具方案，要考虑现有的模具制造条件、冲压生产条件。另一方面，要重视新技术的发展和应用，特别是计算机技术的应用，要从工程角度开发相应的软件系统，以提高效率、降低成本、缩短周期。

② 多工位级进模结构复杂，设计难度大，制造价格昂贵，周期长，因此设计应坚持科学、严谨、求实精神，认真分析，详细规划，务求设计合理，以便制造和维修，满足使用要求。

③ 模具设计和制造密切相关。以往模具设计和制造分别在两个不同的阶段完成，设计图纸绘制结束后开始制造，周期相对较长。随着产品市场竞争的加剧和计算机技术的发展，产品制造周期日益缩短，对模具设计和制造周期的要求也越来越短，因此，模具设计和制造的交叉并行已成为必然。要在模具设计制造过程中实施并行工程的思想。

第❷章

冲压工艺计算

- 冲裁工艺计算
- 弯曲工艺计算
- 拉深工艺计算
- 成形工艺计算
- 压力中心计算

2.1 冲裁工艺计算

级进模冲裁是利用模具内的凸模和凹模对带料（条料）产生分离的一种冲压工序。从广义上讲，冲裁是分离工序的总称，包括落料、冲孔、切断、修边、切舌、剖切等多种工序。在多工位级进模里，冲裁主要是指落料和冲孔工序。

冲裁在多工位级进模里应用较为广泛，既可以直接冲出所需形状的成品制件，又可以为其他成形工序制备毛坯。如多工位级进模里有弯曲、拉深、成形等工序，那么应先冲出制件要成形的部位。

2.1.1 冲裁间隙

冲裁凸模和凹模之间的间隙，不仅对冲裁件的质量有极其重要的影响，而且还影响模具寿命、冲裁力、卸料力和推件力等。因此，间隙是冲裁凸模与凹模设计的一个非常重要的参数。

(1) 间隙对冲裁件质量的影响

冲裁件的质量主要通过切断面质量、尺寸精度和表面平直度来判断。在影响冲裁件质量的诸多因素中，间隙是主要的因素之一。

1) 间隙对断面质量的影响

冲裁件的断面质量主要指塌角的大小、光面（光亮带）约占板厚的比例、毛面（断裂带）的斜角大小及毛刺等。

间隙合适时，冲裁时上、下刃口处所产生的剪切裂纹基本重合。这时光面占板厚的 $1/3 \sim 1/2$，切断面的塌角、毛刺和斜度均很小，完全可以满足一般冲裁的要求。

间隙过小时，凸模刃口处的裂纹比合理间隙时向外错开一段距离。上、下裂纹之间的材料，随冲裁的进行将被第二次剪切，然后被凸模挤入凹模洞口。这样，在冲裁件的切断面上形成第二个光面，在两个光面之间形成毛面，在端面出现挤长的毛刺。这种挤长毛刺虽比合理间隙时的毛刺高一些，但易去除，而且毛面的斜度和塌角小，冲裁件的翘曲小，所以只要中间撕裂不是很深，仍可使用。

间隙过大时，凸模刃口处的裂纹比合理间隙时向内错开一段距离。材料的弯曲与拉伸增大，拉应力增大，塑性变形阶段较早结束，致使断面光面减小，塌角与斜度增大，形成厚而大的拉长毛刺，且难以去除；同时冲裁件的翘曲现象严重，影响生产的正常进行。

若间隙分布不均匀，则在小间隙的一边形成双光面，大间隙的一边形成很大的塌角及斜度。普通冲裁毛刺的允许高度见表 2-1。

表 2-1　普通冲裁毛刺的允许高度　　　　　　　　　　　mm

料厚	≈0.3	>0.3~0.5	>0.5~1.0	>1.0~1.5	>1.5~2
生产时	≤0.05	≤0.08	≤0.10	≤0.13	≤0.15
试模时	≤0.015	≤0.02	≤0.03	≤0.04	≤0.05

2）间隙对尺寸精度的影响

冲裁件的尺寸精度是指冲裁件的实际尺寸与公称尺寸的差值，差值越小，则精度越高。从整个冲裁过程来看，影响冲裁件的尺寸精度有两大方面的因素：一是多工位级进模本身的制造偏差；二是冲裁结束后冲裁件相对于凸模或凹模尺寸的偏差。

材料性质直接决定了该材料在冲裁过程中的弹性变形量。对于比较软的材料，弹性变形量较小，冲裁后的弹性回复值也较小，因而冲裁件的精度较高，硬的材料则正好相反。

材料的相对厚度越大，弹性变形量越小，因而冲裁件的精度也越高。

冲裁件尺寸越小，形状越简单，则精度越高。这是由于模具精度易保证，间隙均匀，冲裁件的翘曲小，以及冲裁件的弹性变形绝对量小的缘故。

（2）间隙对冲裁力的影响

试验证明，随间隙的增大，冲裁力有一定程度的降低，但当单面间隙介于材料厚度的 5%～20% 范围内时，冲裁力的降低不超过 5%～10%。因此，在正常情况下，间隙对冲裁力的影响不是很大。

间隙对卸料力、推件力的影响比较显著。随着间隙增大，卸料力和推件力都将减小。一般来说，当单面间隙增大到材料厚度的 15%～25% 时，卸料力几乎降到零。

（3）冲裁模间隙值的确定

在多工位级进模中凸模与凹模间每侧的间隙称为单面间隙，两侧间隙之和称为双面间隙。如无特殊说明，冲裁间隙就是指双面间隙。

1）间隙值确定原则

从上述的冲裁分析中可以看出，找不到一个固定的间隙值能同时满足冲裁件断面质量最佳，尺寸精度最高，翘曲变形最小，模具寿命最长，冲裁力、卸料力、推件力最小等各方面的要求。因此，在冲压实际生产中，主要根据冲裁件断面质量、尺寸精度和模具寿命这几个因素给间隙规定一个范围值。只要间隙在这个范围内，就能得到合格的冲裁件和较长的模具寿命。这个间隙范围就称为合理间隙，合理间隙的最小值称为最小合理间隙，最大值称为最大合理间隙。设计和制造时，应考虑到冲裁凸、凹模在使用中会因磨损而使间隙增大，故应按最小合理间隙值确定模具间隙。

2）间隙值确定方法

确定凸、凹模合理间隙的方法有理论法和查表法两种。由于理论计算法在生产中使用不方便，常用查表法来确定间隙值。以下主要介绍如何用查表法来确定冲裁的间隙值。

有关间隙值的数值，可在一般冲压手册中查到。对于尺寸精度、断面垂直度要求高的制件，应选用较小间隙值，如表 2-2 所示。对于断面垂直度与尺寸精度要求不高的制件，以提高模具寿命为主，要采用大间隙值，如表 2-3、表 2-4 所示。

表 2-2 较小间隙冲裁模具初始用双面间隙　　　　　　　　　　　　　　　　　　mm

材料厚度 t/mm	软铝		纯铜、黄铜、软钢 $\omega_c=0.08\%\sim0.2\%$		杜拉铝、中等硬钢 $\omega_c=0.3\%\sim0.4\%$		硬钢 $\omega_c=0.5\%\sim0.6\%$	
	Z_{min}	Z_{max}	Z_{min}	Z_{max}	Z_{min}	Z_{max}	Z_{min}	Z_{max}
0.2	0.008	0.012	0.010	0.014	0.012	0.016	0.014	0.018
0.3	0.012	0.018	0.015	0.021	0.018	0.024	0.021	0.027
0.4	0.016	0.024	0.020	0.028	0.024	0.032	0.028	0.036
0.5	0.020	0.030	0.025	0.035	0.030	0.040	0.035	0.045
0.6	0.024	0.036	0.030	0.042	0.036	0.048	0.042	0.054
0.7	0.028	0.042	0.035	0.049	0.042	0.056	0.049	0.063
0.8	0.032	0.048	0.040	0.056	0.048	0.064	0.056	0.072
0.9	0.036	0.054	0.045	0.063	0.054	0.072	0.063	0.081
1.0	0.040	0.060	0.050	0.070	0.060	0.080	0.070	0.090
1.2	0.050	0.084	0.072	0.096	0.084	0.108	0.096	0.120
1.5	0.075	0.105	0.090	0.120	0.105	0.135	0.120	0.150
1.8	0.090	0.126	0.108	0.144	0.126	0.162	0.144	0.180
2.0	0.100	0.140	0.120	0.160	0.140	0.180	0.160	0.200
2.2	0.132	0.176	0.154	0.198	0.176	0.220	0.198	0.242
2.5	0.150	0.200	0.175	0.225	0.200	0.250	0.225	0.275
2.8	0.168	0.224	0.196	0.252	0.224	0.280	0.252	0.308
3.0	0.180	0.240	0.210	0.270	0.240	0.300	0.270	0.330
3.5	0.245	0.315	0.280	0.350	0.315	0.385	0.350	0.420
4.0	0.280	0.360	0.320	0.400	0.360	0.440	0.400	0.480
4.5	0.315	0.405	0.360	0.450	0.405	0.490	0.450	0.540
5.0	0.350	0.450	0.400	0.500	0.450	0.550	0.500	0.600
6.0	0.380	0.600	0.540	0.660	0.600	0.720	0.660	0.780
7.0	0.560	0.700	0.630	0.770	0.700	0.840	0.770	0.910
8.0	0.720	0.880	0.800	0.960	0.880	1.040	0.960	1.120
9.0	0.870	0.990	0.900	1.080	0.990	1.170	1.080	1.260
10.0	0.900	1.100	1.000	1.200	1.100	1.300	1.200	1.400

注：1. 初始间隙的最小值相当于间隙的公称数值。

2. 初始间隙的最大值是考虑到凸模和凹模的制造公差所增加的数值。

3. 本表适用于电子电器等行业尺寸精度和断面质量要求高的冲裁件。

表 2-3 冲裁模初始双面间隙（汽车、拖拉机行业）　　　　　　　　　　　　　　　mm

材料厚度 t	08、10、35、09Mn、Q235		16Mn		40、50		65Mn	
	Z_{min}	Z_{max}	Z_{min}	Z_{max}	Z_{min}	Z_{max}	Z_{min}	Z_{max}
<0.5	极小间隙							
0.5	0.040	0.060	0.040	0.060	0.040	0.060	0.040	0.060
0.6	0.048	0.072	0.048	0.072	0.048	0.072	0.048	0.072
0.7	0.064	0.092	0.064	0.092	0.064	0.092	0.064	0.092
0.8	0.072	0.104	0.072	0.104	0.072	0.104	0.064	0.092
0.9	0.092	0.126	0.090	0.126	0.090	0.126	0.090	0.126
1.0	0.100	0.140	0.100	0.140	0.100	0.140	0.090	0.126
1.2	0.126	0.180	0.132	0.180	0.132	0.180	—	—
1.5	0.132	0.240	0.170	0.240	0.170	0.240	—	—
1.75	0.220	0.320	0.220	0.320	0.220	0.320	—	—
2.0	0.246	0.360	0.260	0.380	0.260	0.380	—	—
2.1	0.260	0.380	0.280	0.400	0.280	0.400	—	—
2.5	0.260	0.500	0.380	0.540	0.380	0.540	—	—
2.75	0.400	0.560	0.420	0.600	0.420	0.600	—	—
3.0	0.460	0.640	0.480	0.660	0.480	0.660	—	—
3.5	0.540	0.740	0.580	0.780	0.580	0.780	—	—
4.0	0.610	0.880	0.680	0.920	0.680	0.920	—	—

材料厚度	08、10、35、09Mn、Q235		16Mn		40、50		65Mn	
t	Z_{min}	Z_{max}	Z_{min}	Z_{max}	Z_{min}	Z_{max}	Z_{min}	Z_{max}
4.5	0.720	1.000	0.680	0.960	0.780	1.040	—	—
5.5	0.940	1.280	0.780	1.100	0.980	1.320	—	—
6.0	1.080	1.440	0.840	1.200	1.140	1.500	—	—
6.5	—	—	0.940	1.300	—	—	—	—
8.0	—	—	1.200	1.680	—	—	—	—

表 2-4　冲裁模初始双面间隙（电器、仪表行业）　　　　　　　　　mm

材料名称	45 T7、T8(退火) 65Mn(退火) 磷青铜(硬) 铍青铜(硬)		10、15、20、30 钢板、冷轧钢带 H62、H65(硬) 2A12(硬铝) 硅钢片		08、10、15、Q215、Q235 钢板 H62、H68(半硬) 纯铜(硬) 磷青铜(软) 铍青铜(软)		H62、H68(软) 纯铜(软) 3A12、5A02 纯铝 1060～1200 2A12(退火)	
力学性能	≥190HBW		140～190HBW		70～140HBW		≤70HBW	
	$R_m≥600MPa$		$R_m=400～600MPa$		$R_m=300～400MPa$		$R_m≤300MPa$	
厚度 t	初始间隙 Z							
	Z_{min}	Z_{max}	Z_{min}	Z_{max}	Z_{min}	Z_{max}	Z_{min}	Z_{max}
0.1	0.015	0.035	0.01	0.03	*	—	*	—
0.2	0.025	0.045	0.015	0.035	0.01	0.03	*	—
0.3	0.04	0.06	0.03	0.05	0.02	0.04	0.01	0.03
0.5	0.08	0.10	0.06	0.08	0.04	0.06	0.025	0.045
0.8	0.13	0.16	0.10	0.13	0.07	0.10	0.045	0.075
1.0	0.17	0.20	0.13	0.16	0.10	0.13	0.065	0.095
1.2	0.21	0.24	0.16	0.19	0.13	0.16	0.075	0.105
1.5	0.27	0.31	0.21	0.25	0.15	0.19	0.10	0.14
1.8	0.34	0.38	0.27	0.31	0.20	0.24	0.13	0.17
2.0	0.38	0.42	0.30	0.34	0.22	0.26	0.14	0.18
2.5	0.49	0.55	0.39	0.45	0.29	0.35	0.18	0.24
3.0	0.62	0.68	0.49	0.55	0.36	0.42	0.23	0.29
3.5	0.73	0.81	0.58	0.66	0.43	0.51	0.27	0.35
4.0	0.86	0.94	0.68	0.76	0.50	0.58	0.32	0.40
4.5	1.00	1.08	0.78	0.86	0.58	0.66	0.37	0.45
5.0	1.13	1.23	0.90	1.00	0.65	0.75	0.42	0.52
6.0	1.40	1.50	1.10	1.20	0.82	0.92	0.53	0.63
8.0	2.00	2.12	1.60	1.72	1.17	1.29	0.76	0.88
10	2.60	2.72	2.10	2.22	1.56	1.68	1.02	1.14
12	3.30	3.42	2.60	2.72	1.97	2.09	1.30	1.42

注：表中 * 处均系无间隙。

2.1.2　冲裁力及卸料力、推料力、顶料力计算

(1) 冲裁力

冲裁力是指冲压时材料对凸模的最大抵抗力。冲裁力的大小主要与材料的厚度、力学性能和制件的轮廓长度有关。冲裁力的计算是为了选用合适的压力机、校验模具的强度。

$$F=Lt\tau \tag{2-1}$$

式中　F——冲裁力，N；

　　　L——冲裁件周边长度，mm；

　　　t——材料厚度，mm；

　　　τ——材料抗剪强度，MPa。

（2）卸料力、推料力、顶料力

① 卸料力是将箍在凸模上的材料卸下所需的力，即：

$$F_{卸} = k_{卸} F \qquad (2\text{-}2)$$

② 推料力是将落料件顺着冲裁方向从凹模孔推出所需的力，即：

$$F_{推} = n k_{推} F \qquad (2\text{-}3)$$

③ 顶料力是将落料件逆着冲裁方向顶出凹模孔所需的力，即：

$$F_{顶} = k_{顶} F \qquad (2\text{-}4)$$

式中　$k_{卸}$——卸料力系数；

　　　$k_{推}$——推料力系数；

　　　$k_{顶}$——顶料力系数；

　　　n——凹模孔内存件的个数，$n = h/t$（h 为凹模刃口直壁高度，t 为制件厚度）；

　　　F——冲裁力。

卸料力、推料力和顶料力系数可查表 2-5。

表 2-5　卸料力、推料力、顶料力系数

	料厚/mm	$k_{卸}$	$k_{推}$	$k_{顶}$
钢	≤0.1	0.065～0.075	0.1	0.14
	>0.1～0.5	0.045～0.055	0.063	0.08
	>0.5～2.5	0.04～0.05	0.055	0.06
	>2.5～6.5	0.03～0.04	0.045	0.05
	>6.5	0.02～0.03	0.025	0.03
铝、铝合金		0.025～0.08	0.03～0.07	
纯铜、黄铜		0.02～0.06	0.03～0.09	

（3）纯冲裁级进模冲压设备的选择

如在多工位级进模冲压过程中同时存在卸料力、推料力和顶料力，那么总冲压力 $F_{总} = F + F_{卸} + F_{推} + F_{顶}$，这时所选压力机的吨位需大于 $F_{总}$30%左右。

当 $F_{卸}$、$F_{推}$、$F_{顶}$ 并不是与 F 同时出现时，则计算 $F_{总}$ 只加与 F 同一瞬间出现的力即可。

2.2　弯曲工艺计算

级进模弯曲是指弯曲件采用级进模在多个工位上分步弯曲成形的一种冲压方法。在冲压过程中，毛坯始终在带料（条料）上进行，所以，在级进模里，弯曲除了遵守单工序模弯曲变形规律之外，对于形状比较复杂的弯曲件，需经过多个工位逐渐弯曲变化，有利于成形，并提高弯曲件质量。

2.2.1　弯曲工艺质量分析

（1）弯裂

在弯曲过程中，弯曲件的外层受到拉应力。弯曲半径越小，拉应力越大。当弯曲半径小到一定程度时，弯曲件的外表面将超过材料的最大许可变形程度而出现开裂，形成废品，这种现象称为弯裂。通常将不致使材料弯曲时发生开裂的最小弯曲半径的极限值称为材料的最小弯曲半径，将最小弯曲半径 r_{min} 与板料厚度 t 之比称为最小相对弯曲半径（也称最小弯曲系数）。不同材料在弯曲时都有最小弯曲半径，一般情况下，不应使制件的圆角半径等于最小弯曲半径，应尽量取得大些。

影响最小相对弯曲半径的因素主要有以下几点。

① 材料的力学性能。材料的塑性越好，其外层允许的变形程度就越大，许可的最小相对弯曲半径也越小。

② 带料（条料）的轧制方向与弯曲线之间的关系。多工位级进模的带料（条料）多为冷轧钢板，且呈纤维状组织，在横向、纵向和厚度方向都存在力学性能的异向性。因此，当弯曲线与纤维方向垂直时，材料具有较大的抗拉强度，外缘纤维不易破裂，可用较小的相对弯曲半径；当弯曲线与纤维方向平行时，则由于抗拉强度较差而外层纤维容易破裂，允许的最小相对弯曲半径值就要大些。

③ 弯曲件的宽度与厚度。弯曲件的宽度不同，其应力应变状态也不一样。弯曲件越宽，最小弯曲半径值越大。弯曲件的相对宽度 b/t 较小时，对最小相对弯曲半径 r_{min}/t 的影响较为明显；相对宽度 $b/t > 10$ 时，其影响变小。

④ 弯曲件角度的影响。弯曲件角度较大时，接近弯曲圆角的直边部分也参与变形，从而使弯曲圆角处的变形得到一定程度的减轻。所以弯曲件角度越大，许可的最小相对弯曲半径可以越小。

⑤ 带料（条料）的表面质量。当带料（条料）的表面质量指标差时，易造成应力集中和降低塑性变形的稳定性，使材料过早地被破坏。在多工位级进模冲压中，对带料（条料）的表面质量要求较高。

最小相对弯曲半径与材料的力学性能、表面质量、带料（条料）的轧制方向等因素有关。其数值一般由试验方法确定，表 2-6 所示为最小弯曲半径。

表 2-6 最小弯曲半径

材料	退火或正火		冷作硬化	
	弯曲线位置			
	垂直于纤维	平行于纤维	垂直于纤维	平行于纤维
08、10	0.1t	0.4t	0.4t	0.8t
15、20	0.1t	0.5t	0.5t	1.0t
25、30	0.2t	0.6t	0.6t	1.2t
35、40	0.3t	0.8t	0.8t	1.5t
45、50	0.5t	1.0t	1.0t	1.7t
55、60	0.7t	1.3t	1.3t	2t
65Mn、T7	1t	2t	2t	3t
Cr18Ni9	1t	2t	3t	4t
软杜拉铝	1t	1.5t	1.5t	2.5t
硬杜拉铝	2t	3t	3t	4t
磷铜	—	—	1t	3t
半硬黄铜	0.1t	0.35t	0.5t	1.2t
软黄铜	0.1t	0.35t	0.35t	0.8t
纯铜	0.1t	0.35t	1t	2t
铝	0.1t	0.35t	0.5t	1t
	加热到 300～400℃		冷弯	
镁合金 M2M	2t	3t	6t	8t
镁合金 ME20M	1.5t	2t	5t	6t
钛合金 BT1	1.5t	2t	3t	4t
钛合金 BT5	3t	4t	5t	6t
钼合金 ($t \leqslant 2mm$)	加热到 400～500℃		冷弯	
	2t	3t	4t	5t

注：表中所列数据用于弯曲件圆角圆弧所对应的圆心角大于 90°、断面质量良好的情况。

(2) 弯曲回弹

金属材料在塑性弯曲时，总是伴随着弹性变形。当弯曲变形结束、载荷去除后，由于弹性恢复，使制件的弯曲角度和弯曲半径发生变化而与弯曲凸、凹模的形状不一致，这种现象称为回弹。

1）回弹方式

弯曲件的回弹表现为弯曲半径的回弹和弯曲角度的回弹，如图 2-1 所示。

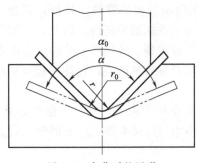

图 2-1　弯曲时的回弹

弯曲半径的回弹值是指弯曲件回弹前后弯曲半径的变化值，即 $\Delta r = r_0 - r$。

弯曲角的回弹值是指弯曲件回弹前后角度的变化值，即 $\Delta \alpha = \alpha_0 - \alpha$。

2）回弹值的确定

由于影响回弹值的因素很多，因此要在理论上计算回弹值是有困难的。模具设计时，通常按试验总结的数据来选用，经试冲后再对弯曲凸、凹模工作部分加以修正。

① 相对弯曲半径较大的制件。当相对弯曲半径较大（$r/t > 10$）时，不仅弯曲件角度回弹大，而且弯曲半径也有较大变化。这时，可按下列公式计算出回弹值，然后在试模中根据制件现状的分析再进行修正。

在多工位级进模中弯曲时：

凸模圆角半径为：

$$r_凸 = \cfrac{1}{\cfrac{1}{r} + \cfrac{3\sigma_s}{Et}} \tag{2-5}$$

式中　t——材料厚度，mm；

　　　E——材料的弹性模量，MPa；

　　　σ_s——材料的屈服点，MPa。

设 $K = \dfrac{3\sigma_s}{E}$，则：

$$r_凸 = \cfrac{r}{1 + K\,\cfrac{r}{t}} \tag{2-6}$$

式中　K——简化系数，如表 2-7 所示。

表 2-7　简化系数 K 值

材料名称	材料牌号	材料状态	K	材料名称	材料牌号	材料状态	K
铝	L4、L6	退火	0.0012	锡青铜	QSn6.5-0.1	硬	0.015
		冷硬	0.0041	铍青铜	QBe2	软	0.0064
防锈铝	LF21	退火	0.0021			硬	0.0265
		冷硬	0.0054	铝青铜	QAl5	硬	0.0047
	LF12	软	0.0024	碳铜	08、10、A2		0.0032
硬铝	2A11	软	0.0064		20、A3		0.005
		硬	0.0175		30、35、A5		0.0068
	2A12	软	0.007		50		0.015
		硬	0.026	碳素工具钢	T8	退火	0.0076
铜	T1、T2、T3	软	0.0019			冷硬	0.0035
		硬	0.0088	不锈钢	1Gr18Ni9Ti	退火	0.0044
黄铜	H62	软	0.0033			冷硬	0.018
		半硬	0.008	弹簧钢	65Mn	退火	0.0076
		硬	0.015			冷硬	0.015
	H68	软	0.0026		60Si2MnA	冷硬	0.021
		硬	0.0148				

弯曲凸模角度：

$$\alpha_凸 = \alpha - (180° - \alpha)\left(\frac{r}{r_凸} - 1\right) \tag{2-7}$$

式中　$r_凸$——凸模的圆角半径，mm；

　　　r——制件的圆角半径，mm；

　　　α——弯曲件的角度（°）；

　　　$\alpha_凸$——弯曲凸模角度（°）。

② 相对弯曲半径较小的制件。当相对弯曲半径较小（$r/t < 5$）时，弯曲后，弯曲半径变化不大，可只考虑角度的回弹，其值可查表 2-8～表 2-10，在试模中进一步进行修正。

表 2-8　90°单角弯曲时的回弹角 $\Delta\alpha$

材　料	r/t	材料厚度 t/mm		
		<0.8	0.8～2	>2
软钢板（$R_m = 350\text{MPa}$）	<1	4°	2°	0°
软黄铜（$R_m \leqslant 350\text{MPa}$）	1～5	5°	3°	1°
铝、锌	>5	6°	4°	2°
中硬钢（$R_m = 400～500\text{MPa}$）	<1	5°	2°	0°
硬黄铜（$R_m = 350～400\text{MPa}$）	1～5	6°	3°	1°
硬青铜	>5	8°	5°	3°
硬钢（$R_m \geqslant 550\text{MPa}$）	<1	7°	4°	2°
	1～5	9°	5°	3°
	>5	12°	7°	6°
30CrMnSiA	<2	2°	2°	2°
	2～5	4°30′	4°30′	4°30′
	>5	8°	8°	8°
硬铝 2A12	<2	2°	3°	4°30′
	2～5	4°	6°	8°30′
	>5	6°30′	10°	14°
超硬铝 7A04	<2	2°30′	5°	8°
	2～5	4°	8°	11°30′
	>5	7°	12°	19°

表 2-9　单角 90°校正弯曲时的回弹角 $\Delta\alpha$

材　料	r/t		
	≤1	1～2	>2～3
Q215、Q235	1°～1°30′	0°～2°	1°30′～2°30′
纯铜、铝、黄铜	0°～1°30′	0°～3°	2°～4°

表 2-10　U 形件弯曲时的回弹角 $\Delta\alpha$

材料的牌号与状态	r/t	凹模与凸模的单边间隙 Z						
		0.8t	0.9t	1t	1.1t	1.2t	1.3t	1.4t
		回弹角 $\Delta\alpha$						
2A12Y	2	−2°	0°	2°30′	5°	7°30′	10°	20°
	3	−1°	1°30′	4°	6°30′	9°30′	12°	14°
	4	0°	3°	5°30′	8°30′	11°30′	14°	16°30′
	5	1°	4°	7°	10°	12°30′	15°	18°
	6	2°	5°	8°	11°	13°30′	16°30′	19°30′
2A12M	2	−1°30′	0°	1°30′	3°	5°	7°	8°30′
	3	−1°30′	30′	2°30′	4°	6°	8°	9°30′
	4	−1°	1°	3°	4°30′	6°30′	9°	10°30′
	5	−1°	1°	3°	5°	7°	9°30′	11°
	6	−0°30′	1°30′	3°30′	6°	8°	10°	12°

续表

材料的牌号与状态	r/t	凹模与凸模的单边间隙 Z						
		$0.8t$	$0.9t$	$1t$	$1.1t$	$1.2t$	$1.3t$	$1.4t$
		回弹角 $\Delta\alpha$						
7A04Y	3	3°	7°	10°	12°30′	14°	16°	17°
	4	4°	8°	11°	13°30′	15°	17°	18°
	5	5°	9°	12°	14°	16°	18°	20°
	6	6°	10°	13°	15°	17°	20°	23°
	8	8°	13°30′	16°	19°	21°	23°	26°
7A04M	2	−3°	−2°	0°	3°	5°	6°30′	8°
	3	−2°	−1°30′	2°	3°30′	6°30′	8°	9°
	4	−1°30′	−1°	2°30′	4°30′	7°	8°30′	10°
	5	−1°	−1°	3°	5°30′	8°	9°	11°
	6	0°	−0°30′	3°30′	6°30′	8°30′	10°	12°
20 （已退火）	1	−2°30′	−1°	30′	1°30′	3°	4°	5°
	2	−2°	−0°30′	1°	2°	3°30′	5°	6°
	3	−1°30′	0°	1°30′	3°	4°30′	6°	7°30′
	4	−1°	0°30′	2°30′	4°	5°30′	7°	9°
	5	−0°30′	1°30′	3°	5°	6°30′	8°	10°
	6	−0°30′	2°	4°	6°	7°30′	9°	11°
1Gr18Ni9Ti	1	−2°	−1°	30′	0°	30′	1°30′	2°
	2	−1°	−0°30′	0°	1°	1°30′	2°	3°
	3	−0°30′	0°	1°	2°	2°30′	3°	4°
	4	0°	1°	2°	2°30′	3°	4°	5°
	5	0°30′	1°30′	2°30′	3°	4°	5°	6°
	6	1°30′	2°	3°	4°	5°	6°	7°

3）影响弯曲回弹的因素

① 材料的力学性能。材料的屈服点 σ_s 越高，弹性模量 E 越小，加工硬化越严重，则弯曲的回弹量也越大。若材料的力学性能不稳定，则回弹量也不稳定。

② 相对弯曲半径。相对弯曲半径 r/t 越小，则变形程度越大，变形区的总切向变形程序增大。塑性变形在总变形中所占的比例增大，而弹性变形所占的比例则相应减小，因而回弹值减小。与此相反，当相对弯曲半径较大时，由于弹性变形在总变形中所占的比例增大，因而回弹值增大。

③ 弯曲件的角度。弯曲件的角度越小，表示弯曲变形区域大，回弹的积累量也越大，故回弹角也越大，但对弯曲半径的回弹影响不大。

④ 弯曲校正力的大小。由于校正弯曲可以增加圆角处的塑性变形程度。随着校正力的增加，切向压应力区向毛坯的外表面不断扩展，以致使毛坯的全部或大部分断面均产生切向压应力。这样内、外层材料回弹的方向取得一致，使其回弹量大为减少。因此，校正力越大，回弹值越小。

⑤ 弯曲件凸、凹模间隙。弯曲 U 形件时，凸、凹模的间隙对回弹值有直接影响。间隙大，材料处于松动状态，回弹就大；间隙小，材料被挤紧，回弹就小。

⑥ 制件形状。U 形弯曲件的回弹由于两边互受牵制而小于单角弯曲件。形状复杂的弯曲件，若一次完成，由于各部分相互受牵制和弯曲件表面与弯曲凸、凹模表面之间的摩擦影响，可以改变弯曲件各部分的应力状态，使回弹困难，因而回弹角减小。

2.2.2　弯曲件展开尺寸计算

弯曲件展开长度是根据应变中性层弯曲前后长度不变，以及变形区在弯曲前后体积不变的原则来计算的。

(1) 应变中性层位置的确定

弯曲过程中，当弯曲变形程度较小时，应变中性层与毛坯［在带料（条料）上已冲切所要弯曲部分外轮廓的工序件］断面的中心层重合，但是当弯曲变形程度较大时，变形区为立体应力应变状态。因此，在弯曲过程中，应变中性层由弯曲开始与中心层重合，逐渐向曲率中心移动。同时，由于变形区厚度变薄，以致使应变中性层的曲率半径 $\rho_\varepsilon < r+t/2$。此种情况的应变中性层位置可以根据变形前后体积不变的原则来确定，如图 2-2 所示。

弯曲前变形区的体积按下式计算：

$$V_0 = Lbt \qquad (2\text{-}8)$$

式中　L——毛坯弯曲部分原长，mm。

弯曲后变形区的体积按下式计算：

$$V = \pi(R^2 - r^2)\frac{\alpha}{2\pi}b' \qquad (2\text{-}9)$$

式中　α——弯曲件圆角的圆弧所对的圆心角，(°)；

因为 $V_0 = V$，且应变中性层弯曲前后长度不变，即 $L = \alpha\rho_\varepsilon$，可以从式（2-8）和式（2-9）得到：

$$\rho_\varepsilon = \frac{R^2 - r^2}{2t} \times \frac{b'}{b} \qquad (2\text{-}10)$$

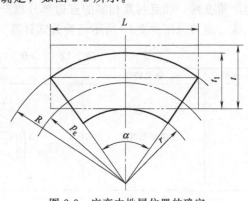

图 2-2　应变中性层位置的确定

b，b'——毛坯弯曲前、后的平均宽度，mm；

将 $R = r + \eta t$ 代入式（2-10），经整理后得：

$$\rho_\varepsilon = \left(\frac{r}{t} + \frac{\eta}{2}\right)\eta\beta t \qquad (2\text{-}11)$$

β——变宽系数，$\beta = b'/b$。当 $b/t > 3$ 时，$\beta = 1$；

η——材料变薄系数，$\eta = t'/t$；t' 为弯曲后变形区的厚度，mm。

在实际生产中，为了计算方便，一般用经验公式确定中性层的曲率半径，即：

$$\rho_\varepsilon = r + xt \qquad (2\text{-}12)$$

式中　x——与变形有关的中性层系数，其值如表 2-11 所示。

表 2-11　中性层系数 x 的值

r/t	0.1	0.2	0.3	0.4	0.5	0.6	0.7	0.8	1.0	1.2
x	0.21	0.22	0.23	0.24	0.25	0.26	0.28	0.30	0.32	0.33
r/t	1.3	1.5	2.0	2.5	3.0	4.0	5.0	6.0	7.0	$\geqslant 8$
x	0.34	0.36	0.38	0.39	0.40	0.42	0.44	0.46	0.48	0.50

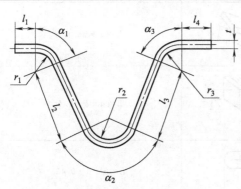

图 2-3　$r > 0.5t$ 的弯曲件

(2) 弯曲件展开长度计算

弯曲件展开长度应根据不同情况进行计算。

① $r > 0.5t$ 的弯曲件。这类制件弯曲后变薄不严重且断面畸变较轻，可以按应变中性层长度等于毛坯长度的原则来计算。如图 2-3 所示，毛坯总长度应等于弯曲件直线部分长度和弯曲部分应变中性层长度之和，即

$$L = \sum l_i + \sum \frac{\pi\alpha_i}{180°}(r_i + x_i t) \qquad (2\text{-}13)$$

式中　L——弯曲件毛坯长度，mm；

　　　l_i——直线部分各段长度，mm；

　　　x_i——弯曲各部分中性层系数；

　　　α_i——弯曲件圆角圆弧所对应的圆心角，(°)；

　　　r_i——弯曲件各弯曲部分的内圆角半径，mm。

当 $r > 0.5t$ 时，弯曲件除以上介绍外，还可以参考表 2-12 所示的几种弯曲件展开尺寸计算。

② $r < 0.5t$ 的弯曲件。对于 $r < 0.5t$ 的弯曲件，由于弯曲变形时不仅制件的圆角变形区产生严重变薄，而且与其相邻的直边部分也产生变薄，故应按变形前后体积不变的条件确定毛坯长度。通常采用表 2-13 所示经验公式计算。

表 2-12　$r > 0.5t$ 时弯曲件展开尺寸计算公式

序号	弯曲特性	简　图	计算公式
1	单直角弯曲	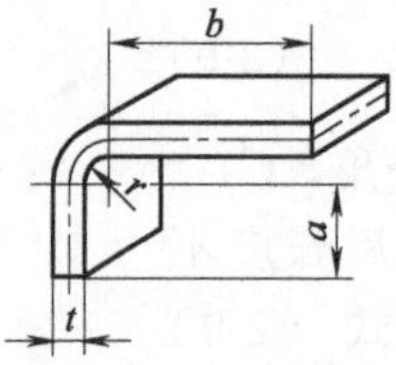	$L = a + b + \dfrac{\pi}{2}(r + t)$
2	双直角弯曲	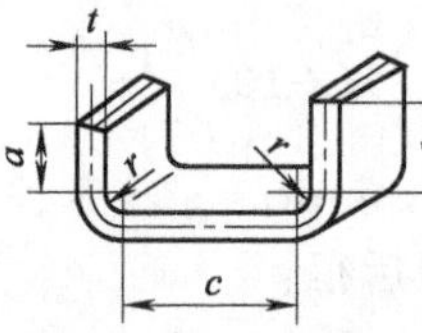	$L = a + b + c + \pi(r + t)$
3	四直角弯曲	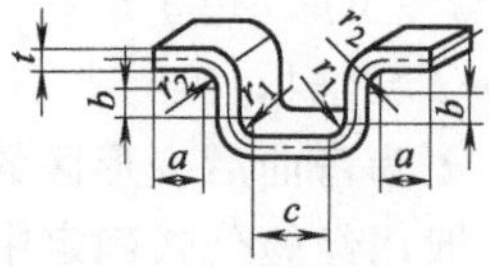	$L = 2a + 2b + c + \pi(r_1 + t) + \pi(r_2 + t)$
4	圆管形制件的弯曲	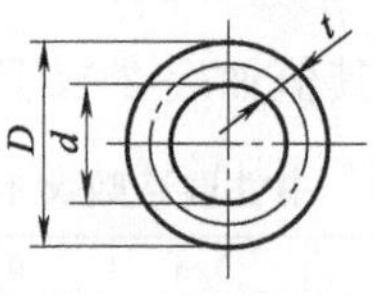	$L = \pi D = \pi(d + 2t)$

表 2-13　$r < 0.5t$ 的弯曲件毛坯长度计算

序号	弯曲特征	简　图	计算公式
1	单角弯曲	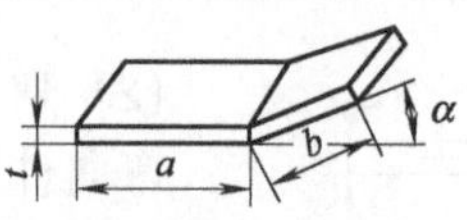	$L = a + b + 0.4t$
		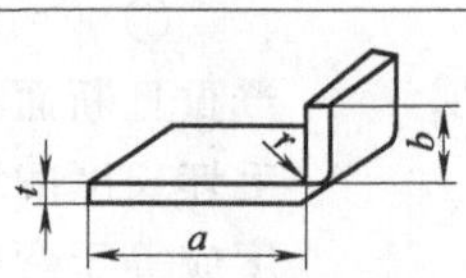	$L = a + b - 0.4t$
		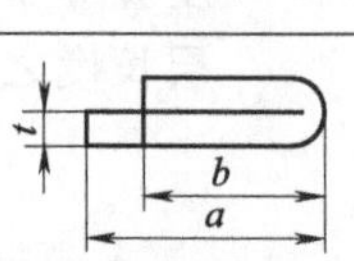	$L = a + b - 0.43t$

序号	弯曲特征	简 图	计 算 公 式
2	双角同时弯曲		$L=a+b+c+0.6t$
3	三角同时弯曲		$L=a+b+c+d+0.75t$
4	一次同时弯两个角,第二次弯另一个角		$L=a+b+c+d+t$
5	四角同时弯曲		$L=a+2b+2c+t$
6	分两次弯四个角		$L=a+2b+2c+1.2t$

③ 无圆角半径的弯曲件展开长度计算。无圆角半径的弯曲件如图 2-4 所示。弯曲角半径 $r<0.3t$ 或 $r=0$ 时,弯曲处材料变薄严重,展开尺寸是根据毛坯与制件体积相等的原则,并考虑在弯曲处材料变薄修正计算得到。

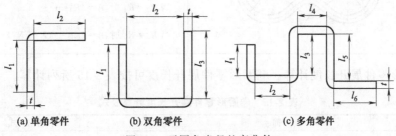

(a) 单角零件　　　　(b) 双角零件　　　　(c) 多角零件

图 2-4　无圆角半径的弯曲件

故毛坯总长度等于各平直部分长度与弯曲角部分之和,即

$$L=l_1+l_2+\cdots+l_n+nKt \tag{2-14}$$

式中　l_1, l_2, $\cdots$, l_n——平直部分的直线段长度;

　　　n——弯角数目;

　　　K——系数,$r=0.05t$ 时,$K=0.38\sim0.40$;,$r=0.1t$ 时,$K=0.45\sim$ 0.48。其中小数值用于 $t<1$mm 时,大数值用于 $t=3\sim4$mm 时。

　　　系数 K 也可按下面方法选用:单角弯曲时,$K=0.5$;多角弯曲时,$K=0.25$;塑性较大的材料,$K=0.125$。

④ 大圆角半径弯曲件展开尺寸计算。当 $r\geqslant8t$ 时,中性层系数接近为 0.5,对于用往复曲线连接的曲线性件、弹性件等展开尺寸可按材料厚度中间层尺寸计算,如表 2-14 所示。

表 2-14　不同弯曲形状展开尺寸计算公式

序号	往复曲线形部分简图	计 算 公 式
1		$A=\dfrac{Rl_1}{l}\sin\beta=R\dfrac{360°\sin\dfrac{\alpha}{2}\sin\beta}{\pi\alpha}$ 式中　l——弧长,mm; 　　　l_1——弦长,mm

序号	往复曲线形部分简图	计算公式
2	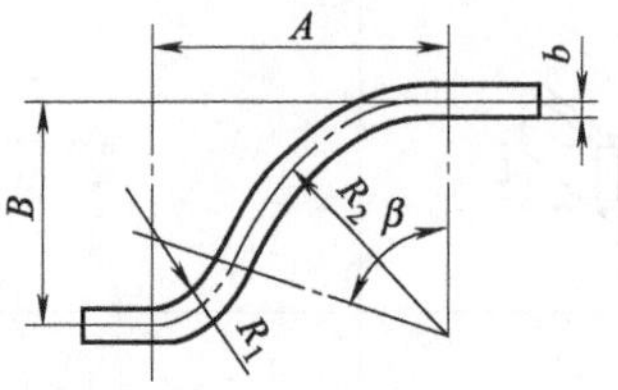	$$A=\sqrt{2B(R_1+R_2)-B^2}$$ $$\cos\beta=\frac{R_1+R_2-B}{R_1+R_2}$$
3	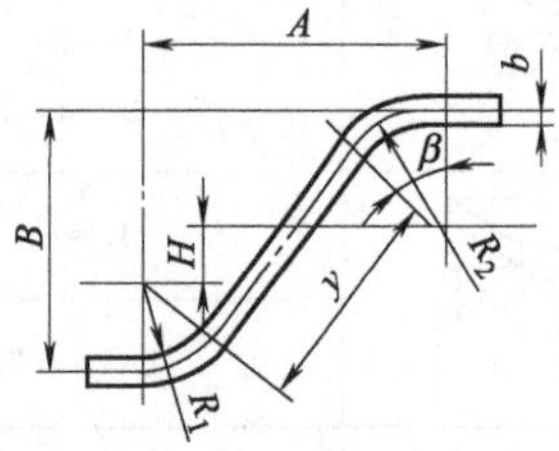	$$A=B\cot\beta+(R_1+R_2)\tan\frac{\beta}{2}$$ $$y=\frac{B}{\sin\beta}-(R_1+R_2)\tan\frac{\beta}{2}$$ $$=\sqrt{A^2+H^2-(R_1+R_2)^2}$$
4	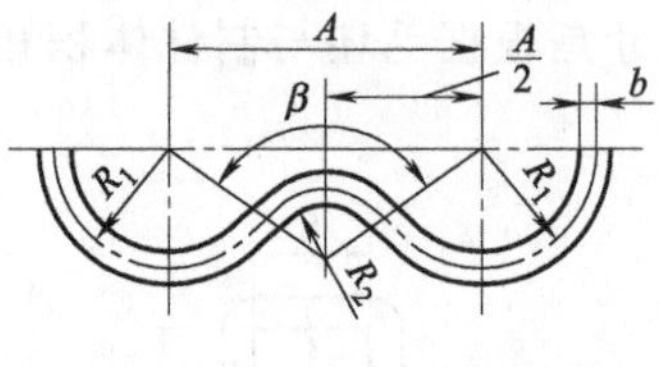	卷圆首次弯曲半径 $$R_2=\left(\frac{180°}{\beta}-1\right)R_1$$ 式中 R_1——工件图上圆圈半径 当 $R_2=R_1$ 时，$A=4R_1\sin\frac{\beta}{2}$ 当 $R_2\neq R_1$ 时，$A=2\sin\frac{\beta}{2}(R_2+R_1)$

⑤ 卷圆形零件展开长度计算。卷圆形零件展开长度可按表 2-15 所列计算。

表 2-15　卷圆形零件展开长度计算公式

卷圆形式	简　图	计算公式
铰链形	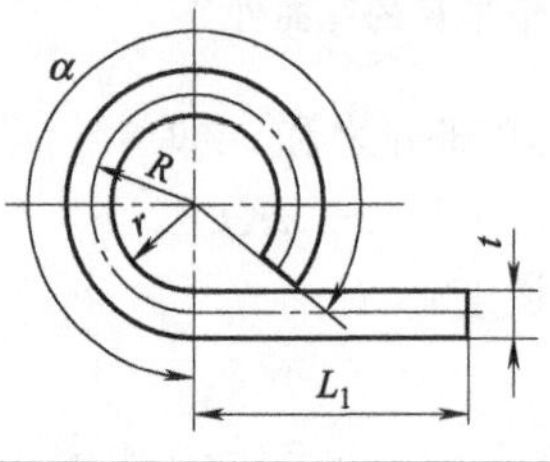	$$L=L_1+\left(\frac{\pi R}{180°}\alpha\right)$$
吊钩形 I	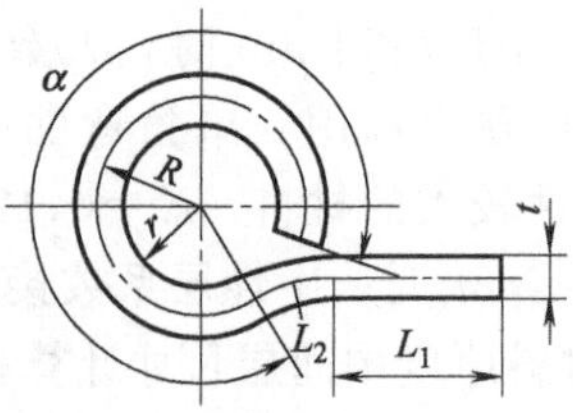	$$L=L_1+L_2+\left(\frac{\pi R}{180°}\alpha\right)$$
吊钩形 II	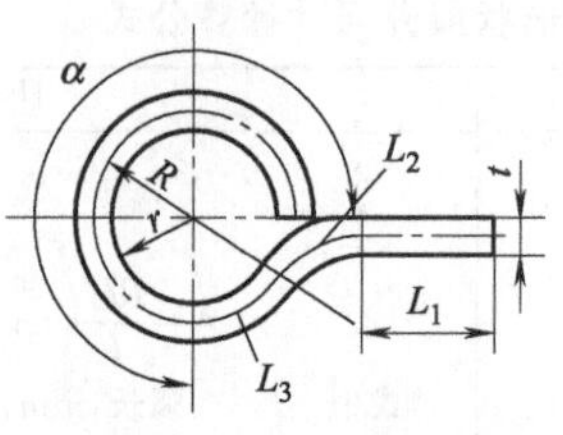	$$L=L_1+L_2+L_3+4.71R$$

注：1. 式中 R 为弯曲中性层半径，$R=r+Kt$，K 值如表 2-16 所示。
2. L_1、L_2、L_3 为按材料中间层尺寸计算，相对圆心角由零件图尺寸确定。

表 2-16　卷圆件弯曲中性层系数 K 值

r/t	>0.3~0.6	>0.6~0.8	>0.8~1	>1~1.2	>1.2~1.5	>1.5~1.8	>1.8~2	>2~2.2	>2.2
K	0.76	0.73	0.7	0.67	0.64	0.61	0.58	0.54	0.5

对于形状比较简单、尺寸精度要求不高的弯曲件，可直接采用上面介绍的方法计算展开长度。而对于形状比较复杂或精度要求高的弯曲件，在利用上述公式初步计算展开长度后，还需反复试验不断修正，才能最后确定毛坯的展开尺寸。

2.2.3　弯曲力、顶件力及压料力

弯曲力也是设计多工位级进模和选择压力机吨位的重要依据之一。弯曲力的大小不仅与毛坯尺寸、材料力学性能、凹模支点间的距离、弯曲半径、模具间隙等有关，而且与弯曲方式也有很大关系。因此，要从理论上计算弯曲力是非常困难和复杂的，计算精确度也不高。

生产中，通常采用经验公式或经过简化的理论公式来计算。

(1) 自由弯曲时的弯曲力

V 形弯曲 [见图 2-5 (a)] 时的弯曲力按下式计算：

$$F_{自} = \frac{0.6kbt^2\sigma_b}{r+t} \tag{2-15}$$

U 形件弯曲 [见图 2-5 (b)] 时的弯曲力按下式计算：

$$F_{自} = \frac{0.7kbt^2\sigma_b}{r+t} \tag{2-16}$$

式中　$F_{自}$——自由弯曲时的弯曲力，N；

　　b——弯曲件的宽度，mm；

　　r——弯曲件的内弯曲半径，mm；

　　σ_b——材料的抗拉强度，MPa；

　　k——安全系数，一般取 $k = 1 \sim 1.3$。

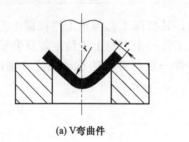 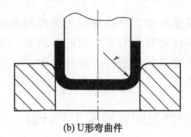

(a) V弯曲件　　　　　　　　　　　(b) U形弯曲件

图 2-5　自由弯曲

(2) 校正弯曲时的弯曲力

校正弯曲（见图 2-6）时，弯曲力按下式计算：

$$F_{校} = qA \tag{2-17}$$

式中　$F_{校}$——校正弯曲时的弯曲力，N；

　　A——校正部分的投影面积，mm²；

　　q——单位面积上的校正力，N/mm²，q 值可按表 2-17 选择。

必须注意，在一般机械传动的压力机上，校模深度（即校正力的大小与弯曲模闭合高度的调整）和制件材料的厚度变化有关。校模深度与制件材料厚度的少量变化对校正力影响很大，因此表 2-17 所列数据仅供参考。

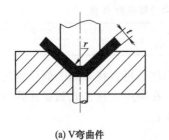
(a) V弯曲件

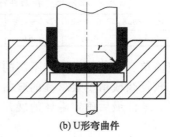
(b) U形弯曲件

图 2-6　校正弯曲

表 2-17　单位面积上的校正力　　　　　　　　　　　　　　　MPa

材　　料	材料厚度/mm			
	≤1	>1～2	>2～5	>5～10
铝	10～15	15～20	20～30	30～40
黄铜	15～20	20～30	30～40	40～60
10、15、20 钢	20～30	30～40	40～60	60～80
25、30、35 钢	30～40	40～50	50～70	70～100

(3) 顶件力和压料力

设有顶件装置或压料装置的弯曲件，其顶件力或压料力可近似取自由弯曲力的 30%～80%，即：

$$F_Q = (0.3 \sim 0.8) F_{自} \qquad (2\text{-}18)$$

式中　F_Q——顶件力或压料力，N；

　　　　$F_{自}$——自由弯曲力，N。

2.3　拉深工艺计算

连续拉深模是在单工序拉深模上发展起来的，其拉深工艺与单工序拉深工艺基本相同。连续拉深是指制件在带料上沿着一定的方向在一个工位一个工位上连续地拉深变形，冲压出具有一定形状和尺寸要求的空心件。冲压过程中，坯件一直与带料的载体相连，制件外形完成后，再从带料上分离落下。

2.3.1　带料圆筒形连续拉深工艺计算

(1) 坯料形状和尺寸的确定

1）形状相似性原则

拉深件的坯料形状一般与拉深件的截面轮廓形状近似相同，即当拉深件的截面轮廓是圆形、方形或矩形时，相应坯料的形状应分别为圆形、近似方形或近似矩形。另外，坯料周边应光滑过渡，以使拉深后得到等高侧壁（如果制件要求等高时）或等宽凸缘。

2）表面积相等原则

对于不变薄拉深，虽然在拉深过程中板料的厚度有增厚也有变薄，但实践证明，拉深件的平均厚度与坯料厚度相差不大。由于拉深前后拉深件与坯料重量相等、体积不变，因此，可以按坯料面积等于拉深件表面积的原则确定坯料尺寸。

应该指出，用理论计算方法确定坯料尺寸不是绝对准确的，而是近似的，尤其是变形复杂的拉深件。实际生产中，由于材料性能、模具几何参数、润滑条件、拉深系数以及制件几何形状等多种因素的影响，有时拉深的实际结果与计算值有较大出入，因此，应根据具体情况予以修正。对于形状复杂的拉深件，通常是先做好简易的单工序试制模，并以理论计算方法初步确定的坯料进行反复试模修正，直至得到的制件符合要求时，再将符合实际的坯料形状和尺寸作为制造连续拉深模的依据。

在连续拉深中，无论是有凸缘的或是无凸缘的拉深件，均按有凸缘的拉深工艺计算。由于带料（条料）具有板平面方向性和受模具几何形状等因素的影响，制成的拉深件凸缘周边一般不整齐，尤其是深拉深件。因此，在多数情况下，还需采取加大带料（条料）中的工序件凸缘宽度的办法，拉深后再经过修边，以保证制件质量。经验值的修边余量可参考表 2-18 所示。

表 2-18 连续拉深件的修边余量 δ（一）　　　　mm

凸缘直径 $d_凸$	修边余量 δ/mm	附　图
≤25 >25~50 >50~100 >100~150 >150	1.5~2.0 2.0~2.5 2.5~3.5 3.5~4.5 4.5~5.5	

注：表中的修边余量直接加在制件的凸缘上，在进行计算毛坯的展开尺寸。

带料连续拉深修边余量除了以上所列外，也可参考表 2-19。

表 2-19 连续拉深件的修边余量 δ（二）　　　　mm

毛坯直径 D_1	材料厚度 t								
	0.2	0.3	0.5	0.6	0.8	1.0	1.2	1.5	2.0
≤10	1.0	1.0	1.2	1.5	1.8	2.0	—	—	—
>10~30	1.2	1.2	1.5	1.8	2.0	2.2	2.5	3.0	—
>30~60	1.2	1.5	1.8	2.0	2.2	2.5	2.8	3.0	3.5
>60	—	—	2.0	2.2	2.5	3.0	3.5	4.0	4.5

注：表中的修边余量加在制件毛坯的外形上，其毛坯计算公式为 $D = D_1 + \delta$。式中 D——包括修边余量的毛坯直径；D_1——制件毛坯直径。

(2) 简单旋转体拉深件坯料尺寸的确定

旋转体拉深件坯料的形状是圆形，所以坯料尺寸的计算主要是确定坯料直径。对于简单旋转体拉深件，可首先将拉深件划分为若干个简单而又便于计算的几何体，并分别求出各简单几何体的表面积，再把各简单几何体的表面积相加即为拉深件的总表面积，然后根据表面积相等原则，即可求出坯料直径。

例如，图 2-7 所示为圆筒形拉深件，将该制件分解成五个部分。分别按表 2-20 所列公式求出各部分的面积并相加，即得制件总面积为：

$$F = f_1 + f_2 + \cdots + f_n = \sum f \qquad (2-19)$$

毛坯面积 F_0 为：

$$F_0 = \frac{\pi D^2}{4} \qquad (2-20)$$

按等面积法 $F = F_0$。

故毛坯直径按下式计算：

$$D = \sqrt{\frac{4}{\pi} F} = \sqrt{\frac{4}{\pi} \sum f} \qquad (2-21)$$

式中　F——拉深件的表面积，mm^2；

　　　f——拉深件分解成简单几何形状的表面积，mm^2。

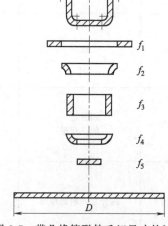

图 2-7 带凸缘筒形件毛坯尺寸的计算

表 2-20　简单几何形状的表面积计算公式

序号	名　称	几何形状	面积 f
1	圆	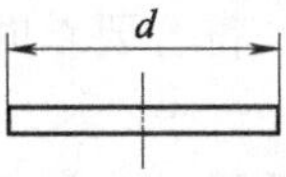	$f=\dfrac{\pi d^2}{4}=0.785d^2$
2	环	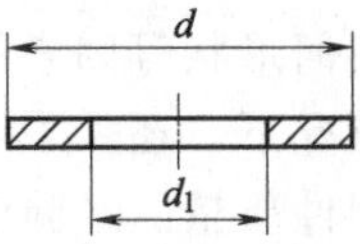	$f=\dfrac{\pi}{4}(d^2-d_1^2)$
3	筒形	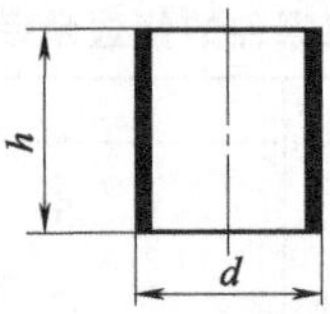	$f=\pi dh$
4	锥形	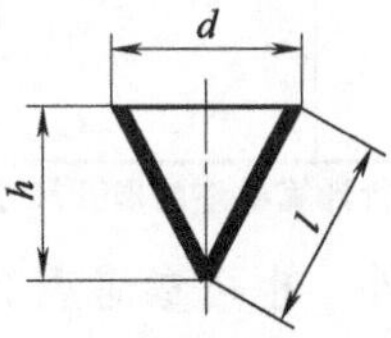	$f=\dfrac{\pi dl}{2}$ 或 $f=\dfrac{\pi}{4}d\sqrt{d^2+4h^2}$
5	截头锥形	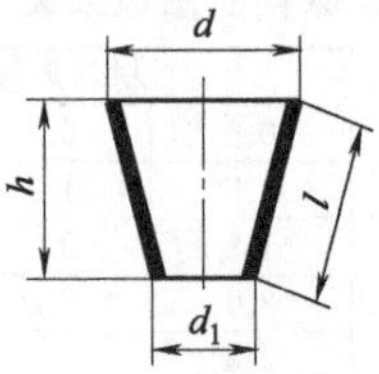	$f=\pi l\left(\dfrac{d+d_1}{2}\right)$ 式中 $l=\sqrt{h^2+\left(\dfrac{d-d_1}{2}\right)^2}$
6	半球面	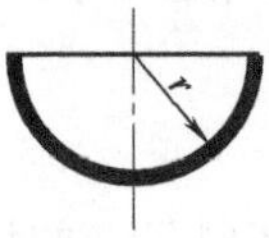	$f=2\pi r^2$
7	小半球面	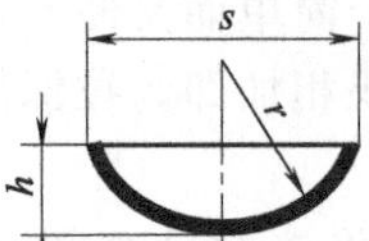	$f=2\pi rh$ 或 $f=\dfrac{\pi}{4}(s^2+4h^2)$
8	球带	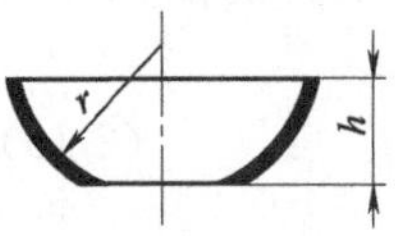	$f=2\pi rh$
9	四分之一的凸球带	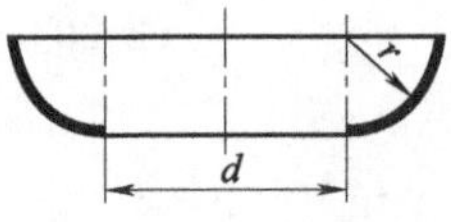	$f=\dfrac{\pi}{2}r(\pi d+4r)$
10	四分之一的凹球带	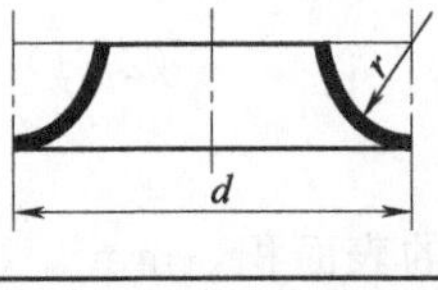	$f=\dfrac{\pi}{2}r(\pi d-4r)$

续表

序号	名 称	几何形状	面积 f
11	凸形球环		$f=\pi(dl+2rh)$ 式中 $h=r\sin\alpha$ $l=\dfrac{\pi r\alpha}{180°}$
12	凹形球环		$f=\pi(dl-2rh)$ 式中 $h=r\sin\alpha$ $l=\dfrac{\pi r\alpha}{180°}$
13	凸形球环		$f=\pi(dl+2rh)$ 式中 $h=r(1-\cos\alpha)$ $l=\dfrac{\pi r\alpha}{180°}$
14	凹形球环		$f=\pi(dl-2rh)$ 式中 $h=r(1-\cos\alpha)$ $l=\dfrac{\pi r\alpha}{180°}$
15	凸形球环		$f=\pi(dl+2rh)$ 式中 $h=r[\cos\beta-\cos(\alpha+\beta)]$ $l=\dfrac{\pi r\alpha}{180°}$
16	凹形球环		$f=\pi(dl-2rh)$ 式中 $h=r[\cos\beta-\cos(\alpha+\beta)]$ $l=\dfrac{\pi r\alpha}{180°}$

计算时，拉深件尺寸均按厚度中线尺寸计算，但当带料（条料）厚度小于 1.0mm 时，也可以按制件图标注的外形或内形尺寸计算。

常用旋转体拉深件毛坯直径的计算公式如表 2-21 所示。

表 2-21 常用旋转体拉深件毛坯直径的计算公式

序号	简 图	毛坯直径 D
1		$D=\sqrt{d^2+4dh}$
2		$D=\sqrt{d_2^2+4d_1h}$

序号	简 图	毛坯直径 D
3	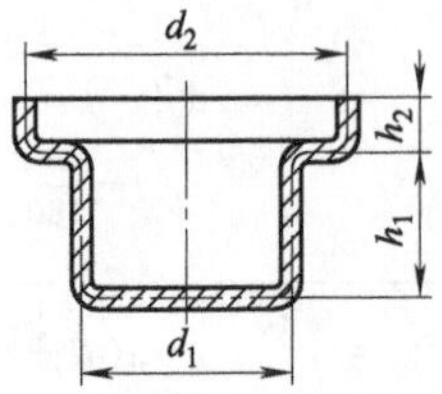	$D=\sqrt{d_2^2+4(d_1h_1+d_2h_2)}$
4	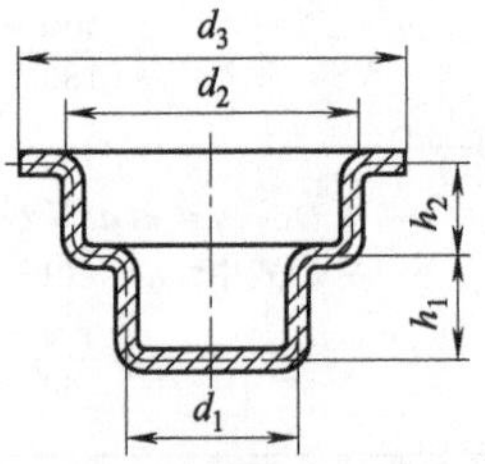	$D=\sqrt{d_3^2+4(d_1h_1+d_2h_2)}$
5	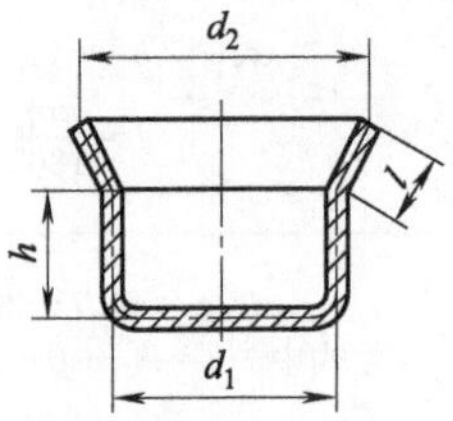	$D=\sqrt{d_1^2+4d_1h+2l(d_1+d_2)}$
6	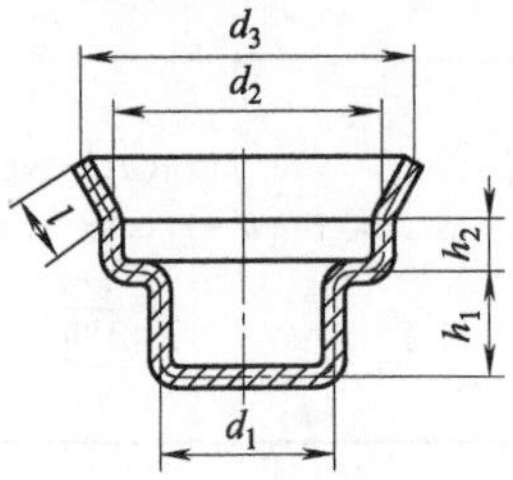	$D=\sqrt{d_2^2+4(d_1h_1+d_2h_2)+2l(d_2+d_3)}$
7	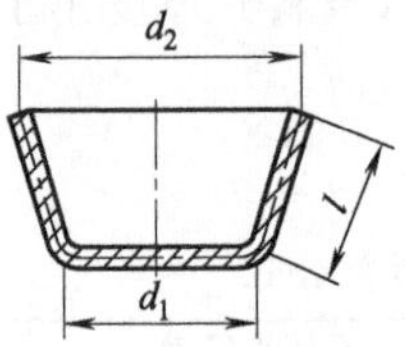	$D=\sqrt{d_1^2+2l(d_1+d_2)}$
8	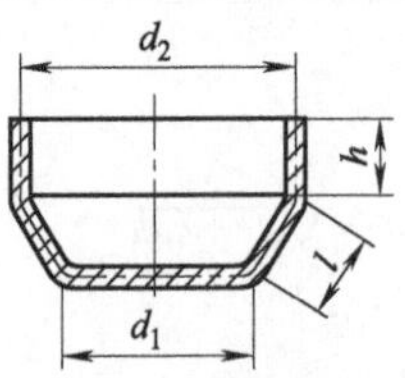	$D=\sqrt{d_1^2+2l(d_1+d_2)+4d_2h}$
9	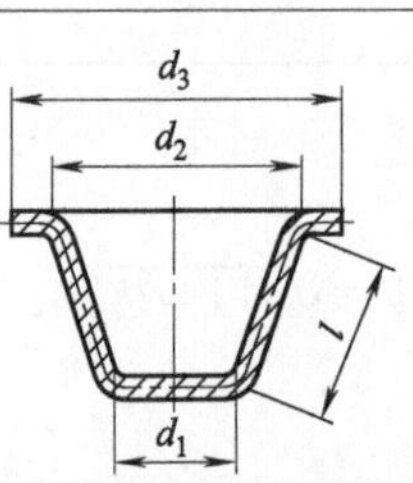	$D=\sqrt{d_1^2+2l(d_1+d_2)+d_3^2-d_2^2}$

序号	简　图	毛坯直径 D
10	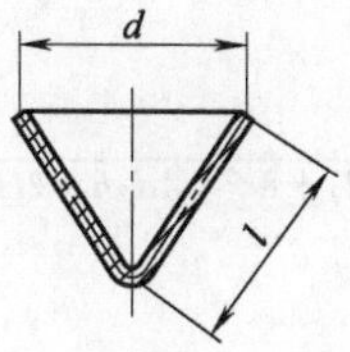	$D=\sqrt{2dl}$
11	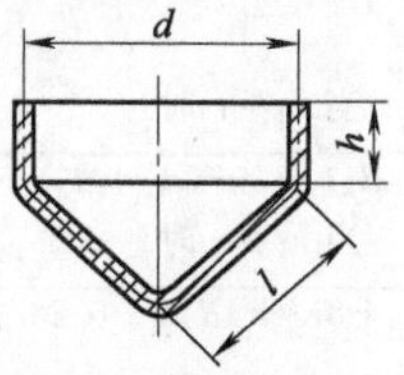	$D=\sqrt{2d(l+2h)}$
12	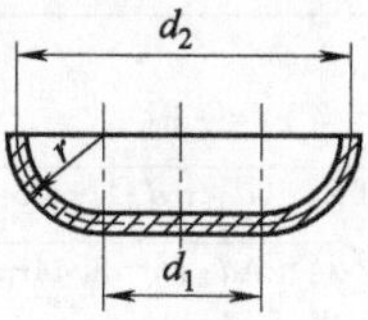	$D=\sqrt{d_1^2+2r(\pi d_1+4r)}$
13	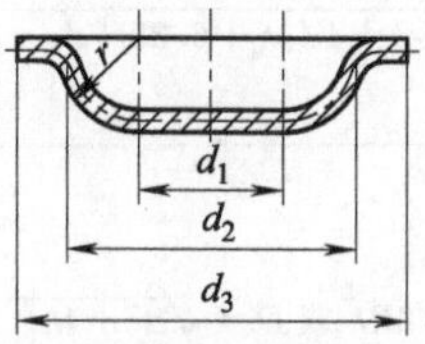	$D=\sqrt{d_1^2+6.28rd_1+8r^2+d_3^2-d_2^2}$
14	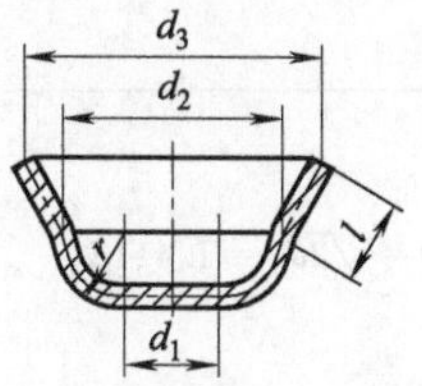	$D=\sqrt{d_1^2+2\pi rd_1+8r^2+2l(d_2+d_3)}$
15	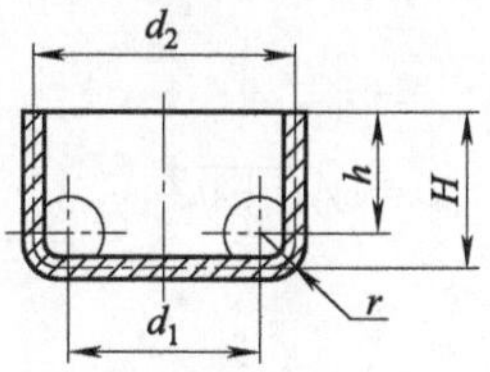	$D=\sqrt{d_1^2+4d_2h+6.28rd_1+8r^2}$ 或 $D=\sqrt{d_2^2+4d_2H-1.72rd_2-0.56r^2}$
16	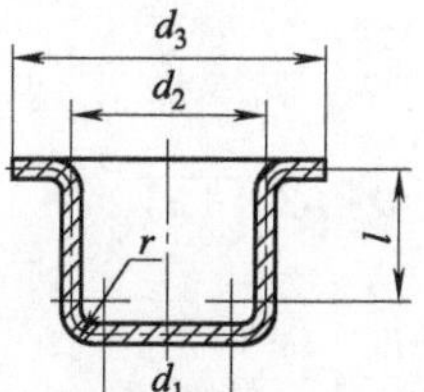	$D=\sqrt{d_1^2+2\pi rd_1+8r^2+4d_2l+d_3^2-d_2^2}$
17	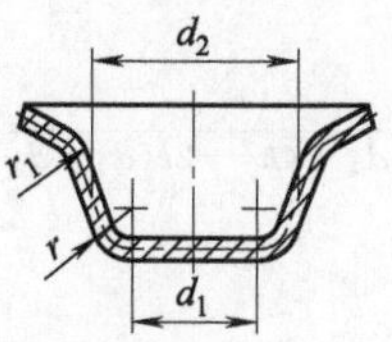	$D=\sqrt{d_1^2+2\pi r(d_1+d_2)+4\pi r_1^2}$

序号	简　图	毛坯直径 D
18	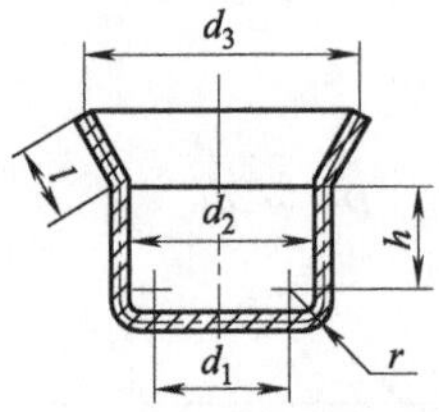	$D=\sqrt{d_1^2+2\pi rd_1+8r^2+4d_2h+2l(d_2+d_3)}$
19	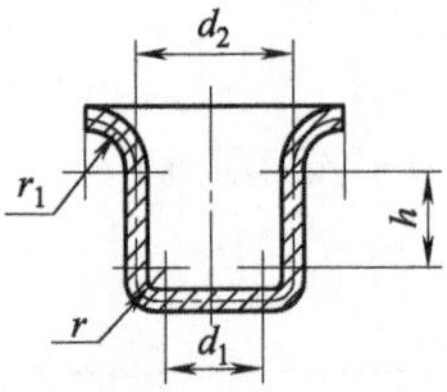	当 $r_1=r$ 时 $D=\sqrt{d_1^2+4d_2h+2\pi r(d_1+d_2)+4\pi r^2}$ 当 $r_1\neq r$ 时 $D=\sqrt{d_1^2+6.28rd_1+8r^2+4d_2h+6.28r_1d_2+4.56r^2}$
20	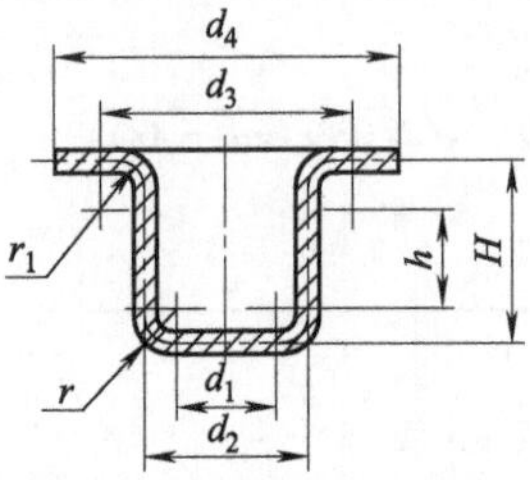	当 $r_1=r$ 时 $D=\sqrt{d_1^2+4d_2h+2\pi r(d_1+d_2)+4\pi r^2+d_4^2-d_3^2}$ 或 $D=\sqrt{d_4^2+4d_2H-3.44rd_2}$ 当 $r_1\neq r$ 时 $D=\sqrt{d_1^2+6.28rd_1+8r^2+4d_2h+6.28r_1d_2+4.56r_1^2+d_4^2-d_3^2}$
21	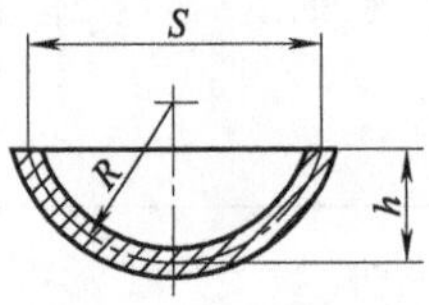	$D=\sqrt{8Rh}$ 或 $D=\sqrt{S^2+4h^2}$
22	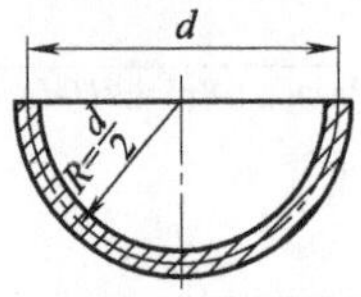	$D=\sqrt{2d^2}=1.414d$
23	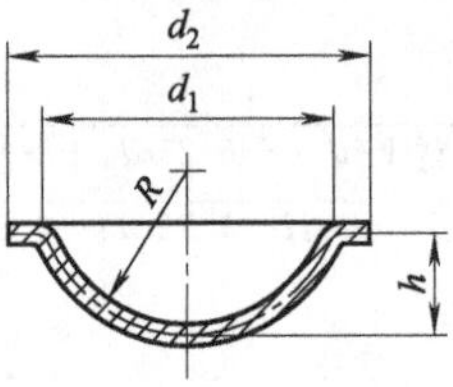	$D=\sqrt{d_2^2+4h^2}$
24	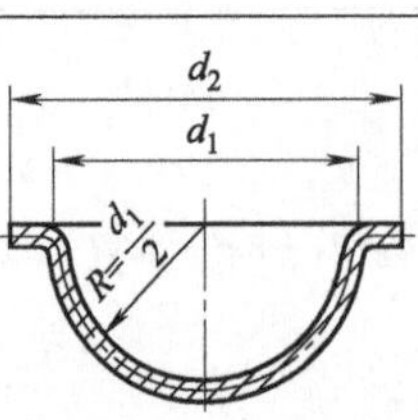	$D=\sqrt{d_1^2+d_2^2}$
25	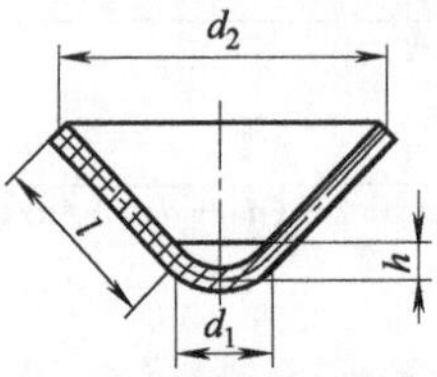	$D=\sqrt{d_1^2+4h^2+2l(d_1+d_2)}$

序号	简 图	毛坯直径 D
26	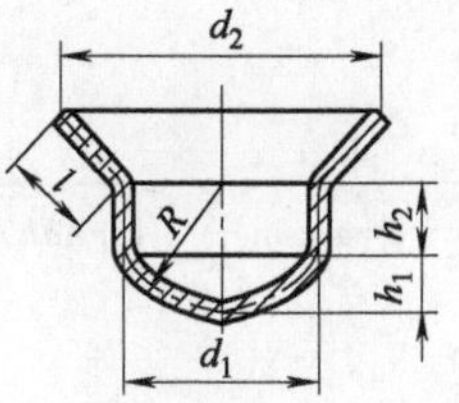	$D=\sqrt{d_1^2+4\left[h_1^2+d_1h_2+\dfrac{l}{2}(d_1+d_2)\right]}$
27	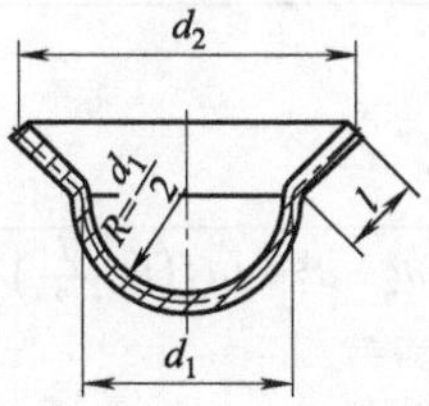	$D=1.414\sqrt{d_1^2+l(d_1+d_2)}$
28	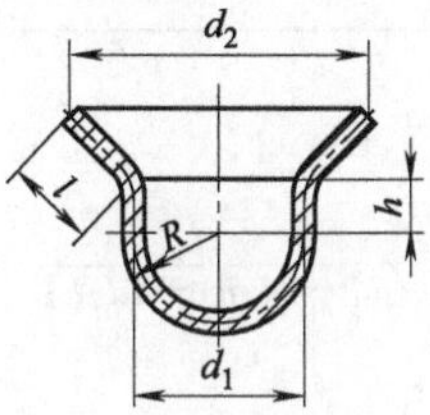	$D=1.414\sqrt{d_1^2+2d_1h+l(d_1+d_2)}$
29	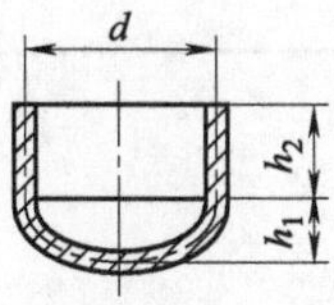	$D=\sqrt{d^2+4(h_1^2+dh_2)}$
30	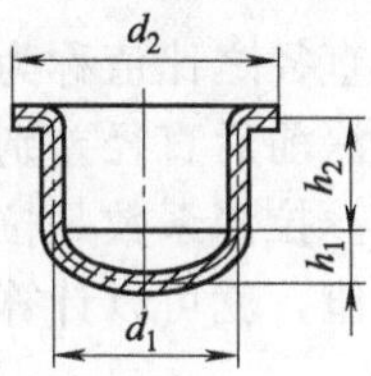	$D=\sqrt{d_2^2+4(h_1^2+d_1h_2)}$
31	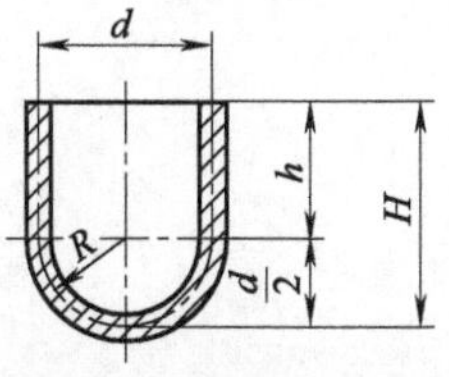	$D=1.414\sqrt{d^2+2dh}$ 或 $D=2\sqrt{dH}$
32	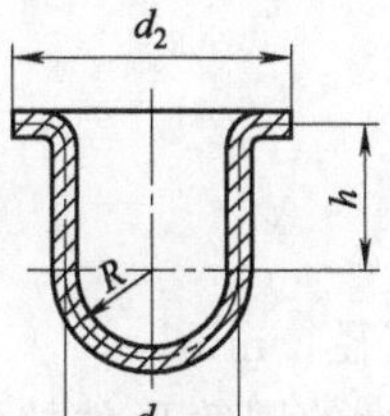	$D=\sqrt{d_1^2+d_2^2+4d_1h}$

序号	简　　图	毛坯直径 D
33	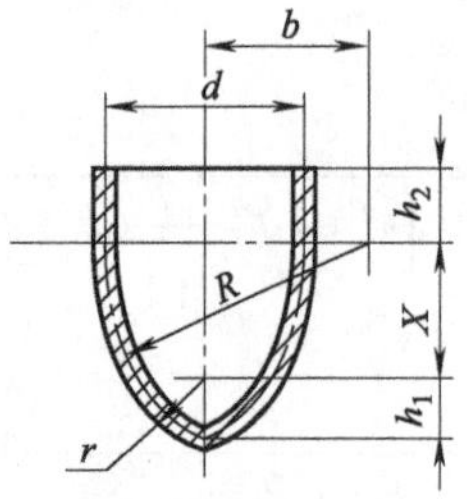	$D=\sqrt{8R\left[x-b\left(\arcsin\dfrac{X}{R}\right)\right]+4dh_2+8rh}$
34	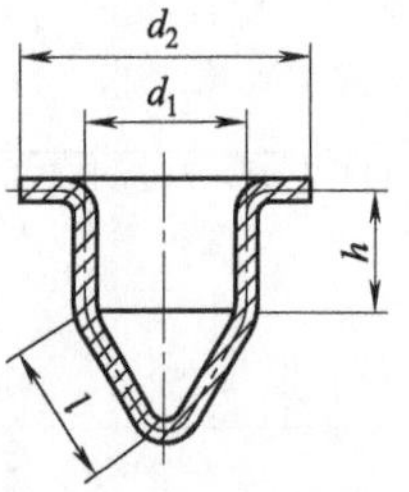	$D=\sqrt{d_2^2-d_1^2+4d_1\left(h+\dfrac{l}{2}\right)}$
35	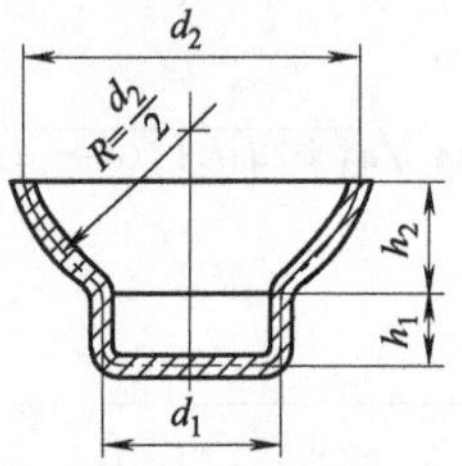	$D=\sqrt{d_1^2+4d_1h_1+4d_2h_2}$

2.3.2　带料拉深系数、拉深次数和相对拉深高度计算

(1) 拉深系数计算及相对拉深高度

在带料上每次拉深后圆筒直径与拉深前毛坯（或半成品）直径之比值称为拉深系数。拉深系数用来表示拉深过程中的变形程度。拉深系数越小，说明拉深前后直径差别越大，即变形程度越大。合理地选定拉深系数可以使拉深次数减少到最小限度。拉深系数是拉深工艺中的一个重要工艺参数。在工艺计算中，只要知道每道工序的拉深系数值，就可以计算出各道工序中制件的尺寸。

$$
\begin{cases}
m_1=\dfrac{d_1}{D} \\[2mm]
m_2=\dfrac{d_2}{d_1} \\[2mm]
m_3=\dfrac{d_3}{d_2} \\[1mm]
\cdots \\[1mm]
m_n=\dfrac{d_n}{d_{n-1}} \quad (m<1)
\end{cases}
\tag{2-22}
$$

式中　m_1，m_2，$\cdots$，m_n——各次拉深的拉深系数；

d_1，d_2，$\cdots$，d_n——各次拉深半成品（或制件）的直径，mm。

在带料上连续拉深时，总拉深系数的计算方法，与带凸缘的圆筒形件拉深系数的计算相

同。由于带料连续拉深中间不能进行有退火工序，所以在选择此种加工方法时，首先应审查材料不进行中间退火所能允许的最大总拉深变形程度（即允许的极限总拉深系数 $[m_{\text{总}}]$），看是否能满足拉深件总拉深系数的要求，当拉深件的总拉深系数 $m_{\text{总}} \geqslant [m_{\text{总}}]$，可以使用带料连续拉深，否则不能用带料连续拉深。

总拉深系数为：

$$m_{\text{总}} = \frac{d}{D} = m_1 m_2 \cdots m_n \tag{2-23}$$

式中　　　　d——制件的中线直径，mm；

　　　　　　D——制件毛坯直径，mm；

m_1，m_2，$\cdots$，m_n——各次拉深系数。

带料（条料）允许的极限总拉深系数，即许用总拉深系数 $[m_{\text{总}}]$ 如表 2-22 所示。当计算得 $m_{\text{总}}$ 值大于表中的许用总拉深系数时，可以不用中间退火工序，也就是说可以采用带料（条料）进行连续拉深。

表 2-22　连续拉深的许用总拉深系数 $[m_{\text{总}}]$

材料	强度极限 σ_b/MPa	相对伸长率 δ/%	极限总拉深系数 $[m_{\text{总}}]$			
			模具不带推件装置		模具带推件装置	
			$t \leqslant 1$mm	$t = 1 \sim 2$mm	$t \leqslant 1$mm	$t = 1 \sim 2$mm
08F、10	300～400	28～40	0.40	0.32	0.2	0.16
纯铜、H62、H68	300～400	28～40	0.35	0.28	0.24～0.26	0.2～0.22
软铝	80～110	22～25	0.38	0.30	0.26～0.28	0.18～0.22
不锈钢、镍带	400～550	22～40	0.40	0.34	0.32	0.26～0.30
精密合金	500～600	—	0.42	0.36	0.34	0.28～0.32

由于带料连续拉深中，有工艺切口或无工艺切口，材料均受到约束，相互牵连。无工艺切口拉深比有工艺切口拉深材料的受约束和相互牵连要大一些。此外，带料连续拉深时，是不能对中间工序的半成品进行退火的，所以带料连续拉深每个工位的材料变形程度，相对于单工序拉深要小，即拉深系数应比单工序拉深系数大，所需的拉深次数也多。

无工艺切口的带料连续拉深的第一次拉深系数 m_1 见表 2-23。其最大相对高度 $\dfrac{h_1}{d_1}$ 见表 2-24。以后各次拉深系数 m_n 见表 2-25。

表 2-23　无工艺切口的第一次拉深系数的极限值 m_1（材料：08、10）

凸缘相对直径 $d_{\text{凸}}/d_1$	毛坯相对厚度 $\dfrac{t}{D} \times 100$			
	＞0.2～0.5	＞0.5～1.0	＞1.0～1.5	＞1.5
≤1.1	0.71	0.69	0.66	0.63
＞1.1～1.3	0.68	0.66	0.64	0.61
＞1.3～1.5	0.64	0.63	0.61	0.59
＞1.5～1.8	0.54	0.53	0.52	0.51
＞1.8～2.0	0.48	0.47	0.46	0.45

表 2-24　无工艺切口第一次拉深的最大相对高度 h_1/d_1（材料：08、10）

凸缘相对直径 $d_{\text{凸}}/d_1$	毛坯相对厚度 $\dfrac{t}{D} \times 100$			
	＞0.2～0.5	＞0.5～1.0	＞1.0～1.5	＞1.5
≤1.1	0.36	0.39	0.42	0.45
＞1.1～1.3	0.34	0.36	0.38	0.40
＞1.3～1.5	0.32	0.34	0.36	0.38
＞1.5～1.8	0.30	0.32	0.34	0.36
＞1.8～2.0	0.28	0.30	0.32	0.35

表 2-25　无工艺切口的以后各次拉深系数的极限值 m_n（材料：08、10）

极限拉深系数 m_n	毛坯相对厚度 $\frac{t}{D} \times 100$			
	>0.2~0.5	>0.5~1.0	>1.0~1.5	>1.5
m_2	0.86	0.84	0.82	0.80
m_3	0.88	0.86	0.84	0.82
m_4	0.89	0.87	0.86	0.85
m_5	0.90	0.88	0.89	0.87

　　有工艺切口的带料连续拉深，相似于单个带凸缘件的拉深，但变形比单个带凸缘件拉深要困难一些，所以首次拉深系数要大一些，其值 m_1 如表 2-26 所示。以后各次拉深系数，可取带凸缘件拉深的上限值，其值 m_n 见表 2-27。有工艺切口的各次拉深系数极限值见表 2-28。

表 2-26　有工艺切口的第一次拉深系数的极限值 m_1（材料：08、10）

凸缘相对直径 $d_凸/d_1$	毛坯相对厚度 $\frac{t}{D} \times 100$				
	<0.06~0.2	>0.2~0.5	>0.5~1.0	>1.0~1.5	>1.5
≤1.1	0.64	0.62	0.60	0.58	0.55
>1.1~1.3	0.60	0.59	0.58	0.56	0.53
>1.3~1.5	0.57	0.56	0.55	0.53	0.51
>1.5~1.8	0.53	0.52	0.51	0.50	0.49
>1.8~2.0	0.47	0.46	0.45	0.44	0.43
>2.0~2.2	0.43	0.43	0.42	0.42	0.41
>2.2~2.5	0.38	0.38	0.38	0.38	0.37
>2.5~2.8	0.35	0.35	0.35	0.35	0.34
>2.8~3.0	0.33	0.33	0.33	0.33	0.33

表 2-27　有工艺切口的以后各次拉深系数的极限值 m_n（材料：08、10）

最小拉深系数 m_n	毛坯相对厚度 $\frac{t}{D} \times 100$				
	>0.06~0.2	>0.2~0.5	>0.5~1.0	>1.0~1.5	>1.5
m_2	0.80	0.79	0.78	0.76	0.75
m_3	0.82	0.81	0.80	0.79	0.78
m_4	0.85	0.83	0.82	0.81	0.80
m_5	0.87	0.86	0.85	0.84	0.82

表 2-28　有工艺切口的各次拉深系数的极限值

材料	拉深次数					
	1	2	3	4	5	6
	拉深系数 m					
黄铜（软）	0.63	0.76	0.78	0.80	0.82	0.85
软钢、铝	0.67	0.78	0.80	0.82	0.85	0.90

　　有工艺切口拉深的最大相对高度 $\frac{h_1}{d_1}$ 如表 2-29 所示。各种材料拉深系数极限值参考表 2-30 所示。

表 2-29　有工艺切口带凸缘筒形件第一次拉深的最大相对高度 h_1/d_1

凸缘相对直径 $d_凸/d_1$	毛坯相对厚度 $\frac{t}{D} \times 100$				
	2~1.5	1.5~1.0	1.0~0.6	0.6~0.3	0.3~0.15
1.1 以下	0.90~0.75	0.82~0.65	0.70~0.57	0.62~0.50	0.52~0.45
1.3	0.80~0.65	0.72~0.56	0.60~0.50	0.53~0.45	0.47~0.40
1.5	0.70~0.58	0.63~0.50	0.53~0.54	0.48~0.40	0.42~0.35
1.8	0.58~0.48	0.53~0.42	0.44~0.37	0.39~0.34	0.35~0.29
2.0	0.51~0.42	0.46~0.36	0.38~0.32	0.34~0.29	0.30~0.25

　　注：表中数值适用于 10 钢，对于比 10 钢塑性更大的金属取接近于大的数值，对于塑性较小的金属，取接近于小的数值。

表 2-30 实用拉深系数极限值（推荐）

序号	材料	首次拉深 m_1	以后各次拉深 m_n	总拉深系统 $m_总$
1	拉深用钢板	0.55～0.60	0.75～0.80	0.16
2	不锈钢	0.50～0.55	0.80～0.85	0.26
3	镀锌钢	0.58～0.65	0.88	0.28
4	纯铜	0.55～0.60	0.85	0.20～0.24
5	黄铜	0.50～0.55	0.75～0.80	0.20～0.24
6	锌	0.65～0.70	0.85～0.90	0.32
7	铝	0.53～0.60	0.8	0.18～0.22
8	硬铝	0.55～0.60	0.9	0.24

(2) 拉深次数计算

拉深次数通常是先进行概略计算，然后通过工艺计算来确定。

1）无工艺切口整体带料连续拉深次数确定

从表 2-23、表 2-25 中查出拉深系数 m_1、m_2、m_3…；初步计算出 $d_1 = m_1D$、$d_2 = m_2d_1$、$d_3 = m_3d_2$…至 $d_n \leqslant d$，从而求出所需拉深次数。

2）带料有工艺切口连续拉深次数确定

从表 2-26～表 2-28 中可查出 $d_1 = m_1D$、$d_2 = m_2d_1$、$d_3 = m_3d_2$…至 $d_n \leqslant d$，从而求出所需的拉深次数。

3）调整各次拉深系数

拉深次数一般取接近计算结果的整数，使最后一次拉深（工序）的变形程度为最小。为使各次拉深变形程度分配合理，确定拉深次数后，需将拉深系数进行合理化调整。

2.3.3 整体带料连续拉深经验计算法

带料连续拉深中的拉深工艺计算是比较繁琐的，通常对于材料厚度 $t = 0.2～0.5\text{mm}$，制件直径小于 10mm 的小型空心件。在选用无工艺切口整体带料连续拉深的前提下，可直接按以下简捷的经验公式进行计算。

$$d_i = d_{内径} + 0.1(n-i+1)^2 \quad （抛物线关系） \tag{2-24}$$
$$H_i = h_{制件}[1-0.04(n-i+1)] \quad （直线关系） \tag{2-25}$$

式中　d_i——某次拉深的凸模直径；

　$d_{内径}$——制件的内径；

　　i——某次拉深的序号，$i = 1,2,3,\cdots$；

　　n——连续拉深总次数；

　H_i——某次拉深高度；

$h_{制件}$——制件的高度。

使用式（2-24）或式（2-25）时，应先按最后一次拉深（即 $i = n$）为基础直径或基础高度进行计算，以后再用 $i = n-1$、$i = n-2$ 等代入公式进行计算倒数第二次、倒数第三次等的直径或高度。直到计算进行到制件的高度 $h \leqslant 0.5d$ 为止，或计算后的直径可以在第一次拉成时，或第一次拉深系数大于表 2-23 所列的值为止。

2.3.4 各次拉深凸、凹模圆角半径的确定

凸、凹模圆角半径应随着工序的增加而逐渐减少，原则上最后一次拉深凸模的圆角半径应等于制件底部的圆角半径。拉深凹模的圆角半径等于制件的凸缘圆角半径。在允许条件下，拉深的圆角半径尽可能设计得大一些，圆角半径越大，则拉深力就会越小，但在首次拉深时有效的压

料面积也随之减少，会引起凸缘口部或圆角处易发生起皱，不利于拉深；反之，r_d 越小，所需的拉深力就越大，容易发生开裂。在不发生起皱的条件下，尽可能加大 r_d。一般 r_d 的采用范围在 $(4～6)t$ 到 $(10～20)t$，也可按以下经验公式求得。

(1) 凹模圆角半径的确定

1）按经验公式确定

首次拉深凹模的圆角半径按经验公式计算，即：

$$r_d = 0.8\sqrt{(D-d)t} \tag{2-26}$$

式中　r_d——凹模圆角半径，mm；

　　　D——毛坯直径，mm；

　　　d——凹模内径，mm；

　　　t——材料厚度，mm。

2）按查表法确定

采用查表法，拉深凹模圆角半径 r_d 的数值见表 2-31。

表 2-31　拉深凹模圆角半径 r_d 的数值（一）　　　　　　mm

$D-d$	材料厚度 t					
	$\leqslant 1$	$>1～1.5$	$>1.5～2$	$>2～3$	$>3～4$	$>4～6$
$\leqslant 10$	2.5	3.5	4	4.5	5.5	6.5
$>10～20$	4	4.5	5.5	6.5	7.5	9
$>20～30$	4.5	5.5	6.5	9	9	11
$>30～40$	5.5	6.5	7.5	9	10.5	12
$>40～50$	6	7	8	10	11.5	14
$>50～60$	6.5	8	9	11	12.5	15.5
$>60～70$	7	8.5	10	12	13.5	16.5
$>70～80$	7.5	9	10.5	12.5	14.5	18
$>80～90$	8	9.5	11	13.5	15.5	19
$>90～100$	8	10	11.5	14	16	20

注：D—第一次拉深时的毛坯直径，或第 $n-1$ 次拉深后的制件直径，mm；d—第一次拉深后的制件直径，或第 n 次拉深后的制件直径，mm。

3）按材料的种类与厚度确定

拉深凹模的圆角半径也可以根据制件材料的种类与厚度来确定，见表 2-32。

表 2-32　拉深凹模圆角半径 r_d 的数值（二）

材料	厚度 t/mm	凹模圆角半径 r_d	材料	厚度 t/mm	凹模圆角半径 r_d
钢	<3	$(6～10)t$	铝、黄铜、纯铜	<3	$(5～8)t$
	$3～6$	$(4～6)t$		$3～6$	$(3～5)t$
	>6	$(2～4)t$		>6	$(1.5～3)t$

注：1. 对于第一次拉深或较薄的材料，应取表中的最大极限值。
2. 对于以后各次拉深或较厚的材料，应取表中的最小极限值。

一般对于钢的拉深件，$r_d = 10t$；对于有色金属（铝、黄铜、纯铜）的拉深件，$r_d = 5t$。

4）以后各次拉深时 r_d 值公式

以后各次拉深时，r_d 值应逐渐的减小，可以按下式计算：

$$r_{dn} = (0.6～0.9)r_{d(n-1)} \tag{2-27}$$

(2) 凸模圆角半径选取方法

① 除最后一次拉深外，其他所有各次拉深工序中，凸模圆角半径 r_p 可取与凹模圆角半径相等或略小一点的数值：

$$r_p = (0.6～1)r_d \tag{2-28}$$

② 对于首次拉深，如采用带料厚度大于 2mm 而拉深直径又小时，通常把首次拉深凸模的工作端加工成球面形。

③ 在最后一次拉深工序中，凸模圆角半径应与制件底部的内圆角半径相等。但对于材料厚度<5mm 时，其数值不得小于 (2～3)t。对于材料厚度 t>5mm 时，其数值不得小于 (1.5～2)t。

④ 如果制件要求的圆角半径很小，则在最后一次拉深工序后，需加一道整形工序。

(3) 无工艺切口连续拉深凸、凹模圆角半径的确定

① 首次拉深凸、凹模圆角半径的确定。采用无工艺切口拉深时，首次拉深的凸模工作部分也可加工成球面形。但一般首次拉深凸、凹模圆角半径按下式计算取得。

首次拉深凸模圆角半径：

$$r_{p1} = (3～5)t \tag{2-29}$$

首次拉深凹模圆角半径：

$$r_{d1} = (0.6～0.9)r_{p1} \tag{2-30}$$

式中　r_{p1}——首次拉深凸模圆角半径；

　　　r_{d1}——首次拉深凹模圆角半径；

　　　t——材料厚度。

② 以后各次拉深凸、凹模圆角半径的确定。对于以后各工序间的凸、凹模圆角半径应均匀递减，使逐步接近制件圆角半径。一般可按下式计算：

$$r_{pn} = (0.7～0.8)r_{pn-1} \quad 但凸模圆角 \geqslant 2t \tag{2-31}$$

$$r_{dn} = (0.7～0.8)r_{dn-1} \quad 但凹模圆角 \geqslant t \tag{2-32}$$

凸、凹模圆角半径在实际生产中，需通过模具的调试作必要的修正。因此，在设计时尽量取小值。

2.3.5　拉深高度计算

当带料连续拉深件的次数和各工序（半成品）的直径确定后，便应确定拉深凹模圆角半径和拉深凸模的圆角半径，最后计算出各工序的拉深高度。

带料连续拉深过程中，只是将首次拉深进入凹模部分的材料面积做重新分布（而凸缘直径保持固定不变），随着拉深直径的减小和凸、凹模圆角半径的减小，从而改变各工序直径和高度。当直径减小时，可使其拉深高度增加，而当其圆角半径减小时，反而使其拉深高度减小。

带料连续拉深每道工序的拉深高度，可根据如下相关公式计算。

(1) 首次拉深高度

计算拉深高度时，首次拉深拉入凹模的材料，对于无工艺切口的带料连续拉深比成品制件的表面积大 10%～15%，对于有工艺切口的带料连续拉深比成品制件表面积大 4%～6%（工序次数多时取上值，反之，工序次数少时取下限值）。确定实际拉深假想毛坯直径和首次拉深的实际高度。

首次拉深假想毛坯直径：

$$D_1 = \sqrt{(1+x)D^2} \tag{2-33}$$

首次拉深高度：

$$H_1 = \frac{0.25}{d_1}(D_1^2 - d_凸^2) + 0.43(r_1 + R_1) + \frac{0.14}{d_1}(r_1^2 - R_1^2) \tag{2-34}$$

(2) 计算第二次至第 $n-1$ 次拉深的高度

首次拉深进入凹模的面积增量 x，在第二次拉深及以后的拉深中逐步返回到凸缘上。D_2，

D_3，…，D_{n-1}是考虑到去除遗留在凸缘中的面积增量以后的假想毛坯直径，以便准确地确定H_2，H_3，…，H_{n-1}。n是拉深次数。

第二次拉深高度：

$$H_2 = \frac{0.25}{d_2}(D_2^2 - d_凸^2) + 0.43(r_2 + R_2) + \frac{0.14}{d_2}(r_2^2 - R_2^2) \tag{2-35}$$

其中第二次假想毛坯直径：

$$D_2 = \sqrt{(1+x_1)D^2} \tag{2-36}$$

第$n-1$次拉深的高度：

$$H_{n-1} = \frac{0.25}{d_{n-1}}(D_{n-1}^2 - d_凸^2) + 0.43(r_{n-1} + R_{n-1}) + \frac{0.14}{d_{n-1}}(r_{n-1}^2 - R_{n-1}^2) \tag{2-37}$$

其中第$n-1$次拉深的假想毛坯直径：

$$D_{n-1} = \sqrt{(1+x_{n-1})D^2} \tag{2-38}$$

式中　　　　　　D——毛坯直径，mm；

D_1，D_2，…，D_{n-1}——首次拉深、第二次拉深及第$n-1$次拉深的假想毛坯直径；

r_1，r_2，…，r_{n-1}——首次拉深、第二次拉深及第$n-1$次拉深的凸模圆角半径，mm；

R_1，R_2，…，R_{n-1}——首次拉深、第二次拉深及第$n-1$次拉深的凹模圆角半径，mm；

x，x_1，…，x_{n-1}——对于无工艺切口的带料首次连续拉深取$10\%\sim15\%$，对于有工艺切口的带料首次连续拉深取$4\%\sim6\%$（工序次数多时取上值，反之，工序次数少时取下限值）；当首次拉深进入凹模的面积增量x，在第二次拉深及以后的拉深中逐步返回到凸缘上，因此x_1，…，x_{n-1}也随之逐步减少。

以上式中未表示出的符号如图2-8所示。

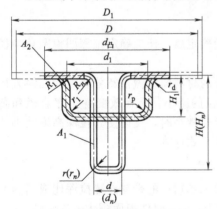

图2-8　带凸缘拉深有关尺寸

2.3.6　压边力、拉深力及拉深总工艺力的计算

(1) 压边力

压边力的作用是防止拉深过程中坯料的起皱。压边力的大小应适当，压边力过小时，防皱效果差；反之，压边力过大时，则会增大传力区危险断面上的拉应力，从而引起严重变薄甚至拉裂、断裂现象。因此在保证坯料变形区不起皱的前提下，尽量选用较小的压边力。

压边力的大小应允许在一定范围内调节。一般来说，随着拉深系数的减小压边力许可调节范围减小，这对拉深工作是不利的，因为这时当压边力过大就会产生破裂，压边力过小时会产生起皱，即拉深的工艺稳定性不好。相反，拉深系数较大时，压边力可调节范围增大，拉深工艺稳定性较好。这也是拉深时采用的拉深系数应尽量比极限拉深系数大一点的原因。

1) 压边圈的结构形式

压边力是为了保证制件侧壁和凸缘不起皱而通过压边装置对制件施加的力，压边力的大小直接关系着拉深过程能否顺利进行。而拉深过程中制件是否起皱主要取决于毛坯的相对厚度$t/D \times 100$，或以后各次拉深半成品的相对厚度$\frac{t}{d_{n-1}} \times 100$。在实际生产中是否需要采用压边装置可根据表 2-33 所列的条件确定。但在连续拉深模首次拉深中，一般情况下，都是采用有压边装置来设计的。只是可用可不用或不用压边装置的，在设计中可以考虑轻一些的压边力，它可使带料（条料）平直，使连续送料过程更顺畅。

表 2-33　采用或不采用压边装置的条件

拉深方法	第一次拉深		以后各次拉深	
	$t/D \times 100$	m_1	$t/d_{n-1} \times 100$	m_n
用压边装置	<1.5	<0.6	<1.0	<0.8
可用可不用	1.5~2.0	0.6	1.0~1.5	0.8
不用压边装置	>2.0	>0.6	>1.5	>0.8

常用压边装置的形式有以下几种。

① 平面压边圈。最简单的平面压边圈的结构形式可以做成与板料或半成品内部轮廓一致（图 2-9）。图 2-9（a）用于首次拉深的压边圈；图 2-9（b）用于以后各次拉深的压边圈，此压边圈不但起压边作用，而且起以后各工序的定位作用。

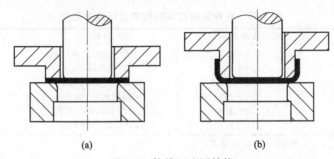

(a)　　　　　　　　(b)

图 2-9　简单压边圈结构

② 带限位装置的压边圈。如果在整个拉深过程中要保持压边力均衡，防止压边圈将毛坯压得过紧（特别是拉深材料较薄和宽凸缘的制件），需采用带限位装置的压边圈，如图 2-10 所示，图 2-10（a）适用于第一次拉深，图 2-10（b）、（c）适用于二次及以后各次的拉深。

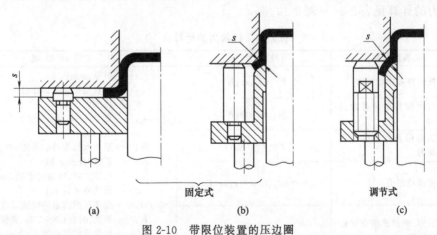

固定式

(a)　　　　　　　(b)　　　　　　调节式　(c)

图 2-10　带限位装置的压边圈

在连续拉深过程中，压边圈和凹模制件始终保持一定的距离 s，一般 s 取 $t + (0.05 \sim 1)$ mm；拉深铝合金时 s 取 $1.1t$；拉深钢件时 s 取 $1.2t$。

2）压边力的确定

压边力是为了保证制件侧壁和凸缘不起皱而通过压边装置对制件施加的力。拉深时，压边力过大会增大拉深力，引起拉深时制件破裂；反之，压边力过小，制件在拉深时会出现边壁或凸缘起皱。因此，压边力的大小是很重要的。但压边力的计算是为了确定压边装置，一般情况下，在生产中通过试模调整来确定压边力的大小。在模具设计时，压边力可按表 2-34 公式计算，拉深时单位压边力数据可按表 2-35 查得。

表 2-34　圆筒形拉深件压边力的计算

参数名称	计算公式	符号说明
首次拉深时的压边力	$Q_1 = \dfrac{\pi}{4}[D^2 - (d_1 + 2r_d)^2]q$	Q_1——首次拉深时的压边力，N； D——坯料直径，mm； d_1——首次拉深直径，mm； r_d——拉深凹模圆角半径，mm； q——单位压边力，MPa，可参考表 2-35 选取
首次后各次拉深时的压边力	$Q_2 = \dfrac{\pi}{4}[d_{n-1}^2 - (d_n + 2r_{dn})^2]q$	Q_2——第二次及以后各次拉深时的压边力，N； d_{n-1}——第 $n-1$ 次的拉深直径，mm； d_n——第 n 次的拉深直径，mm； r_{dn}——第 n 次拉深凹模圆角半径，mm； q——单位压边力，MPa，可参考表 2-35 选取

表 2-35　各种材料拉深时的单位压边力数据

材料	单位压边力 q/MPa	材料	单位压边力 q/MPa
铝（退火状态）	0.8~1.2	可伐合金 4J29（退火状态）	3.0~3.3
（硬态）	1.2~1.4	钼（退火状态）	4.0~4.5
黄铜（退火状态）	1.5~2.0	低碳钢 $t < 0.5$mm	2.5~3.0
（硬态）	2.4~2.6	不锈钢 $t > 0.5$mm	2.0~2.5
铜（退火状态）	1.2~1.8	不锈钢 1Cr18Ni9Ti[①]	4.5~5.5
（硬态）	1.8~2.2	镍铬合金 Cr20Ni80	3.5~4.0

① 1Cr18Ni9Ti 牌号在 GB/T 20878—2007 中取消。

(2) 拉深力

拉深力的确定，应根据材料塑性力学的理论进行计算，但影响拉深力的因素相当复杂，计算出的结果往往和实际相差较大。因此在实际生产中多采用表 2-36～表 2-39 进行计算。此公式是从危险断面所产生的拉应力必须小于该断面的强度极限为依据。

拉深力的计算见表 2-36～表 2-39。

表 2-36　拉深力的计算（一）

类别	参数名称	拉深力/N	符号说明
圆筒形连续拉深件	筒形件首次拉深力	$F = \pi d_{p1} t \sigma_b K_F$	t——料厚，mm； σ_b——材料抗拉强度，MPa； F——拉深力，N； d_{p1}, d_{p2}——首次拉深，第二次拉深圆筒部分直径，mm； K_2——第二次拉深时的系数（查表 2-37） K_F——系数（查表 2-38） d_h——锥顶直径，或球壳半径，mm； d——圆筒外径，mm； t_{n-1}, t_n——变薄拉深前后的筒壁厚度，mm； K_3——系数，钢为 1.8~2.25，黄铜为 1.6~1.8 L——拉深件横截面周长，mm； K——系数，取 0.5~0.8
	首次拉深后的各次拉深力	$F = \pi d_{p2} t \sigma_b K_2$	
	圆锥形及球形件首次拉深力	$F = \pi d_h t \sigma_b K_F$	
圆筒变薄拉深件	变薄拉深力	$F = \pi d_p (t_{n-1} - t_n) \sigma_b K_3$	
其他形状的拉深件	矩形、椭圆形等非圆形件的拉深力	$F = KLt\sigma_b$	

表 2-37　圆筒形连续拉深件第二次拉深时的系数 K_2（08～15 钢）

相对厚度 $(t/D) \times 100$	第二次拉深系数 m_2									
	0.7	0.72	0.75	0.78	0.80	0.82	0.85	0.88	0.90	0.92
5.0	0.85	0.70	0.60	0.50	0.42	0.32	0.28	0.20	0.15	0.12
2.0	1.10	0.90	0.75	0.60	0.52	0.42	0.32	0.25	0.20	0.14

续表

相对厚度 $(t/D) \times 100$	第二次拉深系数 m_2									
	0.7	0.72	0.75	0.78	0.80	0.82	0.85	0.88	0.90	0.92
1.2	—	1.10	0.90	0.75	0.62	0.52	0.42	0.30	0.25	0.16
0.8	—	—	1.00	0.82	0.70	0.57	0.46	0.35	0.27	0.18
0.5	—	—	1.10	0.90	0.76	0.63	0.50	0.40	0.30	0.20
0.2	—	—	—	1.00	0.85	0.70	0.56	0.44	0.33	0.23
0.1	—	—	—	1.10	1.00	0.82	0.68	0.55	0.40	0.30

注：1. 当凸模圆角半径 $r_p = (4 \sim 6)t$ 时，系数 K_2 应按表中尺寸值加大 5%。

2. 对于第三、四、五次拉深的系数 K_2，由同一表格查出其相应的 m_n 及 $(t/D) \times 100$ 的数值，但需根据是否有中间退火工序而取表中较大或较小的数值；无中间退火时，K_2 取较大值（靠近下面的一个数值）；有中间退火时，K_2 取较小值（靠近上面的一个数值）。

3. 对于其他材料，根据材料的塑性变化，对查得值作修正（随塑性降低而增大）。

表 2-38　圆筒形连续拉深件第一次拉深时系数 K_F（08～15 钢）

$d_凸/d_p$	拉深系数 d_p/D										
	0.35	0.38	0.40	0.42	0.45	0.50	0.55	0.60	0.65	0.70	0.75
3.0	1.0	0.9	0.83	0.75	0.68	0.56	0.45	0.37	0.30	0.23	0.18
2.8	1.1	1.0	0.90	0.83	0.75	0.62	0.50	0.42	0.34	0.26	0.20
2.5	—	1.1	1.0	0.90	0.82	0.70	0.56	0.46	0.37	0.30	0.22
2.2	—	—	1.1	1.0	0.90	0.77	0.64	0.52	0.42	0.33	0.25
2.0	—	—	—	1.1	1.0	0.85	0.70	0.58	0.47	0.37	0.28
1.8	—	—	—	—	1.1	0.95	0.80	0.65	0.53	0.43	0.33
1.5	—	—	—	—	—	1.1	0.90	0.75	0.62	0.50	0.40
1.3	—	—	—	—	—	—	1.0	0.85	0.70	0.56	0.45

注：对凸缘处进行压边时，K_F 值增大 10%～20%。

表 2-39　用厚度为 1.27mm 的两种不锈钢及低碳钢成形不同直径杯形件所需的拉深力　　　　kN

制件直径/mm	所需拉深力的估算值		
	奥氏体不锈钢	铁素体不锈钢[$\omega(Cr) = 17\%$]	低碳钢
125	350	180	160
255	700	520	350
510	1400	1040	700

2.4　成形工艺计算

在级进模冲压中，除了冲裁、弯曲、拉深等主要工序外，成形工序也很常见，如翻边、压肋（筋）、压包、压字、压花纹、整形及校平等。从变形特点来看，这类工序都以局部变形为主，受力情况各不相同。

下面主要对翻边、翻孔、校平及起伏成形工艺性作些介绍。

2.4.1　翻边

翻边是沿制件外形曲线周围将材料翻成侧立短边的冲压工序，又称为外缘翻边。

常见的翻边形式如图 2-11 所示。图 2-11（a）所示为内凹翻边，也称为伸长类翻边；图 2-11（b）所示为外凸翻边，也称为压缩类翻边；图 2-11（c）所示为复合翻边；图 2-11（d）所示为阶梯翻边。

(1) 翻边的变形程度

内凹翻边时，变形区的材料主要受切向拉伸应力的作用。这样翻边后的竖边会变薄，其边缘部分变薄最严重，使该处在翻边过程中成为危险部位。当变形超过许用变形程度时，此处就

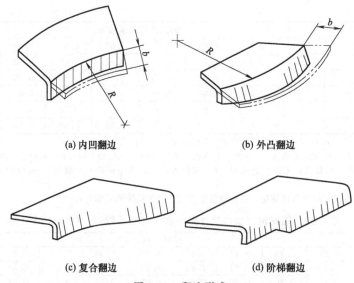

(a) 内凹翻边　　　　　　　(b) 外凸翻边

(c) 复合翻边　　　　　　　(d) 阶梯翻边

图 2-11　翻边形式

会开裂。

内凹翻边的变形程度由下式计算：

$$E_凹 = \frac{b}{R-b} \times 100\%$$ (2-39)

式中　$E_凹$——内凹翻边的变形程度，%；

R——内凹曲率半径，mm，如图 2-11（a）所示；

b——翻边后竖边的高度，mm，如图 2-11（a）所示。

外凸翻边的变形情况类似于不用压边圈的浅拉深，变形区材料主要受切向压应力的作用，变形过程中材料易起皱。

外凸翻边的变形程度由下式计算：

$$E_凸 = \frac{b}{R+b} \times 100\%$$ (2-40)

式中　$E_凸$——外凸翻边的变形程度，%；

R——外凸曲率半径，mm，如图 2-11（b）所示；

b——翻边后竖边的高度，mm，如图 2-11（b）所示。

翻边的极限变形程度与制件材料的塑性、翻边时边缘的表面质量及凹凸形的曲率半径等因素有关。翻边允许的极限变形程度可以由表 2-40 查得。

表 2-40　翻边允许的极限变形程度　　　　　　　　　　　　　%

材料名称	材料牌号	$E_凸$		$E_凹$	
		橡胶成形	模具成形	橡胶成形	模具成形
铝合金	1035(软)(L4M)	25	30	6	40
	1035(硬)(L4Y1)	5	8	3	12
	3A21(软)(LF21M)	23	30	6	40
	3A21(硬)(LF21Y1)	5	8	3	12
	5A02(软)(LF2M)	20	25	6	35
	5A03(硬)(LF3Y1)	5	8	3	12
	2A12(软)(LY12M)	14	20	6	30
	2A12(硬)(LY12Y)	6	8	0.5	9
	2A11(软)(LY11M)	14	20	4	30
	2A11(硬)(LY11Y)	5	6	0	0

材料名称	材料牌号	$E_凸$		$E_凹$	
		橡胶成形	模具成形	橡胶成形	模具成形
黄铜	H62(软)	30	40	8	45
	H62(半硬)	10	14	4	16
	H68(软)	35	45	8	55
	H68(半硬)	10	14	4	16
钢	10	—	38	—	10
	20	—	22	—	10
	1Cr18Mn8Ni5N(1Cr18Ni9)(软)	—	15	—	10
	1Cr18Mn8Ni5N(1Cr18Ni9)(硬)	—	40	—	10

(2) 翻边力的计算

翻边力可以用下式近似计算：

$$F = cLt\delta_b \tag{2-41}$$

式中　F——翻边力，N；

　　c——系数，可取 $c = 0.5 \sim 0.8$；

　　L——翻边部分的曲线长度，mm；

　　t——材料厚度，mm；

　　δ_b——抗拉强度，MPa。

2.4.2　翻孔

翻孔是沿制件内孔周围将材料翻成侧立凸缘的冲压工序，又称为内孔翻边。常见的翻孔为圆形翻孔。如图 2-12 所示，翻孔前毛坯孔径为 d_0，翻孔变形区是内径为 d_0，外径为 D 的环形部分。当凸模下行时，d_0 不断扩大，并逐渐形成侧边，最后使平面环形变成竖直的侧边。变形区毛坯受切向拉应力 σ_θ 和径向拉应力 σ_r 的作用，其中切向拉应力 σ_θ 是最大主应力，而径向拉应力 σ_r 值较小，它是由毛坯与模具的摩擦而产生的。在整个变形区内，孔的外缘处于切向拉应力状态，且其值最大，该处的应变在变形区内也最大。因此在翻孔过程中，竖立侧边的边缘部分最容易变薄、开裂。

(1) 翻孔系数

翻孔的变形程度用翻孔系数 K 来表示：

$$K = \frac{d_0}{D} \tag{2-42}$$

翻孔系数 K 越小，翻孔的变形程度越大。翻孔时孔的边缘不破裂所能达到的最小翻孔系数，称为极限翻孔系数。影响翻孔系数的主要因素如下。

① 材料的性能。塑性越好，极限翻孔系数越小。

② 预制孔的加工方法。冲压出的孔没有撕裂面，翻孔时不易出现裂纹，极限翻孔系数较小。冲出的孔有部分撕裂面，翻孔时容易开裂，极限翻孔系数较大。如果冲孔后对材料进行孔的整修，可以减小开裂。此外，还可以将冲孔的方向与翻孔的方向相反，使毛刺位于翻孔内侧，这样也可以减小开裂，降低极限翻孔系数。

③ 如果翻孔前预制孔径 d_0 与材料厚度 t 的比值 d_0/t

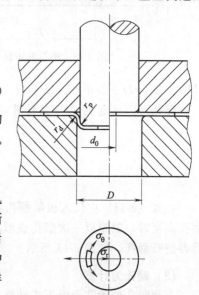

图 2-12　翻孔时变形区的应力状态

较小，在开裂前材料的绝对伸长可以较大，因此极限翻孔系数可以取较小值。

④ 采用球形、抛物面形或锥形凸模翻孔时，孔边圆滑地逐渐胀开，所以极限翻边系数可以较小，而采用平面凸模则容易开裂。

低碳钢的极限翻孔系数如表 2-41 所示。翻圆孔时各种材料的翻孔系数如表 2-42 所示。

表 2-41　低碳钢的极限翻孔系数

翻孔凸模形状	材料相对厚度 d_0/t										
	100	50	35	20	15	10	8	6.5	5	3	1
球形凸模	0.75	0.65	0.57	0.52	0.48	0.45	0.44	0.43	0.42	0.42	—
圆柱形凸模	0.85	0.75	0.65	0.60	0.55	0.52	0.50	0.50	0.48	0.47	—

表 2-42　翻圆孔时各种材料的翻孔系数

经退火的毛坯材料		翻孔系数	
		k_0	k_{min}
镀锌钢板（白铁皮）		0.70	0.65
软钢	$t=0.25\sim2.0mm$	0.72	0.68
	$t=3.0\sim6.0mm$	0.78	0.75
黄铜 H62 $t=0.5\sim6.0mm$		0.68	0.62
铝 $t=0.5\sim5.0mm$		0.70	0.64
硬铝合金		0.89	0.80
钛合金	TA1（冷态）	$0.64\sim0.68$	0.55
	TA1（加热 300～400℃）	$0.40\sim0.50$	0.40
	TA5（冷态）	$0.85\sim0.90$	0.75
	TA5（加热 500～600℃）	$0.70\sim0.75$	0.65
不锈钢、高温合金		$0.69\sim0.65$	$0.61\sim0.57$

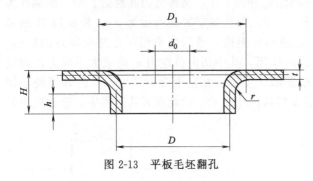

图 2-13　平板毛坯翻孔

（2）翻孔尺寸计算

平板毛坯翻孔的尺寸如图 2-13 所示。

在平板毛坯上翻孔时，按制件中性层长度不变的原则近似计算。预制孔直径 d_0 由下式计算：

$$d_0 = D_1 - \left[\pi\left(r+\frac{t}{2}\right)+2h\right]$$
$$= D - 2(H - 0.43r - 0.72t) \tag{2-43}$$

其中　$D_1 = D + 2r + t$　　$h = H - r - t$

翻孔后的高度 H 由下式计算：

$$H = \frac{D-d_0}{2} + 0.43r + 0.72t \tag{2-44}$$
$$= \frac{D}{2}(1-K) + 0.43r + 0.72t$$

在式（2-44）中代入极限翻孔系数，即可求出最大翻孔高度。当制件要求的高度大于最大翻孔高度时，就难以一次翻孔成形。这时应先进行拉深，在拉深件的底部先加工出预制孔，然后再进行翻孔，如图 2-14 所示。

（3）翻孔力计算

有预制孔的翻孔力由下式计算：

$$F = 1.1\pi t \sigma_s (D - d_0) \tag{2-45}$$

式中　　F——翻孔力，N；

　　　　σ_s——材料屈服点，MPa；

　　　　D——翻孔后中性层直径，mm；

　　　　d_0——预制孔直径，mm；

　　　　t——材料厚度，mm。

无预制孔的翻孔力要比有预制孔的翻孔力大 1.3～1.7 倍。

例题 2-1　固定套翻孔件的工艺计算。制件如图 2-15 所示，材料为 08 钢，料厚 $t=1.0$mm。

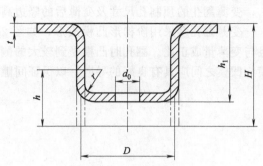

图 2-14　拉深后再翻孔

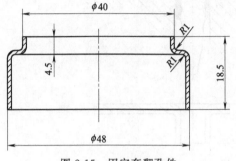

图 2-15　固定套翻孔件

解： ① 计算预制孔。

$$D=39\text{mm}$$

$$D_1=D+2r+t=39+2\times1+1=42\text{mm}$$

$$H=4.5\text{mm}$$

$$h=H-r-t=4.5-1-1=2.5\text{mm}$$

$$d_0=D_1-\left[\pi\left(r+\frac{t}{2}\right)+2h\right]$$

$$=42-[\pi(1+0.5)+2\times2.5]=32.3\text{mm}$$

预制孔直径为 32.3mm。

② 计算翻孔系数。

$$K=\frac{d_0}{D}=\frac{32.3}{39}=0.828$$

由 $d_0/t=32.3$，查表 2-41，若采用圆柱形凸模，得低碳钢极限翻孔系数为 0.65，小于计算值，所以该制件能一次翻孔成形。

③ 计算翻孔力。

查有关手册：

$$\sigma_s=200\text{MPa}$$

$$F=1.1\pi t\sigma_s(D-d_0)=1.1\times\pi\times1\times200\times(39-32.3)=4628\text{N}$$

(4) 变薄翻孔

当翻孔制件要求具有较高的竖边高度，而竖边又允许变薄时，可以采用变薄翻孔。这样可以节省材料，提高生产效率。

变薄翻孔要求材料具有良好的塑性，变薄时凸、凹模采用小间隙，材料在凸模与凹模的作用下产生挤压变形，使厚度显著减薄，从而提高了翻孔高度。如图 2-16 所示为变薄翻孔的尺寸变化。

变薄翻孔时的变形程度用变薄系数 k 表示：

$$k=\frac{t_1}{t} \qquad (2\text{-}46)$$

式中　t_1——变薄翻孔后的竖边厚度，mm；

　　　　t——毛坯厚度，mm。

试验表明：一次变薄翻孔的变薄系数 k 可达 0.4～0.5，甚至更小。

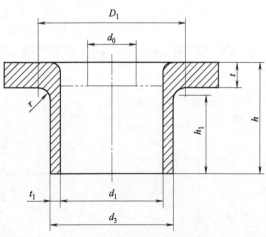

图 2-16　变薄翻孔的尺寸变化

变薄翻孔的预制孔尺寸及变薄后的竖边高度，应按翻孔前后体积不变的原则确定。

变薄翻孔多采用阶梯形凸模成形，如图 2-17 所示。变薄翻孔力比普通翻孔力大得多，并且与变薄量成正比。翻孔时凸模受到较大的侧压力，可以把凹模压入套圈内。变薄翻孔时，凸模与凹模之间应具有良好的导向，以保证间隙均匀。

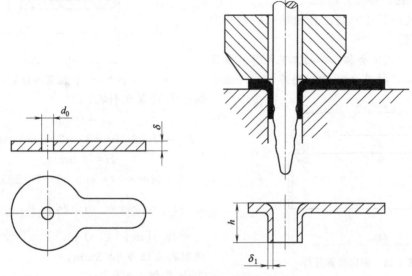

图 2-17　采用阶梯形凸模的变薄翻孔

变薄翻孔通常用在平板毛坯或半成品的制件上冲制小螺钉孔（一般为 M6 以下）。在螺孔加工中，为保证使用强度，对于低碳钢或黄铜制件的螺孔深度，不小于直径的 1/2；而铝件的螺孔深度，不小于直径的 2/3。为了保证螺孔深度，又不增加制件厚度，生产中常采用变薄翻孔的方法加工小螺孔。常用标准螺纹变薄翻孔数据如表 2-43、表 2-44 所示。

表 2-43　粗牙螺纹翻孔数据　　　　　　　　　　　　　　　　　　mm

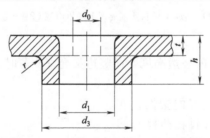

螺纹直径	材料厚度 t	翻孔内径 d_1	翻孔外径 d_3	凸缘高度 h	预冲孔直径 d_0	凸缘圆角半径 r
M2	0.5	1.65	2.24	1	1.1	0.25
	0.6		2.18	0.96	1.3	0.3
			2.24	1.08	1.1	
			2.3	1.2	0.8	
	0.8		2.18	1.28	1.3	0.4
			2.3	1.44	1.0	
	1		2.3	1.6	1.1	0.5
M2.2	0.6	1.8	2.4	1.08	1.3	0.3
			2.5	1.2	0.9	
	0.8		2.4	1.28	1.4	0.4
			2.5	1.44	1.1	
	1		2.5	1.6	1.2	0.5

螺纹直径	材料厚度 t	翻孔内径 d_1	翻孔外径 d_3	凸缘高度 h	预冲孔直径 d_0	凸缘圆角半径 r
M2.5	0.6	2.1	2.8	1.2	1.4	0.3
	0.8		2.7	1.28	1.8	0.4
			2.8	1.44	1.5	
			2.9	1.6	1.2	
	1		2.8	1.6	1.6	0.5
			2.9	1.8	1.2	
	1.2		2.9	1.92	1.3	0.6
M3	0.8	2.55	3.38	1.6	1.9	
	1		3.25	1.6	2.2	0.5
			3.38	1.8	1.9	
			3.5	2	4	
	1.2		3.38	1.92	2	0.6
			3.5	2.16	1.5	
	1.5		3.5	2.4	1.7	0.75
M3.5	1	2.95	3.75	1.6	2.6	0.5
			3.86	1.8	1.8	
			4.0	2	2.3	
	1.2		3.86	1.92	2.3	0.6
			4.0	2.16	1.9	
	1.5		4.0	2.4	2.1	0.75
M4	1	3.35	4.46	2	2.3	0.5
	1.2		4.35	1.92	2.7	0.6
			4.5	2.16	2.3	
			4.65	2.4	1.5	
	1.5		4.46	2.4	2.5	0.75
			4.56	2.7	1.8	
	2		4.56	3.2	2.4	1
M5	1.2	4.25	5.6	2.4	3	0.6
	1.5		5.45	2.4	2.5	0.75
			5.6	2.7	3	
			5.75	3	2.5	
	2		5.53	3.2	2.4	1
			5.75	3.6	2.7	
	2.5		5.75	4	3.1	1.25
M6	1.5	5.1	7.0	3	3.6	0.75
	2		6.7	3.2	4.2	1
			7.0	3.6	3.6	
			7.3	4	2.5	
	2.5		7.0	4	4	1.25
			7.3	4.5	3	
	3		7.0	4.8	3.4	1.5
M8	2	6.85	8.95	4	4.6	1
	2.5		8.65	4	5.7	1.25
			8.95	4.5	4.9	
			9.25	5	3.6	
	3		8.95	4.8	5.1	1.5
			9.3	5.4	3.9	
	4		9.15	6.4	5	2
M10	2.5	8.6	11.2	5	5.6	1.25
	3		10.9	4.8	6.9	1.5
			11.25	5.4	5.8	
			11.5	6	5	
	4		11.1	6.4	6.8	2
			11.55	7.2	5.4	

表 2-44　细牙螺纹翻孔数据　　　　　　　　　　　　　　　　mm

螺纹直径	材料厚度 t	翻孔内径 d_1	翻孔外径 d_3	凸缘高度 h	预冲孔直径 d_0	凸缘圆角半径 r
M2×0.25	0.5	1.78	2.12	0.8	1.6	0.25
			2.18	0.9	1.5	
			2.24	1	1.3	
	0.6		2.18	1	1.5	0.3
			2.24	1.12	1.3	
			2.33	1.25	0.9	
	0.8		2.2	1.25	1.6	0.4
			2.3	1.4	1.8	
	1		2.3	1.6	1.3	0.5
			2.4	1.8	1	
M2.2×0.25	0.6	1.98	2.4	1	1.7	0.3
			2.45	1.12	1.5	
			2.53	1.25	0.3	
	0.8		2.4	1.25	1.6	0.4
			2.5	1.4	1.4	
			2.6	1.6	1	
	1		2.5	1.6	1.3	0.5
			2.6	1.8	1	
M2.5×0.35	0.6	2.2	2.65	1	1.9	0.3
			2.75	1.12	1.7	
			2.8	1.25	1.5	
	0.8		2.7	1.25	1.8	0.4
			2.78	1.4	1.6	
			2.9	1.6	1.2	
	1		2.78	1.6	1.7	0.5
			2.9	1.8	1.4	
M3×0.35	0.8	2.7	3.18	1.25	2.5	0.4
			3.28	1.4	2.3	
			3.4	1.6	1.8	
	1		3.28	1.6	2.3	0.5
			3.4	1.8	2	
			3.53	2	1.5	
	1.2		3.4	2	2	0.6
			3.53	2.24	1.6	
	1.5		3.53	2.5	1.9	0.75
M4×0.5	1	3.55	4.25	1.6	3.2	0.5
			4.35	1.8	3	
			4.5	2	2.6	
	1.2		4.35	2	3	0.6
			4.5	2.24	2.6	
			4.65	2.5	1.9	
	1.5		4.5	2.5	2.7	0.75
			4.65	2.8	2.1	
			4.78	3	1.6	
	2		4.58	3.15	2.6	1
			4.8	3.55	2	
M5×0.5	1.2	4.55	5.35	2	4	0.6
			5.5	2.24	3.8	
			5.65	2.5	3.4	
	1.5		5.45	2.5	3.8	0.75
			5.65	2.8	3.6	

续表

螺纹直径	材料厚度 t	翻孔内径 d_1	翻孔外径 d_3	凸缘高度 h	预冲孔直径 d_0	凸缘圆角半径 r
M5×0.5	1.5	4.55	5.78	3	3	0.75
	2		5.56	3.15	3.7	1
			5.8	3.55	3.1	
			6.05	4	2	
	2.5		5.78	4	3.5	1.25
			6.05	4.5	2.6	
M6×0.75	1.5	5.33	6.4	2.5	4.7	0.75
			6.6	2.8	4.2	
			6.75	3	3.8	
	2		6.5	3.15	4.5	1
			6.75	3.55	4	
			7.05	4	2.8	
	2.5		6.75	4	4.2	1.25
			7.05	4.5	3.3	
	3		7.05	5	3.7	1.5
M8×0.75	2	7.33	8.45	3.15	6.6	1
			8.7	3.55	6.2	
			9	4	5.4	
	2.5		8.7	4	6.3	1.25
			9	4.5	5.7	
			9.3	5	4.6	
	3		9	5	5.8	1.5
			9.35	5.6	4.5	
			9.6	6	3.6	
	4		9.2	6.3	5.6	2
			9.6	7.1	4.4	
M10×1	2	9.1	10.65	3.55	8.1	1
			10.95	4	7.3	
	2.5		10.6	4	8	1.25
			10.95	4.5	7.5	
			11.25	5	6.5	
	3		10.95	5	7.6	1.5
			11.3	5.6	6.5	
			11.55	6	5.6	
	4		11.1	6.3	7.5	2
			11.6	7.1	6.2	

注：表中有关符号见表 2-43 图。

2.4.3 校平

校平是提高局部或整体平面型零件平直度的冲压工序。在多工位级进模中，校平工序大都在冲裁之后进行的。一般来说，对于零件平直度要求较高的冲压件都要经过校平工序。

(1) 校平工序模具类型

校平工序主要是消除其穹弯造成的不平。对于薄料且表面不允许有压痕的制件，一般用光面校平。对于材料较厚且表面允许有压痕的制件，通常采用齿形校平，见图 2-18。

图 2-18 (a) 为细齿校平凸、凹模结构，一般用于材料较厚且表面允许有压痕的制件。齿形在平面上呈正方形或菱形，齿尖磨钝，上下模的齿尖相互叉开。

图 2-18 (b) 为粗齿校平凸、凹模结构，一般用于薄料及铝、铜等有色金属，制件不允许

有较深的压痕。齿顶有一定的宽度，上下模的齿尖也是相互叉开的。

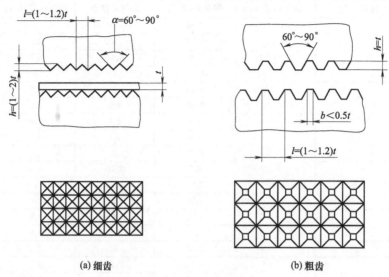

(a) 细齿　　　　　　　(b) 粗齿

图 2-18　齿形校平

(2) 校平力的计算

校平力可以按下式计算：

$$F = Sq \tag{2-47}$$

式中　F——校平力；

　　　S——制件校平面积，mm^2；

　　　q——单位校平力，对于软钢或黄铜，光面凸、凹模校平，q 值为 $50\sim100N/mm^2$；细齿凸、凹模校平，q 值为 $100\sim200N/mm^2$；粗齿凸、凹模校平，q 值为 $200\sim300N/mm^2$。

2.4.4　起伏成形

在多工位级进模中，起伏成形是依靠材料的延伸使工序件形成局部凹陷或凸起的冲压工序。起伏成形中材料厚度的改变是非意图性的，即厚度改变是变形过程中自然形成的，而不是设计指定要求的。

起伏成形主要用于压制加强筋、文字图案、压凸包等。

(1) 起伏成形变形限值

起伏成形的变形程度可用伸长率表示：

$$\varepsilon = \frac{L_1 - L}{L} \times 100 \tag{2-48}$$

式中　ε——伸长率，%；

　　　L_1——变形后延截面的材料长度，mm；

　　　L——变形前材料原有长度，mm。

一次起伏成形的伸长率（ε）不能超过材料拉深试验的伸长率（δ）的 70%～80%，即：

$$\varepsilon < (0.7\sim0.8)\delta \tag{2-49}$$

伸长率可从图 2-19 可以看出。图中曲线 1 是计算值，曲线 2 是实际值。在冲压时，因成形区域外围的材料也被拉长，故实际伸长率略低于计算值。

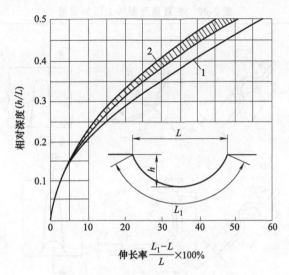

图 2-19　压加强筋时材料的伸长率

(2) 压加强筋、压凸包工艺

① 压加强筋工艺。在平面或曲面上压加强筋的形式和尺寸如表 2-45 所示。在直角形制件上压加强筋的形式和尺寸如表 2-46 所示。

表 2-45　在平面（曲面）上压加强筋　　　　　　　　　　　　　mm

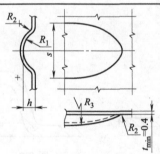

h	s（参考）	R_1	R_2	R_3	t_{max}
1.5	7.4	3	1.5	15	0.8
2	9.6	4	2	20	0.8
3	14.3	6	3	30	1.0
4	18.8	8	4	40	1.5
5	23.2	10	5	50	1.5
7.5	34.9	15	8	75	1.5
10	47.3	20	12	100	1.5
15	72.2	30	20	150	1.5
20	94.7	40	25	200	1.5
25	117.0	50	30	250	1.5
30	139.4	60	35	300	1.5

② 压凸包工艺。在多工位级进模中的工序里，压凸包可看成带有很宽凸缘的低浅空心件。由于凸缘很宽，在压凸包成形时，凸缘部分材料不产生明显的塑性流动，主要由凸模下方及附近的材料参与变薄变形出来的。

压凸包时，如果一次成形的伸长率（ε）超过材料拉深试验的伸长率（A）的 75%，那么应增加一道工序，先压出球形，再成形所需的凸包尺寸，见图 2-20。球形的表面积要比凸包的表面积多 20% 左右，因为在后一道成形工序中有部分材料又重新返回到凸缘处。

表 2-46　在直角形制件上压加强筋　　　　　　　　　　　　mm

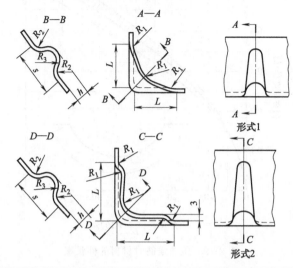

形式	L	h	R_1	R_2	R_3	s（参考）	筋与筋间距
1	12	3	6	9	5	17	65
1	16	5	8	16	6	28	75
2	30	6	9	22	8	37	85

　　如图 2-21 所示，带孔的凸包在条件允许的情况下，应在成形前冲出一个较小的孔，成形时孔的材料向外流动，有利于变形。

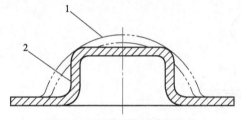

图 2-20　两道工序压成的凸包

1—第一道先压出球形；2—第二道压凸包

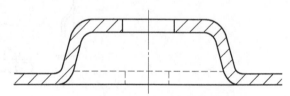

图 2-21　预先冲出小孔的凸包成形方式

常用的凸包尺寸和间距如表 2-47 所示。

表 2-47　压凸包的相关尺寸和间距　　　　　　　　　　　　mm

简　图	D	L	l
	6.5	10	6
	8.5	13	7.5
	10.5	15	9
	13	18	11
	15	22	13
	18	26	16
	24	34	20
	31	44	26
	36	51	30
	43	60	35
	48	68	40
	55	78	45

(3) 起伏成形的压力计算

① 带料（条料）在 1.5mm 以下的起伏成形（加强筋除外）的近似压力，可按以下经验公式计算：

$$F = Skt^2 \tag{2-50}$$

式中 F——起伏成形压力，N；

S——起伏成形的面积，mm^2；

k——系数，通常对于钢取 $300 \sim 400 N/mm^4$，对于黄铜取 $200 \sim 250 N/mm^4$；

t——带料（条料）厚度，mm。

② 压加强筋近似压力可按以下公式计算：

$$F = Lkt\sigma_b \tag{2-51}$$

式中 F——压加强筋压力，N；

k——系数，与筋的宽度和深度有关，k 一般取 $0.7 \sim 1.0$；

L——加强筋周长；

t——带料（条料）厚度，mm；

σ_b——材料的抗拉强度，MPa。

如压筋带整形在多工位级进模上同一工序进行冲压，那么其压力可按式（2-50）计算。

2.5　压力中心计算

冲压力合力的作用点称为压力中心。对于有冲裁、弯曲、拉深、成形等各种冲压工序的多

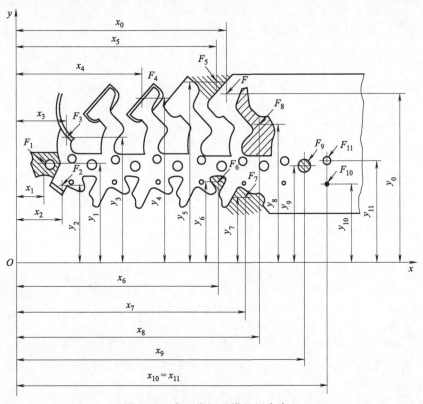

图 2-22　多工位级进模的压力中心

工位级进模，在设计时，应尽量使压力中心与压力机滑块中心相重合，否则会产生偏心载荷，使模具导向部分和压力机导轨非正常磨损，使模具间隙不匀，严重时会啃刃口。对有模柄的小型多工位级进模，使压力中心与模柄的轴线重合，在安装模具时，便能实现压力中心与滑块中心重合。

如图 2-22 所示，其压力中心求法如下。

① 选择基准坐标。

② 求出各凸模的冲压力（F_1、F_2、…、F_n）和相应的各个压力中心的坐标分别为（x_1、y_1），（x_2、y_2），…，（x_n、y_n）。

③ 按下式求出整副多工位级进模压力中心坐标。

$$x_0 = \frac{F_1 x_1 + F_2 x_2 + \cdots + F_n x_n}{F_1 + F_2 + \cdots + F_n} \tag{2-52}$$

$$y_0 = \frac{F_1 y_1 + F_2 y_2 + \cdots + F_n y_n}{F_1 + F_2 + \cdots + F_n} \tag{2-53}$$

式中　　　　　x_0——多工位级进模压力中心至 y 轴的距离，mm；

$\quad\quad\quad\quad y_0$——多工位级进模压力中心至 x 轴的距离，mm；

F_1，F_2，…，F_n——各凸模的冲压力，N；

x_1，x_2，…，x_n——各冲压力中心至 y 轴的距离，mm；

y_1，y_2，…，y_n——各冲压力中心至 x 轴的距离，mm。

第**3**章

多工位级进模的排样设计

- 排样图设计原则
- 排样图设计时应考虑的因素
- 排样设计技巧
- 载体设计技巧
- 分段冲切废料设计技巧
- 空工位设计
- 多工位连续拉深排样设计
- 步距精度及步距尺寸的确定
- 多工位级进模排样图设计步骤

设计多工位级进模时，首先要设计条料排样图。因为条料排样设计是多工位级进模设计的关键环节。多工位级进模的排样设计是否合理，直接影响到模具设计的成败，如排样确定了，模具的基本结构也确定了，所以进行排样设计时，要充分考虑到分段切除和工序安排的合理性，并使带料（或条料）在连续冲压过程中畅通无阻，便于制造、使用、刃磨和维修，因此设计排样图时要多方面的考虑，并进行分析，反复比较后选择最佳的方案。

3.1 排样图设计原则

多工位级进模的排样设计是与制件冲压方向、变形次数及相应的变形程度密切相关的，还要考虑模具制造的可能性与工艺性。其排样方式不同，则材料利用率，冲压出制件的精度，生产率，模具制造的难易程度及模具的使用寿命也不同，因此，排样图设计时应遵循下列原则。

① 为提高凹模强度及便于模具制造，对于冲压形状复杂的制件，可用分段切除的方法，将复杂的型孔分解若干个简单的孔形，并安排在多个工位上进行冲压，以使凸、凹模形状简单规则，便于模具制造并提高使用寿命，但同一尺寸或位置精度要求高的部位应尽量安排在同一工位上冲压，如图 3-1 所示。

② 合理确定工位数，工位数为分解各单工序之和。在不影响凹模强度的原则下，工位数越少越好，这样可以减少累积误差，使冲出的制件精度高。但有时为了提高凹模的强度或便于安装凸模，需在排样图上设置空工位。但凹模型孔距离也不宜太远，否则空工位较多会增大模具的尺寸，既增加模具成本，又降低制件精度。如图 3-1 所示，为增加凹模的强度在工位⑪上设置空工位。

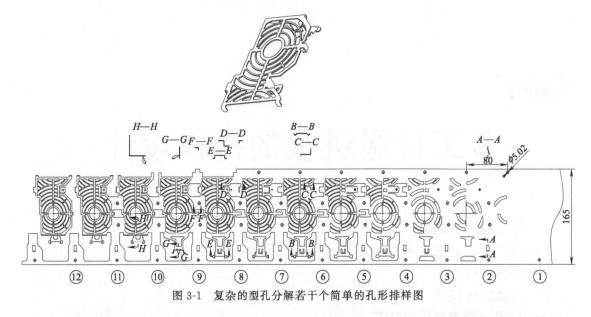

图 3-1　复杂的型孔分解若干个简单的孔形排样图

③ 在排样设计时，尽可能考虑材料的利用率，尽量按少、无废料排样，以便降低制件成本，提高经济效益。也可以采用双排、多排、套式排或对叉排样，比单排排样要节省材料，但模具结构复杂，制造困难，给操作也带来不便，应多方面进行考虑后加以确定。

图 3-2 所示为硅钢片，该制件为一字形和山字形硅钢片，一字形的长度等于山字形的长度。经分析，采用无废料冲裁，可套式冲切一字形和山字形制件各两件。一字形制件是由双侧刃搭边冲切获得，那么对带料的宽度要求高（带料宽度要求 $31\pm0.1\mathrm{mm}$）。

④ 为保证带料（或条料）送进步距的精度，在排样设计时，一般应设置侧刃作为粗定位，导正销为精定位，但导正销孔尽可能设置在废料上（见图 3-1），有时由于制件形状的限制，在废料上无法设置导正销孔，也可以将制件中冲出的孔作导正销孔。当使用送料精度较高的送料装置时，可不设侧刃，只设导正销即可。导正销孔应在第①工位冲出，第②工位开始导正，以后根据冲件精度的要求，每隔适当工位设置导正销定位。

⑤ 多工位级进模中弯曲件排样与外形尺寸及变形程度有一定关系，一般以制件的宽度方向作为带料（或条料）的送进方向。

⑥ 需要冲制的制件与载体连接应有足够的强度和刚度，以保证带料（或条料）在冲压过程中连续送进的稳定性。

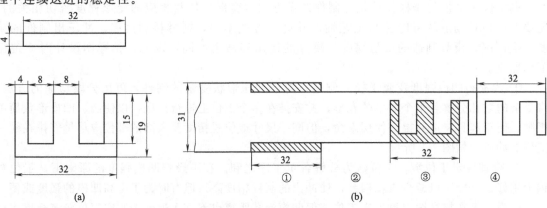

图 3-2　硅钢片无废料排样图

工位①—冲切双侧刃搭边（也就是冲切两件一字形的制件）；工位②—空工位；

工位③—冲切山字形制件；工位④—切断另一个山字形制件

⑦ 合理安排工序顺序，原则上宜先安排冲孔、切口、切槽等冲裁工序，再安排弯曲、拉深、成形等工序，最后切断或落料分离，各工序先后应按一定的次序而定，以有利于下一工序的进行为准。但如果孔位于成形工序的变形区，则在成形后冲出。对于精度要求高的，应在成形工序之后增加校平或整形工序。如图 3-3 所示，该制件有冲裁、拉深、弯曲等工序，应先冲切出部分外形废料，有利于下一工序拉深，再进行拉深，接下来再进行弯曲等，前后次序不能对调。

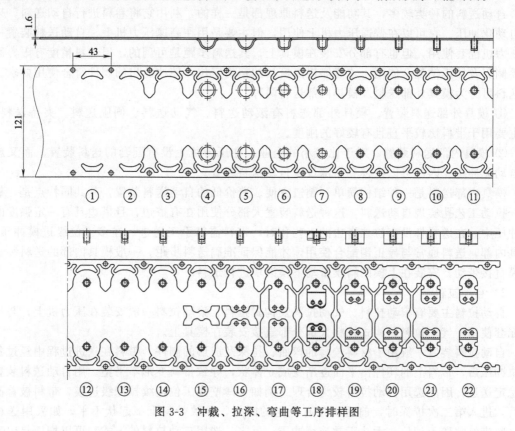

图 3-3 冲裁、拉深、弯曲等工序排样图

3.2 排样图设计时应考虑的因素

(1) 企业的生产能力与生产批量

1）企业生产能力

生产能力是指企业现有的自动化程度、工人技术水平及压力机的数量、型号、规格。压力机的规格包括公称压力、模具闭合高度、滑块行程高度、装模尺寸及冲压速度等。

2）生产批量

当生产能力与生产批量相适应时，采用单排排样较好。模具结构简单，便于制造，模具刚性好，模具使用寿命也可延长。反之，生产批量较大时，可采用双排或多排排样，在模具上提高生产效率，使模具制造也较为复杂。

(2) 多工位级进模的送料方式

多工位级进模的送料方式主要有人工送料、自动送料和自动拉料 3 种。

1）人工送料

人工送料一般用于小批量生产，制件形状较简单、工位数较小的级进模，通常在普通压力机上冲压。因人工送料时，每一次送进的步距或多或少，因此在排样设计时，首先要考虑侧刃挡料或其他挡料方式。其冲压动作是：条料送进模具内部，首先冲切出料带的侧刃，再冲切导正销孔及其他型孔，以后每次送进以接触到侧刃为基准。侧刃作为条料的粗定位，导正销为精定位。

2）自动送料

自动送料的种类较多，其功能及送料原理都是一样的，利用它将卷料进行自动送料，来实现自动化冲压。它可以在普通压力机上使用，但主要是用在高速压力机上。自动送料装置一般与压力机配套使用，但也有部分安装在模具上，其送料步距是可调的，但送料精度有限，因此需要侧刃及导正销配合使用，才能够提高模具的精确定位，使冲压出的制件符合使用要求。自动送料可分为模具外部送料及模具内部送料两种。

① 模具外部送料装置。模具外部送料有滚动送料、气动送料、伺服送料、夹持送料等。它主要用于带料比较平直且有较好的刚度。

② 模具内部送料装置。对于比较小的企业，在压力机上没有配套的送料装置，而又想实现自动化冲压。因此可以在模具内部设置自动送料装置。

模具内部送料是一种结构简单、制造方便、造价低的自动送料装置，其共同特点是，靠送料杆拉动工艺孔实现自动送料，这种送料装置大部分使用在有搭边，且搭边具有一定强度的自动冲压中，在送料杆没有拉住搭边的工艺孔时，带料需靠手工送进。在多工位级进模冲压中，模具内部，送料通常与导正销配合使用，才能保证准确送料步距，一般模具内部的送料装置由上模直接带动，安装在上模的斜楔带动下模滑块进行送料。

3）自动拉料

自动拉料主要有滚动拉料、气动拉料及钩式拉料。滚动拉料一般安装在压力机上，与压力机配套使用。气动拉料和钩式拉料大部分都直接安装在模具上。

自动拉料装置一般用于材料较薄的弯曲、拉深及成形的制件，带料在送进过程中经过各个工位冲压后，带料上的坯件由平面逐渐变成立体状，导致带料变形不平整。用自动送料装置难以稳定送进，因此选用自动拉料较为合理。例如：薄壁多工位连续拉深级进模，带料被首次拉深后，进入第二次拉深时，前后工序有一定的断差，导致带料上下起伏不平，如采用送料方式，料带经常送不到位，无法正常连续冲压。反之，选用自动拉料的方式，可以把模具内部的上下起伏不平的带料经过拉料钩直接把带料拉到下一工位上冲压。

选用气动拉料或钩式拉料时，前提带料的载体上必须有导正销孔或其他工艺孔，当拉料器上的拉钩进入导正销孔或其他工艺孔上时实现自动拉料功能。

(3) 制件形状

分析制件形状，抓住制件的主要特点，分析研究，找出工位之间关系，保证冲压过程顺利进行。特别是对那些形状异常复杂，精度要求高，含有多种冲压工序的制件，应根据变形理论分析，合理分配到一个工位或多个工位上冲压，采取必要措施，保证冲压全过程能顺利地进行。

(4) 冲裁力的平衡

① 力求压力中心与模具中心重合，其最大偏移量不超过模具长度的 1/6 或模具宽度的 1/6。

② 多工位级进模往往在冲压过程中产生侧向力，必须分析侧向力产生部位、大小和方向，采取一定措施，力求抵消侧向力，保持冲压的稳定性。

(5) 模具结构

多工位级进模的结构尽量简单，制造工艺性好，便于装配、维修和刃磨。特别是对高速冲压的多工位级进模，应尽量减轻上模部分重量，如上模部分较重，会导致冲压时的惯性大，冲压发生故障时不能在第一时间停止。通常高速冲压的小型多工位级进模的上模座采用合金铝制造来减轻上模部分重量。

（6）被加工材料

多工位级进模对被加工材料有严格要求。在设计条料排样图时，对材料的供料状态、被加工材料的物理力学性能、材料厚度、纤维方向及材料利用率等均要全面考虑。

① 材料供料状态。设计条料排样图时，应明确说明是成卷带料还是板料剪切成的条料供料。多工位级进模常用成卷带料供料，这样便于进行连续、自动、高速冲压。否则，自动送料、高速冲压难以实现。

② 加工材料的物理力学性能。设计条料排样图时，必须说明材料的牌号、料厚公差、料宽公差。被选材料既要能够充分满足冲压工艺要求，又要有适应连续高速冲压加工变形的物理力学性能。

③ 纤维方向。弯曲线应该与材料纤维方向垂直。但对于已成卷带料，由于其纤维方向是固定的，因此在多工位级进模排样图设计时，由排样方位来解决。有时制件上要进行几个方向上的弯曲，可利用斜排使弯曲线与纤维方向成 α 角，一般 $\alpha = 30° \sim 60°$。如图 3-4 所示，图中 $\alpha = 45°$。

当不便于斜排时，征得产品设计师同意，可适当加大弯曲制件的内圆半径。

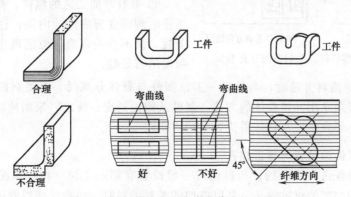

图 3-4　材料纤维方向与弯曲线之间的关系

④ 材料利用率。材料利用率的高低是直接影响制件成本的主要因素之一。通常多工位级进模的材料利用率较低。如提高材料利用率，就相当于降低了制件的成本。对于生产批量较大的制件，提高材料利用率、降低制件成本是非常重要的，所以在设计排样图时，应尽量使废料达到最少。

在多工位级进模排样中，采用双排、多排可以提高材料利用率，但给模具设计、制造带来很大困难。对形状复杂的、贵重金属材料的冲压件，采用双排或多排排样还是经济的。如图 3-5 所示，排样方法不同，材料利用率便有高低。4 种排样中单排的材料利用率最低，双排次之，三排材料利用率最高。

（7）制件的毛刺方向

制件经凸、凹模冲切后，其断面有毛刺。在设计多工位级进模条料排样图时，应注意毛刺的方向。其原则如下。

① 当制件图样提出毛刺方向要求时，无论排样图是双排还是多排，应保证多排冲出的制件毛刺方向一致，绝不允许一副模具冲出的制件毛刺方向有正有反。如图 3-6 所示，同是双排排样，但图 3-6（a）中的一个制件相对于另一个制件翻转了一下再排样，结果使冲下的两个制

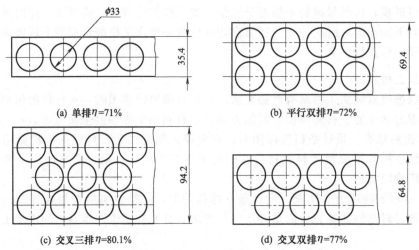

(a) 单排η=71%   (b) 平行双排η=72%

(c) 交叉三排η=80.1%   (d) 交叉双排η=77%

图 3-5　从排样方法看材料利用率

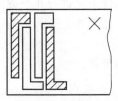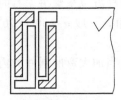

(a) 两件毛刺方向相反　　(b) 两件毛刺方向相同

图 3-6　同是双排排样、毛刺方向有正有反

件毛刺方向相反；图 3-6（b）中的一个制件相对于另一个制件在同一平面内旋转了 180° 后再排样，结果使冲下的两个制件毛刺方向相同。

② 带有弯曲工艺的制件，排样图设计时，应当使毛刺面在弯曲件的内侧，这样既使制件外形美观，又不会使弯曲部位出现边缘裂纹，对于弯曲质量有好处。

③ 在分断切除废料方法时，当最后一工位制件与载体分离时，要使制件所有部位的毛刺方向相同，那么必须采用冲切载体的方式，制件从侧面滑出；反之，采用冲切制件的方式，载体从侧面滑出，会导致制件与载体搭边处毛刺方向相反。

(8) 正确设置侧刃位置与导正销孔

侧刃是用来保证送料步距的。所以侧刃一般设置在第一工位（特殊情况可在第二工位）。若仅以侧刃定距的多工位级进模，又是以剪切的条料供料时，应设计成双侧刃定距，即在第一工位设置一侧刃，在最后工位再设置一个，如图 3-7 所示。如果仅在第一工位设置一个侧刃，

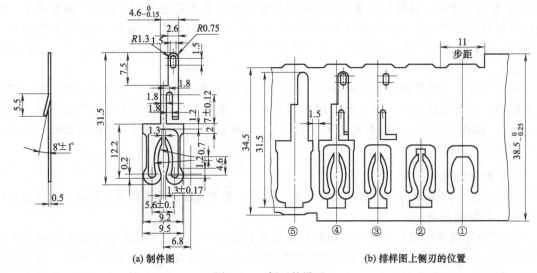

(a) 制件图   (b) 排样图上侧刃的位置

图 3-7　双侧刃的设置

那么，每一条料的前后均剩下 4 个工位无法冲制，造成很大浪费。

导正销孔与导正销的位置设置，对多工位级进模的精确定位是非常重要的。多工位级进模由于采用自动送料，因此必须在排样图的第一工位就冲出导正销孔，第二工位以及以后工位，相隔 2～4 个工位在相应位置上设置导正销定位，在重要工位之前一定要设置导正销定位，为节省材料，提高材料利用率，多工位级进模中可借用被冲裁制件上的孔作导正销孔，但不能用高精度孔，否则，在连续冲压时，因送料误差而损坏孔的精度，采用低精度孔作导正销孔又不能起导正作用，因此，必须适当提高该孔的精度。

对圆形拉深件的多工位级进模，一般不设导正，这是因为拉深凸模或在拉深凸模上的定位压边圈本身就对带料起定距导正作用。对拉深后再进行冲裁、弯曲等的制件，在拉深阶段不设导正，拉深后冲制导正销孔，冲制导正销孔后一工位才开始设导正。

(9) 注意条料在送进过程中的阻碍

设计多工位级进模排样图时，应保证带料在送进过程中的畅通无阻，否则就无法实现自动冲压。影响条料送进的因素有以下几种。

① 由于拉深、弯曲、成形等工序引起带料上下起伏不平，阻碍带料的送料。

② 多工位级进模一般采用浮动送料，条料在送进时，浮离下模平面一定的高度，也有可能产生阻碍送进；加上浮离机构设计不当而失灵，造成带料的送进阻碍。

③ 下模本身由于冲压工艺需要加工成高低不平，引起阻滞。

(10) 具有侧向冲压时，注意冲压的运动方向

多工位级进模经常出现侧向冲裁、侧向弯曲、侧向抽芯等。为了便于侧向冲压机构工作与整副模具和送料机构动作协调，一般应将侧向冲压机构放在条料送进方向的两侧，其运动方向应垂直于条料的送进方向。

(11) 凸、凹模应有足够的强度

在多工位级进模中，制件的形状一般比较复杂，对特殊制件的形状，制件的局部位置对凸、凹模来说，可能是最薄弱的地方或者是难以加工之处。为提高凸、凹模的强度，同时也便于加工，当凸、凹模磨损或损坏还可以修理，将制件的局部设计在几个工位上分段冲压，排样要适应这种需要而变化。如图 3-8 所示，将一异形孔分段为三次冲成。这样每一次冲的形孔都比较简单。若异形孔一次冲成，则尖角处很容易损坏。

图 3-9 的左右是两个不同凹模孔形的设计，按图 3-9 的左边部分设计，异形孔一次冲成，对于凸模和凹模来说，形状较为复杂，加工比较困难，如将该孔进行分解，分解后的孔形如图 3-9 的右边部分所示，即先冲异形孔的中间窄长孔，后冲异形孔的两头孔，使每个工位上的冲裁形孔变为简单，对提高凹模强度十分有利。从图中阴影线部分还可以看出，前工位的腰圆孔与后工位的孔是相互交叉延伸的，这样有利于提高分段冲孔的质量，也便于凹模的制造。

当工位间步距较小时，前后工位均属冲裁，影响到凹模刃口间足够壁厚时（如料厚 $t <$ 1mm，壁厚 $<$ 2mm），应考虑排样错开，加大刃口间壁厚。

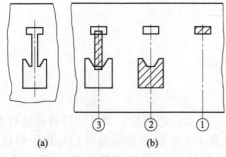

图 3-8　异形孔分段冲（一）

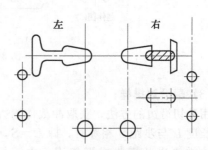

图 3-9　异形孔分段冲（二）

3.3　排样设计技巧

3.3.1　排样的类型及方法

根据多工位级进模冲压工艺特点、工位间送进方式、排样有无搭边及冲切工艺废料方法等，可将多工位级进模冲裁件排样归纳为以下几种类型及排布方法。

(1) 分切组合排样

各工位分别冲切冲裁件的一部分，工位与工位之间相对独立，互不相干，其相对位置由模具控制，最后组合成完整合格的冲裁件，如图 3-10 所示。

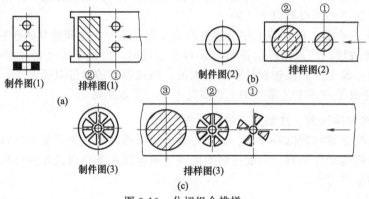

图 3-10　分切组合排样

(2) 拼切组合排样

冲裁件的内孔与外形，甚至是一个完整的任意形状冲裁件，都用几个工位分开冲切，最后拼合成完整的冲裁件，虽与分切组合类似，但却不尽相同。其各工位拼切组合，冲切刃口相互关联，接口部位要重合，增加了模具制造难度，见图 3-11。

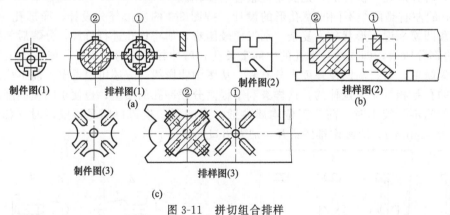

图 3-11　拼切组合排样

(3) 裁沿边排样

用冲切沿边的方法，获取冲裁件侧边的复杂外形，即裁沿边排样。当冲切沿边在送料方向上的长度 L 与步距 S 相等时，即 $L=S$，则可取代侧刃并承担对送进原材料切边定距的任务。通称这类侧边凸模为成形侧刃。由于标准侧刃品种少且尺寸规格有限，最大切边长度仅

40.2mm，当送料步距 $S>40.2$mm 时，便只能用非标准侧刃了。采用标准侧刃的另一个缺点是，要靠在原材料侧边切除一定宽度的材料，形成长度等于送料步距的切口，对送进原材料定位，增加了工艺废料，材料利用率 η 值下降 2%～3%。用侧边凸模裁沿边，既能完成冲裁件侧边外廓任意复杂外形的冲裁，又可实现对送进原材料步距限位，取代标准侧刃，一举多得，见图 3-12。

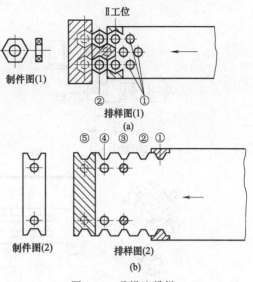

图 3-12　裁沿边排样

(4) 裁搭边排样

对于细长的薄料冲裁件，与搭边连接的部位，有复杂形状外廓的长冲裁件，用裁搭边法冲裁，可避免细长冲裁件扭曲变形、卸件困难等缺点。比较典型的冲压零件是仪表指针、手表秒针等，采用裁搭边排样，效果很好。为了制模方便，有时将搭边放大，便于落料，而作为搭边留在原材料上的冲裁件，最后才与载体冲切分离出来，见图 3-13。

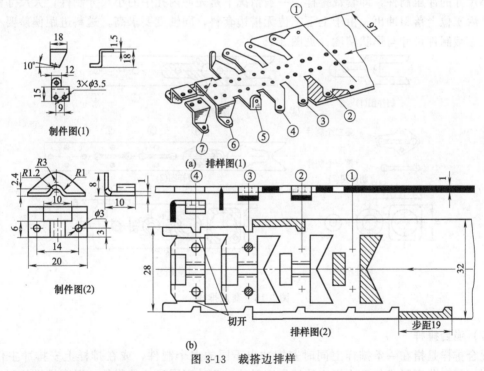

图 3-13　裁搭边排样

(5) 沿边与搭边组合冲切排样

通过分工位逐步冲切沿边与搭边获取成形冲压制件展开毛坯，并冲压成形的排样称为沿边与搭边组合冲切排样。诸工位冲去的是工艺废料，冲压制件留在原材料上，逐步成形至最后工位与载体分离出件，见图 3-14。

(6) 套裁排样

用大尺寸冲裁件内孔的结构废料，在同一副多工位级进模的专设工位上冲制相同材料厚度

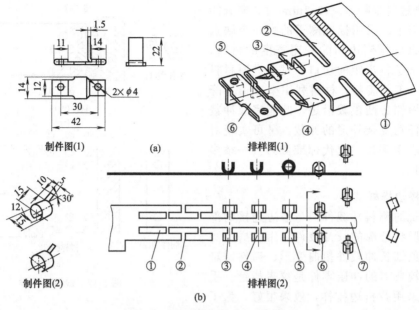

图 3-14　沿边与搭边组合冲切排样

的更小尺寸的冲压制件，即套裁排样。一般情况下是先冲内孔中的小尺寸制件，大尺寸制件往往在最后工位上落料冲出。由于上下工位无搭边套料，同轴度要求高，送料进距偏差要小，才能保证套裁制件尺寸与形状精度，见图 3-15。

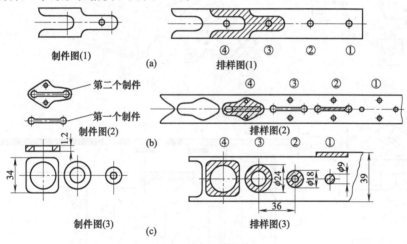

图 3-15　套裁排样

(7) 混合排样

混合排样是指在一条排样上同时安排冲出不同的多个制件，或在排样上安排冲主件的同时，利用其工艺废料或与沿边相连的结构废料冲出几种不同形状的制件。混合排样的制件必须具备同类型（包括产量也相同）、同材质、同料厚、同冲裁毛刺方向的条件。与套裁排样的区别在于，混合排样尽量利用工艺废料或多余的沿边与搭边，以及由于冲裁件复杂的外形，凸凹差异大而产生的外沿结构废料。排样时，充分利用冲裁件外形凸、凹部分，相互掺叉嵌入拼合排布，使原材料得到充分利用，如图 3-16 所示。

(8) 无搭边排样与无废料排样

由于绝大多数多工位级进模冲压的制件，都采用有沿边、有搭边排样，只能进行有废料冲

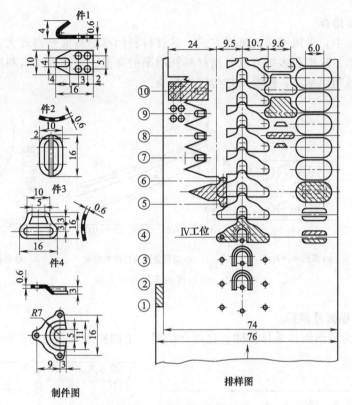

图 3-16　混合排样

裁。如果能进行无沿边、无搭边排样，同时冲裁件又无结构废料产生，便可进行无废料冲裁。真正使板材利用率达到或接近 100% 的完全无废料冲裁的冲裁件较为罕见，但凡能进行无搭边排样的制件，都可进行少废料冲裁，见图 3-17。

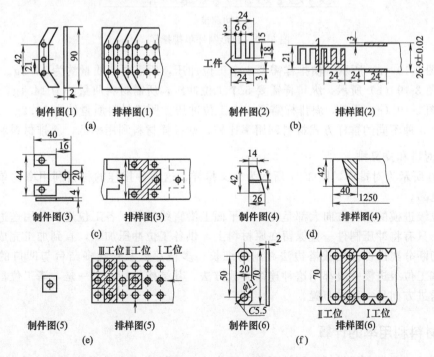

图 3-17　无搭边排样

（9）单排和多排样

在同一个制件中，采用不同的排样方式，其材料利用率的高低差别较大。如图 3-18 所示，从圆形制件的单排、双排和多排可以看出材料利用率的高低。单排的材料利用率较低，模具结构简单；多排材料利用率高，但模具结构较为复杂。

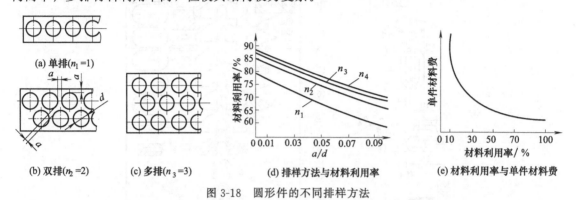

（a）单排（$n_1=1$）

（b）双排（$n_2=2$）   （c）多排（$n_3=3$）   （d）排样方法与材料利用率   （e）材料利用率与单件材料费

图 3-18   圆形件的不同排样方法

（10）横排、纵排及斜排

图 3-19 所示为异形制件单排排样。这里介绍同一个制件采用不同的三种排样方式。

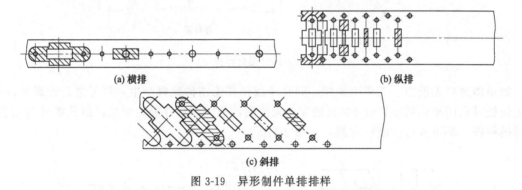

（a）横排   （b）纵排

（c）斜排

图 3-19   异形制件单排排样

① 如图 3-19（a）所示，横排样需要 4 个工位冲压，所需材料质量约为 14.3g。
② 如图 3-19（b）所示，纵排样需要 5 个工位冲压，所需材料质量约为 14.1g。
③ 如图 3-19（c）所示，斜排样需要 4 个工位冲压，所需材料质量约为 13.2g。
从以上 3 种不同的排样方式材料利用率比较，横排样材料利用率低，斜排材料利用率高。

（11）对排和交叉排

图 3-20 所示为对排样，图 3-21 所示为交叉排样，这两种排样的材料利用率比单排高，且生产效率也高。

多工位级进模的送料方向大都是在一个平面上沿直线进行，各工位送料是用送进原材料携带。为此，只有将冲压制件一直保留在原材料上，供各工位冲压加工，直到加工完成后，才从原材料上切断分离出件。用裁搭边法冲制的细长、多枝芽以及外廓多凸台与凹口的平板冲裁件，所用多工位级进模一般都用这种连续冲裁方法。其结构的特点之一是，诸工位都在一个平面上且沿送进方向呈一直线布置。

3.3.2   材料利用率的计算

用制件的面积与所用板料面积的百分比，作为衡量排样合理性的指标，称为材料利用率。

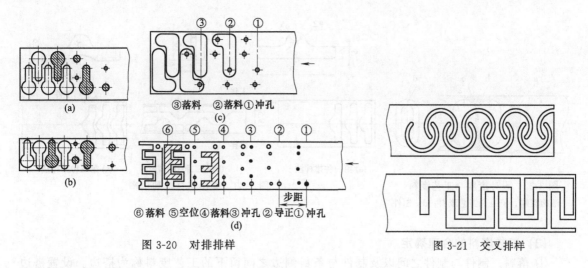

③落料 ②落料①冲孔
(c)

⑥落料 ⑤空位④落料③冲孔 ②导正① 冲孔
(d)

图 3-20 对排排样

图 3-21 交叉排样

用 η 表示：

$$\eta = \frac{nS}{BA} \times 100\%$$ (3-1)

式中 S——制件面积；

      n——一个步距内制件数；

      B——条料（带料）宽度；

      A——排样步距。

冲压同一个制件，可以用多种不同的排样方法，η 值越大，说明废料少，材料利用率高。但考虑到多行排列的形式（交叉或平行）和端头废料，所以 η 还不能说明总的材料有效利用率。在一张板料上总的材料利用率用 $\eta_{总}$ 表示，即：

$$\eta_{总} = \frac{n_{总}S}{LB} \times 100\%$$ (3-2)

式中 S——制件面积；

      $n_{总}$——一张板料上实际制件数；

      B——板料宽度；

      L——板料上的长度。

3.3.3 工艺废料与设计废料

在多工位级进模中冲裁出的废料，分为设计废料和工艺废料两种，如图 3-22 所示。

(1) 设计废料

由于制件有内孔的存在而产生的废料，这是由于制件本身的形状结构要求所决定的，称为设计废料，如图 3-22（a）所示。

(2) 工艺废料

当制件与制件之间和制件与条料（或带料）侧边之间有搭边存在，还有因不可避免的料头料尾而产生的废料，称工艺废料。它主要取决于冲压方法和排样形式。见图3-22中 b、c、e 所示。

为了提高材料利用率，应从减少工艺废料想办法，采取合理排样，必要时，在不影响产品性能的要求下，改善制件的结构设计，也可以减少设计废料，如图 3-23 所示。采用第一种排样法，材料利用率为 50%；采用第二种排样法，材料利用率可提高到 70%；当改善制件形状后，用第三种排样法，材料利用率提高到 80% 以上。

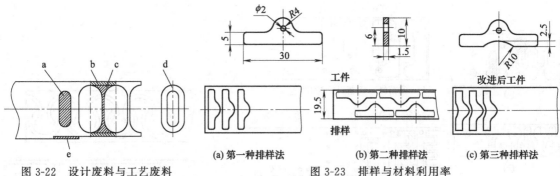

图 3-22　设计废料与工艺废料
a—结构废料；b～e—工艺废料；d—制件

图 3-23　排样与材料利用率

(a) 第一种排样法　(b) 第二种排样法　(c) 第三种排样法

(3) 工艺废料的合理确定

① 落料。制件与制件之间以及制件与条料侧边之间留下的工艺废料称为搭边。设置搭边的目的：一是为了补偿定位误差和裁剪下带料（条料）的误差，确保冲出合格制件；二是可以增加带料（条料）的刚度，便于带料（条料）送进。

搭边值需合理确定。搭边过大，材料利用率低；搭边过小时，搭边的强度和刚度不够，在落料中将被拉断，制件产生毛刺，有时甚至单边拉入模具间隙，损坏模具刃口。搭边值目前由经验值确定，其大小如表 3-1 所示。

② 切槽。切槽是指冲切出制件局部外形，为了制件外形的质量，要考虑合理的搭边及槽长、宽相关尺寸，具体如表 3-2 所示。

表 3-1　多工位级进模落料工序搭边 a 和 b 的相关尺寸

材料宽度 B	当 $A/B<1.5$ 时		当 $A/B>1.5$ 时			
	搭边 a 和 b		搭边 a		搭边 b	
	标准	最小	标准	最小	标准	最小
≤25	$1.0t$	0.8	$1.25t$	1.2	$1.25t$	1.0
>25～75	$1.25t$	1.2	$1.5t$	1.8	$1.5t$	1.4
>75～150	$1.5t$	2.5	$2.0t$	2.5	$1.75t$	2.0

表 3-2　切槽的搭边尺寸 b 和槽宽 a_1 的相关尺寸

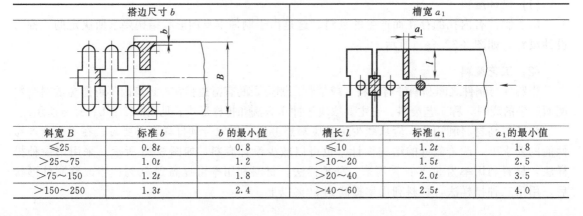

料宽 B	标准 b	b 的最小值	槽长 l	标准 a_1	a_1 的最小值
≤25	$0.8t$	0.8	≤10	$1.2t$	1.8
>25～75	$1.0t$	1.2	>10～20	$1.5t$	2.5
>75～150	$1.2t$	1.8	>20～40	$2.0t$	3.5
>150～250	$1.3t$	2.4	>40～60	$2.5t$	4.0

③ 分段。分段是指制件与带料（条料）分离，也叫冲切载体。表 3-3 所示有 R 形分段冲切和直线形分段冲切两种。

表 3-3 R 形和直线形分段凸模刃厚相关尺寸

R 形分段凸模刃厚尺寸			直线形分段凸模刃厚尺寸		
料宽 B	标准 a	a 的最小值	料宽 B	标准 a	a 的最小值
≤25	1.2t	1.5	≤25	1.2t	2.0
>25~50	1.5t	2.0	>25~50	1.5t	3.0
>50~100	2.0t	3.0	>50~100	2.0t	4.5

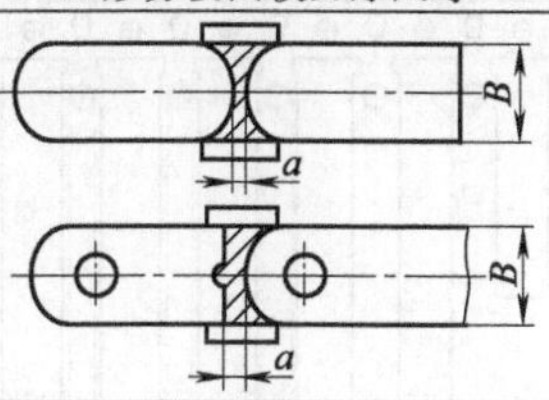

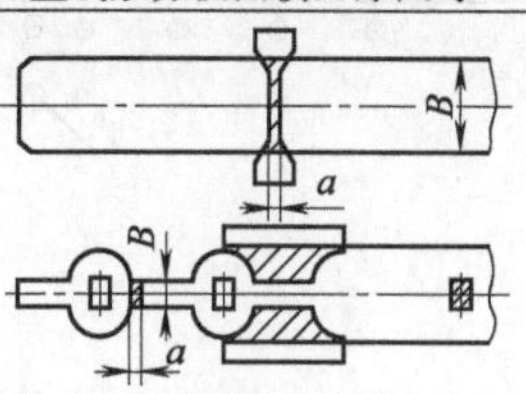

3.4 载体设计技巧

在条料或带料中来运载冲压零件向前送进的那一部分称为载体。因此载体必须有足够的强度或刚度，保证送料过程中不因为载体自身的断裂或变形而影响送料。增强载体的方法，绝不能单纯地靠增加载体宽度来补救，如在载体上压出一条加强筋来增加其强度，也是一种很好的方法。

在多工位级进模排样时，通常将用于精定位的导正销孔设置在载体上，同时为了保证载体的强度，载体的宽度尺寸远比普通冲压搭边值要大得多，有的大 2~4 倍。这样材料利用率相对低一些。在设计排样图时，应尽量压缩载体部分材料的消耗，以提高材料利用率。因此，依靠合理选择载体形式来达到既保证送料精度，又提高材料利用率的目的。

3.4.1 工序件在载体上的携带技巧

在排样中未冲压成的成品件，均可称为工序件或坯件，它在条料（带料）上的携带方法，在排样设计时必须先确定。目前常见的方法有两种，即落料后又被压回到原带料或条料内和通过载体传递。

(1) 通过某种载体进行工序间传递

利用冲切废料的方法使制件和载体通过必要的"桥"连接在一起，冲切废料的目的是使制件成形部分与条料（带料）分离。制件的成形是在载体的传递过程中有关工位上进行的，制件成形结束后，利用最后一个工位，一般将其从条料（带料）上分离出来，如图 3-24 所示。

(2) 工序件落料后又被压回到原带料内

这种方法主要在料厚 $t > 0.5mm$，并且主要用在其后为最后一个工位或后工位数已不多的就要进行压弯成形等场合。它是在落料工位的凹模内加反向压力，使工序件落料后重新被压入条料或带料内，并用条料或带料作为载体传递到下一工位成形或整平。如图 3-25 所示，工位⑧制件与带料切开分离后，把制件压回到带料上，传递到工位⑨翻边拉直落料。

3.4.2 制件在带料上获取的方法

(1) 冲切载体留制件

当采用自动送料装置时，级进模最后工位条料（带料）排样上的残留载体，成为多余的废

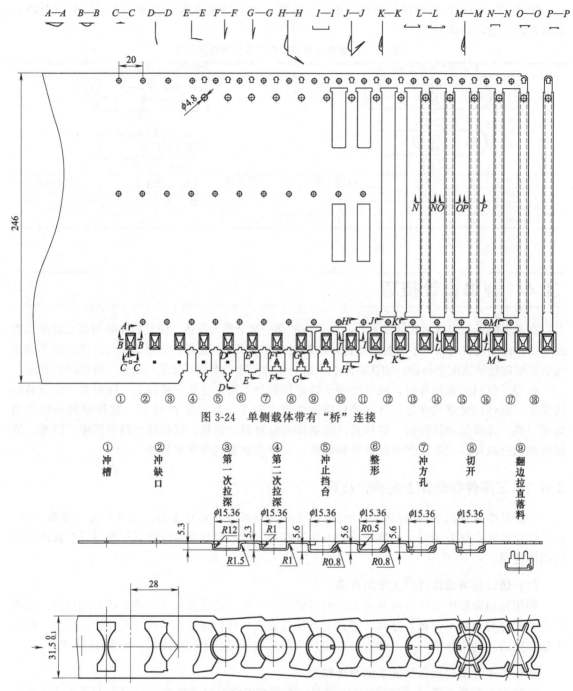

图 3-24　单侧载体带有"桥"连接

①	②	③	④	⑤	⑥	⑦	⑧	⑨
冲槽	冲缺口	第一次拉深	第二次拉深	冲止挡台	整形	冲方孔	切开	翻边拉直落料

图 3-25　工序件落料后又被压回到原带料内

料，处理不好，将影响正常操作。设置专用废料卷绕装置，将废料卷绕成一定大小后卸除，也是可行的一种方法，但使用较麻烦。有一种比较简便、经济、实用的方法，即采用切载体留制件的方法。最后工位切除载体，制件留在凹模表面后，由压缩空气吹出，如图 3-26 所示。此法多应用于中间载体排样的级进模上。

(2) 冲切制件留载体

带料（条料）经模具上一个工位接一个工位冲压以后，成品制件在最后工位，从载体上冲

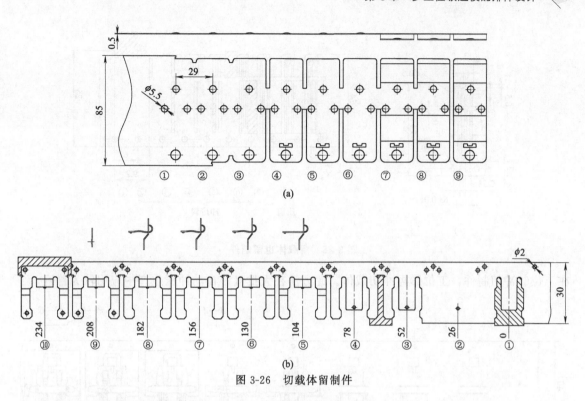

图 3-26　切载体留制件

落下来，载体仍保持原样（见图 3-27）。此种情况，常在没有自动送料装置的压力机上，一般采用手工送料，送料导向主要靠载体，所以必须保留完整载体，以便冲压加工时操作。冲切制件留载体，在材料相对厚而短、批量不很大的情况下常用。

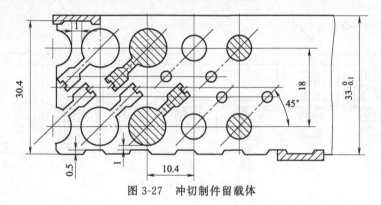

图 3-27　冲切制件留载体

(3) 留载体也留制件

留载体也留制件这种方式常常由于后步工序（指本模具之外的加工）的需要，带料（条料）上的制件虽经多工位级进模冲压结束，但仍留在载体上，如小电流接线端子。要求每十个或几十个制件为一个单元；冲切成一长条，图 3-28 所示是晶体管金属引线脚。

对于需要镀金或镀银的端子，经常使用留载体也留制件的方式来冲压，因金或银在冲压前电镀价格比较昂贵，为降低制件的成本，先用多工位级进模冲压后，制件留在载体上，把局部接触的位置进行电镀，再进入下一工序加工。

(4) 切制件也切载体

这种方式使制件和载体冲切后均采用漏料方法下落，为了避免制件与废料下落时混淆，在下模座里要设有制件料斗或漏料通道，将它们分别排出。图 3-29 所示为连接器外壳，该排样

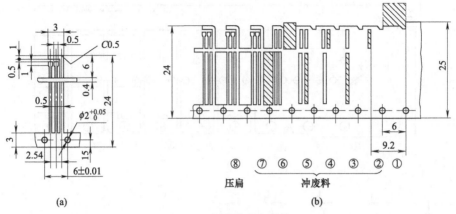

图 3-28 留载体也留制件

在工位⑮冲切制件，工位⑯再冲切载体。此方法在大批量、自动冲压生产中应用较为普遍。

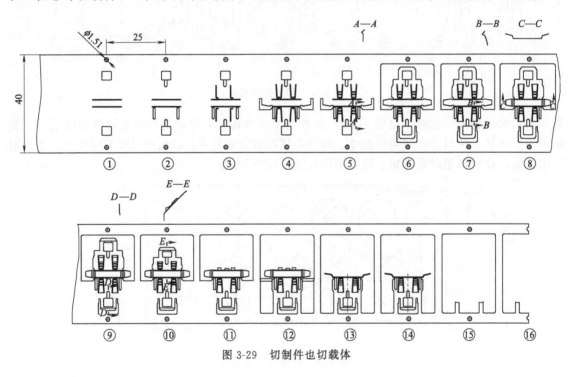

图 3-29 切制件也切载体

3.4.3 载体的类型与特点

根据制件的形状、变形性质、材料厚度等情况，载体可分为下列几种基本类型。

(1) 单侧载体

单侧载体指带料（条料）在送进过程中，带料（条料）的一侧外形被冲切掉，另一侧外形保持完整原形，并且与制件相连的那部分。导正销孔一般都设计在这单侧载体上，冲压送料仅靠这一侧载体送进，如图 3-30（a）所示。

单侧载体常用于弯曲件在弯曲成形前，需要被前面工位冲去多余的废料，使制件的一端与载体断开。当制件外形细长时，为了增强载体强度，采取在两个工序件之间的适当位置上用一小部分材料连接起来，以增强带料（条料）的强度，称为桥接式载体，其连接两个工序件的部分称为桥。采用桥接式载体时，冲压进行到一定的工位或到最后一个工位再将桥接部分冲切掉，如图3-30（b）所示。

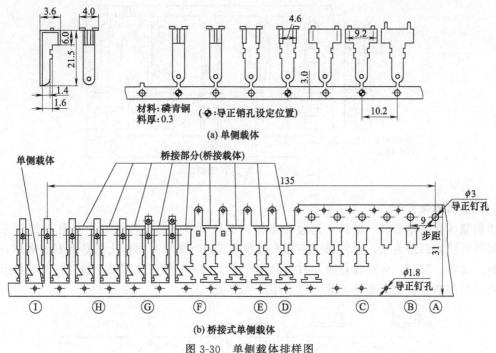

（a）单侧载体

（b）桥接式单侧载体

图3-30 单侧载体排样图

（2）双侧载体

双侧载体指带料（条料）在送进的进程中，在最后工位前，被制件与带料（条料）的两侧相连的那部分，也就是说，在带料（条料）两侧分别留出一定宽度用于运载工序件的材料。此种载体的外形保持很完整，导正销定位孔常放置在两侧载体上，载体的强度和送料稳定性好，是最为理想的载体。此载体不足之处是材料的利用率较低。

双侧载体可分为等宽双侧载体和不等宽双侧载体。

1）等宽双侧载体

如图3-31所示，等宽双侧载体一般用于材料较薄，而步距定位精度和制件精度要求较高的多工位级进模冲压。在载体两侧的对称位置可冲出导正销孔，在模具相应的位置设导正销，以提高定位精度。

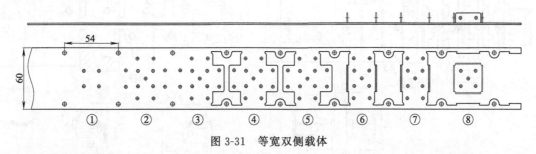

图3-31 等宽双侧载体

2）不等宽双侧载体

如图3-32所示，两侧载体有宽有窄，宽的一侧为主载体，导正销孔通常安排在此载体上，带料（条料）的送进主要靠主载体一侧，窄的一侧为副载体，这部分载体通常被冲切掉，目的是便于后面的侧向冲压或压弯成形加工，因此不等宽双侧载体在冲切副载体之前，应将主要的冲裁工序进行完，这样才能保证制件的加工精度。

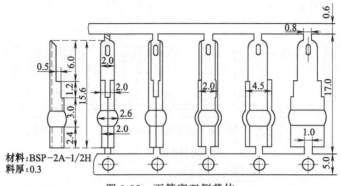

材料：BSP-2A-1/2H
料厚：0.3

图 3-32 不等宽双侧载体

（3）边料载体

边料载体是利用带料（条料）搭边冲出导正销孔而形成的一种载体。如图 3-33 所示，落下的制件外形以圆形为主。这种载体实际上是利用带料（条料）排样上的边废料当载体，此方法省料、简单、实用，应用较普遍。对于弯曲成形工位，一般在此前的工位，应先将展开料冲出，再进行弯曲、成形，落料工位常以整体落下为主。

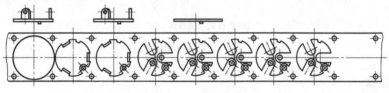

图 3-33 边料载体

（4）中间载体

载体设计在带料（条料）的中间，称中间载体。它具有单侧载体和双侧载体的优点，可节省大量的材料，提高材料利用率。中间载体适合对称性制件的冲压，尤其是两外侧有弯曲的制件，这样有利于抵消两侧压弯时产生的侧向力，如图 3-34（a）所示。对一些不对称单向弯曲

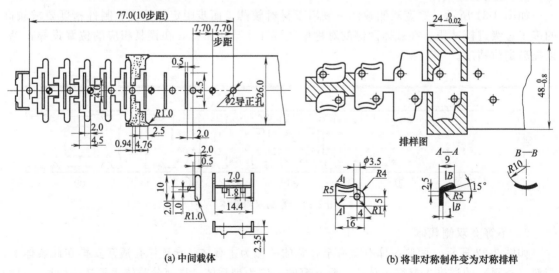

(a) 中间载体

(b) 将非对称制件变为对称排样

图 3-34 中间载体

的制件，以中间载体将制件排列在载体两侧，变不对称排样为对称排样，如图 3-34（b）所示。根据制件结构，中间载体可为单载体，也可有双载体。

（5）原载体

原载体是采用撕口方式，从条料（带料）上撕切出制件的展开形状，留出载体搭口，依次在各工位冲压成形的一种载体，如图 3-35 所示。

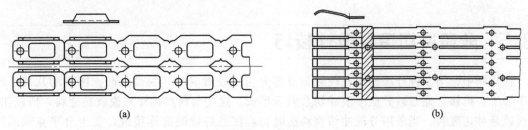

图 3-35　原载体

（6）载体的其他形式

根据制件的特点，选择上述 5 种较合适的载体后，有时为了后道工序需要，对该载体进行必要的改造。一般可采取下列措施。

① 对于料厚较薄的制件，可采用压筋的方法加强载体，防止送料时因条料（带料）刚性不足而失稳，既影响到制件的几何形状或尺寸产生误差，还导致送料阻碍，无法实现冲压过程的自动化，如图 3-36 所示。

② 在自动冲压时，为了实现精确可靠的送料，可以在导正销孔之间冲出长方孔，采用履带式送料，如图 3-37（a）所示。由于多工位级进模工位多，送料的积累误差随工位数增多而增加，为了进一步提高送料精度，可采用误差平均效应的原理来增加导正销孔数量，如图3-37（b）所示。

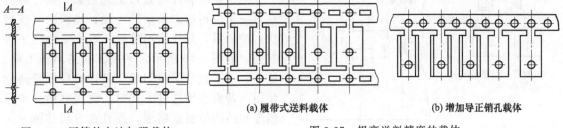

图 3-36　压筋的方法加强载体　　　　　　　图 3-37　提高送料精度的载体

③ 对于成形件或带料（条料）厚度大于 2mm 以上的拉深件，大多采用工艺伸缩带来连接制件与载体。其目的是使带料（条料）上的毛坯在成形或拉深时能顺利的流动，有利于材料塑

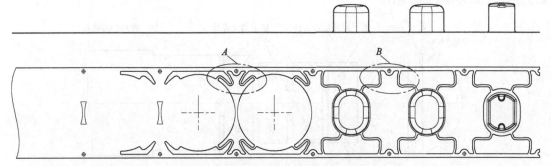

图 3-38　用工艺伸缩料带料与载体连接的排样

性变形。在成形或拉深后，使载体仍保持于原来的状态，不产生变形、扭曲现象，便于送料。

图 3-38 所示为电机盖局部排样图。图示中 A 处为开始带料在平板上冲切出未变形的工艺伸缩带，图示中 B 处为拉深后已变形的工艺伸缩带。其动作是：拉深时，由圆形毛坯逐渐变为椭圆形拉深件。从图中可以看出，带料经过拉深变形后，其宽度保持原状不变，但工艺伸缩带却发生了变化，则由 A 处的工艺伸缩带拉长变为 B 处的工艺伸缩带。

3.5　分段冲切废料设计技巧

在排样中，当制件外缘或形孔较复杂或部分位置较薄弱时，为简化凸、凹模的几何形状，便于加工、维修，通常被分成多次冲切余料后形成。这些余料对排样来说就是废料，所以切除余料就是冲切废料。当采用分段冲切废料法时，应注意各段间的连接缝，要十分平直或圆滑，保证被冲制件的质量。由于多工位级进模的工位数多，若连接不好，就会形成错位、尖角、毛刺等缺陷，排样时应重视这种现象。

多工位级进模排样采用分段冲切废料的各段连接方式主要有搭接、平接、切接和水滴状 4 种。

(1) 搭接

如图 3-39 所示，若第一次冲出 A、C 两区，第二次冲出 B 区，图示的搭接区是冲裁 B 区凸模的延长部分，搭接区在实际冲裁时不起作用，主要是克服形孔间连接的各种误差，以使形孔连接良好，保证制件在分段冲切后连接整齐。搭接最有利于保证制件的连接质量，在分段冲切中大部分都采用这种连接方式。

(2) 平接

平接是在制件的直边上先切去一段，然后在另一工位再切去余下的一段，经两次（或多次）冲切后，共线但不重叠，形成完整的平直直边，如图 3-40 所示。平接方式易出现毛刺、错牙、不平直等质量问题，设计时应尽量避免使用，若需采用这种方式时，要提高模具步距精度和凸凹模制造精度，并且在直线的第一次冲切和第二次冲切的两个工位必须设置导正销导正。二次冲切的凸模连接处延长部分修出微小的斜角（3°～5°），以防由于种种误差的影响

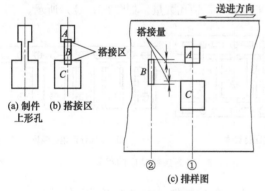

图 3-39　形孔的搭接废料

导致连接处出现明显的缺陷。

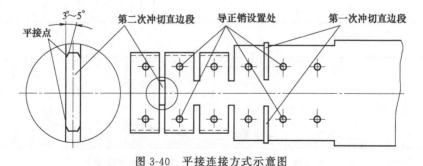

图 3-40　平接连接方式示意图

(3) 切接

切接与平接相似，平接是指直线段，而切接是指制件的圆弧部分上或圆弧与圆弧相切的切点进行分段冲切废料的连接方式，即在前工位先冲切一部分圆弧段，在以后工位再冲切其余的圆弧部分，要求先后冲切的圆弧连接圆滑，如图 3-41 所示。切接也容易在连接处产生毛刺、错位、不圆滑等质量问题，需采取与平接相同的措施，或在圆弧段设计凸台，在圆弧段与直边形成尖角处要注意尺寸关系，如图 3-42 所示。切接中的毛刺也可采用搭接方式解决。

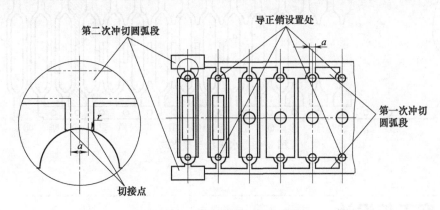

图 3-41 切接连接方式示意图

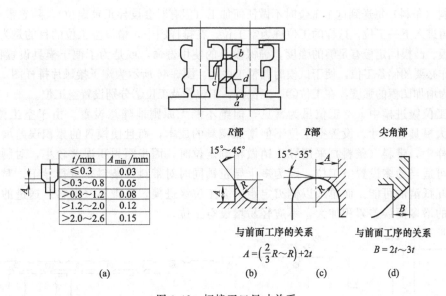

图 3-42 切接刃口尺寸关系

(4) 水滴状连接方式

对于家用电器或汽车零部件的排样设计时，通常在分段冲切的交接缝处采用水滴状连接方式。如图 3-43 所示，在工位⑧直边上先冲切出带水滴状的废料，其水滴状见 a 处放大图，然后在工位⑭再切去余下的一段，凸模形状见 b 处放大图（b 处的凸模作适当的延长，但不能超出 a 处水滴状的部位）。冲压完成后在制件直边部分留下一个微小的缺口，这也是此连接方式的缺点（见 c 处放大图），该微小的缺口深度一般在 0.5mm 以内。其优点为分段冲切的交接缝部位的凸、凹模转角处可采用圆弧连接，从而增加模具的使用寿命。使冲压出的制件不易出现毛刺，而有微小的错位也不易看出。

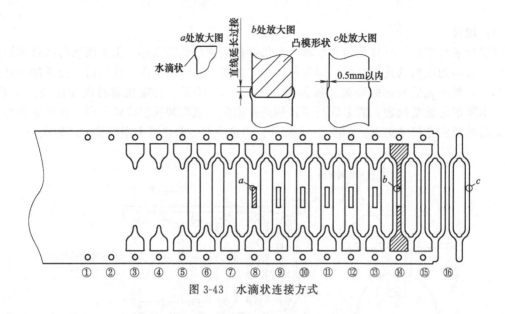

图 3-43　水滴状连接方式

3.6　空工位设计

当带料（条料）每送到这个工位时不做任何加工（但有时会设导正销定位），随着带料（条料）的送进，再进入下一工位，这样的工位称为空工位。在排样图中，增设空工位的目的是为了保证凹模、卸料板、凸模固定板有足够的强度，确保模具的使用寿命，或是为了便于模具设置特殊结构，或是为了作必要的储备工位，便于试模时调整工序用。图 3-44 所示为端子接触片排样图，该制件外形较小，为增加凹模的强度，在工位②、工位③、工位⑥及工位⑦分别设置空工位。

在多工位级进模中，空工位虽为常见，但绝不能无原则地随意设置。由于空工位的设置，无疑会增大模具的尺寸。设置空工位不但增加模具的成本，而且使模具的累积误差增大。

在排样中，带料（条料）采用导正销做精确定位时，因步距累积误差较小，对制件精度影响不大，可适当地多设置空工位，因为多个导正销同时对带料（条料）进行导正，对步距送进误差有相互抵消的可能。而单纯以侧刃定距的多工位级进模，其带料（条料）送进的误差是随着工位数的增多而误差累积加大，不应轻易增设空工位。

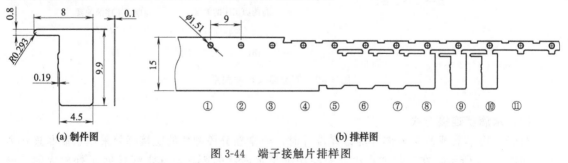

(a) 制件图　　　　　　　　　　　　　　　(b) 排样图

图 3-44　端子接触片排样图

3.7　多工位连续拉深排样设计

连续拉深生产效率高，适用于大批量生产，在电子、仪表产品零件生产中得到广泛的应用。连续拉深是在压力机一次行程中完成全部冲压工序；中间工序（半成品）不与带料分离，不允许进行中间退火。

3.7.1　带料连续拉深的应用范围

带料连续拉深排样设计可分为无工艺切口和有工艺切口两大类。

① 无工艺切口的整体带料拉深，如图 3-45 所示。无工艺切口的带料连续拉深时，材料变形的区域不与带料分开。可以提高材料利用率，省去切口工序，简化模具结构。无工艺切口拉深过程中，由于相邻两个拉深件之间的材料相互影响，相互牵连，尤其是沿送料方向的材料流动比较困难。为了避免拉深破裂，要采用较大的拉深系数，减少每个工位材料的变形程度，特别是首次拉深系数要比有工艺切口的拉深系数大。

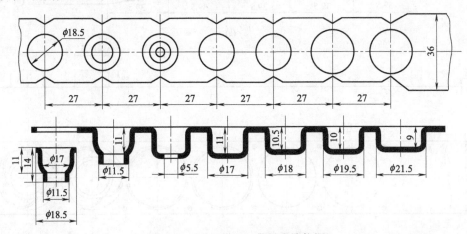

图 3-45　无工艺切口带料连续拉深

② 有工艺切口的连续拉深，如图 3-46 所示。材料变形区域与带料部分是分开的，只留搭边部分与载体相连。图 3-46（a）为冲切"工"字形工艺切口，其特点为经过首次拉深后带料的宽度逐渐地缩小，而图 3-46（b）为内外圈工艺切口，经过首次拉深及以后各次拉深变形，带料保持原状不变形，其应用较为广泛。两者的相同点为：在首次拉深前的工位上，都先冲切出工艺切口；当首次拉深及以后各次拉深时，工序件（制件）与带料（条料）间的材料相互影响、相互约束较小，有利于材料塑性变形。但与带凸缘件单工序毛坯拉深时还有一定的区别，材料变形由于搭边的影响稍困难，拉深系数接近于单工序模的拉深系数，但比单工序模的拉深系数要大，比无工艺切口的拉深系数要小。

带料在连续拉深时，是否要采用有工艺切口或无工艺切口，主要取决于拉深工艺，具体应用范围如表 3-4 所示。

表 3-4　带料连续拉深的应用范围

分类	无工艺切口	有工艺切口
应用范围	$\dfrac{t}{D}\times100>1$ $\dfrac{d_{凸}}{d}=1.1\sim1.5$ $\dfrac{h}{d}\leqslant1$	$\dfrac{t}{D}\times100<1$ $\dfrac{d_{凸}}{d}=1.3\sim1.8$ $\dfrac{h}{d}>1$
特点	①拉深时,相邻两工位间互相影响,在送料方向材料流动困难,主要依靠材料伸长变形 ②拉深系数比单工序大,需增加工步 ③节省材料	①有工艺切口,与有凸缘件拉深相似,但比单个有凸缘件拉深困难 ②材料消耗大

注：t—材料厚度；d—拉深件直径；h—拉深件高度；$d_{凸}$—凸缘直径；D—包括修边余量的毛坯直径。

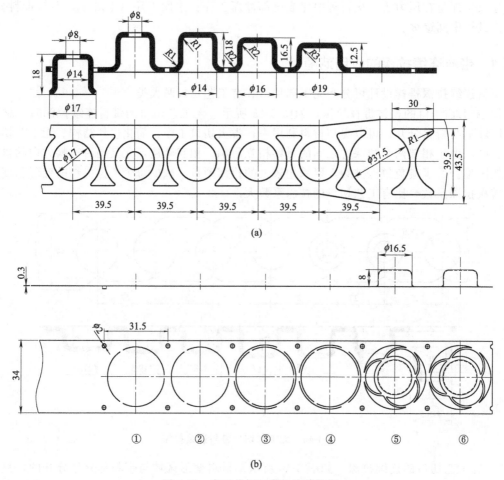

(a)

(b)

图 3-46 有工艺切口带料连续拉深

3.7.2 带料连续拉深工艺切口形式、料宽和步距的计算

(1) 工艺切口形式

为了有利于材料的塑性变形，有工艺切口形式在带料连续拉深中应用比较广泛。有工艺切口的种类很多。在连续拉深排样中，选择什么样的工艺切口形式，要根据制件的材料特点来定，生产中常见的工艺切口形式及应用如表 3-5 所示。

表 3-5 常见工艺切口形式及应用

序号	切口或切槽形式	应 用 场 合	优 缺 点
1		用于材料厚度 $t<1mm$、制件直径 $d=5\sim30mm$ 的圆形浅拉深件	①首次拉深工位，料边起皱情况较无切口时为好 ②拉深中侧搭边会弯曲，妨碍送料
2		用于材料较厚（$t>0.5mm$）的圆形小工件。应用较广	①不易起皱，送料方便 ②拉深中带料会缩小，不能用来定位 ③费料

序号	切口或切槽形式	应用场合	优　缺　点
3	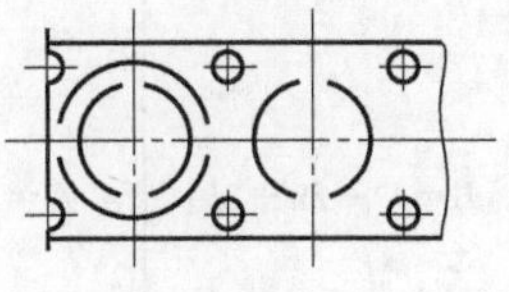	用于薄料($t<0.5$mm)的小工件	①拉深过程中料宽与进距不变,可用废料搭边上的孔定位 ②费料
4	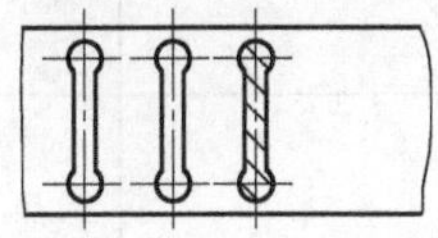	用于矩形件的拉深,其中序号 4 应用较广	与序号 2 相同
5	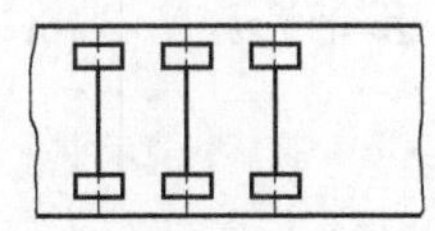		
6	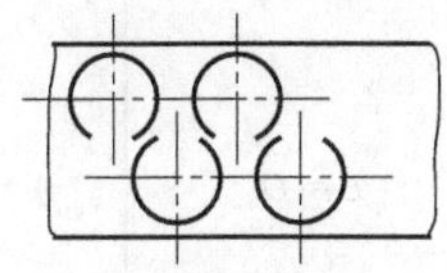	用于单排或双排的单头焊片	与序号 1 相同
7	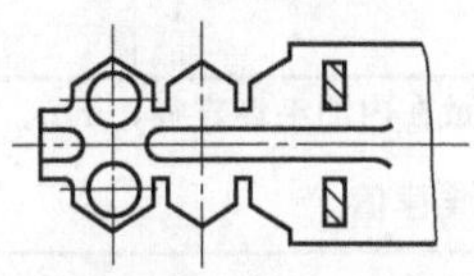	用于双排或多排筒形件的连续拉深(如双孔空心铆钉)	①中间压筋后,使在拉深过程中消除了两筒形间产生开裂的现象 ②保证两筒形中心距不变

(2) 料宽和步距的计算

在连续拉深排样设计时, 带料（条料）的宽度、步距大小和带料（或条料）上有无工艺切口及工艺切口的不同形式有关。其计算公式如表 3-6 所示, 表 3-7 所示为带料连续拉深的搭边及工艺切口有关参数推荐值。

表 3-6　带料连续拉深的料宽和步距计算公式

序号	拉深方法	图　　示	料宽	步距
1	整料连续拉深	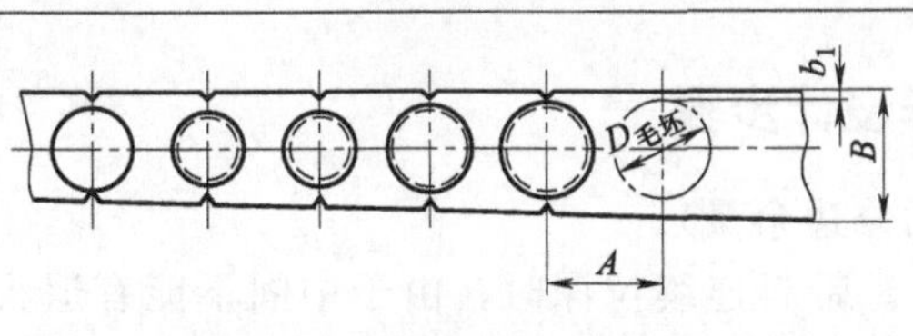 (a)	$B=D+2b_1$	$A=(0.8\sim1)D$ 一般不能小于包括修边余量的凸缘直径
2	有一圈工艺切口的连续拉深	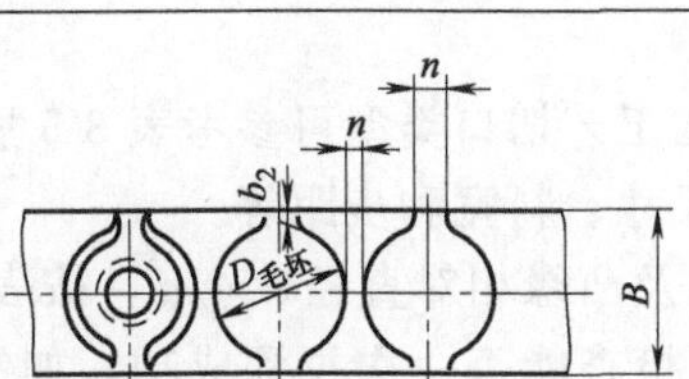 (b)	$B=D+2b_2$	$A=D+n$

序号	拉深方法	图 示	料宽	步距
3	有两圈工艺切口的连续拉深	(c)	$B=D+2n+2b_2$	$A=D+3n$
4	带半双月形切口的连续拉深	(d)	$B=C+2b_2$	$A=D+n$
5	带有特殊切口的连续拉深	(e)	$B=D$	$A=D+n$

注：B—连续拉深用带料宽度，mm；A—带料的送进步距，mm；D—包括修边余量在内的毛坯直径，mm。

表 3-7　带料连续拉深的搭边及工艺切口有关参数推荐值　　　　　　　　　mm

参数符号	材料厚度		
	≤0.5	>0.5~1.5	>1.5
b_1	1.5	1.75	2
b_2	1.5	2	2.5
n	1.5	1.8~2.2	3
r	0.8	1	1.2
K	$K\approx(0.25\sim0.35)D$		
C	$C\approx(1.02\sim1.05)D$		

注：b_1，b_2—侧搭边宽度，mm；n—相邻切口间搭边宽度或冲槽最小宽度，mm；C—工艺切槽宽度，mm；K—切口间宽度，mm；r—切槽圆角半径，mm。

3.7.3　带料连续拉深排样设计步骤

① 计算出毛坯直径（包括修边余量）。

② 计算出总拉深系数 $m_{总}$。带料连续拉深时，由于中间不能有退火工序，所以首先要审查带料（条料）不进行中间退火所能允许的最大总拉深变形程度（即允许的极限总拉深系数），是否满足拉深件总拉深系数的要求。

③ 确定连续拉深类型，主要确定带料是否采用无工艺切口连续拉深，还是采用有工艺切口连续拉深，可以从表 3-4 查得。

④ 选择工艺切口的类型，常见的工艺切口类型可参考表 3-5 所示。

⑤ 计算和确定工艺切口的相关尺寸、料宽和步距等。

⑥ 根据毛坯相对厚度 $t/D\times100$ 及凸缘相对直径 $d_凸/d$，按表 2-24（或表 2-29）的一次拉深所能达到的最大相对高度 h_1/d_1，检查能否一次拉深成功，如制件的 h/d 小于或等于表中数值（即 $h/d\leqslant h_1/d_1$），则可一次拉深出来。如制件的 h/d 大于列表数值（即 $h/d>h_1/d_1$，$d\neq d_1$），则需多次拉深才能达成，应参考表 2-23（或表 2-26）所示的拉深系数 m_1，并计算出

首次拉深直径 d_1。

⑦ 根据首次拉深直径 d_1 计算出首次拉深凸、凹模圆角半径（凸模圆角半径即为首次拉深的底部圆角半径；凹模圆角半径即为首次拉深的口部凸缘处圆角半径）和高度 h_1，并核对 h_1/d_1 是否满足表 2-24（或表 2-29）所示的数值，如果 h_1/d_1 小于表 2-24（或表 2-29）中所示的数值，d_1 就可以作为首次拉深的直径。如果 h_1/d_1 大于表 2-24（或表 2-29）中所示的数值，则需按表 2-23（或表 2-26）另选首次拉深 m_1，直到所确定的 d_1、h_1 及 h_1/d_1 值小于表 2-24（或表 2-29）中所规定的拉深最大相对高度为止。

⑧ 按表 2-25（或表 2-27、表 2-28）查出以后各次拉深系数 m_2、m_3、…。

⑨ 按查出的以后各次拉深系数，分别计算出以后各次拉深直径 d_2、d_3、…。

⑩ 计算出以后各次拉深的凸、凹模圆角半径（即凸模圆角半径为拉深的底部圆角半径；凹模圆角半径为拉深的口部凸缘处圆角半径）r_{d2}、r_{d3}… 和 r_{p2}、r_{p3}、…。

⑪ 计算出以后各次拉深的高度 h_2、h_3、…。

⑫ 绘制出连续拉深的排样图。

3.8　步距精度及步距尺寸的确定

3.8.1　步距基本尺寸的确定

多工位级进模的步距是确定带料（条料）在模具中每送进一次，所需要向前移动的固定距离。步距的精度直接影响制件的精度。设计多工位级进模时，要合理地确定步距的基本尺寸和步距精度。步距的基本尺寸，就是模具中两相邻工位的距离。多工位级进模任何相邻两个工位的距离都必须相等。对于单排排样，步距基本尺寸等于冲压件的外形轮廓尺寸和两冲压件间的搭边宽度之和。常见排样的步距基本尺寸计算如表 3-8 所示。

表 3-8　步距的基本尺寸计算

排样方式（自右向左送料）		
步距基本尺寸	$A=D+a_1$	$A=c_1+a_1$
排样方式（自右向左送料）		
步距基本尺寸	$A=\dfrac{a_1+c_1}{\sin\alpha}$	$A=c+c_1+2a_1$

3.8.2　步距精度

在多工位级进模冲压中，工位数不管多少，要求其工位步距大小的绝对值，在同一副模具内都相同。因为步距的精度直接影响制件精度，步距精度越高，制件精度也越高。但步距精度过高，将给模具制造带来困难。影响步距精度的主要因素有：制件的公差等级、制件形状的复杂程度、制件的材质、材料厚度、模具的工位数，以及冲压时带料（条料）的送进方式和进距方式等。

由实践经验总结出多工位级进模的步距精度可由下式确定：

$$\delta = \pm \frac{\beta}{2\sqrt[3]{n}} k \tag{3-3}$$

式中　δ——多工位级进模步距对称偏差值；

　　　β——制件沿带料（条料）送进方向最大轮廓基本尺寸（指展开后）精度提高三级后实际公差值；

　　　n——多工位级进模的工位数；

　　　k——修正系数，如表 3-9 所示。

表 3-9　修正系数 k 值

冲裁间隙 Z（双面）/mm	k 值	冲裁间隙 Z（双面）/mm	k 值
0.01～0.03	0.85	＞0.12～0.15	1.03
＞0.03～0.05	0.90	＞0.15～0.18	1.06
＞0.05～0.08	0.95	＞0.18～0.22	1.10
＞0.08～0.12	1.00		

注：1. 修正系数 k 主要是考虑料厚和材质因素，并将其反映到冲裁间隙上去。

2. 多工位级进模因工位的步距累积误差，所以标注模具每步尺寸时，应由第一工位至其他各工位直接标注其长度，无论这长度多大，其步距公差均为 δ。

例题 3-1　如图 3-47 所示制件，经展开后沿送料方向的最大轮廓尺寸是 13.85mm，排样图共分 8 个工位。设图样规定制件精度等级为 IT14，将 IT14 提高四级精度，则尺寸

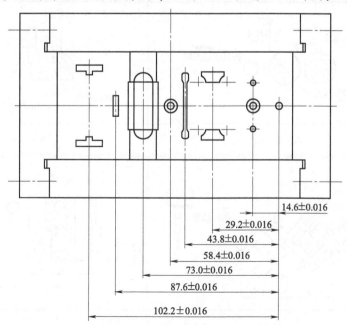

图 3-47　多工位级进模凹模步距尺寸与公差的标注

13.85mm 的 IT10 级公差值为 0.07mm，模具的双面冲裁间隙为 0.031mm。求此多工位级进模的步距偏差值。

解：已知 $\beta=0.07$mm，$n=8$，由双面间 $Z=0.031$mm，查表 3-9 得 $k=0.9$mm，代入式（3-3）：

$$\delta=\pm\frac{\beta}{2\sqrt[3]{n}}k$$

可得：

$$\delta=\pm\frac{0.07}{2\times\sqrt[3]{8}}\times0.9\text{mm}$$

$$\approx\pm0.016\text{mm}$$

这副多工位级进模的步距公差为 ±0.016mm。在图 3-47 的凹模图中，从第一工位到其余几个工位工作形孔的孔距均应标注 ±0.016mm 的公差。

例题 3-2　如图 3-48 所示制件图、工步图及其排样图，其轮廓最大宽度为 2.8mm，材料为 20 钢，板料厚度为 0.3mm，排样共分为 20 个工位。求此多工位级进模的步距偏差值。

解：因图中尺寸均为未标注尺寸公差，按 IT14 处理，提高四级，查公差表，其公差值为 0.04mm。即 $\beta=0.04$mm，$n=20$，由双面冲裁间隙 $Z=0.04$mm，查表 3-9 得 $k=0.9$，代入式（3-3）：

$$\delta=\pm\frac{\beta}{2\sqrt[3]{n}}k$$

可得：

$$\delta=\pm\frac{0.04}{2\times\sqrt[3]{20}}\times0.9$$

$$\approx\pm0.007\text{mm}$$

这副多工位级进模的步距公差为 ±0.007mm，公差值较小，当工位越多时，步距公差值就越小，甚至只有几微米。在生产中，这样计算的步距公差是能满足冲压要求的。只要模具结构设计合理，采用合理的制造工艺和先进的设备，是完全能够制造成功的。

采用式（3-3）设计计算的步距公差值，必须用导正销精确定距，才能使冲压生产顺利进行。公式经实践证明，冲压件的材料厚度为 0.2～1.2mm，制件包含有冲裁、弯曲、拉深、整形等冲压工序，制造精度在 IT11～IT14 时，都能保证获得合格的制件。如果制件个别形孔和孔距精度要求高于 IT11，则可由模具零件或模具制作来保证。

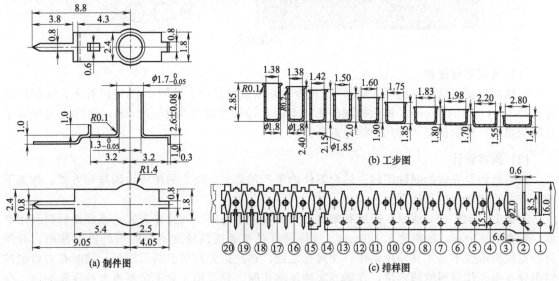

图 3-48　20 工位级进模排样图

3.9 多工位级进模排样图设计步骤

由于制件在带料（条料）上的排列方式是多种多样的，要逐一比较材料的利用率，手工计算是比较困难的；单凭经验，要对千变万化的无规则制件形状，一次确定其最佳排样方案更加困难。利用计算机中 CAD 软件可实现优化排样。计算机优化排样与手工设计有相同之处，即计算机优化排样也是将制件的带料（条料）沿带料（条料）送进方向做各种倾角的布置，然后分别计算出各种倾角下制件实际占用面积与带料（条料）面积之比，从中找出最高的材料利用率，从而初步确定该倾角状态下的排样方案为最佳。为此，下面采用计算机中的 CAD 软件进行举例介绍排样图设计的步骤。

3.9.1 冲裁排样图设计步骤

实例 3-1：图 3-49 所示为等离子电视喇叭外罩的微形网孔，材料为 SPCC 钢，板料厚度为 0.4mm。

(1) 工艺分析

该网孔精度及孔距要求高，毛刺小于 0.03mm。微形网孔冲裁与普通冲裁有所不同。其主要区别为：①凸模需要可靠的导向结构；②压料力要较大，为冲裁力的 13%～18%；③冲裁间隙要小，单边约为料厚的 2.5%；④孔距要均匀。

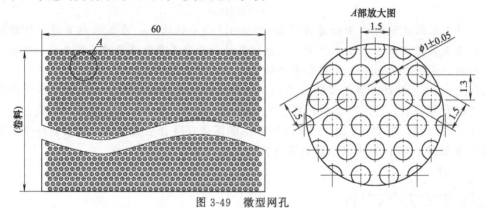

图 3-49　微型网孔

(2) 绘制制件图样

根据客户提供的制件图样，用 CAD 软件重新绘制制件图。从图 3-49 可以看出，该制件的各孔径为 $\phi(1\pm0.05)$mm，那么把制件图样上的孔径尺寸调整为 $\phi1.05$mm，这样大大提高了凸模的强度，从而保证了模具的使用寿命。

(3) 排样设计

根据已调整完成的制件图样，结合制件的年产量需求，决定采用一出四排列方式，作如下两个方案绘制制件的排样图。

方案 1：如图 3-50 所示，采用有侧刃挡料兼导正销孔定位的排样方式，该排样材料利用率低，料宽为 67mm，步距为 5.196mm。该排样可在普通送料精度不高的送料器上使用，对带料的宽度要求也不高。其冲压动作：冲网孔之前，在左边先冲切出侧刃挡料，同时在右边也冲切出导正销孔作带料的精定位，在第二次冲压网孔时，导正销先导正带料再进行网孔冲压。在网孔冲压到第六次时，接着冲切右边的侧刃（把右边的导正销孔一同冲切），即可形成如图

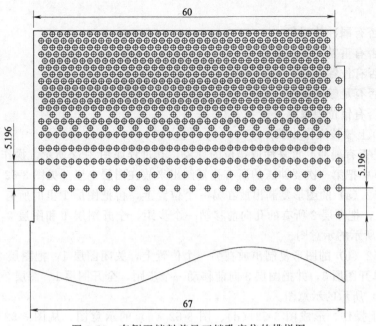

图 3-50 有侧刃挡料兼导正销孔定位的排样图

3-49所示的网孔。

方案 2：如图 3-51 所示，采用无侧刃挡料的排样方式，料宽等于制件的宽度（料宽为 60mm），步距为 5.196mm，该排样要在高精度的滚动送料器或伺服送料器上使用，否则难以使冲压出的网孔均匀布置。

对以上两个方案的比较，方案 2 比方案 1 的材料利用率高，方案 1 可以在普通的送料器上使用，但方案 2 要在高精度的送料器上使用。因该制件的年产量较大，结合工厂的送料设备精度，最终决定采用方案 2 的排列方式冲压较为合理。

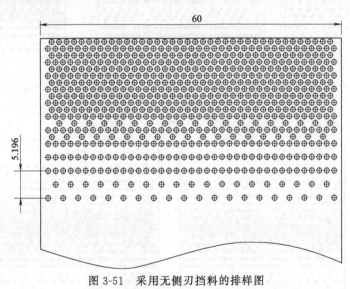

图 3-51 采用无侧刃挡料的排样图

(4) 校核

1）校核内容

针对以上方案 2 的整体排样图设计完成后，核对该排样图设计是否合理。主要校核的内容如下。

① 网孔是否有漏冲的现象。

② 网孔是否有重复冲的现象。

③ 凸模是否有位置安装。

④ 凹模是否有足够的强度。

⑤ 网孔是否有错位现象等。

2）在 CAD 上校核操作步骤

核对网孔是否有漏冲、重复冲或错位的现象，其过程如图 3-52 所示。操作方式如下。

① 在 CAD 中把第一次要冲压的所有孔复制出来放在图层 1 里［见图 3-52（a）］。

② 把图 3-52（a）的图形复制出放在另一个位置上，再把图层 1 里的所有孔复制到图层 2 里，关闭图层 1，把图层 2 所有的孔向前移动一个步距，全开图层 1 和图层 2，这样就形成了如图 3-52（b）所示的示意图。

③ 把图 3-52（b）的图形复制出放在另一个位置上，关闭图层 1，把图层 2 所有的孔复制到图层 3 里，单开图层 3，并把图层 3 向前移动一个步距，全开图层 1、图层 2 及图层 3，就形成了图 3-52（c）所示的示意图。

④ 依次如上操作，形成图 3-52（d）、图 3-52（e）的示意图，从图 3-52（d）和图 3-52（e）的示意图可以看出，中间部分已形成了与图 3-49 相同的网孔，而两头就是网孔的料头和料尾了，这时可以测量中间部分网孔与网孔之间的相对距离，如相对距离与图 3-49 相同，那么可以证明此排样是正确的，没有漏冲的。

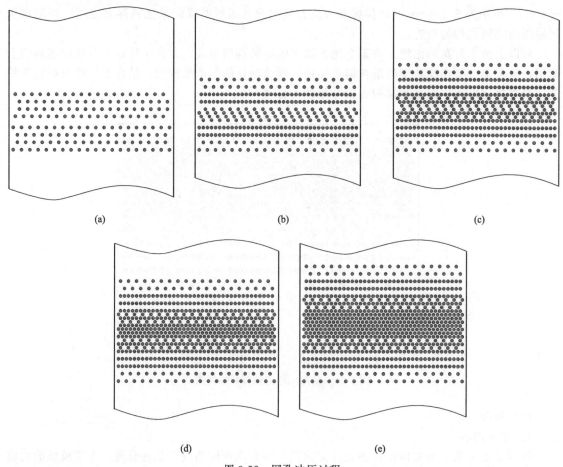

(a)　　　　　　　　(b)　　　　　　　　(c)

(d)　　　　　　　　(e)

图 3-52　网孔冲压过程

⑤ 如对以上排样校核后无误，再从 CAD 中检查图 3-52（e）各网孔是否有重复冲的现象，如各圆孔没有重复的圆孔线，就可以证明此排列没有重复冲。

实例 3-2：图 3-53 所示为家用电器安装卡片，材料为 SPTE（马口铁），料厚为 0.6mm。

(1) 工艺分析

该制件形状简单，尺寸要求并不高，外形狭长，长为 198mm，宽为 19.6mm，是一个纯冲裁的冲压件。旧工艺采用一副复合模并用条料进行冲压，虽然模具结构简单，制造成本低，但凸凹模的刃口壁厚较单薄，容易崩裂，导致维修频率高。冲压时，坯料用手工放置生产效率低，难以实现自动化。随着年产量的增长，采用复合模冲压已满足不了大批量的生产，决定设计一副多工位位级进模来满足大批量生产，其冲压工艺为先冲出带料的导正销孔，再冲切中部异形孔废料及冲切外形废料等工序。

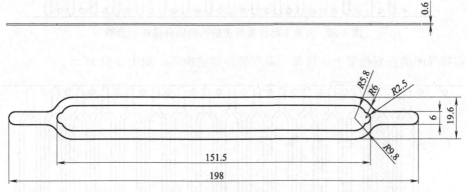

图 3-53　家用电器安装卡片

(2) 排样设计

经分析，决定采用模内自动送料机构来实现自动冲压。为简化模具结构，降低制造成本，提高材料利用率，拟定了如下两个排样方案。

方案 1：采用等宽双侧载体的单排排列方式（见图 3-54），料宽为 202mm，步距为 23.5mm。其操作步骤如下。

① 把 CAD 上的制件图复制出，因该制件狭长，两制件间的间距按经验值设置为 3.9mm，那么得出步距等于 23.5mm。

② 用阵列方式对制件进行排列。单击阵列图标，用矩形阵列的方式，将制件图样进行排列，如图 3-54 所示。

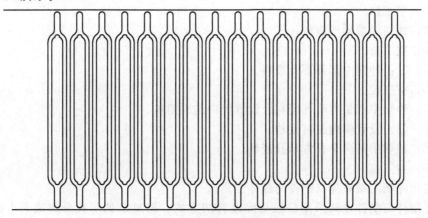

图 3-54　方案 1 制件排样示意图

③ 在图 3-54 制件排样示意图上设置导正销孔，如图 3-55 所示。

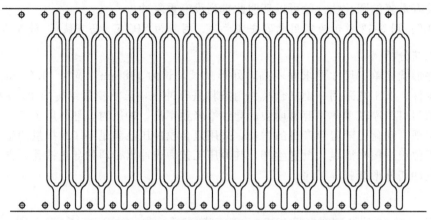

图 3-55　方案 1 已设置导正销孔的制件排样示意图

④ 在排样图的任意位置上设置每一步所要冲切的废料，如图 3-56 所示。

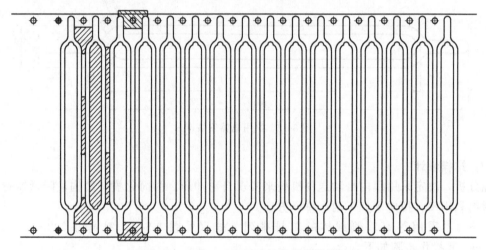

图 3-56　方案 1 已设置冲切废料的排样图

⑤ 根据凸模及凹模的强度及给模内自动送料机构留有足够的位置，最终调整后的排样图如图 3-57 所示。该排样共 16 个工位，具体工位如下。

工位①：冲导正销孔。

工位②：空工位。

工位③：冲切两端异形废料。

工位④：空工位。

工位⑤、⑥：冲切中部异形孔废料。

工位⑦：空工位。

工位⑧：冲切中部长方形孔废料及设置模内送料机构。

工位⑨～⑬：设置模内送料机构。

工位⑭：冲切中部两个长方形孔废料。

工位⑮：空工位。

工位⑯：冲切两端载体（制件与载体分离）。

该排样制件与制件之间采用分段切除废料的方式，把复杂的形孔分解成若干个简单的形孔。冲压出的制件平直、毛刺方向统一，但模具制造相对复杂，加工成本高，材料利用率低

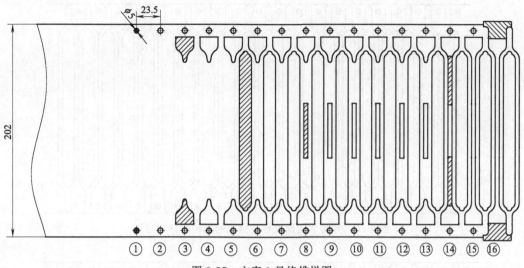

图 3-57　方案 1 最终排样图

（材料利用率为 32.11%）。

方案 2：制件与制件之间采用无废料搭边的单排排列方式（见图 3-58），此方案大大缩小了步距，还由于采用制件的本体作为带料的载体来传递各工位之间的冲裁、切断工作，有利于带料的稳定送进。料宽为 200mm，步距为 19.6mm（步距与制件宽度相等）。其操作步骤如下。

① 再次复制 CAD 上的制件图，两制件间紧密靠拢，那么得出步距等于制件的宽度。

② 用阵列方式对制件进行排样，如图 3-58 所示。

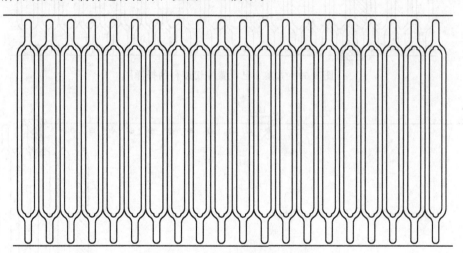

图 3-58　方案 2 制件排样示意图

③ 在图 3-58 制件排样示意图上设置导正销孔，如图 3-59 所示。

④ 在排样图的任意位置上设置每一步所要冲切的废料，如图 3-60 所示。

⑤ 同方案 1，也根据凸模及凹模的强度及给模内自动送料机构留有足够的位置，最终调整后的排样如图 3-61 所示。该排样共 16 个工位，具体工位如下。

工位①：冲导正销孔。

工位②：空工位。

工位③～⑧：设置模内送料机构。

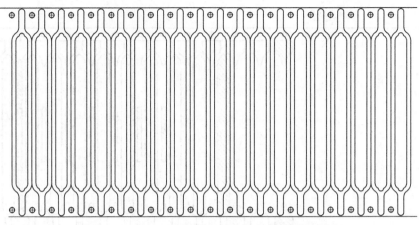

图 3-59　方案 2 已设置导正销孔的制件排样示意图

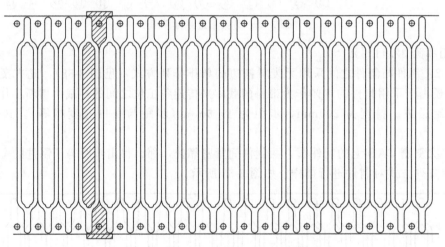

图 3-60　方案 2 已设置冲切废料的排样图

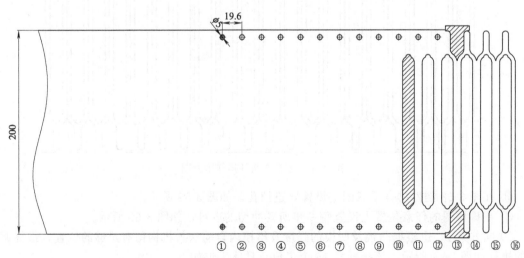

图 3-61　方案 2 最终排样图

工位⑨：空工位。

工位⑩、⑪：冲切中部异形孔废料。

工位⑫：空工位。

工位⑬：冲切两边废料。

工位⑭、⑮：空工位。

工位⑯：切断（制件与载体分离）。

最后工位（工位⑯）用切断刀将制件与制件之间切断分离，使分离后的制件出件顺畅，但制件毛刺方向不统一。该模具制造简单化，加工成本低，材料利用率高（材料利用率为 38.88%）。

对以上两个方案的分析，考虑到该制件形状简单，尺寸要求不高，制件装配时对毛刺方向没有特殊的要求。结合模具制造成本及材料利用率等方面，最终选用方案 2 的排样设计较为合理。

3.9.2　冲裁、弯曲排样图设计步骤

图 3-62 所示为安装板制件图，材料为 SPCC，板料厚为 0.4mm，年产量为 300 多万件。

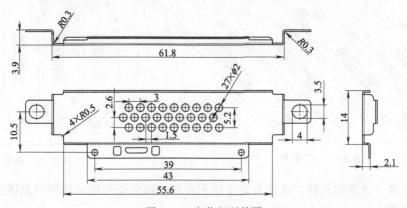

图 3-62　安装板制件图

(1) 工艺分析

进入排样设计时，首先要对该制件进行工艺分析。从图 3-62 中可以看出，制件形状虽简单，但成形工艺复杂。制件中有 3 处 Z 形弯曲、1 处 90°弯曲、29 个圆孔、两个长圆孔、3 个方孔和由直线、圆弧组成的轮廓外形，因而包含了冲孔、弯曲等工序。从图 3-62 中分析，四周弯曲件可以一次冲压成形，可能会造成 Z 形弯曲边缘拉长及弯曲件回弹现象，故在 Z 形弯曲的展开长度计算时要作适当调整（经验值：针对此制件按通常计算展开再单边减 0.2mm 即可），并在弯曲的后一步设计有整形工序来校正弯曲件的回弹。制件两耳上的长圆孔为安装孔，需待弯曲成形结束后再冲孔较为合理。

(2) 绘制制件图样

根据客户提供的制件图样，用 CAD 软件重新绘制制件图，如客户提供的是 CAD 图档，那么在 CAD 图档上复制出制件图，直接在上面修改设计时所需的制件图。制件图绘制时，包括公差、部分转角处圆角优化处理及图样比例等都按照模具设计的要求来调整。

(3) 绘制制件展开图

制件展开图是根据 CAD 调整后的制件图来计算的，并按照理论及结合实际的经验进行计算修正。如图 3-62 所示，该制件 Z 形弯曲展开计算后，根据经验值单边再减 0.2mm。绘制出的制件展开图如图 3-63 所示，制件展开图可以不标注尺寸，供绘制排样图时使用。

(4) 排样方式的确定

从制件的结构结合冲压工艺进行分析，该制件采用等宽双侧载体来传递各工位之间的冲压

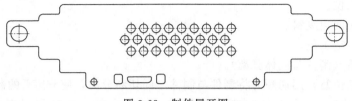

图 3-63　制件展开图

工作较为合理。按制件展开图进行多个方案的排列，选择最佳的排样方案。该制件采用两种方案进行比较。

　　方案 1：如图 3-64 所示，把制件展开图进行 45°斜排，求得材料利用率为 49.65%。

　　方案 2：如图 3-65 所示，把制件展开图进行纵排，求得材料利用率为 54.72%。

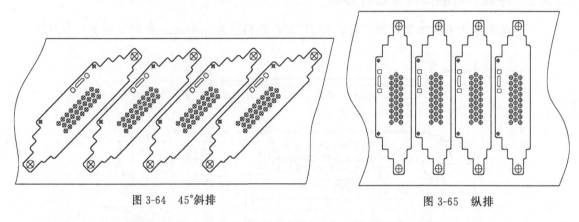

图 3-64　45°斜排　　　　　　　　　　　　　图 3-65　纵排

　　根据以上两个方案的比较，选择方案 2 较为合理。结合制件的弯曲结构及搭边方式，经计算，该制件的料宽为 93mm，步距为 22mm。

(5) 绘制分段冲切废料的形状

　　该制件确定采用图 3-65 纵排排样后，那么在制件的排样图上可反映出所需冲切废料的形状，如图 3-66 所示。从而确定冲切每段形孔形状和具体尺寸，该制件展开图各段间外形轮廓

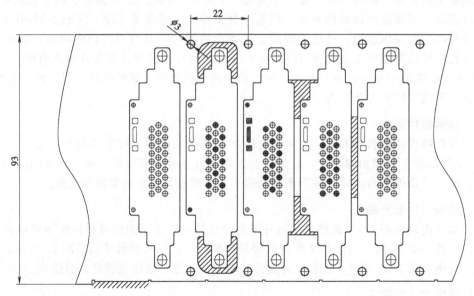

图 3-66　分段冲切废料布置示意图

采用水滴状连接方式。如图 3-66 中的阴影部分为冲切各段废料的形状。各段间所需冲切的形状一一绘制出后，再把载体上相对较大的位置处设置导正销孔，在边缘处设侧刃粗定位。

（6）校核

当绘制出所要冲切各段废料的形状后，再进行一一核对。其操作方式如下。

① 把图 3-66 阴影部分所需冲切废料的形状放入所指定的图层中。

② 单击此图层，采用 CAD 中阵列图标进行排列，再把各段过接的部位删除后，留下如图 3-67 所示的形状。

③ 这时我们可以检查出所需要冲切废料是否完整，也就是说有没有遗漏冲切的现象。从图 3-67 可以看出，该制件除了两头部的四处搭边外，其余都是完整的。

④ 复制图 3-66 和图 3-67 并将两图重叠起来检查制件形状是否发生改变、错位等问题。如果图 3-66 和图 3-67 的形状能完全重叠起来，那么可以进入下一步绘制带料排样图。

（7）绘制排样图

核对以上各段间冲切废料无误后，再进行冲裁、弯曲等工艺的分解，为确保凸、凹模的强度，结合冲裁、弯曲的工艺，对各工序进行综合的调整。分解后确定各工位的加工内容和工位数，绘制出完整的排样

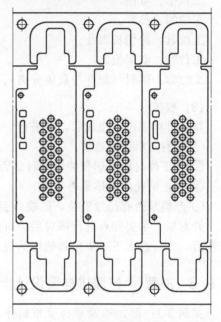

图 3-67　所需要校核分段冲切废料示意图

图，并在排样图上标注带料的宽度（包括公差）、步距及送料方向等，如图 3-68 所示。具体各工位的加工内容如下。

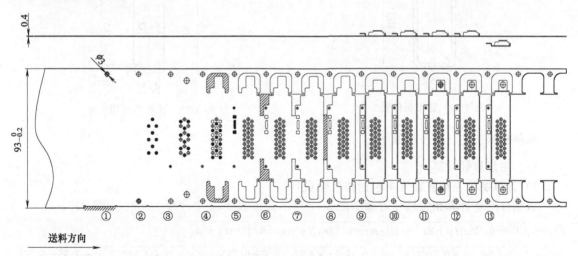

图 3-68　排样图

工位①：冲切侧刃及导正销孔。

工位②：冲孔（包括冲切另一处导正销孔）。

工位③：冲孔。

工位④：冲切两耳朵废料，冲孔。

工位⑤：冲孔。

工位⑥：冲切两边废料。

工位⑦：空工位。

工位⑧：冲切中部废料。

工位⑨：弯曲。

工位⑩：整形。

工位⑪：冲切长圆孔。

工位⑫：空工位。

工位⑬：落料（制件与载体分离）。

(8) 校核

整体排样图设计完成后，再进行一次校核，具体主要校核的内容如下。

① 带料送料是否通畅。

② 各工位材料变形和冲切废料是否合理。

③ 导正销孔的安排是否合理。

④ 凸模是否有位置安装，凹模是否有足够的强度等。

针对以上主要几点进行核对后，可确定该排样是否合理。只有经过这样一步一步的设计和校核后，才可进入下一步模具结构的设计，使设计出的模具合理。

3.9.3 冲裁、拉深排样图设计步骤

实例 3-3：图 3-69 所示为管帽制件图。材料为纯铜，料厚为 0.4mm。

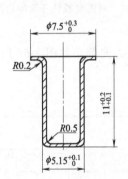

图 3-69 管帽制件图

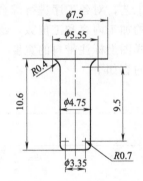

图 3-70 计算毛坯用尺寸

具体拉深工艺计算步骤如下。

(1) 毛坯直径计算

1) 计算制件毛坯直径（不包括修边余量）

该制件毛坯计算相关尺寸可参考图 3-70 所示。按表 2-21 中序号 20 公式计算 D_1。

$$D_1=\sqrt{d_1^2+6.28rd_1+8r^2+4d_2h+6.28r_1d_2+4.56r_1^2+d_4^2-d_3^2}$$

$$=\sqrt{3.35^2+6.28\times0.7\times3.35+8\times0.7^2+4\times4.75\times9.5+6.28\times0.4\times4.75+4.56\times0.4^2+7.5^2-5.55^2}$$

$$=\sqrt{248}\approx15.75\text{mm}$$

2) 计算毛坯实际直径

由于该制件外形尺寸较小，修边余量可直接加在制件毛坯直径的外形上。由表 2-19 查得，当制件料厚为 0.4mm，制件毛坯直径为 15.75mm 时，修边余量 $\delta\approx1.4$mm。

求得实际毛坯直径为：

$$D=D_1+\delta=15.75+1.4=17.15\text{mm}$$

结合实际经验把以上计算的毛坯直径调整为 $D=17\text{mm}$。

(2) 总拉深系数 $m_{总}$ 计算

$$m_{总}=\frac{d}{D}=\frac{4.75}{17}=0.279\approx0.28$$

由表 2-30 查得 $m_{总}=0.2\sim0.24$，表 2-22 查得 $[m_{总}]=0.24\sim0.26$。由此可以看出 $m_{总}=0.28>[m_{总}]$。那么可以不进行中间退火工序，用连续拉深设计是能够成立的。

(3) 确定拉深类型

对于材料厚度 $t=0.2\sim0.5\text{mm}$，外径小于 10mm 的纯铜圆筒形件，可直接选用整体带料连续拉深。

(4) 带料宽度和步距的计算

由表 3-6 序号 1 所列的图示计算带料宽度 B：
$$B=D+2b_1=17+2\times1.5=20\text{mm}$$

式中，$b_1=1.5\text{mm}$，由表 3-7 查得。按经验值实际带料宽度 B 取 19mm。

由表 3-6 序号 1 所列的图示计算带料步距 A：
$$A=(0.8\sim1)D=1\times17=17\text{mm}$$

(5) 确定各次拉深直径和拉深次数

按式 (2-24) $d_i=d_{内径}+0.1(n-i+1)^2$ 计算，求得各次拉深的凸模直径，并确定拉深次数。

$$d_n=4.35+0.1\times1^2=4.45\text{mm}$$
$$d_{n-1}=4.35+0.1\times2^2=4.75\text{mm}$$
$$d_{n-2}=4.35+0.1\times3^2=5.25\text{mm}$$
$$d_{n-3}=4.35+0.1\times4^2=5.95\text{mm}$$
$$d_{n-4}=4.35+0.1\times5^2=6.85\text{mm}$$
$$d_{n-5}=4.35+0.1\times6^2=7.95\text{mm}$$
$$d_{n-6}=4.35+0.1\times7^2=9.25\text{mm}$$
$$d_{n-7}=4.35+0.1\times8^2=10.75\text{mm}$$
$$d_{n-8}=4.35+0.1\times9^2=12.45\text{mm}$$
$$d_{n-9}=4.35+0.1\times10^2=14.35\text{mm}$$

根据以上倒推法计算需十次拉深，经调整后实际拉深凸模的直径如下：$d_1=14.35\text{mm}$；$d_2=12.45\text{mm}$；$d_3=10.75\text{mm}$；$d_4=9.3\text{mm}$；$d_5=8.0\text{mm}$；$d_6=6.85\text{mm}$；$d_7=6.0\text{mm}$；$d_8=5.2\text{mm}$；$d_9=4.7\text{mm}$；$d_{10}=4.34\text{mm}$。

(6) 各次拉深的凸、凹模圆角半径计算

1) 首次拉深凸、凹模圆角半径计算

① 首次拉深凸模圆角半径按式 (2-29) 计算：
$$r_{p1}=(3\sim5)t$$
$$=5\times0.4=2.0\text{mm}$$

② 首次拉深凹模圆角半径按式 (2-30) 计算：
$$r_{d1}=(0.6\sim0.9)r_{p1}$$
$$=0.9\times2=1.8\text{mm}$$

2) 以后各次拉深凸、凹模圆角半径计算

① 以后各次拉深凸模圆角半径按式 (2-31) $r_{pn}=(0.7\sim0.8)r_{pn-1}$ 计算：

求得 $r_{p2}=1.6\mathrm{mm}$，$r_{p3}=1.2\mathrm{mm}$，$r_{p4}=1.0\mathrm{mm}$，$r_{p5}=0.8\mathrm{mm}$，$r_{p6}=0.7\mathrm{mm}$，$r_{p7}=0.6\mathrm{mm}$，$r_{p8}=0.5\mathrm{mm}$，$r_{p9}=0.5\mathrm{mm}$，$r_{p10}=0.5\mathrm{mm}$。

② 以后各次拉深凹模圆角半径按式（2-32）$r_{dn}=(0.7\sim0.8)r_{dn-1}$ 计算：

求得 $r_{d2}=1.5\mathrm{mm}$，$r_{d3}=1.2\mathrm{mm}$，$r_{d4}=1.0\mathrm{mm}$，$r_{d5}=0.8\mathrm{mm}$，$r_{d6}=0.7\mathrm{mm}$，$r_{d7}=0.6\mathrm{mm}$，$r_{d8}=0.5\mathrm{mm}$，$r_{d9}=0.4\mathrm{mm}$，$r_{d10}=0.3\mathrm{mm}$。从第十次的凹模圆角半径可以看出 $r_{d10}=0.3\mathrm{mm}$，而制件的口部凸缘处圆角半径为 $0.2\mathrm{mm}$。应采用增加整形工序进行整形后，才能达到制件的要求。故在工位⑩后面增加了两次整形工序，其一是减少圆角半径；其二是将直径 $\phi4.34\mathrm{mm}$ 增大到直径 $\phi4.35\mathrm{mm}$，具体如图 3-71 所示。

（7）各工位拉深高度计算

无工艺切口的各工位拉深高度可按式（2-25）$H_i=h_{制件}[1-0.04(n-i+1)]$ 计算。

求得
$$H_n=10.6\times(1-0.04\times1)=10.176\mathrm{mm}$$
$$H_{n-1}=10.6\times(1-0.04\times2)=9.752\mathrm{mm}$$
$$H_{n-2}=10.6\times(1-0.04\times3)=9.328\mathrm{mm}$$
$$H_{n-3}=10.6\times(1-0.04\times4)=8.9\mathrm{mm}$$
$$H_{n-4}=10.6\times(1-0.04\times5)=8.48\mathrm{mm}$$
$$H_{n-5}=10.6\times(1-0.04\times6)=8.06\mathrm{mm}$$
$$H_{n-6}=10.6\times(1-0.04\times7)=7.63\mathrm{mm}$$
$$H_{n-7}=10.6\times(1-0.04\times8)=7.21\mathrm{mm}$$
$$H_{n-8}=10.6\times(1-0.04\times9)=6.78\mathrm{mm}$$
$$H_{n-9}=10.6\times(1-0.04\times10)=6.36\mathrm{mm}$$

按以上计算得各次拉深高度，经调整后的实际近似值如下：$H_1=6\mathrm{mm}$，$H_2=6.6\mathrm{mm}$，$H_3=7.3\mathrm{mm}$，$H_4=7.8\mathrm{mm}$，$H_5=8.5\mathrm{mm}$，$H_6=8.8\mathrm{mm}$，$H_7=9.5\mathrm{mm}$，$H_8=10\mathrm{mm}$，$H_9=10.5\mathrm{mm}$，$H_{10}=10.7\mathrm{mm}$。

按式（2-25）计算各工位的拉深高度，虽然比较方便，但实际的各工位拉深高度经过试模后进一步调整才能确定。

（8）绘制出连续拉深的排样图

经过以上的各环节拉深工艺的计算后，绘制出如图 3-71 所示的连续拉深排样图，该制件共分为 13 个工位来完成，具体各工位的加工内容如下。

工位①：首次拉深。

工位②：第二次拉深。

工位③：第三次拉深。

工位④：第四次拉深。

工位⑤：第五次拉深。

工位⑥：第六次拉深。

工位⑦：第七次拉深。

工位⑧：第八次拉深。

工位⑨：第九次拉深。

工位⑩：第十次拉深。

工位⑪、⑫：整形。

工位⑬：落料。

实例 3-4：图 3-72 所示为窄凸缘筒形件，材料为 08F 钢，料厚为 0.5mm，年产量较大，经分析采用带料连续拉深冲压较为合理。

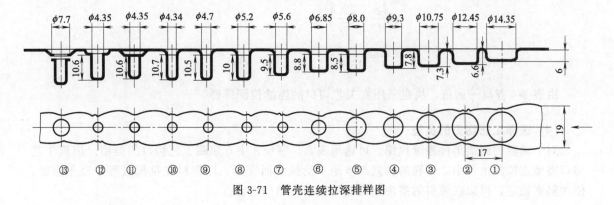

图 3-71 管壳连续拉深排样图

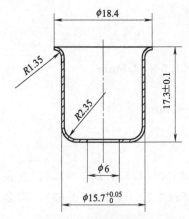

图 3-72 窄凸缘筒形件

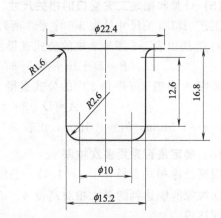

图 3-73 按料厚中心线绘出

具体拉深工艺计算步骤如下。

(1) 毛坯直径计算

如图 3-72 所示，该制件为窄凸缘拉深件。从表 2-18 查得，当凸缘直径为 ϕ18.4mm 时，查得修边余量 $\delta=2.0$mm，计算毛坯的凸缘直径 $d_{凸}=18.4+2\times2=22.4$mm。其毛坯尺寸按料厚中心线绘制出，如图 3-73 所示。

该制件计算毛坯相关尺寸可参考图 3-73 所示。按表 2-21 中序号 20 公式计算毛坯 D。

$$D=\sqrt{d_1^2+6.28rd_1+8r^2+4d_2h+6.28r_1d_2+4.56r_1^2+d_4^2-d_3^2}$$

$$=\sqrt{10^2+6.28\times2.6\times10+8\times2.6^2+4\times15.2\times12.6+6.28\times1.6\times15.2+4.56\times1.6^2+22.4^2-18.4^2}$$

$$=\sqrt{1411}\approx37.56\text{mm}$$

调整后得拉深件的实际毛坯直径为 37.5mm。

(2) 总拉深系数 $m_{总}$ 计算

$$m_{总}=\frac{d}{D}=\frac{15.2}{37.5}=0.405\approx0.4$$

由表 2-22 查得 $[m_{总}]=0.4$，所以 $m_{总}=0.4=[m_{总}]=0.4$。那么可以不进行中间退火工序，用连续拉深设计是能够成立的。

(3) 确定拉深类型

由于：

$$\frac{t}{D}\times100=\frac{0.5}{37.5}\times100=1.33$$

$$\frac{d_凸}{d} = \frac{22.4}{15.2} = 1.47$$

$$\frac{h}{d} = \frac{16.8}{15.2} = 1.1$$

由表 3-4 查得 $\frac{h}{d}$ 的值，决定采用有工艺切口的连续拉深排样。

（4）选择工艺切口的类型

对于薄料的圆筒形件连续拉深。可选用表 3-5 序号 3 中有双圈工艺切口的类型。因该工艺切口类型在拉深过程中，带料的料宽与步距不受拉深而变形，即带料在拉深过程中是平直的，使送料更稳定，可以在带料的搭边上设置导正销孔精确定位。

（5）计算和确定工艺切口的相关尺寸、料宽和步距等。

工艺切口有关尺寸见表 3-6 序号 3 所列的图示。

料宽 B 由表 3-6 序号 3 中的公式查得：

$$B = D + 2n + 2b_2 = 37.5 + 2 \times 1.5 + 2 \times 1.5 = 43.5mm$$

步距 A 由表 3-6 序号 3 中的公式查得：

$$A = D + 3n = 37.5 + 3 \times 1.5 = 42mm$$

式中，$n = 1.5mm$，$b_2 = 1.5mm$，由表 3-7 查得。

（6）确定是否采用多次拉深

根据凸缘相对直径 $d_凸/d = 1.47$；毛坯相对厚度 $t/D \times 100 = 1.33$；$h/d = 1.1$，查表 2-29 的一次拉深所能达到的最大相对高度 $h_1/d_1 = 0.63$，则 $h/d(1.1) > h_1/d_1(0.63)$，需多次拉深才能达成。

（7）确定拉深次数和拉深系数

首次拉深系数查表 2-26，试选拉深系数 $m_1 = 0.53$。

从图 3-73 可以看出，该制件相对高度小，可直接查表 2-27 选 $m_2 = 0.76$。于是 $m_1 m_2 = 0.58 \times 0.76 = 0.44 > 0.4$（总拉深系数），说明第二次拉深后还是不能达到制件的要求。应再加一次拉深工序，查表 2-27 选 $m_3 = 0.79$。

在实际生产中，采用了三次连续拉深，其调整后的拉深系数分别为 $m_1 = 0.58$，$m_2 = 0.80$，$m_3 = 0.87$。即每次拉深采用较小的变形程度，同时也可以减少过渡工序的凸、凹模圆角半径，最后也不需加整形工序。在连续拉深模设计时，要考虑增加 $1 \sim 2$ 个空工位，对拉深过程较为有利。

（8）拉深直径的计算

根据以上调整后的拉深系数求得各工序拉深直径如下。

首次拉深直径：

$$
\begin{aligned}
d_1 &= m_1 D \\
&= 0.58 \times 37.5 \\
&= 21.75mm
\end{aligned}
$$

二次拉深直径：

$$
\begin{aligned}
d_2 &= m_2 d_1 \\
&= 0.8 \times 21.75 \\
&= 17.4mm（实际取 17.5mm）
\end{aligned}
$$

三次拉深直径：

$$d_3 = m_3 d_2$$
$$= 0.87 \times 17.5$$
$$\approx 15.2 \text{mm}$$

(9) 凸、凹模圆角半径的计算

① 首次拉深凹模圆角半径可按式（2-26）计算：

$$r_{d1} = 0.8\sqrt{(D-d)t}$$
$$= 0.8\sqrt{(37.5-21.75) \times 0.5}$$
$$\approx 2.2 \text{mm}。$$

以后各次拉深凹模圆角半径按式（2-27）$r_{dn} = (0.6 \sim 0.9)r_{d(n-1)}$ 计算得：$r_{d2} \approx 1.6 \text{mm}$，$r_{d3} \approx 1.0 \text{mm}$。

② 凸模圆角半径按式（2-28）$r_p = (0.6 \sim 1)r_d$ 计算得 r_{p1} 已经小于制件底部的内圆角半径，那么 r_{p1}、r_{p2}、r_{p3} 的值均取 2.35mm。

(10) 各次拉深高度的计算

1）首次拉深高度计算

计算拉深高度时，对于有工艺切口的带料连续拉深，首次拉深时，拉入凹模的材料比所需的多 4%～6%（工序次数多时取上值，反之，工序次数少时取下值）。确定实际拉深假想毛坯直径和首次拉深的实际高度。

首次拉深假想毛坯直径按式（2-33）计算：

$$D_1 = \sqrt{(1+x)D^2}$$
$$= \sqrt{(1+0.04) \times 37.5^2} \approx 38.2 \text{mm}$$

式中，x 值取 4%。

首次拉深高度按式（2-34）计算：

$$H_1 = \frac{0.25}{d_1}(D_1^2 - d_凸^2) + 0.43(r_1 + R_1) + \frac{0.14}{d_1}(r_1^2 - R_1^2)$$
$$= \frac{0.25}{21.75} \times (38.2^2 - 22.4^2) + 0.43 \times (2.3 + 2.2) + \frac{0.14}{21.75} \times (2.3^2 - 2.2^2)$$
$$\approx 12.9 \text{mm}$$

2）第二次拉深高度计算

第二次拉深假想毛坯直径按式（2-36）计算：

$$D_2 = \sqrt{(1+x_1)D^2}$$
$$= \sqrt{(1+0.02) \times 37.5^2} \approx 37.9 \text{mm}$$

首次拉深进入凹模的面积增量 x，在第二次拉深中部分材料返回凸缘上。那么式中 x_1 值取 2%。

第二次拉深高度按式（2-35）计算：

$$H_2 = \frac{0.25}{d_2}(D_2^2 - d_凸^2) + 0.43(r_2 + R_2) + \frac{0.14}{d_2}(r_2^2 - R_2^2)$$
$$= \frac{0.25}{17.5} \times (37.9^2 - 22.4^2) + 0.43 \times (2.35 + 1.6) + \frac{0.14}{17.5} \times (2.35^2 - 1.6^2)$$
$$\approx 15.3 \text{mm}$$

3）第三次拉深高度等于制件的高度，那么 $H_3 = 16.8 \text{mm}$。

(11) 校核首次拉深的相对高度

查表 2-29，当 $\dfrac{t}{D} \times 100 = \dfrac{0.5}{37.5} \times 100 = 1.33$，$\dfrac{d_凸}{d} = \dfrac{22.4}{15.2} = 1.47$ 时，$\left[\dfrac{h_1}{d_1}\right] = 0.82 \sim 0.65$，

而 $\dfrac{h_1}{d_1} = \dfrac{12.9}{21.75} = 0.593 < \left[\dfrac{h_1}{d_1}\right] = 0.63$，故上述计算是合理的。

(12) 绘制出连续拉深的排样图

根据以上的毛坯直径、拉深系数、拉深直径及各工序拉深高度等计算，绘制出如图 3-74 所示的连续拉深排样图。

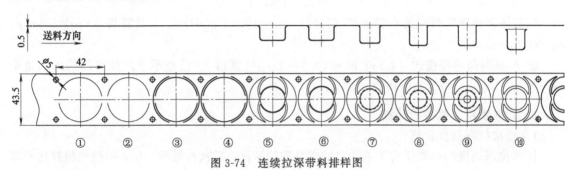

图 3-74　连续拉深带料排样图

具体工位安排如下。

工位①：冲切导正销孔，冲切内圈切口。

工位②：空工位。

工位③：冲切外圈切口。

工位④：空工位。

工位⑤：首次拉深。

工位⑥：空工位。

工位⑦：第二次拉深。

工位⑧：第三次拉深。

工位⑨：冲底孔。

工位⑩：落料。

3.9.4　冲裁、成形排样图设计步骤

图 3-75 所示为 A36 制件图，该制件为对称件，外形尺寸大，而形状复杂。该制件为某汽车上的零部件，材料为 HC340LA，板料厚为 1.0mm。

(1) 工艺分析

经分析，该制件整体可采用成形工艺来进行冲压。其余的具体工艺安排如下。

① 图 3-75a 处为先冲切周边的废料，再进行弯曲。

② 图 3-75b、h、k 处为先成形整体的外形后，再进行凸包成形。

③ 图 3-75c、g、i 处方孔安排在成形后再冲压出。

④ 图 3-75d、f 处成形后压弯 24°冲孔。

⑤ 图 3-75e 处成形后压弯 14°冲孔。

⑥ 图 3-75j 处为翻孔，先成形整体的外形，再进行凸包成形，接着预冲孔，最后翻孔。如直接采用预冲孔再翻孔，会导致翻孔时边缘开裂影响制件的质量。

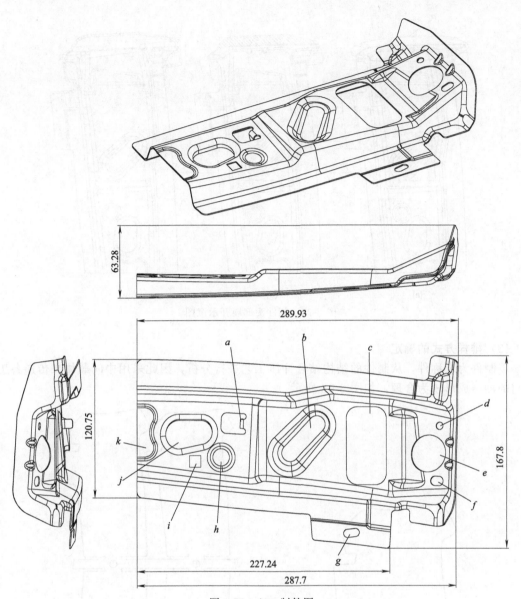

图 3-75　A36 制件图

(2) 制件展开尺寸计算

从图 3-75 可以看出，该制件形状不规则，在排样设计时，按常规的公式计算展开，不仅繁琐，展开出的尺寸难以符合制件的要求，因此，采用相关专用的软件，利用网格划分的方式进行分析和计算展开才能达成。

制件的头部形状较为复杂，为保证制件头部成形的稳定性，其头部先成形一部分，再进行精切，最后进行二次成形。那么其展开的计算步骤如下。

① 提取出制件图，删除成形后要冲压的孔及翻孔，留下的部分如图 3-76（a）所示。

② 展开图 3-76（a）的 a 处，图 3-76（b）的头部阴影部分为展开后的形状。

③ 因该头部先成形一部分再进行精切，因此要留有一定的修边余量，其修边余量见图 3-76（c）头部的阴影部分。

④ 最后按图 3-76（c）的示意图用相关的软件计算其展开尺寸，计算后的展开尺寸如图 3-77所示。

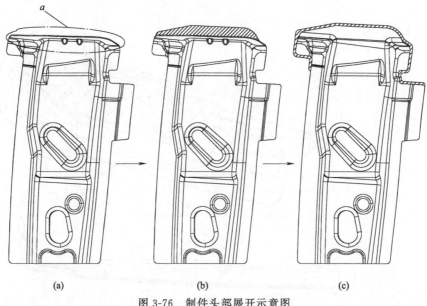

图 3-76　制件头部展开示意图

(3) 排样方式的确定

该制件为对称件，从制件的结构结合冲压工艺进行分析，因此采用中间载体来传递各工位之间的冲压成形较为合理，如图 3-78 所示。

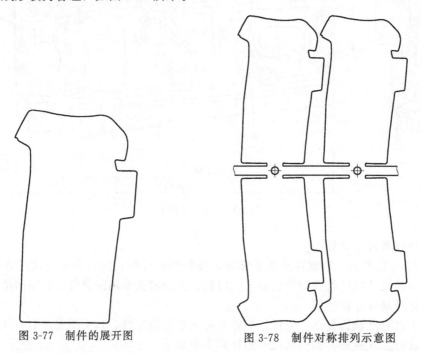

图 3-77　制件的展开图　　　　　　图 3-78　制件对称排列示意图

(4) 绘制分段冲切废料的形状

绘制分段冲切废料的形状同 3.9.2 节的第 (5) 点，这里不作详细的介绍。

(5) 绘制排样图

该制件采用对称排列，考虑带料宽而较薄，在中间载体上进行必要的工艺改造来增加载体的强度，该排样采用压肋的方法加强载体，如图 3-79 工位①所示。它可防止送料时因带料刚

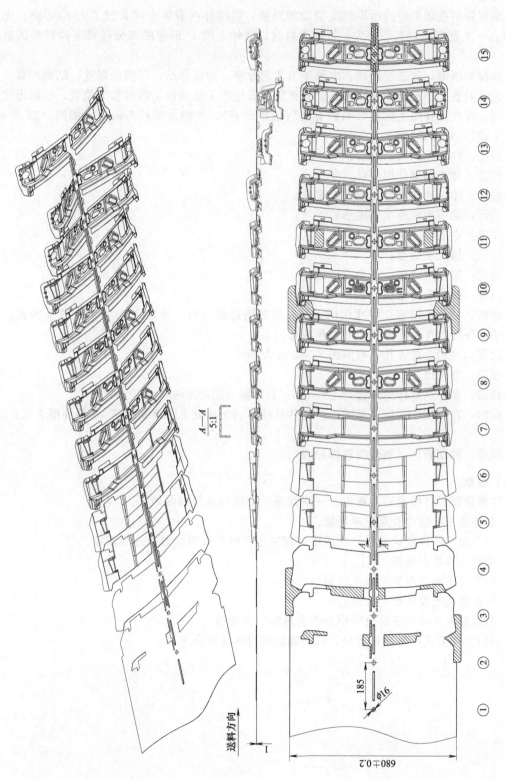

$\dfrac{A-A}{5:1}$

图 3-79　排样图

性不足而失稳，既影响到制件的几何形状或尺寸产生误差，还导致送料阻碍，无法实现冲压过程的自动化。

为确保带料在送料时前后不发生窜动的现象，该排样在载体中间设置了 U 形弯曲，见图 3-79 中 A—A 剖视图。其动作为：带料送料时，载体上的 U 形弯曲部分随着下浮料块的轨迹滑动。

绘制排样图时，先进行冲裁、成形等工艺的分解，为确保凸、凹模的强度，结合冲裁、成形的工艺，对各工序进行综合的调整、分解后，确定各工位的加工内容和工位数，绘制出完整的排样图，并在排样图上标注带料的宽度（包括公差）、步距及送料方向等，如图 3-79 所示。具体各工位的加工内容如下。

工位①：冲导正销孔、压肋。

工位②：冲切四处外形废料、导正。

工位③、④：冲切剩余四处外形废料。

工位⑤：第一次成形（预成形）。

工位⑥：空工位。

工位⑦：第二次成形。

工位⑧：第三次成形（凸包成形）。

工位⑨：部分头部精切。

工位⑩：剩余头部精切，冲切图 3-75a 处的周边的废料，冲切图 3-75g 处的长圆孔，冲切图 3-75i 处的方孔及图 3-75j 部的预冲孔。

工位⑪：冲切 2 处方孔，弯曲图 3-75a 处及翻孔。

工位⑫：空工位。

工位⑬：制件从载体的交接处上压弯 14° 后冲图 3-75e 处的孔。

工位⑭：在工位⑬的压弯基础上，制件从载体的交接处上再继续压弯 10° 后冲图 3-75d、f 处的孔。

工位⑮：冲切载体（制件与载体分离）。

(6) 校核

整体排样图设计结束后，再进行一次校核，校核的主要内容如下。

① 制件是否有漏冲及重复冲现象。

② 用专业的软件来验证制件在成形过程中是否有严重的变薄或开裂现象。

③ 带料送料是否通畅。

④ 各工位材料变形和冲切废料是否合理。

⑤ 导正销孔的安排是否合理。

⑥ 凸模是否有位置安装及凹模是否有足够的强度等。

针对以上主要几点进行核对后，最终确定此排样是否合理。

第**4**章

▶▶▶

多工位级进模零部件设计

- 模架、模座、导向装置
- 模柄
- 凸、凹模设计
- 固定板、垫板设计
- 卸料装置设计
- 带料（条料）导料、浮料装置设计
- 带料（条料）定距机构设计
- 顶出装置
- 防止废料回跳或堵料
- 微调机构设计
- 斜楔、滑块、侧向冲压与倒冲机构
- 限位装置
- 螺钉、销钉及孔距的确定

4.1 模架、模座、导向装置

4.1.1 模架

模架由上模座、下模座和导柱、导套等组成。根据上下模座的材料不同将模架分为铸铁模架和钢板模架两大类；依照模架中导向装置的不同，又将模架分为滑动导向模架（GB/T 2851—2008）和滚动导向模架（GB/T 2852—2008）。

每类模架中又可由导柱的安装位置及导柱数量的不同分为对角导柱模架、后侧导柱模架、中间导柱模架和四导柱模架等。

图 4-1 所示为多工位级进模常用的一种四导柱模架，上下模座由钢板制造而成。图 4-2（a）所示模架的导向装置为滑动导向结构，图 4-2（b）所示模架的导向装置为滚动导向结构。

模架是模具的主体结构，一副完整的模具，模架是不可以缺少的。模架又是连接模具所有零件的重要部件，模具的所有零件通常用内六角螺钉和圆柱销固定在它的上面，并承受冲压过程中的全部载荷。模具的上下模之间相对位置通过模架的导向装置稳定保持其精度，并引导凸模正确运动，保证冲压过程中凸、凹模之间相对位置合理，间隙均匀。

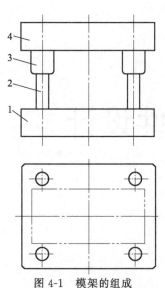

图 4-1　模架的组成

1—下模座；2—导柱；3—导套；4—上模座

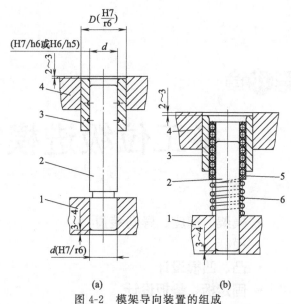

图 4-2　模架导向装置的组成

1—下模座；2—导柱；3—导套；4—上模座；5—保持圈；6—弹簧

4.1.2　多工位级进模常用模架的种类

常用标准模架的种类如表 4-1 所示。

表 4-1　常用标准模架的种类

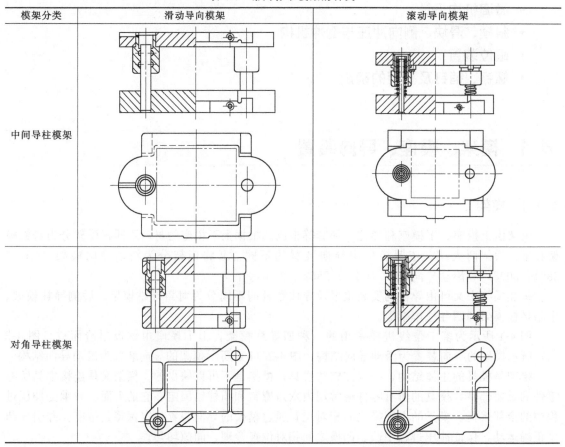

模架分类	滑动导向模架	滚动导向模架
中间导柱模架		
对角导柱模架		

模架分类	滑动导向模架	滚动导向模架
后侧导柱模架	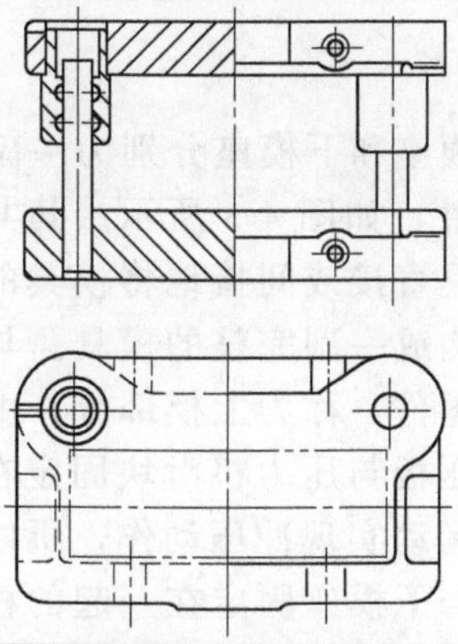	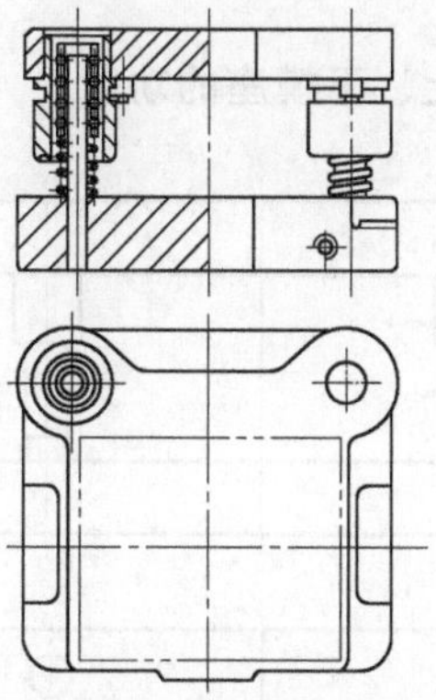
四导柱模架	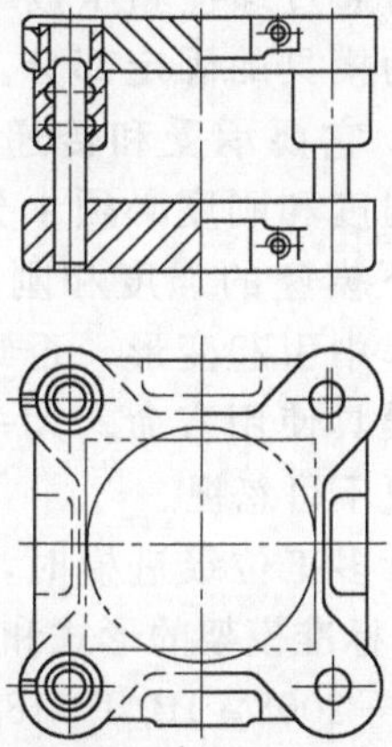	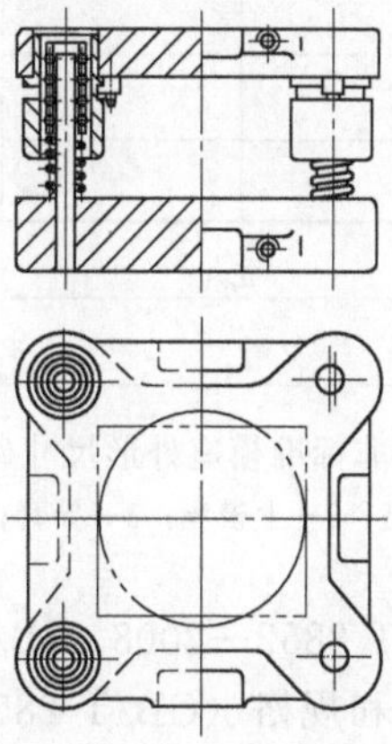
中间导柱弹压模架	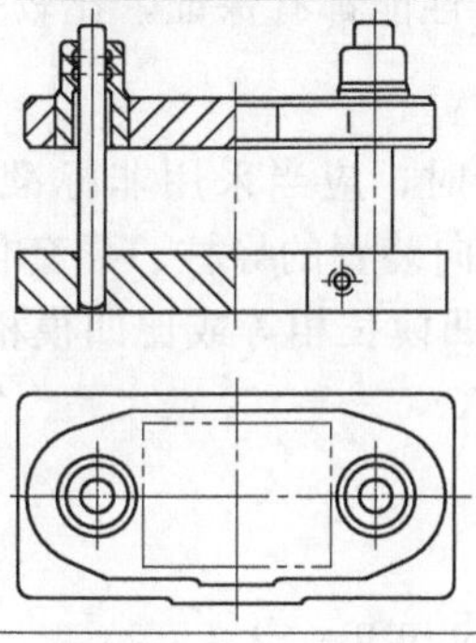	
对角导柱弹压模架	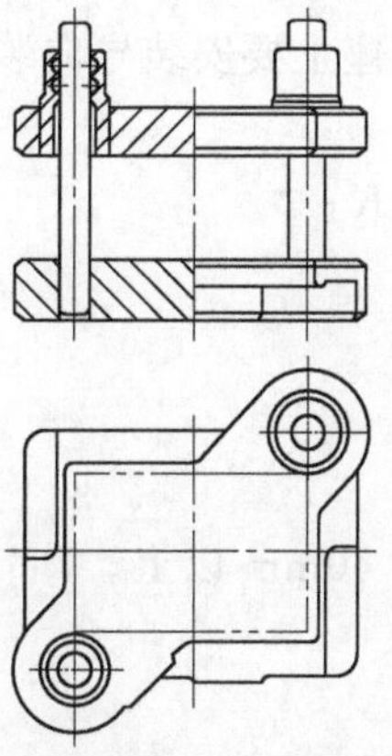	
钢板模架	上、下模板为矩形钢板,结构形式同上	

4.1.3　上、下模座

（1）上、下模座的功能

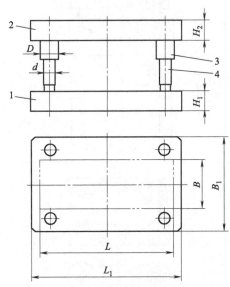

图 4-3　非标准模座外形尺寸确定示例
1—下模座；2—上模座；3—导套；4—导柱

上模座和下模座分别为一副模架上不同位置的两个零件，如图 4-3 所示。其共同作用是：上、下模座都是直接或间接地将模具的所有零件安装在其上面，构成一副完整的模具。与上模座固定在一起的模具零件，称为上模部分，由于它常通过模柄或螺栓和压板与压力机滑块固定在一起，随压力机滑块上下运动实现冲压动作，所以这部分又称活动部分；而与下模座固定在一起的模具零件，称为下模部分。它常通过螺栓和压板与压力机工作台固定在一起，成为模具的固定部分。上、下模座是整个模具的基础，它要承受和传递压力，因此，对于上、下模座的强度和刚度必须十分重视。每一副模架的上模座与下模座的强度和刚度必须满足使用要求，不能在工作中引起变形，否则会影响到冲压件的精度和降低模具使用寿命。大一些的模具下模座的强度和刚度更不可忽视。

在设计多工位级进模时，一般应尽量选用标准模架（GB/T 2852—2008、JB/T 7182—1995），因为标准模架的形式和规格决定了上、下模座的标准形式和规格（GB/T 2855—2008、GB/T 2856—2008、JB/T 7186—1995、JB/T 7187—1995），并且在强度和刚度方面，选用标准模架一般性能都有保证，比较安全。

（2）非标准模座的设计

对于较大的多工位级进模，没有标准模架选择时，应当采用非标准模座（需自行设计），模座的材料可采用 Q235 或 45 钢或铸铁等制造，导向装置的导柱、导套仍应选用标准件。

非标准模座外形常取矩形（见图 4-2）。长度和凹模长相等或比凹模稍长，可按下式确定：

$$L_1 = L + K \tag{4-1}$$

式中　L_1——上、下模座长度，mm；

　　　L——凹模板长度，mm；

　　　K——增加值，这是个经验值，取 $K = 10 \sim 50$mm。

非标准模座的宽度比凹模的宽度要大，因为在模座上要安装导向装置，还要留有压板压紧固定位置。可按下式确定：

$$B_1 = B + 2D + K_1 \tag{4-2}$$

式中　B_1——上、下模座宽度，mm；

　　　B——凹模板宽度，mm；

　　　D——导套外径，mm；

　　　K_1——增加值，是个经验值，取 $K_1 > 40$mm。

注意：下模座外形尺寸同压力机台面孔边至少留 40mm 以上。

模座的厚度可按下式确定：

普通冲模

$$H_1 \geqslant (1.5 \sim 2) H_凹 \tag{4-3}$$

精密冲模

$$H_1 \geqslant (2.5 \sim 3.5) H_{凹} \tag{4-4}$$

式中　H_1——下模座厚度，mm；

　　　$H_{凹}$——凹模厚度，mm。

上模座和下模座的外形一般保持一样大小，在厚度方面，上模座厚度 H_2 可略小于下模座厚度 H_1，即 $H_2 \leqslant H_1$，可取 $H_2 = H_1 - (5 \sim 10)$ mm。

(3) 下模座的强度计算

在多工位级进模设计时，一般不计算下模座的强度，只是在个别特殊情况下，需要验算其危险断面的弯面应力。

为了简化计算，作如下假设。

① 凹模不参与承受载荷，载荷完全传到下模座上。

② 当下模座上有特殊形状的漏料孔时，按其外切圆或外切矩形孔计算。

③ 下模座的中心尽量与压力机台面上的漏料孔中心重合。

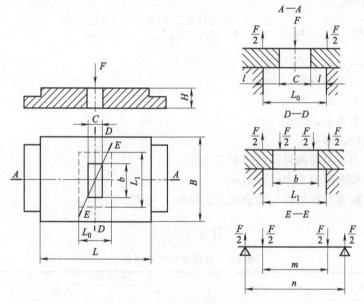

图 4-4　下模座强度计算图

图 4-4 所示的下模座，$C \times b$ 为下模座的漏料孔尺寸，$L_0 \times L_1$ 为压力机台面（或垫板）的漏料孔尺寸。现分别计算 A—A 剖面、D—D 剖面和 E—E 剖面的情况。

A—A 剖面：

最大弯曲应力　　　$$\sigma_{弯} = \frac{M_{max}}{W} = \frac{Fl/2}{(L-C)H^2/b} = \frac{3Fl}{(L-C)H^2} \tag{4-5}$$

式中　C，b——下模座漏料孔尺寸，mm；

　　　l——悬臂长，mm，见图 4-4 中 A—A 剖面。

模座厚度　　　　　$$H \geqslant \sqrt{\frac{3Fl}{(L-C)[\sigma_{弯}]}} \tag{4-6}$$

D—D 剖面：

最大弯曲应力　　　$$\sigma_{弯} = \frac{M_{max}}{W} = \frac{3FL_1/16}{(B-b)H^2/6} = \frac{9FL_1}{8(B-b)H^2} \tag{4-7}$$

式中　L_0，L_1——压力机台面漏料孔尺寸，mm；

　　　B，L——下模座的宽度和长度，mm；

模座厚度

$$H \geqslant \sqrt{\frac{9FL_1}{8(B-b)[\sigma_弯]}}$$　　　　(4-8)

$E—E$ 剖面：

对于矩形漏料孔

最大弯曲应力

$$\sigma_弯 = \frac{M_{max}}{W} = \frac{\frac{F}{4}(n-m)}{\frac{(n-m)}{6}H^2} = \frac{3F}{2H^2}$$　　　　(4-9)

　　　m——下模座漏料孔沿 $E—E$ 剖面的对角距离尺寸，mm；

　　　n——压力机台面漏料孔沿 $E—E$ 剖面的对角距离尺寸，mm；

模座厚度

$$H \geqslant \sqrt{\frac{3F}{2[\sigma_弯]}}$$　　　　(4-10)

对于圆形漏料孔

最大弯曲应力

$$\sigma_弯 = \frac{M_{max}}{W} = \frac{0.64(R-r)F/2}{(R-r)H^2/3} = \frac{3 \times 0.32F}{H^2}$$　　　　(4-11)

式中　$\sigma_弯$——最大弯曲应力，MPa；

　　　H——下模座的厚度，mm；

　　M_{max}——最大弯矩，N·mm；

　　　W——剖面系数，mm；

　　　F——载荷，即冲压力，N。

　　　R——压力机台面漏料孔的半径，mm；

　　　r——下模座漏料孔半径，mm；

　　$[\sigma_弯]$——下模座材料的许用弯曲应力，MPa，见表 4-2。

模座厚度

$$H \geqslant \sqrt{\frac{0.96F}{[\sigma_弯]}}$$　　　　(4-12)

表 4-2　常用材料的许用应力　　　　　　　　　　　　　　　　　MPa

材料名称及牌号	许用应力			
	拉深	压缩	弯曲	剪切
Q195、Q235、25	108~147	118~157	127~157	98~137
Q275、40、50	127~157	137~167	167~177	118~147
铸钢 ZG270-500、ZG310-570	—	108~147	118~147	88~118
铸铁 HT200、HT250	—	88~137	34~44	25~34
T7A 硬度 54~58HRC	—	539~785	353~490	—
T8A、T10A Cr12MoV、GCr15 硬度 52~60HRC	245	981~1569①	294~490	—
Q275 硬度 52~60HRC	—	294~392	196~275	—
20（表面渗碳） 硬度 86~92HS	—	245~294	—	—
65Mn 硬度 43~48HRC	—	—	490~785	—

① 对小直径有导向的凸模此值可取 2000~3000MPa。

注：淬火后随硬度提高，许用应力可大幅提高。

4.2　模柄

　　模柄是中、小型冲模的模架上一个不可少的零件，通过它可以使上模部分快速的找正位置，直接与压力机滑块连接固定在一起，以实现正常冲压工作。模柄的直径、长度应和压力机滑块上的模柄孔相匹配。

　　常用的模柄形式有压入式模柄、旋入式模柄、凸缘式模柄及浮动模柄等。

4.2.1　压入式模柄

　　压入式模柄应用比较广泛，其固定部分与上模座紧配，为防止模柄转动，在模柄的小凸缘处装有防转螺钉。此结构能较好地保证模柄垂直度要求，长期使用此模柄稳定可靠，不会松动。其结构和尺寸见表4-3，表4-3中B型模柄中间有孔，可安装打料杆，用压力机的打料横杆进行打料。

表 4-3　压入式模柄（摘自 JB/T 7646.1—2008）　　　　　　　　　mm

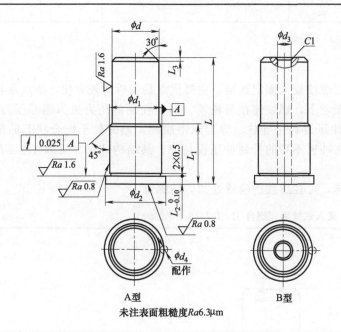

材料：Q235A、45 钢。

技术条件：按 JB/T 7653—2008 的规定。

标记示例：

$d=32$mm、$L=80$mm 的 A 型压入式模柄：

压入式模柄　A　32×80　JB/T 7646.1—2008。

A型　　B型
未注表面粗糙度 $Ra6.3\mu m$

d js10	d_1 m6	d_2	L	L_1	L_2	L_3	d_3	d_4 H7
20	22	29	60	20		2	7	
			65	25				
			70	30				
25	26	33	65	20	4	2.5	7	6
			70	25				
			75	30				
			80	35				
32	34	42	80	25	5	3	11	
			85	30				
			90	35				
			95	40				

续表

d js10	d_1 m6	d_2	L	L_1	L_2	L_3	d_3	d_4 H7
40	42	50	100	30	6	4	11	6
			105	35				
			110	40				
			115	45				
			120	50				
50	52	61	105	35	8	5	15	8
			110	40				
			115	45				
			120	50				
			125	55				
			130	60				
60	62	71	115	40	8	5	15	8
			120	45				
			125	50				
			130	55				
			135	60				
			140	65				
			145	70				

4.2.2　旋入式模柄

　　此模柄与上模座固定部分采用螺纹旋入固定连接，主要优点是装拆比较方便，缺点是与模座的垂直度较差，在冲压的冲击振动下，螺纹连接易松动。但当使用的压力机为偏心压力机，行程可调且取较小值时，能保证冲压过程中导柱、导套永不脱离，始终处于配合状态的情况下，仍受到用户欢迎，并被使用在冲速不高的普通冲压模具中。其结构和尺寸见表 4-4（有 A型和 B 型之分）。

　　为了防止模柄在上模座中旋转，可在螺纹的骑缝处加防转螺钉。

表 4-4　旋入式模柄（摘自 JB/T 7646.2—2008）　　　　　　　　　　mm

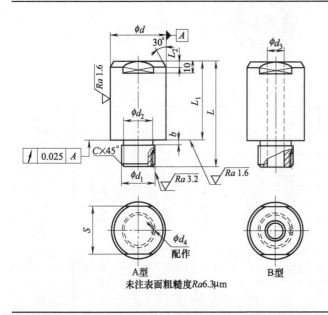

材料：Q235A、45 钢
技术条件：按 JB/T 7653—2008 的规定
标记示例：
d＝32mm 的 A 型旋入式模柄：
旋入式模柄　A　32　JB/T 7646.2—2008

A 型　　　　　　　　B 型
未注表面粗糙度 Ra6.3μm

d js10	d_1	L	L_1	L_2	S	d_2	d_3	d_4	b	C
20	M16×1.5	58	40	2	17	14.5			2.5	1
25	M16×1.5	68	45	2.5	21	14.5	11	M6		
32	M20×1.5	79	56	3	27	18.0			3.5	1.5
40	M24×1.5	91	68	4	36	21.5				
50	M30×1.5			5	41	27.5	15	M8	4.5	2
60	M36×1.5	100	73		50	33.5				

4.2.3 凸缘模柄

凸缘模柄的凸缘部分埋入上模座上平面的沉孔内，一般车削加工成 H7/h6 配合，同时保持和上模座上平面齐平或略低于上模座的上平面，这样才能保证安装后上模座的上平面与压力机滑块的底平面紧密贴合。通常凸缘处用 3～4 个螺钉与上模座连接固定，装拆比较方便，适用于较大型模具。其结构和尺寸见表 4-5。

表 4-5 凸缘模柄（摘自 JB/T 7646.3—2008） mm

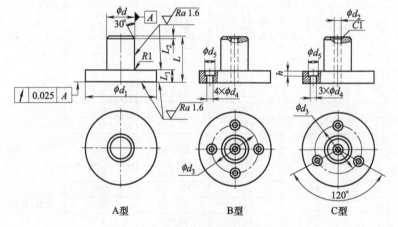

材料：Q235A、45 钢
技术条件：按 JB/T 7653—2008 的规定
标记示例：
$d = 40$mm 的 A 型凸缘模柄
凸缘模柄 A 40 JB/T 7646.3—2008

A 型　　　B 型　　　C 型

未注表面粗糙度 $Ra6.3\mu$m

d js10	d_1	L	L_1	L_2	d_2	d_3	d_4	d_5	h
20	67	58	18	2		44			
25	82	63		2.5	11	54	9	14	9
32	97	79		3		65			
40	122	91	23	4		81			
50	132					91	11	17	11
60	142	96		5	15	101	13	20	13
70	152	100				110			

4.2.4 浮动模柄

浮动式模柄是由凹球面模柄、凸球面垫块、锥面压圈组成，其结构和尺寸见表 4-6，锥面压圈见表 4-7，凹球面模柄见表 4-8，凸球面垫块见表 4-9。对于精密级进模、硬质合金模具，可通过凸球面垫块消除压力机滑块的导向误差对模具导向精度的影响，延长模具寿命，则可考虑采用浮动模柄。但由于模柄、凸球面垫块之间存在间隙，浮动模柄在冲压过程中易造成冲压间歇，对于小凸模是不利的，因此使用时需慎重。当使用精度高、刚性好的闭式压力机时，一般不用浮动式模柄。

选用浮动式模柄的模具，必须使用行程可调的压力机，保证在冲压过程中导柱与导套不脱离。

表 4-6 **浮动模柄**（摘自 JB/T 7646.5—2008）　　　　　mm

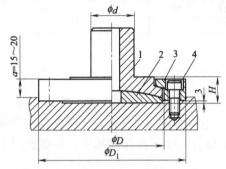

标记示例：
$d=40$mm、$D=85$mm、$D_1=120$mm 的浮动模柄
浮动模柄　40×85×120　JB/T 7646.5—2008
技术条件：按 JB/T 7653—2008 的规定

1—凹球面模柄；2—凸球面垫块；3—锥面压圈；4—螺钉

基本尺寸				锥面压圈	凹球面模柄	凸球面垫块	螺钉
d	D	D_1	H				
25	46	74	21.5	74	25×44	46	M6×20
	50	80		80	25×48	50	
32	55	90	25	90	30×53	55	M8×25
	65	100		100	30×63	65	
	75	110	25.5	110	30×73	75	
	85	120	27	120	30×83	85	
40	65	100	25	100	40×63	65	
	75	110	25.5	110	40×73	75	
	85	120	27	120	40×83	85	
		130		130			
	95	140		140	40×93	95	
	105	150	29	150	40×103	105	M10×30
50	85	130	27	130	50×83	85	
	95	140		140	50×93	95	
	105	150	29	150	50×103	105	
	115	160		160	50×113	115	
	120	170	31.5	170	50×118	120	M12×30
	130	180		180	50×128	130	

注：螺钉数量：当 $D_1 \leqslant 100$mm 为四件，$D_1 > 100$mm 为六件。

表 4-7 **锥面压圈**（摘自 JB/T 7646.5—2008）　　　　　mm

表面粗糙度以微米为单位

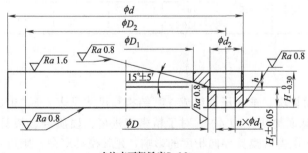

标记示例：
$d=120$mm 的锥面压圈
锥面压圈　120　JB/T 7646.5—2008
材料：45
热处理：硬度 43～48HRC
技术条件：按 JB/T 7653—2008 的规定

未注表面粗糙度 $Ra6.3\mu m$

续表

d js7	H	D H7	H_1	D_1	D_2	d_1	d_2	h	n
74	16	46	8.5	36	60	7	11	7	4
80		50	8.6	38	65				
90	20	55	10.9	43	72	9	14	9	
100		65	10.7	53	82				
110		75	10.6	63	92				
120	22	85		69	102	11	17	11	6
130			12.8		107				
140		95		79	117				
150	24	105		89	127				
160		115	12.7	99	137				
170	26	120	15.2	100	145	13.5	20	13	
180		130		110	155				

表 4-8　凹球面模柄（摘自 JB/T 7646.5—2008）　　　　mm

表面粗糙度以微米为单位

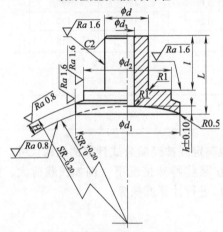

标记示例：
$d=40\mathrm{mm}$、$d_1=83\mathrm{mm}$ 的凹球面模柄：
凹球面模柄　40×83　JB/T 7646.5—2008。
材料：45 钢。
热处理：硬度 43~48HRC。
技术条件：按 JB/T 7653—2008 的规定。

未注表面粗糙度 Ra6.3μm

d js10	d_1	d_2	L	l	h	SR_1	SR	H	d_3
25	44	34	64		3.5	69	75	6	7
	48	36			4	74	80		
32	53	41	67	48	4.5	82	90	8	11
	63	51			5.5	102	110		
	73	61	68		6	122	130	8	11
	83	67	69		4.5	135	145	10	
40	63	51	79		5.5	102	110	8	13
	73	61	80		6	122	130		
	83	67	81	60	6.5	135	145		
	93	77			7.5	155	165		
	103	87	83		6	170	180		
50	83	67	81		6.5	135	145	10	17
	93	77			7.5	155	165		
	103	87	83		8	170	180		
	113	97			8.5	190	200		
	118	98	85		9	193	205	12	
	128	108				213	225		

注：SR_1 与凸球面垫块在摇摆旋转时吻合接触面不小于 80%。

表 4-9　凸球面垫块（摘自 JB/T 7646.5—2008）　　　　　　　mm

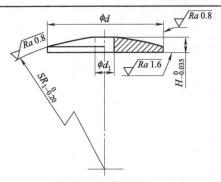

标记示例：
$d=85mm$ 的凸球面垫块
凸球面垫块　85　JB/T 7646.5—2008
材料：45 钢
热处理：硬度 43～48HRC
技术条件：按 JB/T 7653—2008 的规定

未注表面粗糙度 Ra6.3μm

d g6	H	SR_1	d_1	d g6	H	SR_1	d_1
46	9	69	10	95	12.5	155	16
50	9.5	74		105	13.5	170	
55	10	82	14	115	14	190	20
65	10.5	102		120	15	193	
75	11	122		130	15.5	213	
85	12	135					

4.3　凸、凹模设计

在设计多工位级进模时，凸、凹模一般凭经验确定或按经验公式计算的结构尺寸，在强度足够的情况下，一般无需进行强度的计算；只是在某些特殊情况下（例如：载荷大、强度差时），才需要对零件的强度或承载能力（许用载荷）进行计算或核算。

(1) 凸、凹模的功能

凸、凹模是模具中的工作零件，它不仅直接担负着冲压工作，而且是在模具上直接决定制件形状、尺寸大小和精度最为关键的零件。多工位级进模中的凸、凹模和其他模具中的凸、凹模一样，都是配对使用，缺一不可。

(2) 凸、凹模的设计原则

① 凸、凹模必须有足够的强度、刚度和硬度。在多工位级进模中，凸、凹模必须有足够的刚度和强度。特别是中、大型结构比较复杂而型孔较多的多工位级进模，它在工作过程中受力状况也比较复杂，具有不均匀、不垂直、不对称、偏载等特点，所以凸、凹模很容易受到损坏。

对于细小凸、凹模而言，增加强度，提高刚性尤为重要。例如冲压比较厚的不锈钢材料（料厚＞3mm 以上），要选用强度比较好的合金工具钢，并合理安排热处理。必要时用硬质合金，保持凸、凹模有足够的硬度和耐磨性，保证凸、凹模经得起使用。在条件许可的情况下，适当缩短凸模长度，增加凹模厚度和对凸、凹模采用合理的结构等，都是增加模具刚性和强度的有效措施。

② 凸、凹模结构要简单可靠、制造、测量和安装方便。多工位级进模中，一般制件的年产量都较大，所以凸、凹模要经得起长时间冲压工作状态下的考验。因此，要求其结构简单，制造和维修方便。一般情况下，复杂的结构或其结构薄弱的位置，最容易损坏，损坏后就得修理或更换新的。如果凸、凹模的结构设计得比较复杂，必然制造和测量困难，加工周期长，不

仅直接增加模具成本，还会延误正常生产。所以凸、凹模结构简单、制造和维修方便也是衡量模具结构好坏的一个重要内容。

如果凹模的形孔比较复杂，不便加工，则可以采用镶拼式结构，将凹模的形孔内形加工变为外形加工。一般情况下，外形加工的方法比较多，尺寸的控制与检测容易，加工精度比较好控制，加工成本低；而内形加工相对来说困难一些，尤其是遇到尖角、细缝、窄槽、曲面等特殊位置，困难就更大了，加工成本也高。采用镶拼结构也便于维修。

对于凸模来说，其工作型面是随凹模而定，一般采用整体式结构，因为它是属于外形加工，比凹面容易加工。对于易损的凸模，则要考虑如何设计得便于安装固定和更换，而且在固定后要有足够的稳定性，不但做到和凹模间保持稳定的合理间隙，更要做到在长时间冲压下，凸模不能脱落，例如带台阶固定凸模比铆接固定的更可靠，但铆拉式凸模制造方便。

③ 便于调整、维修和保养。多工位级进模在冲压过程中的凸、凹模工作部分磨损、细小的凸模容易折断等现象是不可避免的，这就需要及时得到调整、维修和保养。凸、凹模应设计成便于拆装，更换方便，固定可靠。

④ 凸、凹模要有统一的基准。对于形状复杂而型孔较多的多工位级进模，作为工作零件的凸、凹模，不但种类或形状不同，数量也较多（指一副模具中工作的每一对凸、凹模部分）。在设计时，应遵循基准统一的原则，以制件的尺寸基准作为各凹模型孔间坐标位置的统一基准，并以该统一基准作为凹模、卸料板、凸模固定板等模具零件的型孔坐标基准，以及各凸模的安装位置基准。这样既便于模具的加工、测量、组装，又减少累积误差。

⑤ 凸、凹模之间应有合理的间隙。多工位级进模工作零件的凸模与凹模之间，因工作、配合有不同要求，因而应选择不同的间隙配置，以保持冲压的稳定和制件的精度。

4.3.1　凸模设计

4.3.1.1　凸模强度计算

各种凸模刃口尺寸及工作部分参数的计算见相关章节。这里主要介绍冲裁凸模的强度计算，包括失稳长度计算。

(1) 圆形凸模

冲裁时凸模所受的应力，有平均压应力 σ 和刃口的接触应力 σ_K 两种。孔径大于制件材料厚度时，接触应力 σ_K 大于平均压应力 σ，因而强度核算的条件是接触应力 σ_K 小于或等于凸模材料的许用应力 $[\sigma]$。孔径小于或等于制件材料厚度时，强度核算条件可以是平均压应力 σ 小于或等于凸模材料的许用应力 $[\sigma]$。

当 $d > t$ 时，凸模强度按下式核算：

$$\sigma_K = \frac{2\tau}{1 - 0.5\dfrac{t}{d}} \leqslant [\sigma] \tag{4-13}$$

式中　σ_K——凸模刃口接触应力，MPa；

　　　　σ——凸模平均压应力，MPa；

　　　　$[\sigma]$——凸模材料许用压应力，对于常用合金模具钢，可取 1800～2200MPa。

当 $d \leqslant t$ 时，凸模强度按下式核算：

$$\sigma = 4\left(\frac{t}{d}\right)\tau \leqslant [\sigma] \tag{4-14}$$

式中　t——制件材料厚度，mm；

　　　　d——凸模或冲孔直径，mm；

τ——制件材料抗剪强度，MPa；

凸模在中心轴向压力的作用下，保持稳定（不产生弯曲）的最大长度与导向方式有关。

无导向凸模如图 4-5 所示，最大允许长度 l_{max} 按下式计算：

$$l_{max} = \frac{\pi}{16}\sqrt{\frac{Ed^3}{t\tau}} \qquad (4\text{-}15)$$

式中　l_{max}——凸模最大允许长度，mm；

　　　E——凸模材料弹性模量，对于钢材可取 $E = 210000$MPa；

　　　τ——制件材料抗剪强度，MPa；

　　　t——制件材料厚度，mm；

　　　d——凸模或冲孔直径，mm。

卸料板导向凸模如图 4-6 所示，最大允许长度 l_{max} 按下式计算：

$$l_{max} = \frac{\pi}{8}\sqrt{\frac{Ed^3}{t\tau}} \qquad (4\text{-}16)$$

带导向保护套的凸模如图 4-7 所示，最大允许长度 l_{max} 按下式计算：

$$l_{max} = \frac{\pi}{8}\sqrt{\frac{2Ed^3}{t\tau}} \qquad (4\text{-}17)$$

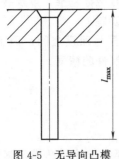

图 4-5　无导向凸模

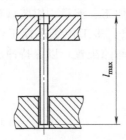

图 4-6　卸料板导向凸模

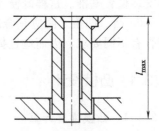

图 4-7　带导向保护套的凸模

带台阶的凸模如图 4-8 所示，最大允许长度 l_{max} 按下式计算：

$$l_{max} = C\sqrt{\frac{E{d_0}^3}{t\tau}} \qquad (4\text{-}18)$$

式中　C——系数，见表 4-10；

　　　d_0——凸模小端直径，mm，如图 4-8 所示。

其余符号见式（4-15）说明。

表 4-10　系数 C

$\dfrac{l_0 [1]}{l_{max}}$	d_0/d [1]							
	1.1	1.2	1.3	1.5	1.8	2	2.5	3
0.1	0.176	0.157	0.142	0.117	0.0897	0.0775	0.0561	0.0424
0.2	0.184	0.167	0.152	0.128	0.0995	0.0863	0.0629	0.0477
0.3	0.187	0.176	0.164	0.14	0.112	0.0974	0.0715	0.0544
0.4	0.193	0.186	0.177	0.157	0.127	0.112	0.0827	0.0632
0.5	0.197	0.196	0.191	0.175	0.148	0.131	0.0983	0.0755
0.6	0.201	0.204	0.204	0.196	0.175	0.157	0.121	0.0937
0.7	0.204	0.210	0.215	0.218	0.210	0.195	0.156	0.123
0.8	0.205	0.214	0.221	0.233	0.239	0.242	0.216	0.179
0.9	0.206	0.215	0.224	0.239	0.261	0.273	0.296	0.297

[1] 符号代表的尺寸如图 4-8 所示。

(2) 异形凸模

核算异形凸模的强度，可按凸模工作端面尺寸分两种情况计算。

① 当凸模端面宽度 B 大于制件材料厚度 t 时，如图 4-9（a）所示，可按式（4-19）核算刃口接触应力 σ_K，因为此时接触应力 σ_K 小于或等于压应力 σ。

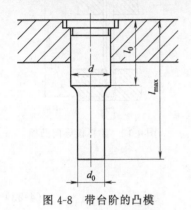

图 4-8　带台阶的凸模

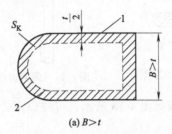 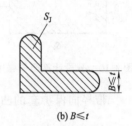

(a) $B>t$　　　　　　　　　(b) $B\leqslant t$

图 4-9　计算凸模强度时所取的面积（阴影部分）

1—冲件轮廓线，也是接触面的外界线；2—接触面的内界线

$$\sigma_K=\frac{Lt\tau}{S_K}\leqslant[\sigma] \tag{4-19}$$

式中　L——制件轮廓周长，mm；

　　　t——制件材料厚度，mm；

　　　τ——制件材料抗剪强度，MPa；

　　S_K——接触面积，mm^2，取接触宽度为 $t/2$，即如图 4-9（a）所示的阴影面积；

　　σ_K——凸模刃口接触应力，MPa；

　　$[\sigma]$——凸模材料许用压应力，MPa，对于常用合金模具钢，可取 1800～2200MPa。

② 当凸模端面宽度 B 小于或等于制件材料厚度 t 时，如图 4-9（b）所示，按接触宽度 $t/2$ 作出的内界线将互相交叉，接触面互相重叠，故此时可按平均压应力 σ 核算凸模强度。

$$\sigma=\frac{Lt\tau}{S_J}\leqslant[\sigma] \tag{4-20}$$

式中　S_J——制件平面面积，mm^2；

　　　σ——凸模平均压应力，MPa。

其余符号见式（4-19）说明。

图 4-10 所示为一个分段计算凸模强度的例子。AB 线的左侧可按式（4-19）计算，右侧按式（4-20）计算。

异形凸模受轴向冲裁力作用下保持稳定（不产生弯曲）的最大允许长度 l_{max} 可按式（4-21）～式（4-24）计算。

无导向凸模如图 4-11 所示，可按以下公式计算：

$$l_{max}=\frac{\pi}{2}\sqrt{\frac{EJ}{F}} \tag{4-21}$$

式中　l_{max}——凸模最大允许长度，mm；

　　　E——凸模材料弹性模量，对于钢材可取 $E=210000$MPa；

　　　J——断面最小惯矩，mm^4；

　　　F——冲裁力，N。

卸料板导向凸模如图 4-12 所示，可按以下公式计算：

$$l_{\max} = \pi \sqrt{\frac{EJ}{F}} \tag{4-22}$$

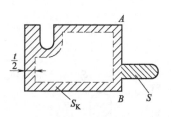

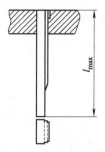

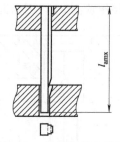

图 4-10　分段计算凸模强度示意图　　图 4-11　无导向凸模　　图 4-12　卸料板导向凸模

带导向保护套的凸模如图 4-13 所示，可按以下公式计算：

$$l_{\max} = \pi \sqrt{\frac{2EJ}{F}} \tag{4-23}$$

带台肩的凸模如图 4-14 所示，可按以下公式计算：

$$l_{\max} = n \sqrt{\frac{EJ_0}{F}} \tag{4-24}$$

式中　J_0——凸模大端断面最小惯矩，mm^4；

　　　n——系数，见表 4-11。

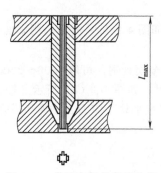

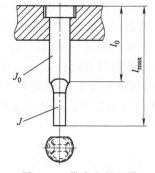

图 4-13　带导向保护套的凸模　　　　　图 4-14　带台肩的凸模

其余符号见式（4-21）说明。

表 4-11　系数 n

$\dfrac{l_0 [1]}{l_{\max}}$	$\dfrac{J_0 - J [2]}{J}$							
	0.5	1	2	5	10	20	50	100
0.1	1.327	1.169	0.972	0.700	0.521	0.379	0.244	0.173
0.2	1.371	1.233	1.045	0.769	0.579	0.423	0.274	0.195
0.3	1.419	1.301	1.130	0.854	0.651	0.480	0.312	0.222
0.4	1.463	1.371	1.224	0.958	0.741	0.554	0.362	0.259
0.5	1.502	1.438	1.325	1.085	0.864	0.653	0.431	0.310
0.6	1.533	1.495	1.423	1.237	1.026	0.796	0.534	0.385
0.7	1.554	1.535	1.502	1.396	1.237	1.009	0.699	0.509
0.8	1.566	1.562	1.550	1.516	1.451	1.315	1.000	0.748
0.9	1.570	1.570	1.568	1.564	1.557	1.541	1.480	1.321

① 符号代表尺寸如图 4-14 所示。

② J_0 和 J 分别是凸模的大端和小端断面的最小惯量，具体如图 4-14 所示。

4.3.1.2 凸模结构形式

(1) 凸模固定形式

多工位级进模的凸模固定形式种类很多，常见的凸模固定形式如下。

① 如图 4-15 所示，用于断面不变的直通式凸模，端部利用回火后铆开。

② 如图 4-16 所示，该凸模上端开槽，装入凸模固定板后用铆挤固定，一般用于薄板冲裁。

③ 如图 4-17 所示，该凸模先加工成直通式，然后在凸模的上端部开一圆孔，插入圆销以承受卸料力。

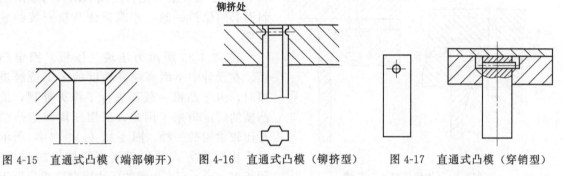

图 4-15　直通式凸模（端部铆开）　图 4-16　直通式凸模（铆挤型）　图 4-17　直通式凸模（穿销型）

④ 图 4-18 所示为带台肩凸模，该凸模与凸模固定板紧配合，上端带凸出的台肩，以防止冲压时拉下，圆形凸模大多用此种形式固定。

⑤ 如图 4-19 所示，该凸模加工成直通式，利用左右两半固定板夹紧固定。安装时，先将凸模安装在左边的固定板上，凸模固定以左边的固定板为基准，再将内六角扳手拧紧右边的固定板，使左右两半固定板夹紧凸模即可（注：左边的固定板与右边的固定板夹紧时，中间要留有 0.05～0.1mm 的间隙）。该凸模的结构形式在多工位级进模中很少使用。

⑥ 如图 4-20 所示，该凸模用螺纹固定，前提是凸模与凸模固定板配合部分端面较大，此凸模固定安全可靠，但加工工艺复杂。

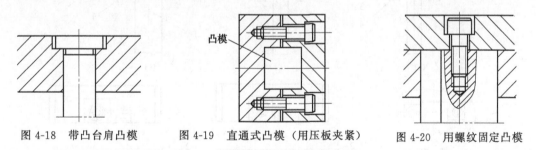

图 4-18　带凸台肩凸模　　　图 4-19　直通式凸模（用压板夹紧）　　图 4-20　用螺纹固定凸模

⑦ 如图 4-21 所示，该凸模先加工成直通式，然后在端面上加工环氧树脂固定槽，再用环氧树脂与凸模固定，适用于小批量生产的多工位级进模。

⑧ 如图 4-22 所示，此凸模是一种可受较重负荷的快换凸模结构，凸模上端开有环形滑槽，并与凸模固定板滑配。固定时，用螺钉将钢球顶紧在槽内，以固定凸模；修模时，拧松螺钉，即可快捷拔出凸模，不必拆卸凸模固定板。

⑨ 如图 4-23 所示，此凸模是一种负荷较轻的快换凸模结构，适合制件板厚在 3mm 以下。拆卸时，用细棒从孔 A 内伸入，压缩弹出的钢珠，即可取出待更换的凸模。

⑩ 图 4-24 所示为用楔块压紧固定凸模。对于一些冲压力较大，而有一定的侧向力，还需要经常拆装的凸模，采用楔块压紧固定方便可靠。图示楔块上加工长圆孔，通过螺钉不断锁紧的情况下，凸模 1 固定部分的斜面与楔块 3 的斜面紧紧吻合压紧。通常楔块的斜面一般取 $\alpha =$

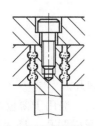 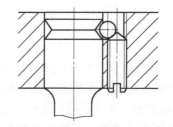 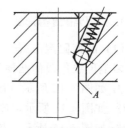

图 4-21 环氧树脂固定凸模　图 4-22 可受较重负荷的快换凸模结构　图 4-23 负荷较轻的快换凸模结构

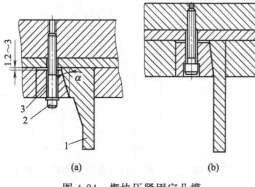

图 4-24 楔块压紧固定凸模
1—凸模；2—螺钉；3—楔块

$15°\sim20°$。要注意的是，凸模的斜面与楔块的斜面必须保持一致，才能保证凸模安装的垂直度。

⑪ 图 4-25 所示为压块（压板）固定凸模。在设计中小型高速高精度的多工位级进模时，由于凸模一般都进行了淬火处理，给凸模的固定带来了困难，采用压块固定凸模是比较常用的一种。图 4-25（a）、（b）所示的压块固定方式适用于固定圆柱形的凸模；图 4-25（c）～（f）所示的压块固定方式适用于固定非圆柱形（异形）的凸模。

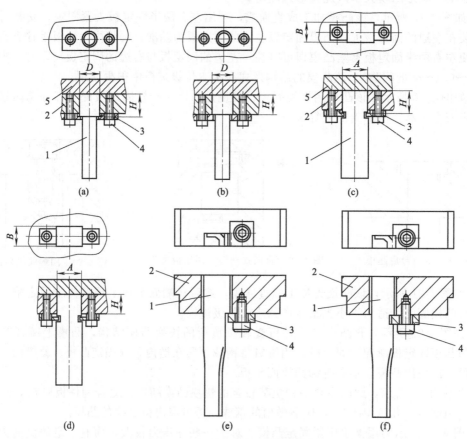

图 4-25 压块（压板）固定凸模
1—凸模；2—固定板；3—压块（压板）；4—螺钉；5—固定板垫板

⑫ 图 4-26 所示为用螺塞顶住固定凸模。该结构一般用于薄料的多工位级进模冲压。凸模与固定板常用 H7/h6 或 H6/h5 配合。凸模插入固定板后，利用其台肩卡在固定板的平面上，然后通过两个螺塞顶住紧固凸模不动，如图 4-26 (a) 所示。图 4-26 (b) 所示为在凸模的顶端加一圆柱销垫，再用两个螺塞顶住紧固的情形。

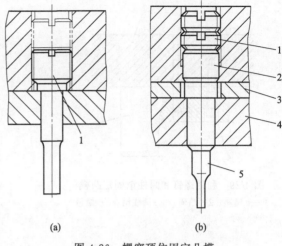

图 4-26 螺塞顶住固定凸模
1—螺塞；2—圆柱销；3—固定板垫板；4—固定板；5—凸模

⑬ 如图 4-27 所示，对于尺寸比较大的凸模，其自身安装面积也较大，可采用螺钉、销钉直接固定在模座或固定板上，其安装简便，稳定性好。图 4-27 (a) 所示为螺钉从下往上固定；图 4-27 (b) 所示为螺钉从上往下固定。

⑭ 如图 4-28 所示，该凸模利用螺钉和圆柱销，在凸模背面加键固定的剪切凸模。在凸模背面加键，可保证能承受较大的侧向力。为保证凸模的稳定性，在凸模上端的宽度要大于其高度。该结构一般用于中大型的多工位级进模。

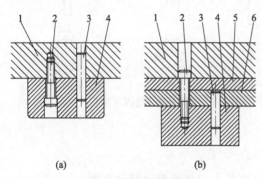

图 4-27 大型凸模固定结构
1—上模座；2—螺钉；3—圆柱销；4—凸模；
5—固定板垫板；6—固定板

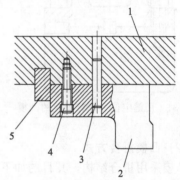

图 4-28 利用背面加键防止侧向力结构的凸模
1—上模座；2—凸模；3—圆柱销；4—螺钉；5—键

⑮ 如图 4-29 所示，此凸模利用螺钉和圆柱销固定，该凸模一般用于薄料成形或薄料剪切。为了保证凸模的稳定性，在凸模上端的宽度也要大于其高度。

⑯ 图 4-30 所示结构相同于图 4-29，但比图 4-29 结构维修、调整要方便。此结构的凸模镶块 3 和凸模固定座 2 分别用不同的材料制成，可以减少成本。通常凸模镶块采用优质合金钢，凸模固定座可以采用 45 钢制造。如需要维修及调整时，拆下凸模镶块 3 即可。

⑰ 如图 4-31 所示，该凸模用键定位、螺钉固定。一般用于冲压板料较厚的大型多工位级进模的凸模。

⑱ 如图 4-32 所示，该凸模都带圆形凸台固定端，图 4-32 (a) 为五边形，图 4-32 (b) 为马蹄形，图 4-32 (c) 为三角形。它们分别采用不同的防转方法，图 4-32 (a) 采用骑缝销，图 4-32 (b) 采用在凸模台肩与凸模固定板间加键，图 4-32 (c) 将凸模圆凸台对称削平，与凸模固定板槽口相配。这些凸模既保证了异形冲裁的要求，也在一定的程度上减少了凸模加工和装配的工作量。

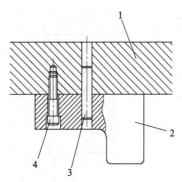

图 4-29　利用螺钉和圆柱销固定凸模

1—上模座；2—凸模；3—圆柱销；4—螺钉

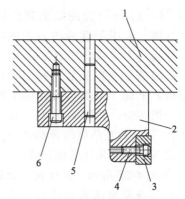

图 4-30　镶拼式利用螺钉和圆柱销固定凸模

1—上模座；2—凸模固定座；3—凸模镶块；

4,6—螺钉；5—圆柱销

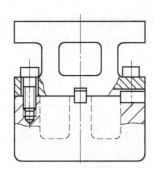

图 4-31　用键定位、螺钉固定的凸模

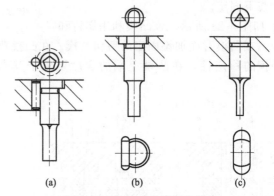

图 4-32　防转动凸模固定结构

（2）凸模拼合方式

凸模采用拼合结构，其目的如下。

① 便于加工。拼块在加工时可以相互分离，从而扩大刀具或砂轮活动范围。

② 便于热处理。热处理容易淬裂或变形的位置，可以分成几块。

③ 便于修理。损坏或更改时，只需局部更换。

④ 提高精度、增加寿命。拼块可以磨削，有时也可调节尺寸，从而确保精度。应力集中的尖角，通过拼块分解，防止碎裂，延长凸模使用寿命。

图 4-33 所示为一个简单的凸模拼合例子。门字形凸模如采用整体，热处理可能变形，在使用过程中，内尖角处也因应力集中易于开裂。因此，改成三个长方形的拼块，就不存在这些问题了。

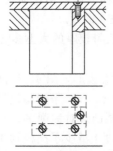

图 4-33　门字形拼块凸模

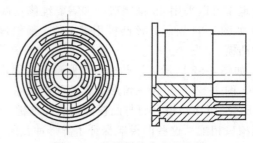

图 4-34　几圈拼块合成的凸模

图 4-34 所示的凸模，整体式很难加工，改为几圈拼成，加工问题得到解决。图 4-35 所示也是类似情况，图中由三件凸模拼合而成，见图 4-35（b）。

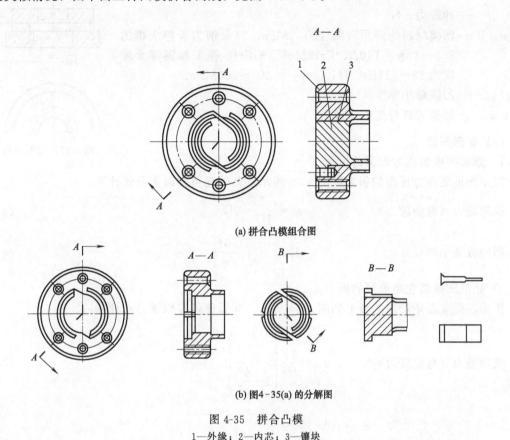

(a) 拼合凸模组合图

(b) 图4-35(a) 的分解图

图 4-35　拼合凸模

1—外缘；2—内芯；3—镶块

图 4-36 所示的凸模，采用拼块结构，损坏后容易调换。该结构在多工位级进模中不常用，只有在机床尺寸限制下才能使用。在多工位级进模中一般是把复杂的形孔分解成若干个简单的孔形。

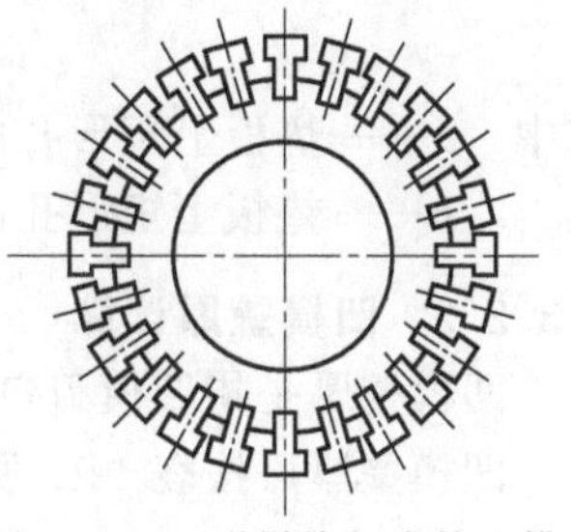

4.3.2　凹模设计

凹模是指与凸模配合并直接对制件进行分离或成形的工作零件。在冲压过程中，凹模和凸模一样，种类也很多，各种凹模工作部分的尺寸计算见有关章节。这里主要介绍冲裁凹模结构尺寸的计算。

图 4-36　T 形拼块组成的凸模

4.3.2.1　凹模强度计算

多工位级进模冲裁时，凹模下面的模座或垫板上的孔口要比凹模的孔口大，使凹模工作时受弯曲，若凹模厚度不够会产生弯曲变形，故需校核凹模的抗弯强度。一般只核算其受弯曲应力时最小厚度。

(1) 圆形凹模

圆形凹模如图 4-37 所示，其强度可按以下公式计算：

抗弯能力（弯曲应力）　　　　　$\sigma_{弯} = \dfrac{1.5F}{H^2}\left(1 - \dfrac{2d}{3d_0}\right) \leqslant [\sigma_{弯}]$　　　　　(4-25)

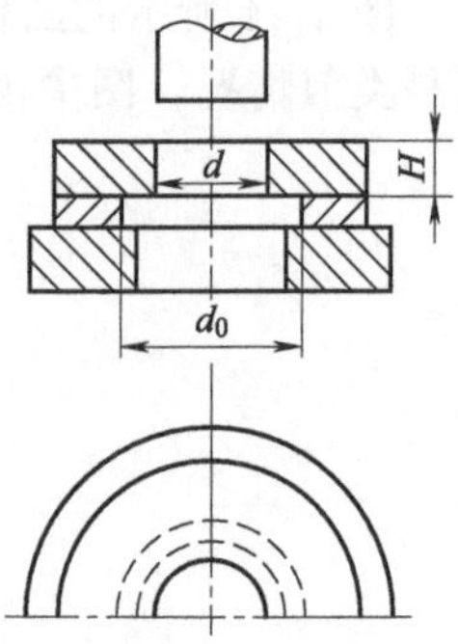

凹模板最小厚度 $H_{\min}=\sqrt{\dfrac{1.5F}{[\sigma_{弯}]}-\left(1-\dfrac{2d}{3d_0}\right)}$ （4-26）

式中　F——冲裁力，N；

　　$[\sigma_{弯}]$——凹模材料的许用弯曲应力，MPa，淬火钢为未淬火钢的 1.5～3 倍，T10A、Cr12MoV、GCr15 等工具钢淬火硬度为 58～62HRC 时，$[\sigma_{弯}]=300\sim500$MPa；

　　$H_{\min}$——凹模最小厚度；

　　d，d_0——凹模刃口与支承口直径。

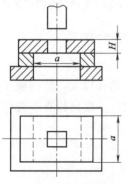

图 4-37　圆形凹模

（2）矩形凹模

1）矩形凹模装在方形洞的板上

矩形凹模装在方形洞的板上如图 4-38 所示，其强度可按以下公式计算：

抗弯能力（弯曲应力）　　　$\sigma_{弯}=\dfrac{1.5F}{H^2}\leqslant[\sigma_{弯}]$ （4-27）

凹模板最小厚度　　　$H_{\min}=\sqrt{\dfrac{1.5F}{[\sigma_{弯}]}}$ （4-28）

2）矩形凹模装在矩形洞的板上

矩形凹模装在矩形洞的板上如图 4-39 所示，其强度可按以下公式计算：

抗弯能力（弯曲应力）　　　$\sigma_{弯}=\dfrac{3F}{H^2}\left(\dfrac{\dfrac{b}{a}}{1+\dfrac{b^2}{a^2}}\right)\leqslant[\sigma_{弯}]$ （4-29）

凹模板最小厚度　　　$H_{\min}=\sqrt{\dfrac{3F}{[\sigma_{弯}]}\left(\dfrac{\dfrac{b}{a}}{1+\dfrac{b^2}{a^2}}\right)}$ （4-30）

式中　a——垫板上矩形孔的宽度，mm；

　　b——垫板上矩形孔的长度，mm。

4.3.2.2　凹模壁厚计算

凹模壁厚是指凹模刃口与外缘的距离，如图 4-40 所示的 b_1、b_2 和 b_3。

凹模壁厚可按表 4-12 所列的选择。刃口与刃口之间的距离，其最小值和制件材料的强度与

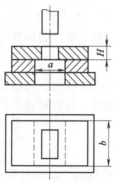

图 4-38　矩形凹模装在
方形洞的板上

图 4-39　矩形凹模装在
矩形洞的板上

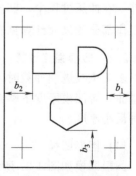

图 4-40　凹模壁厚

板料厚度有关。可参考表 4-13 所示的数据。

表 4-12　凹模壁厚　　　　　　　　　　　　　　　　　　　mm

制件宽度	制件料厚			
	≤0.8	>0.8～1.5	>1.5～3	>3～5
≤40	20～25	22～28	24～32	28～36
>40～50	22～28	24～32	28～36	30～40
>50～70	28～36	30～40	32～42	35～45
>70～90	32～42	35～45	38～48	40～52
>90～120	35～45	40～52	42～54	45～58
>120～150	40～52	42～54	45～58	48～62

注：从表中凹模壁厚范围选用具体数值时，制件料薄取小值，料厚取大值；距离 b_1（见图 4-40）取小值，b_2 取中值，b_3 取大值。

表 4-13　凹模刃口与刃口之间的最小壁厚　　　　　　　　　mm

材料名称	材料厚度 t		
	≤0.5	0.6～0.8	≥1
铝、铜	0.6～0.8	0.8～1.0	$(1.0～1.2)t$
黄铜、低碳钢	0.8～1.0	1.0～1.2	$(1.2～1.5)t$
硅钢、磷铜、中碳钢	1.2～1.5	1.5～2.0	$(2.0～2.5)t$

注：表中小的数值用于凸圆弧与凸圆弧之间或凸圆弧与直线之间的最小距离，大的数值用于凸圆弧与凹圆弧之间或平行直线之间的最小距离。

增大刃口之间的距离显然能提高凹模的强度和寿命。在多工位级进模的排样可以使制件上相距过近的孔在不同工位上冲出，从而扩大刃口之间的距离。

4.3.2.3　凹模刃口高度计算

垂直于凹模平面的刃口，其高度 h 除了相关资料上推荐的数值外，建议：

制件料厚 $t≤3$mm，$h=4$mm；

制件料厚 $t>3$mm，$h=t$。

当凹模需要更长寿命时，刃口高度 h 可以比上述增加，但应该带有斜度，以有利于制件或废料漏下。

带有斜度的刃口，刃磨后凹模尺寸扩大。扩大值可按下式计算：

$$\Delta l = 2h_1 \tan\alpha \qquad (4-31)$$

式中　Δl——双面凹模尺寸扩大值，mm；

　　　h_1——磨去的刃口高度，mm；

　　　α——刃口每侧斜度。

4.3.2.4　凹模结构形式

(1) 冲裁凹模的刃口结构形式

多工位级进模冲裁是最为广泛应用的一种冲压工序，而冲裁凹模在各类模具中最具有代表性，其刃口形式多样，常见的刃口形式如下。

① 如图 4-41 所示，该凹模工作刃口和漏料部分均为斜度结构，制件或废料不易滞留在刃孔内，因而减轻对刃口的磨损，一次刃磨量较少。刃口尺寸随刃磨而变化，但凹模工作部分强度高，图中的 α 如表 4-14 所示。该凹模适用于制件为任何形状、各种板厚的冲裁模（注：板料较薄的制件不宜采用）。

② 如图 4-42 所示，该凹模厚度即有效刃口的高度，刃口带有一定的斜度 α，制件或废料都不会滞留在凹模里，所以刃口磨损小，$\alpha=5'～20'$，多次刃磨后，工作部分尺寸仅有微量变化，比如：$\alpha=15'$ 时，刃磨掉 0.1mm 时，其间隙单边增大 0.00044mm，故刃磨对刃口尺寸影响不大。该凹模较薄，比较适合制件较薄的材料，制件精度要求不十分高的情况下使用，其优

点是出件通畅，减少对凹模的胀力。

③ 如图 4-43 所示，该凹模除了图 4-42 说明外，由于漏料孔有台肩过渡，因此凹模工作部分强度较差。一般适合制件板料厚度 $t<3mm$。

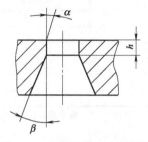

图 4-41　凹模工作刃口和漏料
部分均为斜度结构

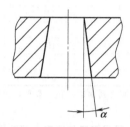

图 4-42　凹模厚度等于有效刃口
的高度结构

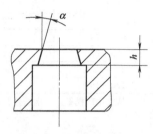

图 4-43　漏料孔用台肩过渡
的凹模结构

④ 图 4-44 所示为直刃口无斜度的凹模，刃口部分有一定的高度 h，刃磨后刃口尺寸不变，但由于刃口后端漏料处扩大，因此凹模部分强度较差。凹模内容易聚集制件或废料，增大凹模壁的胀力和磨损。此凹模更多适用于制件或废料顺冲压落下的模具，冲裁精度较高，制造方便，应用比较广。

⑤ 图 4-45 所示为漏废料部分带有斜度的直刃口凹模，该结构刃口部分无斜度，有一定的高度 h，刃磨后刃口尺寸不变，但刃口后端漏料部分设计成带有一定的斜度，此凹模工作部分强度较好。

⑥ 如图 4-46 所示，该凹模厚度 H 的全部为有效刃口高度，刃壁无斜度，刃磨后刃口尺寸不会发生改变，制造方便。比较适用于冲下的制件或废料逆冲压方向推出的模具结构。

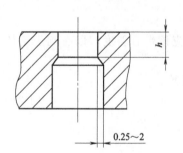

图 4-44　漏料处扩大的直刃口凹模

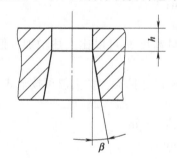

图 4-45　漏废料部分带有斜度的
直刃口凹模结构

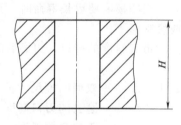

图 4-46　刃口的刃壁无斜度凹模
结构（直刃口）

凹模刃口高度 h 和斜度 α、β，根据制件的料厚而定，其相关参数可参考表 4-14。

表 4-14　凹模刃口相关参数

制件材料厚度/mm	α	β	h
≤0.5	$10'\sim15'$		≥3
>0.5～1.0	$15'\sim20'$	2°	>4～7
>1.0～2.5	$20'\sim45'$		>6～10
>2.5～5.0	$45'\sim1°$	3°	>7～12

(2) 圆形凹模的结构形式

小直径冲孔凹模外形用圆形可用于冲圆孔或冲异形孔。冲异形孔时，圆形凹模需有定位措施以防止凹模转动。为便于加工，异形孔凹模也可以用两半拼成。

常见的圆形凹模结构形式如下。

① 图 4-47 所示为压入式凹模。该凹模外形为无台肩的圆形，采用压配合 d_{n4} 压入凹模固定板。为便于压入，在凹模下端长 3mm 左右的范围内加工出微带斜度［见图 4-47（a）］或下端长 3mm 左右的加工出 $d_{-0.025}^{-0.013}$［见图 4-47（b）］。此凹模外径通常在 φ40mm 以内，冲孔的直径在 φ27mm 以内。

② 图 4-48 所示为带台肩圆形凹模，该凹模结构为底部带台肩，上段与凹模固定板压配合，为便于压入，凹模上端 3mm 范围内也微带斜度或加工出 $d_{-0.025}^{-0.013}$（d——圆形凹模外形）。

③ 图 4-49 所示为珠锁式快速更换圆凹模，在凹模的下方开有一环形 V 形槽，通过螺钉底部的锥面，将钢珠压入环形槽中固定。更换凹模或刃磨凹模刃口时，放松螺钉，钢珠从槽中滑出，凹模即可拔出。同图 4-50 相比，此结构更换凹模速度稍慢一点，但所冲的板料可以较厚。

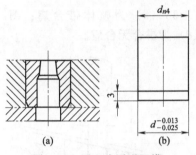

图 4-47　压入式圆形凹模

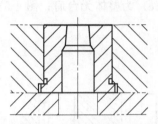

图 4-48　带台肩圆形凹模

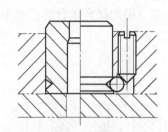

图 4-49　珠锁式快速更换圆凹模

④ 图 4-50 所示为球锁式快速更换圆凹模结构，拆卸时，用细棒从孔 A 内伸入，压缩弹出的钢珠，即可取出待更换的凹模，此凹模多用于薄板冲孔。

⑤ 图 4-51 所示为带台肩防转圆凹模。从图中可以看出，该凹模所冲的型孔为异形孔，为防止凹模转动，此结构在台肩的两侧磨出平面，与凹模固定板的槽嵌合防转。图 4-51（a）为整体结构，图 4-51（b）为了便于加工，分为两半拼合而成。

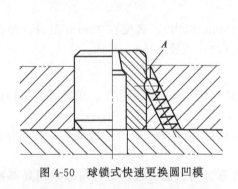

图 4-50　球锁式快速更换圆凹模

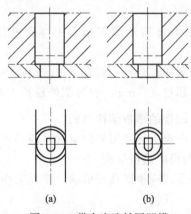

图 4-51　带台肩防转圆凹模

⑥ 图 4-52 所示为键防转圆凹模结构，从图中可以看出，该凹模所冲的型孔全是异形孔，凹模采用平键定位防止转动。图 4-52（a）为整体带台肩，键在下端防转结构；图 4-52（b）为了便于加工，分为两半拼合带台肩，键在下端防转结构；图 4-52（c）为整体无台肩，键在下端防转结构；图 4-52（d）为分两半拼合无台肩，键在下端防转结构；图 4-52（e）同图 4-52（c），但键在上端；图 4-52（f）同图 4-52（d），但键也在上端。

⑦ 如图 4-53 所示，该凹模采用圆销防转的圆凹模结构，在凹模与凹模固定板的接缝位置

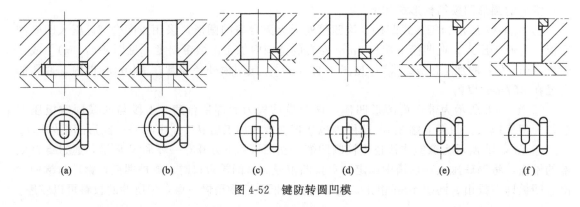

图 4-52　键防转圆凹模

上，加工出骑缝圆孔，用圆销插入即可防止凹模转动。图 4-53（a）为整体带台肩；图 4-53（b）为拼合带台肩；图 4-53（c）为整体无台肩；图 4-53（d）为拼合无台肩。

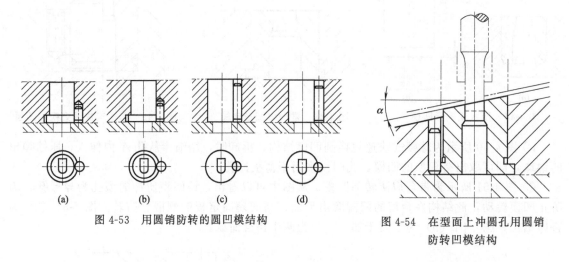

图 4-53　用圆销防转的圆凹模结构

图 4-54　在型面上冲圆孔用圆销防转凹模结构

⑧ 图 4-54 所示为在型面上冲圆孔用圆销防转凹模结构，该凹模整体带台肩，以圆销防转。

常用圆凹模外径一般在 $\phi40$mm 以内（台肩 $\phi43$mm 以内），高度在 35mm 以内，冲孔直径一般不超过 $\phi27$mm。也有把外径扩大至 $\phi70$mm（冲孔直径 $\phi55$mm）的。

（3）凹模的镶拼结构形式

镶拼凹模一般适用于较薄材料的冲压加工，它具有精度高、容易加工、更换方便等特点。

1）凹模的镶拼形式

镶拼形式应根据孔的形状、凹模工作时受力状态以及模具结构而合理地选用，常用的镶拼形式有以下几种。

① 局部镶拼。对于凹模孔的个别易损部位或孔形复杂、加工较困难处可以采用局部镶拼形式。如图 4-55（a）所示的镶拼处为局部凹凸易损部位；图 4-55（b）所示的镶拼处是悬臂较长受力危险的部位；图 4-55（c）所示为由于孔间截面与其他部位截面显著不匀，为改善热处理应力状态而进行局部镶拼的例子。

图 4-56 所示的（a）～（c）3 个例子，先将较难加工的内孔通过局部镶拼的方法，使之成为较为简单的内孔加工和镶嵌件的外形加工。

② 径向拼合。对于具有放射形状的圆形类凹模孔，应按径向线（或近似径向）进行拼合，这样可以获得相同形状的拼块。

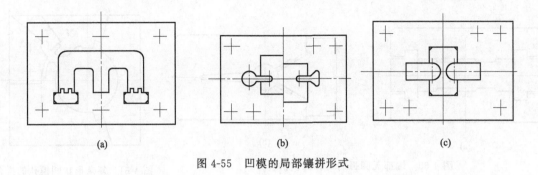

图 4-55 凹模的局部镶拼形式

图 4-57（a）所示为径向拼合的典型例子，图 4-57（b）所示为近似径向拼合的凹模。

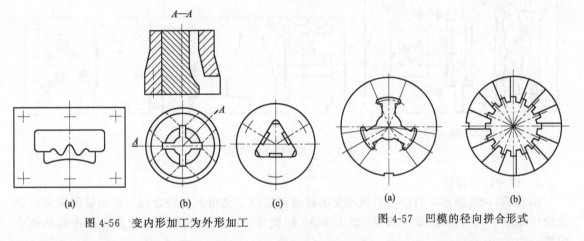

图 4-56 变内形加工为外形加工

图 4-57 凹模的径向拼合形式

③ 镶片叠合。适用于凹模具有较多小间距的窄孔。这类凹模可以采用多片形状相同或类似的镶片叠合而成。这种镶拼方法既精度高又简化了制造工艺，如图 4-58 所示。

④ 单孔拼合。孔形对称且两端呈圆弧形的，一般应按对称中心线进行拼合，见图 4-59（a）、（b）所示。

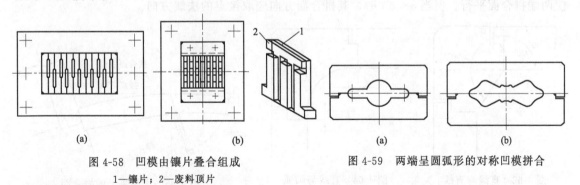

图 4-58 凹模由镶片叠合组成
1—镶片；2—废料顶片

图 4-59 两端呈圆弧形的对称凹模拼合

对于孔形虽对称，而两端不是圆弧形的，一般不宜按对称中心线分成两半，而应按孔的交角延长线采用多块拼合，如图 4-60（a）、（b）所示。

图 4-61 所示为单孔凹模，形状复杂，拼块既按孔形交角的延长线分割，也按圆弧径向分割。

⑤ 多块拼合。对一般较为复杂，而孔与孔之间的尺寸精度要求较高，用整体凹模很难保证要求，应分成多块拼合，如图 4-62 所示。

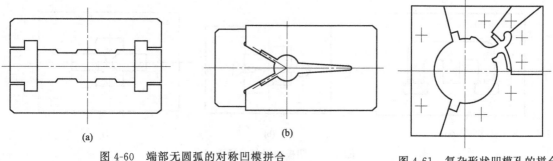

<table>
<tr><td>(a)</td><td></td><td></td></tr>
</table>

图 4-60　端部无圆弧的对称凹模拼合　　　　图 4-61　复杂形状凹模孔的拼合

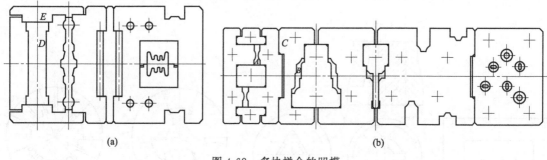

图 4-62　多块拼合的凹模

2）拼合面的设计

① 如图 4-63 所示，直线与直线相交的拼合面应处于交角处。拼合面与孔边缘的尖角应避免设计成小于 90°，而应设计成 90°或大于 90°的交角。图中虚线的拼合位置为不正确的拼合位置。

② 如图 4-64 所示，凹圆弧与直线相连处的拼合面不应取在圆弧与直线的接点上，而应尽可能选取不在接点处并移向直线处一段距离，一般为 $S＝3～15\text{mm}$。

③ 图 4-65 所示为大圆弧线或曲率很大的曲线拼块的拼合面，一般为了加工和测量方便可使两端拼合面平行。但当 $\alpha＜60°$ 时，其拼合面方向应取接点的法线方向。

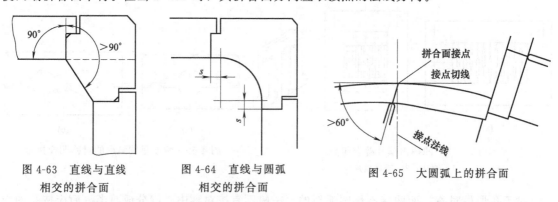

图 4-63　直线与直线　　　　图 4-64　直线与圆弧　　　　图 4-65　大圆弧上的拼合面
　　相交的拼合面　　　　　　相交的拼合面

④ 如图 4-66 所示，拼块之间在可能的情况下，其拼合面应以凹、凸模或台肩相互配合，以增加拼块结构的稳固性。

⑤ 如图 4-67 所示，为避免制件产生毛刺和模具拼合面处过早磨损，凹模与凸模的拼合面不应在同一位置上，两者应该错开。另外，对于大型凹模分段拼块的拼合面，为了方便加工，可减少其拼合面的接触长度，一般接触长度可取 12～20mm。

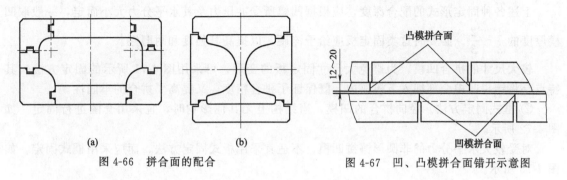

(a)	(b)	
图 4-66　拼合面的配合		图 4-67　凹、凸模拼合面错开示意图

⑥ 如图 4-68 所示，孔的尖角处应力求避免"对角穿空"[见图 4-68（a）]，尽可能将另一角"堵塞"[见图 4-68（b）]。

⑦ 对于具有成形型面的拼合凹模，当拼合面处于型面的非平直部分时，其拼合面应如图 4-69 所示进行设计。

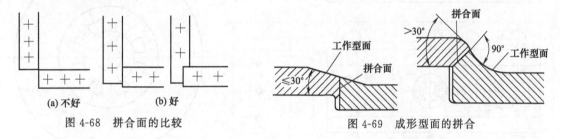

(a) 不好　　(b) 好	
图 4-68　拼合面的比较	图 4-69　成形型面的拼合

⑧ 为了保证拼合的多孔凹模的孔形和孔距精度，拼合面位置的选择应考虑修磨和调整方便。尽量减少和避免修磨工作面，而仅修磨简单的拼合，必要时以适当增加拼块分段来满足上述要求。如图 4-62（b）中孔 A 与孔 B 的距离可通过拼合面 C 进行修正；又如图 4-62（a）中的形孔 D 的尺寸可通过两端拼块 E 处进行修正。两者的调整均不需修磨其工作面（刃口面）。

3）镶拼凹模的固定方法

镶拼凹模的各个拼块及其整体必须牢靠地固定在正确的位置上。不同的拼合形式应合理地选用相适应的固定方法。常用的固定方法有以下几种。

① 板式固定方法。板式固定方法是将镶拼凹模通过凹模固定板进行固定的方法，如图 4-70 所示。

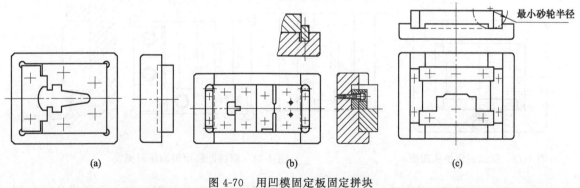

(a)	(b)	(c)

图 4-70　用凹模固定板固定拼块

图 4-70（a）的固定沉坑是通过一般的 CNC 加工的，精度稍差，一般适用于要求不高的模具。若要求配合精度较高的模具，沉坑应于铣后立磨，对于较大的沉坑，可以通过高速 CNC 加工，或改成图 4-70（b）、（c）所示的形式，这两种形式的固定配合面均可平磨。

上述各种固定形式的配合深度，应根据凹模所受冲压力及其水平分力大小而定，一般取凹模厚度的 $\frac{1}{3} \sim \frac{2}{3}$。必要时这类固定板应给予淬硬，以提高其强度和耐磨性。

较大尺寸的拼合凹模，为避免大尺寸固定板的变形，可采用图 4-71 所示的固定方法，其特点是将镶拼凹模全部埋入下模座内，既保证了拼合精度，又提高了拼合的牢固性。

② 框式固定方法。径向拼合的凹模，当结构上无其他影响时，宜采用套圈进行固定，如图 4-72 所示。

对受较大水平分力的非圆形镶拼凹模，不适宜采用板式固定方法，而应采用框式固定，如图 4-73 所示。

这种固定方法的圈、框与镶拼凹模之间的配合应给予一定的过盈量，以保证拼合质量。

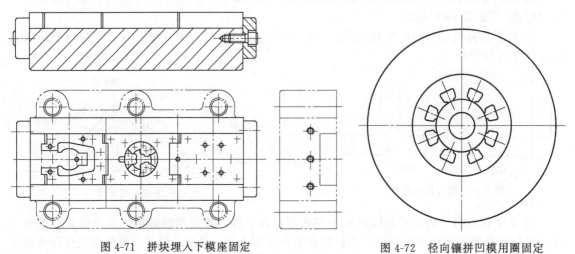

图 4-71　拼块埋入下模座固定　　　　图 4-72　径向镶拼凹模用圈固定

③ 压板固定方法。图 4-74 所示为采用斜面压板固定镶拼凹模的两种不同方法。图 4-74（a）所示为主要适用于拼块较少的通用快换方式；图 4-74（b）所示为用于多拼块模具。

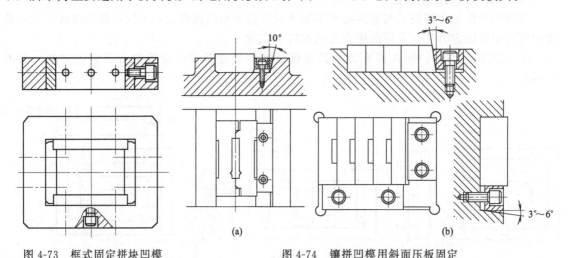

图 4-73　框式固定拼块凹模　　　　图 4-74　镶拼凹模用斜面压板固定

④ 大型镶拼凹模分段固定方法。大型镶拼凹模的分段固定法见图 4-75。分段拼块通过螺钉销钉进行固定。图 4-75（a）所示的形式，适用于冲裁料厚小于 1.5mm；图 4-75（b）所示的形式，适用于冲裁料厚为 1.5～3.5mm；图 4-75（c）所示的形式，适用于冲裁料厚大于 3.5mm。

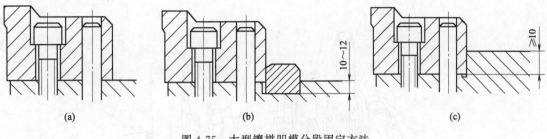

图 4-75 大型镶拼凹模分段固定方法

4.4 固定板、垫板设计

4.4.1 固定板设计

在多工位级进模中，固定板可分为凸模固定板（简称固定板，如图 4-76 所示）和凹模固定板（也称下模板，如图 4-77 所示）。

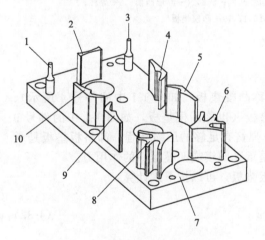

图 4-76 凸模固定板结构组合图
1,3—圆形凸模；2,4~6,8~10—异形凸模；
7—凸模固定板

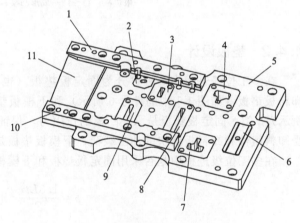

图 4-77 凹模固定板结构组合图
1,10—外导料板同内导料板合为一体的结构形式；
2~4,7~9—凹模；5—凹模固定板；
6—成形凹模；11—承料板

凸模固定板除安装固定各凸模外，还要在相应位置安装导正销、斜楔、小导柱、弹压卸料零部件等。凹模固定板主要安装凹模镶件、内导料板（或浮动导料销）、顶杆等零部件。因此对于多工位级进模中的固定板刚性和强度方面要求更要高些。一般材质采用 45 钢、40Cr、CrWMn 或 Cr12Mov 等微变形合金工具钢制造，热处理最低硬度 43~48HRC，高时取 55~58HRC。在大型的多工位级进模中可选用 45 钢，可不用淬火处理。

固定板外形一般与卸料板、凹模固定板相同。对于小型多工位级进模，常用整体式，结构紧凑；对于中大型的多工位级进模，采用整体式固定板外形尺寸会较大，不便于加工，可以分段组合。如图 4-78 所示，凸模固定板采用分段组合式结构，分别把凸模固定板和凸模垫板组合在上模座上。

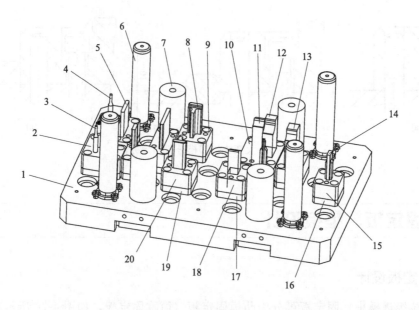

图 4-78　采用分段组合式结构的凸模固定板

1—上模座；2,9,10,15,18,20—凸模固定板；3,4—圆形凸模；5,8,14—异形凸模；6—导柱；

7—限位柱；11～13—成形凸模；16,17,19—凸模垫板

4.4.2　垫板设计

在多工位级进模中垫板可分为固定板垫板（也称凸模垫板，如图 1-1 中的件号 4 所示）、卸料板垫板（如图 1-1 中的件号 6 所示）和下模板垫板（也称凹模垫板，如图 1-1 中的件号 9 所示）3 类。固定板垫板是承受凸模的作用力，保证弹簧有足够的压缩行程；卸料板垫板是承受卸料组件和卸料板镶块的冲击载荷；下模板垫板是承受凹模或凹模镶件的作用力。

在多工位级进模中是否采用固定板垫板和下模板垫板，可以按下式计算：

$$p=\frac{1.3Lt\tau}{F}<[\sigma_{压}] \tag{4-32}$$

式中　p——凸模传来的压力；

L——冲裁的周长；

τ——材料的抗剪强度；

F——凸模的大端与模座或垫板接触部分面积，mm^2；

t——带料（条料）的厚度；

$[\sigma_{压}]$——模座材料的许用压应力，N/mm^2。

铸铁 HT25-47　　　　　　　　$[\sigma_{压}]=90\sim140MPa$

铸钢 ZG45　　　　　　　　　$[\sigma_{压}]=110\sim150MPa$

如果计算出的材料的压力大于模座材料的许用压力（即凸模或凹模与铸铁模座接触处的单位压力不大于 $100N/mm^2$，凸模或凹模与钢模座接触处的单位压力不大于 $200N/mm^2$），可不加垫板。否则，就要在凸模或凹模的后面加一块垫板，并要进行淬火处理。

通常，在多工位级进模设计中，为了安全可靠，一般都设置有垫板的模具结构。垫板的厚度一般取 8～18mm。淬火硬度一般取 42～45HRC，在生产批量较大时取 52～56HRC。对于分段式垫板，垫板的厚度尺寸要保持一致。

4.5 卸料装置设计

卸料装置在多工位级进模结构中是一个很重要的组成部分，常用的卸料装置有固定卸料装置和弹压卸料装置两种形式。由于其结构不同，功能也不一样，固定卸料装置一般只起卸料作用；弹压卸料装置不仅起卸料作用，对不同的冲压工序还起不同的作用。弹压卸料装置在不同工序中的作用有：在冲裁工序中，冲压开始前还起压料作用，防止冲压过程中材料滑移或扭曲；在弯曲工序中，可起到压料作用，防止板料弯曲时流动使弯曲高度不稳定，在部分弯曲工序结构中还起到局部成形的作用；在连续拉深的多工位级进模中，起到压边圈作用。另外弹压卸料装置对各小凸模还起到导向和保护作用。

4.5.1 固定卸料装置

固定卸料装置通常由固定卸料板通过导料板用螺钉直接固定在下模部分上。

(1) 悬臂式固定卸料装置

图 4-79 所示为悬臂式固定卸料装置，图 4-79（a）为局部悬臂式固定卸料连续拉深模的结构，可以用于冲裁、弯曲等成形。此结构方式主要用于薄料的制件，其优点是在连续冲压中便于观察，通常与下模板固定的一侧设置在后面，开口的一侧在前面。图 4-79（b）所示卸料装置主要用于制件板料 $t \geqslant 3\text{mm}$ 的冲裁加工，特别是对于单排套冲的模具，便于操作者观察。

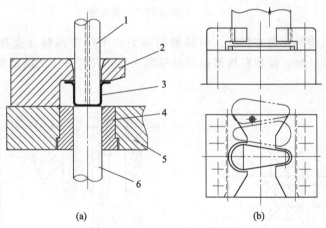

图 4-79 悬臂式固定卸料装置

1—拉深凸模；2—局部悬臂式固定卸料装置；3—带料（条料）中的工序件；4—拉深凹模；5—凹模固定板；6—顶杆

(2) 平板式固定卸料装置

图 4-80 所示为平板式固定卸料装置，它一般适用于制件板料 $t \geqslant 0.8\text{mm}$ 的情形。常见的平板式固定卸料装置如图 4-80（a）所示，其优点为导料板装配调整方便；图 4-80（b）所示的卸料板同时具有导料槽功能；图 4-80（c）所示卸料装置一般用于双排套冲结构，可以减少凹模的外形尺寸，适用于条料手工送料的多工位级进模；图 4-80（d）所示卸料装置适用于较厚材料的制件冲孔模。平板式固定卸料装置加大了凹模与卸料板之间的空间，使冲制后的制件利用安装推件装置逸出模具，操作上也更方便了。

(3) 半固定式卸料装置

图 4-81 所示为半固定式卸料装置，其适用范围与图 4-80（d）所示卸料装置相同。不同的

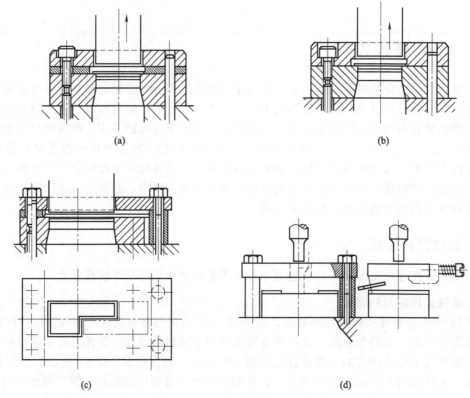

(a)

(b)

(c)

(d)

图 4-80　平板式固定卸料装置

是，它采用了弹性机构的固定卸料板，但弹簧的弹力并不用于卸料（这有别于弹压卸料板），而是为了减少凸模的长度，使卸料板借用弹簧压缩功能，并有一定的滑动空间，最终回到固定卸料位置卸料。

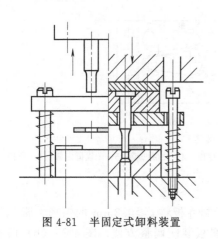

图 4-81　半固定式卸料装置

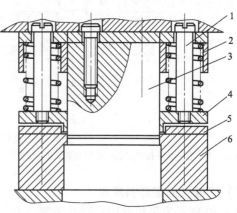

图 4-82　整体式弹压卸料板示意图
1—卸料螺钉；2—弹簧；3—凸模；
4—卸料板；5—内导料板；6—凹模

4.5.2　弹压卸料装置

弹压卸料装置是由卸料板通过卸料螺钉（或拉板）和弹性元件（弹簧、聚氨酯橡胶和氮气弹簧等）等安装在模具上组成。

(1) 弹压卸料装置的结构形式

多工位级进模常用的弹压卸料装置如下。

① 整体式弹压卸料板。如图 4-82 所示，该模具为闭合状态，此时弹簧被压缩。上模上行，箍在凸模上的料在弹簧力的作用下推动卸料板被卸下。

② 碟形弹簧、滚珠导向弹压卸料板。如图 4-83 所示，小导柱 1 固定在卸料板 9 上，它同上模座导向，下模部分无需依靠小导柱导向，上模部分与下模部分是靠外导柱导向（图中未画出），此结构通常用于大型汽车零部件的多工位级进模中。

③ 氮气弹簧弹压卸料板。如图 4-84 所示，采用氮气弹簧代替弹簧弹压，一般用于年产量较大、卸料力（压料力）较大、卸料板弹压行程较长的多工位级进模。采用氮气弹簧结构可使模具在冲压中更稳定，大大提高了模具的使用寿命，但同时也增加了模具的成本。

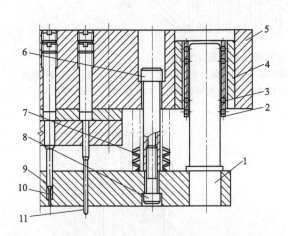

图 4-83　碟形弹簧、滚珠导向弹压卸料板结构示意图
1—小导柱；2—滚珠卡；3—滚珠保持圈；4—小导套；
5—上模座；6—卸料螺钉；7—碟形弹簧；8—螺钉；
9—卸料板；10—凸模；11—导正销

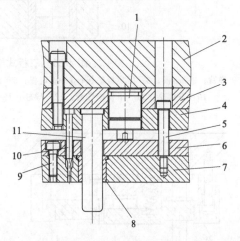

图 4-84　氮气弹簧、滚珠导向弹压卸料板结构示意图
1—氮气弹簧；2—上模座；3—固定板垫板；4—固定板；
5—卸料螺钉；6—卸料板垫板；7—卸料板；8—小导套；
9—螺钉；10—凸模；11—小导柱

④ 三板式镶拼结构弹压卸料板。图 4-85 所示为卸料板利用模架上的导柱，在卸料板基体上装有导套，对卸料板基体进行导向。此结构的卸料板基体与模座的大小相同，使模具结构变大，但导向性好，常用于高速的多工位级进模冲压。

采用三板式镶拼结构弹压卸料板，卸料板可制作成局部的小件镶拼在卸料板基体上，从而保证型孔精度、孔距精度、配合间隙、型孔表面粗糙度，也便于热处理。

⑤ 带限位的卸料行程限位块。图 4-86 所示为带限位的卸料行程限位块结构，一般用于中、大型的多工位级进模，适用于高速冲压。从图中可以看出，此结构无需用卸料螺钉，直接用带限位的卸料行程限位块 2 代替卸料螺钉，当模具闭合时，带限位的卸料行程限位块 2 的下底面与下模的限位块碰死。该结构增强了卸料行程限位块的刚性，使维修、拆装都较为方便。

⑥ 无导向弹压卸料装置。图 4-87 所示为装在下模上的无导向弹压卸料板结构。

(2) 弹压卸料装置的导向形式

在多工位级进模中，当经常需要冲裁小凸模时，为使小凸模得到更好的保护和导向，并保证卸料板与凸模固定板、凹模之间的型孔与凸模相对位置的一致性，也为提高模具的精度，可在凸模固定板、卸料板及凹模（或凹模固定板）之间设置辅助导向装置，也就是设置小导柱、小导套导向。

图 4-88 所示为常用的滑动小导柱、小导套导向结构形式。图 4-88（a）所示为小导柱固定

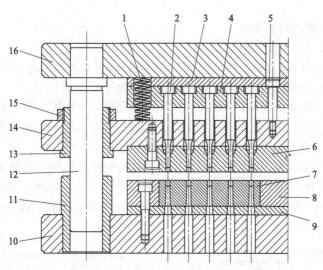

图 4-85　三板式镶拼结构弹压卸料板示意图

1—弹簧；2—凸模；3—固定板垫板；4—固定板；5—卸料螺钉；6—卸料板；7—凹模；8—凹模固定板；9—凹模垫板；

10—下模座；11—下模座导套；12—导柱；13—卸料板导套；14—卸料板基体；15—螺母；16—上模座

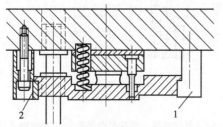

图 4-86　带限位的弹压卸料装置

1,2—带限位的卸料行程限位块

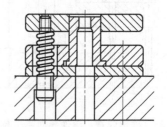

图 4-87　装在下模上的无导向弹压卸料板

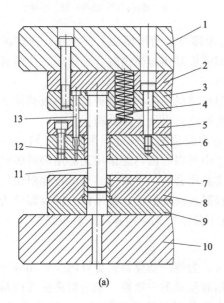

(a)

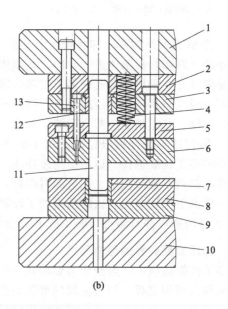

(b)

图 4-88　滑动小导柱、小导套导向结构

1—上模座；2—固定板垫板；3—固定板；4—弹簧；5—卸料板垫板；6—卸料板；7,12—小导套；

8—下模板；9—下模板垫板；10—下模座；11—小导柱；13—凸模

在固定板 3 上，分别在卸料板 6、下模板 8 上安装小导套。图 4-88（b）所示为小导柱固定在卸料板 6 上，分别在固定板 3、下模板 8 上安装小导套。

图 4-89 所示为滚珠小导柱、小导套导向结构，该结构一般用于较精密高速的多工位级进模冲压。图 4-89（a）安装方式与图 4-88（a）相同；图 4-89（b）安装方式与图 4-88（b）相同。

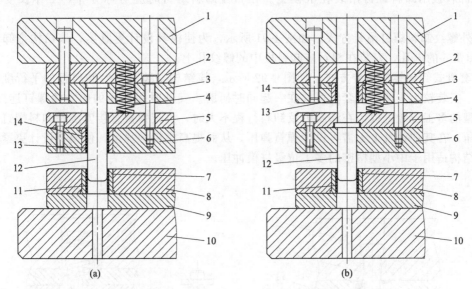

图 4-89 滚珠小导柱、小导套导向结构
1—上模座；2—固定板垫板；3—固定板；4—弹簧；5—卸料板垫板；6—卸料板；7,14—小导套；
8—下模板；9—下模板垫板；10—下模座；11,13—滚珠保持圈；12—小导柱

图 4-90 所示为安装在卸料板与上模固定板上导向的小导柱、小导套结构。小导柱 9 固定在卸料板 6 上，它与固定板导向相同，下模部分不用依靠此小导柱导向，上模部分与下模部分同样是靠外导柱导向（图中未画出）。图 4-90（a）所示为滑动式小导柱、小导套结导向构形式；图 4-90（b）所示为滚珠式小导柱、小导套导向结构形式。

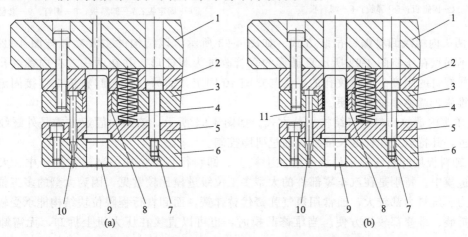

图 4-90 与上模固定板导向的小导柱、小导套结构
1—上模座；2—固定板垫板；3—固定板；4—弹簧；5—卸料板垫板；6—卸料板；
7—卸料螺钉；8—小导套；9—小导柱；10—凸模；11—滚珠保持圈

在卸料板的导向装置中，除了以上的介绍外，还可以将上模座、卸料板基体及下模座组成

一体利用模座上的导柱、导套导向，这种结构无需小导柱、小导套，如图4-85所示。

(3) 弹压卸料装置的安装形式

常用弹压卸料装置的连接方式有卸料板用卸料螺钉吊装和卸料板用卸料行程限位块吊装两种结构。

① 卸料板用卸料螺钉吊装在上模上。在布置卸料螺钉时应对称分布，工作长度要严格一致。

a. 外螺纹卸料螺钉吊装方式。如图4-91所示，为使模具设计更紧凑，该结构把卸料螺钉2穿过弹簧5的内孔，安装在相对应卸料板中的螺纹孔上。

b. 套管式卸料螺钉吊装方式。如图4-92所示，该结构安装方式对卸料板的平行度好，卸料平稳，安装较为方便，而套管可放在一起同时研磨。安装时用普通的内六角螺钉连接即可。对于小型的多工位级进模，在卸料力及卸料行程不大时，可把弹簧直接安装在卸料螺钉的组件后面弹压，在其他位置上无需再设计弹簧弹压，从而提高模板的强度，使模具设计更紧凑、灵巧。该结构适用于中小型精密的多工位级进模冲压。

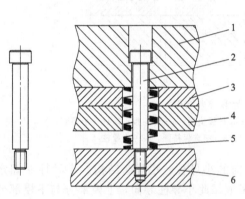

图 4-91　外螺纹卸料螺钉结构

1—上模座；2—卸料螺钉；3—固定板垫板；
4—固定板；5—弹簧；6—卸料板

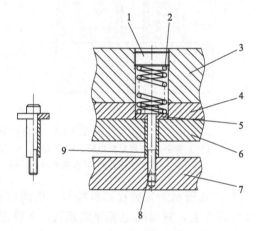

图 4-92　套管式卸料螺钉结构

1—螺塞；2—弹簧；3—上模座；4—固定板垫板；5—垫圈；
6—固定板；7—卸料板；8—螺钉；9—套管

c. 两头内螺纹卸料螺钉吊装方式。如图4-93所示，该结构的主要功能与图4-92所示相同，其不同点在于将图4-92所示直通形的套管改进为圆柱形，并在两头攻有内螺纹孔，从而增加卸料螺钉的刚度。内螺纹孔的一头与垫圈10固定，而另一头与卸料板7连接固定。该结构拆装维修、调整都较为方便。

d. 单头内螺纹卸料螺钉结构吊装方式。如图4-94所示，该结构固定方式是外螺纹卸料螺钉的改进，其特点是螺柱的长度可以通过研磨控制。

② 卸料板用卸料行程限位块吊装在上模上。卸料行程限位块吊装通常用于中、大型的多工位级进模中。特别是在汽车零部件的大型多工位级进模比较常见，因为大型的多工位级进模的卸料力、压料力都较大，通常用氮气弹簧代替弹簧，而卸料行程限位块结构能承受较大的卸料力，拆装、维修都较为方便。当维修凸模时，也可以直接在压力机上拆卸，无需卸下整副模具。

常用卸料行程限位块吊装在上模上的结构除图4-86介绍外，其他如图4-95、图4-96所示。

图4-95所示为分体结构。在安装前，首先把凸模、固定板、弹簧等全部安装固定好，然后把卸料行程限位块主体19固定在上模座6上（卸料行程限位块主体19固定后，以后维修调

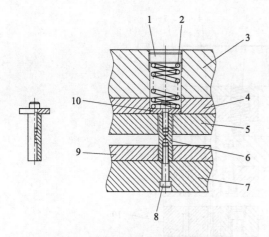

图 4-93　两头内螺纹卸料螺钉结构

1—螺塞；2—弹簧；3—上模座；4—固定板垫板；

5—固定板；6—卸料螺钉；7—卸料板；8—螺钉；

9—卸料板垫板；10—垫圈

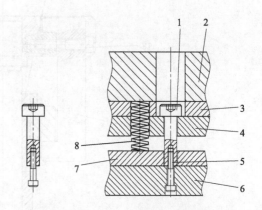

图 4-94　单头内螺纹卸料螺钉结构

1—卸料螺钉；2—上模座；3—固定板垫板；4—固定板；

5—螺钉；6—卸料板；7—卸料板垫板；8—弹簧

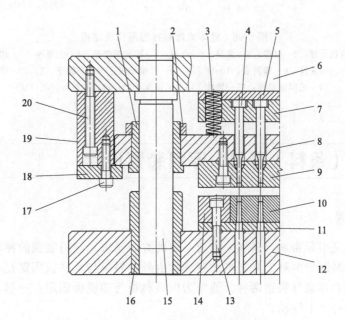

图 4-95　分体式卸料行程限位块结构

1—卸料板导套；2—螺母；3—弹簧；4—凸模；5—固定板垫板；6—上模座；7—固定板；

8—卸料板基体；9—卸料板；10—凹模；11—凹模垫板；12—下模座；13—螺钉；

14—凹模固定板；15—导柱；16—下模座导套；17，20—螺钉；18—盖板；

19—卸料行程限位块主体

整时无需拆卸），再安装卸料板基体 8，接着把盖板 18 固定在卸料行程限位块主体 19 上。如需在压力机上拆装凸模时，把压力机运行到下死点（模具处于闭合状态），卸下螺钉 17 即可取出卸料板基体 8，然后再拆装凸模即可。

　　图 4-96 所示为整体式结构。此结构的安装方式与图 4-95 相同。但拆卸比图 4-95 方便。它拆卸时，把侧面的螺钉 18 拧出即可。使用时，图 4-96 所示结构比图 4-95 所示结构要更安全。

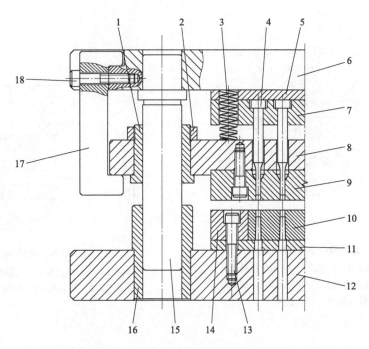

图 4-96　整体式卸料行程限位块结构

1—卸料板导套；2—螺母；3—弹簧；4—凸模；5—固定板垫板；6—上模座；7—固定板；
8—卸料板基体；9—卸料板；10—凹模；11—凹模垫板；12—下模座；13,18—螺钉；
14—凹模固定板；15—导柱；16—下模座导套；17—卸料行程限位块

4.6　带料（条料）导料、浮料装置设计

4.6.1　导料装置

导料装置主要是引导带料（条料）沿着一定的方向送进。导料装置的种类很多，主要分为外导料装置和内导料装置两种。外导料装置通常由外导料板与承料板固定在一起。内导料装置又可分为内导料板和浮动导料销两种。通常为内导料板与凹模板固定在一起，而浮动导料销是在凹模的型孔内进行上下浮动。

外导料板、内导料板和浮动导料销，既可以在一副模具中单独使用，也可以在一副模具中混合使用。总之，在不同工位或不同的成形方式上，使用导料方式也不同。

图 4-97 所示为常用导料装置的 3 种结构形式。图 4-97（a）所示为带料（条料）在模具中采用两侧内导料板的结构形式。图 4-97（b）所示为带料（条料）在模具中一侧采用内导料板导向，而另一侧采用浮动导料销导向的结构形式。在带料（条料）在送进过程中，一侧为线接触，另一侧为点接触。图 4-97（c）所示为带料（条料）在模具中采用两侧均为浮动导料销导料的结构形式。

(1) 外导料板

在多工位级进模中，外导料板比较常用，它是安装在模具的入口处。图 4-98 所示为外导料板组件，它紧靠凹模板的侧面。首先把外导料板 5、6 紧固在承料板 2 上，用圆柱销作定位，再把承料板 2 通过承料板垫块 3 固定在下模座 4 上，此结构的安装对模具内部布局无任何

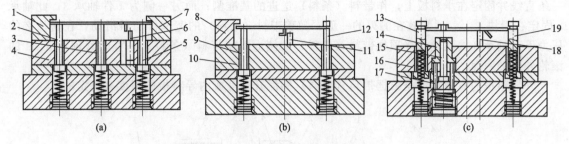

图 4-97　常用导料装置的 3 种结构形式

1,7,8—内导料板；2,3,5,6,9,11,17,18—顶料杆；4,10,16—下模板；

12,13,19—浮动导料销；14—翻孔压料块；15—翻孔凸模

影响。

图 4-99 所示为外导料板与内导料板为一体的结构形式。从图 4-99 可以看出，导料板部分在模具的外部，还有部分进入模具的内部。它的固定方式为：首先把进入凹模部分的导料板 5、6 用圆柱销与凹模板 1 连接，再用螺钉固定在凹模板 1 上；然后把在模具外部的导料板 5、6 用圆柱销与承料板 3 连接，再用螺钉固定在承料板 3 上即可。此结构对模具内部相对应干涉处，应做让位处理。

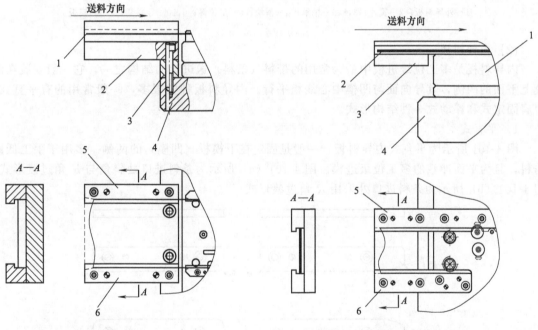

图 4-98　外导料板结构形式（一）

1—带料（条料）；2—承料板；3—承料板垫块；

4—下模座；5,6—外导料板

图 4-99　外导料板结构形式（二）

1—凹模板；2—带料（条料）；3—承料板；4—下模；

5,6—内、外导料板为一体共用

图 4-100 所示为带轴承的外导料板结构。该图与图 4-98 相比，比图 4-98 多了 3 件轴承，其他的安装及固定方式与图 4-98 相同。该导料板的特点：当带料（条料）宽度公差较大时，如用其他的导料板形式，因带料（条料）宽度偏窄，故带料（条料）与导料板的晃动较大，影响带料（条料）的导正精度或制件的冲压精度。反之，带料（条料）宽度偏大，会被导料板卡住，难以从导料板内通过。而采用图 4-100 的导料板进行导料，既保证了制件的冲压精度，又使送料更稳定。其滚轮的安装方式为：首先将轴承 8、9 的滚轮外形与导料套 10 的外形调整成

一条直线并固定在承料板上，作带料（条料）送进的基准侧；而另一侧为 1 件轴承 3，此轴承 3 固定在滑块 4 上，通常放在侧刃的一面，随着带料（条料）的宽窄作前后滑动，在簧片 2 的压力下，轴承 3 的滚轮始终顶住带料（条料）的侧面，使带料（条料）一直贴紧轴承 8、9 的滚轮外形的一面。

外导料板的有效高度是根据带料（条料）的浮升高度或内导料板的高度来决定的。

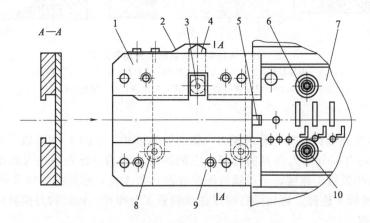

图 4-100　带轴承的外导料板结构形式

1—外导料板；2—簧片；3,8,9—轴承；4—滑块；5—定位键；6,10—导料套；7—凹模板

(2) 内导料板

内导料板是多工位级进模中最为常用的带料（条料）送进导向结构之一，它一般安装在凹模上平面的两侧，其导向面与凹模中心线相平行。内导料板种类很多，一般常用的有平直式、台肩固定式和浮动式 3 种结构形式。

1）平直式

图 4-101 所示为平直式内导料板，一般是固定在下模板（凹模）的两侧。多用于手工低速送料，且为平面冲裁的多工位级进模。图 4-101（a）所示为条料进口处斜角与 R 角过渡形式，图 4-101（b）所示为条料进口处采用 R 角过渡形式。

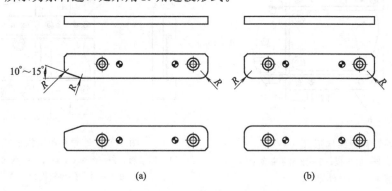

$10°\sim15°$

(a)　　　　　　　　　　　　(b)

图 4-101　平直式内导料板

2）台肩固定式

图 4-102 所示为台肩固定式内导料板，一般是固定在下模板（凹模）的两侧。多用于带弯曲、成形立体冲压的高速、自动送料的中小型多工位级进模。图 4-102（a）所示为条料进口处采用斜角与 R 角过渡形式，图 4-102（b）所示为条料进口处采用 R 角过渡形式。

采用台肩固定式内导料板在模具上工作时，上模上行，凹模上的带料（条料）在浮料块或浮料销的作用下，将带料（条料）顶出到一定的高度，在台肩固定式内导料板凸台的阻挡下，带料（条料）不会被顶出而脱离台肩固定式内导料板，以保证带料（条料）在连续冲压中能顺畅送进。

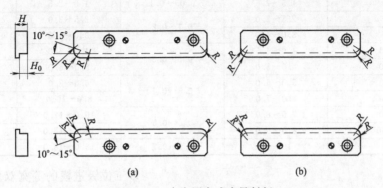

图 4-102　台肩固定式内导料板

台肩固定式内导料板的高度 H 是由带料（条料）的板厚 t 或制件［带料（条料）上工序件］的成形高度 H_d 来决定的，但在带料（条料）浮顶的状态下，上下都要留一定的间隙，其合理的位置状态和相互关系如图 4-103 所示。图 4-103 中相应的尺寸如表 4-15 所示。

台肩固定式内导料板工作部分的高度 H_o：

$$H_o = H_d + H_a + H_b \tag{4-33}$$

台肩固定式内导料板的高度 H：

$$H = H_o + H_c \tag{4-34}$$

式中　H_d——制件或带料（条料）上工序件的成形高度；

　　　H_b——制件或带料（条料）上工序件的成形高度最低部分与下模板（凹模）上平面之间的间隙，取如表 4-15 所示的相关参数；

　　　H_c——台肩高度，取如表 4-15 所示的相关参数；

　　　H_a——带料（条料）与内导料板上台肩下平面的空隙，其取值为：当带料（条料）宽度为 $t \leqslant 350$ 时，H_a 取 $0.5 \sim 1.5t$；当带料（条料）宽度 t 为 $350 \sim 1000$ 时，H_a 取 $2 \sim 2.5t$；当带料（条料）宽度 $t > 1000$ 时，H_a 取 $2.5 \sim 3.5t$。

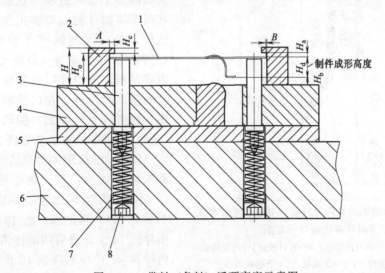

图 4-103　带料（条料）浮顶高度示意图

1—带料（条料）；2—内导料板；3—浮料销；4—下模板；5—下模板垫板；6—下模座；7—弹簧；8—螺塞

表 4-15　台肩固定式内导料板相关数据与带料（条料）相应的数值

带料（条料）宽度	参 数 代 号			
	A	B	H_b	H_c
≤25	1.5～2.5	0.05～0.1	1.0～2.5	1.5～2.0
25～75	2.5～3.0	0.1～0.2	2.5～3.0	2.0～3.0
75～125	3.0～4.0		3.0～4.0	3.0～3.5
125～175	4.0～4.5	0.2～0.3	4.0～5.0	3.5～4.5
175～250	4.5～5.0		5.0～6.0	4.5～5.0
250～350	5.0～6.0	0.3～0.4	6.0～8.0	5.0～5.5
350～500	6.0～7.0		8.0～10.0	5.5～6.5
500～750	7.0～8.0	0.4～0.5	10.0～12.0	6.5～7.0
750～1000	8.0～9.0		12.0～16.0	8.0～9.0
＞1000	10～12	0.5～0.7	16.0～18.0	9.0～10

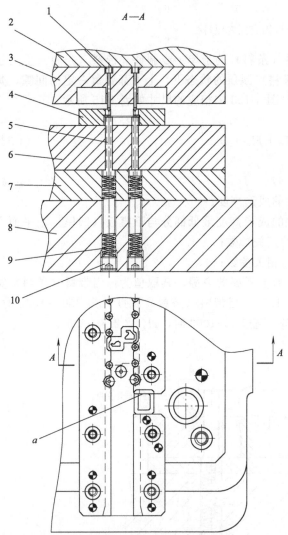

图 4-104　台肩固定式内导料板与对应设置的套式
顶料杆避让缺口示意图

1—导正销；2—卸料板垫板；3—卸料板；4—内导料板；
5—套式顶料杆；6—下模板；7—下模板垫板；
8—下模座；9—弹簧；10—螺塞

多工位级进模的等宽双侧载体排样时，导正销孔大多设置在带料（条料）的载体上，因此导正销的安装位置一般都在内导料板附近，在设计台肩固定式内导料板时，应当在导料板的台肩部位及相应的位置避让缺口，以保证导正销的正常工作，如图 4-104 所示。图 4-104 中 a 部为台肩固定式内导料板的端部侧面，该端部侧面还起侧刃挡料作用，不但对此端部侧面加工相应尺寸精度及垂直度要求较高，而且对此台肩固定式内导料板的材质要求也较高，一般选用 Cr12Mov 材料，热处理硬度为 53～55HRC。

3）浮动式

图 4-105、图 4-106 所示均为浮动式内导料板结构示意图，浮动式内导料板在中、大型的多工位级进模中比较常用，特别是在汽车零部件的大型多工位级进模中应用比较广泛。大型的多工位级进模的带料（条料）上下浮动量一般较大，采用浮动式内导料板，不但可以设置较大的上下行程浮动量，而且可以在内导料板下面安装较多的弹簧或氮气弹簧，能承载较重的带料（条料），拆装维修也较方便。

图 4-105 所示为台肩式浮动内导料板。其安装方式为：首先把小导柱 14 用压板 13 固定在固定座 12 上（固定座 12 上镶有小导套 11），再把承料板 15 用螺钉固定在小导柱 14 上，最后用圆柱销把台肩式浮动内导料板 16 与承料板 15 定位，并用螺钉固定。

　　图 4-106 所示为带槽式浮动内导料板。其安装方式为：首先把小导柱 5 用压板 6 固定在固定座 8 上（固定座 8 上镶有小导套 7），再把带槽式浮动内导料板 3 用螺钉 4 固定在小导柱 5 上。

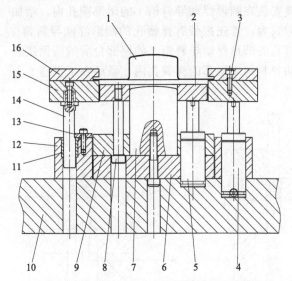

图 4-105　台肩式浮动内导料板结构示意图
1—带料（条料）中的工序件；2—卸料板；3—螺钉；
4,5—氮气弹簧；6—固定板垫板；7—拉深凸模；
8—卸料螺钉；9—固定板；10—下模座；11—小导套；
12—固定座；13—压板；14—小导柱；15—承料板；
16—台肩式浮动内导料板

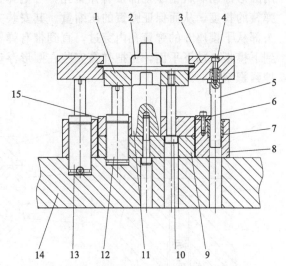

图 4-106　带槽式浮动内导料板结构示意图
1—卸料板；2—带料（条料）中的工序件；
3—槽式浮动内导料板；4—螺钉；5—小导柱；
6—压板；7—小导套；8—固定座；9—固定板垫板；
10—卸料螺钉；11—拉深凸模；12,13—氮气弹簧；
14—下模座；15—固定板

(3) 浮动导料销

　　浮动导料销又称导向顶杆。它在多工位级进模的应用中比较广泛，如有弯曲、拉深等成形工序，为保证带料（条料）连续稳定送进，必须设置能让冲压成形后的带料浮离凹模平面，浮动导料销也是常见的带料导料形式之一。

　　在多工位级进模中，浮动导料销设置的间距通常应小于或等于排样设计的步距，以使料带的送进和带料浮离下模板（凹模）平面，避免带料在送进中产生变形。使用两侧为浮动导料销对带料（条料）进行导向，能很好地保证各模板的强度。常用的浮动导料销主要分为圆形浮动导料销和异形浮动导料销两种。

　　1）圆形浮动导料销

　　圆形浮动导料销对带料（条料）导向属点接触的间断性导向，其特点是导向性好、摩擦阻力小，适应于高速冲压生产，但对带料（条料）的宽度尺寸和带料（条料）两侧的平直度有严格要求，以保证带料的导向精度，导向槽的深度应与带料的宽度尺寸公差相对应。

　　图 4-107 所示为常用普通圆形浮动导料销，应用较为广泛。其安装方式为：首先把圆形浮动导料销 1 头部从下模座 4 的弹簧孔内穿过，直到圆形浮动导料销 1 的尾部台肩的端面接触到下模板 2 的下平面，再在下模座 4 上安装弹簧 5 及螺塞 6。

　　图 4-108 所示为尾部带导向的圆形浮动导料销。该浮动导料销一般用于带料（条料）上的工序件或制件成形高度较大的多工位级进模上。由于尾部带导向，弹簧在大行程的压缩下不会发生变形，可以增加弹簧的使用寿命。其安装方式为：首先把尾部带导向的圆形浮动导料销 1 头部从下模座 4 的弹簧孔内穿过，直到尾部台肩的端面接触到下模板 2 的下平面时，再把弹簧 5 安装在下模座 4 上，在弹簧的头部放入带导向的弹簧垫圈 7（带导向的弹簧垫圈 7 头部与弹

簧导向相同，尾部与下托板 8 导向相同），最后把下托板 8 固定在下垫脚 6 上。

图 4-109 所示为尾部下平面带有弹簧孔的圆形浮动导料销。该浮动导料销一般用于带料（条料）上的工序件或制件成形高度较大，而模具整体闭合高度小的多工位级进模上。它是利用圆形浮动导料销 1 尾部带有弹簧孔，可把弹簧安装在圆形浮动导料销 1 的尾部圆孔内，增加弹簧的长度，从而保证弹簧的压缩量。其安装方式为：首先把带有弹簧孔的圆形浮动导料销 1 头部从下模座 5 的弹簧孔内穿过，直到带有弹簧孔的圆形浮动导料销 1 的尾部台肩的端面接触到下模板 2 的下平面，再把弹簧安装在圆形浮动导料销 1 尾部的弹簧孔内，最后在下模座 5 上拧紧螺塞 6。

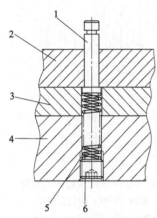

图 4-107　圆形浮动导料销
结构示意图

1—圆形浮动导料销；2—下模板；
3—下模板垫板；4—下模座；
5—弹簧；6—螺塞

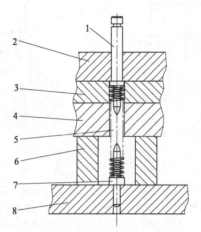

图 4-108　尾部带导向的圆形
浮动导料销结构示意图

1—尾部带导向的圆形浮动导料销；
2—下模板；3—下模板垫板；
4—下模座；5—弹簧；6—下垫脚；
7—弹簧垫圈；8—下托板

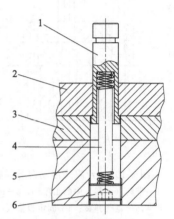

图 4-109　带有弹簧孔的圆形
浮动导料销结构示意图

1—带有弹簧孔的圆形浮动导料销；
2—下模板；3—下模板垫板；4—弹簧；
5—下模座；6—螺塞

图 4-110 所示为尾部用压板固定的圆形浮动导料销。该浮动导料销加工、更换及拆卸都较为方便。它是由圆形浮动导料销的主体 1 与压板 3 组合在一起并用螺钉固定。其安装方式与图 4-107 相同。

2）异形浮动导料销

异形浮动导料销对带料（条料）导向属间断线接触的间断性导向，其特点是导向的接触面比圆形浮动导料销的接触面多，但比整条内导料板的导向接触面要小得多。它也适应于高速冲压生产，对带料（条料）的宽度尺寸和带料（条料）两侧的平直度等要求与圆形浮动导料销相同。

图 4-111 所示为普通的异形浮动导料销。其功能及安装方式与图 4-107 所示圆形浮动导料销相同。

图 4-112 所示为带导正销避让孔的异形浮动导料销。与图 4-111 相比，异形浮动导料销中间设置有一个导正销避让孔，其缺点是减少了异形浮动导料销的强度。

该异形浮动导正销在多工位级进模中必须设置在导正销相对应的位置上。大多用于薄料小型精密高速冲压的多工位级进模中，以简化模具结构设计。其安装方式与图 4-111 相同。

模具工作过程，上模下行，固定在卸料板 3 上的导正销 2 先通过异形浮动导料销 5 的避让孔，再对带料（条料）进行导正。上模继续下行，带导正销避让孔的异形浮动导料销 5 在卸料板 3 内异形浮动导料销的避让孔的顶部压力下，带动带料（条料）4 一起下行进行冲裁、成形等工作。上模上行，带料（条料）4 在异形浮动导料销 5 带动下一起上浮下模面。上模继续上行，导正销 2 在带料（条料）4 的导正销孔内逐渐退出。在异形浮动导料销 5 头部台肩的作用下，使导正销 2 在带料（条料）4 退出时保证平直、不变形。

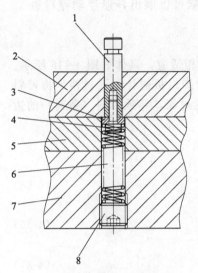

图 4-110　尾部用压板固定的
圆形浮动导料销

1—圆形浮动导料销主体；2—下模板；
3—压板；4—螺钉；5—下模板垫板；
6—弹簧；7—下模座；8—螺塞

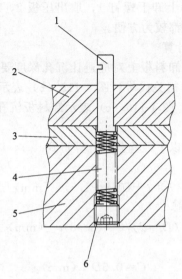

图 4-111　异形浮动导料销

1—异形浮动导料销；2—下模板；
3—下模板垫板；4—弹簧；
5—下模座；6—螺塞

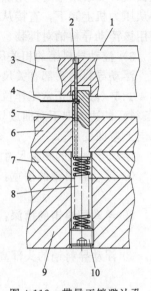

图 4-112　带导正销避让孔
的异形浮动导料销

1—卸料板垫板；2—导正销；
3—卸料板；4—带料（条料）；
5—带导正销避让孔的异形浮动导料销；
6—下模板；7—下模板垫板；8—弹簧；
9—下模座；10—螺塞

　　图 4-113 所示为尾部用压板固定的异形浮动导料销，该使用功能及安装方式与图 4-110 所示导料销相同。

　　图 4-114 所示为中部用压板止动的异形浮动导料销。该异形浮动导料销的功能与以上介绍的相同。安装方式与以上介绍的有所不同，该异形浮动导料销可以直接从下模面上安装。其安装方式为：弹簧 6 及螺塞 8 可先在下模座 7 内安装，异形浮动导料销 3 直接从下模板 4 的模面

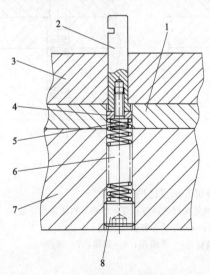

图 4-113　尾部用压板固定的异形浮动导料销

1—下模板垫板；2—异形浮动导料销主体；3—下模板；
4—压板；5—螺钉；6—弹簧；7—下模座；8—螺塞

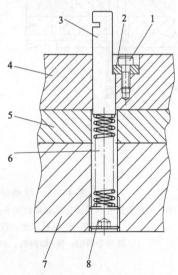

图 4-114　中部用压板止动的异形浮动导料销

1—螺钉；2—压板；3—异形浮动导料销；4—下模板；
5—下模板垫板；6—弹簧；7—下模座；8—螺塞

上安装，安装结束时，用螺钉 1 固定压板 2 即可。当维修或更换异形浮动导料销 3 时，模具不必从压力机上卸下，直接从模具上卸下螺钉 1，取出压板 2，就可以取出异形浮动导料销 3。使用该浮动导料销对拆装、维修都较为方便。

3）浮动导料销的相关尺寸计算

浮动导料销头部有关尺寸与卸料板上对应避让沉孔深度要相适应，具体如图 4-115 所示。图 4-115（a）为正常工作位置及相关代号；图 4-115（b）表示卸料板避让沉孔过浅，将带料（条料）的边缘向下弯曲或切断；图 4-115（c）表示卸料板沉孔过深，导致带料（条料）的边缘向上弯曲变形。

浮动导料销的相关尺寸可按以下经验公式计算得到。

① 浮动导料销的槽宽：

$$h=t+(0.5\sim1.5) \quad (\text{mm}) \tag{4-35}$$

② 浮动导料销的槽深：

$$(D-d)/2=(3\sim8)t \quad (\text{mm}) \tag{4-36}$$

③ 浮动导料销的头部高度：

$$C=0.5D \quad (\text{mm}) \tag{4-37}$$

④ 卸料板沉孔深度：

$$B=C+(0.5\sim0.8) \quad (\text{mm}) \tag{4-38}$$

⑤ 浮动导料销的滑动量：

$$K=制件最大的高度+H_b \quad (\text{mm}) \tag{4-39}$$

式中，H_b 从表 4-15 可以查得。

⑥ 浮动导料销的 d 和 D 可根据带料（条料）的宽度、厚度和模具结构来确定。

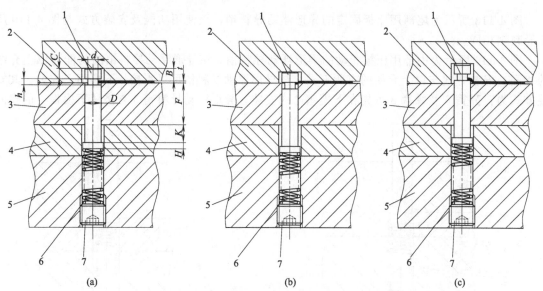

图 4-115 浮动导料销的头部与卸料板沉孔深度之间的关系

B—卸料板沉孔（指避让浮动导料销头部）深度；C—浮动导料销头部的高度；K—浮动导料销的滑动量；
F—下模板厚度；H—浮动导料销尾部台肩；h—浮动导料销的槽宽
1—浮动导料销；2—卸料板；3—下模板；4—下模板垫板；5—下模座；6—弹簧；7—螺塞

4.6.2 浮顶装置

在多工位级进模中，除纯冲裁的冲压为平面加工外，对带有冲裁、弯曲、拉深和成形的制件均为立体冲压加工的形式。其特点是冲压工位数多，带料工作区长，在带料（条料）经过每个工位不断的冲切、成形过程中，为保证带料（条料）能顺畅地送进，带料（条料）必须浮离凹模平面一定的高度。

常用的与导料板配置使用的浮顶装置有圆形顶料杆（也叫托料杆、浮料销或顶料销）、套式顶料杆和方形顶料块（也叫托料块）3 种。

(1) 圆形顶料杆

常用的圆形顶料杆端部有球面、局部球面和平面 3 种，如图 4-116 所示。图 4-116（a）所示为细小直径的端部球面圆形顶料杆，它与带料（条料）下平面成点接触，一般用于小型制件或高速的多工位级进模冲压；图 4-116（b）所示为局部球面圆形顶料杆；图 4-116（c）所示为平端面圆形顶料杆，它在多工位级进模中应用较为广泛，可设置在多工位级进模中的任一位置上。

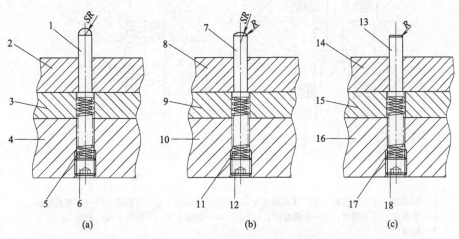

图 4-116　常用的圆形顶料杆结构形式

1—端部球面圆形顶料杆；2,8,14—下模板；3,9,15—下模板垫板；4,10,16—下模座；
5,11,17—弹簧；6,12,18—螺塞；7—局部球面圆形顶料杆；13—平端面圆形顶料杆

(2) 套式顶料杆

套式顶料杆一般设置在导正销相对应的位置上，可使导正销对带料（条料）精定位时有效避让，并对导正销起保护作用。如图 4-117 所示，上模下行，当导正销 1 进入浮离下模板（凹模）平面的带料 2 时，套式顶料杆 3 起托料作用。当自动送料对带料送进中因粗定位存在微量的误差，在导正销 1 精定位时，导正销进入套式顶料杆 3 中，它既避免了带料移位、变形，又保护了导正销。

(3) 顶料块

顶料块的顶出功能与圆形顶料杆相同，它与带料（条料）下平面成局部的面接触。从图 4-118 可以看出，在顶料块头部带料（条料）送进的方向都带有斜角，便于带料（条料）送进，其角度一般为15°～30°。图 4-118（a）所示为用卸料螺钉固定的顶料块结构，该结构一般用于中大型多工位级进模，

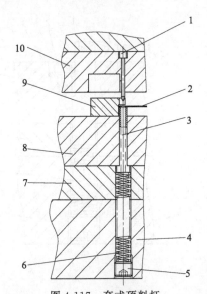

图 4-117　套式顶料杆

1—导正销；2—带料；3—套式顶料杆；4—下模座；
5—螺塞；6—弹簧；7—下模板垫板；8—下模板；
9—内导料板；10—卸料板

可以设置多个弹簧，因此顶料力较大；图 4-118（b）所示为台肩式顶料块，一般用于较轻顶料力的小型多工位级进模；图 4-118（c）所示为中部用压板止动的顶料块，该顶料块可以直接从模面上拆装，更换、维修都较为方便；图 4-118（d）所示为尾部用压板固定的顶料块，结构简单，方便加工。

在多工位级进模中，顶料块也可以与圆形顶料杆混合使用，如图 4-119 所示。

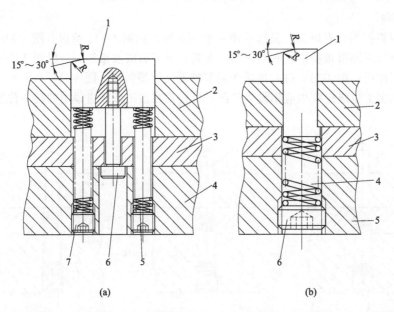

（a）   （b）

1—顶料块；2—下模板；3—下模板垫板；　　　1—顶料块；2—下模板；3—下模板垫板；
4—下模座；5—弹簧；6—卸料螺钉；　　　　　4—弹簧；5—下模座；6—螺塞
7—螺塞

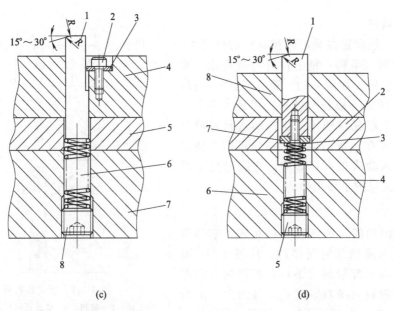

（c）   （d）

1—顶料块；2—螺钉；3—压板；　　　　　　　1—顶料块；2—下模板垫板；3—螺钉；
4—下模板；5—下模板垫板；　　　　　　　　4—弹簧；5—螺塞；6—下模座；
6—弹簧；7—下模座；8—螺塞　　　　　　　　7—压板；8—下模板

图 4-118　顶料块结构示意图

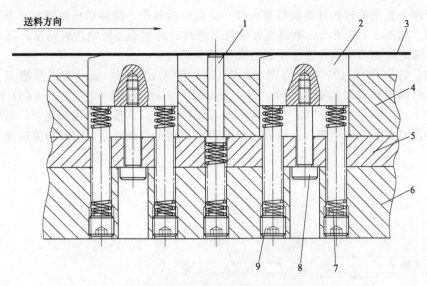

送料方向

图 4-119 顶料块、圆形顶料杆混合使用示意图

1—圆形顶料杆；2—顶料块；3—带料（条料）；4—下模板；5—下模板垫板；

6—下模座；7—弹簧；8—卸料螺钉；9—螺塞

4.7 带料（条料）定距机构设计

在多工位级进模中，由于制件的加工工序布置在多个工位上，为保证前后工位冲切中，各工序件准确的连接，必须保证每个工位上都能准确的定位。带料（条料）送进的定距方式可采用自动送料定距、侧刃定距、切舌定距和导正销定距等。料宽方向采用侧压装置为基准送进。

4.7.1 侧刃定距及侧刃挡块

(1) 侧刃

1）定距的工作原理

侧刃定距在中小型的多工位级进模中是比较常用的一种定距方式。它是在带料（条料）的一侧或两侧的边缘上，利用侧刃凸模（简称侧刃）冲切出沿边的窄边料。

如图 4-120 所示，在带料的一侧上冲切侧刃，冲切侧刃后的窄边料［图 4-120（b）中的 $A \times b$ 部分］长度 A 等于工位间的步距，b 是在带料（条料）沿边缘上冲切侧刃后废料的宽度。被冲切后的带料（条料）宽度由 B 变成 B_1，也就是说 $B_1 = B - b$。

从图 4-120 可以看出侧刃的工作原理，首先在工位①冲出导正销孔及侧刃；在工位②进行导正销定位及侧刃挡料，侧刃挡料是利用工位①已冲切的侧刃缺口端面 F 部位被内导料板 5 的头部 G 端面挡住，阻止送料，从而起到挡料定距定位作用。

2）侧刃定距的应用

侧刃定距既适用于手动送料，也可以在自动送料中应用。而且侧刃定距结构简单，在实际生产中应用也较为广泛。

侧刃的形式较多，使用效果也不同。它既可以按形状来区分，也可以按进入凹模孔的状态来区分。

① 按形状来区分。图 4-121（a）与图 4-122（a）所示为矩形侧刃，其结构简单，制造方

便，但侧刃两个直角的转角处磨损后易出现一定微小的圆角，使冲切出的带料（条料）边缘上易产生毛刺。如图 4-123 所示，毛刺留在带料（条料）的侧面会影响送料精度，还可能刺伤工人的手指。这两种侧刃形式在多工位级进模中很少采用。

图 4-121（b）～图 4-121（e）与图 4-122（b）～图 4-122（e）所示为齿形侧刃。齿形侧刃可分为单齿形侧刃和双齿形侧刃两种。图 4-121（b）～（d）与图 4-122（b）～（d）所示为单齿形侧刃；图 4-121（e）与图 4-122（e）所示为双齿形侧刃。其形状都比较复杂，与矩形侧刃相比，单齿形侧刃多了一个小缺口；而双齿形侧刃多了两个小缺口，但定距精度较高。

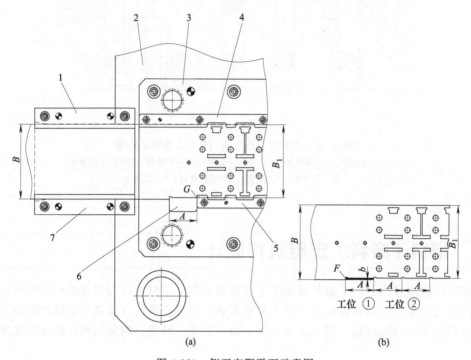

(a)　　　　　　　　　(b)

图 4-120　侧刃定距平面示意图

1—外导料板 1；2—下模座；3—下模板；4—内导料板 1；5—内导料板 2（带侧刃挡块）；6—侧刃；7—外导料板 2

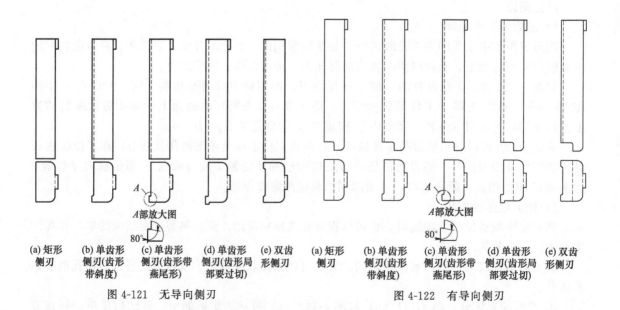

(a) 矩形侧刃　(b) 单齿形侧刃(齿形带斜度)　(c) 单齿形侧刃(齿形带燕尾形)　(d) 单齿形侧刃(齿形局部要过切)　(e) 双齿形侧刃

(a) 矩形侧刃　(b) 单齿形侧刃(齿形带斜度)　(c) 单齿形侧刃(齿形带燕尾形)　(d) 单齿形侧刃(齿形局部要过切)　(e) 双齿形侧刃

图 4-121　无导向侧刃　　　　　　　　　图 4-122　有导向侧刃

　　图 4-121 (b) 与图 4-122 (b) 为齿形带斜度的单齿形侧刃，比较适合于有导正销定位的多工位级进模冲压，但侧刃比步距要适当加长。根据制件的料厚、导正销孔大小的不同，其侧刃的加长值也不同，推荐值见表 4-16 所示。

表 4-16　有导正销定位侧刃刃口长度与送进步距加大的值

导正销直径 d(h6)	制件料厚 t			
	～0.3	0.3～0.5	0.5～1.0	1.0～1.5
≤3	0.05	0.05	0.08	0.10
3～6	0.08	0.10	0.12	0.15
6～8	0.10	0.15	0.12	0.20
8～10	0.12	0.15	0.20	0.22
10～12	0.13	0.15	0.22	0.25
12～14	0.14	0.20	0.22	0.25
14～18	0.14	0.20	0.25	0.28
18～22	0.15	0.20	0.25	0.28
22～26	0.15	0.22	0.28	0.30
26～30	0.16	0.22	0.28	0.40

　　图 4-121 (d) 与图 4-122 (d) 为局部要过切的单齿形侧刃，该侧刃比较适合薄料的多工位级进模冲压，一般料厚 $t \leqslant 1.2$mm。该侧刃刃边的尖角处磨损后出现毛刺，不会影响到送料定距精度。采用该侧刃不管有无导正销精确定位，其定距精度都较高。冲切后的带料（条料）形状如图 4-124 所示。

　　图 4-121 (e) 与图 4-122 (e) 所示为双齿形侧刃。该侧刃由于刃边的尖角处磨损后，带料（条料）产生的毛刺处于缺口中，如图 4-125 所示。此毛刺的存在不影响送料定距的精度。当制件精度要求高，带料（条料）较厚的多工位级进模中也常使用。

　　图 4-126 所示为尖角侧刃结构示意图，该侧刃只在带料（条料）的边缘上冲切出一个缺口，在下一工位中由挡块进入此缺口进行定位。它无需增加带料（条料）的宽度，采用它可以提高材料利用率。但操作不如前者方便，它的优点是，当带料（条料）送进时不能回退，当侧刃挡块 1 紧贴带料（条料）5 边缘的缺口时定位才可靠。

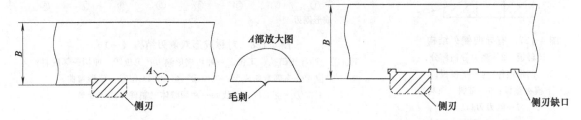

图 4-123　矩形侧刃磨损后出现毛刺　　　　　图 4-124　局部要过切的单齿形侧刃
　　　　　　　　　　　　　　　　　　　　　　　　　　冲切后的带料（条料）形状

　　② 按进入凹模孔的状态来区分。侧刃按进入凹模孔的状态可分为无导向侧刃和有导向侧刃两种。

　　图 4-121 所示为无导向侧刃，它的刃口为平面，制造和刃磨方便。一般适合于料厚 $t \leqslant 1.2$mm 的薄料多工位级进模冲压。如冲厚料时，因为是单边受力，有较大的侧向力，会出现啃模现象。

　　图 4-122 所示为有导向侧刃，有导向侧刃多出了一段导向部分的台阶。其结构示意图如图 4-127 所示，上模下行，在冲切侧刃前，侧刃的导向部分 2 先进入凹模内进行导向，上模继续下行，侧刃的刃口 7 再进行冲切。从而克服了冲裁时所产生的侧向力，定位效果好，但制造和刃磨时较繁琐。除图 4-122 (d) 所示的侧刃冲切薄料外，其余的 ［图 4-122 (a)～(c)、(e)］

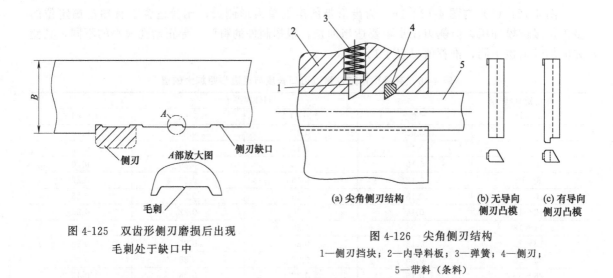

图 4-125　双齿形侧刃磨损后出现
毛刺处于缺口中

图 4-126　尖角侧刃结构
1—侧刃挡块；2—内导料板；3—弹簧；4—侧刃；
5—带料（条料）

均可冲切较厚的带料（条料）。因图 4-122（d）局部要过切的齿形设置一般都较为薄弱，不适合冲厚料。

　　除以上介绍外，侧刃也可以与冲切外形废料结为一体使用，称成形侧刃。其形状与制件结构及排样方式有关，在多工位级进模中通常用于无废料、少废料的带料（条料）排样，如图 4-128、图 4-129 所示。

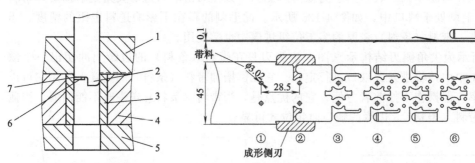

图 4-127　有导向侧刃结构
1—卸料板；2—侧刃导向部分；
3—凹模镶件；4—下模板；
5—下模板垫板；6—带料（条料）；
7—侧刃刃口

图 4-128　对称成形双侧刃结构（一）
工位①—冲导正销孔；工位②—冲切成形侧刃；工位③—冲切头部废料；
工位④—头部弯曲成形；工位⑤—弯曲；工位⑥—U 形弯曲；
工位⑦—空工位；工位⑧—冲切载体（制件与载体分离）

(2) 侧刃挡块

　　将前一工位已冲切的侧刃，用已冲切侧刃上的小台阶在后一工位上把带料（条料）挡住的挡块，称为侧刃挡块，如图 4-120 所示。它设置在冲切侧刃的后一工位上。

　　常用的侧刃挡块结构形式如图 4-130 所示。图 4-130（a）所示为内导料板与侧刃挡块为一体的结构形式。该结构不但对内导料板的端面与圆柱销孔的相对距离要求较高，而且对内导料板的材质也有一定的要求，一般的材质采用 Cr12Mov，热处理硬度 HRC50～53。图 4-130（b）所示为采用"L"形的侧刃挡块对带料（条料）进行挡料，该挡料结构稍微复杂，但定位可靠，固定部分一般采用台阶形式，若出现松动也不会跳出模面，对卸料板避让的位置也较小。图 4-130（c）所示为镶拼在内导料板上的侧刃挡块，该结构形式对内导料板的材质没有要求，但固定方式必须与图 4-130（b）相同，否则松动后容易跳出而损坏模具。

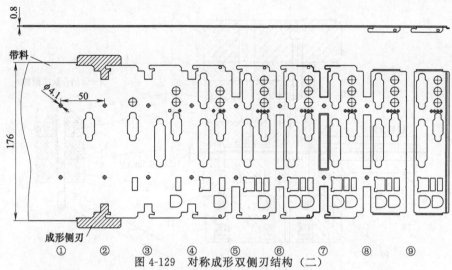

图 4-129　对称成形双侧刃结构（二）

工位①—冲导正销孔；工位②—冲切成形侧刃及冲切中部异形孔；工位③—冲异形孔、冲圆孔；

工位④—冲异形孔，冲圆孔；工位⑤—冲切外形废料；工位⑥、⑦—拍毛刺；

工位⑧—弯曲；工位⑨—冲切载体及弯曲复合工艺

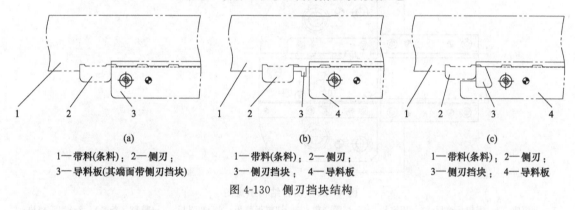

(a)	(b)	(c)
1—带料(条料)；2—侧刃；	1—带料(条料)；2—侧刃；	1—带料(条料)；2—侧刃；
3—导料板(其端面带侧刃挡块)	3—侧刃挡块；　4—导料板	3—侧刃挡块；　4—导料板

图 4-130　侧刃挡块结构

4.7.2　切舌定距

切舌定距一般用于中大型或价格比较昂贵的带料（条料）挡料，它一般在带料（条料）的搭边、工艺废料或设计废料等有足够的位置上方能使用。

切舌结构的功能与侧刃相同，也是防止带料（条料）送料过多时起挡料作用，这样一来可以代替边缘的侧刃，从而大大提高材料利用率，在生产中使送料更加稳定。如图 4-131 所示。其结构为：上模下行，首先利用切舌凸模 4 对带料（条料）进行切舌。上模上行，利用切舌顶块 13 将带料（条料）从凹模内顶出。这时带料（条料）开始送往下一工位，用切舌挡块 8 对带料（条料）进行挡料。上模再次下行时，利用卸料板把切舌部位进行压平，可以送往下一工序。但要注意的是，切舌挡块浮出的高度要比带料（条料）浮出的高度低 $0.2 \sim 0.5 \mathrm{mm}$，以防止卸料板对带料上切舌的部位压平后出现弹复现象，影响带料（条料）的送进。

4.7.3　侧压装置

在多工位级进模中，当带料（条料）的宽度公差较大时，为使带料（条料）稳定送进，避免带料（条料）在导料板中偏摆，应在导料板的一侧设置侧压装置。使带料（条料）始终紧靠导料板的另一侧送进。严格地说，侧压装置主要是为带料（条料）沿着正确方向送进而设置

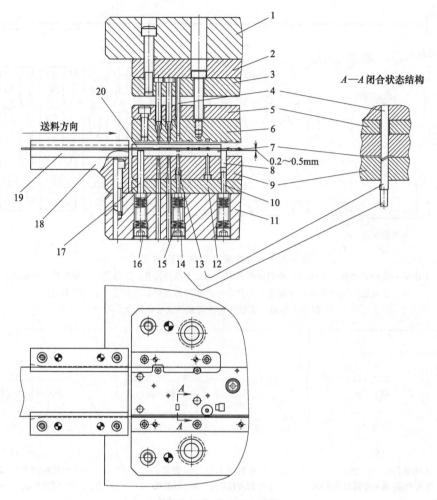

图 4-131　切舌结构示意图

1—上模座；2—固定板垫板；3—固定板；4—切舌凸模；5—卸料板垫板；6—卸料板；7—带料（条料）；8—切舌挡块；
9—下模板；10,14—顶杆；11—下模座；12—下模板垫板；13—切舌顶块；15—弹簧；16—螺塞；
17—圆形顶料杆；18—承料板；19—外导料板；20—内导料板

的，对带料（条料）定距起到辅助作用。图 4-100 所示为典型的外导料板侧压装置结构形式。常用侧压装置的结构形式及应用如表 4-17 所示。

表 4-17　常用侧压装置的结构形式及应用

形　式	简　　图	特点及应用
簧片式	0.2 送料方向	利用弹簧片将材料推向对面的导料板，结构简单，但侧压力较小，常用于被冲材料厚度为 0.3～1mm 的冲裁模，侧压块一般为侧面导料板厚度的 1/3～2/3。压块数量视具体情况而定
簧片压块式		

续表

形式	简　图	特点及应用
压板式	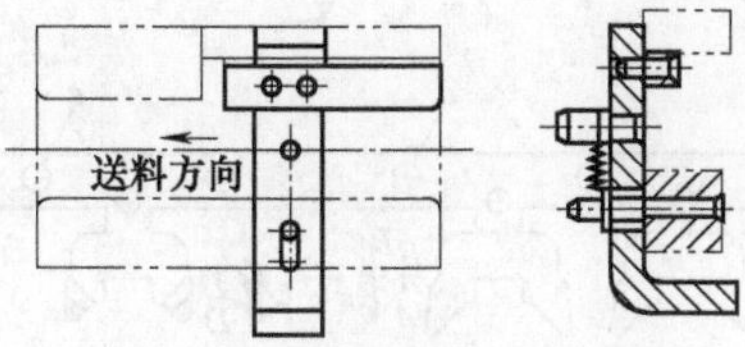 送料方向	侧压力大且均匀，一般装在模具进料一端，适用于侧刃定距的级进模
滚轮式	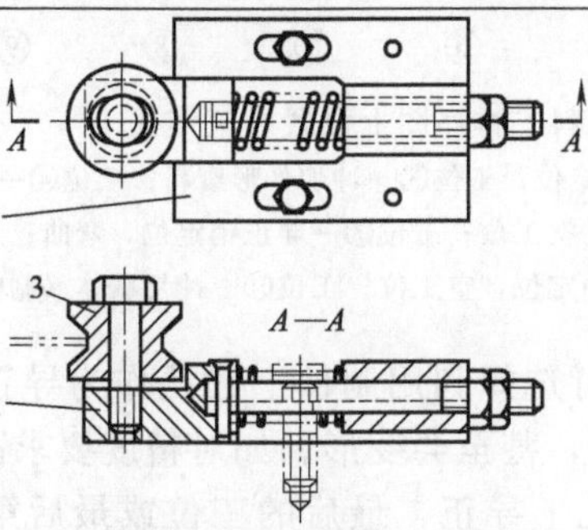 1 3 A—A 2 1—基座；2—活动滚轮座；3—滚轮	利用滚轮压料，阻力较小。活动滚轮座 2 在基座 1 内可以滑动，基座 1 的位置也可以调节，适用材料宽度范围较广
弹簧式	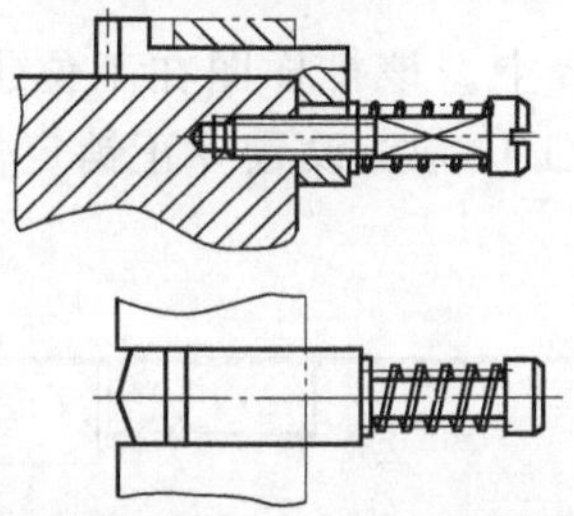	其侧压力较大，常用于被冲材料较厚的冲裁模

4.7.4　导正销

导正销是多工位级进模中应用最为普遍的定距方式。通常将导正销与侧刃或自动送料机构混合使用，一般以侧刃或自动送料机构为粗定位，导正销为精定位。

带料（条料）导正定位时，一般是通过装在上模的导正销插入带料（条料）上的圆孔或其他孔的形状来校正带料（条料）或制件位置达到精确定位。被插入的圆孔或其他形状的孔，一般是在带料（条料）的载体上冲出工艺孔，专供导正使用，也可以利用制件的结构孔作导正销孔。

(1) 导正销在排样图上设计及应用

在带料（条料）排样图设计时，确定导正销孔的位置应遵循以下原则。

① 在带料（条料）排样图上的第一工位就应先冲出导正销孔，紧接着第二工位要设置导正销定位。以后每隔 2～3 个工位的相应位置等间隔的设置导正销定位，并在容易窜动的工位优先设置导正销。

图 4-132 所示为在电器插座簧片带料排样图上设置导正销孔。该排样图在工位①上首先冲切出导正销孔 [见图 4-132a 处] 及侧刃；工位②设置导正销定位 [见图 4-132b 处]；分别在工位⑤ [见图 4-132c 处]、工位⑦ [见图 4-132d 处]、工位⑨ [见图 4-132e 处]、工位⑩ [见图 4-132f 处] 上设置导正销定位。

② 导正销孔的位置应设置在带料（条料）不参与变形的平面上，否则将起不到精确定位作用，一般选在带料的载体、结构废料或工艺废料上。如图 4-132 所示，该导正销孔设置在带料的载体上。

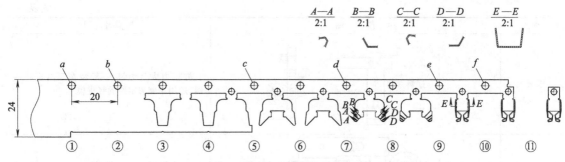

图 4-132　带料（条料）排样图上设置导正销孔

工位①—冲导正销孔、冲切侧刃；工位②—导正销定位；工位③—冲切外形废料；工位④—冲 φ2.6mm 的小孔；
工位⑤—导正销定位，冲切外形废料；工位⑥—空工位；工位⑦—导正销定位，弯曲；工位⑧—空工位；
工位⑨—导正销定位，弯曲；工位⑩—导正销定位，空工位；工位⑪—冲切载体（制件与载体分离）

③ 对较厚的材料或精度不高的制件，可选择利用制件上的孔作为导正销孔，但在冲压过程中，该孔经过导正销导正后，精度会降低，甚至会变形。如对精度要求高的制件孔径，对制件孔径先冲出预冲孔，然后导正销在预冲孔上导正，最后的工位或最后第二工位上再精修孔径，从而达到制件要求的精度。

图 4-133 所示为导正销孔设置在制件的孔径上。该排样图在工位①上首先预冲切出 2 个 φ6.03mm 导正销孔；分别在工位②、工位④及工位⑤上设置导正销定位；工位⑥在原导正销孔上精修一个 φ12mm 圆孔和一个腰形孔。

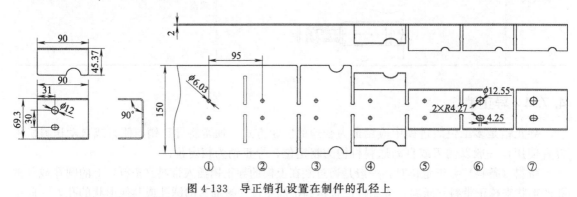

图 4-133　导正销孔设置在制件的孔径上

④ 在重要的成形位置前后要设置导正销定位。如图 4-132 所示，工位⑦为弯曲，工位⑨为弯曲。这两个工位弯曲成形，带料容易窜动，分别设置有导正销定位。

⑤ 圆筒形连续拉深时，有内外圈切口的，在首次拉深前（包括首次拉深）要设置导正销定位，其余拉深可利用拉深凸模进行导正，可不必设置导正销。最后一次落料时，利用圆筒形拉深件内孔径作导正定位。

⑥ 在成形工位上必须要设置导正销定位的，而又与其他工序干涉时，可增加一个空工位，导正销设置在空工位上。

(2) 导正销直径与导正销孔之间的关系

常用的导正销分为凸模导正销和独立导正销两种。

1）导正销与导正销孔之间的间隙

① 安装在凸模上的导正销与导正销孔之间的间隙。在多工位级进模中，如果制件在冲压过程中容易窜动，而同轴度或外形与中心的相对位置要求又较高时，只用带料（条料）在载体上设置的导正销或侧刃的定位是不够的，通常还应采用安装在凸模上的导正销来保证孔与外形

的相对位置尺寸。

因此安装在凸模上的导正销直径 d_1 略小于导正销孔凸模直径 d。

导正销直径 d_1 可按下式计算：

$$d_1 = d - 2c \tag{4-40}$$

式中　d_1——导正销工作部分直径；

　　　d——冲导正销孔凸模直径；

　　　c——导正销与导正销孔之间的单面间隙，mm，如表 4-18 所示。

表 4-18　导正销与导正销孔之间的单面间隙 c　　　　　　mm

带料（条料）厚度 t	冲导正销孔凸模直径 d						
	1.5～6	6～10	10～16	16～24	24～32	32～42	42～60
≤1.5	0.02	0.03	0.03	0.04	0.045	0.05	0.06
>1.5～3	0.025	0.035	0.04	0.05	0.06	0.07	0.08
>3～5	0.03	0.04	0.05	0.06	0.08	0.09	0.1

注：表中的代号如图 4-134 所示。

② 独立导正销与导正销孔之间的关系。在带料（条料）上的载体、工艺废料或结构废料上设置的导正销称为独立导正销（简称导正销）。导正销插入带料（条料）上时，既要保证带料（条料）的定位精度，又要保证导正销能顺利地插入导正销孔。若导正销与导正销孔的配合间隙过大，则定位精度低；反之，配合间隙过小，导致带料（条料）上的导正销孔变形，而且使导正销加剧磨损，从而又影响定位精度。

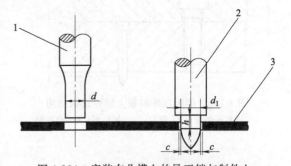

图 4-134　安装在凸模上的导正销与制件上
的导正销孔结构
1—导正销孔凸模；2—安装在凸模上的导正销；
3—带料（条料）上的制件

导正销孔是由导正销孔凸模冲出来的，所以导正销与导正销孔间的关系实际上反映的是导正销直径 d_1 与冲导正销孔凸模直径 d 之间的关系。两者直径根据制件精度和带料（条料）厚度的不同来定，常见的导正销直径 d_1 与冲导正销孔凸模直径 d 之间的间隙如下。

当带料（条料）的厚度 $t \geqslant 0.5$mm，且对工位步距精度无严格要求时：

$$d = d_1 - t \times 0.035 \tag{4-41}$$

当带料（条料）的厚度 $t \leqslant 0.5$mm 且对工位步距精度要求较高时：

$$d = d_1 - t \times 0.025 \tag{4-42}$$

当带料（条料）的厚度 $t \geqslant 0.7$mm 且对工位步距精度要求较高时：

$$d = d_1 - t \times 0.020 \tag{4-43}$$

式中　d_1——导正销直径；

　　　d——导正销孔凸模直径；

　　　t——带料（条料）的厚度。

2）导正销工作部分长度的确定

① 安装在凸模上的导正销工作部分长度的确定。如图 4-134 所示，安装在凸模上的导正销工作部分长度 h 值可参考表 4-19 所示。

② 独立导正销工作部分长度的确定。独立导正销工作部分长度也就是导正销工作部分直径伸出卸料板底平面的有效定位长度 h，长度 h 和带料（条料）的厚度 t 与料的软硬有关，材料越硬，导正销孔的剪切面越小，因此 h 值可适当减小，一般取 $h = (0.8 \sim 1.5)t$，如图

4-135、图 4-136 所示。

表 4-19　导正销工作部分长度 h 值

带料(条料)厚度 t	带料(条料)上导正销孔的孔径		
	1.5～10	10～25	25～50
≤1.5	1	1.2	1.5
>1.5～3	0.6t	0.8t	t
>3～5	0.5t	0.6t	0.8t

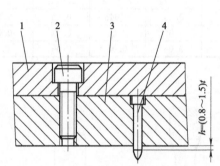

图 4-135　固定在卸料板上的导正销结构

1—卸料板垫板；2—螺钉；3—卸料板；4—导正销

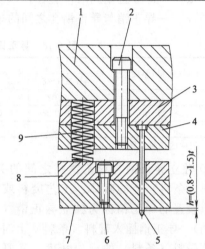

图 4-136　固定在固定板上的导正销结构

1—上模座；2,6—螺钉；3—固定板垫板；4—固定板；
5—导正销；7—卸料板；8—卸料板垫板；9—弹簧

如果导正销工作部分长度 $h=(1.5\sim2.5)t$，内导料板凸肩为不带导正销卸料装置或不带导正销避让孔的浮动导料销，上模上升时，引起带料（条料）的窜动会卡在导正销上，使带料（条料）难以卸料或带料（条料）上的导正销孔拉变形，从而影响送料或导正定位精度。因此要在导正销的边缘上安装小顶杆顶出，以保证带料（条料）能顺利地从导正销上卸料，如图 4-137、图 4-138 所示。

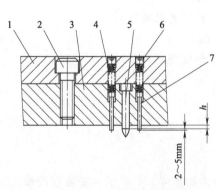

图 4-137　固定在卸料板上边缘带有
顶杆顶出的导正销结构

1—卸料板垫板；2—螺钉；3—卸料板；4—弹簧；
5—导正销；6—螺塞；7—顶杆

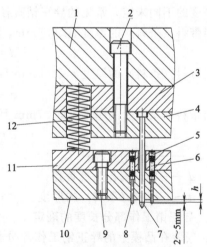

图 4-138　固定在固定板上边缘带有
顶杆顶出的导正销结构

1—上模座；2,9—螺钉；3—固定板垫板；4—固定板；
5—螺塞；6,12—弹簧；7—导正销；8—顶杆；
10—卸料板；11—卸料板垫板

3）导正销孔直径的确定

导正销孔的直径与导正销的校正能力有关。导正销孔直径过小，会导致导正销易弯曲变形，导正精度差；反之，导正销孔直径过大，则会降低材料利用率和载体的强度。

一般来说，当带料（条料）板厚在 0.5mm 以下，导正销孔的直径应大于或等于 $\phi 1.5mm$；当带料（条料）板厚在 0.5mm 以上，导正销孔的直径大于或等于带料（条料）板厚的 2 倍。导正销孔的经验值如表 4-20 所示。

表 4-20 导正销孔直径的确定 mm

带料（条料）厚度 t	导正销孔直径 d	带料（条料）厚度 t	导正销孔直径 d
＜0.5	1.5～2.0	1.5～3.0	4.0～10.0
0.5～1.5	2.0～4.0	＞3.0	10.0～15.0

(3) 导正销直径与导正销避让孔之间的关系

导正销在工作时，首先要经过带料（条料），还要伸出较长的一段长度，对应凹模或套式顶料杆（见图 4-117 件号 3）或带导正销避让孔的异形浮动导料销（见图 4-112 件号 5）等的避让孔需加工成通孔。避让孔直径 d_s 与导正销孔直径 d 之间要保证足够的间隙，如图 4-139 所示。

当带料（条料）的厚度 $t \leqslant 1mm$ 时，一般取 $c=(0.05 \sim 0.1)t$，即：

$$d_s = d + 2 \times (0.05 \sim 0.1)t \tag{4-44}$$

当带料（条料）的厚度 $t > 1mm$ 时，一般取 $c=(0.2 \sim 1)t$，即：

$$d_s = d + 2 \times (0.2 \sim 1)t \tag{4-45}$$

(4) 导正销直径伸出长度与凸模之间的关系

导正销是要伸出卸料板底平面一定长度的，而凸模是缩进卸料板底平面的。这样可以保证带料（条料）在冲裁、成形之前，已被导正销完全定位，上模继续下行，卸料板再压紧带料（条料）后开始冲裁、成形，从而获得良好的制件质量，如图 4-140 所示。

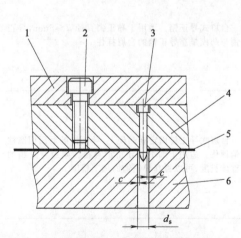

图 4-139 导正销与凹模避让孔之间的间隙

1—卸料板垫板；2—螺钉；3—导正销；
4—卸料板；5—带料；6—凹模板

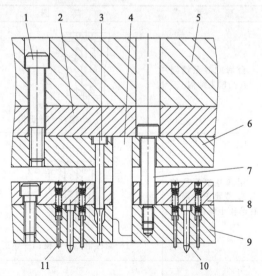

图 4-140 导正销直径伸出长度与凸模之间的关系

1—螺钉；2—固定板垫板；3—冲孔凸模；4—弯曲凸模；
5—上模座；6—固定板；7—卸料螺钉；8—卸料板垫板；
9—卸料板；10—导正销；11—顶杆

(5) 导正销端部的形状

导正销端部的形状可分为弧形和锥形两大类。

如图 4-141 所示，其导正销头部的形状为弧形，能保证良好的导正精度，对于导正销孔大小都适用，所以应用较为广泛。图 4-141（a）一般用于大直径的导正销；图 4-141（b）一般用于中小直径的导正销；图 4-141（c）一般用于中大直径的导正销。

如图 4-142 所示，其导正销头部的形状为锥形，在锥度与工作直径相交处和锥尖部分，应有圆弧过渡，一般 $r = r_1 = 0.25d$。图 4-142（a）一般用于中大直径的导正销；图 4-142（b）一般用于中小直径的导正销。

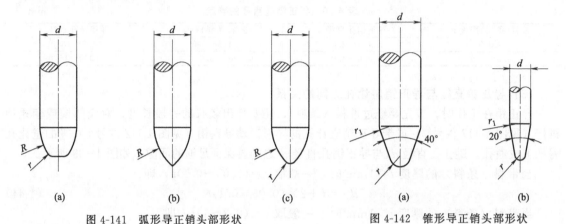

图 4-141　弧形导正销头部形状　　　　　图 4-142　锥形导正销头部形状

(6) 导正销的种类与结构形式

① 安装在凸模上的导正销种类与结构形式。安装在凸模上的导正销种类与结构形式如表 4-21 所示。

表 4-21　安装在凸模上的导正销种类与结构形式

形　式	简　图	特点及应用
台肩式导正销固定在凸模上结构	1—凸模；2—导正销	台肩式导正销。适用于导正销直径 $d \le 5mm$，导正销与凸模是靠导正销的台肩挂住
用圆柱销顶住的台肩式导正销固定在凸模上结构	1—圆柱销；2—凸模；3—导正销	台肩式导正销固定在凸模上，导正销的后面用圆柱销顶住。适用于细小的导正销直径。减短导正销的整体长度，可以提高导正销的加工精度
用螺母固定形式的导正销结构	1—螺母；2—凸模；3—带螺纹的导正销	用螺母固定形式的导正销结构，该结构在导正销的后端制成螺纹。安装方式：首先把带螺纹的导正销 3 安装在凸模 2 上，再用螺母 1 锁紧，与凸模连为一体即可

续表

形　式	简　图	特点及应用
用螺钉锁住导正销的结构形式	3 — 1 ／ 2 ／ 1—凸模；2—导正销；3—螺钉	用螺钉锁住导正销的结构形式。该结构在导正销的后端加工有螺纹孔。安装方式：首先把导正销 2 安装在凸模 1 上，再用螺钉 3 固定即可
用螺钉固定在凸模上的导正销结构	1 ／ 3 ／ 2 ／ 1—凸模；2—导正销；3—螺钉	用螺钉固定在凸模上的导正销结构。该结构在凸模上加工出螺纹孔。首先把导正销 2 安装在凸模 1 上，再用螺钉 3 锁紧即可

②安装在固定板或卸料板上的独立导正销种类与结构形式。常用安装在固定板或卸料板上的导正销种类与结构形式如图 4-143 所示。图 4-143（a）所示为直杆式导正销固定在固定板上的结构。导正销的固定部分和工作部分可以制作成相同的直径，便于加工，凸模固定板可按 H7/js6 过渡配合。

图 4-143（b）所示为台肩式导正销固定在固定板上的结构。一般用于导正销工作部分的直径 $d<8$mm。其导正销端部的形状为弧形，其余部分和冲孔凸模的结构完全相同，它与凸模固定板按 H7/m6 配合固定。

图 4-143（c）、（d）所示为快卸式固定的导正销结构。图 4-143（c）中导正销 11 安装完毕后直接用两个螺塞固定；而图 4-143（d）中导正销 10 安装在固定板上，考虑到导正销的肩部离模座还有一段距离，不能用螺塞直接固定，所以中间加有圆柱销 2 连接。这两种结构方式拆卸、固定都较为方便。

图 4-143（e）、（f）所示为活动式导正销。导正部分与固定板可动部分直径相差较大。如图 4-143（e）所示，此结构因卸料板较厚，导正部分的直径较小，要在卸料板的反面加工避让孔。活动式导正销的优点是可避免送料错位时损坏导正销。

图 4-143（g）所示为安装在卸料板上的导正销。导正销是靠挂台挂住固定，应用较为广

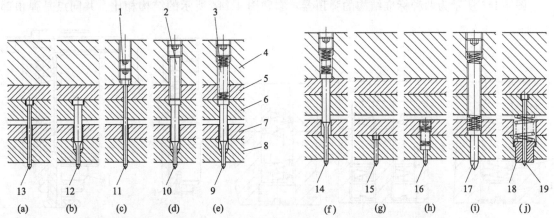

图 4-143　安装在固定板或卸料板上的导正销种类与结构形式
1—螺塞；2—圆柱销；3—弹簧；4—上模座；5—固定板垫板；6—固定板；
7—卸料板垫板；8—卸料板；9～17,19—导正销；18—卸料套

泛。可适用于凸模进入凹模深度较深、冲压行程较大的多工位级进模。

图 4-143（h）所示为安装在卸料板上的活动式导正销。它直接与卸料板成动配合，螺塞安装在卸料板垫板上，可调节弹簧的压力。

图 4-143（i）所示为安装在卸料板上的活动式导正销。它的功能与图 4-143（h）相同，也是与卸料板成动配合，但弹簧直接固定在上模座上，可以用于较大的弹簧压缩量，一般用于中大直径的导正销且导正的工作部分较长。

图 4-143（j）所示为带有弹压卸料套导正销结构。一般用于薄料的大型制件，在导正销未插入导正销孔之前，先由弹压卸料套将带料（条料）压住，再由导正销进行导正。它能防止因导正销与导正销孔之间间隙小容易，导正销将带料（条料）带变形等问题。

4.8 顶出装置

在多工位级进模中，顶出装置的功能主要是对制件或废料的顶出作用。图 4-144 所示为常用弹顶装置结构。图 4-144（a）为弹簧顶出装置；图 4-144（b）为橡皮顶出装置。这两种结构所占空间大，顶出力也大，弹顶的部分一般都装在模座的下面，使用时要考虑压力机工作台孔的大小和位置。如压力机工作台面孔过小，那么在模具闭合高度允许的条件下加下模垫块。为保证顶出装置动作灵活、平稳、可靠，顶杆的长度必须平齐，顶件器高出凹模平面要适当。推板和顶杆应有一定的硬度，以免长时间使用引起变形。

图 14-145 所示为多工位级进模中部分安装在模具内部的顶出装置。图 4-145（a）结构简单、紧凑，在顶出力不大的场合应用较

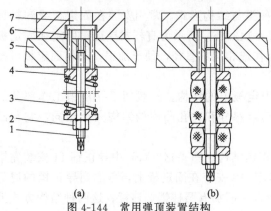

图 4-144 常用弹顶装置结构

1—螺杆；2—螺母；3—弹簧；4—推板；
5—下模座；6—顶杆；7—顶件器

多。图 4-145（b）为多弹簧顶出结构，顶件力较大。图 4-145（c）为内外弹簧顶出结构，此结构内外弹簧的旋向要相反。

图 4-146 所示为两种标准结构的弹顶器，它和图 4-144 所示的结构相比，共同点是弹顶部

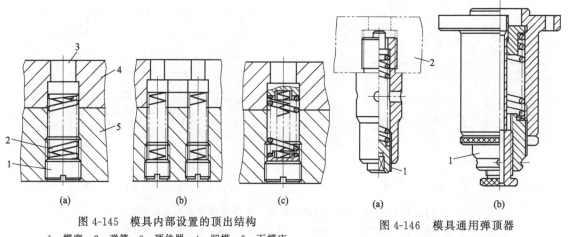

图 4-145 模具内部设置的顶出结构

1—螺塞；2—弹簧；3—顶件器；4—凹模；5—下模座

图 4-146 模具通用弹顶器

1—调节螺母；2—下模座

分均装在模具的外面使用。图 4-146（a）使用时要固定在下模座上，而图 4-146（b）一般放在压力机的工作台孔内使用，并且小的废料可通过中间的空心管往下落。弹压力的大小可通过调节螺母 1 得到。

4.9 防止废料回跳或堵料

在多工位级进模冲压中，废料有时没有从凹模漏料孔往下落，而是在凸模回升时，随着凸模往上带出模面，称为跳屑或废料回跳（见图 4-147）；有时废料堵在凹模漏料孔内，不能顺利地往下落，严重者会使凹模涨裂或出现细小凸模折断的现象，通常称为堵料、涨模或堵模。

4.9.1 废料回跳原因及解决方法

(1) 废料回跳的原因

1）废料受凸模真空吸附的作用

在多工位级进模冲压时，凸模冲切下的废料，因受到弯矩的作用，中心部位发生弯曲，四周却与凸模紧密贴合，冲切下的废料受到一个大气压向上的力，废料的上表面与凸模之间是真空负压，从而产生一个压力差吸附在凸模上。随着模具的开启，而跳出模面。另外，在高速冲压中，为了给模具散热以及润滑凸凹模，往往会在带料（条料）送入模具前，给它涂上切削油，这会产生类似吸附剂的作用。如果切削油的挥发性差、黏度高、加的量过大，废料与凸模的真空吸附现象会更加明显。

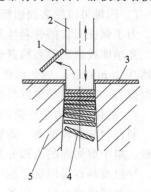

图 4-147 废料回跳示意图
1—回跳废料；2—凸模；3—带料；
4—废料；5—凹模

2）电磁力的效应

在多工位级进模上的很多零部件是通过研磨加工出来的。一般的磨床都是利用电磁平台的磁力装夹零部件。如果加工结束后，没有对零部件的残余磁性进行消磁处理，对于黑色金属的材料，就会因为磁力随着凸模吸附上升，发生废料回跳的现象。

3）凸模活塞效应以及加速度的影响

当模具闭合到下死点时，模具内部卸料板和材料紧密地包在凸模周围，紧紧地压死在凹模刃口上，形成一个相对真空负压，此时上模回升，凸模先从凹模中抽出，冲切下的废料受到下面一个大气压力与上面真空之间的压力差，而随着凸模一起上升，就像活塞在气缸里运动，称为活塞效应。由于速度以及惯性作用的影响，凸模上升得越快，就越容易发生活塞效应。在生产现场常遇到模具在高速正常生产时频繁的废料回跳现象，此时如将模具的运行速度降下来，就不会出现废料回跳，这就是活塞效应引起的。

4）凸模磨损的影响

模具在长时间使用后，凸模的有效刃口部分都会磨损。废料被切下后，毛刺会变大，毛刺会按照磨损后的凸模刃口形状形成根部很厚的大毛刺，在凹模的挤压作用下，会紧紧黏附包裹在凸模刃口部位，随着凸模一起上升而吸附跳出模面。

5）冲裁间隙的影响

理论上说，冲切后的废料与凹模相接触的部分是光亮带，当冲裁间隙合适时，光亮带通常占料厚的 1/3～1/2；高精密多工位级进模冲压的光亮带所占的比例会更高，比如采用反切法可以做到接近 100% 的光亮带。废料的光亮带所占断面的比例越大，与刃口的接触面积越大，两者之间的咬合力也越大。当冲裁间隙过大时，材料所受的拉伸作用增大，接近于胀形破裂，光亮带所占的比例减小，因材料弹性回复，废料尺寸向实体方向收缩，冲下的废料尺寸比凹模尺寸偏小，这样，废料对刃口的咬合力会变弱，废料容易从刃口中随凸模上升跳出。但冲裁间隙大有利于减小冲裁力，提高刃口使用寿命。

6）冲切下废料的形状简单

当冲切下的废料形状（如圆形、方形、三角形等）过于简单时，其整个外形的切断线相对而言简单且短，其内部应力变化与材料的应变也简单，都是集中指向实体同一个中心，废料外形向中心均匀收缩，与凹模刃口之间有均匀间隙，这就减小了废料与凹模侧壁的接触面积，降低了咬合力，导致冲切下的废料容易跳出模面。

对于形状复杂的废料，由于切断线长，有多个实体中心，其内部应力与应变复杂，外形各处收缩不一致，导致其可以与凹模刃口紧密咬合在一起，增加了摩擦力，有效减少了废料回跳的概率。

7）凹模刃口的表面粗糙度

为了保证刃口的锋利性及容易漏料，现在的模具厂家加工凹模刃口，通常采用慢走丝线切割、光学曲线磨床等高精密机床来加工，尺寸可控制在 $\pm 0.002mm$ 以内，表面粗糙度 Ra 也达到 $0.2\mu m$ 以下。因此凹模刃口的侧壁非常光洁，摩擦系数很小，冲切下的废料与刃口侧壁的摩擦力会减小，导致废料容易回跳。

8）制件材料力学性能的影响

制件材料的硬度高，则脆性大，被剪切的有效深度就小，材料基本上是在被剪切不久就被拉裂，整个剪切面的大部分是断裂带，光亮带所占的比例很小，材料径向收缩大，因而咬合力弱，导致废料容易回跳。制件塑性好的材料，容易被剪切，光亮带所占的比例大，材料径向收缩小，与凹模咬合好，相对而言，废料不容易回跳。

9）模具过量刃磨与刃口磨损的影响

为了便于废料容易从凹模漏料孔落出，通常在凹模刃口下面设计有带锥度或台阶孔让位。如图 4-148 所示，研磨刃口上表面后，如果把刃口有效段完全磨掉，则会造成冲裁间隙变大，引起跳屑回弹。由于凸模刃磨后总长度变短，切入凹模深度过浅，废料在凹模里接近模面，容易被凸模吸附带出，模具凸凹模侧面磨损后，造成冲裁间隙过大，废料与凹模侧壁的咬合力小而引起废料回跳。

10）废料的变形弹出

对于一些非封闭切断的废料而言，由于缺少一个或几个凹模侧壁的相互咬合，冲切时会产生向下的弯曲。又由于受压力机振动和凸模回升的影响，弯曲有时会产生向上反转，从而跳出模面。图 4-149 所示为简单形状侧刃，冲切侧刃后的废料留在凹模内，并与凹模刃口只有一小部分接触，导致废料容易被带出模面。

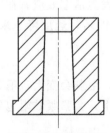
(a) 刃口下面带锥度凹模

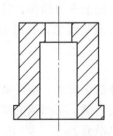
(b) 刃口下面带台阶孔凹模

图 4-148 凹模刃口下面设计有带锥度或台阶的孔

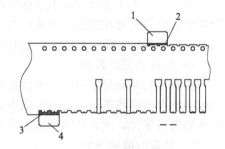
图 4-149 简单形状侧刃示意图
1,4—侧刃凸模；2,3—废料

11）凸、凹模刃口锋利情况

锋利的刃口，尤其是新模的刃口，由于冲裁阻力小，冲下的废料很平整。当凸模上升时，容易黏在凸模端面被带上。

（2）防止废料回跳的解决对策

从理论上讲，废料是否跳出凹模的模面，取决于其所受向上的吸附力和凹模侧壁对废料向下的咬合力之间的差值。只要提高咬合力，减小吸附力，即可改善废料回跳甚至防止回跳。

1）设计合理的冲裁间隙

很多资料都有关于不同的材料选用不同的合理冲裁间隙的研究。一般来说，单面冲裁间隙大于料厚的 5％时，大部分的材料冲切下来的废料会小于凹模刃口的尺寸，这样咬合力会偏小，冲切下的废料容易跳出模面。当单面冲裁间隙小于料厚的 3％时，冲切下的废料与凹模刃口的咬合力会很强。从防止废料回跳的角度来说，冲裁间隙越小越好，但间隙小，会加剧凸、凹模的磨损，影响模具的使用寿命。

2）复杂化冲切废料刃口的形状

在设计冲切废料刃口的形状时，尽量避免外形过于简单，应将形状复杂化，包括增加一些卡料槽。如图 4-150 所示的复杂形状侧刃，该侧刃形状在图 4-149 所示的侧刃基础上经过改善后，侧刃形状变得复杂化，也就是说在侧刃凸、凹模上加有卡料槽，当侧刃废料被冲切后，在卡料槽的作用下废料被卡住，可以解决废料回跳的难题。

3）设置合适的进模切入量

为了有效切断废料与防止废料跳出，凸模必须完全切入凹模，根据经验，普通多工位级进模的切入量应在 3～5mm，而高速多工位级进模考虑提升模具的运行速度，切入量可控制在1～2mm，凹模的刃口有效端长度应保证凸模完全切入凹模后，残留废料不超过 3 片，再设计成锥度或者台阶孔让位，利于废料下落，防止回跳，如图 4-151 所示。

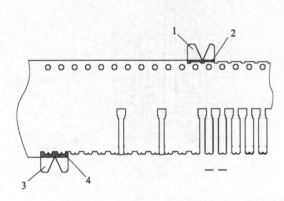

图 4-150　复杂形状侧刃示意图
1,3—侧刃凸模；2,4—废料

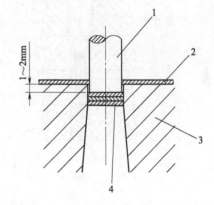

图 4-151　高速冲压凸模切入量与凹模
刃口的有效端长度
1—凸模；2—带料；3—凹模；4—废料

4）凸模内加工通气孔吹废料

如图 4-152 所示，在凸模中间加工通气孔，利用压缩空气吹下废料。此结构通常用于细小凸模无法安装顶杆时，气孔的直径一般控制在 ϕ1mm 以下。但此种方法有其局限性，即如果废料受力不均，发生翻转反翘，容易迭加在一起，出现堵料。

5）借鉴真空发生器的工作原理吹落废料

如图 4-153 所示，在凹模垫板 3 通入压缩空气，使凹模刃口里的废料下方形成负压，从而将废料吸下去，可以防止废料回跳或堵料。

6）凸模前端加小顶杆

如图 4-154 所示，在凸模上加装有小顶杆，顶杆的直径按凸模外形大小和制件料厚不同而

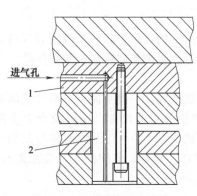

图 4-152　凸模内设有通气孔

1—固定板垫板；2—凸模

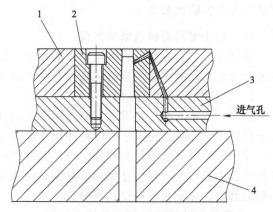

图 4-153　借鉴真空发生器原理吹落废料

1—凹模固定板；2—凹模；3—凹模垫板；4—下模座

定，通常顶杆的直径 $d=1\sim3mm$，顶杆伸出的高度 h 为料厚的 $3\sim5$ 倍。此结构对于防止废料回跳很有效果，但应注意的是顶杆的位置偏离中心过多，会使废料发生翻转跳出，或送加堵料。正确的方法是：将顶杆设计在凸模中心，端部做成半球形，防止吸附废料回跳。当冲切外形废料较大时，可采用两个或两个以上的顶杆，如图 4-154（b）所示。

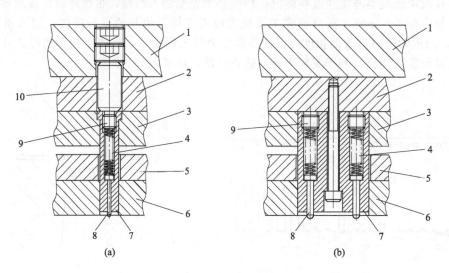

(a)　　　　　　　　　　　(b)

图 4-154　凸模内设置小顶杆

1—上模座；2—固定板垫板；3—固定板；4—弹簧；5—卸料板垫板；

6—卸料板；7—凸模；8—顶杆；9—螺塞；10—圆柱销

7）增加凹模刃口的粗糙度

对于有些容易跳出废料的凹模，可拆下凹模镶件在显微镜下仔细观察，如果发现刃口侧壁的粗糙度非常小，应该考虑使用放电被覆机把侧壁面修整粗糙，被覆上一些金属颗粒，增大摩擦系数，提高对废料的咬合力。注意：被覆时应尽量让开凸模所切入的 1mm 深度，防止凸、凹模剪切时咬伤凸模。或者在凹模的刃口部位用锉刀进行倒角，修钝刃口的锋利度，深度不要超过 0.05mm，修整后，凹模上表面的切削部位会比下面大，因此废料被凸模挤入下面后，会与比它尺寸小的凹模紧紧咬合，使废料难以跳出模面。

8）修整凸模的端面

如果在冲压中发生跳屑，除了观察凹模之外，凸模的作用也应充分考虑到。很多废料跳出模面,是因为吸附作用造成的。对于外形全部为钝角的废料,特别要考虑凸模的吸附作用。在模具装配阶段,可以在凸模前端焊接一些小凸起物,或者直接将凸模的刃口进行倒角,以降低产生吸附的风险,如图 4-155 所示。

图 4-155 (a) 所示为圆形小凸模,在其端面修磨成斜角或尖角,可以防止废料回跳。图 4-155 (b)、(c) 将凸模制作成斜刃,冲裁时使废料变形留在凹模内,用此方法可以降低冲裁力及冲压时发出的噪声。图 4-155 (d) 所示为凸模加工成凹坑,并在凹坑内加装弹簧片,利用弹簧片的作用力防止废料回跳。

9)降低模具冲压速度

对于活塞效应或者因空气压缩而发生的跳屑,除了上述方法之外,可以在低速冲压运转时,大大减少跳屑的机会。

10)加装真空泵或吸尘器吸附废料

对于比较细小的凸模,因凸模细小不能安装任何防止废料回跳的措施,而冲压速度高,可在模具的下方安装废料收集箱,在废料收集箱上加装真空泵或吸尘器,如图 4-156 所示。由于真空泵或吸尘器的作用,废料下方会产生一个负压,可以抵消上方的负压,从而使废料易于从凹模中脱落且被真空泵或吸尘器吸附下来。此结构可参考米思米(中国)精密机械贸易有限公司标准规格选用。

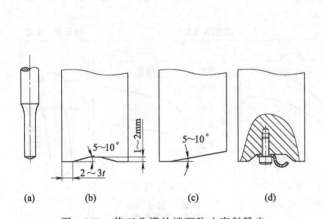

图 4-155 修正凸模的端面防止废料跳出

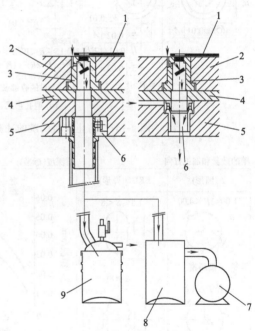

图 4-156 采用真空泵或吸尘器吸附废料
1—带料;2—凹模固定板;3—凹模;4—凹模垫板;
5—下模座;6—废料吸出部件;7—真空泵;
8—废料收集箱;9—吸尘器

11)利用凹模防止废料回跳

这项措施是直接选用防止废料回跳的凹模。它有带肩、无肩和带落料锥孔等之分,如图 4-157 所示。盘起工业(大连)有限公司有标准规格可参考使用。图 4-157 中 A、E、R、D、G 表示不同型孔,型孔中小而浅的半圆形斜沟槽用于防止废料回跳。其工作原理及特点如下。

① 凹模孔内表面加工斜沟槽,使废料形成凸起,凸起处的凹模内废料被破坏时会产生压

缩力，防止废料回跳。

② 斜沟槽有多个，但槽的倾斜方向不是同一个方向，因此废料不会旋转，凸起处脱离斜沟槽产生压缩力，如图 4-158 所示。

③ 防止废料回跳加工（斜沟槽的数量、深度、宽度）以图 4-159 为基准，在防止废料回跳效果不好的情况下，可以采用追加工斜沟槽，增加压缩力的方法来提高效果。

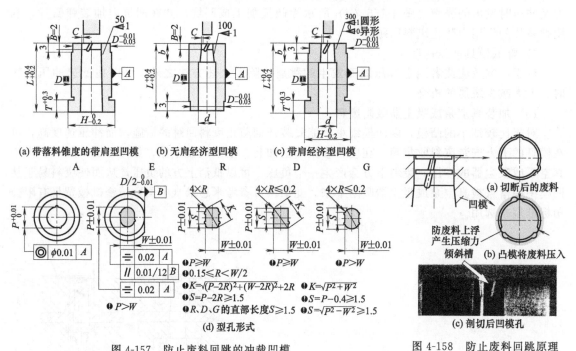

图 4-157　防止废料回跳的冲裁凹模

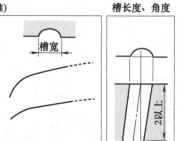

图 4-158　防止废料回跳原理

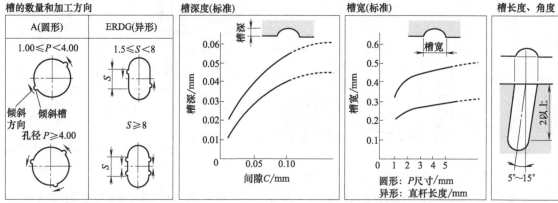

图 4-159　斜沟槽加工基准

④ 此类凹模适用于冲压料厚 $t \geqslant 0.1$mm 的工件；冲裁单面间隙 $c \geqslant 0.01$mm；凹模内孔径可在 $\phi 4.0$mm 以上，被冲材料拉伸强度 120kgf/mm^2（1177N/mm^2）。

⑤ 用线切割加工非标准凹模工作孔侧壁斜拉 2～4 条浅槽，槽深通常在 0.05mm 左右，以增加废料与形孔之间的摩擦力，从而防止废料回跳，如图 4-160 所示。

⑥ 采用短直壁后面有台阶孔的凹模，如图 4-161 所示。直逼刃口有效部分长度一般为 2～3mm，对冲薄料而言，此值较适合。冲压时，冲裁间隙较小，一般凸模进入凹模较深，废料进入台阶孔后，因有一定的膨胀不易回跳。

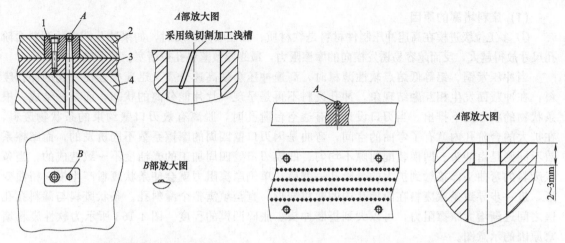

图 4-160 用线切割加工非标准凹模
工作孔侧壁的浅槽

1—凹模；2—凹模固定板；3—凹模垫板；4—下模座

图 4-161 采用短直壁后面有台阶孔的凹模

⑦ 采用反锥形凹模来防止废料回跳（见图 4-162）。其结构是：在凹模刃口 $d_凹$ 处设置微小的锥形 E，使凹模刃口底部比冲裁废料还小些，因此，经收缩的冲裁废料受到挤压，与凹模的摩擦力增大，从而防止废料回跳。

图 4-162（a）为冲裁前的结构。图 4-162（b）为凸模刚进入凹模对板料进行冲压时的状态。图 4-162（c）为凸模已经进入凹模将废料挤压在带有反锥的凹模内，反锥凹模的内径收缩使冲裁废料产生挤压效果，增加了其与凹模之间的摩擦力。

注意事项：

a. 在凹模内虽然加工了防止废料回跳措施用的锥面 [见图 4-162（a）]，但由于废料回跳各种条件引起，其效果也会有所差异。

b. 凸模进入凹模的深度要比图 4-162（d）中的 FH 尺寸大些，因此应尽量将冲裁废料压入加工成锥形的底部。

c. 凹模的锥形底部尺寸必须大于凸模的直径，以免损坏凸模。

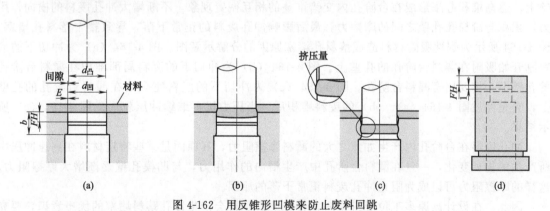

图 4-162 用反锥形凹模来防止废料回跳

4.9.2 废料堵塞的原因及防止凹模废料堵塞的方法

废料堵塞的原因主要是由于凹模漏料孔引起的。防止废料堵塞的方法应围绕凹模漏料孔的设计与相关件之间的结合关系采取措施。

(1) 废料堵塞的原因

① 多工位级进模在高速冲压制件材料是软材质、磁性吸附材质时，如果冲孔凹模的漏料台阶孔尺寸放得越大，反而越容易诱发横向的摩擦阻力，最终导致落料孔被堵塞。其形成原因如下。

当冲压紫铜、铝等低熔点软性薄材时，高速冲压会使高速分离又迅速叠合在一起的冲孔废料，在冲裁面发生相互融结现象，冲孔废料不再是呈现一片片能分离的状态，而是融结成一根条状物的状态向下排出。当刃口设计成有透空台阶孔时，脱离有效刃口壁约束的条状物废料，在扩大的台阶孔内就有了弯曲的空间，弯曲是因刃口壁四周的摩擦系数不同诱发的，而摩擦系数不同则是由冲头、凹模装配间隙不均匀、凹模刃口壁四周加工的光洁度不一致造成的，当条状废料的弯曲头部接触到扩大的台阶孔一侧后，单侧摩擦阻力就会使条状废料产生横向扭曲变形，进一步导致条状废料在阶梯孔内的镦粗变形，直至填满整个漏料孔。条状废料与漏料孔孔壁之间逐渐增大摩擦阻力，可以大到折断冲头、胀碎凹模的程度。图 4-163 所示为软性废料堵塞原因的示意图。

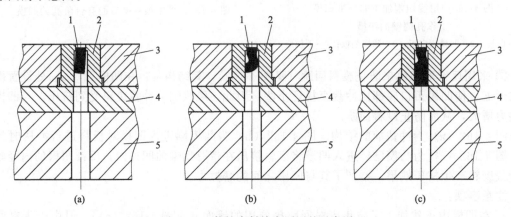

图 4-163　软性废料堵塞原因的示意图

1—废料；2—凹模；3—凹模固定板；4—凹模垫板；5—下模座

② 当冲压制件是磁性吸附材料时，凹模放大漏料台阶孔尺寸，也会使高速冲压下的冲孔废料受凹模刃磨后没有退尽磁性的磁性吸附力影响，在扩大的台阶孔中翻滚下落时被吸附到孔壁上，逐渐堆积起来形成在台阶孔内交错重叠的相互搁置现象，不断增大冲孔废料的横向作用力，累积与阶梯孔孔壁之间的摩擦力，最后影响冲孔废料的正常下落，导致整个落料孔堵塞。图 4-164 所示为磁性吸附材料造成落料孔堵塞原因的分解示意图。图 4-164（a）为冲切下的废料刚开始吸附在漏料台阶孔的孔壁上。图 4-164（b）为冲切下的废料局部堆积在漏料台阶孔的孔壁上，将要堵塞漏料台阶孔。图 4-164（c）为冲切下的废料完全堵在漏料台阶孔的孔壁上，它是经过图 4-164（a）、（b）的废料堆积后，当压力机再继续冲压就形成图 4-164（c）所示结果。

冲孔废料在台阶孔内产生如此之大的漏料摩擦阻力，其原因是某些特定材料在高速冲压中所产生的物理变化，一旦在漏料台阶孔中产生横向的作用力，与凹模孔壁逐渐增大摩擦阻力，这样的摩擦阻力可以成为阻止冲孔废料正常下落的原因。

因此，在设计高速多工位级进模时，首先要有是否会产生冲孔落料堵塞的忧患意识，要充分分析被冲压材料在高速冲压条件下的物理变化特性，慎重选择凹模刃口的设计形式。

(2) 防止凹模废料堵塞的方法

1）合理设计漏料孔

对于薄料的小孔冲裁（直径小于 1.5mm），废料堵塞是经常发生的，因为废料质量轻，又

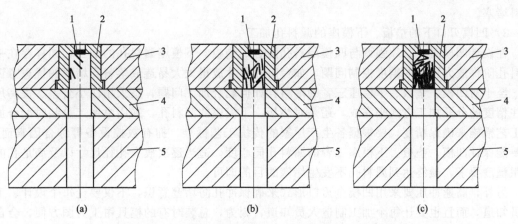

图 4-164　磁性吸附材料造成落料孔堵塞原因的分解示意图

1—废料；2—凹模；3—凹模固定板；4—凹模垫板；5—下模座

同润滑油粘在一起，容易把漏料孔堵塞。在不影响刃口重磨的前提下，应尽量减少凹模刃口高度 H，一般 H 取 $1\sim1.5\mathrm{mm}$，对于精密制件在刃口部加工成 $\theta=3'\sim10'$ 的锥角，漏料孔壁锥角 $\theta=1°\sim2°$，ϕD 比漏料孔锥角大端大 $1.5\sim2.0\mathrm{mm}$，D_1 比 D 大 $2\sim3\mathrm{mm}$，而且各孔中心要同轴，孔壁不能错位，如图 4-165 所示。

　　在侧冲孔时，必须有足够的漏废料空间，冲切下的废料是靠自重自由下落，如果横向空间受到限制，必须转换方向。图 4-166 所示是侧冲孔常用的几种漏料方式。图 4-166（a）是利用废料方向转换后与凹模孔垂直的顶料销的锥度部分把废料顶出凹模。图 4-166（b）是由垂直方向和水平方向混合漏料。图 4-166（c）是把转换后的漏料孔制成锥度。

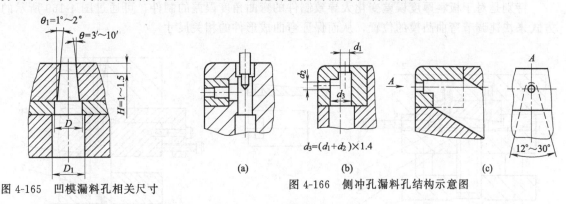

图 4-165　凹模漏料孔相关尺寸

$d_3=(d_1+d_2)\times1.4$

图 4-166　侧冲孔漏料孔结构示意图

　　如图 4-167 所示，当凹模孔比较集中时，可在下模座上开出集中斜漏料孔。斜漏料孔与底平面之间的夹角应大于 45°。斜滑面应光滑，以免影响废料排出。

　　2）压缩空气、真空泵或吸尘器吸附废料

　　利用压缩空气、吸尘器或真空泵吸附废料，既能防止废料回跳，又可以防止废料堵塞。

　　如图 4-153 所示，在凹模刃口里的废料下方注入压缩空气形成负压，将废料吸下去，使冲切下的废料能顺畅地从漏料孔中利用压缩空气吹吸下去。

　　图 4-156 所示为真空泵或吸尘器吸附废料。由于在真空泵或吸尘器的作用，废料下方产生一个负压，可以抵消上方的负压，使废料易于从凹模中脱落，可以防止

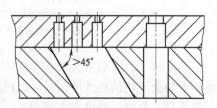

图 4-167　下模座上开斜漏料孔
的结构示意图

废料堵塞。

　　3）凹模刃口下的垫板、下模座的漏料孔加工

　　在设计凹模时，必须强调与凹模漏料孔配合的垫板、下模座漏料孔的加工，同样存在一个漏料孔阶梯放大尺寸的精度控制问题，如台阶孔尺寸放得太大易造成落料孔堵塞的忧患意识。

　　至于对凹模、垫板、下模座三者的落料孔如何配合加工问题，是采用注小公差、提高尺寸标注精度的分开加工方式来完成，还是对垫板、下模座的漏料孔，采用由钳工总装时配合加工的工艺措施来确保精度，要根据各生产厂家的传统工艺标准、拥有数控设备等综合因素而定，只要能保证凹模、垫板、下模座三者的漏料孔同心度，适当逐次放大孔径尺寸以及满足孔的加工粗糙度要求，最终达到漏料孔不发生堵塞的目的即可。

　　另外，高速冲压要采用凹模全刃口形式来确保冲孔防堵塞意识，不仅要让每个设计、工艺人员知道，而且也要让每个加工制造人员知道，因为，总装时有的模具钳工为图方便，会自作主张扩大垫板、下模座的漏料台阶孔尺寸，这就会增加诱发漏料孔堵塞的可能性。

4.10　微调机构设计

　　在多工位级进模中，对于弯曲、压印、拉深成形等制件要求高的，可以设置微调装置调整相关尺寸；对于弯曲工位间隙的大小，有时也需要用微调机构来调整。因此微调装置在多工位级进模中是必不可少的一个机构。

　　图4-168所示为通过旋转调节螺钉推动斜楔即可调整凸模伸出或缩进的长度，当调节结束后拧紧螺母即可稳定的冲压加工。

　　特别是对于板料厚度误差变化大导致制件的弯曲角度误差的制件，可通过图4-169所示的方式来快速调节弯曲凸模的位置，从而保证弯曲成形件的相关尺寸。

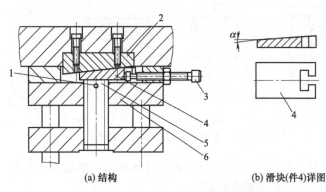

（a）结构　　　　　（b）滑块（件4）详图

图4-168　通过旋转调节螺钉推动
斜楔微调机构（一）
1—圆柱销；2—垫板；3—调整螺钉；4—调整斜楔；
5—凸模；6—固定板

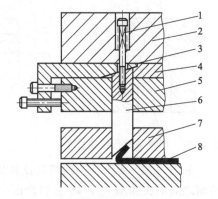

图4-169　通过旋转调节螺钉推动
斜楔微调机构（二）
1—卸料螺钉；2—上模座；3—调整斜楔；4—垫板；
5—固定板；6—弯曲凸模；7—卸料板；8—制件

　　图4-170（a）所示为调节弯曲度的微调机构。利用此机构在图4-170（b）所示冲裁后的坯料上两处不同的地点压印，可以校正因冲裁而引起带料的弯曲变形。当制件向下弯曲时，在A处压印；反之，制件向上弯曲时，在B处压印，以消除不同的弯曲。工作时，拧紧调节螺钉5，滑块（由斜度方向不同的调整斜楔2、4通过圆柱销固定在一起）右移，压印凸模7上升压印，此时压印凸模6不起作用，并在卸料板的作用下复位。当松开调节螺钉5时，滑块左

移，压印凸模 6 上升压印，压印凸模 7 此时不起作用。

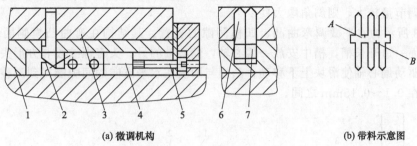

(a) 微调机构　　　　　　　　　　　　(b) 带料示意图

图 4-170　微调压印凸点

1—垫板；2,4—调整斜楔；3—下模板；5—调节螺钉；6,7—凸模

图 4-171 所示为常用的调节制件扇面变形的机构。它是通过调整凸模 2 的升出高度和所处位置来克服相关缺陷。当冲压的带料发现如图 4-171（a）所示的扇面缺陷时，松开锁紧螺钉 6，将调整螺钉 7 向内拧，调整斜楔 5 则被推向内，调整凸模 2 在斜面作用下上浮，上端的梯形凸台作用在带料的外侧，带料被压迫由内扇面向外"伸展"，达到调整目的。如图中放大图 B 所示，调整凸模 2 的底部为对称斜面，而上面的梯形凸台为偏心位置（见放大图 A）。所以带料扇面方向与图 4-171（a）所示相反时，可将调整凸模 2 反向，梯形凸台作用在带料内侧，迫使带料向内"靠拢"。

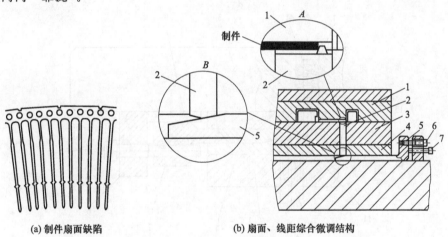

(a) 制件扇面缺陷　　　　　(b) 扇面、线距综合微调结构

图 4-171　微调扇面修正机构

1—卸料板；2—调整凸模；3—下模板；4—垫板；5—调整斜楔；6—锁紧螺钉；7—调整螺钉

图 4-172 所示为多凸模同时被微调的机构。图示为凸模最低的位置，通过调节螺钉 1 的调

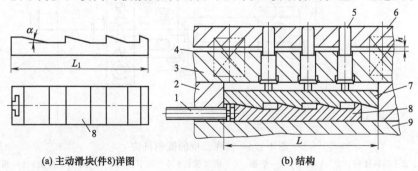

(a) 主动滑块(件8)详图　　　　　　　(b) 结构

图 4-172　微调等高多凸模

1—调节螺钉；2—垫板；3—下模固定板；4—弹簧；5—拉深凸模；6—卸料板；7—从动滑块；8—主动滑块；9—下模座

节，在两滑块 7、8 的作用下，拉深凸模 5 作微量的上升。根据设计需要确定滑块斜度大小。如凸模往上调节量较大，则斜角取大些。

图 4-173 所示为水平微调弯曲凸、凹模间隙的装置。其结构在弯曲凸模侧面装一斜面滑块，滑块斜面一边开长槽，槽中安放一偏心轴，偏心轴的另一头有螺纹段和方形头，当需要调节间隙时，驱动偏心轴使滑块上下移动，凸模与凹模在水平方向的间隙能得到调整。图示中的调节量一般在 0.1～0.15mm 之间。

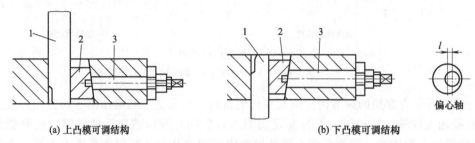

(a) 上凸模可调结构　　　　　　(b) 下凸模可调结构

图 4-173　水平微调装置
1—弯曲凸模；2—调整斜楔；3—偏心轴

图 4-174 所示为拉深凸模的微调机构。调整过程为：首先松动固定在斜楔连接块的紧固螺

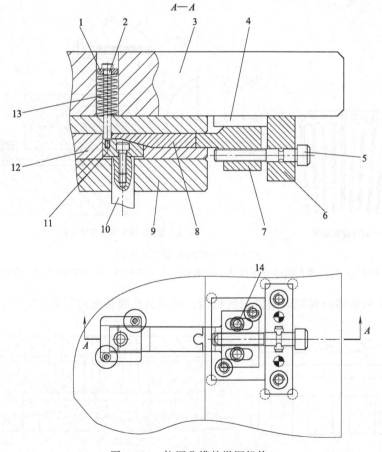

图 4-174　拉深凸模的微调机构
1—垫圈；2—卸料螺钉；3—上模座；4—垫板；5—调节螺钉；6—调节挡块；7—斜楔连接块；8—调整斜楔；
9—凸模固定板；10—凸模；11—微调凸模固定块；12—凸模固定板垫板；13—弹簧；14—锁紧螺钉

钉 14，用内六角扳手调整调节螺钉 5，利用调节螺钉 5 的左右旋转带动斜楔连接块 7 及调整斜楔 8 内外移动，再带动凸模 10 伸出或缩进。当凸模高度调整完毕时，再拧紧锁紧螺钉 14 固定斜楔连接块 7 即可。该结构微调凸模固定块 11 在弹簧 13 的弹力下，始终紧贴调整斜楔 8，使凸模 10 在冲压中不会上下松动。

4.11　斜楔、滑块、侧向冲压与倒冲机构

　　冲压模具的动作一般是垂直方向。当制件形状复杂，加工方向要求为水平方向或倾斜方向时，要采用斜楔装置，典型结构如图 4-175 所示。斜楔一般装在上模，滑块装在下模。斜楔装置的主要零件是斜楔 3 和滑块 4，常配对使用。斜楔一般装在上模内，滑块装于下模内，但也有斜楔同滑块都装在上模上。其工作原理是：通过压力机的滑块垂直向下运动，由模具上的斜楔驱动与模具上的滑块（结合面为斜面，斜角为 α）变成水平运动，甚至也可以逆冲压方向运动来实现对制件进行侧向冲压（冲孔、冲切、成形、压包、压筋等）、抽芯和实现自动送料等。动作结束后，模具回程上升，滑块 4 借助弹簧 1 复位。

　　斜楔与滑块在运动中，斜楔永远是主动件，滑块是被动件，其结合面为斜面，因此滑块又称斜滑块。只有利用它们之间的斜面、斜角关系，才可以改变运动方向和行程的大小。

　　斜楔和滑块装置的应用，扩大了冲模的使用范围，特别是在大型汽车零部件的多工位级进模中冲孔、成形时，切边等工位上侧冲机构是唯一的选择。

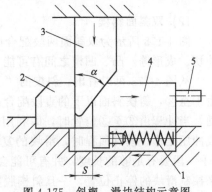

图 4-175　斜楔、滑块结构示意图
1—弹簧；2—挡块；3—斜楔；
4—滑块；5—凸模

4.11.1　斜楔、滑块的分类

　　侧向冲压运动是由斜楔和滑块来实现的。侧向冲压运动的斜楔可分为单斜面、双斜面和复合斜面，常用的主要为单斜面和双斜面两大类。按斜楔与滑块的传动配合面可分为一段配合面、两段配合面和三段配合面，在单斜面的斜楔中分为一段配合面和两段配合面；在双斜面斜楔中分为两段配合面和三段配合面。每段配合面的作用分别称为导向限位段、冲击运动段（驱动段）和冲压间歇段。

(1) 单斜面斜楔

　　图 4-176 所示为单斜面一段配合面斜楔，此结构最为常用，是由斜楔垂直运动转换为滑块的水平运动。适用于一般侧向冲裁、弯曲和成形等。由于该滑块常采用弹簧复位，因此需设置限位挡块，用于限制滑块的复位位置和抵消斜楔的侧向分力。单斜面斜楔的一段配合面"Ⅰ"为冲击运动段（见图 4-176），图中斜楔的斜面自接触滑块为位置②开始至下死点位置③止，滑块移动距离为 s。

$$s < b$$

　　图 4-177 所示为单斜面两段配合面斜楔，此结构在冲压过程中需有间歇阶段的侧向运动，如侧向成形、抽芯等。间歇的长短即延时段由 L 长短来控制。单斜面两段配合面斜楔"Ⅰ"段为冲击运动段。图中自斜楔接触滑块的位置②开始至斜楔运动到位置③，滑块侧向移动距离为 s。斜楔继续向下运动，即进入"Ⅱ"段为冲压间歇段，此时的滑块处于停止不动状态，斜楔位置由③至④，到了冲程的下死点位置，共走了 L 长度。回程时，斜楔由④回到③，滑块

依然保持不动，结束"Ⅱ"段的配合。继续回程，斜楔位置由③至②到①，滑块在弹簧力的作用下复位。

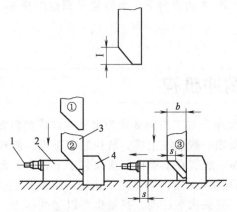

图 4-176　单斜面一段配合面斜楔、滑块运动图
1—凸模；2—滑块；3—斜楔；4—挡块

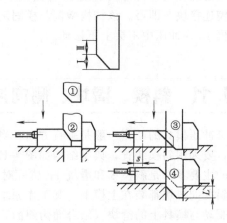

图 4-177　单斜面两段配合面斜楔、滑块运动图

(2) 双斜面斜楔

图 4-178 所示为双斜面两段配合面斜楔，此结构适用于冲裁力、卸料力较大的侧向冲裁、冲切、成形等。凸、凹模之间有可能卡在侧向弯曲成形加工，并要求滑块往返位置正确。

从图 4-178 可以看出，斜楔的"Ⅰ"段为导向位置段，即自冲程开始到两斜面接触之前，由①至②，斜楔斜面以下的直段配合面与滑块以下的直面接触这一段，限制滑块在原来位置不动，当冲程由②至③位置时，即利用斜楔的斜面"Ⅱ"段（驱动段），使滑块移动距离 s，完成冲压工作。模具回程时，滑块的复位利用斜楔的另一侧斜面靠机械力完成。此结构应注意"Ⅰ"段要有足够的长度，并有可能会伸入压力机工作台孔内。由于复位是靠斜楔伸长的位置来控制滑块的停止位置，一旦斜楔脱离滑块，滑块的复位位置有可能变动，当模具再次冲压，在斜楔向下运动时，会导致斜楔同滑块相碰撞，损坏模具。

图 4-179 所示为双斜面三段配合面斜楔，此结构比较适合较大抽芯力的冲压。图中斜楔的"Ⅰ""Ⅱ"段与双斜面两段配合面斜楔的内容相同，由位置③至④为第"Ⅲ"段，属于冲压间歇段，其作用与单斜面两段配合面斜楔的"Ⅱ"段效果一样。应注意的是图中 m 值第"Ⅲ"段应与第"Ⅰ"段相同，$m < m_0$、$n < n_0$ 两者之间的间隙与图 4-178 相同。

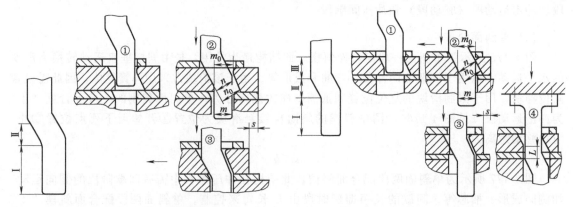

注：图中 $m < m_0$、$n < n_0$ 两者间略有 0.1～0.25mm 的间隙即可。

图 4-178　双斜面两段配合面斜楔

图 4-179　双斜面三段配合面斜楔

4.11.2 侧向冲压斜楔与滑块的设计要点

(1) 斜楔、滑块的尺寸设计要点

① 斜楔的有效行程 s_1 应大于滑块行程 s，即 $s_1 > s$。滑块作水平运动的斜楔角度 α 一般可取 40°。

② 滑块的长度尺寸 L_2 应保证当斜楔开始推动滑块时，推力的合力作用线处于滑块长度之内，如图 4-180 所示。

③ 合理的滑块高度 H_2 应小于滑块的长度 L_2，它们之间的关系一般取 $L_2 : H_2 = (2\sim1) : 1$。

④ 为了保证滑块运动的平稳，滑块的宽度 B_2 一般应小于或等于滑块长度的 2.5 倍。

⑤ 斜楔尺寸 H_1、L_1 基本上可按不同的模具结构要求进行设计，但必须有可靠的挡块，以保证斜楔正常工作。

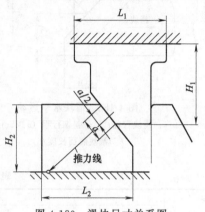

图 4-180 滑块尺寸关系图

(2) 斜楔的设计

1) 斜楔的受力分析

斜楔与滑块斜面接触状态下的受力情况如图 4-181 和图 4-182 所示。

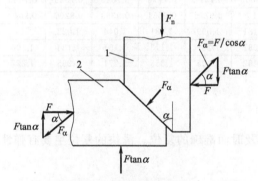

图 4-181 滑块水平运动受力图

1—斜楔；2—滑块

F—冲裁力；F_α—楔块接触面的正压力，$F_\alpha = F/\cos\alpha$，

α—斜楔角度；F_n—压力机滑块垂直压力，$F_n = F/\sin\alpha\cos\alpha$

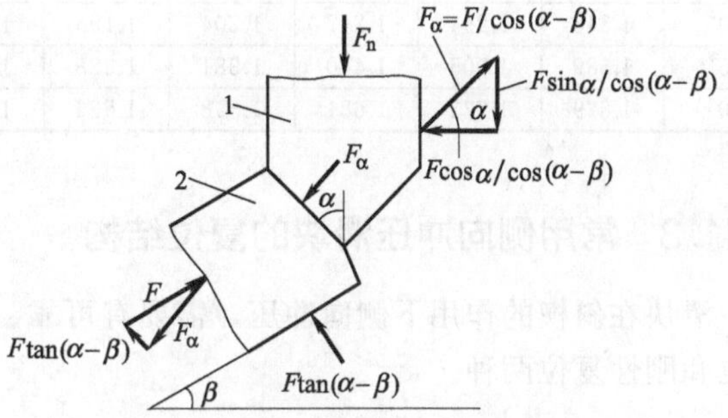

图 4-182 滑块倾斜运动受力图

1—斜楔；2—滑块；F—冲裁力；α—斜楔角度；β—滑块倾斜角度；

F_α—楔块接触面的正压力，$F_\alpha = F/\cos(\alpha-\beta)$；

F_n—压力机滑块垂直压力，$F_n = F/\sin\alpha\cos(\alpha-\beta)$

2) 斜楔的角度与尺寸

① 滑块水平运动。斜楔角度 α 一般取 40°，为了增大行程 s，可取 45°、50°，在行程要求很大，又受到结构限制的特殊情况下，可取 55°或 60°。滑块水平运动如图 4-183 所示。α 与 s/s_1 的关系如表 4-22 所示。

表 4-22 α 与 s/s_1 的关系

α	30°	40°	45°	50°	55°	60°
s/s_1	0.5773	0.8391	1	1.1917	1.4281	1.732

② 滑块倾斜运动。斜楔角度 α 一般取 45°；为了增大行程 s，可取 50°、60°；在行程要求很大，又受到结构限制的特殊情况下，可取 65°或 70°，但需使 $90° - \alpha + \beta \geqslant 45°$，滑块行程 s 与斜楔行程 s_1 的比值为 $s/s_1 = \sin\alpha/\cos(\alpha-\beta)$。滑块倾斜运动如图 4-184 所示。$\alpha$ 和 β 与 s/s_1 的

关系如表 4-23 所示。

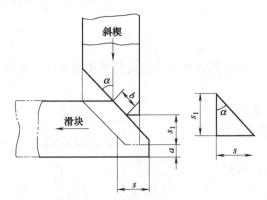

图 4-183　滑块水平运动

s—滑块行程；s_1—斜楔行程（$a>5$mm；
$b\geqslant$滑块斜面长度/5）

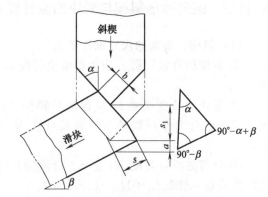

图 4-184　滑块倾斜运动

s—滑块行程；s_1—斜楔行程（$a>5$mm；
$b\geqslant$滑块斜面长度/5）

表 4-23　α 和 β 与 s/s_1 的关系

α	β										
	10°	12°	14°	16°	18°	20°	22°	24°	26°	28°	30°
	s/s_1										
45°	0.8635	0.8432	0.8244	0.8091	0.7886	0.7806	0.7680	0.7570	0.7479	0.7396	0.7321
50°	1	0.8865	0.8636	0.8425	0.8237	0.8065	0.7911	0.7776	0.7645	0.7536	0.7435
55°	1.158	1.120	1.085	1.030	1.026	1	0.9775	0.9551	0.9363	0.9200	0.9042
60°	1.348	1.294	1.247	1.204	1.165	1.131	1.099	1.081	1.044	1.022	1
65°	1.589	1.505	1.440	1.381	1.328	1.281	1.239	1.173	1.151	1.134	1.106
70°	1.879	1.773	1.681	1.598	1.526	1.462	1.405	1.353	1.271	1.265	1.227

4.11.3　常用侧向冲压滑块的复位结构

滑块在斜楔的作用下侧向冲压，需要有可靠、及时而准确的复位。滑块的复位主要有弹性复位和刚性复位两种。

(1) 弹性复位

弹性复位一般采用弹簧力复位。如图 4-185（a）所示，该结构设置在模具内，因空间有限，一般只能使用较小的弹簧。因此复位力也较小。该装置适用于侧向冲压移动距离 s 较小的中、小型模具。

如图 4-185（b）所示，该结构设置在模具冲压区外，因空间较大，也可以使用较大力矩的弹簧，因此复位力也较大。该装置适用于侧向冲压移动距离 s 较大的模具。

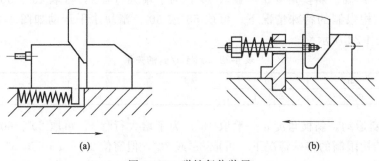

(a)　　　　　　　　　　　　　　　　(b)

图 4-185　弹性复位装置

(2) 刚性复位

刚性复位为机械复位,一般是通过斜楔对滑块作往复力的传递来实现。如图 4-186 所示,该模具的结构是:在冲压结束后,模具回程时,利用斜楔自身的作用使滑块复位。图 4-186 (a) 所示为结构刚性较好,动作可靠,但磨损较大。图 4-186 (b) 所示为结构以滚轮代替斜面,运动时为点、线接触,磨损小,但刚性差,比较适合于小型模具。

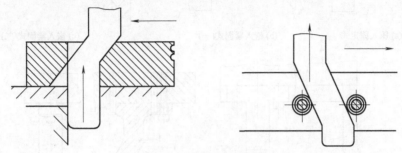

图 4-186　刚性复位装置

当模具侧向冲压工作零件在对冲压件弯曲时,会受到厚料的偏差、模具制造累积误差以及弯曲成形工艺的影响,导致凸、凹模局部干涉,在这种情况下,采用刚性复位较为可靠。因为刚性复位机构兼有侧向冲压和复位双重功能。

4.11.4　斜楔、滑块与侧向冲压凸模的安装

(1) 斜楔安装

安装斜楔时要牢固可靠、便于调整。绝不允许在使用中出现松动现象。也要防止侧向力对它的影响。斜楔的安装固定方法有多种,常用的安装形式有压入固定式、嵌入紧固式和叠装压紧式 3 种,如图 4-187 所示。

1) 压入固定式

如图 4-187 (a) 所示,采用过盈配合 (如 H7/u6、H7/r6、或 H8/s7 等) 将斜楔直接压入固定到上模固定板内。其特点是装配牢固,加工、安装方便,但调整、修理较困难。

2) 嵌入紧固式

如图 4-187 (b)、(c) 所示,一般在上模座或固定板上精铣出与斜楔固定部分宽度一样大小的槽,然后将斜楔轻轻压入,再用螺钉紧固,必要时加圆柱销定位。由于斜楔有两个面与上模座或固定板结合,又在水平、垂直两个方向与上模板固定,因此装配后十分可靠,拆装调整也方便。一般适合于侧向推力比较大的模具。

3) 叠装压紧式

如图 4-187 (d)、(e) 所示,它在斜楔的安装部分加工出比较大的安装面,然后这部分直接与上模座接触,一般采用螺钉、销钉固定,对于侧向力较大的,也可以采用键、螺钉固定。由于它的刚性好、安装方便、牢固、可靠,故在双斜面斜楔常采用此种固定方法。其缺点是叠装式斜楔制造比较繁琐。

(2) 滑块安装

对于滑块,要求其运动灵活、稳定可靠。滑块和导轨之间的配合间隙一般取 H7/f6,当侧向冲压精度要求较高时,滑块和导轨之间的配合间隙应取 H7/h6 或 H8/h7。滑块导向长度 L 与滑块宽度 B 一般取 $L:B=(2\sim2.5):1$。

滑块与下模座或凹模垫板之间的配合要耐磨,有资料介绍,当滑块的滑动面单位面积上的

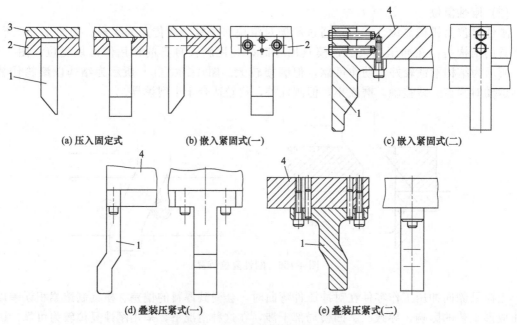

图 4-187　斜楔的安装固定结构形式
1—斜楔；2—固定板；3—上垫板；4—上模座

压应力超过 50MPa 时，应设置防耐磨板，以提高模具的使用寿命。对于小型的滑块，通常将滑块进行整体淬火处理。滑块与斜楔配合部分一般是靠斜面接触，为了减少摩擦和能量的损耗，可在滑块斜面部位装有轴承或滚轮，将斜楔与滑块之间的滑动摩擦改为滚动摩擦，可采用图 4-188（b）、4-188（d）所示结构，但轴承或滚轮和滚轮轴的工作强度必须校核，保证可靠。

　　侧向冲压滑块的导向主要有侧面导板和压板加导向座两种形式，如图 4-188 所示。图 4-188（a）、（b）所示为滑块 1 在左右侧导板 3 兼压板的导向配合下工作的常用结构。滑块 1 与下模接触面之间设有淬硬的耐磨垫板 5。在使用中，为减小摩擦阻力、减小磨损，在滑块底面可加工出"空刀"［见图 4-188（b）］或菱形刀槽（图中未画出）。

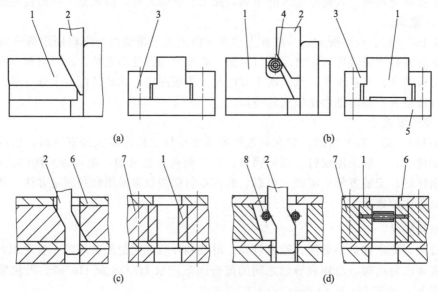

图 4-188　侧向冲压滑块的导向与安装
1—滑块；2—斜楔；3—侧导板；4—滚轮轴承；5—垫板；6—压板；7—滑块导向座；8—滚轮

图 4-188（c）、（d）所示为滑块 1 在滑块导向座 7 内导向配合的结构形式。此结构采用延时配合的斜楔、滑块结构，以保证结构强度和导向精度。

（3）侧向冲压凸模、凹模的安装

侧向冲压的凸模、凹模安装方法有多种，它根据凸模的结构不同，选用的安装方法也不同。常用的凸模、凹模安装方法如下。

1）侧向冲压凸模的安装

图 4-189 所示为侧向冲压凸模与滑块安装形式。图 4-189（a）、（b）适用于成形凸模，其余适用于冲孔凸模。

图 4-189（a）为整体滑块结构，将成形凸模与滑块组合成一体，该结构简单。图 4-189（b）所示为组合式结构，将成形凸模部分单独加工成一块，然后与滑块固定在一起，此结构加工、调整与维修方便。图 4-189（c）～（h）所示为快换凸模结构，凸模分别采用锁紧螺母和止紧螺钉加螺母止转等结构。一般情况下适用于圆形凸模的安装。图 4-189（i）～（k）所示为异形凸模采用局部固定板或小固定板与滑块的组合结构形式。

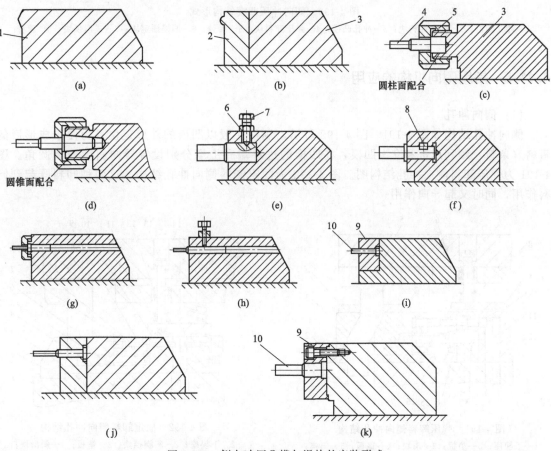

图 4-189　侧向冲压凸模与滑块的安装形式

1—成形凸模兼滑块；2—成形凸模组合块；3—滑块；4—冲孔凸模；
5,6—螺母；7—止紧螺钉；8—键；9—固定板；10—异形凸模

2）侧向冲压凹模的安装

冲孔时，冲孔凹模常以镶块形式安装在凹模固定块的侧面，并以圆柱销定位，螺钉紧固，以便拆装和刃磨，如图 4-190（a）、（b）所示。冲孔的卸料结构形式，主要有固定卸料和弹压

卸料两种，图 4-190（a）所示为固定卸料板与凹模一起组合在下模垫板上。当制件材料较薄，孔的精度要求较高时，采用弹压卸料较为合理，如图 4-190（b）所示。

　　侧向成形时，成形凹模常以成形顶件的形式安装在凹模的固定块侧面上。为保证侧向成形精度，成形时，先将卸料板压紧工序件，直到工序件与凹模面贴紧时，再进行成形。成形结束，滑块复位，压料力消除后，工序件与凹模内的顶料机构一起顶出凹模平面。图 4-190（c）所示为成形顶块 7 兼凹模被压入凹模固定块 6 时的状态。

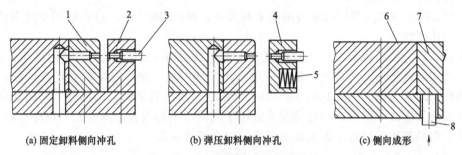

(a) 固定卸料侧向冲孔　　　　(b) 弹压卸料侧向冲孔　　　　(c) 侧向成形

图 4-190　侧向冲压凹模结构形式

1—冲孔凹模；2—固定卸料块；3—冲孔凸模；4—弹压卸料块；5—弹簧；6—凹模固定块；7—成形顶块；8—顶杆

4.11.5　常用侧向机构的应用

(1) 侧向冲孔

　　侧向冲孔结构如图 4-191、图 4-192 所示，制件一般以凹模的外形定位。为便于成形后的带料（条料）顺利送进和套上凹模，在凹模的进料端和上端分别设置导向斜度或倒圆角。图 4-191 为弹压卸料侧向冲孔结构图。图 4-192 为固定卸料侧向冲孔结构。这两种卸料既起到卸料作用，同时又起导向作用。

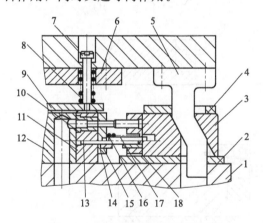

图 4-191　弹压卸料侧向冲孔结构

1—下模座；2—垫板；3—滑块；4—盖板；5—斜楔；
6—固定板；7,16—卸料螺钉；8,17—弹簧；
9,15—卸料板；10—凹模镶件；11—凹模固定板；
12—凹模座；13—小导柱；14—小导套；18—凸模固定板

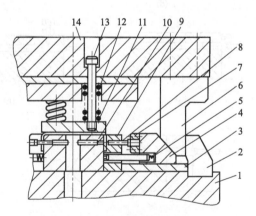

图 4-192　固定卸料侧向冲孔结构

1—下模座；2—斜楔挡块；3—垫板；4—斜滑块；
5,12—弹簧；6—斜楔；7—凸模固定板；
8—凸模；9,11—卸料板；10—凹模；
13—卸料螺钉；14—上模座

(2) 侧向弯曲冲压

　　图 4-193 为对称双向卷圆的结构，当压力机行程到达下死点时，斜楔推动斜滑块使制件卷圆。上模上行，弹性复位，制件随带料（条料）浮顶器的推顶而浮离下模面，以便带料（条

料）顺利送进。

图 4-194 所示为多工位级进模常见的弯曲、切断复合工艺。该工艺的冲压动作是：弯曲成形与切断是同时进行的，上模上行，利用顶杆 11 将制件顶出下模面，再利用压缩空气吹出即可。

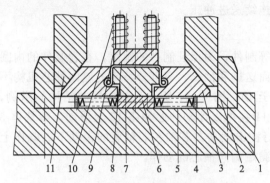

图 4-193　对称双向卷圆的结构

1—下模座；2—斜楔挡块；3—带成形滑块；4—芯柱；
5,10—弹簧；6—垫板；7—凹模镶件；
8—卸料板；9—卸料螺钉；11—斜楔

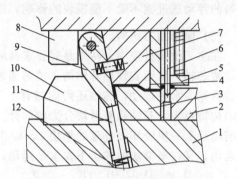

图 4-194　弯曲、切断复合工艺结构

1—下模座；2—切断凹模；3—弯曲凹模；4—切断凸模；
5—卸料板；6—导正销；7—弯曲凸模；8—挡块；
9—弯曲成形摆动凸模；10—斜楔；11—顶杆；12—弹簧

图 4-195 为斜楔机构弯曲成形，在多工位级进模中，为使模具结构紧凑，通常将斜楔和滑块安装在卸料板内。上模下行，滑块 9 首先将工序件压在下模顶块 4 上，由于下模顶块 4 下的弹簧力大于滑块 9 的弹簧力，卸料板 13 上的弹簧力又大于下模顶块 4 下的弹簧力，因此，使运动有节奏地进行。当滑块 9 与顶块 4 接触后，滑块 9 首先随着轨道向上回升，并在斜楔 8 作用下作侧向运动。当滑块 9 与 A 面接触时，侧向运动停止。上模继续下行，顶块 4 被压下，这时，带料（条料）上的工序件开始实现斜楔机构弯曲工作。

图 4-196 所示为侧向对称弯曲成形结构，从图中可以看出，该结构采用斜楔挤压摆块 16 进行弯曲，下模以滑动模块 14 加强整形，由一对复合斜楔 13 先后带动上述两部分工作。其工作过程为：首先上模型芯 12 在弹簧力的作用下将制件压在下模滑动模块 14 上，并对制件的上

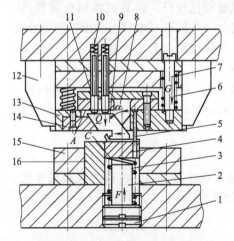

图 4-195　斜楔机构弯曲成形

1—螺塞；2—弹簧芯柱；3,6,10—弹簧；
4—顶块；5—导正销；7—卸料螺钉；8—斜楔；
9—滑块；11—顶杆；12—导向块；13—卸料板；
14—卸料板镶件；15—下模板；16—弯曲凹模

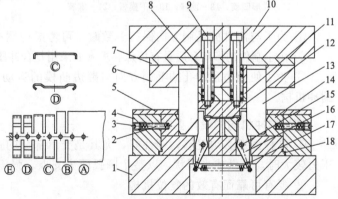

图 4-196　侧向对称弯曲成形结构

1—下模座；2,8,17—弹簧；3—螺塞；4—挡块；5—盖板；
6—固定板；7—固定板垫板；9—卸料螺钉；10—上模座；11—墩压垫块；
12—上模型芯；13—斜楔；14—滑动模块；15—小轴；
16—摆块；18—支承板

表面进行预压。随着上模继续下行，带复合形面斜楔 13 的外斜面首先冲击滑动模块 14 向两外侧移动到指定的位置。接着斜楔 13 的内斜面又挤压两个摆块 16 向中心摆动，将制件挤压内收 45°弯曲成形。此时上模型芯 12 在墩压垫块 11 的墩压下对制件上面进行整形加工。上模回程，摆块在弹簧 17 的作用下立即复位，随之滑动模块 14 也在弹簧 2 的推力下两件合并复位，这样带料的浮动送进就不受下模模块的影响，以保持连续送进冲压。

(3) 侧向抽芯结构

在多工位级进模中，特别是对要求高的卷圆等制件，为保证制件的圆度，在卷圆件的内圆中设置芯轴，从而实现抽芯结构，抽芯通常从侧面送进和抽出。有部分特殊的侧向抽芯机构不仅要有侧向水平运动，芯轴还需同时有上下升降运动。图 4-197 所示为侧向抽芯结构的示例，其结构特点为：芯轴和斜滑块分为两部分。芯轴 11 在可以浮动的芯轴座 13 上滑动，滑块体 3 的前端装上一块经淬火处理的垫块 7，对芯轴进行冲击运动。芯轴在芯轴座的带动下，既作上下运动，又在斜滑块的冲击下作水平运动，从而满足侧向抽芯的动作。

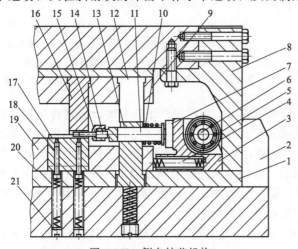

图 4-197　侧向抽芯机构

1—垫板；2—挡块；3—滑块体；4,10,20—弹簧；5—轴承；
6—轴；7—垫块；8—斜楔；9—固定板；11,14—芯轴；
12—压块；13—芯轴座；15—螺母；16—成形上模；
17—成形凹模；18—顶杆；19—下模板；21—螺塞

4.11.6　倒冲机构

常规的冲压过程是凸模由上向下冲压，倒冲正好相反，即整个冲压过程是凸模由下向上冲压。

倒冲一般通过主动杆（打杆）、从动杆、杠杆、弹簧等实现其动作，也可以采用两段斜楔、滑块机构来改变运动方向，实现倒冲。

(1) 合理应用

倒冲是多工位级进模中特殊的冲压机构。因不同于常规的冲压机构，使模具结构变得较复杂，加工、装配和调整，相对来说要求比较严，模具成本因此而较高，故对制件有特殊要求时才考虑采用侧冲机构，具体包括以下几种情况。

① 为了与制件的毛刺方向保持一致时，可考虑用倒冲。

② 由于制件的形状和质量有特殊要求（如采用复合冲压）时，某个局部工序件采用倒冲机构。

③ 为了使翻边预冲孔的毛刺方向与翻边凸模的运动方向相反，则翻边预冲孔应考虑采用倒冲机构。

(2) 倒冲机构的设计要求

① 杠杆强度必须足够，刚性好，尤其是支承部分的强度应绝对可靠，杠杆一般做成棱状。压力较大时，可做成半圆状，以整个圆弧面为支点，强度好。

② 要有可靠而有效的复位机构。

③ 倒冲凸模应有良好的导向。

④ 倒冲机构应便于维修、更换和安装。

(3) 倒冲机构应用示例

1) 棱形杠杆倒冲结构

① 如图 4-198 所示，在正向弯曲的同时，制件底部中间有一个倒冲向上切口。模具采用

杠杆式倒冲机构。梭形杠杆 13 安装在下模座内，它由刚性支架 14 支撑。主动杆 10 安装在上模内，从动杆装入下模垫板 4 内，为增加导向长度设有导向杆 12。冲切凸模 7 与护套 8 之间为圆柱面滑动配合，对冲切凸模起着导向作用。冲切凸模的工作端为长方形斜面冲切刀刃，其方向由凹模上端的长方孔决定。凸模 7 与杠杆 13 通过轴套 2 与轴 3 连接。轴套与轴成动配合。

倒冲后的凸模复位靠压缩弹簧 5 来实现。弹簧力必需足够大，需做到冲压一结束，就立即复位。

值得注意的是：两个转动轴的配合间隙不能过大，如过大了，冲压时会有间歇性振动。一般为 H8/h7 配合。凸模与导向套之间

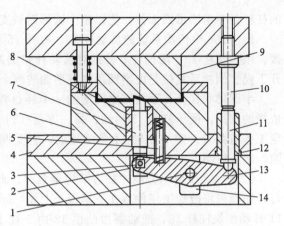

图 4-198　梭形杠杆倒冲结构
1,3—轴；2—轴套；4—垫板；5—弹簧；6—凹模；
7—凸模；8—护套；9—上模；10—主动杆；11—从动杆；
12—导向杆；13—梭形杠杆；14—支架

的动配合间隙大小与冲裁间隙有关，正常冲裁间隙时，凸模与导向套之间取 H7/h6 配合；小间隙冲裁时，取 H6/h5 配合。

② 图 4-199（a）所示为底部 45°倒冲切口成形的外壳。图 4-199（b）所示为采用杠杆倒冲成形机构。动作原理与前面介绍的示例一样。

本结构主要特点是：切口压弯凹模 1 是卸料板上的镶件，扩大了卸料板的功能；根据制件的特点，切弯凸模 2 与凹模中心线成 45°固定在滑块 3 上，凸模的切入深度可以在不拆卸模具的情况下，由模具外面的调节螺杆 5 进行调节，使用方便，能更好地控制制件的质量；滑块 3 的复位主要靠拉簧实现；在卸料板与固定板之间附加垫板，模具闭合状态下处在压死情况，对保证制件底部的切弯质量有较好效果。

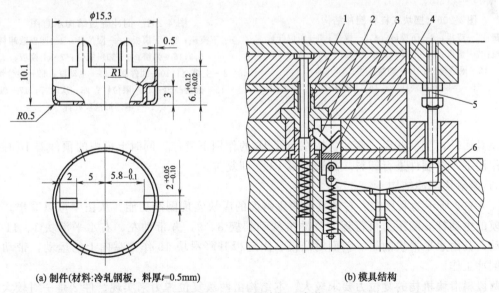

(a) 制件(材料:冷轧钢板，料厚t=0.5mm)　　　　(b) 模具结构

图 4-199　45°倒冲切口成形
1—切口压弯凹模；2—凸模；3—滑块；4—卸料板；5—调节螺杆；6—杠杆

2）摆块式杠杆倒冲结构

① 图 4-200 所示为半圆形状摆块式杠杆倒冲结构。基本原理与图 4-198 所示相同。但这里

的杠杆是个半圆形四面体，它以整个圆形面做支承，这样强度大、使用效果好。

图 4-200 中传动系统的从动杆 11、杠杆 15 和倒冲凸模 6 三者之间为刚性接触，无机械连接。限位螺柱 12、限位杆 5 分别对从动杆和倒冲凸模进行限位保险，并防止其受冲击弹跳离开下模。倒冲后复位是由半圆形杠杆两侧的两个拉簧实现。倒冲凸模只是靠其自重复位。

半圆形状杠杆与下模座之间增加一个经过淬火处理的凹圆弧垫板 16，一方面起到支承或依托的作用，便于杠杆 15 活动；另一方面有利于防止圆弧杠杆在冲压过程中上下窜动，对稳定工作有好处。定心小轴 14 是浮动的，它受调整压块 13 的压力控制与半圆形杠杆的配合间隙，防止窜动。

② 图 4-201 所示为倒冲翻边结构示意图。此结构翻边凹模兼卸料板 4 是活动的。上模下行，凹模先将被加工坯件压在下模板 2 上面，同时凹模 4 在上模下行过程中也被压缩，主动杆 11 打动摆块杠杆 18，推动翻边凸模 13 由下往上进行倒冲翻边，当模具到下死点时，翻边结束，凹模 4 在限位块 12 的作用下对冲件可进行镦压整形。

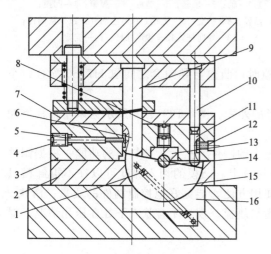

图 4-200　摆块式杠杆倒冲结构

1—拉簧；2—垫板；3—下模体；4,8—螺塞；5—限位杆；
6—凸模；7—盖板；9—上模；10—主动杆；11—从动杆；
12—限位螺柱；13—调整压块；14—轴；
15—半圆形摆块杠杆；16—圆弧垫板

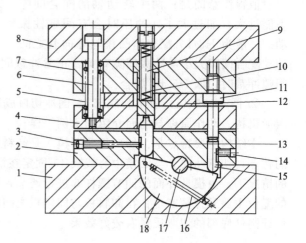

图 4-201　倒冲翻边结构示意图

1—下模座；2—下模板；3—限位杆；4—凹模兼卸料板；
5,9,16—弹簧；6—卸料螺钉；7—上模板；
8—上模座；10—顶件器；11—主动杆；12—限位块；
13—翻边凸模；14—限位钉；15—从动杆；17—轴；
18—半圆形摆块杠杆

模具回升，上模开启，侧冲机构在弹簧 16 的作用下复位。同时上模中的顶件器 10 在弹簧力的作用下，对制件进行卸料，翻边凸模 13 立即复位。

3）斜滑块倒冲结构

图 4-202 所示为利用左、右各具有两段斜面的滑块实现倒冲功能。从图中可以看出，安装在上模的主动杆 8 随压力机行程下降冲击从动斜楔 3、9，并带动左、右水平滑块 1、11 作水平运动，又由水平滑块的另一斜面对凸模、固定板升降滑块 10 作推举向上的运动，带动凸模进行倒冲工作。

两段斜滑块机构的复位力要求较大。本结构由两级复位弹力来实现。件 2 是一对较大的弹簧，使水平滑块立即恢复原位；件 4 是一组橡胶（也可用一组小弹簧），使凸模固定板复位。

这组斜滑块的两级斜角为 α、β；斜楔 3、9 垂直行程为 A；斜滑块 1、11 的水平行程为 B；凸模固定板 10 提升行程为 C。

则 A、B、C 三者与 α、β 的关系是：

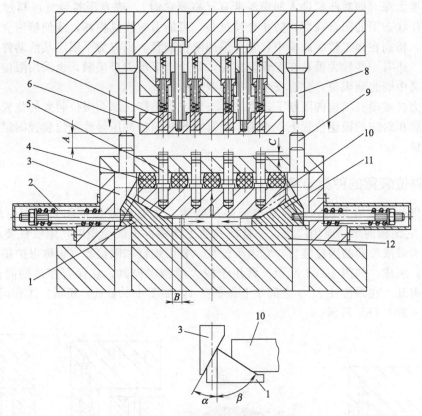

图 4-202　两段斜滑块推举倒冲结构

1,11—左、右滑块；2—复位弹簧；3,9—左、右从动斜楔；4—复位橡胶；5—凸模；
6—卸料板；7—顶件器；8—主动杆；10—凸模固定板兼升降滑块；12—垫板

$$B = A \tan\alpha$$

$$C = \frac{B}{\tan\beta}$$

所以

$$C = \frac{A \tan\alpha}{\tan\beta} = A \times \frac{\tan\alpha}{\tan\beta}$$

所以两段斜滑块机构推举倒冲，其倒冲凸模的行程距离 C，决定斜滑块的两级斜角 α、β 的大小和斜楔冲击行程 A 的距离。

两段斜滑块机构推举倒冲，两侧的 α、β 角必须一致，上下杆的长度必须相同，复位弹簧力必须相等，否则倒冲效果不好。该结构适宜用于一组同类倒冲冲压。

4.12　限位装置

4.12.1　限位装置的功能与应用

用于控制上下模合模后相对精确位置的结构称为限位装置。

限位装置在模具中，一般情况下，要求模具闭合高度精确度不高时，可以不设置，因为压力机的装模高度可以通过调节满足要求。但由于压力机闭合高度存在一定的误差，可能会造成凸模进入凹模太深（即对凸模进入凹模深度有严格要求时），或者压料装置压料过度，为了控制上下模工作状态下的闭合高度，防止合模过头，可能引起模具损坏，或使精密立体成形（如镦压）超差，特别在多工位级进模中，常要采用限位装置，也有为了限定某活动件的行程而使用限位装置。还有一些较大模具在保管存放时，防止上下模刃口接触，也采用限位装置。故限位装置在模具中既起到限位，又有安全保护的双重作用。

如在压力机或模具结构的限制下，需加上垫块或下垫脚，那么限位装置的位置应设置在上垫脚或下垫脚相对应的模座位置上。否则，模具在长时间的冲压导致限位装置固定位置的模座处有变形现象。

4.12.2 限位装置的种类与特点

常用的限位装置有两种：一种是普通限位装置，主要由限位柱和紧固螺钉组成，如图4-203所示。它结构简单，应用广泛，一旦模具的工作零件刃磨变短时，限位柱要相应随之修磨。另一种为带限位套的限位装置，它由限位柱、紧固螺钉和限位套（也称保护垫、垫片、模具存放柱等）组成，如图4-204所示。常用于较大型精密模具，在保管存放期间让模具的凸模、凹模分离开，在限位柱2、3之间垫上保护垫1，如图4-204（c）所示。工作时将保护垫1取下，如图4-204（b）所示。

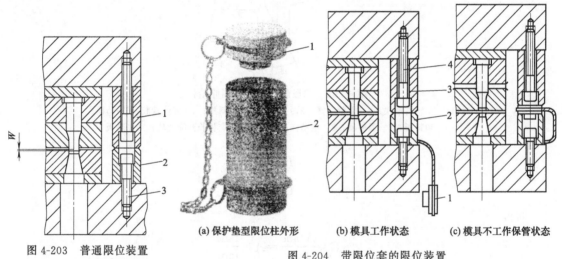

图 4-203　普通限位装置
1—上限位柱；2—下限位柱；3—螺钉；
W—允许凸模进入凹模深度

(a) 保护垫型限位柱外形　　(b) 模具工作状态　　(c) 模具不工作保管状态

图 4-204　带限位套的限位装置
1—保护垫；2,3—限位柱；4—螺钉

4.12.3 常用限位装置应用示例

目前，限位装置在精密多工位级进模中的应用越来越多，由于多工位级进模工位数多，工序性质的多样性及制件形状的特殊要求，制件上如有压弯、压筋、压包、镦压（压扁、压凸）、整形等，一般情况下，模具上都要考虑使用限位装置，下面举几个应用实例。

(1) 控制凸模进入凹模深度

图 4-205（a）所示为通过安装在上下模上的限位柱 1、2 在合模碰死时来控制冲孔小凸模进入凹模深度 W_1；图 4-205（b）所示为拉深或整形凸模进入凹模深度 W 的限位示意图。

(2) 控制模具最小闭合高度

图 4-206 所示为调好的合模高度，上下模座之间对称位置装有 4 对等高限位柱，控制了模

具的最小闭合高度。在模具上压力机调整时，保证工作部分不被损伤。当冲压生产中发生意外故障，高度限位柱还起到一定的保护作用。图中垫片 2、5 是专用的不锈钢薄片，刃磨后垫入，以保证冲裁刃面位置和原始闭合高度不变。当模具不用时，将保护垫 1 放入两限位柱之间。使上下模工作部分离开。

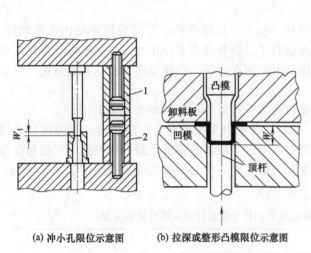

(a) 冲小孔限位示意图　　(b) 拉深或整形凸模限位示意图

图 4-205　控制凸模进入凹模深度

1—上限位柱；2—下限位柱

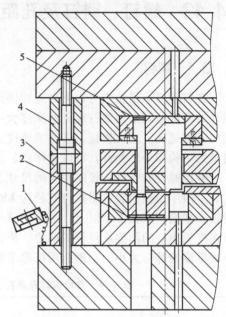

图 4-206　限位块和垫片控制模具最小高度

1—保护垫；2,5—垫片；3—下限位柱；4—上限位柱

(3) 控制压料

图 4-207 所示为弹压卸料板上装有多个限位柱的示意图，用于控制对带料（条料）的压紧程度。图中限位柱高出卸料板底平面一定高度，实际尺寸比料厚小 0.02mm，即为 $h = (t - 0.02)$ mm，这样能保持卸料板既压平带料（条料），又避免将带料（条料）压坏。

(4) 控制镦压或整形变形程度

图 4-208 所示为利用弹压卸料板上装限位块在模具闭合后压死制件，并控制凸、凹模之间的制件被镦压或整形的变形程度，但这种情况应当将此部分卸料板与整体卸料板分开才能使

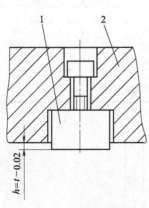

图 4-207　限位柱控制压料

1—限位柱；2—卸料板

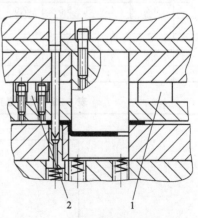

图 4-208　限位块控制镦压或整形

1,2—限位块

用。同时为了保证限位块有好的刚性，限位块的面积尽量大一些，并进行淬硬处理，加工成相同厚度，还要固定好，不应该有松动。

4.13 螺钉、销钉及孔距的确定

4.13.1 螺钉

螺钉主要承受拉应力，用来连接固定零件。在多工位级进模中广泛应用的是内六角螺钉。螺孔的深度原则上比螺钉旋进的深度大一点就行了。但有时为了便于加工，将模板或零件的螺孔加工成通孔，或在模板、零件的厚度方向部分是螺孔，部分是螺纹底孔的钻孔或盲孔。只要模具的结构和外形允许，可以这样做。

常用螺钉安装孔、螺纹底孔的尺寸及螺钉拧入模板最小深度可参考表 4-24 所示。

一般中小型模具常用螺钉直径为 M6～M12。数量根据需要而定。用于固定凹模或凸模固定板，数量一般在 4 个以上，由于凹模或固定板外形一般都是矩形，所以螺钉孔尽可能对称分布在模板中心的两侧或模板的周边。模板螺孔与螺孔之间中心距离的确定可参考表 4-25 所示。模板厚度与螺钉大小的合理选用可参考表 4-26 所示。

表 4-24 常用螺钉安装孔、螺纹底孔的尺寸及螺钉拧入模板最小深度

螺纹直径	M3	M4	M5	M6	M8	M10	M12	(M14)	M16	(M18)	M20
D_1	6.5	8	9.5	11	14	17.5	20	23	26	29	32
H(最小)	3.5	4.5	5.5	6.5	8.5	11	13	15	17	19	21
d_1	3.4	4.5	5.5	7.0	9	11	14	16	18	20	22
A	1.5M 以上										
B	8	12	15	15	20	25	25	30	30	35	35
d_2	2.6	3.4	4.3	5.1	6.8	8.5	10.3	12	14	15.5	17.5
C	3	4	4	6	6	8	8	8	8	10	12

表 4-25 模板螺孔与螺孔之间中心距离的确定

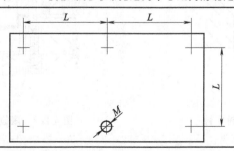

螺孔(M)	距离(L)	螺孔(M)	距离(L)
M4	40±15	M8	80±20
M5	50±15	M10	100±20
M6	60±20	M12	120±30

表 4-26　模板厚度与螺钉大小的合理选用　　　　　　mm

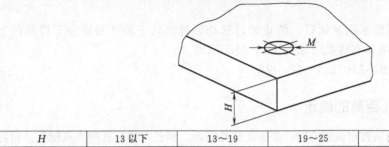

H	13 以下	13～19	19～25	25～32	32 以上
M	M4,M5	M5,M6	M6,M8	M8,M10	M10,M12

4.13.2　销钉

销钉有圆柱销和圆锥销之分。在多工位级进模中主要起定位作用，同时也承受一定的侧向力。销钉通常作为定位模具零件并与紧固螺钉配合使用。

由于圆柱销的使用更广，习惯上把圆柱销简称为销钉或定位销。模具中比较常用的直径有 $\phi4\text{mm}$、$\phi6\text{mm}$、$\phi8\text{mm}$、$\phi10\text{mm}$、$\phi12\text{mm}$ 几种。销钉的头部应倒角或倒圆，这样做以后在拆装过程中，即使经锤打，其头部有些变大，也不影响使用。

销钉应淬硬处理、表面磨光，可保证尺寸精度，以保持足够的硬度和使用寿命。图 4-209 所示为圆柱销配合长度示意图。一般情况下，圆柱销最小配合长度 $H \geqslant 2d$。

图 4-210（a）是最常用的销钉安装方法，安装后的销钉头部均应在上下模板之内。

图 4-210（b）是销钉的一端有螺纹，供拆卸使用。为了便于拆装，销钉与销钉孔配合不能过紧，按过渡配合即可。这种销钉装入时孔内有空气，主要用于模具工作零件表面不能损坏的场合。拆卸时，用拔销器上的螺钉拧紧销钉的螺孔，即可拔出。

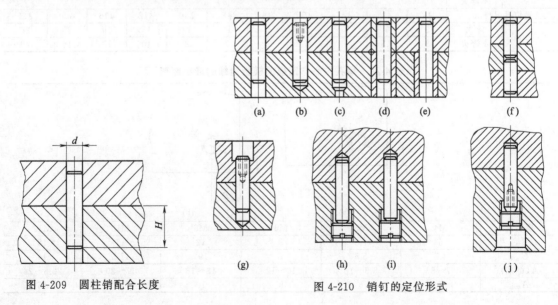

图 4-209　圆柱销配合长度　　　　　　图 4-210　销钉的定位形式

图 4-210（c）是被定位的板件销孔做成台肩孔，拆装时利用小孔将销钉顶出。

图 4-210（d）、（e）是在淬硬的板件上镶入软钢套，用来采用配作销钉孔，便于加工。但在一般情况下软钢套要设计防转动处理。

图 4-210（f）是在 3 块厚板件的情况下，用两个销钉定位。板件薄时也可用一个销钉定位 3 块板件。

图 4-210（g）与图 4-210（b）的使用功能相同，为了减少配合长度，应将上面一块板件的销孔口部扩大。

图 4-210（h）、（i）是用螺塞压紧销钉，防止销钉松动后掉出，一般比较适合于模具的上模部分。图示的销钉被压紧端都有螺孔（未画出），便于取出。

图 4-210（j）的特点与图 4-210（g）～（i）相同。

4.13.3　螺钉孔及销钉孔距离的确定

当模板或凹模采用螺钉和销钉定位固定时，要保证螺孔间距、螺孔与销钉孔间距及螺孔、销钉孔与模板或凹模刃壁的间距不能太小，否则会影响模具的使用寿命。其数值可参考表 4-27 所示。

螺孔中心与凹模或模板边缘的最小距离如表 4-26 所示。当螺孔中心到凹模或模板边缘等距时，如表 4-28 的图（a）所示；反之，当螺孔中心到凹模或模板边缘不等距时，如表 4-26 的图（b）所示。

表 4-27　螺钉孔、销钉孔的最小距离

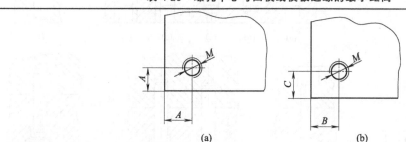

螺钉孔		M4	M5	M6	M8	M10	M12	M16	M20	M24
S_1/mm	淬火	8	9	10	12	14	16	20	25	30
	不淬火	6.5	7	8	10	11	13	16	20	25
S_2/mm	淬火	7	10	12	14	17	19	24	28	35
S_3/mm	淬火					5				
	不淬火					3				
销钉孔 d/mm		$\phi2$	$\phi3$	$\phi4$	$\phi5$	$\phi6$	$\phi8$	$\phi10$	$\phi12$	$\phi16$	$\phi20$	$\phi25$
S_4/mm	淬火	5	6	7	8	9	11	12	15	16	20	25
	不淬火	3	3.5	4	5	6	7	8	10	13	16	20

表 4-28　螺孔中心与凹模或模板边缘的最小距离

螺钉孔	M4	M5	M6	M8	M10	M12
B_{min}	6	7.5	9	12	15	18
C_{min}	4.5	5.5	7	9	11.5	14
A（标准）	7～8	8.5～10	10～12	13～16	17～20	20.5～24
A_{min}	5	6	8	10	13	15

第 5 章

多工位级进模的自动监测与安全保护

- 传感器的种类
- 自动检测保护装置设计与应用时应注意的问题
- 自动检测保护装置的应用

多工位级进模在高速压力机上工作，它不但有自动送料装置，而且还必须在整个冲压生产过程中有防止失误的监测装置。因为模具在工作过程中，只要有一次失误，如误进给、凸模折断、叠片、废料堵塞等，均能使模具损坏，甚至造成设备或人身事故。

监测装置可设置在模具内，也可以设置在模具外。当模具出现非正常工作情况时，设置的各种监测装置（传感器）能迅速地把信号反馈给压力机的制动机构，立即使压力机停止运动，起到安全保护作用。

传感器的传感方式有接触式与非接触式两种。前者是以机械方式转变电信号；后者经过电磁感应、光电效应等方式传导电信号。电信号又可分两类：第一类为单独一个保护装置的信号就可判别有无故障；第二类必须与冲压循环的特定位置相联系，才可判别有无故障。冲压工作循环的特定位置或时间，也用信号表示，以便于联系判断。

5.1 传感器的种类

传感器可按动作原理分类，也可按监测对象的物理现象分类，还可按其用途分类。具体的传感器种类与特点见表 5-1。

表 5-1 传感器的种类与特点

种 类	优 点	缺 点
限位传感器	造价低，品种多	有振动，寿命短
光电传感器	对被检测材料种类无要求	要防尘，防油污，光束必须重合
磁性接近传感器	对被检测材料所处环境无要求	只检测金属类，对周围的金属有影响
静电电容传感器	对被检测材料无要求，能检测透明材料	受温度和湿度影响，种类少
超声波传感器	检测距离长，不限被检测材料种类	微小物（孔）检测困难，种类少
微波传感器	对环境无要求，检测距离长	微小物（孔）检测困难，种类少
接触传感器	安装容易，动作快	只限于金属材料，带油的不能检测
气动传感器	安全防爆，对环境无要求	检测距离短，要求高质量的空气

常用的传感器监测有接触传感器监测、光电传感器监测、气动传感器监测、放射性同位素监测、计算机监测。

(1) 接触传感器监测

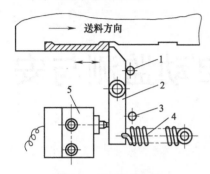

图 5-1　侧刃切除检测

1,3—停止销；2—检测杆；

4—拉簧；5—微动开关

它的工作原理是利用接触杆或被绝缘的探针与被检测的材料接触，并与微动开关、压力机的控制电路组成回路。在接触点的接触—断开动作下，也使电路闭合—断开来控制压力机的工作，如图 5-1 所示。条料送进，当条料被侧刃切除部分端面与检测杆 2 接触时，推动检测杆 2 与销 1 接触，微动开关 5 闭合，压力机工作。当送料步距失误（步距小）时，条料不能推动检测杆 2 使微动开关 5 闭合，微动开关仍处于断开状态，这时，微动开关便把断开信号反馈给压力机的控制电路，由于压力机的电磁离合器与微动开关是同步的，所以压力机滑块停止运动。这种形式用于材料厚度 $t > 0.3\text{mm}$、压力机的行程次数为 $150 \sim 200$ 次/min 的情况。

(2) 光电传感器监测

光电传感器监测原理如图 5-2 所示。当不透明制件在检测区遮住光线时，光信号就转成电信号，电信号经放大后与压力机控制电路联锁，使压力机的滑块停止或不能启动。由于投光器和受光器安装位置不同，常有透过型、反射镜反射型和直接反射型 3 种。透过型如图 5-2（a）所示，投光器和受光器安装在同一轴线上，在投光器和受光器之间有无被测制件，通过产生的光量差来判断。这种形式光束重合准确，检测可靠。反射镜反射型如图 5-2（b）所示，它是利用反射镜和被检测制件的反射光量的减弱来检测，优点是配线容易，安装方便，但检测距离比透过型短。表面有光泽的制件检测困难。直接反射型如图 5-2（c）所示，与反射镜反射型的相同处是它们的投光器和受光器均是一个整体，但直接反射型光束是由制件直接反射给受光器的，它受被测制件距离变化和反射率变化的影响。

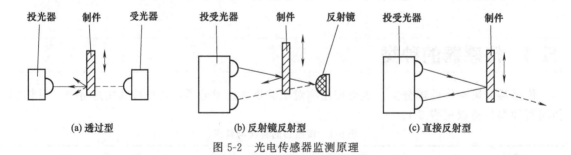

(a) 透过型　　　　　　　　　(b) 反射镜反射型　　　　　　　　　(c) 直接反射型

图 5-2　光电传感器监测原理

光电式传感器具有很高的灵敏度和测量精度，但电气线路较复杂，调整较困难。由于光电信号较弱，容易受外界干扰，故对电源电压的稳定性要求较高。

(3) 气动传感器监测

它属于非接触式检测，其原理如图 5-3 所示。当经过滤清和稳压的压缩空气进入计量仪的气室 A，其压力为 p_2，压缩空气再经过小孔 1 进入气室 B，然后经过喷嘴 2，与制件形成气隙 Z。压缩空气经气隙 Z 排入大气，这时产生的节流效应与该间隙 Z 的大小有关。当有制件时，气隙 Z 小，气室 B 的压力 p_2 上升；无制件时，Z 增大，气室 B 压力 p_2 下降。通过压力变化转变成相应的电信号来实现对压力机的控制。

由于气动式传感器无测量触头，所以不会磨损，放大倍数高，故有较高的灵敏度和测量精度。

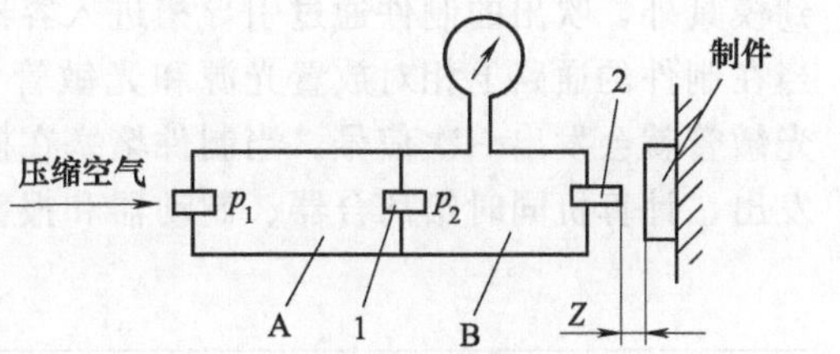

(4) 放射性同位素监测

利用放射性同位素检测装置对毛坯是否存在、毛坯厚度、毛坯有无叠片、压力机与附设机构是否同步等进行监测，如图 5-4 所示。

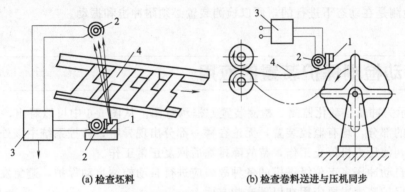

图 5-3 气动传感器工作原理
1—小孔；2—喷嘴

(5) 计算机监测

除采用上述这些监测装置外，随着计算机应用的日益普及，利用计算机对冲压加工实行监控也越来越多。图 5-5 所示为采用计算机监控冲压加工的原理简图。在正常冲压加工时，利用压缩空气压力来把已冲压成形的制件从模具内吹

(a) 检查坯料　　　　　　　　　(b) 检查卷料送进与压机同步

图 5-4 利用放射性同位素监测
1—放射源；2—接收器；3—电子继电器；4—坯料

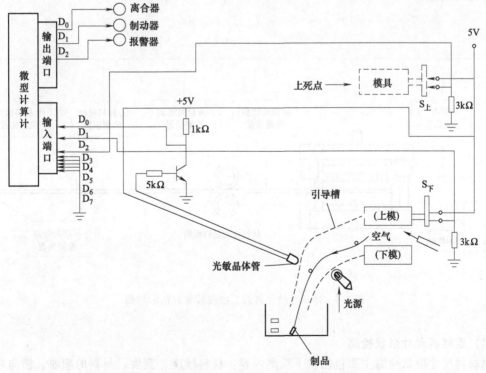

图 5-5 采用计算机对冲压加工的监控原理简图

到模具外，吹出的制件通过引导槽进入容器汇集，且制件是以一定的时间间隔通过引导槽的。当在制件的通路上相对放置光源和光敏管（或其他传感器），那么，每当制件通过引导槽时，光敏管就会发出一次信号。当制件堵塞在模具内时，引导槽内无制件通过，光敏管就无电信号发出，计算机同时给离合器、制动器和报警器发出指令，压力机停止冲压工作。

5.2　自动检测保护装置设计与应用时应注意的问题

① 按被冲制件的精度要求，正确选择检测装置的种类和检测精度。

② 检测保护装置的安装和操作方便，不能有过多的操作按钮，各种检测必须自动进行。

③ 正确选择传感器的安装位置，不能因其他外界动作影响检测精度或造成失误。

④ 由于检测是在动态下进行的，所以检测装置必须耐冲击和振动。

5.3　自动检测保护装置的应用

图 5-6 所示为冲压自动化监测、检测装置方框示意图。从图 5-6 中可以看出，凡是可能引起故障或事故的部分，均有监控装置，无论在哪一部分出现异常，监控系统中该处的监控装置立即发出信号，使压力机停止工作，待故障排除后恢复正常工作。

对于精密自动冲压多工位级进模的各种故障应进行自动检测自动保护，避免发生事故。目前的自动检测保护装置主要应用在以下这些方面。

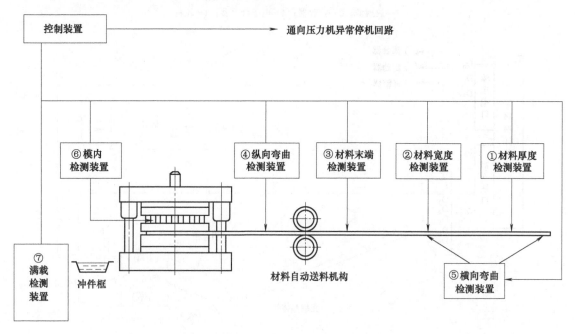

图 5-6　冲压自动化监测、检测装置方框示意图

（1）原材料尺寸形状检测

原材料尺寸形状检测主要包括以下检测内容：材料厚度、宽度，材料的翘曲、横向弯曲等误差，材料的输送结束，见表 5-2。

表 5-2　原材料尺寸形状（板厚、板宽等）检测

序号	监视对象	简　图	传感方式	说　明
1	板厚	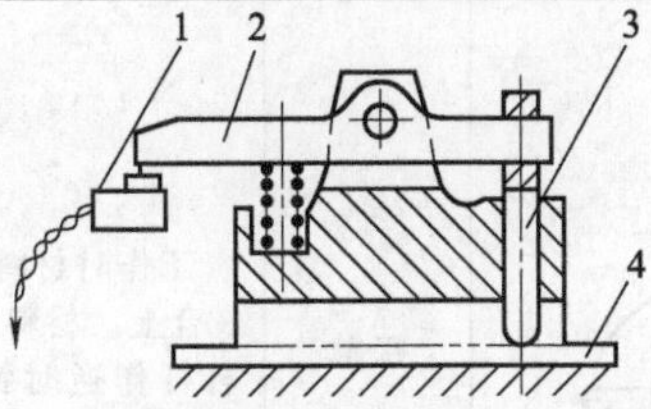 1—常合限位开关；2—杠杆；3—圆销；4—材料	接触	材料 4 过厚时，圆销 3 通过杠杆 2 使开关 1 动作，切断线路
		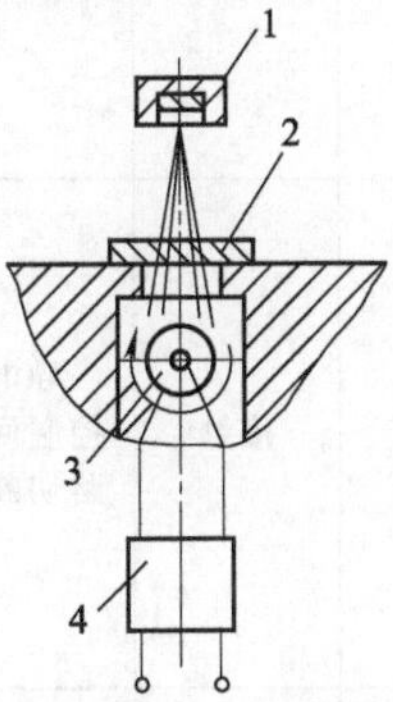 1—放射源；2—材料；3—传感器；4—放大器	β 射线	放射源 1 发出的射线，穿过材料 2 由传感器 3 接收，经放大器 4 通向控制线路。传感器 3 接收的射线，随料厚改变
2	板宽	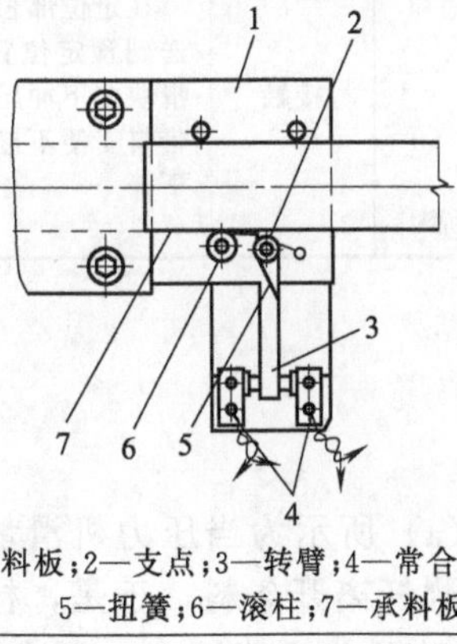 1—导料板；2—支点；3—转臂；4—常合限位开关；5—扭簧；6—滚柱；7—承料板	接触	料宽超差时，扭簧 5 通过转臂 3 使开关 4 之一动作，切断线路
3	纵向弯曲（起拱）	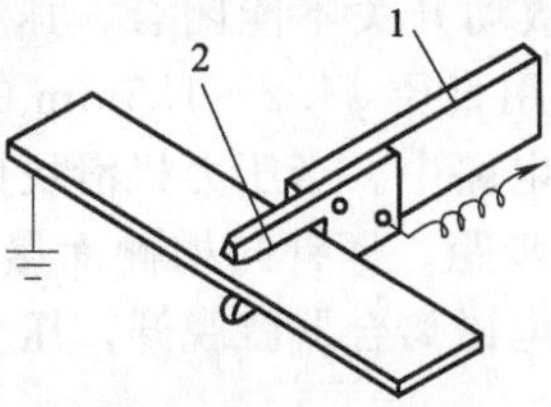 1—绝缘支架；2—导电叉	接触	材料起拱时，固定在绝缘支架 1 上的导电叉 2 与材料接触，导通控制回路
4	横向弯曲	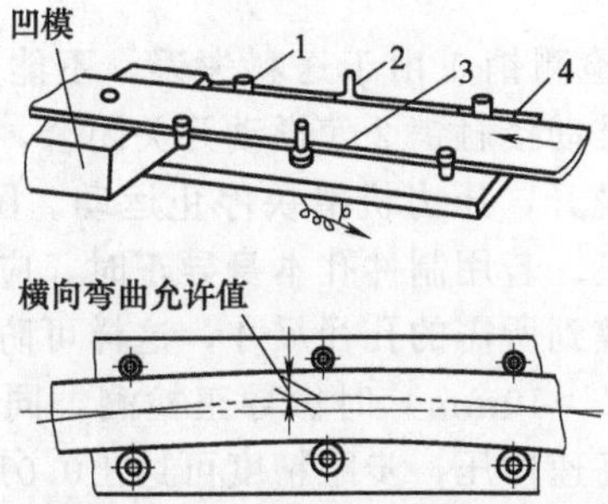 凹模　横向弯曲允许值　1—导料钉；2—导电杆；3—绝缘套；4—承料板	接触	材料横向弯曲超差时，与导电杆 2 接触，导通控制回路

序号	监视对象	简　图	传感方式	说　明
5	料尾	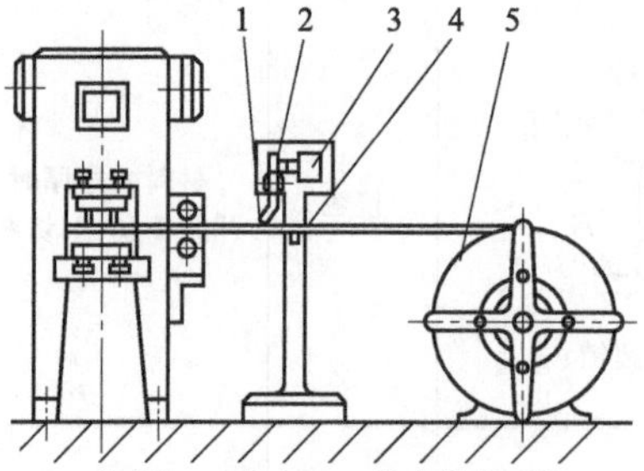 1—杠杆；2—支点；3—常分限位开关；4—支承；5—材料	接触	工作时材料5抬起杠杆1下端，开关3合上。材料尾部通过杠杆1下端后，杠杆作逆时针方向旋转，与开关3脱离，切断线路
		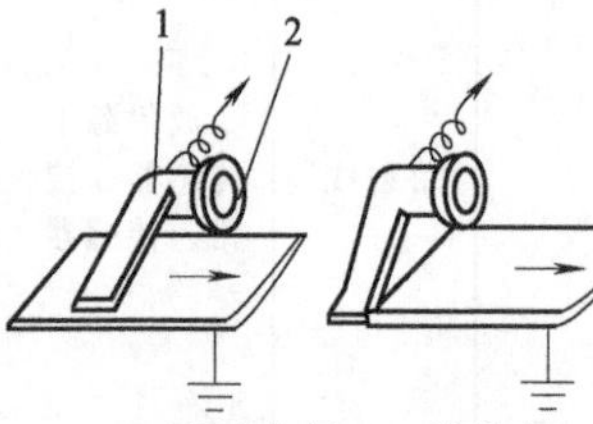 1—导电杠杆；2—绝缘套	接触	导电杠杆1与材料接触（左图），维持控制回路导通。材料用完时（右图）线路切断
6	定位	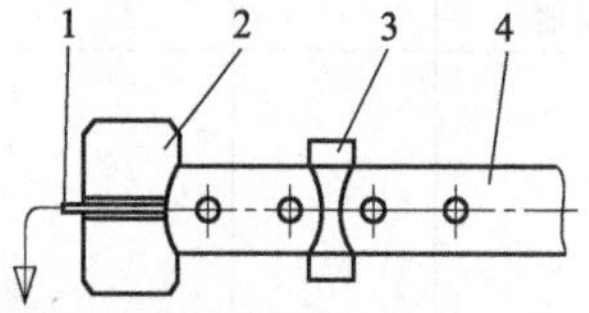 1—传感器；2—定位挡板；3—剪切凸模；4—带料	接触	在定位部位设置传感器1，当带料4送到预定位置，并接触传感器，压力机滑块向下冲压。一旦送进距离不够时，带料4便不接触传感器，滑块也就不能下降

（2）板料误送检测

1）条料侧面接触检测

① 利用侧刃切除检测，如图5-1所示。

② 利用侧面槽检测，如图5-7所示。图5-7（a）所示为当压力机滑块下降时，上模中的定位销1进入检测杆的定位孔，同时向 B 推动检测杆离开条料，于是，检测杆在弹簧作用下其端部向 A 向偏斜。当送进步距发生变化时，微动开关不能闭合，压力机滑块就停止运动。图5-7（b）是利用探针对侧面槽进行检测。探针用直径 $\phi1.2\sim1.5mm$ 的弹簧钢丝制成，其夹持部分应绝缘，尾部导线直接连在压力机的控制电路中。当压力机滑块回升时，浮动顶料销将条料顶起，条料与探针脱离，条料向前送进一个步距，探针与槽侧面接触，压力机继续工作。当送进步距有误差时，槽侧面与探针不能接触，电磁离合器就脱开，压力机滑块就停止运动。

2）孔检测

利用条料上的导正孔或制件孔来检测。

① 导正孔检测，如图5-8所示。当浮动检测销1由于送料失误，不能进入条料的导正孔时，便由条料推动检测销1向上移动，同时推动接触销2使微动开关闭合，因为微动开关与压力机电磁离合器是同步的，所以电磁离合器脱开，压力机滑块停止运动。图5-8（a）～（c）既可以用导正孔导正，也可以用制件孔本身导正。若用制件孔本身导正时，应将制件孔径先冲稍小些，供导正检测用，在孔的成形工位再修整到所需的孔径尺寸，这样可防止导正时擦伤孔壁或使孔变形。图5-8（d）用于较大制件孔（$d>10mm$）时做导正检测，同样，该制件孔应预先冲一稍小的孔用来做导正，这种形式适合高速冲压，步距精度可达±0.01mm。

② 制件孔检测。料厚 $t\geqslant1mm$ 的制件异形孔，精度要求不高，可用制件本身的孔来检测

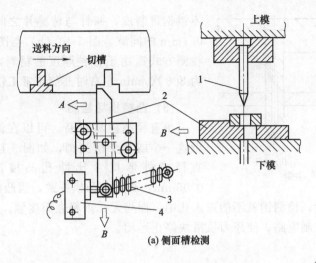

(a) 侧面槽检测

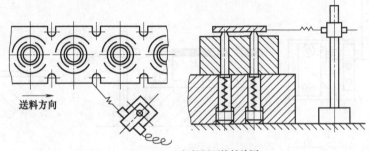

(b) 探针侧面接触检测

图 5-7　材料送进检测

1—定位销；2—检测杆；3—拉簧；4—微动开关

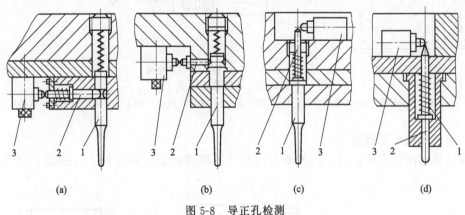

(a)　　　　　　　　(b)　　　　　　　　(c)　　　　　　　　(d)

图 5-8　导正孔检测

1—浮动检测销；2—接触销；3—微动开关

送料是否失误，如图 5-9 所示。检测销或触针固定在检测凸模上并与凸模绝缘。

3）末端检测

用装在模具端面的微动开关或探针，有时用传感片-探针组合对条料切断后的末端间断接触来判断送料误进给，如图 5-10 所示。图 5-10（a）为微动开关检测，这种形式的检测不宜用于料厚 $t < 0.3$mm 的落料或有较大外形的制件。注意在冲压过程中，冲裁毛刺和油污尘埃不能进入活动检测销的滑槽内，以免微动开关不能正常工作。

图 5-10（b）为传感片-摆针检测。图 5-10（c）为探针检测。传感片用 0.05～0.1mm 厚的

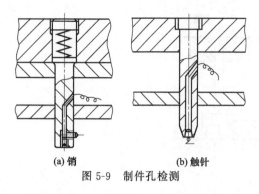

(a) 销　　　　　**(b) 触针**

图 5-9　制件孔检测

不锈钢带制成，探针与传感片之间应保持 0.05～0.1mm 的间隙。图 5-10（b）与图 5-10（c）两种检测方式适用于各种厚度的材料，且在滑块行程为 300 次/min 左右时亦能正常工作。

（3）凸模损坏检测

小直径凸模易折断，可以在卸料板的镶件中设置一个或几个检测销，如图 5-11 所示。检测销直径或外形尺寸比冲孔凸模尺寸小 0.03～0.05mm，高度与凸模一致，当凸模在工作中折断时，条料送进一个步距后，检测销就不能进入孔中，而与无孔条料表面接触，此时检测销将无孔信号反馈到压力机的控制电路，使压力机滑块停止运动。

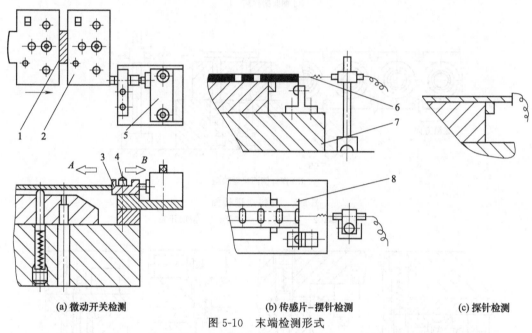

(a) 微动开关检测　　　　**(b) 传感片-摆针检测**　　　　**(c) 探针检测**

图 5-10　末端检测形式

1—废料；2—制件；3—活动检测销；4—固定压板；5—微动开关；6—探针；7—下模座；8—传感片

（4）半成品的位置检测

拉深件或弯曲件需冲孔时，制件是否送到冲孔凹模的定位装置内，可用图 5-12 所示的方法检测。

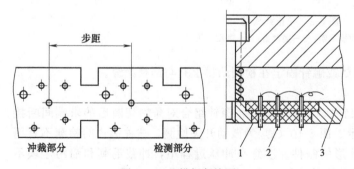

图 5-11　凸模折断检测

1—卸料板镶件；2—检测销；3—卸料板

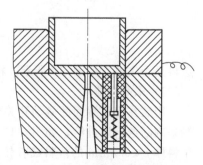

图 5-12　半成品位置检测

(5) 出件检测

表 5-3 列出了出件检测装置。

表 5-3　出件检测装置

序号	监视对象	简图	传感方式	说明
1	顶(打)出装置	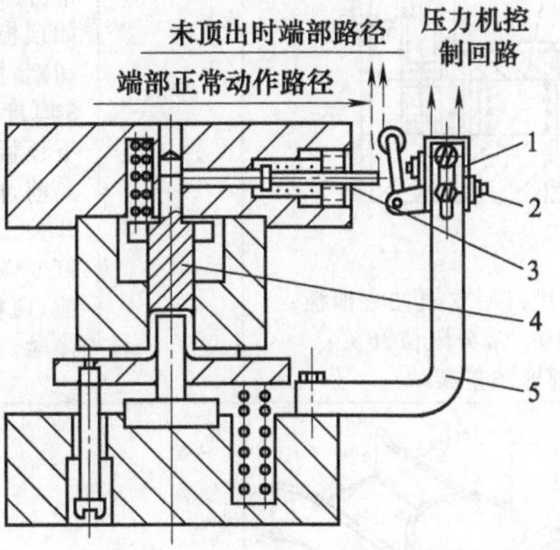 未顶出时端部路径　压力机控制回路　端部正常动作路径 1—常合开关；2—转臂；3—弹簧圆销； 4—顶板；5—支架	接触	顶板 4 未被弹簧顶出时，弹簧圆销 3 随上模回升触动转臂 2，切断常合线路
		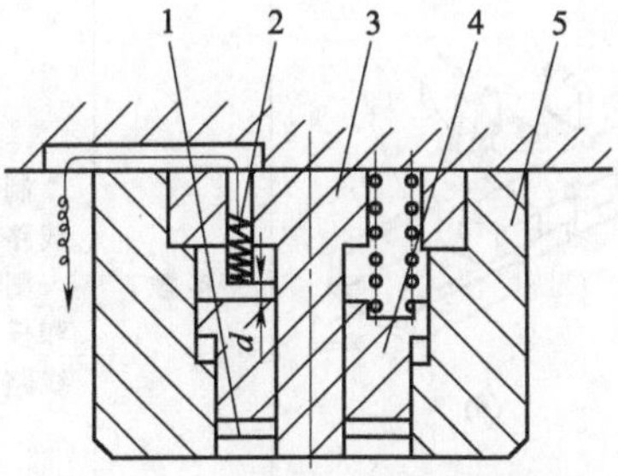 1—制件；2—传感器(头部绕成弹簧形)； 3—冲孔凸模；4—顶板；5—落料凹模	接触	在正常的工作时，顶板 4 和传感器 2 间有不小于 d 的间隙，线路不通。如制件未能顶出，下次冲裁又多积一件，则顶板 4 和传感器接触，导通线路
		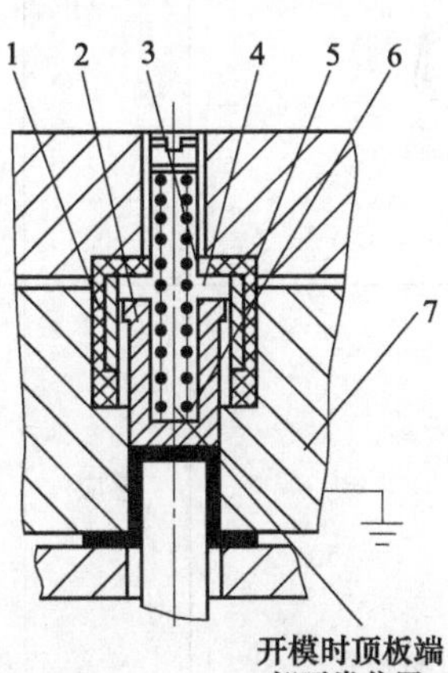 开模时顶板端部正常位置 1—绝缘套；2—顶板；3—弹簧；4—绝缘圈； 5—弹簧圈；6—金属管；7—凹模	接触	合模时通路，开模时顶板 2 顶出则断路，未顶出则通路。故障与合模时信号相同，故必须使信号和冲压工作循环相联系，以作区别

续表

序号	监视对象	简　图	传感方式	说　明
1	顶（打）出装置	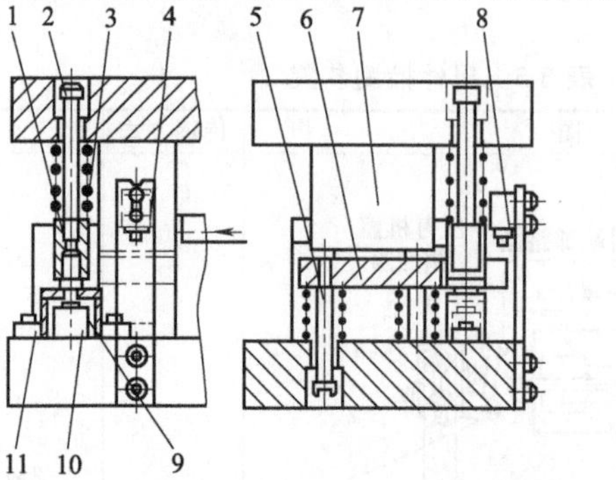 1—撞块；2—卸料螺钉；3—调节片；4—支架；5—顶板； 6—制件或条料；7—上模；8,10—常分限位开关； 9—撞块螺钉；11—槽形防护架	接触	合模时撞块螺钉 9 触及常分限位开关 10,线路导通。开模时撞块螺钉 9 与常分限位开关 10 分离,线路切断,但顶板 5 触及常分限位开关 8,另一线路导通。如顶板 5 未能顶起,则两线路均切断,压力机停止运转。调节片 3 厚度应达到以下要求:冲程向下顶板 5 与常分限位开关 8 脱离前,撞块螺钉 9 已与常分限位开关 10 接触;冲程向上撞块螺钉 9 与常分限位开关 10 脱离前,顶板 5 已与常分限位开关 8 接触
2	出件	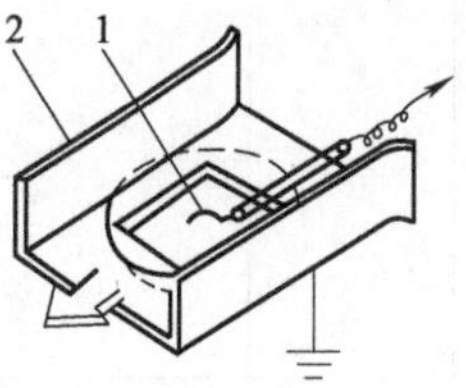 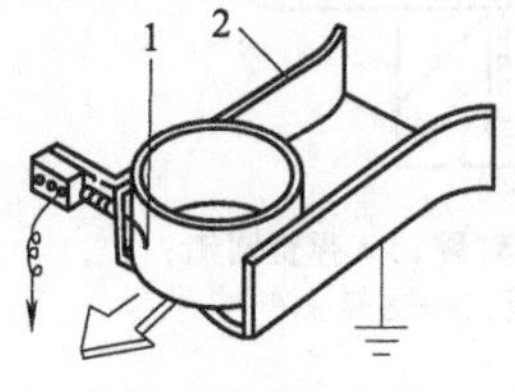 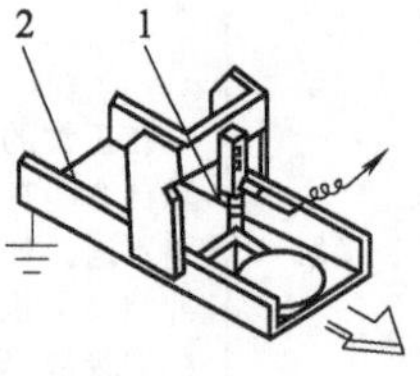 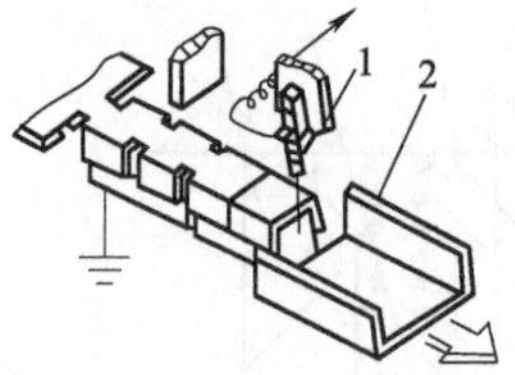 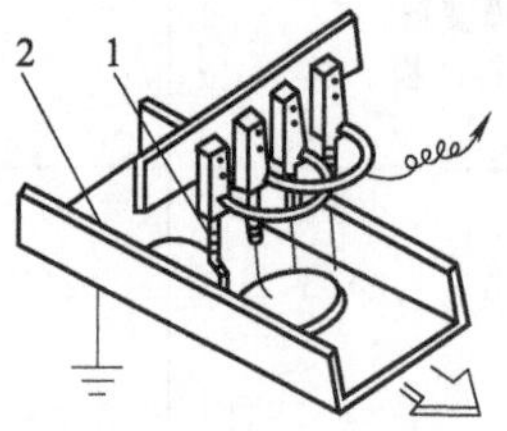 1—传感器；2—滑道	接触	制件通过时与传感器 1 接触,线路导通 图(e)滑道宽阔,制件通过时和任意相邻两传感器接触,导通线路
		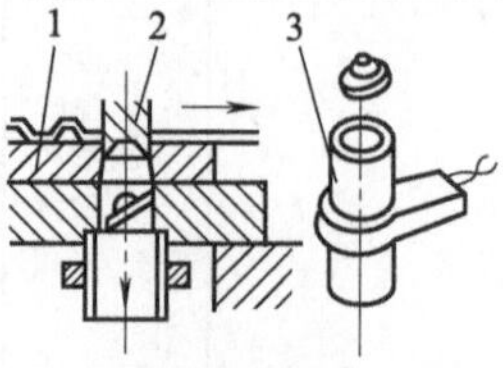 工作由此通过 1—凹模；2—落料凸模；3—非磁性材料管	感应	制件通过管 3 时,产生感应信号。适用于磁性材料的冲件

（6）废料的回升与检测

由于冲裁件的轮廓形状简单,且材料质地较软,废料被冲离制件（或条料）后,在凹模内仍被凸模吸附而带出凹模孔口，使废料留在凹模表面，严重影响冲裁工作正常进行，甚至引发事故。

① 防止废料回升的措施。可以利用凸模有效地防止废料回升，如图 5-13 所示。图 5-13（a）在凸模内装顶料销 $d=\phi 1\sim 3mm$，伸出高 $h=(3\sim 5)t$。图 5-13（b）为利用压缩空气防止废料回升，主要用于凸模截面小，无法装顶料销时，凸模中气孔为 $\phi 0.3\sim 0.8mm$。图 5-13（c）是大直径凸模，$d>\phi 20mm$ 时，在凸模端面制成凹坑并钻通气孔，$h=1/4t$，$b=(1.5\sim 2)t$。图 5-13（d）是在凸模端面凹坑内装簧片。

图 5-13（e）是装偏心顶料销。在设计时可按不同情况选择最佳方案。

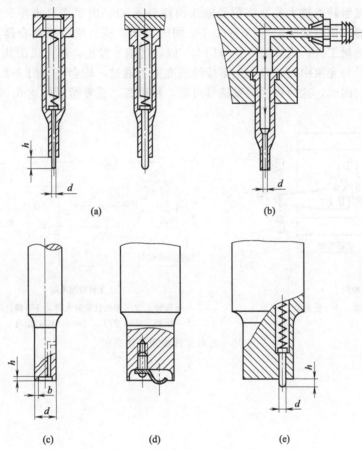

图 5-13　利用凸模防止废料回升

除了利用凸模防止废料回升，还可利用凹模在其刃口处制成 $10'\sim 20'$ 的反锥角，来防止废料回升。这种方法易引起小凸模的折断，且反锥角难磨削。

② 废料回升的检测。废料回升常采用下死点检测法，如图 5-14 所示。当卸料板 3 和凹模 4 表面无废料及其他杂物时，微动开关 2 始终在"开"状态。若有回升废料或杂物时，压力机滑块到达下死点时，异物把卸料板垫起，推动微动开关，使其闭合，压力机滑块停止运动。这种形式用于厚料冲裁，灵敏度为 0.1～0.15mm。

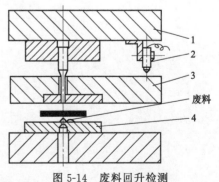

图 5-14　废料回升检测

1—上模座；2—微动开关；3—卸料板；4—凹模

对于落料或下死点高度要求严格的制件，要用灵敏度更高的接近传感器来控制模具的下死点高度。用接近传感器来代替微动开关装在下模上，传感件装在卸料板上，调整适当的距离，灵敏度可控制在 0.01mm 左右。常用的接近传感器有：舌簧接点型、高频振荡型及霍尔效应型等。

(7) 光电-探针检测

它利用光透过形孔与探针来检测孔的位置和步距。图 5-15 所示为多滑块弯曲时检测应用的例子。图 5-15 (a) 中光束与被检测孔轴线平行，当制件送进一个步距与探针接触时，利用投光器的光束是否通过制件孔到达受光器来判断孔的位置。图 5-15 (b) 为检测电路图，当探针 1 接触制件，接触转换放大器 2 将信号输送给微分器 a1，由于送料步距失误，光束不能通过制件孔，受光器无信号输出，与门 7-1、7-2 同时关闭，压力机电磁离合器脱开，滑块停止运动。若探针不接触工件，则非门 6 及与门 7-3 以误送信号发出，压力机滑块也停止运动。如果不同步，即探针与光束中只要有一个不接触或光束不通过，均会使与门 7-2 关闭，压力机滑块同样停止运动。因此，这种检测装置信号可靠，精度高，重复精度可达 0.02~0.04mm，且使用寿命长。

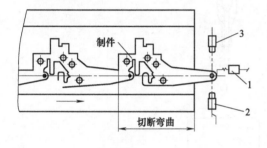

(a) 光电探针检测

1—探针；2—投光器；3—受光器

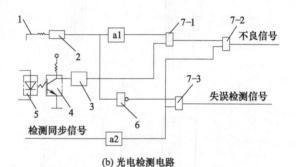

(b) 光电检测电路

1—探针；2—接触转换放大器；3—施密特触发器；4—受光器；
5—投光；6—非门；7—与门(1, 2, 3)

图 5-15　光电探针检测工作原理

第2篇

多工位级进模排样设计实例精选

第6章

纯冲裁排样设计

6.1 隔离网

(1) 工艺分析

图 6-1 所示为某家电隔离网，材料为 SPCC，料厚为 1.0mm，年产量大，制件精度要求高，表面不得有毛刺。因此采用自动冲孔级进模来冲压。用宽度 130mm 的钢带冲制而成。冲孔模每次行程冲两排，并用送料机构、止回机构和传动机构实现自动送料。

(2) 排样设计

该制件采用一出一两排的排列方式，第一行与第二行同时冲压出，步距为 26mm，排样如图 6-2 所示。

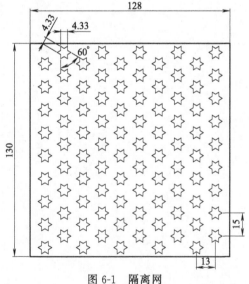

图 6-1　隔离网

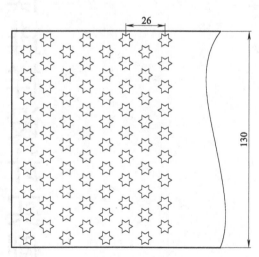

图 6-2　排样图

6.2 铁芯片

(1) 工艺分析

图 6-3 所示为铁芯片，材料为硅钢片，料厚为 0.1mm，其形孔非常复杂，且尺寸不大，

用一般的单冲模无法冲裁，因此采用多工位级进模排列方式，可将复杂的形孔分解成若干个形状简单的形孔或分段组成轮廓，安排在相邻工位顺序冲切，最后经分离而得一个完整的制件。

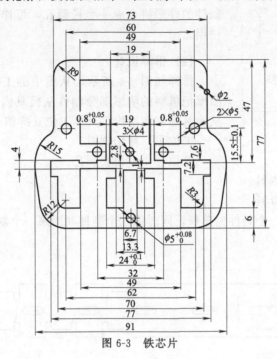

图 6-3　铁芯片

(2) 排样设计

排样如图 6-4 所示，具体工位安排如下。

工位①：冲孔（冲圆孔和冲异形孔），冲切侧刃。

工位②：冲异形孔。

工位③：落料。

工位④：冲切侧刃。

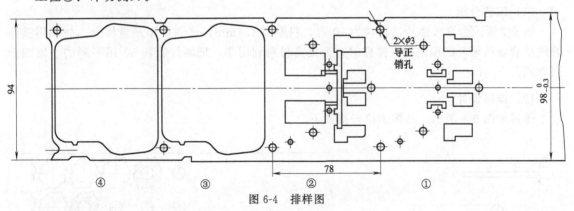

图 6-4　排样图

6.3　插片

(1) 工艺分析

图 6-5 所示为插片，材料为 H62 黄铜，料厚为 0.3mm，该制件外形复杂，内形无任何形

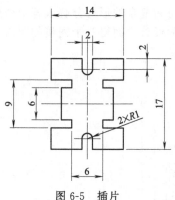

图 6-5 插片

孔。经分析，该制件采用无废料搭边一出二排列方式，制件的本体作为带料的载体来传递各工位之间的冲裁工作。两个制件的外形拼合成一个长圆孔，可作连续送料时的导正销定位用。

（2）排样设计

排样如图 6-6 所示，从图中的工位⑤可以看出，它利用凸模把带料的阴影部分制件从模具内部落下，而另一个制件从模具的右侧滑出。具体工位安排如下。

工位①：冲切侧刃。

工位②：冲切长圆孔。

工位③：冲切外形废料。

工位④：冲切外形废料。

工位⑤：落料（第一个制件为落料，同时第二个制件利用第一个制件的落料凸模刃口切下从模具的右侧滑出）。

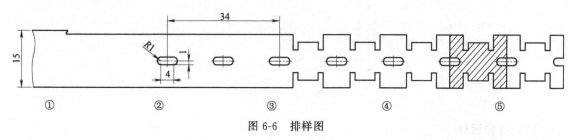

图 6-6 排样图

6.4 异形垫片

（1）工艺分析

图 6-7 所示为异形垫片，材料为 10 钢，料厚为 1.5mm。该制件年产量较大，故采用整体的硬质合金凸模和凹模结构。排样时，为提高材料利用率，把制件旋转 30°用平列的一出四排列方式。

（2）排样设计

排样如图 6-8 所示。具体工位安排如下。

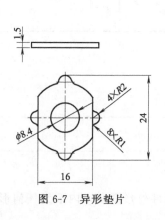

图 6-7 异形垫片

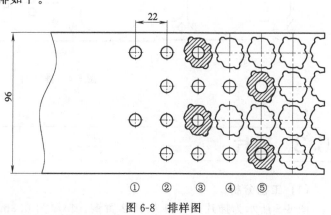

图 6-8 排样图

工位①：冲孔。

工位②：冲孔。

工位③：两个制件落料。

工位④：空工位。

工位⑤：另两个制件落料。

6.5　M10六角螺母

(1) 工艺分析

图 6-9 所示为 M10 六角螺母，材料为 Q235 钢或 30 钢热轧钢板，料厚为 4.0mm。该制件为板料冲制六角螺母的通用典型结构，采用三列交叉无搭边冲孔、落料、切断的排列方式。制件尺寸小、精度不高，用弹压卸料可压平热轧钢板的剪裁扭曲平整度，更主要的是可以避免 $t > 3mm$ 的中厚板在刚性（固定卸料板）卸料时发出的冲击噪声。

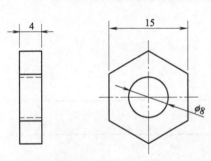

图 6-9　M10六角螺母

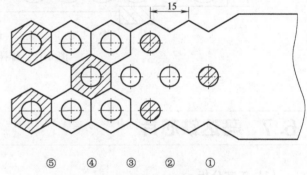

图 6-10　排样图

(2) 排样设计

排样如图 6-10 所示。具体工位安排如下。

工位①：冲孔，冲切侧刃。

工位②：冲孔。

工位③：空工位。

工位④：落料。

工位⑤：切断。

6.6　接触片

(1) 工艺分析

图 6-11 所示为接触片，材料为 H62 黄铜，料厚为 0.5mm。该制件采用双侧刃节制送料控制进距，不仅简化了送料定位系统的构成与结构，同时，还可以采用较小的搭边与沿边，提高了板料的利用率。经分析安排交叉排样的对头两行各为一组，每组在带料的一边，冲孔与落料工位间加一个空工位，成为四工步六工位的多工位连续冲裁模，既拉开了冲孔与落料凹模的距离，也使得两边两组凹模刃口间有足够的强度。

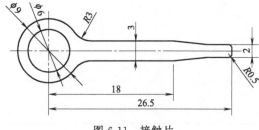

图 6-11　接触片

(2) 排样设计

排样如图 6-12 所示。具体工位安排如下。

工位①：冲孔，冲切侧刃。

工位②：空工位。

工位③：落料。

工位④、⑤：空工位。

工位⑥：冲切侧刃，落料。

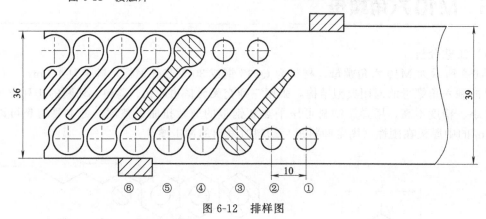

图 6-12　排样图

6.7　马达铁芯片

(1) 工艺分析

图 6-13 所示为步进电机马达铁芯冲片，材料为硅钢片，料厚为 0.5mm，该制件的定子和转子叠压高度相等。外观要求好，毛刺低，叠压后形位公差相等。转子的外径比定子的内径小 1mm，自动叠装方式使冲片间达到预定的过盈连接，依靠级进模精确的送料步距，使冲片准确地压合在一起而达到冲片间预定叠合力。叠装时，由于落料时在凹模洞口存在一定数量的冲片，每一片均与凹模洞口内壁产生挤压摩擦力，在冲裁时利用落料凸模向下运动的冲压推力，

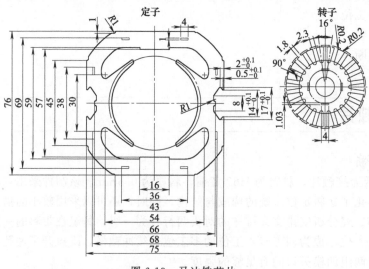

图 6-13　马达铁芯片

使冲裁分离的冲片凸点压入先冲裁的冲片凹形孔中。这样，从落料凹模洞口中落下的不再是松散的冲片，而是通过叠压点的连接，具备同一毛刺方向和一定叠厚的铁芯部件。此时落料凹模不仅完成落料分离的冲压工序，同时是铁芯叠装时的压装胎。

(2) 排样设计

排样如图 6-14 所示。具体工位安排如下。

工位①：冲导正销孔，冲定转子计算孔。

工位②：冲转子槽，预冲转子轴孔。

工位③：冲转子孔铆叠孔。

工位④：转子落料铆叠。

工位⑤：冲定子内孔。

工位⑥：冲定子槽。

工位⑦：冲定子外形。

工位⑧：空工位。

工位⑨：冲定子孔及铆叠孔。

工位⑩：定子落料铆叠。

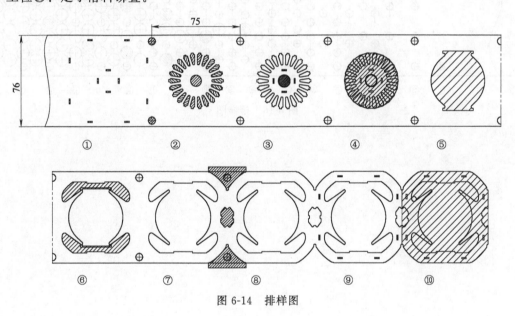

图 6-14　排样图

6.8　微电动机垫片

(1) 工艺分析

图 6-15 所示为微电动机垫片，材料为 PET 树脂，料厚为 0.25mm，该制件形状简单，但生产批量大，是典型垫片类的级进模，用在配备辊式送料器的 J21-6.3 冲床上。

(2) 排样设计

排样如图 6-16 所示，具体工位安排如下。

工位①：冲导正销孔。

工位②、③：冲孔。

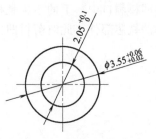

图 6-15 微电动机垫片

工位④：空工位。

工位⑤、⑥：冲孔。

工位⑦：空工位。

工位⑧：落料。

工位⑨：空工位。

工位⑩、⑪：落料。

工位⑫：空工位。

工位⑬、⑭：落料。

工位⑮：空工位。

工位⑯：落料。

工位⑰：空工位。

工位⑱：载体切断。

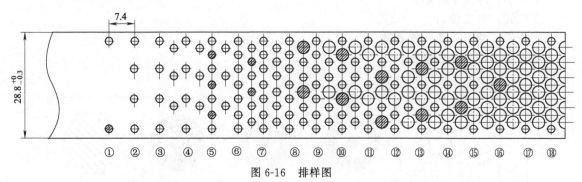

图 6-16 排样图

第7章

冲裁、弯曲工艺排样设计

7.1 卡座

(1) 工艺分析

图 7-1 所示为电器卡座，材料为 SUS301 不锈钢，料厚为 0.8mm，该制件年生产批量为 30 万件以上，形状复杂，但弯曲对称，有良好的弯曲工艺性。其冲压工艺包括冲裁、撕破压凸包，压加强筋及多道弯曲等工序组合而成。为满足大批量生产需求及确保制件能很好地定位，决定采用多工位级进模进行冲压。

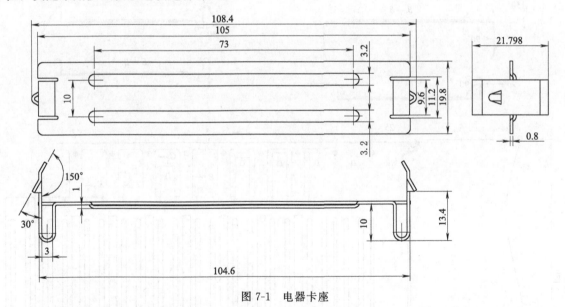

图 7-1　电器卡座

(2) 排样设计

根据图 7-2 所示的制件展开图对该制件进行排样，考虑到制件两端 U 形弯曲回弹较大，因此在工位⑧进行 30°的预弯处理，并进入工位⑨两端部进行 U 形弯曲即可，排样如图 7-3 所示。具体工位安排如下。

工位①：冲导正销孔，冲切两侧刃及预切中部外形废料。

工位②：切舌压凸包，预切另一个外形中部废料。

工位③：冲切两端外形废料。

工位④：冲切另一个两端外形废料。

工位⑤：弯曲1（见图7-3中*A—A*剖视图）。

工位⑥：弯曲2（见图7-3中*B—B*剖视图）。

工位⑦：弯曲3（见图7-3中*C—C*剖视图）。

工位⑧：弯曲4（见图7-3中*D—D*剖视图）。

工位⑨：弯曲5（见图7-3中*E—E*剖视图）。

工位⑩：空工位。

工位⑪：冲切载体（制件与载体分离）。

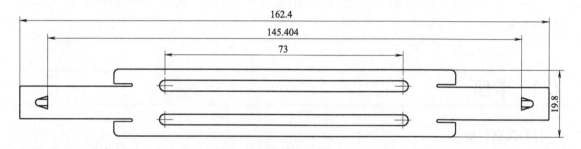

图7-2　制件展开图

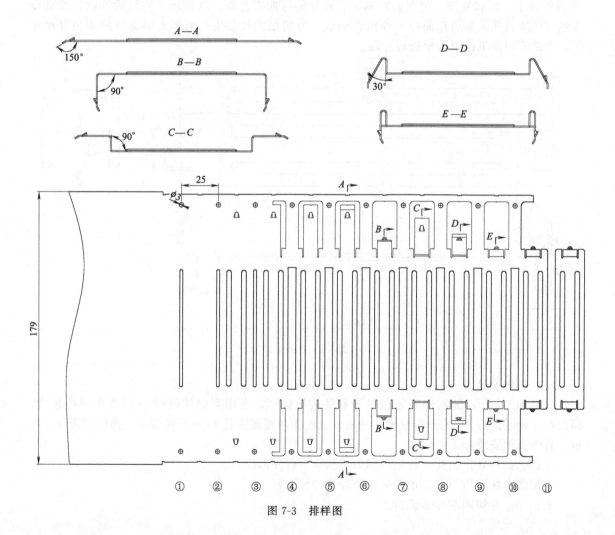

图7-3　排样图

7.2　安装座

(1) 工艺分析

图 7-4 所示为安装座，材料为 DC04 钢，料厚为 2.5mm。该制件生产批量大，形状复杂，尺寸精度要求不高，外形尺寸为 78.9mm×77mm×73mm，制件中有两个圆孔，两个腰形孔和一个小凸包，其中有一个 $\phi 8.1$mm 的圆孔和 1 个腰形孔的中心距离为 39mm 的尺寸难以保证，因此考虑在弯曲之后冲压出。该制件为多个工序的弯曲成形件，其冲压工艺包括冲裁、压凸包和弯曲等工序。经分析，采用横排排列的多工位级进模进行冲压成形，为增强载体的强度，在载体上设计工艺弯边。

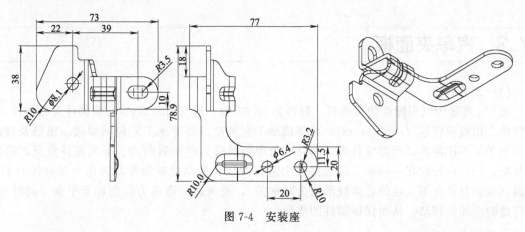

图 7-4　安装座

(2) 排样设计

排样如图 7-5 所示，具体工位安排如下。

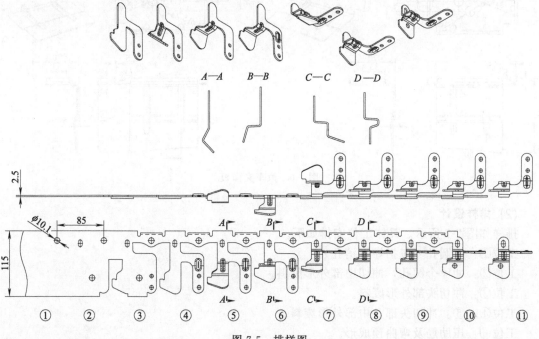

图 7-5　排样图

工位①：冲导正销孔，冲切腰形孔。

工位②：冲切外形废料。

工位③：冲切外形废料，冲 1 个腰形孔及 1 个 $\phi6.4\text{mm}$ 圆孔，载体工艺弯边。

工位④：压凸包。

工位⑤：弯曲 1（见图 7-5 中 $A—A$ 剖视图）。

工位⑥：弯曲 2（见图 7-5 中 $B—B$ 剖视图）。

工位⑦：弯曲 3（见图 7-5 中 $C—C$ 剖视图）。

工位⑧：弯曲 4（见图 7-5 中 $D—D$ 剖视图）。

工位⑨：整形。

工位⑩：空工位。

工位⑪：冲切载体（制件与载体分离）。

7.3　汽车夹面板

(1) 工艺分析

图 7-6 所示为汽车配件的夹面板，材料为 DC03 钢，料厚为 2.5mm。该制件为对称件，形状简单，因板料较厚（$t=2.5\text{mm}$），导致成形工艺复杂。其冲压工艺包括冲裁、压筋及弯曲，若采用单工序模冲压，所需模具多，而且单角弯曲对模具产生侧向力，导致制件质量不稳定，经分析，把对称件放在一副多工位级进模上进行冲压，把单件单角弯曲转化为对称件的 U 形弯曲（也就是说在每工位的弯曲成形均为对称的），使两边的弯曲力得到相互平衡。同时也减少弯曲时毛坯的移动，从而保证制件的质量。

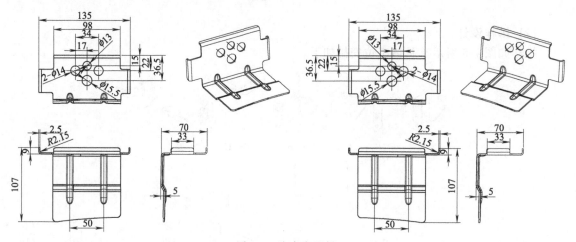

图 7-6　汽车夹面板

(2) 排样设计

排样如图 7-7 所示。具体工位安排如下。

工位①：冲圆孔（包括导正销孔）。

工位②：冲 4 个圆孔，冲切中部外形废料。

工位③：冲切头部外形废料。

工位④、⑤：冲切头部及中部外形废料。

工位⑥：压肋筋及弯曲预成形。

工位⑦：四周 90°弯曲。

工位⑧：空工位。

工位⑨：90°弯曲转化为 V 形弯曲及载体同制件连接处工艺压弯。

工位⑩：空工位。

工位⑪：载体工艺压弯校正。

工位⑫：冲切载体（载体与制件分离）。

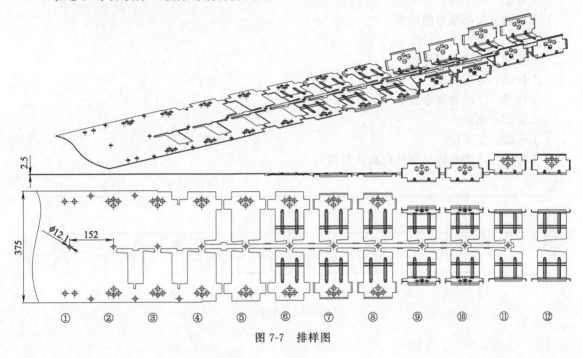

图 7-7　排样图

7.4　保险丝帽卷圆接插件端子

(1) 工艺分析

图 7-8 所示为保险丝帽卷圆接插件端子，材料为 H68 黄铜，料厚为 0.5mm。该制件生产批量大，尺寸精度要求高，外形为 $\phi(7\pm0.03)$mm，端部有 1 个 $\phi4.5$mm 的圆孔，从成形的精度和生产效率进行分析，采用多工位级进模进行冲压较为合理，针对卷圆尺寸精度及结构进行分析，该制件卷圆分 3 次成形及 1 次整形即可。

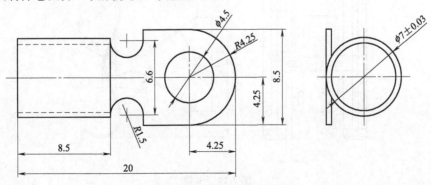

图 7-8　保险丝帽卷圆接插件端子

（2）排样设计

排样如图 7-9 所示，具体工位安排如下。

工位①：冲导正销孔，冲切侧刃。

工位②：空工位。

工位③、④：冲切卷圆处外形废料。

工位⑤：空工位。

工位⑥：头部预弯曲成形。

工位⑦：空工位。

工位⑧：首次卷圆弯曲。

工位⑨：空工位。

工位⑩：二次卷圆弯曲。

工位⑪：整形。

工位⑫：空工位。

工位⑬：冲切载体（制件与载体分离）。

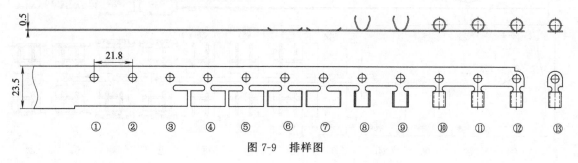

图 7-9　排样图

7.5　卡簧

（1）工艺分析

图 7-10 所示为卡簧，材料为 65Mn 锰钢，料厚为 0.6mm。该制件外形复杂，尺寸要求一般，它属于多向弯曲为主的冲压件，而各弯曲的 R 角较大，那么导致弯曲的回弹也难以控制，因此

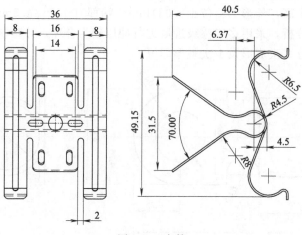

图 7-10　卡簧

该制件在多工位级进模上采用 7 次弯曲成形，并用改变各弯曲 R 角的大小来控制各弯曲角的回弹。在弯曲成形中采用两个 $\phi 2.52\mathrm{mm}$ 的导正销孔作带料精确定位，使冲压出的制件更稳定。

(2) 排样设计

排样如图 7-11 所示，具体工位安排如下。

工位①：冲导正销孔，冲切内形长条废料孔。

工位②：冲切腰形孔。

工位③：冲切 4 条长条外形废料。

工位④：冲切头部及另 4 条长条外形废料。

工位⑤：空工位。

工位⑥：U 形向下弯曲。

工位⑦：U 形向上弯曲。

工位⑧：U 形及 V 形向下弯曲。

工位⑨：W 形向上弯曲及向下弯曲 $R4.5\mathrm{mm}$ 弧形。

工位⑩：头部弯曲。

工位⑪：向上校正弯曲。

工位⑫：向下弯曲。

工位⑬：落料。

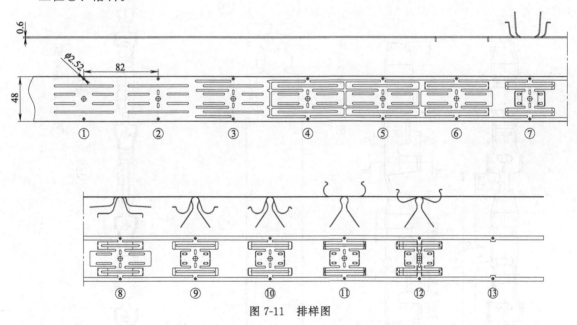

图 7-11　排样图

7.6　接线端子（一）

(1) 工艺分析

图 7-12 所示为 3.5 汽车线速总成用的接线端子，材料为 H62 黄铜，料厚为 0.4mm。该制件年产量大，外形小而复杂，尺寸精度要求高，表面要求无划伤，外观光泽一致，卷圆不错位等。制件中有两处 U 形弯曲，大的 U 形弯曲是压线束的外层绝缘体（包括内层的铜线）；而另一处小的 U 形弯曲是连接线束中的铜线用，使其导电。其冲压工艺主要有冲裁、弯曲、卷圆、

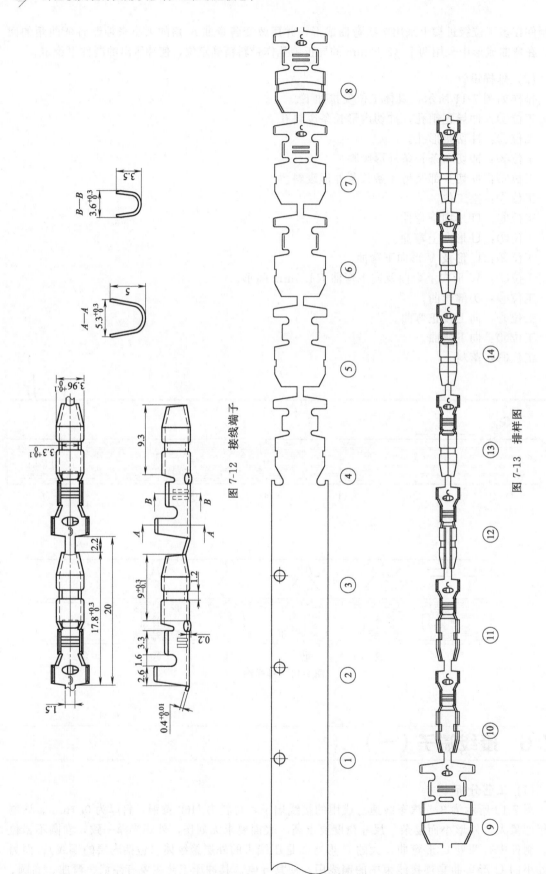

图 7-12　接线端子

图 7-13　排样图

压小筋等。若采用单工序模冲压，不仅工艺繁琐，质量也难以保证，通常采用多工位级进模冲压较为合理。

(2) 排样设计

根据后续电镀及装配压线的需要，该制件成形后无须单件分离，后续压线时再分离。因此，采用单排中间载体连接的排样方式，排样如图 7-13 所示。具体工位安排如下。

工位①：冲导正销孔。

工位②、③：空工位。

工位④：冲切外形废料。

工位⑤：空工位。

工位⑥：压线部分头部倒角。

工位⑦：压小筋、刻印。

工位⑧：预卷边 1。

工位⑨：空工位。

工位⑩：预卷边 2。

工位⑪：空工位。

工位⑫：卷圆。

工位⑬：整形 1。

工位⑭：整形 2。

7.7 汽车零部件安装支架

(1) 工艺分析

图 7-14 所示为某汽车零部件安装支架，材料为 S355MC 钢（欧洲标准），料厚为 3.0mm。该制件为对称件，形状简单，尺寸要求高，因此侧面的部分形状均为滑块冲切出，整体属于 U 形弯曲件。若采用单工序模冲压，所需模具多，不能实现自动化，满足不了大批量生产。经分析，采用多工位级进模进行冲压成形较为合理。

(2) 排样设计

排样如图 7-15 所示，具体工位安排如下。

工位①：冲导正销孔。

工位②：冲切外形废料，冲切双侧刃。

工位③：冲切外形废料。

工位④：冲切外形废料。

工位⑤：载体弯曲。

工位⑥：两耳朵弯曲。

工位⑦：空工位。

工位⑧：U 形弯曲。

工位⑨：空工位。

工位⑩：侧切左边外形废料。

工位⑪：侧切右边外形废料。

工位⑫：冲 4 个 ϕ11mm 圆孔。

工位⑬、⑭：空工位。

工位⑮：冲切载体（制件与载体分离）。

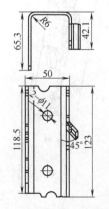

图 7-14 汽车零部件安装支架

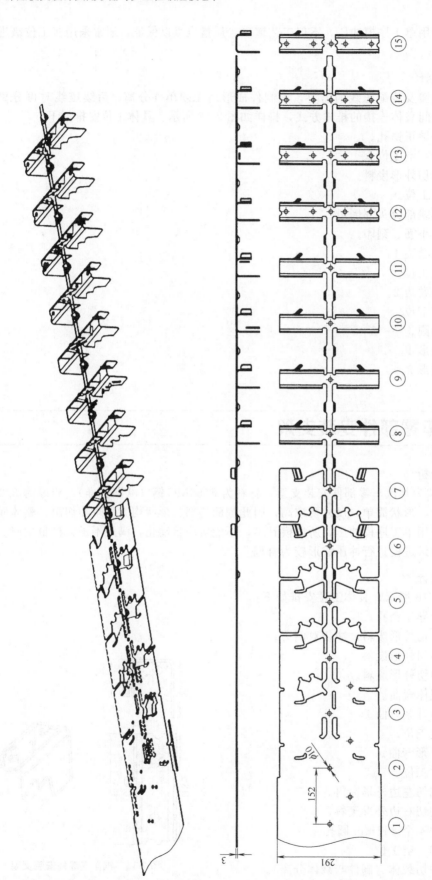

图 7-15　排样图

7.8 节温器体衬套

(1) 工艺分析

图 7-16 所示为汽车零部件上的一节温器体衬套，材料为 ST12，料厚为 1.0mm。该制件形状简单，但成形工艺复杂，制件不得有毛刺，头部要倒角处理，凸缘处不允许有接刀痕，这给制件提出了更高的要求。从图 7-16 中可以看出，该制件主体为一带凸缘的筒形件，筒形为 ϕ11.3mm，凸缘为 ϕ12.8mm，高为 9.25mm。该制件的 ϕ11.3mm 处整体紧配安装在塑胶件的圆孔内，利用中间一条 1.4mm 的开口缝隙作弹性用。当制件紧配安装后，有微小的力往外侧弹出紧压着塑胶件的内圆孔，使其不易脱落。

(2) 排样设计

根据制件的结构特点，拟定如下 3 个方案。

方案 1：采用拉深的工艺来实现制件的冲压。其冲压工艺包括冲裁、拉深及翻边等。制件先拉深成筒形件，再用两个工序来冲切中间的 1.4mm 的开口处。因制件外形尺寸较小，虽拉深后筒形的尺寸很好控制，但在冲切 1.4mm 的开口处时，其凸模、凹模的强度都较弱。在冲压过程中，容易造成凸模折断、凹模损坏的现象，难以实现大批量生产。

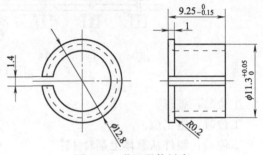

图 7-16　节温器体衬套

方案 2：采用普通的卷圆工艺来实现制件的冲压。制件经过展开后，把要卷圆成形的周边废料先冲切出，卷圆可分为 4 次成形，最后直接从凸缘的搭边处把制件冲切出，制件从漏料孔内出件，使冲切出的制件凸缘的搭边处毛刺方向相反，而接刀痕也较为明显，凸缘处经常有翘曲不平的现象，难以达到 90°，从而影响制件的质量。

方案 3：采用卷圆后，把整个卷圆件翻转 90°的工艺来实现制件的冲压。该工艺在制件的整圈凸缘处留有一定的修边余量。其卷圆的工艺与方案 2 相同，不同处为卷圆结束后，把卷圆件从载体上的搭边处翻转 90°后，再进行凸缘处整形，最后制件从凸缘处冲切出。

综上分析，该制件采用方案 3 的排样工艺较为合理，制件卷圆后直接翻转为 90°，其变形过于激烈。因此，在 90°翻转前加一工序为 45°翻转过渡。排样如图 7-17 所示。具体工位安排如下。

工位①：冲导正销孔。

工位②、③：冲切外形废料。

工位④：空工位。

工位⑤：头部倒角。

工位⑥：凸缘处弯曲。

工位⑦：凸缘处弯曲后整形。

工位⑧：空工位。

工位⑨：一次卷圆。

工位⑩：二次卷圆。

工位⑪：三次卷圆。

工位⑫：四次卷圆。

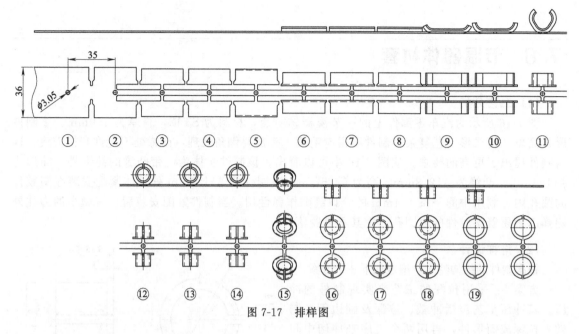

图 7-17　排样图

工位⑬：整形。

工位⑭：空工位。

工位⑮：制件从载体上翻转 45°。

工位⑯：制件从载体上翻转 90°。

工位⑰：一次整形。

工位⑱：二次整形。

工位⑲：落料（制件从载体上的凸缘处分离）。

7.9　铰链转轴支座

(1) 工艺分析

图 7-18 所示为铰链转轴支座，材料为 SPCC 钢，料厚为 0.5mm。该制件形状复杂，生产

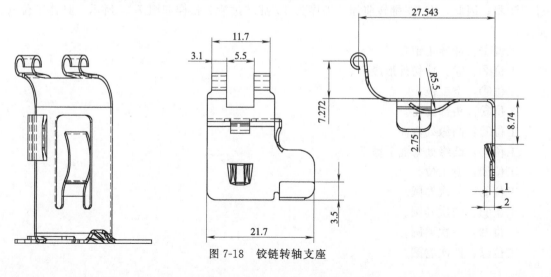

图 7-18　铰链转轴支座

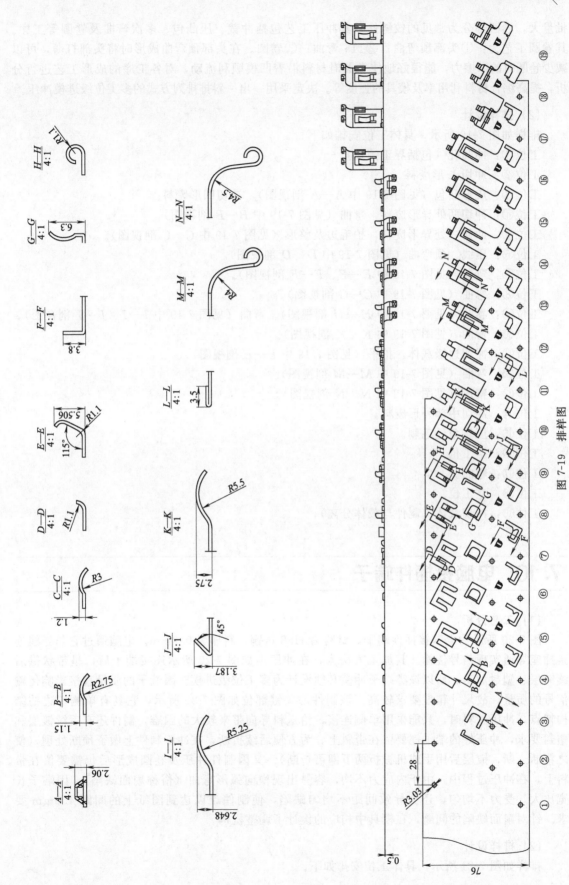

图 7-19　排样图

批量大，卷圆部分为常见的铰链件。其冲压工艺包括冲裁、压凸包、多次弯曲及卷圆等工序。其卷圆工艺为：①头部预弯曲；②115°弯曲；③卷圆。在头部预弯曲成形时将头部打薄，可以减少卷圆时的摩擦力，能很好地使卷圆时材料沿着凹模顺利流动，对各工序的成形工艺进行分析，提高综合材料利用率及模具的强度等。决定采用一出一斜排排列方式的多工位级进模冲压。

(2) 排样设计

排样如图 7-19 所示，具体工位安排如下。

工位①：冲圆孔（包括导正销孔）。

工位②：冲切 L 形废料。

工位③：成形凸包（见图 7-19 中 A—A 剖视图），冲切凹形废料。

工位④：冲切两处异形废料，弯曲（见图 7-19 中 B—B 剖视图）。

工位⑤：冲切一处异形废料，拍毛边及整形（见图 7-19 中 C—C 剖视图）。

工位⑥：压线、预弯曲（见图 7-19 中 D—D 剖视图）。

工位⑦：弯曲（见图 7-19 中 E—E、F—F 剖视图）。

工位⑧：弯曲（见图 7-19 中 G—G 剖视图）。

工位⑨：卷圆（见图 7-19 中 H—H 剖视图）、弯曲（见图 7-19 中 I—I、J—J 剖视图）。

工位⑩：弯曲（见图 7-19 中 K—K 剖视图）。

工位⑪：冲切边缘载体，拍平（见图 7-19 中 L—L 剖视图）。

工位⑫：弯曲（见图 7-19 中 M—M 剖视图）。

工位⑬：整形（见图 7-19 中 N—N 剖视图）。

工位⑭：冲切中部外形废料。

工位⑮：压转角处毛刺。

工位⑯：空工位。

工位⑰：弯曲。

工位⑱：空工位。

工位⑲：冲切载体（制件与载体分离）。

7.10 电脑接插件端子

(1) 工艺分析

图 7-20 所示为电脑接插件端子，材料为 H68 黄铜，料厚为 0.2mm。电脑通过它与导线连接插座导通实现信号传输。其加工方法为，在冲压出如图 7-20 所示连接端子后，呈带状供后续镀层、塑封加工，所以该类端子冲模必须设计为多工位级进模。因端子的质量直接影响传输信号的质量，故尺寸精度要求较高。该制件的关键部位如图 7-20 所示，它具有单侧切边的结构特点，冲压送料时，只能采用单侧连接，给送料导向带来较大的困难，制件还有后续镀层和塑封要求，冲压好的端子需要留在带料上。为方便后续折断，在冲压制件上做了预断处理（使之将断未断，镀层后用手或机械折两下即可折断）。又因制件冲压及卷圆成形后仍需要留在带料上，在冲压过程中，由于内应力不均，容易出现横向弧形弯曲（俗称扇面缺陷），因端子长宽比大，受力不均匀，还会导致间距不均匀缺陷，使制件难以达到图纸上的间距 4.0mm 要求。针对扇面缺陷的问题，在模具中相应的设计了调整机构。

(2) 排样设计

排样如图 7-21 所示，具体工位安排如下。

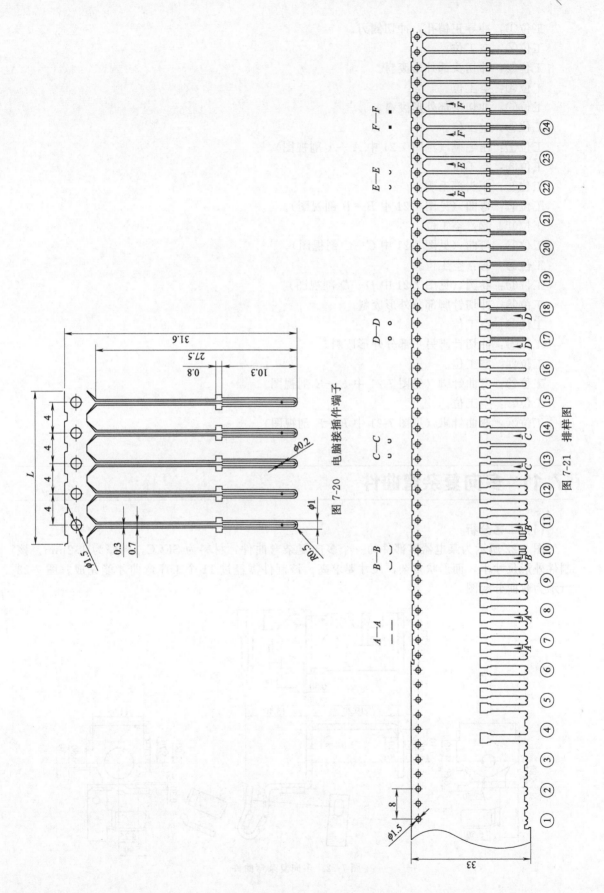

图 7-20　电脑接插件端子

图 7-21　排样图

工位①：冲导正销孔，冲切侧刃。

工位②：空工位。

工位③：冲切头部外形废料。

工位④：空工位。

工位⑤：冲切头部外形废料。

工位⑥：空工位。

工位⑦：压毛刺（见图 7-21 中 $A—A$ 剖视图）。

工位⑧：空工位。

工位⑨：压头部毛刺。

工位⑩：弯曲（见图 7-21 中 $B—B$ 剖视图）。

工位⑪、⑫：空工位。

工位⑬：弯曲（见图 7-21 中 $C—C$ 剖视图）。

工位⑭～⑯：空工位。

工位⑰：卷圆（见图 7-21 中 $D—D$ 剖视图）。

工位⑱：冲切针脚部分外形废料。

工位⑲：空工位。

工位⑳：冲切针脚另一部分外形废料。

工位㉑：空工位。

工位㉒：弯曲针脚（见图 7-21 中 $E—E$ 剖视图）。

工位㉓：空工位。

工位㉔：弯曲针脚（见图 7-21 中 $F—F$ 剖视图）。

7.11　多向复杂弯曲件

(1) 工艺分析

图 7-22 所示为某电器零部件的一个多向复杂弯曲件，材料为 SECC，料厚为 1.2mm。该制件外形尺寸小，而形状复杂，尺寸要求高。该制件需经过 11 个工序弯曲才能完成。图 7-23 所示为弯曲分解图。

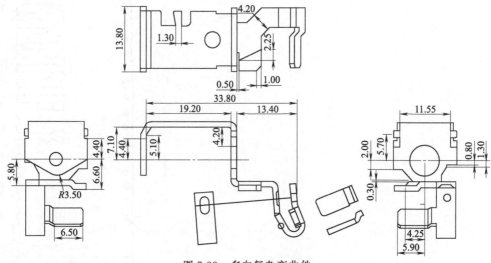

图 7-22　多向复杂弯曲件

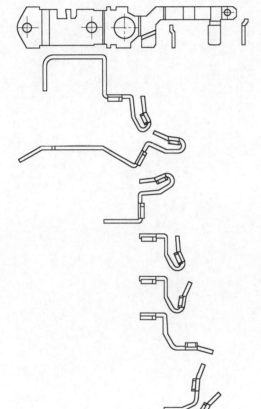

图 7-23　弯曲分解图

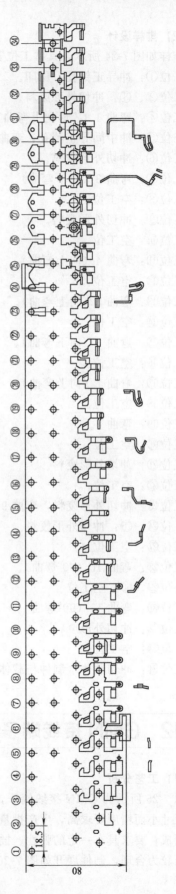

图 7-24　排样图

（2）排样设计

排样如图 7-24 所示，具体工位安排如下。

工位①：冲导正销孔，压印。

工位②、③：冲切外形废料。

工位④：弯曲 1（Z 形向上弯曲）。

工位⑤：冲中间导正销孔，弯曲 2（Z 形向下弯曲）。

工位⑥：冲切外形废料。

工位⑦：弯曲 3（向下弯曲）。

工位⑧：空工位。

工位⑨：冲切外形废料。

工位⑩：空工位。

工位⑪：弯曲 4（向上弯曲）。

工位⑫：空工位。

工位⑬：弯曲 5（向上弯曲）。

工位⑭：空工位。

工位⑮：弯曲 6（向下弯曲）。

工位⑯：空工位。

工位⑰：弯曲 7（向上弯曲）。

工位⑱：空工位。

工位⑲：弯曲 8。

工位⑳：空工位。

工位㉑：冲切外形废料。

工位㉒：空工位。

工位㉓：冲切外形废料，弯曲 9（向上弯曲）。

工位㉔～㉖：冲切外形废料。

工位㉗：空工位。

工位㉘：弯曲 10（30°弯曲）。

工位㉙、㉚：空工位

工位㉛：弯曲 11（90°弯曲）。

工位㉜：冲切外形废料。

工位㉝：空工位。

工位㉞：冲切载体（制件与载体分离）。

7.12 GMN 接线端子

（1）工艺分析

图 7-25 所示为 GMN 接线端子，材料为 C519-H 磷青铜，料厚为 0.4mm。该制件形状复杂，尺寸小而精度要求高，生产批量大，工序多。属于弹性类插拔件，通常用磷青铜和锡青铜加工而成，要求具有一定的弹性、插拔力，良好的接触性和抗疲劳性。因此，采用多工位级进模冲压较为合理，制件展开如图 7-26 所示。

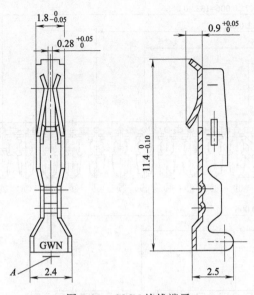

图 7-25　GMN 接线端子

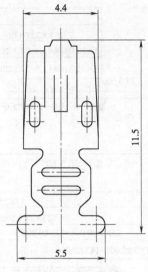

图 7-26　制件展开图

(2) 排样设计

排样如图 7-27 所示，具体工位安排如下。

工位①：压字印。

工位②：冲导正销孔。

工位③～⑤：空工位。

工位⑥：冲工艺方孔。

工位⑦：压肋。

工位⑧、⑨：空工位。

工位⑩、⑪：冲切外形废料。

工位⑫～⑭：空工位。

工位⑮：压印。

工位⑯：空工位。

工位⑰：切撕开制件包容部分。

工位⑱～⑳：空工位。

工位㉑：压包并首次弯曲。

工位㉒：空工位。

工位㉓：二次弯曲。

工位㉔～㉖：空工位。

工位㉗：撕倒刺。

工位㉘～㉚：空工位。

工位㉛：三次弯曲。

工位㉜～㉞：空工位。

工位㉟：末次弯曲成形。

工位㊱～㊳：空工位。

工位㊴：载体与制件分离（有时候制件留在载体上不分离，成卷后进行后续工序加工）。

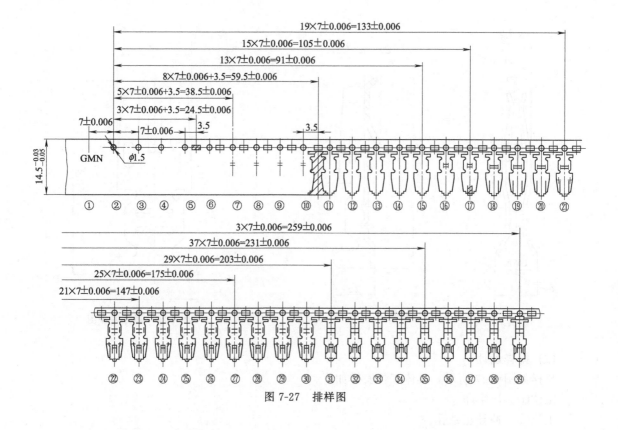

图 7-27　排样图

7.13　汽车连接端子

(1) 工艺分析

图 7-28 所示为汽车连接端子，材料为 QSn6.5-0.1 锡青铜，料厚为 0.3mm。该端子外形尺寸小，结构复杂，精度高，冲压速度高（600～800 次/min）。属于弹性类插拔件，其功能相同于 7.12 节介绍。从图 7-28 中可以看出，该制件经多向弯曲合成不对称箱体，在成形箱体的过程中，要注意成形凸模两侧与制件的接触顺序，制件两侧要同时接触成形面，否则制件在成形过程中容易发生翻转，从而影响制件的质量。

制件展开图的合理性是模具开发能否成功的关键要素之一。为方便计算，该制件采用 UG 辅助展开，根据制件三维模型提取片体、缝合片体、成形性分析、网格划分及计算等步骤。利用有限元分析得到如图 7-29 所示的制件展开图。

(2) 排样设计

该制件形状复杂，为保证凸、凹模的强度及给弯曲成形等留有足够的位置。该制件成形结束，后续还需经过电镀、压线等工序，因此制件要留在载体上。该排样设计共设置 42 个工位，排样如图 7-30 所示，具体工位安排如下。

工位①：冲导正销孔，压印。

工位②：空工位。

工位③：压筋，冲切内形孔废料。

工位④：冲切内形孔废料。

工位⑤、⑥：冲切外形废料。

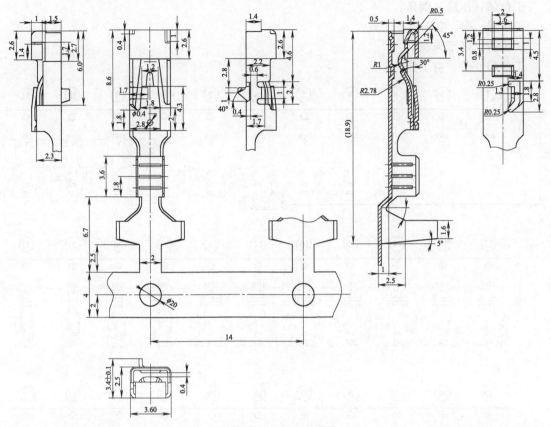

图 7-28　汽车连接端子

工位⑦：空工位。

工位⑧、⑨：冲切外形废料。

工位⑩：空工位。

工位⑪：压线。

工位⑫：压筋。

工位⑬：箱体弯曲成形，切舌。

工位⑭～⑱：空工位。

工位⑲：杠杆机构弯曲成形小尾部。

工位⑳：空工位。

工位㉑：第二次箱体弯曲成形。

工位㉒：空工位。

工位㉓：第三次箱体弯曲成形。

工位㉔：空工位。

工位㉕：第四次箱体弯曲成形。

工位㉖：空工位。

工位㉗：第五次箱体弯曲成形。

工位㉘、㉙：空工位。

工位㉚：侧向成形弹片。

工位㉛～㉝：空工位。

工位㉞、㉟：冲切外形废料。

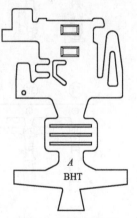

图 7-29　制件展开图

工位㊱：压扁、倒角。

工位㊲、㊳：空工位。

工位㊴：U 形弯曲。

工位㊵～㊷：空工位。

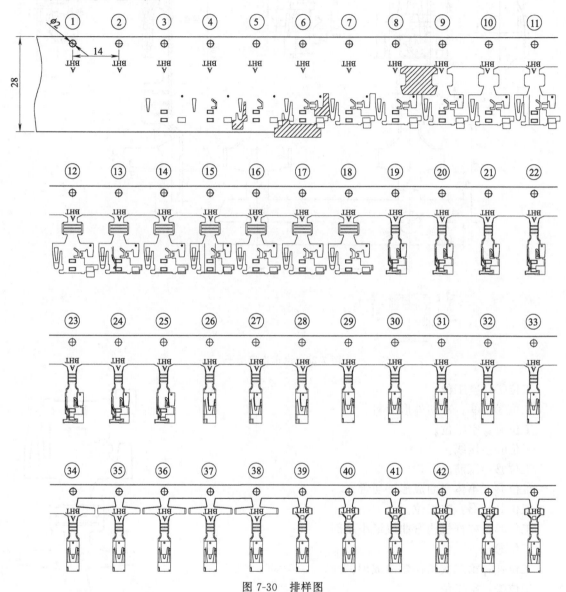

图 7-30 排样图

7.14 连接器接线端子

(1) 工艺分析

图 7-31 所示为连接器接线端子，材料为 KLF-5H 铜带，料厚为 0.25mm。该接线端子年产量较大，精度高，且成形工艺复杂，为多向弯曲件。多采用硬质合金多工位级进模进行大批量自动化生产。其功能相同于 7.13 节介绍。

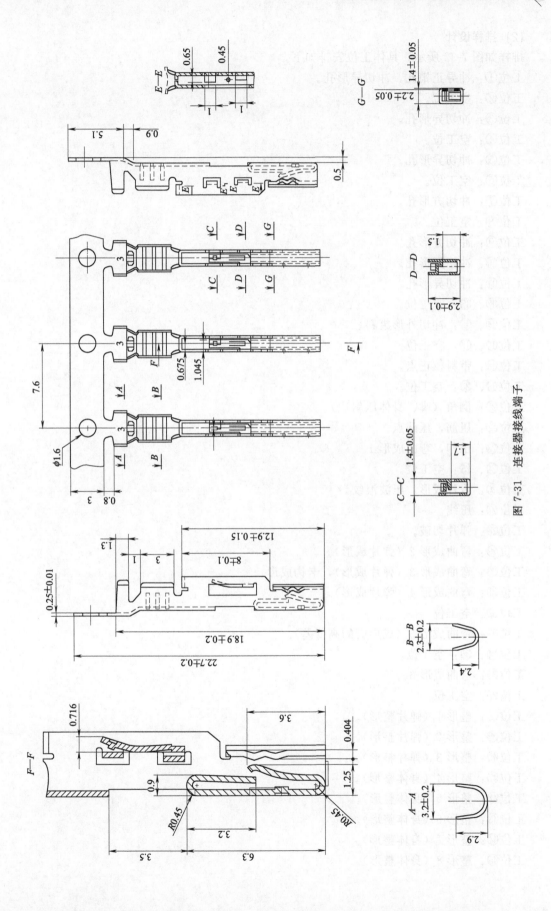

图 7-31　连接器接线端子

(2) 排样设计

排样如图 7-32 所示，具体工位安排如下。

工位①：冲导正销孔，冲切异形孔。

工位②：空工位。

工位③：冲切异形孔。

工位④：空工位。

工位⑤：冲切异形孔。

工位⑥：空工位。

工位⑦：冲切方形孔。

工位⑧：空工位。

工位⑨：冲切方形孔。

工位⑩：冲切异形孔。

工位⑪：冲切异形孔。

工位⑫、⑬：空工位。

工位⑭、⑮：冲切外形废料。

工位⑯、⑰：空工位。

工位⑱：带料校正点。

工位⑲、⑳：空工位。

工位㉑：倒角（脚、身体压斜边）。

工位㉒：压筋，压凸点。

工位㉓：压印，弯曲成形 1。

工位㉔、㉕：空工位。

工位㉖：舌片成形，压波浪纹。

工位㉗：压线。

工位㉘：弹片切破。

工位㉙：弯曲成形 2（弹片成形）。

工位㉚：弯曲成形 3（弹片成形），卡钩成形。

工位㉛：弯曲成形 4（弹片成形）。

工位㉜：空工位。

工位㉝：弯曲成形 5（成形脚的高低差）。

工位㉞、㉟：空工位。

工位㊱：弯曲成形 6。

工位㊲：空工位。

工位㊳：整形 1（弹片整形）。

工位㊴：整形 2（弹片整形）。

工位㊵：整形 3（弹片整形）。

工位㊶：整形 4（身体整形）。

工位㊷：整形 5（身体整形）。

工位㊸：整形 6（身体整形）。

工位㊹：整形 7（身体整形）。

工位㊺：整形 8（身体整形）。

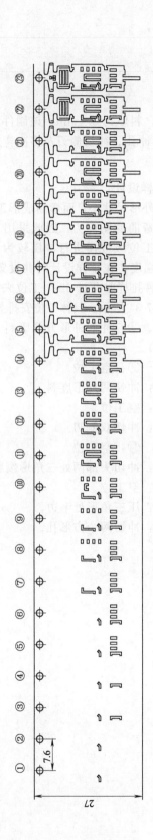

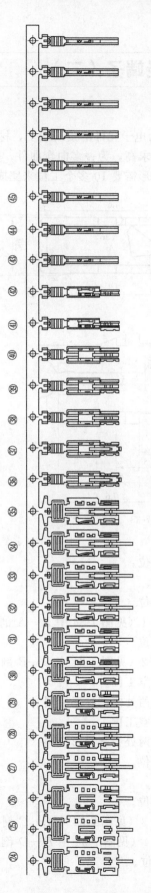

图 7-32 排样图

7.15　接线端子（二）

(1) 工艺分析

图 7-33 所示为电子元件的接线端子，材料为 H68 黄铜，料厚为 0.4mm。该制件形状小而复杂，尺寸精度要求高，为一多向弯曲件，其冲压工艺包括冲孔、冲切侧刃及多次弯曲成形等工序，其中弯曲成形需要 10 多个工位来完成。

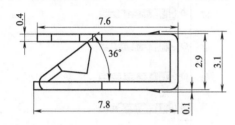

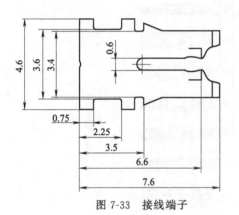

图 7-33　接线端子

(2) 排样设计

因制件外形尺寸小，而弯曲成形工位较多，为克服单角弯曲的侧向力，因此采用一出二对排排列的多工位级进模进行冲压较为合理。为保证模具的强度，在排样设计时共设置 27 个空工位，该制件排样时共计 52 个工位来完成冲压成形，如图 7-34 所示。具体工位安排如下。

工位①、②：冲切外形方形废料（作方形导正销孔用）。

工位③～⑨：空工位。

工位⑩：冲切两外形废料。

工位⑪：空工位。

工位⑫：冲切双侧刃。

工位⑬、⑭：空工位。

工位⑮：冲切头部两处三角形废料。

工位⑯：空工位。

工位⑰：压三角形处毛边。

工位⑱：冲切两个方形孔。

工位⑲：空工位。

工位⑳：切舌。

工位㉑：空工位。

工位㉒：弯曲 1（见图 7-34 中 A—A 剖视图）。

工位㉓：空工位。

工位㉔：弯曲 2（见图 7-34 中 B—B 剖视图）。

工位㉕、㉖：空工位。

工位㉗：冲切两处内部异形废料。

工位㉘、㉙：空工位。

工位㉚：冲切两处中部异形废料。

工位㉛：空工位。

工位㉜：切舌。

工位㉝：空工位。

工位㉞：弯曲 3（见图 7-34 中 C—C 剖视图）。

工位㉟：弯曲 4（见图 7-34 中 D—D 剖视图）。

工位㊱：空工位。

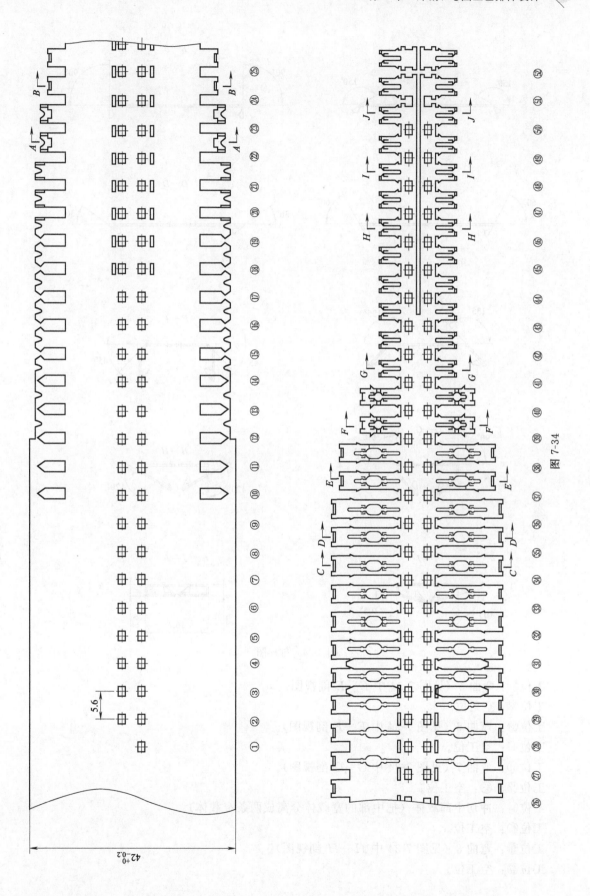

图 7-34

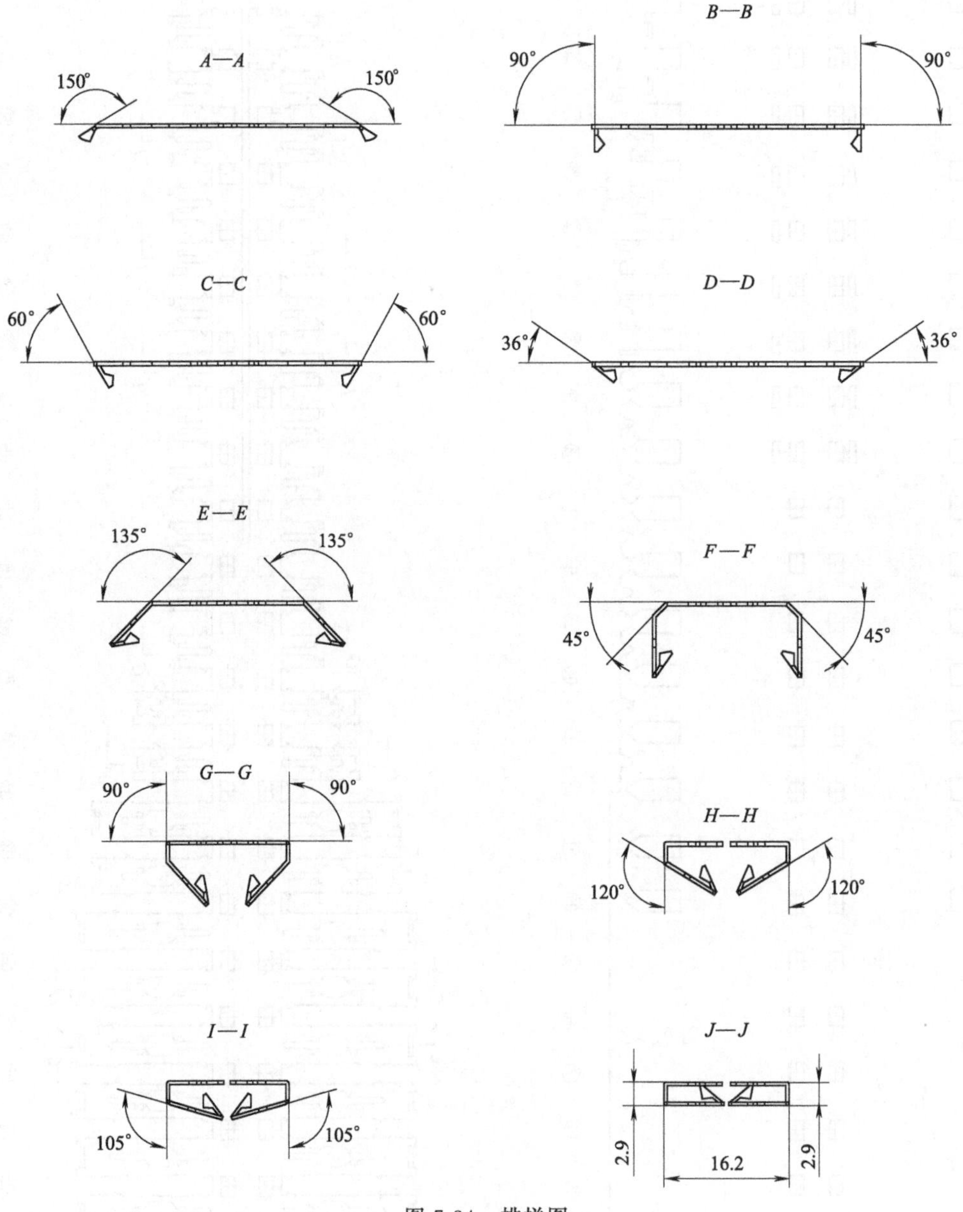

图 7-34 排样图

工位㊲：弯曲 5（见图 7-34 中 $E—E$ 剖视图）。

工位㊳：空工位。

工位㊴：弯曲 6（见图 7-34 中 $F—F$ 剖视图）。

工位㊵：空工位。

工位㊶：弯曲 7（见图 7-34 中 $G—G$ 剖视图）。

工位㊷、㊸：空工位。

工位㊹：冲切中部载体（把中部的宽载体分离成两条窄载体）。

工位㊺：空工位。

工位㊻：弯曲 8（见图 7-34 中 $H—H$ 剖视图）。

工位㊼：空工位。

工位㊽：弯曲 9（见图 7-34 中 $I—I$ 剖视图）。
工位㊾：空工位。
工位㊿：弯曲 10（见图 7-34 中 $J—J$ 剖视图）。
工位(51)：空工位。
工位(52)：冲切载体（制件与载体分离）。

7.16　弓形铜片

(1) 工艺分析

图 7-35 所示为某电子零部件的一个弓形铜片，材料为 C5210R-SH 磷青铜，料厚为 0.2mm。该制件外形小，而成形工艺较为复杂，为一多向弯曲件（需 14 个弯曲工序和 4 个整形工序才能完成制件的成形工艺）。该制件在合适的工位上利用制件与载体的交接处压线（将交接处压薄，为后续安装在塑胶件以后把载体用手工或专用的设备掰断用，无需再冲切），制件冲压完成后留在载体上，用卷料器上的料盘将其卷起即可。

(2) 排样设计

排样如图 7-36 所示，具体工位安排如下。

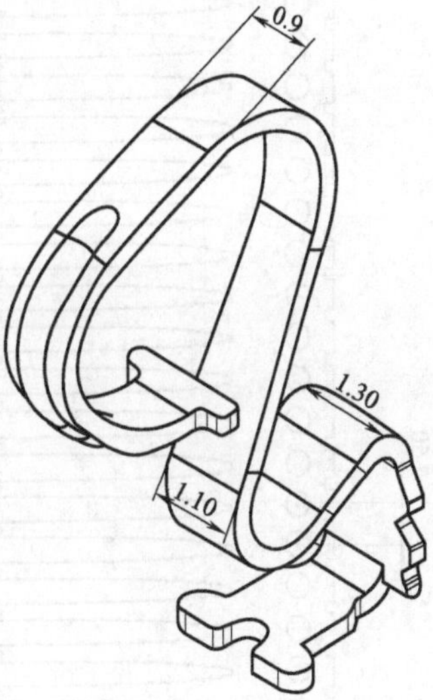

图 7-35　弓形铜片

工位①：压凸包。
工位②、③：空工位。
工位④：冲切侧刃。
工位⑤：空工位。
工位⑥：冲导正销孔。
工位⑦：空工位。
工位⑧：冲切另一侧刃。
工位⑨、⑩：空工位。
工位⑪、⑫：冲切外形废料。
工位⑬、⑭：空工位。
工位⑮：弯曲成形 1。
工位⑯、⑰：空工位。
工位⑱：弯曲成形 2。
工位⑲～㉑：空工位。
工位㉒：弯曲成形 3。
工位㉓～㉕：空工位。
工位㉖：弯曲成形 4。
工位㉗～㉙：空工位。
工位㉚：弯曲成形 5。
工位㉛～㉝：空工位。
工位㉞：弯曲成形 6。
工位㉟～㊲：空工位。
工位㊳：弯曲成形 7。
工位㊴、㊵：空工位。
工位㊶：整形 1。

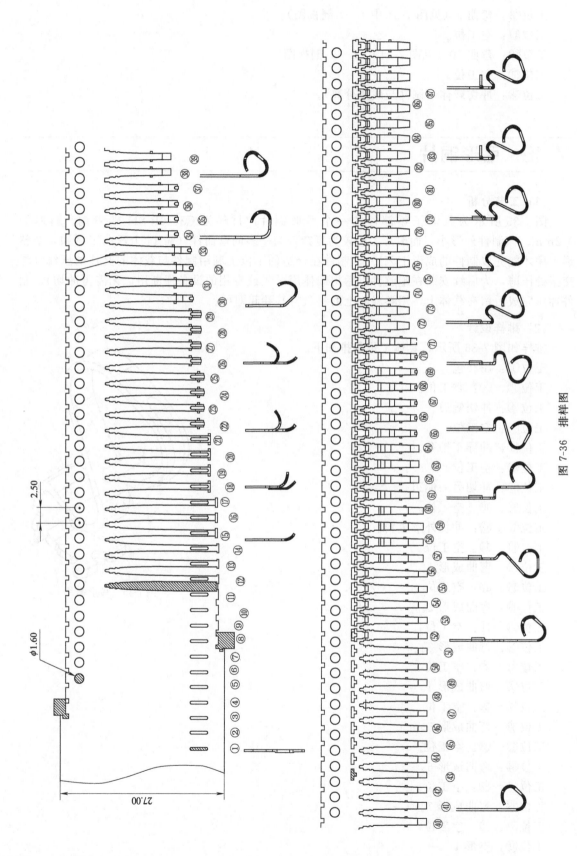

图 7-36　排样图

工位㊷：空工位。

工位㊸：冲切外形废料。

工位㊹～㊻：空工位。

工位㊼、㊽：压线（为后续安装在塑胶件以后把载体用手工或专用的设备掰断用）。

工位㊾～(51)：空工位。

工位(52)：弯曲成形 8。

工位(53)～(56)：空工位。

工位(57)：弯曲成形 9。

工位(58)～(60)：空工位。

工位(61)：弯曲成形 10。

工位(62)～(64)：空工位。

工位(65)：弯曲成形 11。

工位(66)～(68)：空工位。

工位(69)：整形 2。

工位(70)、(71)：空工位。

工位(72)：弯曲成形 12。

工位(73)～(75)：空工位。

工位(76)：整形 3。

工位(77)、(78)：空工位。

工位(79)：弯曲成形 13。

工位(80)～(82)：空工位。

工位(83)：弯曲成形 14。

工位(84)～(86)：空工位。

工位(87)：整形 4。

第8章

冲裁、拉深工艺排样设计

8.1 筒形件

(1) 工艺分析

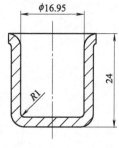

图 8-1 筒形件

图 8-1 所示为筒形件。材料为 3A21 铝合金，料厚为 2.0mm。经分析，该制件采用正装式拉深自动送料机构，依次完成拉深、整形和落料等工序。开始由手工送料预定位，首次拉深以后的定位，采用压边圈整形凸模和三次拉深凸模及导正销插入工序件来实现。

(2) 排样设计

连续拉深排样设计是级进模的关键环节。也是级进模设计的前提和基础，它具体反映了制件在整个冲裁、拉深成形过程中的工位位置和各工序拉深次数、拉深高度及拉深直径大小的相互关系。经分析，该制件排样如图 8-2 所示，具体工位安排如下。

工位①：工艺切口。

工位②：首次拉深。

工位③：二次拉深。

工位④：三次拉深。

工位⑤：整形。

工位⑥：落料。

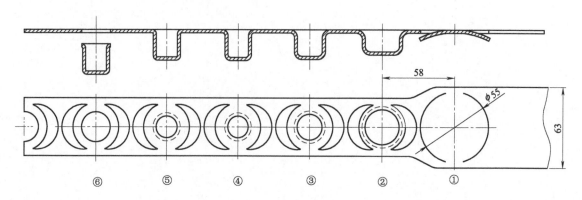

图 8-2 排样图

8.2　护罩

(1)　工艺分析

图 8-3 所示为护罩，材料为 SPCD 钢，料厚为 1.0mm。该制件为某工具上的一个外饰件，年需求量为 30 万件左右，表面不允许有刮伤、压痕、拉丝等缺陷。经分析，该制件为大凸缘矩形拉深件，根据计算，可以考虑一次拉深成形，但此制件由于受尺寸精度要求的限制，必须采用多次拉深成形才能达到技术要求。

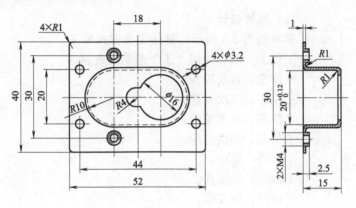

图 8-3　护罩

(2)　排样设计

排样如图 8-4 所示，具体工位安排如下。

工位①：冲导正销孔及冲切外圈工艺切口。

工位②：冲切内圈工艺切口。

工位③：导正检测。

工位④：首次拉深。

工位⑤：二次拉深。

工位⑥：整形。

工位⑦：冲孔。

工位⑧：翻孔。

工位⑨：落料。

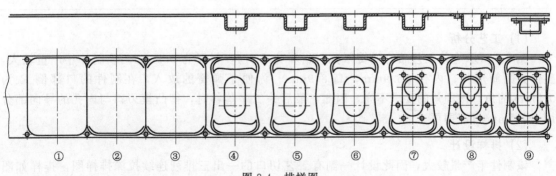

图 8-4　排样图

8.3 管底

(1) 工艺分析

图 8-5 所示为管底，材料为 H68 黄铜，料厚为 1.0mm。该制件外径尺寸与高度尺寸基本相等，而且口部有一点凸缘，故容易拉深。但在拉深和各冲裁加工的位置上，应注意凸缘部分 4 个爪与底部槽位置的关系。在连续模中采用拉深前先冲切"工"形槽的技术来制造模具。此类拉深之所以不大使用导正销导正，那是因为此带料能自动修正工序件的位置。

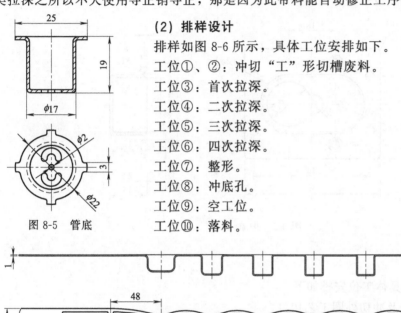

图 8-5 管底

(2) 排样设计

排样如图 8-6 所示，具体工位安排如下。

工位①、②：冲切"工"形切槽废料。

工位③：首次拉深。

工位④：二次拉深。

工位⑤：三次拉深。

工位⑥：四次拉深。

工位⑦：整形。

工位⑧：冲底孔。

工位⑨：空工位。

工位⑩：落料。

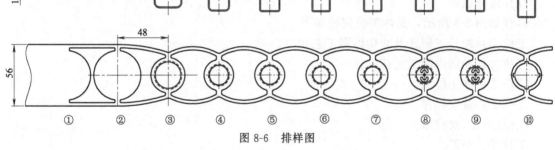

图 8-6 排样图

8.4 弹簧罩壳

(1) 工艺分析

图 8-7 所示为某工艺品的弹簧罩壳，材料为 ST14，料厚为 0.5mm。该制件年产量较大，整体为圆筒形件，内径 $\phi6.9$mm，高 8.9mm。为便于弹簧的放入，在制件的口部倒 R 为 0.5mm 的角，该圆角要求不高，因此，最后一工序落料时，把凸模刃口与内孔的导向部分用 $R0.5$mm 过渡即可。

(2) 排样设计

该制件年产量较大，因此设计一副有工艺切口的一出三排列连续拉深排样图，排样如图 8-8 所示。具体工位安排如下。

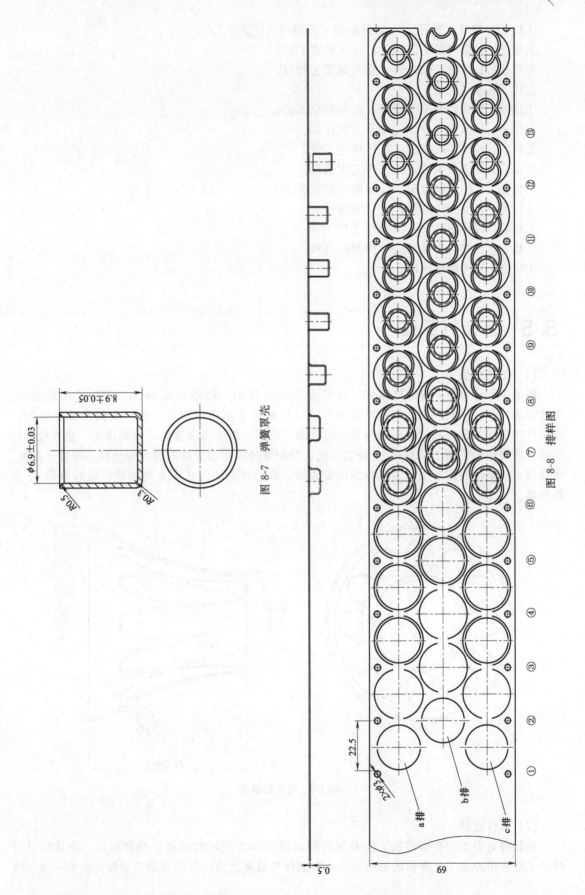

图 8-7 弹簧罩壳

图 8-8 排样图

工位①：冲导正销孔，a、c 排内圈工艺切口，b 排空工位。

工位②：b 排内圈工艺切口，a、c 排空工位。

工位③：b 排空工位，a、c 排外圈工艺切口。

工位④：空工位。

工位⑤：b 排外圈工艺切口，a、c 排空工位。

工位⑥：b 排空工位，a、c 排首次拉深。

工位⑦：b 排首次拉深，a、c 排空工位。

工位⑧：b 排空工位，a、c 排二次拉深。

工位⑨：b 排二次拉深，a、c 排三次拉深。

工位⑩：b 排三次拉深，a、c 排整形。

工位⑪：b 排整形，a、c 排空工位。

工位⑫：b 排空工位，a、c 排制件落料。

工位⑬：b 排制件落料。

8.5　装饰灯罩壳

(1) 工艺分析

图 8-9 所示为某一装饰灯罩壳，材料为 1050A 纯铝，料厚为 0.8mm。该制件形状复杂，尺寸要求一般，但对外观的粗糙度要求严格（外观要求不得有任何压伤，表面变薄要均匀）。该制件冲压后，还要经过表面氧化及电镀处理。从制件图中可以看出，该制件为一抛物线形拉深件。在周边的侧壁上设置有 12 条装饰筋，使制件外观更加美观，同时也给模具增加了难度。经分析，该制件的成形工艺为先拉深出锥形件，再用整形的方式成形抛物线，最后成形 12 条装饰筋。

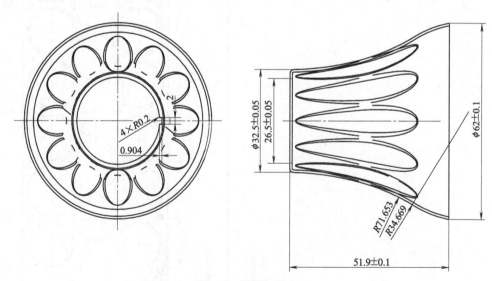

图 8-9　装饰灯罩壳

(2) 排样设计

该制件对表面的要求较高，为使制件周边拉深时方便材料流动、变薄均匀，在排样设计时，毛坯采用冲切工艺废料的切口方式，在制件与载体之间的伸缩带尽可能设计狭窄一点（该制件的伸缩带宽为 3mm）。排样如图 8-10 所示，具体工位安排如下。

　　工位①：冲导正销孔，冲切两边毛坯外形废料。

　　工位②、③：冲切中部毛坯外形废料。

　　工位④：空工位。

　　工位⑤：首次拉深。

　　工位⑥：空工位。

　　工位⑦：二次拉深。

　　工位⑧：整形（成形抛物线形）。

　　工位⑨：成形 12 条装饰筋。

　　工位⑩：空工位。

　　工位⑪：冲底孔。

　　工位⑫：空工位。

　　工位⑬：旋切（制件与载体分离）。

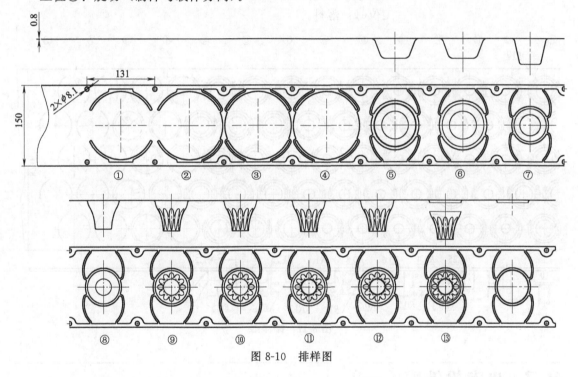

图 8-10　排样图

8.6　带凸缘弹簧罩壳

(1) 工艺分析

　　图 8-11 所示为带凸缘弹簧罩壳，材料为 SUS304 不锈钢，料厚为 0.3mm。从图 8-11 中可以看出，该制件为一带凸缘的拉深件，外形较小，尺寸要求不高，年产量为 3000 万件以上。经分析，采用多工位级进模进行冲压较为合理。

(2) 排样设计

　　根据制件的年产量需求，该制件采用一出五有工艺切口的排样方式，才能够满足制件的大批量生产，排样如图 8-12 所示，具体工位安排如下。

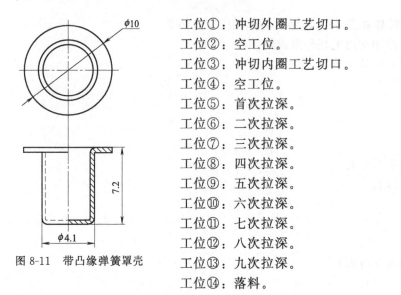

工位①：冲切外圈工艺切口。

工位②：空工位。

工位③：冲切内圈工艺切口。

工位④：空工位。

工位⑤：首次拉深。

工位⑥：二次拉深。

工位⑦：三次拉深。

工位⑧：四次拉深。

工位⑨：五次拉深。

工位⑩：六次拉深。

工位⑪：七次拉深。

工位⑫：八次拉深。

工位⑬：九次拉深。

工位⑭：落料。

图 8-11 带凸缘弹簧罩壳

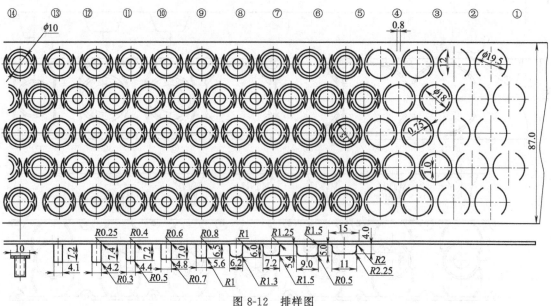

图 8-12 排样图

8.7 小电机外壳（一）

(1) 工艺分析

图 8-13 所示为微型小电机外壳，材料为 SPCE 镀锌钢带，料厚为 0.8mm。该制件为一个圆筒形拉深件，口部要求平齐，不得有毛刺。从制件图中可以看出，该制件外形为 $\phi20.2$mm，高为 25mm，侧面为一个"∩"形的侧孔，顶部由一个 $\phi5$mm 和一个 $\phi3.6$mm 的圆孔组成。该制件年产量较大，因此设计一副多工位级进模冲压较为合理。

(2) 排样设计

从制件图中可以看出，该制件口部要求平齐，并且有侧冲工艺。经分析，需向上拉深较为合理。排样如图 8-14 所示。具体工艺安排如下。

工位①：冲导正销孔，内圈工艺切口。

工位②：空工位。

工位③：外圈工艺切口。

工位④：空工位。

工位⑤：首次拉深。

工位⑥：空工位。

工位⑦：二次拉深。

工位⑧：空工位。

工位⑨：整形。

工位⑩：空工位。

工位⑪：冲顶部 ϕ5mm 圆孔。

工位⑫：冲顶部 ϕ3.6mm 圆孔。

工位⑬：侧冲 "∩" 形孔。

工位⑭：空工位。

工位⑮：旋切（制件与载体分离）。

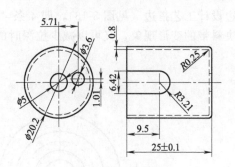

图 8-13 小电机外壳

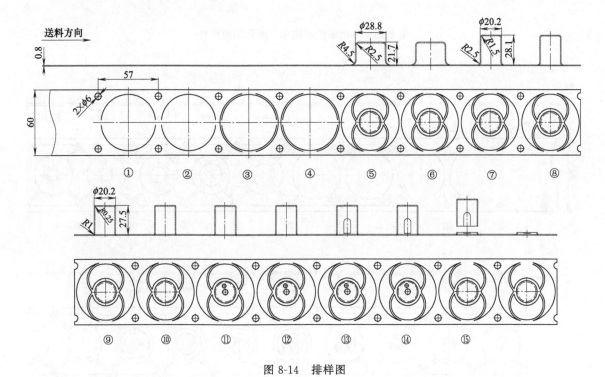

图 8-14 排样图

8.8 不锈钢阶梯拉深、翻孔筒形件

(1) 工艺分析

图 8-15 所示为不锈钢阶梯拉深、翻孔圆筒形件，材料为 SUS304 不锈钢，料厚为 1.2mm。该制件是一个带凸缘阶梯圆筒形拉深件，外形较小，尺寸精度要求高，特别是口部 ϕ(7.05±0.02)mm，符合此要求必须增加一个整形工位才能达成。因制件材料为 SUS304 不锈钢，在计算拉深系数时，不锈钢的拉深系数要比普通材料的拉深系数略大些。其次，还要在带料的周

边设计工艺搭边（见图 8-16），即 4 条 "S" 形的工艺搭边同两边载体相连接，既能很好地解决料带的变形现象，又可以减少拉深时的阻力，使拉深能顺利进行。

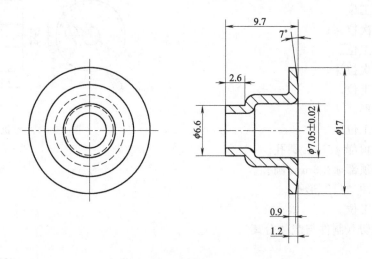

图 8-15　不锈钢阶梯拉深、翻孔圆筒形件

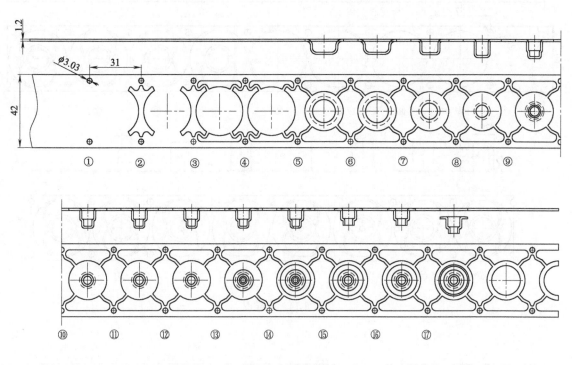

图 8-16　排样图

(2) 排样设计

排样如图 8-16 所示。具体工位安排如下。

工位①：冲导正销孔。

工位②：冲切中部废料。

工位③：冲切两边废料。

工位④：空工位。

工位⑤：首次拉深。

工位⑥：空工位。

工位⑦：二次拉深。

工位⑧：三次拉深。

工位⑨：四次拉深。

工位⑩：五次拉深。

工位⑪：六次拉深。

工位⑫：整形。

工位⑬：口部成形。

工位⑭：冲底孔。

工位⑮：翻底孔。

工位⑯：空工位。

工位⑰：落料。

8.9　JLJ-1105 阶梯拉深筒形件

(1) 工艺分析

图 8-17 所示为 JLJ-1105 阶梯拉深筒形件，材料为 SPCE 钢，料厚为 0.3mm。该制件形状复杂，拉深及弯曲次数多，制件成形时，对带料宽度和步距的影响较大，加上此带料薄而软，因此采用双圈工艺切口，使带料宽度和步距在拉深过程中都不会发生变形，因而可用导正销作带料的精定位。

(2) 排样设计

排样如图 8-18 所示，具体工位安排如下。

工位①：冲导正销孔、内圈工艺切口。

工位②：空工位。

工位③：外圈工艺切口。

工位④：空工位。

工位⑤：首次拉深。

工位⑥：空工位。

工位⑦：二次拉深。

工位⑧：三次拉深。

工位⑨：整形 1。

工位⑩：整形 2。

工位⑪、⑫：空工位。

工位⑬：冲切底部异形孔。

工位⑭：底部 45°弯曲。

工位⑮：冲底孔。

工位⑯：底部 90°弯曲。

工位⑰：落料。

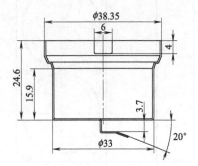

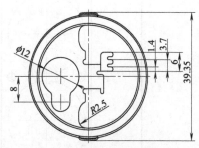

图 8-17　JLJ-1105 阶梯拉深筒形件

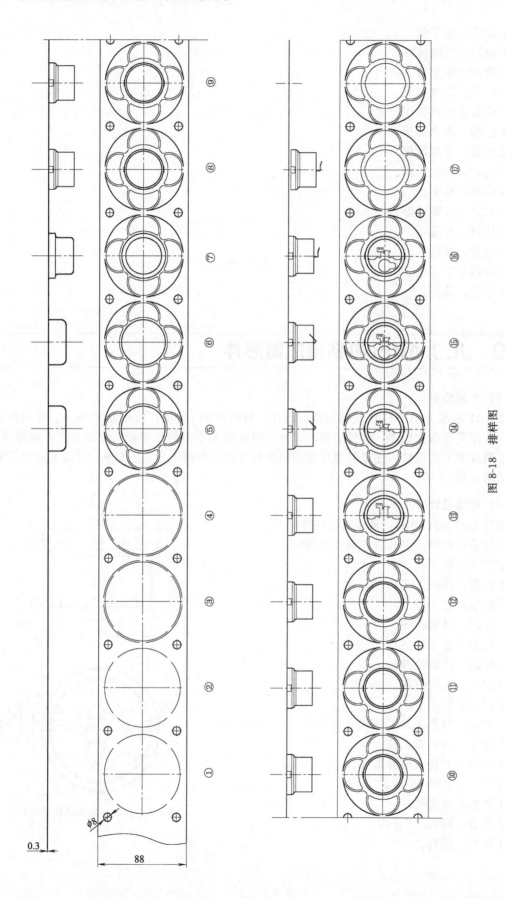

图 8-18　排样图

8.10 小电机外壳（二）

(1) 工艺分析

图 8-19 所示为微型小电机外壳，材料为 SPCE 镀锌钢带，料厚为 0.8mm。该制件的技术要求见 8.7 节。从制件图中可以看出，该制件内形为 ϕ11.9mm，高为 12.55mm，侧面为一个"∩"形的侧孔，顶部有一个 ϕ6.5mm 的圆孔。

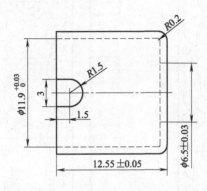

图 8-19 微型小电机外壳

(2) 排样设计

从制件图中可以看出，制件的侧壁处也有"∩"形的侧孔，那么冲压工艺也是向上拉深较为合理。与 8.7 节相比不同之处，该排样采用有废料的工艺切口（把毛坯的周边冲切出，方便材料均匀成形）。排样如图 8-20 所示。具体工位安排如下。

工位①：冲导正销孔，冲切中部外形废料。

工位②：空工位。

工位③：冲切载体边缘外形废料。

工位④、⑤：空工位。

工位⑥：首次拉深。

工位⑦：空工位。

工位⑧：二次拉深。

工位⑨：空工位。

工位⑩：三次拉深。

工位⑪：四次拉深。

工位⑫：整形 1。

工位⑬：整形 2。

工位⑭：空工位。

工位⑮：冲顶孔。

工位⑯、⑰：空工位。

工位⑱：侧冲孔。

工位⑲～㉑：空工位。

工位㉒：旋切（制件与载体分离）。

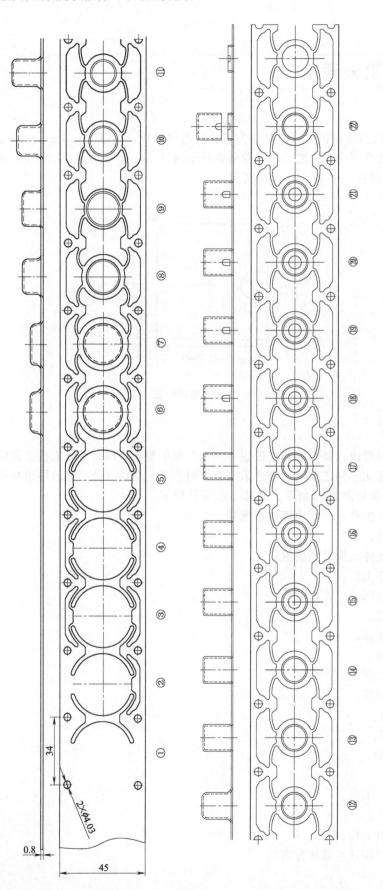

图 8-20 排样图

8.11 异形马达外壳

(1) 工艺分析

图 8-21 所示为异形马达外壳拉深件,材料为 SPCE 钢,料厚为 0.5mm。该制件外形复杂而细小,表面达到光洁、端口无变形,顶部 $\phi2.9$mm 的孔与外形有同轴度的要求,此制件属于薄壁深拉深件。为保证制件的尺寸精度、位置精度和大批量生产的要求,选用多工位级进模来成形。考虑到材料在拉深后,对凹模、凸模的包紧力增大,致使顶出困难,因此,在保证工序件不变形前提下,顺利实现脱模就成为级进模设计的关键,该工序件采用整体式弹簧板的顶出方式来实现。

(2) 排样设计

排样如图 8-22 所示。具体工位安排如下。

工位①:冲导正销孔。

工位②:内圈工艺切口。

工位③:空工位。

工位④:外圈工艺切口。

工位⑤、⑥:空工位。

工位⑦:首次拉深。

工位⑧:空工位。

工位⑨:二次拉深。

工位⑩:三次拉深。

工位⑪:四次拉深。

工位⑫:空工位。

工位⑬:冲孔。

工位⑭:翻孔。

工位⑮:冲孔。

工位⑯:翻孔。

工位⑰:冲孔。

工位⑱:侧冲卡口。

工位⑲~㉑:空工位。

工位㉒:旋切(制件与载体分离)。

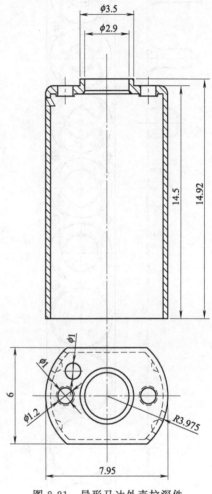

图 8-21 异形马达外壳拉深件

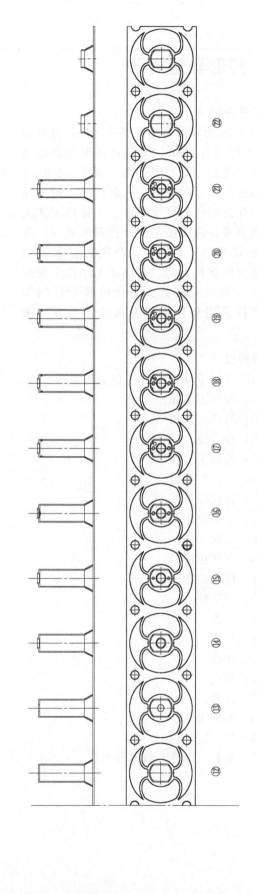

图 8-22 排样图

第9章

冲裁、成形工艺排样设计

9.1 电梯按钮

(1) 工艺分析

图 9-1 所示为电梯按钮，材料为 SUS430 不锈钢，料厚为 0.3mm。其制件要求为：①生产数字楼号 1～37（图 9-1 以数字 12 为例），开关门和上下楼等符号及其相对应的盲文数字按钮（约 40 多种电梯使用）；②制件弯曲成形后，要求平面无褶皱，平面度在 0.15mm 以内；③制件外观要求无划痕、油污、异物等。

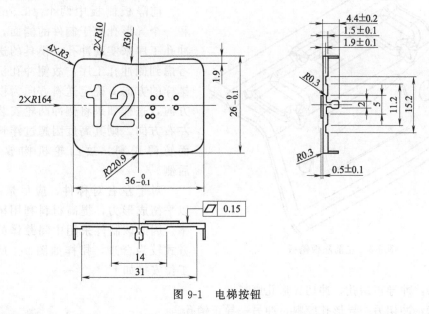

图 9-1　电梯按钮

(2) 排样设计

排样如图 9-2 所示。具体工位安排如下。

工位①：冲导正销孔，冲数字楼号。

工位②：冲数字楼号。

工位③、④：冲切外形废料。

工位⑤：空工位。

工位⑥：切断成形复合工艺（包括冲压盲文数字点）。

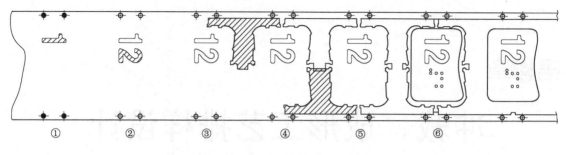

图 9-2　排样图

9.2　前隔板侧板

(1) 工艺分析

　　左右前隔板侧板是汽车上的重要零件，图 9-3 所示为左前隔板侧板，右前隔板侧板与左前隔板侧板是完全对称（制件图中未画出）的，材料为 B170P1 高强度钢，料厚为 1.2mm。该制件形状复杂，精度要求高，外形尺寸为 181mm×86mm×98mm，侧面有两个 $\phi9.5mm$ 的圆孔和一个异形孔。

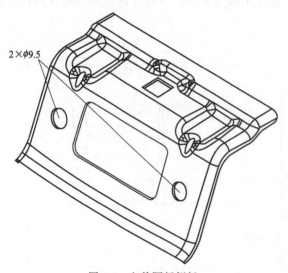

2×ϕ9.5

图 9-3　左前隔板侧板

(2) 排样设计

　　前隔板侧板中两个 $\phi9.5mm$ 的圆孔和一个异形孔处于制件的侧面，需通过侧冲孔工序来实现冲孔。模具的送料方向要考虑到侧冲孔工序，故侧冲孔机构决定了排样的方向。确定送料方向为模具的左右方向，这样如果将侧冲凸轮安装在模具的左右方向，则其高度因超过浮料后的高度而妨碍送料，故凸轮机构放在模具前后侧。

　　对于左右对称件，应尽量并模冲压，以平衡成形力，提高材料利用率及生产效率。因此该制件采用中间载体的对称排样方式较为合理，排样如图 9-4 所示。具体工位安排如下。

工位①：冲导正销孔，冲切异形孔废料。
工位②：冲切另一异形孔废料，冲另一导正销孔。
工位③：冲切侧刃（此侧刃与制件外形废料为一体）。
工位④：成形 1。
工位⑤：空工位。
工位⑥：成形 2。
工位⑦：成形 3。
工位⑧：冲顶孔及侧冲孔。
工位⑨：冲切载体（制件与载体分离）。

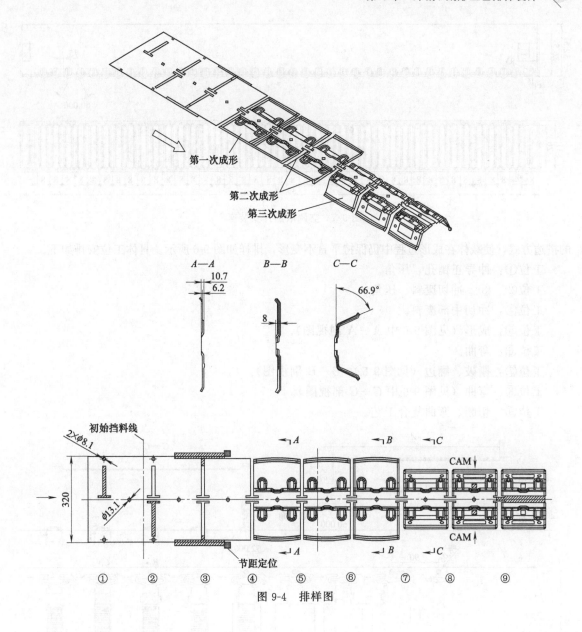

图 9-4 排样图

9.3 空调散热片安装座

(1) 工艺分析

图 9-5 所示为空调散热片安装座。材料为 2A12 铝合金，料厚为 1.2mm。该制件形状复杂，外形尺寸较大，从制件的外形分析，该制件的底部有 41 处小凸包，特别是小凸包与小凸包之间的材料要从另外两头流进，这样一来，给模具的成形带来了较大的困难。经分析，需经过压角、成形、撕破及弯曲等工序来完成，最后一工位弯曲时，先把制件与载体分离，上模继续向下运动，再进行制件的弯曲成形。

(2) 排样设计

该制件形状复杂，在成形过程中，周边材料均为向内流动。因此，制件与载体间采用有伸缩带

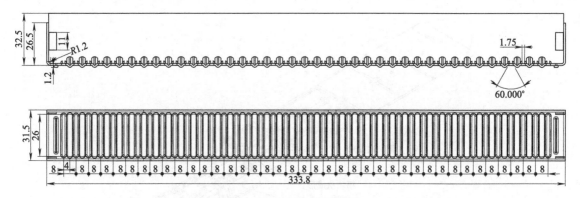

图 9-5　空调散热片安装座

的搭边方式，使载体在成形过程中仍保持平直不变形，排样如图 9-6 所示。具体工位安排如下。

工位①：冲导正销孔、压角。

工位②、③：冲切废料、压角。

工位④：冲切中部废料。

工位⑤：成形（见图 9-6 中 A—A 剖视图）。

工位⑥：弯曲。

工位⑦：撕破、翻边（见图 9-6 中 B—B 剖视图）。

工位⑧：弯曲（见图 9-6 中 C—C 剖视图）。

工位⑨：切断、弯曲复合工艺。

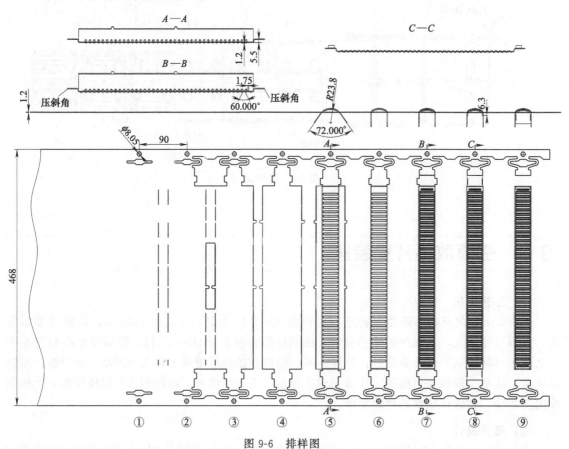

图 9-6　排样图

9.4 双极板

(1) 工艺分析

图 9-7 所示为金属双极板，材料为 SUS304 不锈钢，料厚为 0.1mm。该制件板料较薄（$t=0.1mm$），其形状较复杂，沟槽深度为（0.5 ± 0.01）mm，正面两沟槽中心距为 2.6mm。经分析，因制件的本身结构决定了其成形方式，显然不适合单工序模或复合模冲压。因此决定采用多工位级进模进行冲压成形，为避免板料局部严重变薄，应力集中，需先成形、后整形才能达成。

(2) 排样设计

排样如图 9-8 所示，具体工位安排如下。

工位①：冲导正销孔，冲 4 处弧形切口。

工位②：冲切工艺切口。

工位③：空工位。

工位④：压拉延防变形筋。

工位⑤：空工位。

工位⑥：成形平行沟槽。

工位⑦：整形。

工位⑧：二次整形。

工位⑨：冲切异形孔废料。

工位⑩：落料。

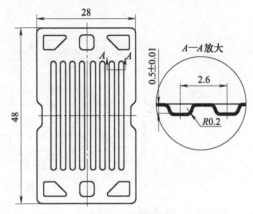

图 9-7 双极板

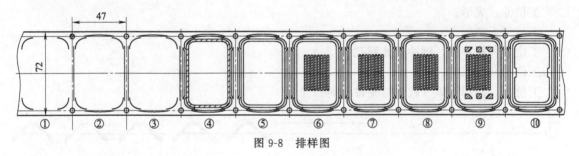

图 9-8 排样图

9.5 GMB 外罩壳

(1) 工艺分析

图 9-9 所示为某汽车零件的金属 GMB 外罩壳，材料为 SPCC 钢，料厚为 1.5mm。该制件形状及结构较复杂，经过成形过程分析，此制件形状和冲压方向的制约，受到径向拉应力，板料必然从高处向低处方向流动，使制件外形边缘难以控制，因此采用一出二对排的多工位级进模进行冲压成形，使材料流动较均匀，从而很好地保证了冲压件的质量。

(2) 排样设计

排样如图 9-10 所示。具体工位安排如下。

工位①：冲导正销孔，冲两处方形孔，冲切中部废料。

工位②、③：冲切两边废料。

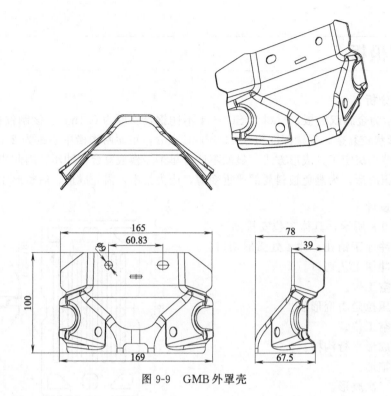

图 9-9　GMB 外罩壳

工位④：预成形。

工位⑤：空工位。

工位⑥：成形。

工位⑦：整形。

工位⑧：直冲孔，侧冲两处圆孔。

工位⑨：空工位。

工位⑩：冲切载体（载体与制件分离）。

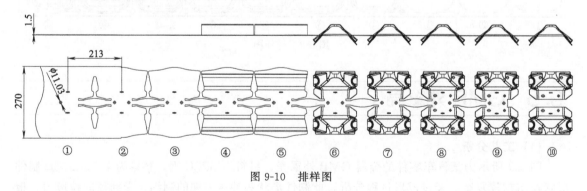

图 9-10　排样图

9.6　罩壳

(1) 工艺分析

图 9-11 所示为某汽车零部件上的罩壳。材料为 DC04 钢，料厚为 2.5mm。该制件形状简

单，但成形工艺复杂，因制件周边的平面为焊接面，不能有起皱及翘曲不平的现象。经分析，在成形的工位采用有压料边来成形制件的外形，克服了制件边缘的起皱现象，其成形工艺不规则，在模具设计时，按公式计算展开，难以符合制件的要求，因此用 Dynaform 的软件利用网格划分的方式进行分析和计算展开。

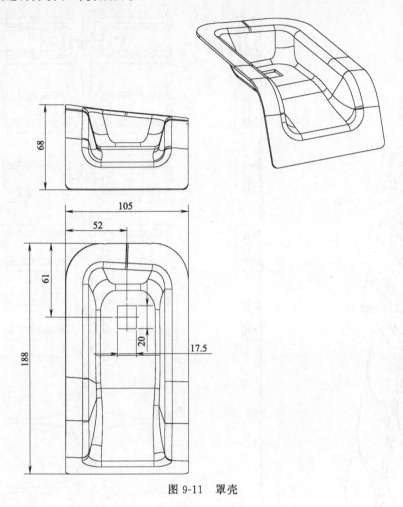

图 9-11　罩壳

(2) 排样设计

排样如图 9-12 所示。具体工位安排如下。

工位①：冲导正销孔，冲切中部废料。

工位②：冲切两端废料。

工位③：冲切中部废料。

工位④：载体弯曲。

工位⑤：空工位。

工位⑥：成形。

工位⑦：头部成形。

工位⑧：整形。

工位⑨：冲方孔。

工位⑩：空工位。

工位⑪：冲切载体（制件与载体分离）。

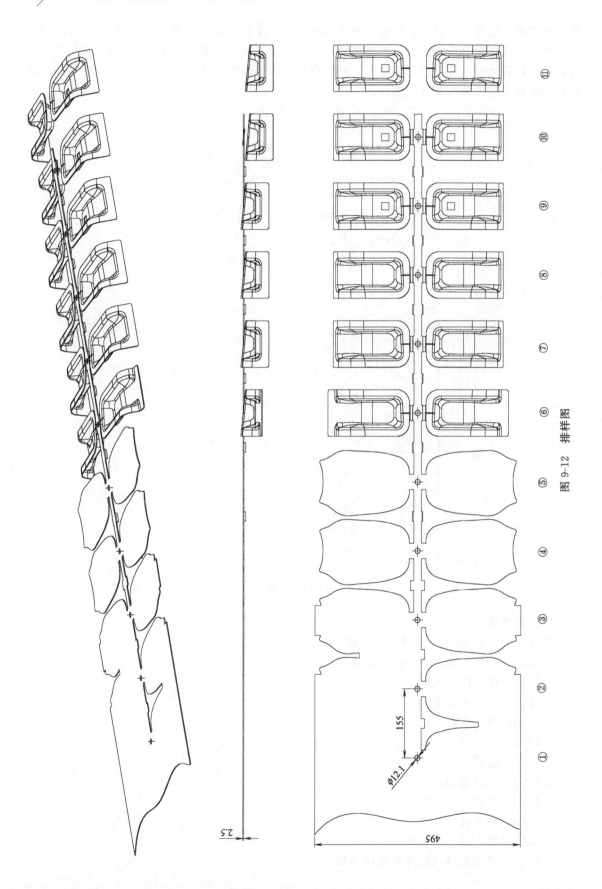

图 9-12　排样图

9.7　高速列车导轨

(1) 工艺分析

图 9-13 所示为高速列车零部件的导轨。材料为 DC03 钢，料厚为 2.0mm。该制件为对称件，形状较复杂，形面尺寸要求高，制件的外形长为 846mm，宽为 62.5mm，高为 58mm。经工艺分析，采用单工序模或一出一的多工位级进模进行冲压，当制件成形时有较大的侧向力存在，使板料流动不稳定，难以达到制件的质量要求，因此把左右对称的两个制件合并到一副多工位级进模上进行冲压成形，克服了板料在成形过程中流动不稳定而影响制件质量的问题。

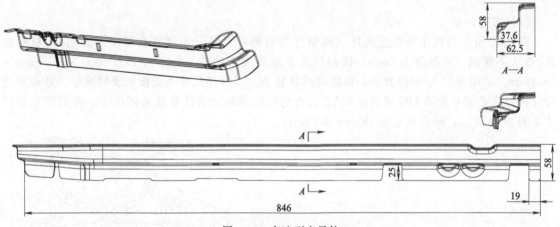

图 9-13　高速列车导轨

(2) 排样设计

排样如图 9-14 所示。具体工位安排如下。

工位①：冲导正销孔，冲切废料。

工位②：冲切废料。

工位③：冲切废料。

工位④：冲切废料。

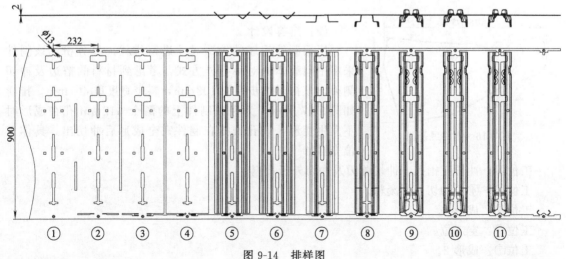

图 9-14　排样图

工位⑤：弯曲成形。

工位⑥：空工位。

工位⑦：弯曲成形。

工位⑧：弯曲成形。

工位⑨：成形。

工位⑩：整形。

工位⑪：落料。

9.8 汽车座椅连接件

(1) 工艺分析

图 9-15 所示为汽车座椅连接件（该制件为对称件，另一个制件在图中未画出），材料为 SUS301 不锈钢，料厚为 1.2mm。该制件属于成形类弯曲件，外形为 178.5mm×76.7mm× 36.4mm。从图 9-15 中可以看出，该制件形状复杂，其展开尺寸不能按常规的成形、弯曲来进行计算，是要用专业的 UG 或其他 CAE 软件进行网格划分来计算其毛坯尺寸。得到的毛坯尺寸如图 9-16 所示，外形尺寸为 182mm×93mm。

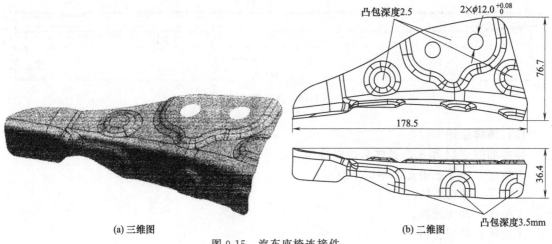

(a) 三维图   (b) 二维图

图 9-15 汽车座椅连接件

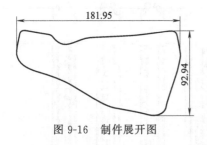

图 9-16 制件展开图

(2) 排样设计

根据制件毛坯的轮廓尺寸进行排样，经分析，该制件采用中间载体的对称排样方式，考虑到材料的搭边及冲切侧刃，该排样的步距取 103mm，料带宽度取 407mm，排样如图 9-17 所示。为保证制件上的两个 $\phi12$mm 孔在成形时不发生变形，该孔安排在制件完全成形后冲切出。具体工位安排如下。

工位①：冲导正销孔，冲切侧刃及冲切外形废料。

工位②～④：冲切外形废料。

工位⑤：成形1。

工位⑥：空工位。

工位⑦：成形2。

工位⑧：空工位。

工位⑨：整形。

工位⑩：空工位。

工位⑪：冲圆孔。

工位⑫：冲切载体（制件与载体分离）。

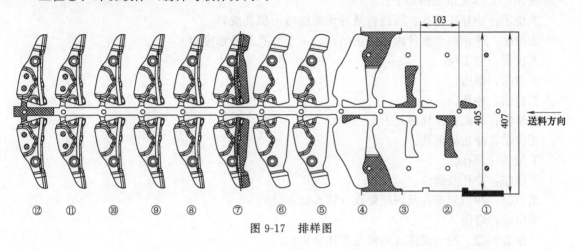

图 9-17　排样图

9.9　底座

(1) 工艺分析

图 9-18 所示为某电子产品中的底座，材料为 EGC20/20-QS1 镀锌钢板，料厚为 0.8mm。该制件形状复杂，尺寸要求高。其冲压工艺由冲裁、成形、弯曲、翻孔等多个工序组合而成。图 9-19 为制件展开图，因制件外形为封闭式翻边，如采用多工位级进模冲压时，无水平搭边空间，搭边位置只能设置在侧壁下侧。图 9-19 中 A 尺寸标示为制件搭边及最终切断处（共 4

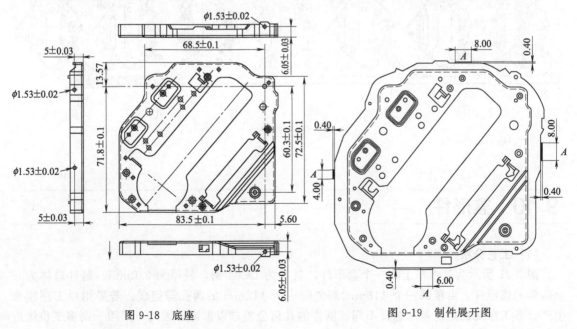

图 9-18　底座　　　　　　　　　　　　　图 9-19　制件展开图

处），0.4mm 宽度为侧壁连料水平切断余量。

(2) 排样设计

该制件采用等宽双侧载体的排样方式，从制件图中可以看出，其外形为封闭式翻边，在外形翻边时，四周的材料向内流动，因此，制件与载体连接处采用可伸缩的搭边方式。排样如图9-20 所示，具体工位安排如下。

工位①：冲导正销孔、压凸包及冲切伸缩带中部孔废料。

工位②：冲切两个制件内部导正销孔、一个方孔及外形废料。

工位③：空工位。

工位④：翻边。

工位⑤：冲孔。

工位⑥：冲圆孔及异形孔。

工位⑦：冲切异形孔。

工位⑧：翻孔。

工位⑨：冲孔及倒角。

工位⑩：冲切异形孔及四处侧孔（箭头标示处）。

工位⑪：弯曲。

工位⑫、⑬：冲切载体（制件与载体分离）。

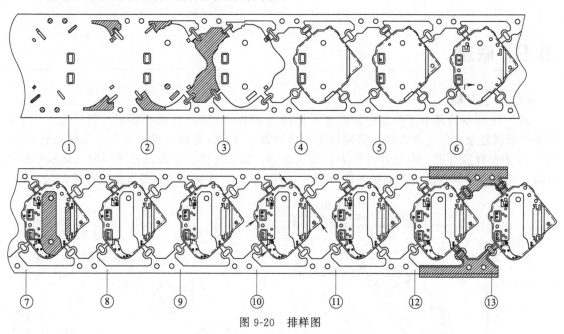

图 9-20　排样图

9.10　盒形件

(1) 工艺分析

图 9-21 所示为某汽车上的一个盒形件，材料为 DC04 钢，料厚为 2.0mm。制件总体为一个简单的成形件，由顶部一个 $\phi16$mm 和侧壁一个 $\phi12$mm 的圆孔等组成。若采用单工序模来生产，各工序间的定位基准选择不同，制件的几何公差难以保证。因此，采用一副多工位级进

模设计较为合理。其冲压工艺为冲裁、成形、翻转、回位等。

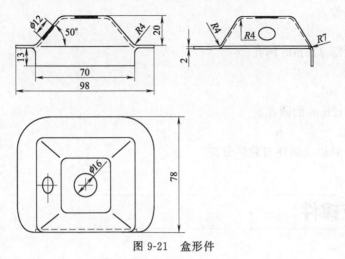

图 9-21 盒形件

(2) 排样设计

经分析，该制件有毛刺方向的要求及侧壁有一个圆孔，因此，采用向上成形较为合理。制件中的侧壁有一个 $\phi 12mm$ 的圆孔，为简化模具的结构，该排样在工位⑩及工位⑫采用翻转和回位工艺。其旋转后的角度与侧面 $\phi 12mm$ 的圆孔为一水平面上，再按常规的方式冲 $\phi 12mm$ 的圆孔，接着再进行回位。排样如图 9-22 所示，具体工位安排如下。

工位①：冲导正销孔及预冲孔（在前部分可作导正用）。

工位②～④：冲切外形废料。

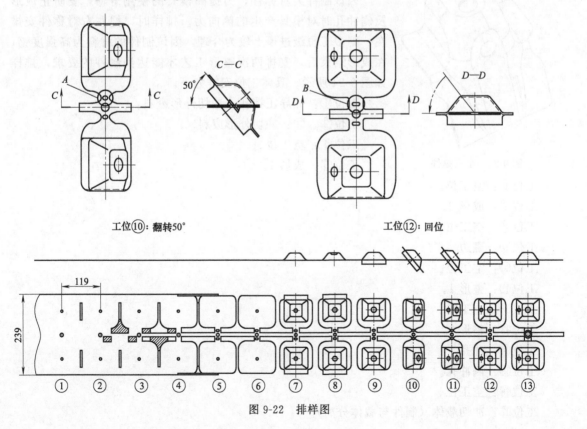

图 9-22 排样图

工位⑤：冲切外形废料，冲切制件与中间载体间搭边的中部腰形孔（为使后续方便翻转）。

工位⑥：空工位。

工位⑦：成形。

工位⑧：冲顶部 ϕ16mm 圆孔。

工位⑨：翻边。

工位⑩：翻转 50°。

工位⑪：冲 ϕ12mm 的圆孔。

工位⑫：回位。

工位⑬：冲切载体（制件与载体分离）。

9.11　小支撑件

(1) 工艺分析

图 9-23 所示为某汽车上的小支撑件（该制件为对称件），材料为 HC380 LA 高强度钢，料厚为 2.2mm。该制件外形不规则，因此成形工艺复杂。经分析，其形状部分安排在 3 个工序上成形才能达成，具体成形工艺如图 9-24 的排样图所示。从图 9-23 中可以看出，制件上有两个圆孔分别布置在顶部及转角边缘的侧壁上，那么，其侧壁上的圆孔用侧冲孔的工艺冲压较为合理。

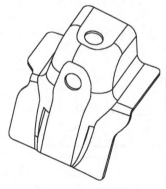

图 9-23　小支撑件

(2) 排样设计

因该制件为对称件，为提高模具的使用寿命，要防止成形及侧冲孔时对模具产生的侧向力。排样时，把左右对称件安排在一副多工位级进模上较为合理，因该制件的材料为高强度钢，在成形结束后，安排两次整形工艺才能达到制件的要求，排样如图 9-24 所示。具体工位安排如下。

工位①：冲导正销孔，冲切外形废料。

工位②、③：冲切外形废料。

工位④：空工位。

工位⑤：成形 1。

工位⑥：空工位。

工位⑦：成形 2。

工位⑧：空工位。

工位⑨：翻边。

工位⑩：空工位。

工位⑪：整形 1。

工位⑫：空工位。

工位⑬：整形 2。

工位⑭：冲孔。

工位⑮：侧冲孔。

工位⑯：空工位。

工位⑰：冲切载体（制件与载体分离）。

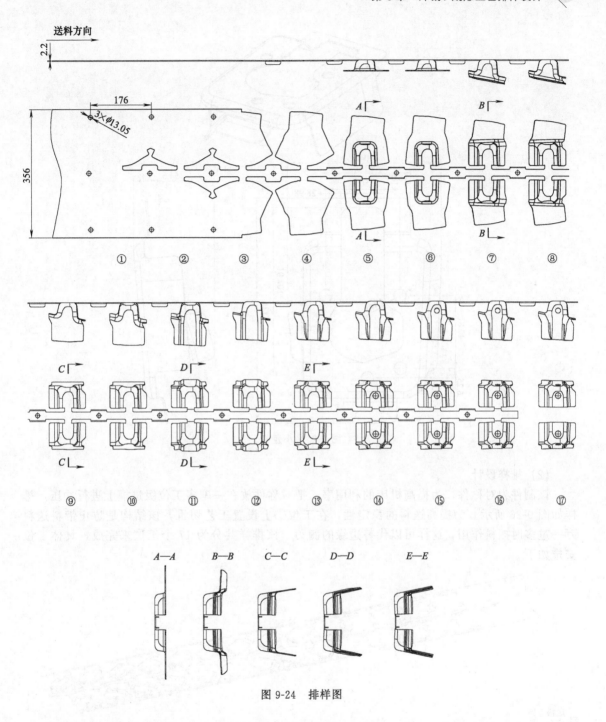

图 9-24　排样图

9.12　小盖板

(1) 工艺分析

图 9-25 所示为某汽车上的小盖板零件（为对称件），材料为 B250P1 高强度钢，料厚为 1.2mm。该制件长为 148mm，宽为 104.6mm，高为 54.5mm。对制件的整体结构进行分析，该制件采用先成形、后冲孔的冲压工艺。因此采用多工位级进模冲压较为合理。

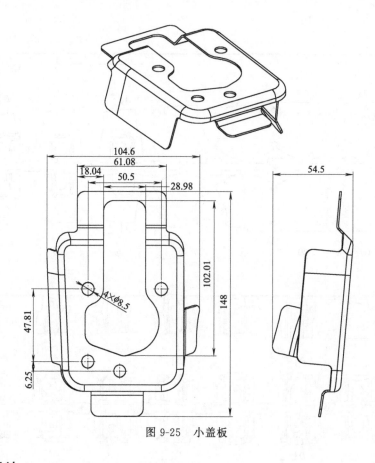

图 9-25 小盖板

（2）排样设计

该制件为对称件，为提高机床的利用率，把对称件放在一副多工位级进模上进行冲压，排样如图 9-26 所示。为提高送料的稳定性，在工位①上设置工艺切舌，该结构是防止带料送料万一过多时挡料作用，这样可以代替边缘的侧刃。该排样共分为 17 个工位来完成，具体工位安排如下。

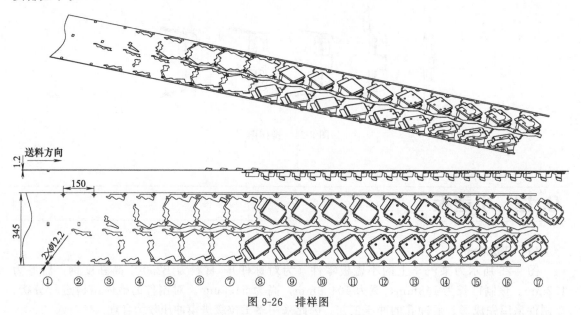

图 9-26 排样图

工位①：冲导正销孔，切舌。

工位②～⑤：冲切外形废料。

工位⑥：弯曲。

工位⑦：空工位。

工位⑧：成形。

工位⑨：空工位。

工位⑩：整形。

工位⑪：空工位。

工位⑫：冲圆孔。

工位⑬：空工位。

工位⑭：冲切异形孔。

工位⑮、⑯：空工位。

工位⑰：冲切载体（制件与载体分离）。

9.13 桥形卡箍

(1) 工艺分析

图 9-27 所示为桥形卡箍，材料为 SPFH590 高强度钢板，料厚为 3.0mm。该制件整体外形为弓形，形状比较复杂，成形工艺性差，因此使用 AutoFORM 软件进行成形分析边界条件，若用单工序模生产，需 5 副模具，不适应大批量生产。经分析，采用多工位级进模进行冲压。

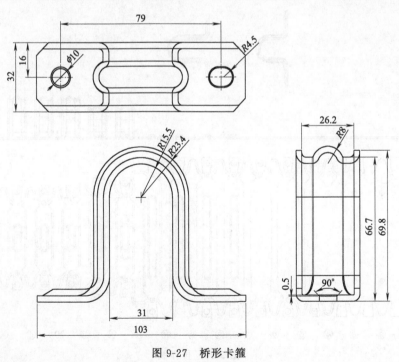

图 9-27　桥形卡箍

(2) 排样设计

排样如图 9-28 所示，先冲出导正销孔，后序采用导正销孔为带料的精定位，该制件在成形过程中伸缩变形较大，因此在工位②及工位④冲切出带料的伸缩载体，能很好地使带料与载体在成形中平直、稳定。

工位①：冲两个 $\phi 8mm$ 导正销孔。

工位②：冲切两端部伸缩载体（防止后续成形时使带料变形）。

工位③：空工位。

工位④：冲切两端部伸缩载体及两个导正销孔。

工位⑤：冲切中部外形废料及两个导正销孔。

工位⑥：空工位。

工位⑦：压筋。

工位⑧：空工位。

工位⑨：U形弯曲。

工位⑩：空工位。

工位⑪：成形（见图9-28中 $A—A$ 剖视图）。

工位⑫：空工位。

工位⑬：成形（见图9-28中 $B—B$ 剖视图）。

工位⑭：空工位。

工位⑮：整形。

工位⑯：冲1个圆形孔及1个腰形孔。

工位⑰：空工位。

工位⑱：冲切伸缩载体（制件与载体分离）。

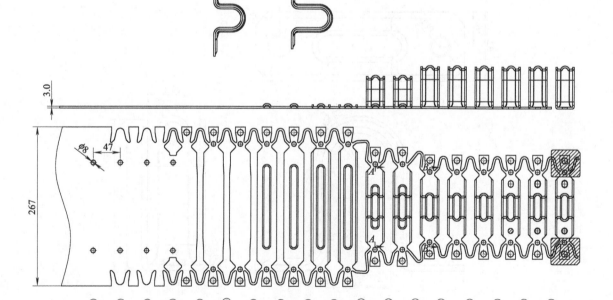

图 9-28　排样图

第3篇

多工位级进模结构实例精解

第**10**章

纯冲裁多工位级进模实例

10.1 过滤网级进模

(1) 工艺分析

图 10-1 所示为过滤网。材料为 Q195 钢，板厚为 0.5mm，料宽 410mm。每件的长度不小于 800mm（一般冲压出的制件为卷料，在使用时再切断），上面均匀布置方孔 4mm×4mm 单排计 68 个。它的网孔与网孔的中心位置公差在 0.08mm 以内，表面要求平整光洁，不得有毛刺。经分析，该制件制作采用如下 3 种方案。

方案 1：采用单排连续模来生产，凹模刃口强度较单薄，刃口与刃口之间的距离为 2mm，如一个凹模刃口损坏就难以修补，必须更换整体凹模，这样一来凹模刃口寿命低，维修成本高。

方案 2：采用一出一双排叉开排列方式，凹模刃口与刃口之间的距离为 8mm，虽然凹模强度提高了，但满足不了大批量的生产。

方案 3：采用一出二四排叉开排列方式，成本虽然比方案 2 有所提高，但保证了凹模的强度，生产效率比方案 2 提高了 1 倍。

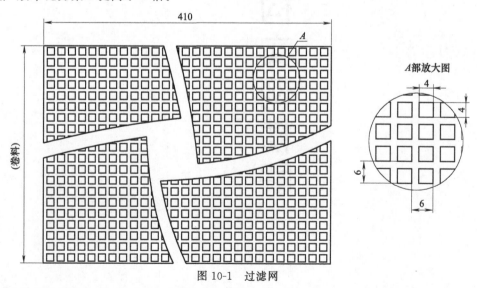

图 10-1 过滤网

根据以上 3 种方案的分析，决定采用方案 3：一出二四排叉开排列方式较为合理，满足了大批量的生产。

(2) 排样设计

该制件采用一出二四排叉开排列方式，排样如图 10-2 所示。为了简化模具结构，降低制造和维修成本。对该制件排样时，主要考虑以下因素：①生产能力与生产批量；②送料方式；③冲压力的平衡（压力中心）；④凹模要有足够的强度；⑤空工位的确定等。在充分分析图 10-1 及网孔模的冲裁特点基础上，考虑送料、模具结构及制造成本等要素，具体工位安排如下。

工位①：冲 68 个 4mm×4mm 的方孔。

工位②：冲另外 68 个 4mm×4mm 的方孔。

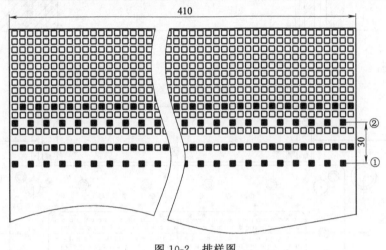

图 10-2　排样图

(3) 模具结构设计

图 10-3 所示为过滤网多工位级进模的模具结构，以确保上、下模对准精度及冲压的稳定性，该模具采用 4 个精密滚珠钢球导柱；为保证卸料板导向精度，同时保证卸料板与各凸模之间的间隙，在卸料板及凹模固定板上设计了小导套导向。其模具特点如下。

① 为提高材料利用率，该模具采用无导正销定位送料，其送料步距精度完全靠送料器保证，因此对送料器的精度要求高，该送料器采用伺服送料装置。为防止送料时带料窜动严重，在该模具的前后各设计有导料板导料。

② 凸模设计。凸模的设计和制造是本模具的关键。该凸模采用直杆挂台式结构，经过校核，该凸模在冲裁力作用下不会发生抗压失稳。其刃口尺寸为 4mm×4mm，材料采用进口的 SKD11 制造，热处理硬度为 60～62HRC。由于凸模数量较多（136 件），可以到专业模具标准件厂家定做，能降低模具的制造成本。

③ 凹模设计。该制件年产量较大，为确保冲孔凹模的使用寿命和稳定性，此材料选用 SKH51 制造，热处理硬度为 60～62HRC。此凹模采用镶入式便于制造和维修更换。

④ 模板材料的选用及热处理。本模具结构中的凸模固定板垫板、卸料板垫板及凹模垫板选用 Cr12，热处理硬度为 53～55HRC；凸模固定板选用 45 钢，调质 320～360HBW；卸料板及凹模固定板选用高铬合金钢 Cr12MoV，热处理硬度为 55～58HRC。为保证模具的使用寿命，对各模板加工的精度尤为重要，主要模板采用慢走丝切割加工。

(4) 冲压动作原理与使用情况

1）冲压动作原理

该模具采用伺服送料器传送各工位之间的冲裁工作。靠此装置来保证送料步距及孔与孔之间的间距。冲压前将原材料宽 410mm、料厚 0.5mm 的卷料吊装在料架上，通过整平机将送进

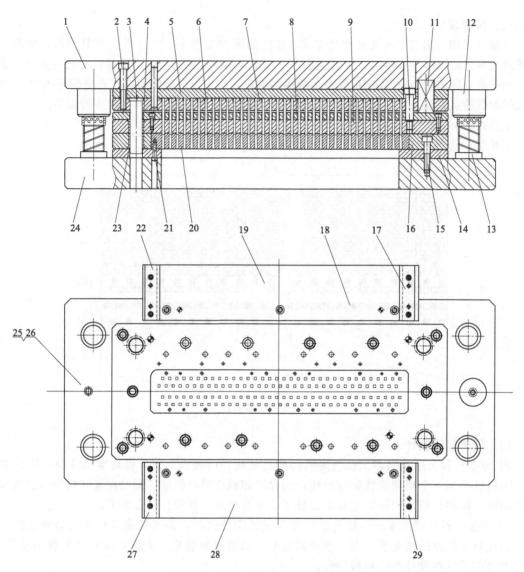

图 10-3　过滤网多工位级进模结构

1—上模座；2,15,21—螺钉；3—小导柱；4,23—小导套；5—凸模固定板垫板；6—凸模；7—凸模固定板；
8—卸料板垫板；9—卸料板；10—卸料螺钉；11—弹簧；12—导套；13—导柱；14—凹模垫板；
16—凹模固定板；17,22—后导料板；18—承料板垫板；19—后承料板；20—凹模；24—下模座；
25—上限位柱；26—下限位柱；27,29—前导料板；28—前承料板

的带料整平后再进入伺服送料器内，将伺服送料器的步距调至 30mm，用手工将带料送至模具的导料板，直到带料的头部覆盖第一排冲孔凹模，这时伺服送料器调至自动状态，上模下行，卸料板 9 压紧带料，使带料紧压凹模表面，上模继续下行，增大压料力，同时冲孔凸模 6 在卸料板 9 的导向与保护下，进入凹模冲压。当冲压完毕，上模上行，卸料板 9 卸下箍在凸模 6 上的带料。这时工位①的 68 个 4mm×4mm 的方孔已冲压完毕；再进入工位②冲出另外 68 个 4mm×4mm 的方孔。依次循环冲压，将已冲压完毕的带料利用送料装置往后面部分的导料板方向送出，缠绕在另一料盘上。

2）模具在使用中遇到的问题及解决方法

该网板的冲压难点主要在于大批量生产中可能出现的废料回跳现象。废料回跳会造成送料过程中带料的压伤及变形，还会使进给步距发生变化，导致网孔的尺寸差异，严重者造成无法

继续送料。因此必须针对废料回跳现象的产生原因进行分析。引起废料回跳的主要原因及解决方法如下。

① 引起废料回跳的主要原因。

a. 冲裁的形状过于简单。呈方形的废料不易被凹模卡住造成废料回跳。

b. 冲裁间隙不合理。当冲裁间隙过大或不均匀时，随着冲裁结束后出现的弹性恢复，冲下的废料向实体方向收缩，因其外形尺寸小于凹模，使废料与凹模的咬合力较小而造成废料回跳。

c. 冲压速度较高也容易造成废料回跳。

d. 切削油的选用及用量不合适（一般根据材质不同，所选用的切削油也不同）。

e. 凸模过短造成冲切的深度过浅，废料接近凹模的上表面极易被凸模吸附出凹模而造成废料回跳。

f. 凸模及凹模刃口过于锋利，废料断面光亮带所占比例多而毛刺小，与凹模之间的摩擦力过小，容易被凸模吸附出凹模而造成废料回跳。

g. 如凹模在设计时做成有一定的落料斜度，经过研磨后使凹模刃口的高度较低，而间隙变大，也可能会造成废料回跳。

h. 带料硬度越高，越容易产生废料回跳。

② 防止废料回跳的解决方法。

a. 凸模采用斜刃口冲裁，以增大材料与凸模之间的摩擦力。

b. 控制好凸模与凹模之间的冲裁间隙。

c. 合理控制冲压速度。

d. 合理选用切屑油，尽可能不用黏性大的切削油或把切削油加在材料的下表面，以防止凸模底部粘住废料而造成废料回跳。

e. 严格控制凸模的长度。

f. 空气吸引。加装吸尘器，废料在吸尘器的强力吸引下不易被凸模带出。

g. 定期检查凹模的使用间隙。

技巧

➤ 该制件根据 3 种方案来对比，最终选择方案 3 来设计及制作，既保证了凹模的强度，又提高了生产效率。

经验

➤ 网孔冲裁与普通冲裁的主要区别为：①凸模需要可靠的导向结构；②压料力要大，一般为冲裁力的 13%～18%；③冲裁间隙要小，单边约为料厚的 2.5%；④由于是级进模，模具的卸料精度要高，冲下的废料不得带回凹模表面，以免下次冲裁时，方形废料回跳，在带料的表面造成制件压伤。

10.2　变压器铁芯多工位级进模

(1) 工艺分析

图 10-4 所示为变压器铁芯，该制件是由"山"字铁和"一"字铁两件组成。材料为硅钢片，一字形的长度等于山字形的长度。经分析，采用无废料冲裁，可在一次压力机行程下冲切一字形和山字形两件。

(2) 排样设计

由于年生产批量大，在排样设计时，要重点考虑节省材料，提高材料利用率。经分析，

"一"字形制件是由双侧刃搭边冲切获得，"山"字形由对叉排列，那么对带料的宽度要求高（带料宽度要求 81.5mm±0.1mm），排样如图 10-5 所示。具体工位安排如下。

工位①：冲孔、冲切外形废料。

工位②：落料。

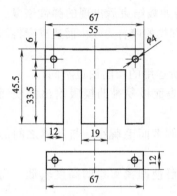

图 10-4 变压器铁芯"山"字铁和"一"字铁

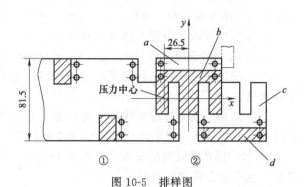

图 10-5 排样图

(3) 模具结构设计

变压器铁芯多工位级进模结构设计如图 10-6 所示。该模具采用标准后侧滑动导柱模架，

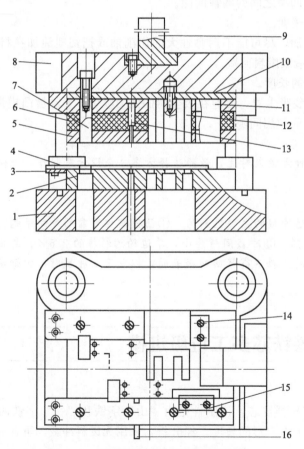

图 10-6 变压器铁芯多工位级进模结构

1—下模座；2—凹模板；3—承料板；4—导料板；5—卸料板；6—橡胶；7—侧刃凸模；8—上模座；9—模柄；
10—固定板垫板；11—"一"字凸模；12—"山"字凸模；13—冲孔凸模；14—挡块；15—防侧向挡块；16—始用挡料销

采用侧刃定距，其侧刃部位是"一"字体的本身。

模具冲压时，上模下行，带料（条料）在第一工位送进时必须用始用挡料销挡料，再冲切相关孔位及局部的外形废料；当带料（条料）进入第二工位时，利用"山"字凸模 12 及"一"字凸模 11 分别冲切排样图上的 b 部和 d 部，而 a 部和 c 部从凹模板的不同斜面上滑出。

技巧

➢ 为提高材料利用率，"一"字形制件由双侧刃搭边冲切获得，"山"字形由对叉排列获得。

10.3　小垫圈、中垫圈、大垫圈套冲多工位级进模

(1) 工艺分析

图 10-7 所示为大、中、小 3 种垫圈。材料为 Q195 碳素结构钢，板料厚度为 2.0mm。为了节省材料及提高生产率，从图 10-7 中可以看出，这 3 种垫片可以采用套料方法设计一副 3 种垫圈同时冲孔、落料的级进模。

(2) 排样设计

为提高材料利用率，该制件在充分分析 3 种垫圈冲裁特点的基础上考虑送料、定位、模具结构及制造成本等要素，决定采用一出三套料排列较为合理，排样如图 10-8 所示。具体工位安排如下。

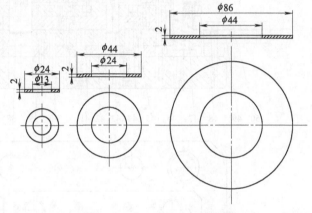

图 10-7　大、中、小 3 种垫圈

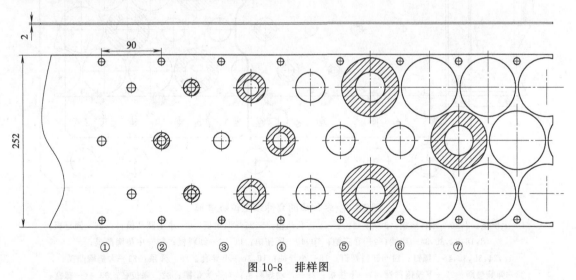

图 10-8　排样图

工位①：冲工艺孔、小垫圈冲孔。

工位②：小垫圈落料（中垫圈冲孔）。

工位③：中垫圈落料（大垫圈冲孔）。

工位④：空位。

工位⑤～⑦：大垫圈落料。

(3) 模具结构设计

图 10-9 所示为小垫圈、中垫圈、大垫圈套冲模具结构。采用大、中、小 3 种垫圈同时冲孔、落料工艺，生产制件的好坏与其模具的设计质量密切相关，合理的模具结构是加工合格制件的关键，因此根据具体的零件形状、尺寸及材料，必须要正确、合理设计 3 种垫圈同时冲孔、落料的级进模结构。

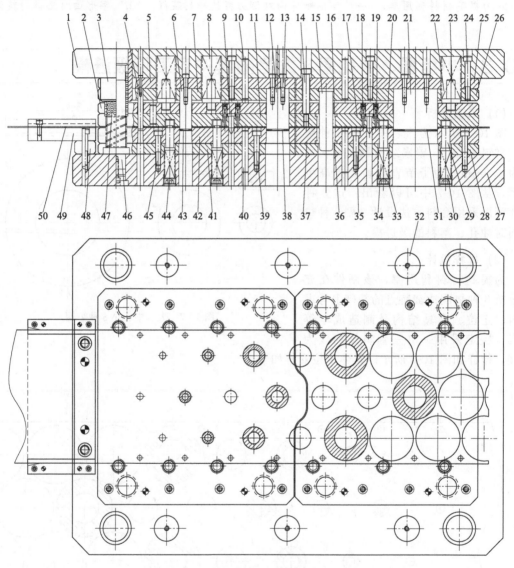

图 10-9　多种垫圈套冲多工位级进模

1—上模座；2,20—卸料垫板；3—导套；4—工艺孔凸模；5,25—上垫板；6—小垫圈凸模；7,26—固定板；
8,18,22,30,34—弹簧；9—导正销；10,40—圆柱销；11,17—卸料板；12—中垫圈凸模；
13,24,35,39,45—螺钉；14—卸料螺钉；15—小导柱；16,36—小导套；19—弹顶；21—大垫圈凸模；
23—弹簧垫圈；27—下模座；28,41—下垫板；29—浮动导料销；31—大垫圈；32—限位柱；33,44—螺塞；
37,42—凹模板；38—中垫圈；43—小垫圈；46—导柱；47—保持圈；48—承料板垫块；49—承料板；50—料带

从图 10-9 可以看出，该模具结构由上下模两部分组成：上模部分主要由上模座 1，上垫板 5、25，固定板 7、26，卸料板垫板 2、20，卸料板 11、17，小垫圈凸模 6，中垫圈凸模 12，大垫圈凸模 21 等组成；下模部分主要由下模座 27，下垫板 28、41 及凹模板 37、42 等组成。

1）凸、凹模间隙值的确定

凸、凹模间隙对制件质量、冲裁压力及模具寿命都有很大的影响。因此，设计模具时一定要选择一个合理的间隙，使制件的质量较好，所需冲裁压力较小、模具寿命较高。按材料性能及板料厚度决定，其凸模与凹模的间隙均取 0.24mm。

2）模具零件的制造

本模具结构中的上垫板、卸料板垫板及下模垫板选用 Cr12，热处理硬度为 54～56HRC；固定板选用 45 钢，调质 320～360HBW；卸料板及下模板选用高铬合金钢 Cr12MoV，热处理硬度分别为 54～56HRC、60～62HRC；凸模选用 SKD11，热处理硬度为 62～64HRC。

为保证 3 种垫圈的同心度及模具的使用寿命，对各模板加工的精度尤为重要，主要模板采用慢走丝切割加工。其次在模具的内部设计了导正销 9 作为料带的精定距。

技巧

➤ 为方便凸模拆卸，该模具凸模统一用螺钉固定（见图 10-9），在凸模后面攻有螺纹孔，即在固定板和上模座的对应位置分别钻螺钉过孔及螺钉头部通孔，螺钉从上模座穿过固定垫板与凸模连接。当凸模需经更换和修磨刃口时，把凸模固定螺钉拆卸掉，并用销钉从凸模固定板中顶出即可，不必松动连接固定板与上模座的螺钉和销钉，也不必拆卸卸料板，这样更换凸模速度快，而且不会影响固定板的装配精度，从而保证模具重复装配精度，延长模具的使用寿命。

➤ 本结构在一副多工位级进模内一次行程完成 3 种不同大小的垫片，生产效率高。但为了采用套冲方法，首先对各种规模垫圈的内径及外径要合理进行选择，即小垫圈的外径必须正好是中垫圈的内径，中垫圈的外径也必须正好是大垫圈的内径，只有具备这样的尺寸条件，才能充分发挥材料利用率。

10.4 铁链垫片多工位级进模

(1) 工艺分析

图 10-10 所示为铁链垫片，材料为 08F 钢，板厚为 0.6mm，年产量为 500 多万件，该制件形状简单，尺寸要求并不高，但对制件的毛刺有一定的要求（毛刺高度控制在 0.03mm 以内），制件最大外形长为 56.1mm，宽为 9.3mm，内形由两个长为 9.95mm、宽为 4.2mm 的长圆孔组成。

(2) 排样设计

从图 10-10 可以看出，制件形状简单。因制件外形不得有接刀凹痕，那么排样时不能采用分段冲切外形废料的方式，而要用一次性落料的方式来冲压，其冲压工艺由冲孔和落料组成。由于制件年产量大，因此采用单排一出二的排列方式较为合理。为保证制件内、外形的尺寸，该模具首先冲出导正销孔，并用导正销孔精确定位，后逐步冲切长圆孔及制件的整体外形等。经计算，该制件选用宽为 60.5mm 的卷料，步距为 11mm，共分为 8 个工位冲裁（见图 10-11），具体工位如下。

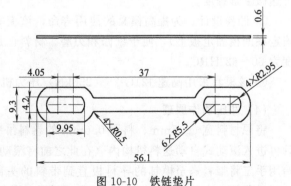

图 10-10 铁链垫片

工位①：冲 4 个 $\phi2.0$mm 的导正销孔。

工位②：冲切侧刃。

工位③、④：空工位。

工位⑤：冲切 4 个长为 9.95mm、宽为 4.2mm 的长圆孔。

工位⑥：空工位。

工位⑦：制件落料。

工位⑧：另一个制件落料。

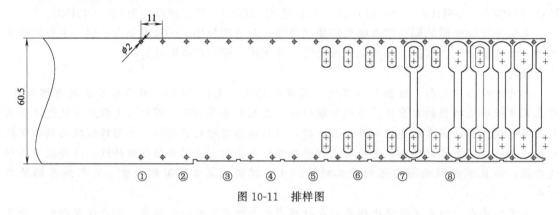

图 10-11　排样图

(3) 模具结构设计

图 10-12 所示为铁链垫片多工位级进模结构，该模具结构简单，外形长为 345mm，宽为 270mm，闭合高度为 156mm。其模具特点如下。

① 采用滚动式自动送料机构传送各工位之间的冲孔和落料等工作。

② 模座结构设计。该制件年产量较大，为了确保制件的精度，此模具采用 4 套外径 $\phi22$mm 精密滚珠钢球导柱、导套进行导向，上、下模座材料均采用 45 钢，以增强刚性和冲压的稳定性。

③ 导向机构设计。为了更好地保证冲裁精度，除了模座的导柱导向以外，同时还在模具内部设置有 4 套外径 $\phi16$mm 的小导柱、小导套进行辅助导向，其配合间隙为 0.005～0.01mm，并且也能更好地对卸料板起到导向作用，有效保证了各凸模、凹模的间隙，从而对凸模起到了一定的保护作用。

④ 卸料板设计。卸料板不仅起卸料作用，而且起凸模导向、导正销的固定作用。因此卸料板的材料选用日本冷作模具钢 SKD11，其热处理硬度为 58～60HRC。此材料属于高耐磨性冷作工具钢，这种钢具有很高的硬度、耐磨性和抗压强度。其渗透性也很高，热处理变形小，可达微变形程度。

⑤ 凹模设计。为提高模具的使用寿命，该模具的凹模全部采用镶拼式结构（把凹模镶件固定在凹模固定板上），便于维修和刃磨。材料也是选用日本冷作模具钢 SKD11，其热处理硬度为 60～62 HRC。

⑥ 该模具采用高速 J21G-25（250kN）压力机冲压，冲裁速度可达到 300 次/min 以上。

(4) 冲压动作原理

将原材料宽 60.5mm、料厚 0.6mm 的卷料吊装在料架上，通过整平机将送进的带料整平后再进入滚动式自动送料机构内（在此之前将滚动式自动送料机构的步距调至 11.05mm），开始用手工将带料送至模具的导料板直到带料的头部覆盖 4 个 $\phi2.0$mm 的导正销孔凹模刃口，这时进行第一次冲 4 个 $\phi2.0$mm 的导正销孔；依次进入第二次将带料的头部顶到内部的内导

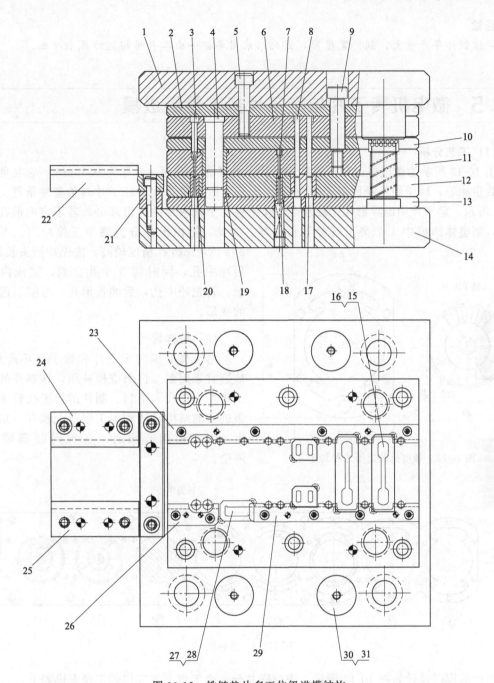

图 10-12　铁链垫片多工位级进模结构

1—上模座；2—凸模固定板垫板；3—导正销孔凸模；4—小导柱；5—螺钉；6—凸模固定板；7—导正销；

8—长圆孔凸模；9—卸料螺钉；10—卸料板垫板；11—卸料板；12—凹模固定板；13—凹模垫板；

14—下模座；15—落料凸模；16—落料凹模；17—长圆孔凹模；18—套式顶料杆；19—小导套；

20—导正销孔凹模；21—承料板垫板；22—承料板；23,26,29—内导料板；

24,25—外导料板；27—侧刃凸模；28—侧刃凹模；30—上限位柱；31—下限位柱

料板 29 带挡料装置的侧面处，这时进行侧刃冲切，以后各次手工送进的步距以侧刃挡料为准；第三、四次为空工位；进入第五次为冲切 4 个长为 9.95mm，宽为 4.2mm 的长圆孔；第六次为空工位；进入第七次为第一个制件落料；最后（第八次）为另一个制件落料。此时将自动送料器调至自动的状况可进入连续冲压。

经验

➢ 该制件年产量大，制件宽度窄，因此，采用单排一出二并排排列方式来冲压。

10.5　微电机转子片与定子片多工位级进模

(1) 工艺分析

图 10-13 所示为微电机的定子片和转子片，材料为硅钢片，料厚为 0.35mm。它在使用中所需数量相等，转子的外径比定子的内径小 1mm，因此定子片和转子片具备套冲条件。由图 10-13 所示，定子片中的异形孔比较复杂、孔中有 4 个较狭窄的突出部分，若不将内形孔分解冲切，则整体凹模中 4 个突出部分容易损坏。为此，把内形孔分为两个工位冲出，考虑到 $\phi 48^{+0.05}_{0}$ mm 孔精度较高，应先冲两头长形孔，后冲中孔，同时将 3 个孔打通，完成内孔冲裁。若先冲中孔，后冲长形孔，可能引起中孔的变形。

(2) 排样设计

由于微电机的定子片和转子片年产量大，故适宜采用多工位级进模冲压，该制件的冲压工序均为冲孔和落料。制件的异形孔较多，在级进模的结构设计和加工制造上都有一定的难度，因此要精心设计，各种问题都要考虑周全。

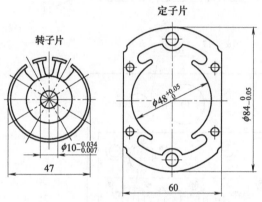

图 10-13　微电机的定子片和转子片

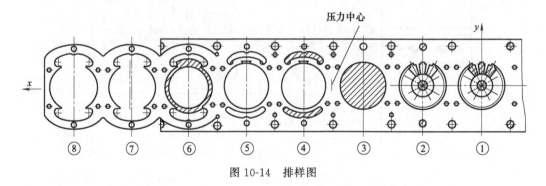

图 10-14　排样图

制件的排样设计如图 10-14 所示，该排样共分 8 个工位，各工位的工序安排如下。

工位①：冲导正销孔，冲转子槽孔和中心轴孔，冲定子片两端 4 个小孔等。

工位②：冲定子片右侧 2 孔，冲工艺孔及转子片槽。

工位③：转子片落料。

工位④：冲定子片两端异形槽孔。

工位⑤：空工位。

工位⑥：冲定子片 $\phi 48^{+0.05}_{0}$ mm 内孔，切除定子片两端圆弧废料。

工位⑦：空工位。

工位⑧：定子片切断。

工位⑧采取单边切断的方法，尽管切断处相邻两片毛刺方向不同，但不影响使用。

(3) 模具结构设计

　　根据排样图的设计，该模具为 8 个工位的多工位级进模，步距为 60mm。模具的基本结构如图 10-15 所示。为保证制件的精度，用了四导柱滚珠导向钢板模架。

　　该模具由上、下两部分组成。

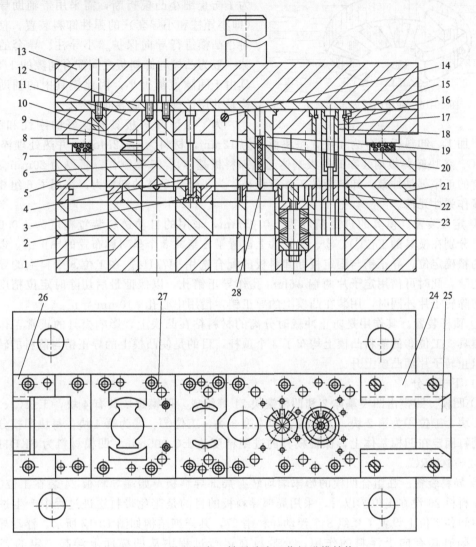

图 10-15　微电机定、转子片多工位级进模结构

1—下模座；2—凹模基体；3—导正销座；4—导正销；5—卸料板；6,7—切废料凸模；8—滚动导柱、导套；
9—碟形弹簧；10—切断凸模；11—固定板；12—上垫板；13—上模座；14—销钉；15—卡圈；16—凸模座；
17—冲槽凸模；18—冲孔凸模；19—落料凸模；20—冲异形孔凸模；21—凹模；22—冲槽凹模；23—弹性校平组件；
24,26—导料板；25—承料板；27—浮动导料销；28—顶杆

1) 上模部分

　　① 凸模。凸模高度应符合工艺要求，工位③ $\phi47$mm 的落料凸模 19 和工位⑥的 3 个凸模较大，应先进入冲裁工作状态，其余凸模均比其短 0.5mm，当大凸模完成冲裁后，再使小凸模进行冲裁，这样可防止小凸模折断。

　　模具中冲槽凸模 17，切废料凸模 6、7，冲异形孔凸模 20 均为异形凸模，无台阶。大一些的凸模采用螺钉紧固，凸模 20 呈薄片状孔，故采用销钉 14 吊装于固定板 11 上，至于环形分

布的 12 个冲槽凸模 17 是镶在带台阶的凸模座 16 上相应的 12 个孔内，并采用卡圈 15 固定，如图 10-16 所示。卡圈切割成两半，用卡圈卡住凸模上部磨出的凹槽，可防止凸模卸料时被拔出。

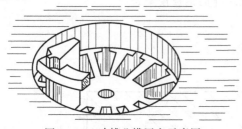

图 10-16　冲槽凸模固定示意图

② 弹性卸料装置。由于模具中有细小凸模，为了防止细小凸模折断，需采用带辅助导向机构（即小导柱和小导套）的弹性卸料装置，使卸料板对小凸模进行导向保护。小导柱、导套的配合间隙一般为凸模与卸料板之间配合间隙的 1/2，本模具由于间隙值都很小，因此模具中的辅助导向机构是共用的模架滚珠导向机构。

为了保证卸料板具有良好的刚性和耐磨性，并便于加工，卸料板共分为 4 块，每块板厚为 12mm，材料为 Cr12MoV，并热处理淬硬 55～58HRC。各块卸料板均装在卸料板基体上，卸料板基体用 45 钢制作，板厚为 20mm。因该模具所有的工序都是冲裁，卸料板的工作行程小，为了保证足够的卸料力，采用了 6 组相同的碟形弹簧作弹性元件。

③ 定位装置。模具的进距精度为 ±0.05mm，采用的自动送料装置精度为 ±0.005mm，为此，分别在模具的工位①、③、④、⑧上设置了 4 组共 8 个呈对称布置的导正销，以实现对带料的精确定位。导正销与固定板和卸料板的配合选用 H7/H6。在工位⑧带料上的导正销孔已被切除，此时可借用定子片两端 ϕ6mm 孔作导正销孔，以保证最后切除时定位精度。在工位③切除转子片外圆时，用装在凸模上的导正销，借用中心孔 ϕ10mm 导正。

④ 顶杆装置。其作用是防止冲裁时分离的材料粘在凸模上，影响模具的正常工作，甚至损坏模具。工位③的落料凸模上均布了 3 个顶杆，目的是使凸模上的导正销与落料的转子片分离，阻止转子片随凸模上升。

2）下模部分

① 凹模。凹模由凹模基体 2 和凹模镶块 21 等组成。凹模镶块共有 4 块，工位①、②、③为第 1 块，工位④为第 2 块，工位⑤、⑥为第 3 块，工位⑦、⑧为第 4 块。每块凹模分别用螺钉和销钉固定在凹模基体上，保证模具的进距精度达 ±0.005mm。凹模材料为 SKD11，淬火硬度 62～64HRC。

② 导料装置。在组合凹模的始末端均装有局部导料板，始端导料板 24 装在工位①前端，末端导料板 26 设在工位⑦以后，采用局部导料板的目的是避免带料送进过程中产生过大的阻力。中间各工位上设置了 4 组 8 个浮动导料销 27，其详细结构如图 10-17 所示。浮动导料销在导向的同时具有向上浮料的作用，使带料在运行过程中从凹模面上浮起一定的高度（约 1.5mm），以利于带料运行。

技巧

➤ 转子片中间 ϕ10mm 的孔有较高的精度要求，12 个线槽孔要直接缠绕径细、绝缘层薄的漆包线，不允许有明显的毛刺。为此，在工位②设置对 ϕ10mm 孔和 12 个线槽孔的校平工序。工位③完成转子片的落料。

➤ 定子片中的异形孔比较复杂，孔中有 4 个较狭窄的突出部分，若不将内形孔分解冲切，则整体凹模中 4 个突出部位容易损坏。为此，把内型孔分为两个工位冲出，考虑到 $\phi48^{+0.05}_{0}$mm 孔精度较高，应先冲两头长型孔，后冲中孔，同时将 3 个孔打通，完成内孔冲裁。若

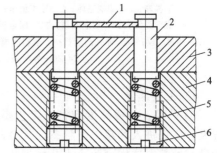

图 10-17　浮动导料销

1—带料；2—浮动导料销；3—凹模；
4—下模座；5—弹簧；6—螺塞

先冲中孔，后冲长型孔，可能引起中孔的变形。

经验

➤ 在下模工位②的位置设置了弹性校平组件23，其目的是校平前一工位上冲出的转子片槽和 φ10mm 孔。校平组件中的校平凸模与槽孔形状相同，其尺寸比冲槽凸模周边大 1mm 左右，并以间隙配合装在凹模板内。为了提供足够的校平力，采用了碟形弹簧。

10.6 模内带自动送料装置的卡片多工位级进模

(1) 工艺分析

图 10-18 所示为家用电器安装卡片，材料为 SPTE（马可铁），料厚为 0.6mm。该制件形状简单，尺寸要求并不高，外形狭长，长为 198mm，宽为 19.6mm，是一个纯冲裁的冲压件。旧工艺采用一副复合模并用条料进行冲压，虽然模具结构简单，制造成本低，但凸凹模的刃口壁厚较单薄，容易崩裂，导致维修频率高。冲压时，坯料用手工放置生产效率低，难以实现自动化。随着年产量的增长，采用复合模冲压满足不了大批量的生产，决定设计一副多工位级进模来满足大批量生产，其冲压工艺为先冲出带料的导正销孔，再冲切中部异形孔废料及冲切外形废料等工序。

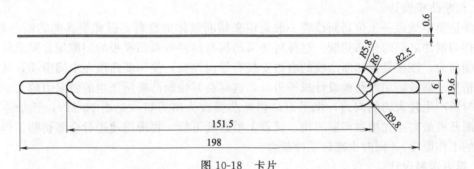

图 10-18 卡片

(2) 排样设计

为简化模具结构，降低制造成本，提高材料利用率，保证带料传递的稳定性及降低模具的故障和返修的概率；拟定了两个排样方案（详见 3.9.1 实例 3-2 分析）。

对这两个排样方案进行分析后，考虑到该制件形状简单，尺寸要求不高，制件装配时对毛刺方向没有特殊的要求。结合模具制造成本及材料利用率等方面，最终选择制件与制件之间采用无废料搭边的单排排列方式（见图 10-19），此方案可以缩小步距，提高材料利用率，采用制件的本体作为带料的载体，有利于带料的稳定送进，具体工位如下。

工位①：冲导正销孔。

工位②：空工位。

工位③～⑧：设置模内送料机构。

工位⑨：空工位。

工位⑩、⑪：冲切中部异形孔废料。

工位⑫：空工位。

工位⑬：冲切两边废料。

工位⑭、⑮：空工位。

工位⑯：切断（制件与载体分离）。

最后（工位⑯）工位用切断刀将制件与制件之间切断分离，使分离后的制件出件顺畅，但制件毛刺方向不统一。

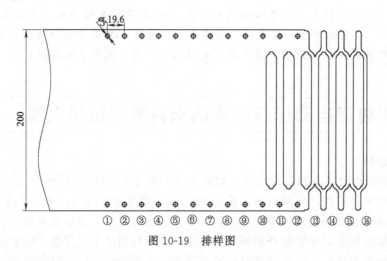

图 10-19　排样图

(3) 模具结构设计

图 10-20 所示为模内带自动送料装置的卡片多工位级进模，模具结构主要特点如下。

1）切断凸模设计

在级进模中最后一工位切断凸模一般是用来切断载体的废料，但此模具的切断凸模 14 是用于制件与制件之间的分离切断。这样对切断凸模与卸料板及凹模板的间隙配合要求较高，为了防止侧向力，该模具在切断凸模的右边安装有导向挡板，使切断凸模在中间滑动，从而提高切断的精度。通常将切断凸模设计成平刃口，这样会对切断凸模所产生的侧向力较大。为了减少切断时所产生较大的侧向力，把平刃口切断凸模改为斜刃口（见图 10-21），开始冲压时可以让切断凸模最高点先接触切断凹模；随着上模继续下行，再慢慢地进行全部切断工作（如同剪板机的工作原理），同时也减轻了冲裁力。

2）模内送料设计

模内送料装置是一种结构简单，制造方便，造价低的自动送料装置，此模具的送料装置由上模直接带动，安装在上模的斜楔 7 带动下模滑块 29、40 进行送料。

其工作过程如下：先由手工送进几个冲件，当能使送料杆 30 进入工艺孔钩住搭边位置时才可自动送进，在上模带动斜楔 7 向下运动时，斜楔推动滑块 29、40 向右移动，带料在送料杆 30 的带动下向右送进，当斜楔 7 的斜面完全进入滑块 29、40 时，送料完毕（此时材料被向右移动一个步距），此后止动杆 32 停止不动，上模继续下行使凸模再进入凹模冲压。当模具回程时，滑块 29、40 及送料杆 30 在弹簧力的作用下向左移动复位，使带斜面的送料杆 30 跳过搭边进入下一个工艺孔位完成一次送料，而带料在导料板及止动杆 32 的作用下不能退回，静止不动。如此循环，达到自动间歇送进的目的。模内送料装置的送料运动，一般是在上模下行时进行，因此送料过程必须在凸模接触带料前送料结束，保证冲压的带料定位在正确的冲压位置上。

3）冲压动作原理

将原材料宽 200mm、料厚 0.6mm 的卷料吊装在料架上，通过整平机将送进的带料整平，然后再用手工将带料送入模具的导料板内，直到带料的头部覆盖两个 $\phi 5.0$mm 的导正销孔凹模刃口，这时进行第一次冲两个 $\phi 5.0$mm 的导正销孔；然后进入第二次将带料导正（第二次为空工位）；第三次为止动杆钩住带料的工艺孔，这时带料只能向前送，不能往后退；第四次为空工位。此次冲压后不再用手工送料，当模具回程时，滑块 29、40 及送料杆 30 在弹簧力的

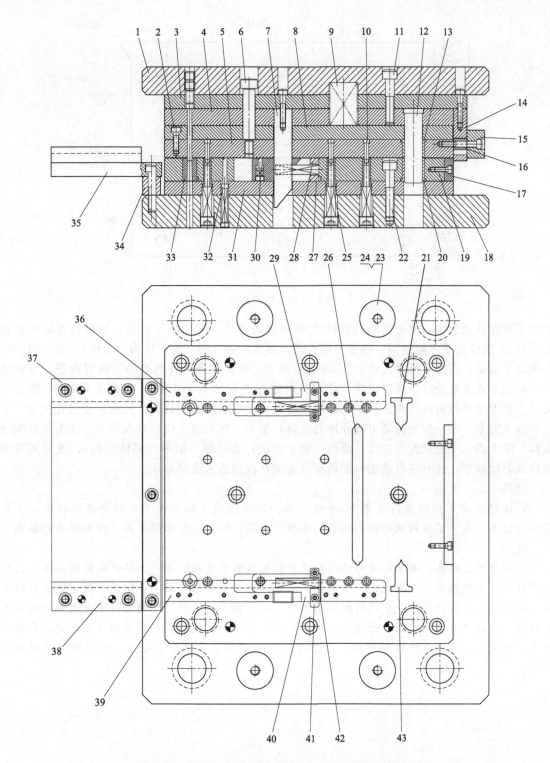

图 10-20　模内带自动送料装置的卡片多工位级进模结构

1—上模座；2,11,22—螺钉；3—凸模固定板垫板；4—凸模固定板；5—卸料板；6—卸料螺钉；7—斜楔；8—卸料板垫板；
9—弹簧；10—导正销；12—小导柱；13,20—小导套；14—切断凸模；15—切断凸模挡板；16—垫圈；17—切断凹模；
18—下模座；19—凹模板；21,26,43—异形凸模；23—上限位柱；24—下限位柱；25—套式顶料杆；
27,28,41,42—弹簧安装座；29,40—滑块；30—送料杆；31—凹模垫板；32—止动杆；33—导正销孔凹模；
34—承料板垫板；35—承料板；36,39—内导料板；37,38—外导料板

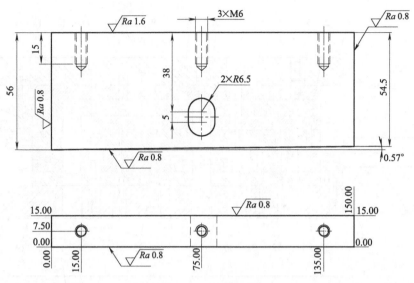

图 10-21　切断凸模

作用下向左移动复位，使带斜面的送料杆 30 跳过搭边进入下一个工艺孔，而带料在导料板及止动杆 32 的作用下不能退回，静止不动；进入第五次冲压时（第五次为空工位），在上模带动斜楔向下运动，斜楔 7 推动滑块 29、40 向右移动，带料在送料杆的带动下向右送进，当斜楔的斜面完全进入滑块时，送料完毕（此时材料被向右移动一个步距），此后止动杆 32 停止不动，上模继续下行再进行冲压；如此循环，达到自动间歇送进的目的。第六次至第九次为空工位；进入第十、十一次为冲切中部异形孔废料；第十二次为空工位；进入第十三次为冲切两边废料；第十四、十五次为空工位；最后（第十六次）为切断（制件与载体分离），使分离后的制件从右边滑下，这时将自动送料器调至自动的状况可进入连续冲压。

技巧

➤ 该模具空工位较多，共有 11 个空工位：工位②空工位是为了带料导正定位用；工位③～⑧空工位是为了模内送料机构而留；工位⑨、⑫、⑭、⑮空工位是为了增加模具的强度。

经验

➤ 该制件在模具内部配有对称的模内送料机构来实现自动化生产，这样既能够获得较高的生产效率，又能够减小设备投资，降低产品成本。它是一种结构简单，制造方便，造价低的自动送料装置，其共同特点是靠送料杆拉动工艺孔，实现自动送料，这种送料装置大部分使用在有搭边，且搭边具有一定强度的冲压自动生产中，在送料杆没有拉住搭边的工艺孔时，带料需靠手工送进。在多工位级进模冲压中，模内送料通常与导正销配合使用，才能保证准确送料步距。

第11章

冲裁、弯曲多工位级进模实例

11.1 U形支架多工位级进模

(1) 工艺分析

图 11-1 所示为 U 形支架弯曲件，材料为 10F 钢，料厚 3.0mm，生产批量为 50 多万件/年。原冲压工艺采用 3 副单工序模，具体冲压工序如下：工序 1 为冲圆孔及冲切 R12.5mm 缺口等；工序 2 为 45°弯曲；工序 3 为 90°弯曲。采用单工序模生产所需模具较多，设备利用率低，且手工放置半成品有误差，导致 R12.5mm 缺口处的弯曲不稳定，达不到 90°，从而影响制件质量。经分析，决定采用一副多工位级进模冲压。

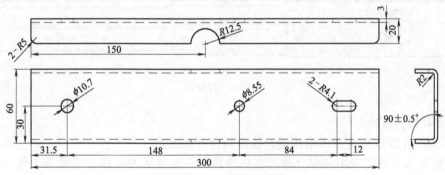

图 11-1 U 形支架弯曲件

由图 11-1 可见，制件需向下弯曲成形。制件展开如图 11-2 所示，其展开长度为 300mm，宽度为 89mm。为提高材料利用率，板料规格选用卷料。该制件成形难点为板料较厚，弯曲90°±0.5°要求较高；R12.5mm 缺口容易受后序弯曲成形的影响而产生变形。因此制定如下解决方案。

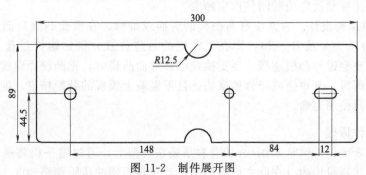

图 11-2 制件展开图

① 按常规设计，U形件的90°弯曲可一次性完成。由于该制件板料较厚，首先进行45°预弯，再进行90°弯曲，弯曲工艺如图11-3所示。

② 制件$R12.5$mm缺口的圆弧顶点离弯曲线较近（该处按合理工艺，缺口离边距应$\geqslant 1.5t+R$），因此在45°预弯曲之前，设置一道压筋工序，使制件弯曲成形时，弯曲线刚好在压筋位置，并使其顺利完成制件弯曲，从而避免了$R12.5$mm缺口的变形。

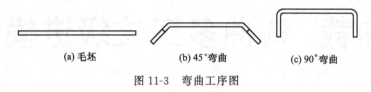

(a) 毛坯　　　　　(b) 45°弯曲　　　　　(c) 90°弯曲

图 11-3　弯曲工序图

(2) 排样设计

该制件对边缘的高度要求不高。为提高材料利用率，在排样设计时，不考虑冲切边缘的废料，这样该排样可以采用中间载体连接各工位的冲裁、弯曲及切断等工作。制件排样如图11-4所示，具体工位安排如下。

工位①：压筋。

工位②：冲圆孔及冲切$R12.5$mm缺口等。

工位③：45°弯曲。

工位④：90°弯曲。

工位⑤：切断（制件与载体分离）。

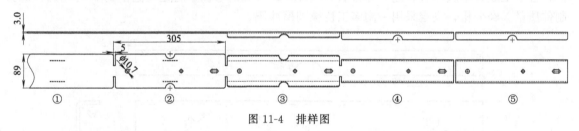

图 11-4　排样图

(3) 模具结构设计

图11-5所示为U形支架模结构图，该模具特点如下。

① 步距较大，因此采用伺服自动送料机构传送各工位间的冲裁与弯曲等工作，并用浮动导料销导料。

② 采用切断凸模将已弯曲好的制件从带料上切断，使分离后的制件沿切断凹模挡块的斜坡滑出。

③ 采用弹压卸料装置，并用弹簧组件结构将弹簧顶杆顶在卸料板上，使卸料板在冲裁前将带料压平，防止冲裁及弯曲时制件产生翘曲。

④ 弯曲凸模结构设计。为方便弯曲凸模的更换或维修，在弯曲凸模后面设置螺钉固定结构（见图11-5中$A—A$及$B—B$），即在上模座的对应位置分别钻螺钉过孔及螺钉头部沉头孔，螺钉从上模座穿过与凸模连接。当更换或维修弯曲凸模时，把凸模固定螺钉拆掉，并用定位销将凸模顶出即可，其更换或维修速度快，且不影响上模板的装配精度，能保证模具重复装配精度，延长模具使用寿命。

(4) 冲压动作原理

将原材料宽89mm，料厚3.0mm的卷料吊装在料架上，通过整平机将送进的带料整平后再进入伺服自动送料机构内（在此之前将伺服自动送料机构的步距调至305.1mm），开始用手

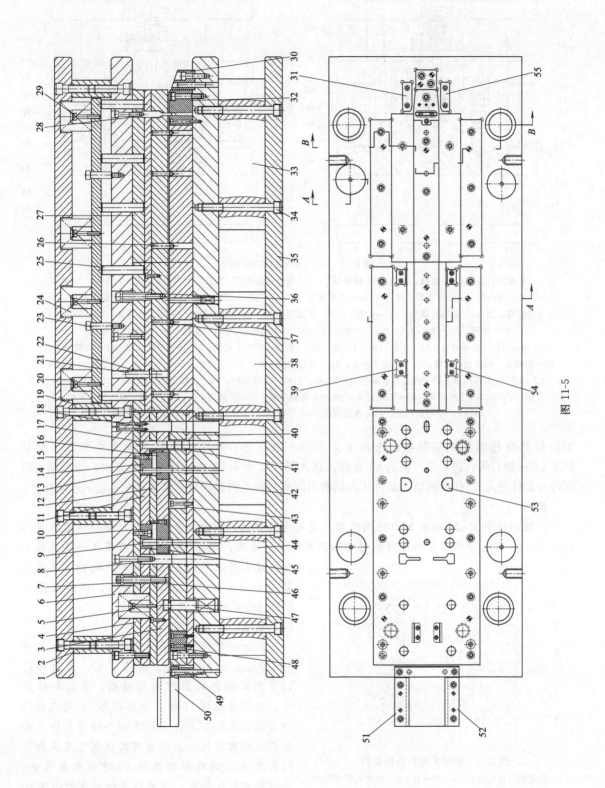

图 11-5

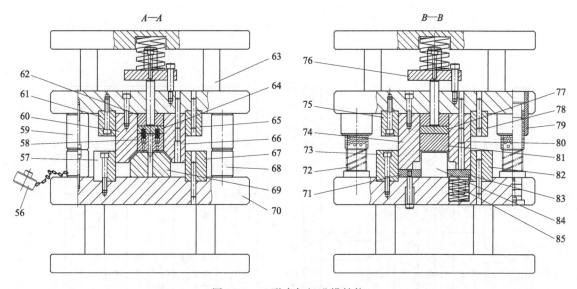

图 11-5　U 形支架级进模结构

1—上托板；2,19,63—上垫脚；3,58,81—卸料板；4—凸模固定板垫板；5,20—弹簧柱销；6—上模座；7—垫圈；
8—异形凸模；9,13—圆形凸模；10,14—凸模固定块；11,27,62—凸模固定板；12,64,77—卸料板垫板；
15—圆柱销；16,45—卸料板镶件；17—小导柱；18—长圆形凸模；21—十字导柱；22,41—小导套；23—卸料螺钉；
24—弹簧；25—弹簧顶杆；26,37—导正销；28—切断凸模；29,34—螺钉；30—切断凹模挡块；
31,39,54,55—内导料板；32—切断凹模；33,38,44—下垫脚；35—下托板；36,46—等高套筒；40—凹模垫板；
42—凹模板；43—内限位柱；47—浮动导料销；48—压筋凹模；49—承板垫板；50—承板；51,52—外导料板；
53—R12.5 弧形凸模；56—模具存放保护块；57,67,73,82—下模挡块；59—上限位柱；60,66—45°弯曲凸模；
61,65,75,78—上模挡块；68—下限位柱；69—45°弯曲凹模；70—下模座；71,83—制件顶板；72—导柱；
74,80—90°弯曲凸模；76—弹簧顶板；79—导套；84—90°弯曲凹模；85—弹簧垫圈

工将带料穿过模具的导料板，送至工位①第一次压筋；依次进入第二次为冲圆孔及冲切 R12.5mm 缺口等；进入第三次为 45°弯曲；进入第四次为 90°弯曲；最后（第五次）为切断（将制件与载体分离），使分离后的制件从右侧滑出。此时将送料器调至自动的状况可进入连续冲压。

技巧

➤ 该制件中 R12.5mm 缺口的圆弧顶点离弯曲线较近（该处按合理工艺，缺口离边距应 ≥ 1.5t+R），容易受后序弯曲成形的影响而产生变形。因此，在 45°预弯曲之前设置一道压筋工序，使制件在弯曲成形时弯曲线刚好在压筋位置，并使其顺利完成制件弯曲，从而避免了 R12.5mm 缺口的变形。

经验

➤ 为方便圆形凸模的快速拆卸，本结构冲 φ10.7mm 及 φ8.55mm 圆孔凸模，采用如图 11-6 所示快卸式圆形凸模结构，其装卸特点为：当安装凸模 10 时，先把凸模 10 固定在快卸凸模固定块 3 上，再把快卸凸模固定块 3 固定在凸模固定板 9 上，并用圆柱销 2 及快卸凸模固定块 3 的外形对凸模 10 进行双重定位，再拧紧螺钉 8 即可；当更换或修模圆形凸模 10 时，先依次卸下螺钉 7、圆柱销 5 及快卸卸料

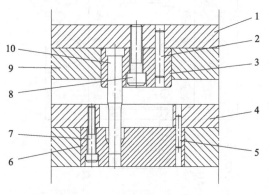

图 11-6　快卸式圆形凸模结构

1—凸模固定板垫板；2,5—圆柱销；3—快卸凸模固定块；
4—卸料板垫板；6—快卸卸料板镶件；7,8—螺钉；
9—凸模固定板；10—圆形凸模

板镶件 6，再卸下螺钉 8 及圆柱销 2，最后取出凸模组件即可。在生产中无需把整副模具从压力机上卸下，可在 15min 内卸下圆形凸模，大大缩短其维修时间。

11.2　小电机风叶多工位级进模

(1) 工艺分析

图 11-7 所示为小电机风叶，材料为 08F 钢，料厚为 1.0mm，年产量大。该制件总体形状简单，尺寸要求并不高，但对电机转动时动平衡要求较高（动平衡在 0.1mm 以内），这样给冲压工艺提出了更高的要求。从制件图中可以看出，该制件最大外形为 ϕ44mm，高为 7.5mm。制件的形状由一处锥形拉深、一处 ϕ6mm 的翻孔和 8 个风叶等组成。

该制件旧工艺采用 4 副单工序模组成，分别为工序 1 落圆形毛坯；工序 2 拉深；工序 3 中间预冲孔，风叶切舌；工序 4 翻孔。因制件在多次定位时容易产生偏位，导致动平衡超出允许的公差。随着产量的日益增长，决定采用一副多工位级进模来冲压，这样既能满足产量的需求，又使产品的质量更稳定。

(2) 排样设计

在保证产品质量的前提下，为简化模具结构，降低制造成本，提高材料利用率，保证带料传递的稳定性及降低模具的故障和返修的概率；拟定如下 3 个排样方案。

方案 1：采用等宽双侧载体的单排排列方式（见图 11-8），该排样的载体与制件采用工艺伸缩带来连接。其目的是为了带

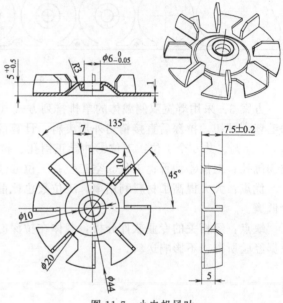

图 11-7　小电机风叶

料上的毛坯在拉深时能顺利地流动，有利于材料塑性变形。在拉深后使载体仍保持于原来的状态，不产生变形、扭曲现象，便于送料。计算的料宽为 62mm，步距为 52.5mm。材料利用率为 48.64%，共 9 个工位：工位①冲导正销孔、冲切中部外形废料；工位②冲切两边外形废料；工位③拉深；工位④精切外形废料、底部预冲孔；工位⑤精切中部外形废料、翻孔；工位⑥空工位；工位⑦切舌；工位⑧空工位；工位⑨落料。

优点：载体与制件连接平稳，载体不会因拉深后的材料流动而发生变形，通过先预切毛坯外形，拉深后再次精切外形废料，能很好地保证制件质量。

缺点：材料利用率低，模具造价高。

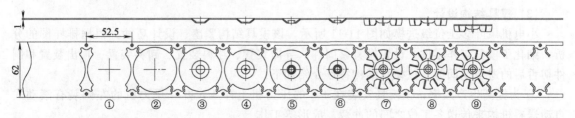

图 11-8　方案 1 排样图

方案 2：采用等宽双侧载体的单排排列方式（见图 11-9），该排样采用工字形的方式预切毛坯。其目的也是为了带料上的毛坯在拉深时能顺利地流动。计算的料宽为 54mm，步距为 49mm。材料利用率为 59.84%。共 8 个工位：工位①冲导正销孔、冲切中部工字形废料；工位②空工位；工位③拉深；工位④精切外形废料、底部预冲孔；工位⑤翻孔；工位⑥切舌；工位⑦空工位；工位⑧落料。

优点：材料利用率比方案 1 高，工位数比方案 1 小一个工位，因此模具造价比方案 1 经济。

缺点：载体在拉深时会有一点发生微变形，但不影响送料。

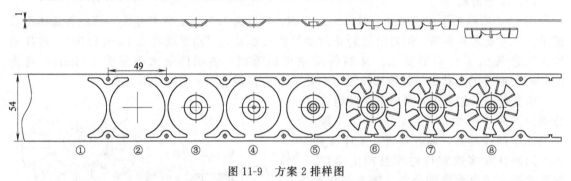

图 11-9　方案 2 排样图

方案 3：采用等宽双侧载体的单排排列方式（见图 11-10）。为提高材料利用率，在拉深前的毛坯不预切，拉深后直接精切外形废料。计算的料宽为 50mm，步距为 47mm。材料利用率为 67.38%。共 6 个工位：工位①冲导正销孔、拉深；工位②精切外形废料、底部预冲孔；工位③翻孔；工位④切舌；工位⑤空工位；工位⑥落料。

优点：大大提高了材料利用率，工位数也比前 2 个方案更小（为 6 个工位），因此模具造价低廉。

缺点：经相关的专业软件分析，载体在拉深时因材料流动单边出现 0.17mm 的内凹变形，根据经验所得，不影响送料。

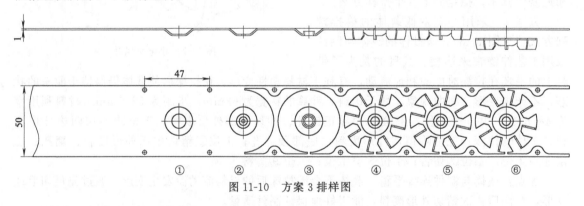

图 11-10　方案 3 排样图

综合上述的分析及结合制件的要求，最终选用方案 3 较为合理。

(3) 模具结构设计

小电机风叶多工位级进模如图 11-11 所示，该模具结构紧凑、设计巧妙。根据排样图的分析，细化了模具工作零件，设置模具紧固件、导向装置、浮料装置、卸料装置、顶出装置和制件切舌后的避空空间等。该模具结构特点介绍如下。

① 为提高生产效率，该模具安装在 45t 的压力机上冲压，并在压力机的左侧装有滚动式自动送料机构来传送各工位之间的冲裁、成形等工作。

② 该模具冲压出的制件从模具内部的让位孔内出件，载体通过模具尾部的上废料切刀 20

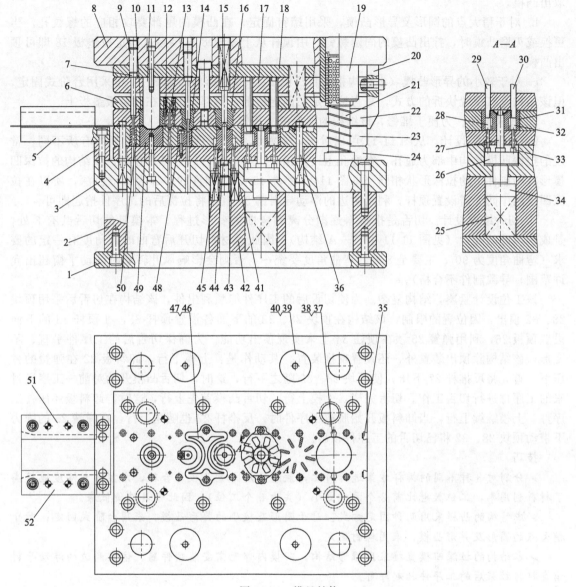

图 11-11　模具结构

1—下托板；2,42—下垫脚；3—下模座；4—承料板垫块；5—承料板；6—卸料板垫板；7—圆形凸模；8—上模座；
9—圆柱销；10—压边圈；11—拉深凸模；12—小顶杆；13—导正销；14—卸料板镶件；15—翻孔顶杆；16—翻孔凹模；
17—固定板；18—固定板垫板；19—导套；20—上废料切刀；21—导柱；22—卸料板；23—下模板；24—下模板垫板；
25—弹簧；26—顶板；27—反推杆；28,32—顶块；29,30—切舌凸模；31—切舌凹模；33,43—顶杆；
34—顶柱；35—下废料切刀；36—浮动导料销；37—落料凸模；38—落料凹模；39—上限位柱；40—下限位柱；
41—弹簧垫圈；44—翻边凸模；45—翻边卸料块；46—冲切外形凸模；47—冲切外形凹模；48—预冲孔凹模；
49—拉深凹模；50—冲导正销孔凹模；51,52—外导料板

将其切断，滑到废料筐内。

　　③ 为提高模具的稳定性，该结构在模座上设置 4 根 φ40mm 的限位柱。

　　④ 凸模设计。

　　该模具的凸模采用两种设计方式。

　　a. 对于圆形凸模采用台阶式固定，并在固定板垫板 18 及上模座 8 上加工出相应的过孔，上模座 8 加工过孔后还要攻 M12 的螺纹孔，当更换或刃磨凸模时，直接从模座拧出螺塞即可

取出凸模。

b. 对于稍大点的圆形及异形凸模，采用螺钉固定，在凸模的尾部要攻相应的螺纹孔，当更换或刃磨凸模时，拧出凸模的固定螺钉，用顶杆从上模座 8 直接穿过固定板垫板 18 即可顶出凸模。

c. 对于较小的异形凸模（本结构指切舌凸模 29、30 及落料凸模 37），也采用台阶式固定，但该结构没有设置快拆的方式，是直接固定在固定板上，尾部端面顶在固定板垫板上。

⑤ 凹模设计。为便于维修，该结构的凹模统一用螺钉固定。

⑥ 拉深凹模设计。从图 11-11 可以看出，本模具的拉深凹模结构与常规的有所不同，常规的拉深凹模结构中部为通孔，在通孔上设置顶杆，将拉深后的工序件顶出。该结构的拉深凹模形状与制件中的拉深形状相同（见图 11-11 中件 49），因制件的中部为锥形拉深，所以在拉深凹模的中间无需设置顶杆，利用两边的浮动导料销 36 直接将拉深后的工序件抬起即可。

⑦ 切舌结构设计。切舌是指材料逐渐分离和弯曲的变形过程。本模具的切舌共有 8 处，是成形风叶的叶片（见图 11-11 中 *A—A* 结构），因此对材料切开后弯曲时的角度有一定的要求（弯曲角度为 90°，主要是 8 处的弯曲角度要统一，否则会影响风叶转动时的动平衡超出允许范围，导致制件不合格）。

该工位设计紧凑，结构复杂。为使切舌后的工序件能顺利出件，该结构在切舌后采用顶块 28、32 顶出，因位置的限制，该结构在顶块 28、32 的下面各设置顶杆 33，在顶杆 33 的下面设置顶板 26，利用弹簧 25 顶在顶柱 34 上来实现顶出功能。为确保切舌后的工序件平直、不变形，该结构除顶出装置外，还设置反推装置。其动作是：上模下行，卸料板 22 在弹簧的弹压下，首先将反推杆 27 下压，使顶块 28、32 随之下行，这时，切舌凸模开始对前一工序送过来的工序件进行切舌工作。切舌完毕，上模上行，切舌凸模首先上行，这时，卸料板还压住工序件，上模继续上行，当卸料板开始脱离工序件时，反推杆 27 也随之上行，在弹簧 25 的弹力下带动顶块 28、32 将已切舌的工序件顶出。

技巧

➢ 分别对 3 种不同的排样方案进行对比，最终选用方案 3 较为合理，方案 3 大幅度地提高了材料利用率，工位数也比前 2 个方案更小（共为 6 个工位），因此模具造价低廉。

➢ 本结构的凸模采用两种固定方式：对于圆形及较小的异形凸模，采用台阶式固定；对于稍大点的圆形及异形凸模，采用螺钉固定。

➢ 本结构的拉深凹模直接采用锥形结构，凹模内部无需安装顶件器，依靠两边的浮动导料销直接将拉深后的工序件抬起即可。

经验

➢ 本模具的工位④为切舌结构，为使切舌后的工序件能顺利出件，在切舌后采用顶块顶出，因位置的限制，该结构在顶块 28、32 的下面各设置顶杆 33，在顶杆 33 的下面设置顶板 26，利用弹簧 25 顶在顶柱 34 上来实现顶出功能。为确保切舌后的工序件顶出平直、不变形，该结构除顶出装置外，还设置反推装置。

11.3　方形片叠边多工位级进模

(1) 工艺分析

方形片为某电器零部件，如图 11-12 所示。材料为 08F 钢，厚度为 0.8mm。该制件外形为长 35mm，宽 26mm，在中部分布 3 个 $\phi(5\pm0.05)$mm 的圆孔，为保证制件的强度，分别在 26mm 的宽度设置有叠边的工艺，其长度为 6mm，也是该模具设计的难点。

原冲压工艺采用单工序模来生产，不仅工艺繁琐，效率低，质量也难以保证，而且不能实现自动化生产，现决定采用多工位级进模进行生产。

如图 11-13 所示，该制件展开外形虽较简单，但成形工艺复杂，完成此制件需要冲孔、弯曲、叠边、切断等工序，经合理分解后，按一定的成形顺序要求设置在不同的冲压工位上。

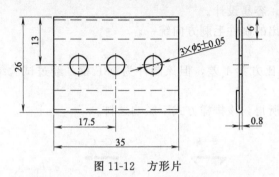

图 11-12　方形片

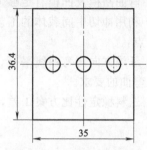

图 11-13　制件展开图

(2) 排样设计

该制件有毛刺方向的要求，需向下弯曲成形。从图 11-12 可以看出，该制件为对称叠边，因此，模具采用对称弯曲成形，从而很好地抵消了弯曲所产生的侧向力，使弯曲时受力均匀、合理。

在保证带料传递的稳定性及产品质量的前提下，为简化模具结构，降低制造成本，提高材料利用率，拟定了如下两个排样方案。

方案 1：采用等宽双侧载体的单排排列方式（见图 11-14）。计算的料宽为 45mm，步距为 38.5mm。材料利用率为 71.14%，共 11 个工位：工位①冲导正销孔及 3 个 $\phi(5\pm0.05)$mm 的圆孔；工位②冲切两边外形废料；工位③冲切中间的外形废料；工位④空工位；工位⑤弯曲 90°；工位⑥空工位；工位⑦弯曲 45°；工位⑧空工位；工位⑨叠边；工位⑩空工位；工位⑪落料。

优点：

① 采用等宽双侧载体与制件连接，送料稳定性好。

② 带料的纤维方向垂直于弯曲方向，因此弯曲性能好。

③ 采用载体中的两个 ϕ3mm 的导正销孔精定位，使制件的质量更稳定。

缺点：

① 材料利用率低，模具造价高。

② 由于工位间的限制，弯曲凸模及凹模的强度较弱。

③ 载体与制件搭边处的毛刺方向相反。

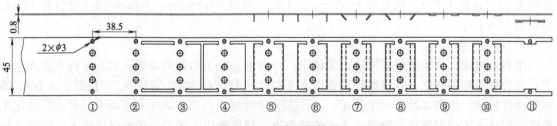

图 11-14　方案 1 排样图

方案 2：采用中间载体的单排排列方式（见图 11-15），为了提高冲裁、弯曲、叠边的精度，在中间载体上冲切了一个 ϕ4mm 的导正销孔对带料进行校正定位。计算的料宽为 40mm，步距为 40mm。材料利用率为 75.94%。共 8 个工位：工位①冲导正销孔及 3 个 $\phi(5\pm0.05)$mm 的圆孔，冲切两边外形废料（此外形废料与侧刃为一体）；工位②空工位；工位③弯曲 90°；工位④空工位；工位⑤弯曲 45°；工位⑥空工位；工位⑦叠边；工位⑧切断（制件与载体分离）。

优点：

① 材料利用率比方案 1 高，工位数比方案 1 小 3 个工位，因此模具造价比方案 1 经济。

② 弯曲凸模及凹模有足够强度及空间，容易设计。

③ 利用冲切中间载体的工艺，使冲压出的制件毛刺方向统一。

缺点：

① 纤维方向与弯曲线平行，弯曲性能比方案 1 差，但该制件为 08F 钢，经过试验结果，能满足弯曲的要求。

② 送料稳定性比方案 1 差，根据经验所得，该排样方式不影响送料。

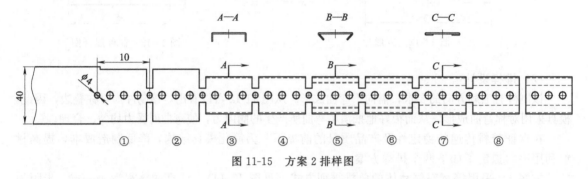

图 11-15　方案 2 排样图

因该制件年产量大，综合上述的分析及结合制件的要求，最终选用方案 2 较为合理。

(3) 模具结构设计

图 11-16 所示为方形片弯曲、叠边多工位级进模结构。

1）模结构特点

为确保上下模对准精度，该模座采用 4 个精密滚珠钢球导柱；为保证卸料板上弯曲凸模的位置精度，同时保证卸料板与各凸模之间的间隙，在卸料板及凹模固定板上设计了小导套，以增加模具的使用寿命。

该模具是由 8 块模板组成的标准模具结构。分别为上模座 1（材料为 45 钢；料厚为 35mm）、固定板垫板 5（材料为 Cr8；热处理为 50°～53°HRC；料厚为 15mm）、固定板 6（材料为 Cr12；热处理为 52°～55°HRC；料厚为 20mm）、卸料板垫板 7（材料为 Cr8；热处理为 50°～53°HRC；料厚为 15mm）、卸料板 10（材料为 SKD11；热处理为 55°～58°HRC；料厚为 22mm）、凹模固定板 18（材料为 SKD11；热处理为 58°～60°HRC；料厚为 25mm）、凹模固定板垫板 21（材料为 Cr8；热处理为 50°～53°HRC；料厚为 15mm）、下模座 22（材料为 45 钢；料厚为 40mm）。

2）模具工作过程

带料由滚动式自动送料机构送入工位①，冲切出工位 1 的侧刃及圆孔后，带料再送入工位②，工位②为带料导正，带料继续往前送入工位③进行弯曲 90°，完成 90°弯曲后，由顶杆 25 将弯曲件托起，带料继续送进工位④，工位④为带料导正，再送入工位⑤弯曲 45°，完成此工位后，再送入工位⑥导正，继续送入工位⑦叠边，完成叠边工序后，带料继续送入工位⑧进行制件切断工作，将已切断的制件从模具右边的凹模板斜度滑下依次进入成品筐内。

3）主要零部件设计

① 侧刃及导正销设计。侧刃在带料上冲出缺口，使被冲的带料能向前送进而不被阻挡，而未被冲出的部分则被侧刃挡块挡住，从而达到级进送料时挡料的作用。在模具中，综合考虑

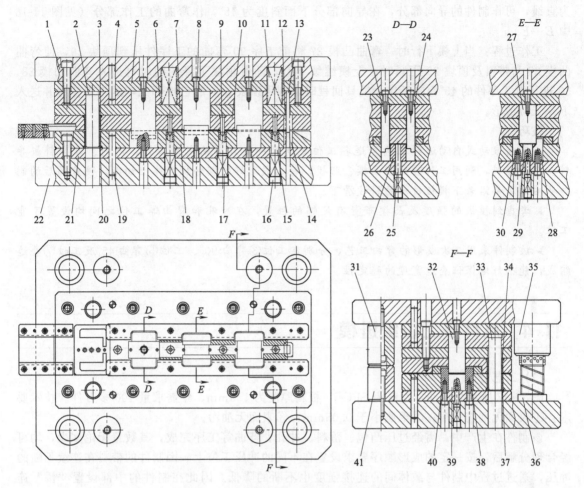

图 11-16　方形片弯曲、叠边多工位级进模结构

1—上模座；2,33—小导柱；3,20,34,37—小导套；4,19—圆柱销；5—固定板垫板；6—固定板；7—卸料板垫板；
8—螺钉；9—导正销；10—卸料板；11,17—弹簧；12—卸料板镶件；13—切断凸模；14—切断凹模；15—套式顶料杆；
16—螺塞；18—凹模固定板；21—凹模固定板垫板；22—下模座；23,24—90°弯曲凸模；25—顶杆；
26—90°弯曲凹模；27—45°弯曲凸模；28,30—45°弯曲凹模；29,39—顶块；31—上限位柱；
32—叠边凸模；35—导套；36—导柱；38,40—叠边凹模；41—下限位块

制件的轮廓尺寸以及搭边宽度，送料步距定为 40mm，而侧刃长度定为 40.08mm，这样导正销就能准确伸入导正销孔，调整在送料过程中产生的误差，起到精确定位的作用。导正销和导正孔的单边间隙为 0.01mm。

该模具共设置了 8 个导正销定位（特别注意：在弯曲、切断工位前后要设导正销，以保证弯曲及切断位置准确，因此，前面利用载体中间的导正销进行导正，最后一工位除载体中间导正外，还在制件的中间 $\phi(5\pm0.05)$mm 的圆孔上设置了导正销，这样可起双重导正定位作用），为了保证导正销在凸模冲裁及弯曲之前就将带料准确定位，导正销的有效工作部分应高出卸料板平面 $(0.5\sim2)t$。

② 90°弯曲设计。工位③为 90°弯曲，为保证 90°弯曲的角度，其弯曲凸模的头部设计为导向部分（见图 11-16 中 D—D）。

工作过程：当上模下行时，弯曲凸模 23、24 的导向部分先进入弯曲凹模 26，上模继续下行时，再进行 90°弯曲工作；上模回程时，利用顶杆 25 将带料托起送入下一工位成形。

③ 45°弯曲设计。工位⑤为 45°弯曲，凸模为方形，结构简单，加工方便；弯曲凹模头部

为直线，可作制件的导向部分，在导向部分下面斜度为45°，作弯曲的工作部分（见图11-16中 *E—E*）。

工作过程：当上模下行时，弯曲凸模27将前工序90°弯曲的工序件压到顶块29，使弯曲凸模27与带料及顶块29压紧时，上模继续下行，随着顶块下降的同时再进入弯曲凹模28、30进行对工序件的45°弯曲工作；模具回程时，利用顶块29，将已成形完毕的带料托起并送入下一工位成形。

技巧

➢ 采用滚动式自动送料机构传送各工位之间的冲裁及弯曲成形工作，用内、外导料板导料、顶杆抬料，利用工位⑧切断凸模、凹模，将已成形好的制件从载体上切断，使分离后的制件从右侧尾部沿着下模板铣出的斜坡滑下。

➢ 考虑到模板的强度及凸模布置有足够的位置，在冲孔和弯曲等工位之间均设置了空工位。

➢ 该制件采用3次成形的弯曲工艺，分别在工位③弯曲90°、工位⑤弯曲45°及工位⑦叠边组成，能很好地保证叠边宽度的稳定性。

11.4　爪件多工位级进模

（1）工艺分析

图11-17所示为爪件，材料为SPCC，板料厚度为1.5mm，年需求量100多万件。技术要求：①表面无划伤压痕；②毛刺小于0.05mm；③表面无油污。

该制件在生产中，需经过压凸包、落料、冲孔、弯曲等工序完成，其数量无论多少，均可经合理分解后，按一定的成形顺序要求设置在不同的冲压工位上。因制件的带料在连续不断的冲压，送进过程中制件与载体间的连接强度也不断的降低。因此在制件的中部设置"桥"连接，以确保料带的足够强度。

如果把环形凸包放置在工位①成形，那么会造成环形凸包容易开裂。若把环形凸包放置在冲切轮廓废料后再成形，导致外形尺寸很难控制，影响制件的质量，经分析在工位①首先冲1个预冲孔，工位②再成形环形凸包，这样预冲孔边缘的材料沿着环形凸包方向流动，有效地控制了环形凸包的开裂现象。然后在工位③冲压中部圆孔，同时也保证了中部圆孔的尺寸。

（2）排样设计

该制件排样时需要综合考虑以下几点：①模具的送料方向（根据工厂现有的压力机而定）；②分段切料的接刀方式；③凸包及弯曲的顺序；④凸、凹模强度及浮料、定位、卸料等因素。并根据多工位级进模冲压工艺特点，合理分解每一步，将每一

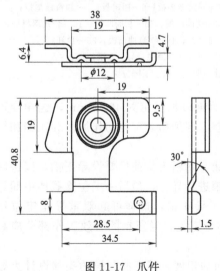

图11-17　爪件

工序安排在合适的位置上，并有目的的留一些空工位。经过反复的对比验证，该制件选用54mm宽的卷料，步距为44mm，排样如图11-18所示。具体工位安排如下。

工位①：冲导正销孔，预冲孔及切舌。

工位②：压环形凸包，压凸点。

工位③：冲切废料，冲圆孔。

工位④：冲切废料。

工位⑤：空工位。

工位⑥～⑧：弯曲。

工位⑨：空工位。

工位⑩：落料。

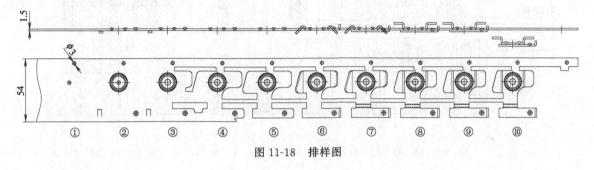

图 11-18　排样图

(3) 模具结构设计

图 11-19 所示为爪件多工位级进模结构，该结构的主要特点如下。

① 采用滚动式自动送料机构传送各工位之间的冲裁及成形等工作。根据排样图 11-18 所示，细化模具工作零件和成形工位，设置模具紧固件、导向装置、浮料装置、卸料装置和工序件成形避空空间等。并利用下模刃口将已成形的制件从下模板沿着下模座的漏料孔中出件，使分离后的废料沿着下模板铣出的斜坡滑出，如图 11-19 所示。

② 模架结构设计。为了确保制件的精度，此模具采用 4 个精密滚珠钢球外导柱进行导向，上下模板材料均采用 45 钢，以增强刚性和冲压的稳定性，从而保证良好的制造间隙。

③ 导向机构设计。为了更好地保证模具的冲裁、弯曲精度，除了模座的外导柱导向以外，同时还在模具的内部设置有 4 对小导柱、小导套进行辅助导向，其配合间隙为 $0.01\sim0.02\text{mm}$（双面间隙），并且也能更好地对卸料板起到导向作用，有效保证了各凸模、凹模的间隙，从而对小凸模起到一定的保护作用。

④ 切舌结构设计。切舌是防止带料送料过多时挡料作用，这样一来可以代替边缘的侧刃，从而大大提高了材料利用率，在生产中使送料更稳定，如图 11-20 所示。

⑤ 固定板垫板、卸料板垫板及下模板垫板设计。固定板垫板、卸料板垫板及下模板垫板在冲压过程中直接与凸模、卸料板镶件及凹模接触，不断受到冲击载荷的作用，对其变形程度要严格限制，否则工作时就会造成凸、凹模等不稳定。故材料选用 Cr12 钢，热处理硬度为 $53\sim55\text{HRC}$，这种材料具有很高的抗冲击韧性，符合使用要求。

⑥ 卸料板结构设计。卸料板采用弹压卸料装置，具有压紧、导向、成形、保护、卸料的作用。故材料选用高铬合金钢 Cr12MoV，热处理硬度为 $55\sim56\text{HRC}$。卸料板与凸模单边间隙为 $0.01\sim0.02\text{mm}$。因级进模卸料力较大，冲压力不平衡，故采用矩形重载荷弹簧，弹簧应尽量放置对称、均衡。

⑦ 下模板结构设计。该模具下模板采用整体结构，既保证了各型孔加工精度，也保证了模具的强度要求，故材料采用日本冷作模具钢 SKD11，其热处理硬度为 $60\sim62\text{HRC}$。此材料属于高耐磨性冷作工具钢，这种钢具有很高的硬度、耐磨性和抗压强度。其渗透性也很高，热处理变形小，可达微变形程度。

⑧ 检测装置结构设计。该结构在模具的内部装有误送检测装置（见图 11-21）。当料带送

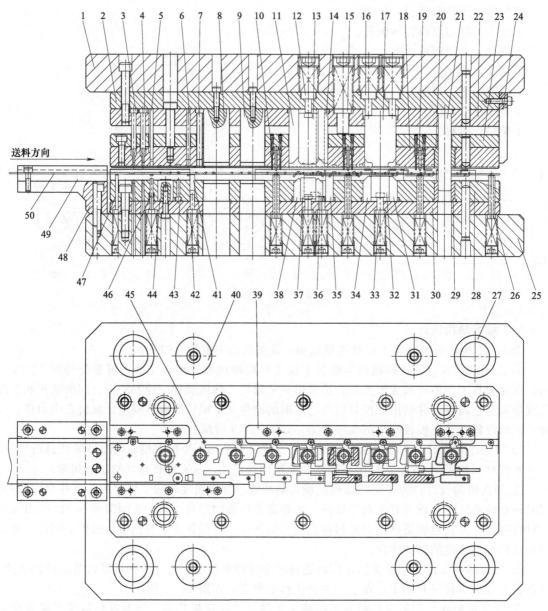

图 11-19　爪件多工位级进模结构

1—上模座；2—固定板垫板；3,4,7—冲孔凸模；5—切舌凸模；6—切舌压平凸模；8,9—冲切废料凸模；10—顶料销；
11,13,14,17—成形凸模；12,15,16—上模弹簧顶杆；18—卸料板；19—导正销；20,29—小导套；21—小导柱；
22—固定板；23—卸料板垫板；24—废料切刀；25—下模座；26—套式顶料杆；27—导柱；28—下模板；
30—下模板垫板；31,34～36,38—下模成形零件；32,37—浮料块；33,42—下模弹簧顶杆；
39—内导料板；40—限位柱；41—带料挡料块；43—凸点凸模；44—环形凸包凸模；45—检测装置；
46—顶块；47—浮料销；48—承料板；49—外导料板；50—带料

错位或模具碰到异常时，误送导正销 5 往上走动接触到关联销 8，再通过关联销 8 接触到微动
开关 10，当压力机控制器接收到微动开关 10 发出的信号时即自动停止冲压。

经验

➤ 该制件将环形凸包放置在工位②成形，在成形环形凸包前，先在工位①冲出一个预冲
孔，在工位②成形时使预冲孔边缘的材料沿着环形凸包方向流动，有效地控制了环形凸包的开
裂现象。

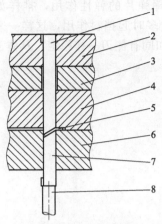

图 11-20　切舌结构

1—切舌凸模；2—固定板；3—卸料板垫板；
4—卸料板；5—带料；6—下模板；
7—顶料块；8—弹簧顶杆

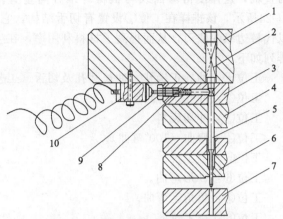

图 11-21　检测装置（模具开启状态）

1—上模座；2—弹簧；3—固定板垫板；4—固定板；
5—误送导正销；6—卸料板；7—下模板；
8—关联销；9—关联销螺塞；10—微动开关

11.5　65Mn 钢窗帘支架弹片多工位级进模

(1) 工艺分析

弹片是窗帘支架的主要零件之一，其形状及尺寸如图 11-22 所示，制件中 6.88mm×2mm 的方孔与 $R14mm$ 的边缘最近距离为 2.5mm 符合冲裁要求；制件中有 3 处圆角半径分别为 $R1.5mm$、$R1.8mm$ 和 $R2.3mm$，均大于弯曲件的最小弯曲半径；弯曲部分的边长度均符合要求；此材料回弹较大，角度回弹经验值为 2°～3°。

此制件带料的纤维方向必须垂直于制件的弯曲线，否则在生产中会引起弯曲之后制件开裂、断裂现象，导致在使用中对弹片的弹性质量有较大的影响。完成此制件需要经过冲孔、落料、弯曲等工序，若采用单工序模，生产效率低，制件精度无法保证，满足不了生产的需求，故选用级进模生产。这样可以降低加工成本，提高生产效率，使制件质量在生产中更稳定。

(2) 排样设计

根据图 11-22 所示，该制件有毛刺方向的要求，需向下弯曲成形。计算出毛坯总长度 $L=$ 60mm（制件展开如图 11-23 所示）。为提高材料利用率，板料规格选用卷料来冲压。裁料方式

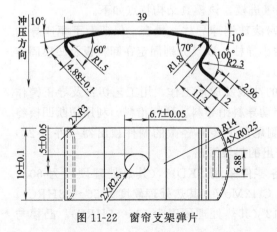

图 11-22　窗帘支架弹片

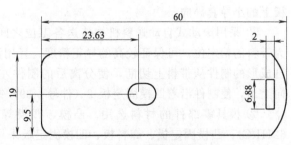

图 11-23　制件展开图

为直裁，这样使得弯曲线与板材纤维方向垂直。能很好地发挥弹片的弹性作用，排样如图11-24所示，该排样在工位①设置有切舌结构，它在带料送料过多时起挡料作用，这样一来可以代替边缘的侧刃，从而提高了材料利用率，在生产中使送料如同有侧刃一样稳定。具体工位排列如下。

　　工位①：冲导正销孔，冲长圆孔及切舌（工艺上考虑而设）。

　　工位②：冲孔，冲切废料。

　　工位③：冲切废料。

　　工位④：弯曲（100°弯曲）。

　　工位⑤：空工位。

　　工位⑥：U 形弯曲。

　　工位⑦：负角度弯曲。

　　工位⑧：空工位。

　　工位⑨：弯曲。

　　工位⑩：冲切载体与制件的连接废料（制件与载体分离）。

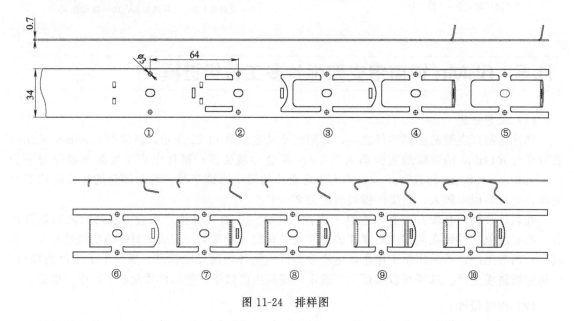

图 11-24　排样图

(3) 模具结构设计

　　图 11-25 所示为 65Mn 钢窗帘支架弹片多工位级进模，该模具结构特点如下。

　　① 采用内、外双重导向，外导向采用 4 套精密滚珠钢球导柱、导套，保证上下模座导向精度；内导向采用 8 套固定在凸模固定板上的滑动小导柱，以及分别固定在卸料板及凹模固定板上的小导套导向。

　　② 采用滚动式自动送料机构传送各工位之间的冲裁及成形工作，用工艺切舌及导正销作为带料的精定位，可保证较高的导正精度。且用浮动导料销导料、顶杆抬料，利用切断凹模将已成形的制件从带料上切断，使分离后的制件左侧尾部下装有轻微的制件顶出器（件号 27）向上顶，使制件沿着凹模固定板-2（件号：39）铣出的斜坡滑出。

　　③ 模具零部件的材料选用。凸模，凹模等各零件采用 SKD11（其热处理硬度为 60～62HRC）；凸模固定板、卸料板、凹模固定板采用 Cr12MoV（其热处理硬度为 55～58HRC）；凸模固定板垫板、卸料板垫板及凹模垫板采用 Cr12（其热处理硬度为 53～55HRC）。凸模与

凸模固定板的配合间隙单面为 0.01mm；凸模与卸料板之间的配合间隙单面为 0.01mm；导正销与卸料板的配合间隙单面为 0.005mm；凹模镶件与凹模固定板为零对零配合；浮动导料销与凹模固定板之间的配合间隙单面为 0.015mm。

④ 卸料板采用弹压卸料装置，可在冲裁前将带料压平，防止冲裁后的带料翘曲。

⑤ 关键零部件设计。

a. 凸模设计。阶梯式凸模结构如图 11-26 所示，设计成阶梯式结构，可以改善凸模强度，且经过校核，该凸模在冲裁力作用下不会发生抗压失稳。

b. 快速更换凸模设计。该模具个别凸模较单薄，可从上模座直接卸下螺塞取出凸模（见图 11-26），其余统一用螺钉固定（见图 11-27），在凸模后面攻有螺纹孔，即在凸模固定板垫板和上模座的对应位置分别钻螺钉 7 过孔及螺钉头部通孔，螺钉 7 从上模座 1 穿过凸模固定板垫板与凸模 4 连接。当凸模 4 需经更换和修磨时，把凸模固定螺钉 7 拆掉并用顶杆从凸模固定板中顶出即可，不必松动连接凸模固定板 3 与上模座 1 连接的螺钉和圆柱销，也不必拆掉卸料板 6，这样更换凸模速度快，而且不会影响凸模固定板的装配精度。

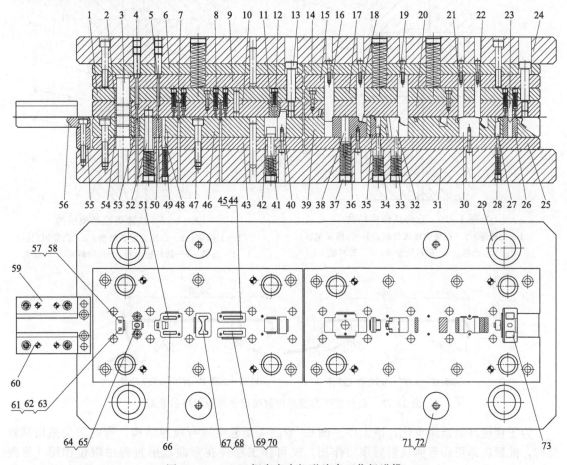

图 11-25 65Mn 钢窗帘支架弹片多工位级进模

1,17—卸料板垫板；2,54—小导套；3—小导柱；4—导正销孔凸模；5—方形凸模；6,14—凸模固定板垫板；7—圆形导正销；8,12—卸料板顶杆；9,15—凸模固定板；10,20—卸料板；11,16,18,19,21,22—弯曲凸模；13—卸料螺钉；23—长圆形导正销；24—上模座；25,43—凹模垫板；26—切断凹模；27—制件顶出器；28,33,38,41—下模顶杆；29—导柱；30,32,35,36,40—弯曲凹模；31—下模座；34,42—弯曲顶块；37—螺塞；39,46—凹模固定板；44,51,66,67,69—异形凸模；45,50,68,70—异形凹模；47—螺钉；48—挡料顶块；49—弹簧垫圈；52—浮动导料销；53—导正销孔凹模；55—承料板垫板；56—承料板；57,61—切舌凸模；58,62—切舌顶块；59,60—外导料板；63—切舌凹模；64—长圆形凸模；65—长圆形凹模；71—上限位柱；72—下限位柱；73—切断凸模

⑥ 制件负角度成形设计。此制件的左右各有一个 60°及 70°弯曲成形。常规的设计是用斜楔配合侧滑块的结构成形。一般是先成形"U"形弯曲（90°弯曲），再成形 60°及 70°弯曲。其冲压动作是：先在前一工序成形"U"形弯曲［见图 11-28（a）］，再用斜楔插入侧滑块成形 60°及 70°弯曲，其前一工序"U"形弯曲外形的长度为 39.98mm［见图 11-28（a）］。经过斜楔配合侧滑块结构成形 60°及 70°弯曲后，弯曲外形的长度仍为 39.98mm［见图 11-28（b）］，将图 11-28（a）与图 11-28（b）的弯曲外形尺寸进行比较发现，这两者外形的尺寸长度没有发生变化，但此结构较为复杂，在该模具上制造困难。

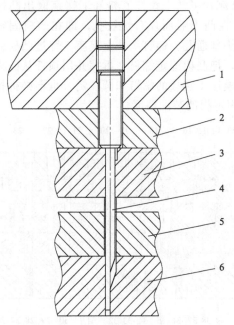

图 11-26　阶梯式凸模结构

1—上模座；2—凸模固定板垫板；3—凸模固定板；
4—凸模；5—卸料板垫板；6—卸料板

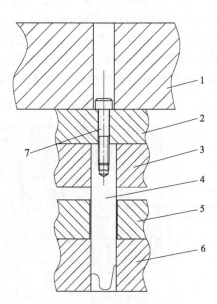

图 11-27　快速更换凸模结构

1—上模座；2—凸模固定板垫板；3—凸模固定板；
4—凸模；5—卸料板垫板；6—卸料板；7—螺钉

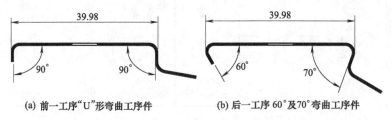

(a) 前一工序"U"形弯曲工序件　　　　(b) 后一工序 60°及 70°弯曲工序件

图 11-28　负角度弯曲成形用斜楔配合滑块工序示意图

为了使模具制造简单化，该工序左侧 60°弯曲采用悬空压弯成形结构，弯曲顶块采用弹性结构，此顶块即可作弯曲成形后顶出作用，又可作工序件在弯曲成形过程中限位作用［见图 11-29（a）］。冲压动作：上模下行，当前一工序的 90°弯曲头部接触到顶块的左侧时，受到顶块侧面的限制，弯曲件的头部不能往下进行走动，使弯曲后的尺寸稳定性好。70°弯曲采用弯曲凹模 32 的斜滑块助卸料结构。冲压动作如下：上模下行，当前一工序 90°弯曲件在卸料板与弯曲顶块在弹簧的受力下压紧工序件，进入弯曲凹模压弯成形。右侧 70°弯曲凹模 32 也是采用弹性结构（为负角卸料，该弯曲凹模采用斜滑块结构）。当卸料板与弯曲凹模 32 在弹簧的受力下压紧，凸模再往下弯曲成形。模具回程时，弯曲凹模 32 的斜滑块随着斜面的轨道向上移动，当制件的负角位置同弯曲凹模 32 的斜滑块完全脱离［见图 11-29（b）］，下模顶杆及浮动导料销顺利地把料带抬起送往下一工位。

　　注：以上负角弯曲成形 60°及 70°是同时进行的。

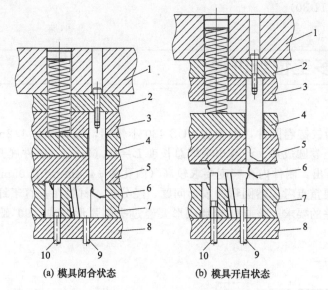

(a) 模具闭合状态　　　　　　　**(b) 模具开启状态**

图 11-29　简单化式负角度弯曲成形结构

1—上模座；2—凸模固定板垫板；3—凸模固定板；4—卸料板垫板；5—卸料板；
6—60°及 70°弯曲工序件；7—凹模固定板；8—凹模垫板；9,10—下模顶杆

(4) 冲压动作原理

　　将原材料宽 34mm、料厚 0.7mm 的卷料吊装在料架上，通过整平机将送进的带料整平，然后进入滚动式自动送料机构内（在此之前将滚动式自动送料机构的步距调至 64.05mm），开始用手工将带料送至模具的导料板，直到带料的头部覆盖导正销孔凹模。这时进行第一次冲导正销孔，冲长圆孔及切舌；然后进行第二次为冲孔，冲切废料；进入第三次为冲切废料；进入第四次为弯曲（100°弯曲）；第五次为空工位；进入第六次为"U"形弯曲；进入第七次为负角度弯曲；第八次为空工位；进入第九次为弯曲；最后（第十次）为冲切载体与制件的连接废料（制件与载体分离），使分离后的制件左侧尾部下装有轻微的制件顶出器 27 向上顶，使制件沿着凹模固定板 39 铣出的斜坡滑出。这时将自动送料器调至自动的状况可进入连续冲压。

　　技巧

　　▷ 该制件的左右各有一个 60°及 70°弯曲成形（见图 11-22）。常规的设计是用斜楔配合侧滑块的结构成形，因此，成形结构较为复杂，在该模具上制造困难。为了使模具制造简单化，该工序左侧 60°弯曲采用悬空压弯成形结构，而 70°弯曲采用斜滑块结构，斜滑块主要起制件的卸料工作。

　　经验

　　▷ 该制件对带料的纤维方向要求特别严格，因为此制件在冲压加工完毕之后再进行热处理，如纤维方向同弯曲线平行，在生产中引起弯曲之后制件开裂、断裂现象，导致在使用中对弹片的弹性质量有较大的影响。

　　▷ 70°弯曲利用斜滑块方式，使前一工序弯曲外形的尺寸线同后一工序的弯曲外形的尺寸线发生了改变。根据经验值所得：60°弯曲的一

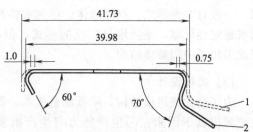

图 11-30　负角度弯曲成形前后工序件比较

1—前一工序"U"形弯曲工序件；
2—后一工序 60°及 70°弯曲工序件

侧相对应在工位⑥90°弯曲成形时将弯曲线向外移 1.0mm（见图 11-30）；70°弯曲的一侧相对应在工位⑥90°弯曲成形时将弯曲线向外移 0.75mm（见图11-30）。从而得到弯曲外形的长度为 41.73mm（见图 11-30）。

11.6 铰链多工位级进模

(1) 工艺分析

图 11-31 所示为铰链卷圆件，材料为 SUS-430 不锈钢，板料厚为 1.2mm，该制件有毛刺方向的要求，需向上卷圆成形。计算出毛坯总长度 $L=40.63$mm（制件展开如图 11-32 所示）。从图 11-31 中可以看出，制件内孔精度要求较高（内孔为 $\phi 4.8$mm± 0.05mm）。为此，在多工位级进模设计时，要重点考虑卷圆弯曲成形问题，经分析，材料在垂直于纤维方向和平行于纤维方向均满足卷圆件的要求。该制件卷圆成形要经过头部弧形弯曲、90°弧形弯曲及卷圆弯曲等工艺来完成。

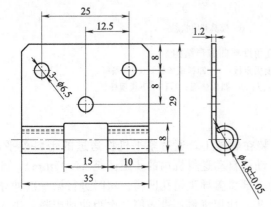

图 11-31　铰链卷圆件

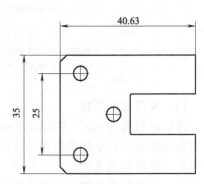

图 11-32　制件展开图

随着年需求量不断的增长，为满足年产量的需求，将旧工艺采用 1 副一出一排列的多工位级进模［共 10 个工位，分别为：工位①冲切侧刃，冲孔；工位②冲切外形废料；工位③冲切长方槽；工位④空工位；工位⑤头部弧形弯曲；工位⑥圆弧弯曲（90°圆弧弯曲）；工位⑦空工位；工位⑧卷圆；工位⑨空工位；工位⑩切断］，改为新工艺采用一出二排列的多工位级进模来冲压。这样一来，既有利于成形，又提高了生产效率。

(2) 载体设计

载体设计必须有足够的强度和刚性，不变形，能够运载带料上冲出的制件，并且使送进平稳，一般有 3 种形式：双侧载体、单侧载体和中间载体。单侧载体、中间载体省料；双侧载体送料稳定性可靠，是使用最广泛的形式，但材料利用率低。本模具由于材料厚度为 1.2mm，因此采用了中间载体结构。

(3) 排样设计

为了简化级进模结构，降低制造成本，保证带料送进刚性和稳定性，在对该制件排样时，主要考虑以下因素：①生产能力与生产批量；②送料方式；③冲压力的平衡（压力中心）；④材料利用率；⑤正确安排导正销孔；⑥凹模要有足够的强度；⑦载体形式的设计；⑧空工位的确定；⑨制件从载体上切下的方式等。在充分分析图 11-31 铰链卷圆特点的基础上决定采用对称一出二排列较为合理（见图 11-33）。为了弯曲、卷圆等成形不发生干涉及简化模具的结构，该制件在排样时设计了 5 个空工位，共分为 11 个工位来冲压成形，具体工位排列如下。

工位①：冲切两边侧刃，冲 7 个圆孔。

工位②：空工位。

工位③：冲切长方槽。

工位④：空工位。

工位⑤：头部弧形弯曲。

工位⑥：空工位。

工位⑦：弯曲 90°。

工位⑧：空工位。

工位⑨：卷圆。

工位⑩：空工位。

工位⑪：切断。

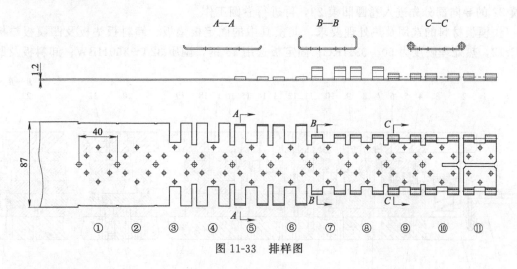

图 11-33　排样图

(4) 模具结构设计

铰链卷圆件多工位级进模结构如图 11-34 所示。

① 导向装置设计。为确保上、下模的对准精度，引导凸模的正确运动，保证冲压过程中凸、凹模之间相对位置合理，间隙均匀。本模具在模座上设计 4 套 ϕ32mm 的导柱，在各模板相对应的位置设置 4 套 ϕ16mm 的小导柱。

② 定距设计。为保证带料中各工位间能准确地连接，必须保证每个工位上都能正确的定位，本模具带料在送进时采用冲切侧刃为粗定距，接着由导正销作精定距（件号＝4）。

③ 凸模设计。由于板料厚度为 1.2mm，冲孔凸模结构设计成台阶式，可以改善凸模强度，且经过校核，该凸模在冲裁力作用下不会发生抗压失稳；冲切废料凸模、弯曲及卷圆凸模等均采用直通式，并用螺钉固定在上模，方便制造和快速更换。

④ 凹模设计。为方便维修，冲切、弯曲及卷圆等凹模全部采用镶拼式结构，并用螺钉固定在凹模板垫板上，方便拆装。对于形状比较规则的镶件（如方形镶件），需要采用一些防错措施来防止镶件装错方向而造成模具损坏，如方形镶件的其中一个角设计成过渡圆角或 C 角等。

⑤ 卸料方式设计。本模具采用弹压卸料装置，是由卸料板通过卸料螺钉和弹性元件等安装在模具上组成的。它可在冲裁、成形前将板料压平，防止冲裁件翘曲。冲裁、成形后采用卸料板将箍在凸模上的工序件卸下，可保证较高的送料精度。

⑥ 弯曲90°结构设计。工位⑦为90°圆弧弯曲（见图11-34模具结构图 $A—A$）。此结构给铰链卷圆提供了可靠的卷圆基础，使卷圆后的尺寸有更高的精度。其工作过程：上模下行，安装在卸料板19上的斜滑块20在弹簧及顶杆21的作用下将工序件与凹模顶块25压紧，随着上模继续下行，工序件与凹模顶块25进入弯曲凹模24内进行90°弯曲工作。弯曲结束，上模回程时，由凹模顶块25将已弯曲的工序件抬起，斜滑块20随着卸料板的斜度轨迹滑下，能很好地将已弯曲的工序件卸下，方便带料能顺利地送进下一工位。

⑦ 卷圆设计。工位⑨为卷圆（见图11-34模具结构图 $B—B$）。该工序是本模具的关键工序，它直接关系到卷圆件内孔 $\phi(4.8\pm0.05)$mm 的尺寸精度，因此在卷圆凹模23的工作面加工出尖角来支撑卷圆件的外形，此尖角的圆弧同卷圆件的圆弧相对应，这样能很好地控制卷圆件内孔径的椭圆度。而在卷圆的凸模加工出导向装置，在卷圆前，卷圆凸模先导入凹模，接下来进入卷圆工作。

其工作过程：上模下行，卸料板在弹簧力的作用下首先压住工序件，上模继续下行，卷圆凸模22的导向部分先进入卷圆凹模23，再进行卷圆工作。

⑧ 模板材料的选用及热处理要求。此模具中的固定板垫板、卸料板垫板及凹模板垫板选用 Cr12，热处理硬度为 50～53HRC；固定板选用 45 钢，调质 320～360HBW；卸料板及凹模

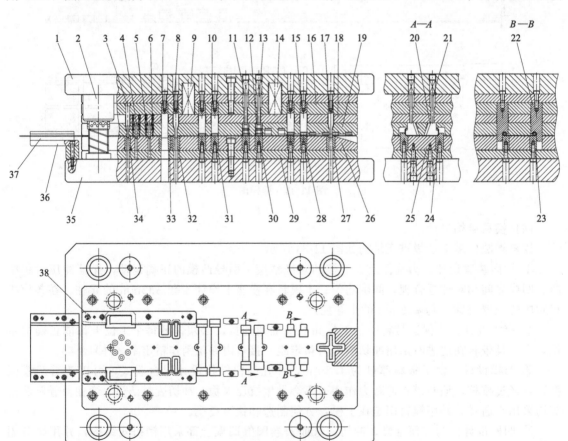

图11-34 铰链卷圆件多工位级进模结构

1—上模座；2—外导柱；3—冲孔凸模；4—导正销；5—小弹簧；6—小顶杆；7,8—异形凸模；9,14—弹簧；
10—弧形弯曲凸模；11,13,21—顶杆；12,20—斜滑块；15,22—卷圆凸模；16—固定板；17—切断凸模；
18—卸料垫板；19—卸料板；23,28—卷圆凹模；24,30—弯曲凹模；25—凹模顶块；26—凹模固定板；
27—切断凹模；29—凹模垫板；31—弧形弯曲凹模；32,33—异形凹模；34—冲孔凹模；35—下模座；
36—承料板；37—外导料板；38—内导料板

板选用高铬合金钢 Cr12MoV, 热处理硬度为 55～58HRC; 凸模及凹模选用 SKD11, 热处理硬度为 60～62HRC。

技巧

➤ 为很好地克服铰链卷圆件的头部回弹问题, 在工位⑤设计了头部圆弧预弯工序, 其结构较为简单 (见图 11-33 排样图 $A—A$)。

➤ 由于该模具存在弯曲及卷圆等工序, 当弯曲结束后, 弯曲部分留在模腔内将阻止带料的送进, 需采用浮料装置, 在上模回程的同时, 将带料从弯曲凹模内顶出, 使送料能够顺利进行。

经验

➤ 工位⑦为 90°圆弧弯曲 (见图 11-34 中 $A—A$)。此工位在弯曲时采用了斜滑块的机构, 能很好地对弯曲后工序件进行卸料工作。

➤ 为保证模具的使用寿命, 对各模板加工精度尤为重要, 各垫板采用快走丝切割加工, 主要模板采用慢走丝切割加工。

➤ 为确保卷圆件内孔 $\phi(4.8\pm0.05)$mm 的精度, 其凹模工作区尖角部分的圆弧与卷圆件的圆弧相配合, 能很好地控制内孔的椭圆度。其工作过程: 上模下行, 卸料板在弹簧力的作用下首先压住工序件, 上模继续下行, 卷圆凸模 22 的导向部分先进入凹模, 再进行卷圆工作 (见图 11-34 中 $B—B$)。

➤ 该制件采用一出二对称并排排列方式, 从而很好地防止弯曲、卷圆成形时出现的侧向力。

11.7 连接板多工位级进模

(1) 工艺分析

图 11-35 为某电子产品的连接板, 材料为 SUS430 (不锈钢), 料厚 0.4mm, 年产量 100 多万件。该制件结构简单, 在生产中需经过冲裁、翻孔、弯曲等工序组合而成, 经合理分解后, 按一定的成形顺序设置在不同的冲压工位上。

从图 11-35 中可以看出, 制件的弯曲内 R 较小 (接近为零), 因此弯曲时对板料纤维方向有一定的要求, 若纤维方向与弯曲线平行, 制件在弯曲之后会出现开裂、断裂现象, 影响使用质量。若采用单工序模, 生产效率低, 制件精度无法保证, 不能满足生产需求, 故选用多工位级进模生产。

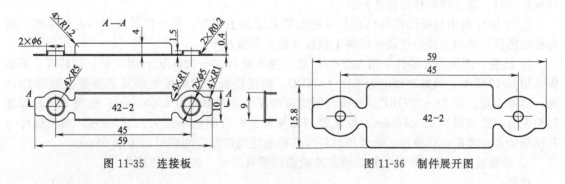

图 11-35　连接板　　　　　　　　图 11-36　制件展开图

(2) 排样设计

制件展开如图 11-36 所示, 该制件有毛刺方向的要求, 需向下弯曲才能成形, 计算出弯曲展开长度为 59mm，宽度为 15.8mm。

该制件裁料方式为直裁，使弯曲线与板材纤维方向垂直，这样能很好地控制弯曲件的开裂、断裂问题。为提高材料利用率，各工位间排列紧凑，步距为 17mm，采用单排排列、双侧载体的排样方式。

带料以两侧直边为导向送料，设置冲切侧刃为粗定距，两侧的 ϕ3mm 导正销孔为精定距。制件排样如图 11-37 所示，具体工位安排如下。

工位①：冲导正销孔及冲切侧刃。

工位②：压字印。

工位③：预冲孔。

工位④：翻孔。

工位⑤：冲切废料。

工位⑥：空工位。

工位⑦：冲切中部废料。

工位⑧：空工位。

工位⑨："U"形弯曲。

工位⑩：空工位。

工位⑪：切断（制件与载体分离）。

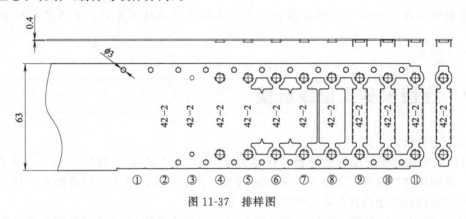

图 11-37 排样图

(3) 模具结构设计

连接板多工位级进模结构如图 11-38 所示，该模具设计要点如下。

① 该模具采用滚动式自动送料机构传送各工位之间的冲裁及弯曲成形等工作，用内、外导料板导料、套式顶料杆及顶块抬料。

② 工位⑪利用切断凹模将已成形好的制件从带料上切断，使分离后的制件左侧尾部下装有轻微的浮料块向上顶，使制件沿着下模板铣出的斜坡滑下。

③ 凸模、凹模等各零件采用 SKD11，热处理硬度为 60～62HRC；固定板、卸料板、下模板采用 Cr12MoV，热处理硬度为 55～58HRC；固定垫板、卸料板垫板及下模垫板采用 Cr12 钢，热处理硬度为 53～55HRC。凸模与固定板的配合间隙单面为 0.005mm；凸模与卸料板之间的配合间隙单面为 0.0075mm；导正销与卸料板的配合间隙单面为 0.005mm；凹模镶件与凹模板为零对零配合；顶杆、套式顶料杆与凹模板之间的配合间隙单面为 0.01mm。

④ 卸料板采用弹压卸料装置，可在冲裁前将板料压平，防止零件翘曲。

技巧

➤ 翻孔凸模及凹模设计要点及选用。翻孔凸模 11 及凹模 29 是工位④翻孔中的关键部件，凸模及凹模设计的好坏直接影响翻孔的质量（举例说明如下）。

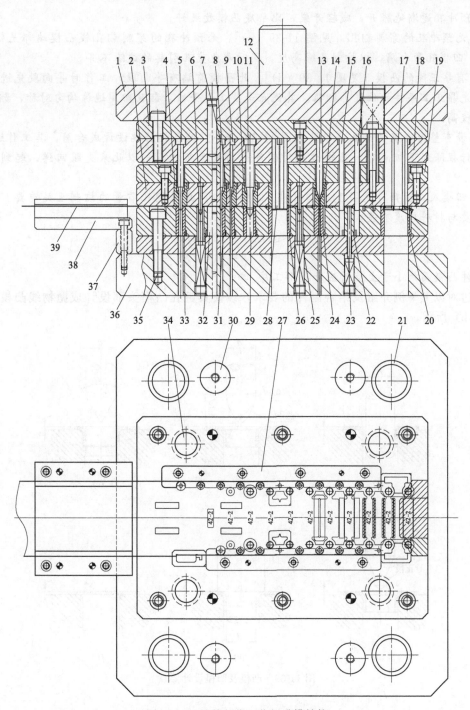

图 11-38　连接板多工位级进模结构

1—上模座；2—卸料板；3—固定板垫板；4,8,10,14—卸料板镶件；5,7—冲孔凸模；6—导正销；9—预冲孔凸模；

11—翻孔凸模；12—模柄；13,17,28—切废料凸模；15,16—弯曲凸模；18—固定板；19—卸料板垫板；

20,24,26,31,33—下模板镶件；21—导柱；22—下模弯曲镶件；23—顶杆；25—套式顶料杆；27—内导料板；

29—翻孔凹模；30—限位柱；32—字印；34—小导柱；35—螺钉；36—下模座；37—垫块；38—承料板；39—外导料板

① 平顶凸模［见图 11-39（a）］。平顶凸模常用于大口径且对翻孔质量要求不高的制件，用平顶凸模翻孔时，材料不能平滑变形，因此翻孔系数 m 应取大些。

② 抛物线形凸模［见图 11-39（b）］。抛物线的翻孔凸模，工作端有光滑圆弧过渡，翻孔

时可将预冲孔逐渐地胀开，减轻开裂，比平底凸模效果好。

③ 无预冲孔的穿刺翻孔［见图 11-39（c）］。无预冲孔的穿刺翻孔模凸模端部呈锥形，α 取 60°。凹模孔带台肩，以控制凸缘高度，同时避免直孔引起的边缘不齐。

④ 有导正段的凸模［见图 11-39（d）］。此凸模前端有导向段，工作时导向段先进入预冲孔内，先导正工序件的位置再翻孔。其优点是：工作平稳、翻孔四周边缘均匀对称，翻孔的位置精度较高。

⑤ 带有整形台肩的翻孔凸模［见图 11-39（e）］。此凸模后端设计成台肩，其工作过程是：压力机行程降到下极点时，凸模台肩对制件圆角处进行校正，以此来克服回弹，起到了整形作用。

⑥ 凹模入口圆角［见图 11-39（f）］。凹模入口圆角对翻孔质量的控制至关重要。入口圆角 r 主要与材料厚度有关：

$$t \leqslant 2, \quad r = (2 \sim 4)t$$
$$t > 2, \quad r = (1 \sim 2)t$$

制件凸模圆角小于上值时应加整形工序。

通过对以上举例介绍及结合制件的要求，该模具翻孔凸模头部设计成抛物线凸模，见图 11-39（b）所示。

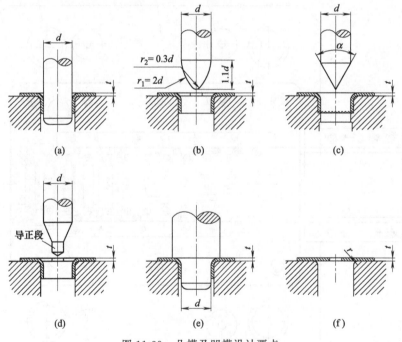

图 11-39　凸模及凹模设计要点

11.8　键盘接插件外壳多工位级进模

(1) 工艺分析

图 11-40 所示为键盘与电脑主机连接的外壳零件装配后制件简图。材料为 SPCC，板料厚度为 0.3mm，从图中可以看出，该制件为一个封闭形的外壳，用冲压工艺是无法实现的，而且注塑件也无法放入内部。经分析，把图 11-40 局部展开成图 11-41 所示的制件，接着用手工

弯曲完安装在注塑件上，为方便安装，在手工安装的弯曲线上压出了两条三角线，深为 0.1 ± 0.02mm，夹角为 92°（见图 11-41 中 A 部放大图）。这样一来，即能满足注塑件的安装，又能确保冲压工艺的可行性。

从图 11-41 可以看出，该制件形状复杂，尺寸要求高，制件外形长为 83.2mm，宽为 14mm，高为 10.7mm。制件的左边有 3 个脚爪，右边有两个脚爪，该脚爪的作用是与主板焊接在一起，制件的前后有 6 处倒卡口，它与注塑件卡在一起，防止脱落，制件的左边中间有两个 $\phi 9.1$mm 的圆形翻孔，一个为插键盘用，而另一个为插鼠标用。

从制件使用功能及冲压工艺的分析，需经过多工序的弯曲成形，经合理分解后，按一定的成形顺序要求设置在不同的冲压工位上。因制件材料较薄，而带料在连续不断的冲压，送进过程中冲件与载体间的连接强度也在不断的降低。因此带料的导料方式和每步工序定距形式是否合理采用，对制件在生产中的稳定性十分重要，在排样设计时应充分考虑这一点。

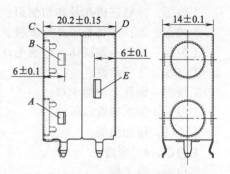

图 11-40　键盘与电脑主机连接的外壳零件装配后制件简图

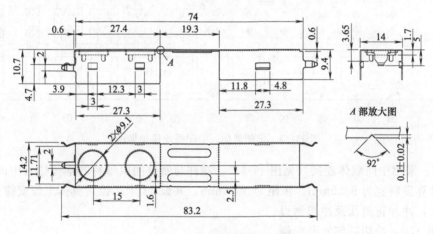

图 11-41　键盘接插件外壳

该制件与注塑件安装过程：首先把 A、B 处的卡口同时按入塑料件中相对应的卡口扣紧，用手动将 C 处弯曲成 90°，然后将 D 处也用同样的方法弯曲成 90°，接下把 E 处的卡口也按入塑胶件中即可（见图 11-40）。

（2）排样设计

制件在排样时，它不但要考虑材料的利用率，制造成本，还应考虑制件的精度、弯曲规律及模具的强度等问题。经分析，该制件向下弯曲成形较为合理，计算出毛坯外形长为 88.3mm，制件展开如图 11-42 所示。

从制件图结合展开图分析，为提高材料利用率，各工位间排列紧凑，其间距为 2mm。通过对多种角度排列形式进行比较发现，因制件两端有 5 处爪形弯曲，该制件与载体的搭边局限于中部及右端部的中间，因此，采用单排排列较为合理，初步拟定如下两个排样方案。

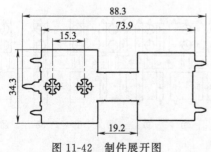

图 11-42　制件展开图

方案 1：采用单侧载体、中间桥连接（见图 11-43），即制件右端部的中间与单侧载体搭边，中间用桥把它连接在一体。计算得料宽为 99.5mm，步距为 36.3mm，共设 13 个工位，具体工位安排如下。

工位①：冲导正销孔及冲切侧刃。

工位②、③：冲切毛坯外形废料。

工位④：冲切一端载体（包括毛坯外形废料一起冲切出）及另一端毛坯外形废料。

工位⑤：压三角线。

工位⑥：翻孔，冲切卡口。

工位⑦：脚爪弯曲，压线。

工位⑧：压加强筋。

工位⑨：45°弯曲。

工位⑩：空工位。

工位⑪：90°弯曲。

工位⑫：空工位。

工位⑬：冲切载体（载体与制件分离）。

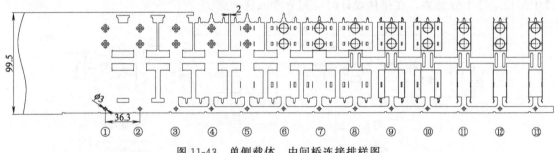

图 11-43　单侧载体、中间桥连接排样图

方案 2：采用中间载体连接（见图 11-44），制件与制件间以带料的本体作为中间载体的排样方式，计算得料宽为 91.5mm，步距为 36.3mm，共设 13 个工位，具体工位安排如下。

工位①：冲导正销孔及冲切侧刃。

工位②、③：冲切毛坯外形废料。

工位④：冲切两端载体（包括毛坯外形废料一起冲切出）。

工位⑤：压三角线。

工位⑥：翻孔，冲切卡口。

工位⑦：脚爪弯曲，压线。

工位⑧：压加强筋。

工位⑨：45°弯曲。

工位⑩：空工位。

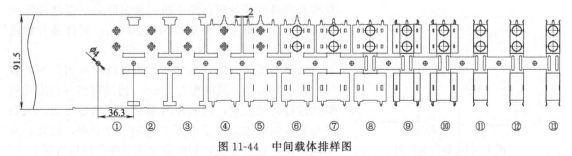

图 11-44　中间载体排样图

工位⑪：90°弯曲。

工位⑫：空工位。

工位⑬：冲切载体（载体与制件分离）。

综合以上分析，方案1材料利用率低，送料稳定性好，模具结构复杂；方案2的带料宽度比方案1窄8mm，因此，材料利用率要比方案1高，考虑制件以中间为载体，则制件两边的形状基本相似，送料稳定性均能满足自动化生产的要求，模具结构比方案1简化，那么，模具制造成本自然比方案1经济。结合模具的成本及材料利用率等方面的考虑，最终选择方案2较为合理。

(3) 模具结构设计

图 11-45 所示为键盘接插件外壳多工位级进模，该模具最大外形长为 690mm，宽为 385mm，闭合高为 220mm。

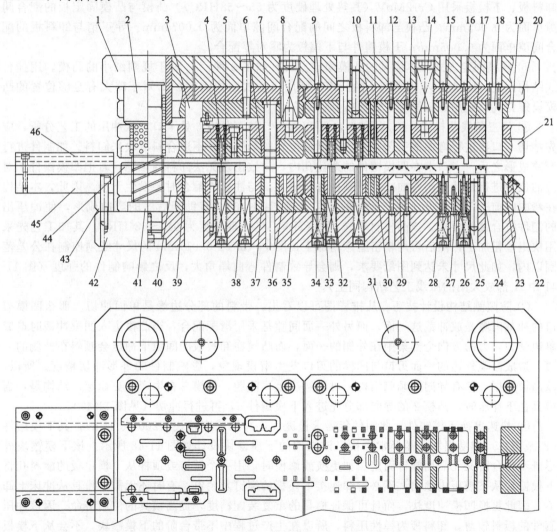

图 11-45　键盘接插件外壳多工位级进模

1—上模座；2—导套；3—侧刃凸模；4—导正销；5—弹顶；6,37—小导套；7—小导柱；8—弹簧垫圈；9—翻孔凸模；10,11—压加强筋凸模；12,13—45°弯曲凸模；14—弹簧；15,16—90°弯曲凸模；17—卸料板垫板；18—冲切载体凸模；19—凸模固定板；20—上垫板；21—卸料板；22—下垫板；23,24,27,29,30,33,39—凹模镶件；25—等高套筒；26—顶料块；28—垫圈；31—限位柱；32—套式顶料杆；34—顶杆；35,36—压三角线凸模；38—浮料块；40—凹模固定板；41—导柱；42—下模座；43—垫块；44—内导料板；45—承料板；46—外导料板

① 模具整体结构设计。该模具为标准的八板式结构，分别为上模座、上垫板、凸模固定板、卸料板垫板、卸料板、凹模固定板、下垫板及下模座。为确保模具的冲压精度，本模具采用内、外双重导向，即外导向采用 4 套滚珠钢球外导柱、导套；内导向采用 8 套精密的小导柱、小导套。

② 导正销与侧刃设计。在多工位级进模中，通常在带料的送进时，自动送料机构及侧刃作粗定距，导正销作精定距。本模具将导正销孔及导正销设置在中间的载体上，导正孔的直径为 $\phi 4mm$（见图 11-44）。

③ 为方便弹簧力的调整及增加弹簧的使用寿命，本结构在弹簧与卸料板垫板间采用弹簧垫圈来连接（见图 11-45 件号 8），能很好地保证弹簧的垂直度。为方便调整，在弹簧的顶部设有螺塞，它可以直接调节弹簧的松紧（即弹簧力的大小），更换弹簧也较为方便。

④ 该模具凸模，凹模等各零件采用 SKD11（其热处理硬度为 60～62HRC）；凸模固定板、卸料板、下模板采用 Cr12MoV（其热处理硬度为 55～58HRC）。凸模与凸模固定板的配合间隙单面为 0.005mm；凸模与卸料板之间的配合间隙单面为 0.0075mm。导正销与卸料板的配合间隙单面为 0.005mm；下模镶件与下模板为零对零配合。

⑤ 凸模固定方式。本模具的凸模固定方式有如下 3 种：a. 对于规则细小的凸模，用挂台式结构固定；b. 对于不规则细小的凸模，则用压板式结构固定；c. 对于略大有足够位置的凸模设螺钉孔，则用螺钉固定，方便拆卸。

⑥ 压三角线凸模设计。从图 11-41 可以看出，该制件有 6 处卡口，从冲压的工艺分析，应先冲切卡口再进行弯曲的工艺，考虑此制件位置的局限性，不适合斜滑块来卸料。如制件进行弯曲成形之后，卡口卡在凹模镶件的避让孔内，导致出现无法卸料的难题，若把凹模镶件相对应的位置进行避让，则弯曲之后的制件塌角较大，与注塑件配合时会发生干涉。因此，本结构在弯曲的前一工序要设计压三角线的工艺（见图 11-46），有助于后序的弯曲成形，使冲压出的制件符合装配要求。该凸模材料选用 SKH-9，热处理硬度为 61°～63°HRC。其加工艺先采用快走丝粗加工，然后再用精密磨床精加工，图中 (0.1±0.01)mm 的尺寸必须控制在公差范围以内，如此尺寸未达到图纸要求，则会导致制件弯曲塌角大，反之影响制件的强度（图 11-41 中 A 部放大图的压线工艺结构同上）。

⑦ 防倾侧结构设计技巧。从排样图可以看出，带料的部分边缘是单面冲切。那么凹模刃口的冲裁间隙是放冲裁这一面，而另外一面间隙是采用滑配配合，当凸模进入凹模冲裁时造成单边受力，力的方向全部集中在外侧的一面，而凸模在卸料板的间隙下冲压会倾斜在外侧的一边。造成凸模外边的一面刃口与凹模的刃口发生啃模现象，影响制件的外形冲切精度。所以，该凸模采用头部有导向防倾侧结构，可以解决上述问题，使模具在生产中更稳定。结构是：当模具往下冲压时，凸模 2 的导向部分先进入下模镶件 5，再进行冲切（见图 11-47）。

⑧ 快速更换下模镶件。此制件年需求量庞大，冲压速度较快（200 次/min），其下模镶件（冲裁刃口）容易损坏，需经常更换。该结构的下模镶块设计如图 11-48 所示。该下模镶块外形既不带台阶又无需用螺钉固定。如更换或修模时，用一个销钉或顶杆从下模垫板的漏料孔将下模镶块从下模板内顶出。不必拆卸连接下模板的螺钉及销钉，有时还无需将模具从冲床上卸下，因此更换凹模速度快，而且可保证模具的重复装配精度，提高模具的使用寿命。因该冲压制件的板料较薄，卸料板为弹性压料，所以在生产过程中不带台阶的下模镶块，不会从下模板中跳出。

技巧

➤ 因制件带料厚度较薄，在排样时制件的本体为载体，导料系统采用外导料板 46 和内导料板 44 对带料进行导向。为保证带料浮起与平稳送进，在两侧内导料板下设置了双排顶杆托料，在模具中心设置了中间单排套式顶料杆托料。

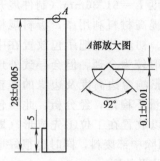

图 11-46 压三角线凸模示意图

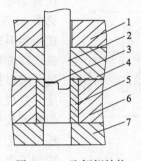

图 11-47 防倾侧结构

1—卸料板垫板；2—防倾侧凸模；
3—废料；4—卸料板；5—下模镶件；
6—下模板；7—下模垫板

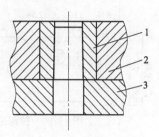

图 11-48 下模镶件结构

1—下模镶件；2—下模板；
3—下模板垫板

➢ 该制件的年产量较大，其凸模采用快速更换结构，而凹模采用镶拼式快拆结构（见图 11-48），以便维修。

经验

➢ 为防止带料部分边缘的侧向力，造成凸模外边的一面刃口与凹模的刃口发生啃模现象，影响制件的外形冲裁精度。所以在部分凸模头部采用有导向防倾侧结构（见图 11-47），使模具在生产中更稳定。

➢ 该制件有 6 处切舌卡口，其外形较小，不适合斜滑块卸料。因此，在弯曲之前要设计压线装置有助后序的弯曲成形，但压线的凸模工作部分角度要大于 90°（见图 11-46），否则到后续弯曲后难以达到 90°的尺寸。

11.9 扣件多工位级进模

(1) 工艺分析

图 11-49 所示为窗帘支架的扣件，该制件有毛刺方向的要求，需向下弯曲成形才能达成。

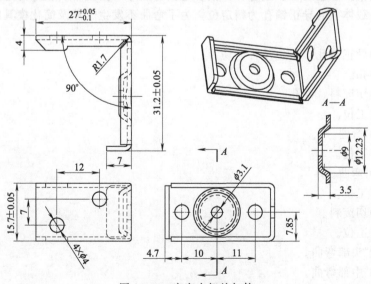

图 11-49 窗帘支架的扣件

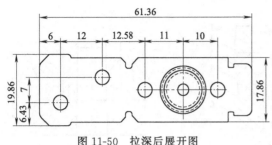

图 11-50　拉深后展开图

计算出毛坯总长度 $L = 61.36$mm（制件展开见图 11-50）。为提高材料利用率，板料规格选用卷料来生产。初步分析把压包放置在中部切除废料后成形较为合理。但会导致外形尺寸难以控制，影响弯边高度及边缘的平整度，造成制件质量不稳定，经分析，此压包的高度较低，可以放置在工位①先成形（即压包工艺），再切除中部废料，同时也很好地控制了弯边高度及平整度。

该制件采用级进模设计时，关键的弯曲部位是最后一工位 90°弯曲，通常在级进模设计是先弯曲成形再进行切断，分两个工位进行，但此制件最终弯曲成形时，前端已完成的弯边，随着压力机下行进入弯曲凹模内，当模具回程带料开始送料时，引起制件卡在凹模内无法卸料，如弯曲采用浮动机构，也就是成形镶件与制件一起上升，因为制件前端弯边已成形，制件无法顶出，导致送料失败。经分析，该制件把弯曲成形与切断两个工位合为一个工位，也就是说在同一工位上，制件先弯曲成形后接着继续进行切断，然后通过进入气孔的压缩空气将制件从下模让位腔吹出，这样就能很好地避免因弯曲成形而使制件在上升过程中无法卸料，从而导致送料失败的难题。

(2) 排样设计

为降低制造成本，采用单排排列。该排列方式有两种方案，具体方案如下。

方案 1：采用纵排。这种排列减小了带料宽度，增大了步距，但降低了带料的刚性和稳定性，使模具外形加长，模具造价高。

方案 2：采用横排排列。这种排列模具长度比方案 1 短，弯曲成形工位方便布置，送料稳定性好。

对以上两个方案进行分析发现，选用方案 2 较为合理。对于此制件的载体连接形式，因有横向弯曲限制，以及考虑增强载体的刚性和稳定性，带料的前面部分采用了双侧载体排样，后面部分采用单侧载体排样方案，排样如图 11-51 所示。这样当后面部分进行成形时，已把干涉的废料先冲切。

成形该制件包括工艺切舌、压包、冲裁、弯曲等工序，为使带料很好的定位，安排了工艺切舌为粗定位，载体上的导正销孔为精定位。为了弯曲不发生干涉及简化模具的结构，具体工位排列如下。

工位①：冲导正销孔，压包及工艺切舌。

工位②：冲孔。

工位③：冲切废料，冲孔。

工位④：空工位。

工位⑤：45°弯曲。

工位⑥：空工位。

工位⑦：90°弯曲。

工位⑧：空工位。

工位⑨：冲切废料。

工位⑩：空工位。

工位⑪：90°头部弯曲。

工位⑫：45°中部弯曲。

工位⑬：空工位。

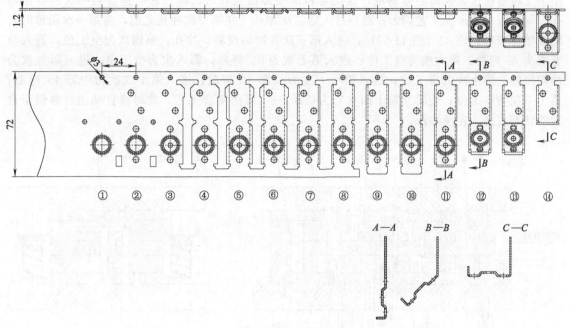

图 11-51 排样图

工位⑭：切断，90°弯曲复合工艺。

（3）模具结构设计

图 11-52 所示为扣件多工位级进模结构，该模具结构特点如下。

① 为确保上下模对准精度及模具冲压的稳定性，该模具采用 4 套 ϕ32mm 的精密滚珠钢球导柱、导套导向；同时为保证卸料板与各凸模之间的间隙，在卸料板及凹模固定板上各设计了 4 套 ϕ20mm 的小导柱、小导套辅助导向。

② 采用滚动式自动送料机构传送各工位之间的冲裁及弯曲成形工作，并用浮动导料销导料、顶杆抬料。

③ 为使制件毛刺方向符合图 11-49 的要求，最后工位利用先弯曲再冲切载体废料同时进行的结构，能很好地避免弯曲成形后在制件上升过程中因无法卸料而导致送料失败的问题。

其结构是：当上模下行时，首先 90°弯曲凸模 54 进行弯曲，当弯曲快结束时，冲切载体凸模 53 再进行切断，上模回程时，使分离后的制件通过 90°弯曲凹模 55 内的吹气孔利用压缩空气从 90°弯曲凹模 55 让位腔吹出。

④ 凸、凹模镶件等各零件采用 SKD11（其热处理硬度为 60～62HRC）；凸模固定板、卸料板、凹模固定板采用 Cr12MoV（其热处理硬度为 55～58HRC）；凸模固定板垫板、卸料板垫板及凹模垫板采用 Cr12（其热处理硬度为 53～55HRC）。凸模与凸模固定板的配合间隙单面为 0.015mm；凸模与卸料板之间的配合间隙单面为 0.01mm；导正销与卸料板的配合间隙单面为 0.005mm；凹模镶件与凹模固定板的配合间隙单面为 0.005mm；浮动导料销与凹模板之间的配合间隙单面为 0.015mm。

⑤ 卸料板采用弹压卸料装置，它具有压紧、导向、保护凸模、卸料的作用，还可在冲裁前将带料压平，防止冲裁件翘曲。

（4）冲压动作原理

将带料宽 72mm、料厚 1.2mm 的卷料吊装在料架上，通过整平机将送进的带料整平后，再进入滚动式自动送料机构内（在此之前将滚动式自动送料机构的步距调至 24.05mm），开始用手工将带料送至模具的导料板，直到带料的头部覆盖切舌凹模，这时进行第一次冲导正销孔，局部压包成形及工艺切舌；然后进入第二次冲孔［在第二次冲孔之前，将第一次切舌的右侧面挡住带料挡块 43（图 11-52）］；进入第三次为冲切废料，冲孔；第四次为空工位，进入第五次为 45°弯曲；第六次为空工位；进入第七次为 90°弯曲；第八次为空工位；进入第九次为冲切废料；第十次为空工位；进入第十一次为头部 90°弯曲；进入第十二次为中部 45°弯曲；第十三次为空工位；最后（第十四次）为切断，90°弯曲复合工艺。此时将自动送料器调至自动的状态可进入连续冲压。

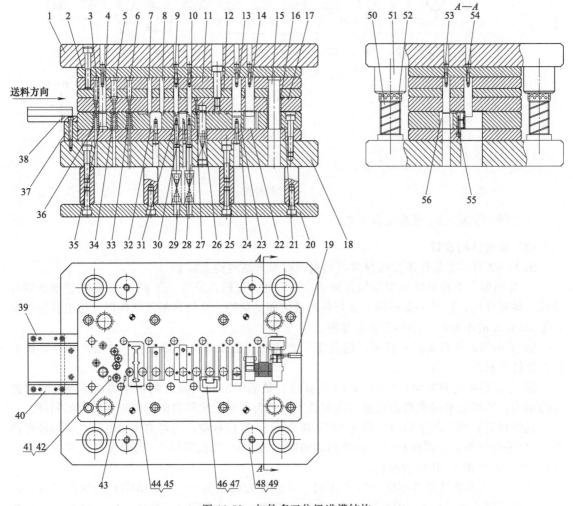

图 11-52　扣件多工位级进模结构

1—上模座；2—凸模固定板垫板；3—导正销孔凸模；4—压包凸模；5,6—圆形凸模；7,8,14—45°弯曲凸模；
9,10,13,54—90°弯曲凸模；11—凸模固定板；12—卸料板垫板；15—小导柱；16—小导套；17—卸料板；
18—下模座；19—进气孔；20—下托板；21—凹模固定板；22,32—45°弯曲凹模；23,30,55—90°弯曲凹模；
24—凹模垫板；25—下垫脚；26—浮动导料销；27—导正销；28—弹簧顶杆；29—弹簧垫圈；31—90°弯曲顶块；
33,34—圆孔凹模；35—压包底面镶件；36—导正销孔凹模；37—承料板垫板；38—承料板；39,40—导料板；
41—切舌凸模；42—切舌顶块；43—带料挡块；44,46—异形孔凸模；45,47—异形孔凹模；48—上限位柱；
49—下限位柱；50—导柱；51—导套；52—保持圈；53—冲切载体凸模；56—冲切载体凹模

技巧

➢ 该制件采用级进模设计时，关键是最后一工位 90°弯曲，通常在级进模设计时是先弯曲再进行切断，分两个工位来完成的。本模具将常规的两个工位合为一个工位来完成，制件先弯曲后接着继续进行切断的工艺，能很好地解决弯曲后使制件在上升过程中因无法卸料导致送料失败的难题。

11.10　B 形插座端子多工位级进模

(1) 工艺分析

图 11-53 所示为某汽车线束总成用的一款 7.8 系列的接插端子，材料为锡青铜（QSn6.5-0.1Y），厚 0.4mm，毛刺高度不大于 0.03mm，从图 11-53 中可以看出，B 形有 U 形弯和两个半圆状组成的 B 形弯，是一个具有冲孔、切边、压字印、打扁、弯曲成形、整型等 15 工位的小尺寸复杂冲压件，同时为保证产品与接触插头端子的可靠接触，要求该插座的首次插入力不大于 24N，经 5 次插拔后，拔出力不小于 10N，制件的半圆部分要经过多次弯曲，直接影响到接触可靠性稳定性及后续的装配，这给制件的成形提出了很高的要求。

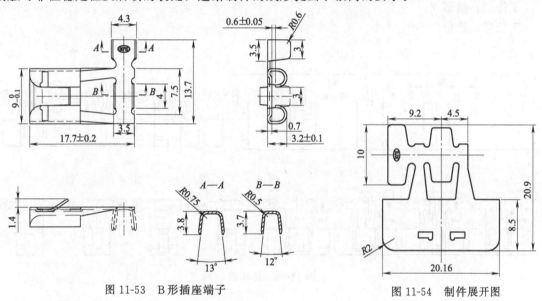

图 11-53　B 形插座端子　　　　　　　图 11-54　制件展开图

(2) 排样设计

设计排样之前，首先要对制件进行展开计算，产品的展开尺寸一般是通过经验公式计算得出的，也有的是通过 CAD 软件计算得出的。无论用哪种方法，应该保证计算结果是在允许的范围内。该制件在 B 形弯曲部位的展开应尽量按中性层计算，从生产实践经验得出，如按正常的理论公式计算，展开尺寸往往偏大，故要作适当调整，针对此产品按通常计算展开后，再单边减 0.1mm 左右即可，如图 11-54 所示。

从制件展开图中可知，该制件排样时要重点考虑以下几点。

① 对于冲裁的工位，应主要考虑冲裁力如何分布均匀合理，凸、凹模强度是否能够保证，复杂的冲裁应适当分解，如图 11-55 排样设计中的冲切内外形废料就是分几次来进行的。

② 一般冲孔在前，落料、外形冲切等工序在后。在分配每一步工位时，不但要考虑哪一工位冲裁，哪一工位弯曲，哪一工位成形，还要考虑各个镶块应如何排布，排布的空间是否足够，各镶块之间有没有相互干涉影响等。

③ 设计排样时，在保证带料能顺利送进和稳定生产的前提下，还应尽量减小料宽和步距，以提高材料利用率、降低制件的成本，排样设计如图 11-55 所示。具体工位安排如下。

工位①：冲孔、压印。

工位②：压字、压筋及冲孔。

工位③：冲孔。

工位④：空工位。

工位⑤：冲切废料。

工位⑥：倒角。

工位⑦：压扁、压凸。

工位⑧：弯曲最外侧的小直边（见图 11-56 中 B 形弯曲成形结构示意图Ⅰ）。

工位⑨：弯曲制件的直边（见图 11-56 中 B 形弯曲成形结构示意图Ⅱ）。

工位⑩：切舌。

工位⑪：预成形 B 形弯曲的半圆形（见图 11-56 中 B 形弯曲成形结构示意图Ⅲ）。

工位⑫：B 形弯曲（见图 11-56 中 B 形弯曲成形结构示意图Ⅳ）。

工位⑬：整形-1。

工位⑭：整形-2。

工位⑮：让位。

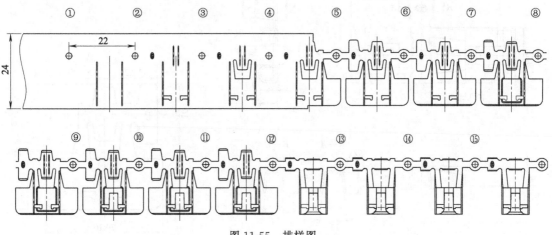

图 11-55　排样图

(3) 模具结构设计

图 11-56 所示为 B 形插座端子多工位级进模结构，该模具结构特点如下。

① 工位①设导正孔，工位②必须设置导正销，在以后的各工位，优先在易串动的工位设置导正销。

② 该结构中的 B 形弯曲在最后就设计了两个工位整形，目的就在对于弯曲成形等工位应考虑是否能一次成形，如果没有把握，应增加一步预成形或空工位整形，以方便模具调整。

③ 固定板、卸料板、凹模板结构设计。卸料板上设计有 15 个工位所需的功能型孔、导正销孔、检测销孔等。固定板上的功能型孔与卸料板一致，没有导正销孔、检测销孔。凹模板主要比卸料板上增加了顶块孔、浮顶销孔。3 块主板上的特点是：每块板上有大部分的共孔，卸料板、凹模板上又各自多出了一些辅助性的功能孔。

④ 凸、凹模结构设计。该模具的凸、凹模均设计镶件结构，凸模采用螺钉压块固定，并且在凸、凹模镶块所投影的上下垫板和上下模座上均设计有敲击孔，当冲裁刃口磨损需要更换时，不用拆开整副模具，只要拆下局部镶件即可，有利于模具的调整维护保养。

⑤ B 形弯曲直接影响到产品与对配插头的插拔力要求，其成形是本模具的关键部位之一，因此，分为 4 次进行成形。第一次是弯曲最外侧的小直边（见图 11-56 中 B 形弯曲成形结构示

意图Ⅰ），第二次继续弯曲制件的直边（见图 11-56 中 B 形弯曲成形结构示意图Ⅱ），其成形时不能影响干涉到第一次的成形，因此凹模口部设计为 34°的斜开口，第三次预成形 B 形弯曲的半圆形（见图 11-56 中 B 形弯曲成形结构示意图Ⅲ），控制产品的高度在 3.4mm 左右，第四次整形 B 形弯曲（见图 11-56 中 B 形弯曲成形结构示意图Ⅳ），工作尺寸设计控制为 8.9mm×3.15mm（考虑弯曲成形时有一定的回弹，最终得到产品尺寸 9.0mm×3.2mm）。

⑥ 工位⑪是 U 形弯曲，其功能是把产品与导线进行压接后装配连接线路，相对而言对成形尺寸的精度要求不高，考虑到保证模具上模下行过程中带料保持在同一平面，故将弯曲 U 形的凸模直接连同其护套一起固定在卸料板上，利用卸料弹簧力迫使产品成形，同时在凹模中设计了顶块，顶块下部装有 ϕ8mm 的矩形弹簧，弹簧孔穿过下垫板及下模座，其顶出力通过

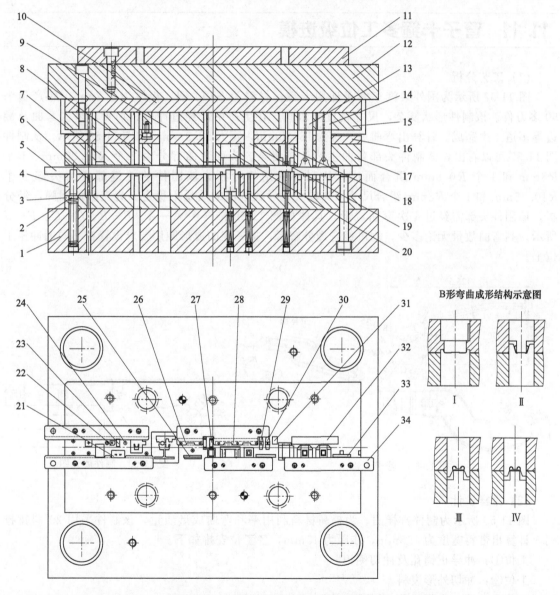

图 11-56　B 形插座端子多工位级进模结构

1—下模座；2—浮料销；3—下垫板；4—凹模板；5,34—导料板；6,8,21—冲孔凸模；7—压印；9—切边凹模；
10—上垫板；11—模具安装板；12—上模座；13,14—整形凸模；15—凸模固定板；16—卸料板垫板；17—卸料板；
18—成形凸模；19—切舌凸模；20—弯曲凸模；22—压印凹模；23—压筋镶件；24—带孔浮料销；25—倒角镶件；
26,28,31,33—浮料块；27—压扁、压凸镶件；29,30—U 形折弯镶件；32—特殊浮料块

下模座上的螺塞调节，这样不但能减小成形的回弹量，而且当模具回程后，顶块可将制件顶出凹模便于带料的平稳送进。

技巧

➤ 该制件 B 形部分弯曲分为 4 个工位弯曲及两个工位整形。4 个工位弯曲分别分布在：工位⑧弯曲最外侧的小直边（见图 11-56 中 B 形弯曲成形结构示意图Ⅰ）；工位⑨弯曲制件的直边（见图 11-56 中 B 形弯曲成形结构示意图Ⅱ）；工位⑪预成形 B 形弯曲的半圆形（见图 11-56 中 B 形弯曲成形结构示意图Ⅲ）；工位⑫B 形弯曲（见图 11-56 中 B 形弯曲成形结构示意图Ⅳ）。两个工位整形分别分布在：工位⑬整形-1；工位⑭整形-2。

11.11 管子卡箍多工位级进模

(1) 工艺分析

图 11-57 所示为国外某汽车管子通用卡箍。材料为 ST14 钢，板厚为 1.2mm。年产量为 50 多万件。该制件形状复杂，尺寸精度要求高，在生产中需经过冲裁、切舌、多次弯曲及翻边等多道工序完成。计算出弯曲展开长为 183.6mm，宽为 58.9mm，如图 11-58 所示。从制件图 11-57 可以看出，该制件头部弯曲工艺比较复杂。头部弯曲部分由 2 个 $R10.35$mm、1 个 $R8$mm 和 1 个 $R0.8$mm 组合而成。从制件的结构分析，该制件的关键部位为头部 2 个 $R10.35$mm 和 1 个 $R8$mm 组合尺寸回弹较大，导致制件的质量不稳定。为克服此回弹，经分析，该制件头部需经过 4 次弯曲成形，具体如图 11-59 排样图 $A—A$、$B—B$、$C—C$、$F—F$ 所示。其弯曲数量无论多少，均可经合理分解后，按一定的成形顺序要求设置在不同的冲压工位上。

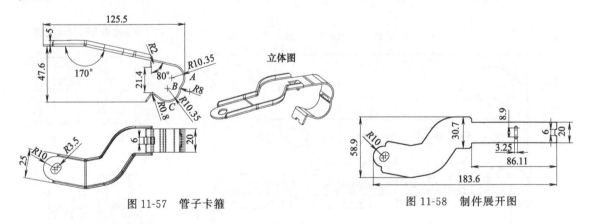

| 图 11-57 管子卡箍 | 图 11-58 制件展开图 |

(2) 排样设计

图 11-59 所示为制件排样图。为提高材料利用率和弯曲成形质量，该制件采用 20°斜排排列，计算出带料宽度为 195mm，步距为 45mm，各工位安排如下。

工位①：冲导正销孔及冲切侧刃。

工位②：冲切外形废料。

工位③：冲 1 个腰形孔。

工位④：冲切外形废料及冲切 1 个腰形孔。

工位⑤：空工位。

工位⑥：空工位。

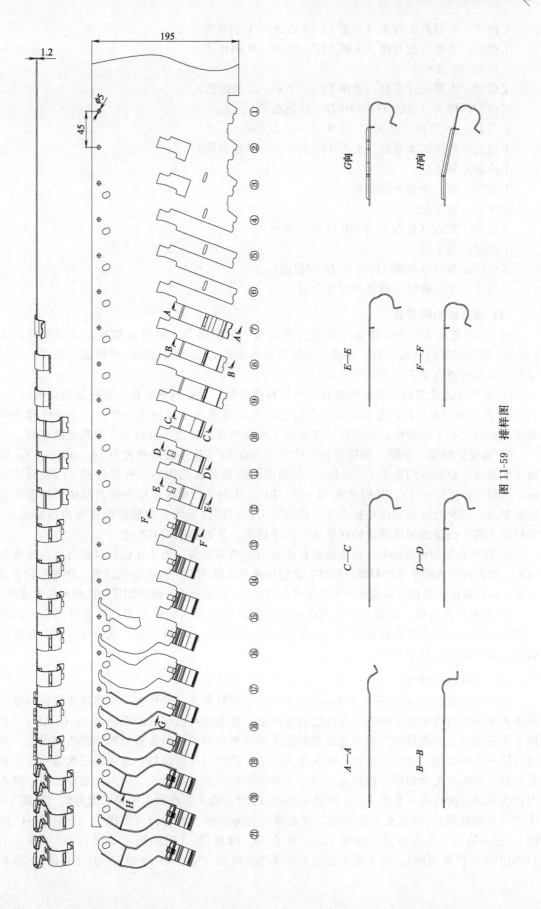

图 11-59 排样图

工位⑦：头部首次弯曲（见图 11-59 中 A—A 剖视图）。

工位⑧：头部二次弯曲（见图 11-59 中 B—B 剖视图）。

工位⑨：空工位。

工位⑩：头部三次弯曲（见图 11-59 中 C—C 剖视图）。

工位⑪：切舌（见图 11-59 中 D—D 剖视图）。

工位⑫：80°弯曲（见图 11-59 中 E—E 剖视图）。

工位⑬：头部四次弯曲（见图 11-59 中 F—F 剖视图）。

工位⑭：空工位。

工位⑮、⑯：冲切外形废料。

工位⑰：空工位。

工位⑱：翻边（见图 11-59 中 G 向剖视图）。

工位⑲：空工位。

工位⑳：弯曲（见图 11-59 中 H 向视图）。

工位㉑：冲切载体（载体与制件分离）。

(3) 模具结构图设计

图 11-60 所示为管子卡箍多工位级进模结构。为确保上下模对准精度，该模座采用 4 套 ϕ38mm 的精密滚珠钢球导柱、导套。而模板内各设计了 12 套 ϕ20mm 的精密小导柱、小导套导向。其结构特点如下。

① 采用滚动式自动送料机构送料，用导料板导料、导正销精定位，顶杆及顶块抬料。

② 凸模固定板、卸料板和凹模固定板之间另采用滑动小导柱进行导向，小导柱和小导套采用标准件。有了小导柱，不但进一步提高了模具的导向精度，同时也方便模具的装配。

③ 为保证精度，凸模，凹模等各零件采用 SKD11（其热处理硬度为 60～62HRC）；卸料板及凹模固定板材料均采用 Cr12MoV，其硬度值根据各板功能不同有所区别。凸模固定板垫板、凹模垫板采用 Cr12，其硬度为 53～55HRC，特别是凸模固定板垫板及凹模垫板硬度必须达到要求，因为凸模固定板垫板承受凸模的压力，凹模垫板承受冲裁凹模及弯曲凹模的压力，如硬度不高，凸模或凹模镶块将在垫板上压出塌陷，从而影响模具精度。

④ 卸料板采用弹压卸料，由于卸料板还担当凸模的导向，为了保证卸料板与其他模板的平行度，卸料板的连接采用卸料螺钉组件，套管在夹具在磨床上一次磨出两端面，所有的套管高度一致，从而保证卸料板与其他板的平行度≤0.02mm，也保证了凸模和凹模间的相对位置准确。

⑤ 快速更换凸模。该模具除个别凸模较单薄进行阶梯式补强并用挂台进行固定，其余统一用螺钉固定。使更换凸模速度快，而且不会影响固定板的装配精度，从而保证模具重复装配精度，延长模具的使用寿命。

(4) 冲压动作原理

将原材料宽195mm、料厚1.2mm的卷料吊装在料架上，通过整平机将送进的带料整平后再进入滚动式自动送料机构内（在此之前将滚动式自动送料机构的步距调至45.05mm），开始用手工将带料送至模具的导料板直到带料的头部顶到内部的导料板带档料装置的侧面处，这时进行第一次冲切侧刃及导正销孔；依次进入第二次为冲切外形废料；进入第三次为冲1个腰形孔；进入第四次为冲切外形废料及冲切另一处腰形孔；进入第五次、第六次为空工位；进入第七次为头部首次弯曲（见图 11-59 中 A—A 剖视图）；进入第八次为头部二次弯曲（见图 11-59 中 B—B 剖视图）；第九次为空工位；进入第十次为头部三次弯曲（见图 11-59 中 C—C 剖视图）；进入第十一次为切舌（见图 11-59 中 D—D 剖视图）；进入第十二次为 80°弯曲（见图 11-59中 E—E 剖视图）；进入第十三次为头部四次弯曲（见图 11-59 中 F—F 剖视图）；第十四

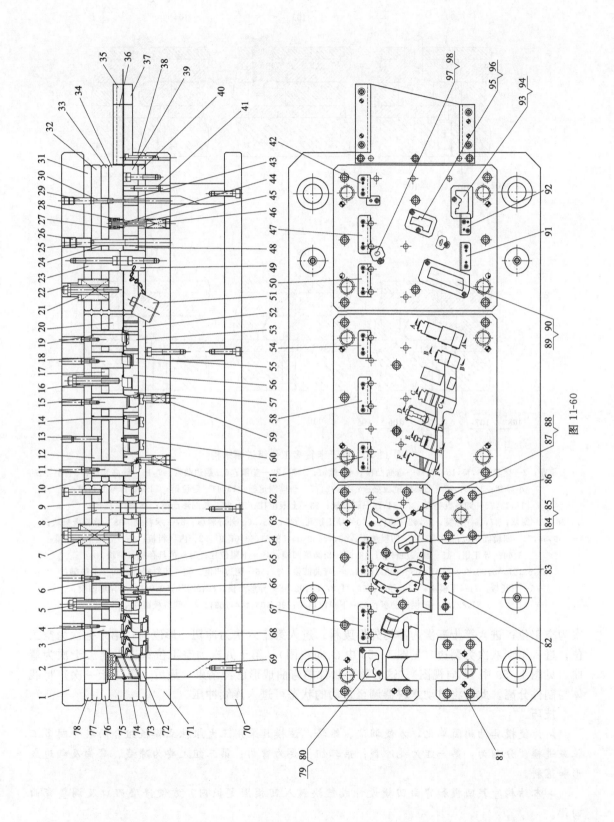

图 11-60

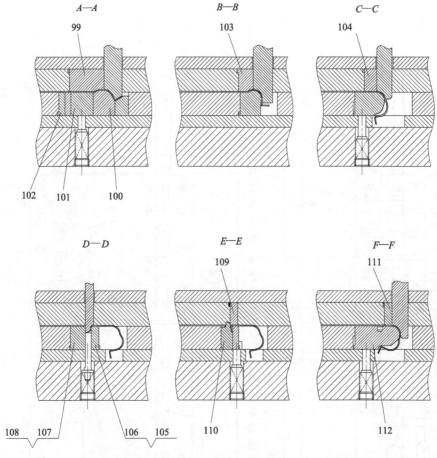

图 11-60　管子卡箍多工位级进模结构

1—上模座；2—导套，3,11,15,18,19—弯曲凸模；4—螺钉；5,21,22—垫圈；6—翻边凸模；7,16—等高套筒；8—小导柱；
9—小导套；10,31,78—凸模固定板垫板；12,32,77—凸模固定板；13,41—定位销；14—切舌弯曲凸模；
17,33,76—卸料板垫板；20,34,75—卸料板；23—上限位柱；24,97—长圆形凸模；25,29—柱销；
26,59—螺塞；27,46—弹簧；28,62—顶杆；30—导正销孔凸模；35,36—外导料板；37—承料板；38—承料板垫块；
39,56,74—凹模固定板；40,52,73—凹模垫板；42,47,50,54,58,61,63,67,91,92—内导料板；43—导正销孔凹模；
44—导正销；45—套式顶料杆；48,98—长圆形凹模；49—下限位柱；51—模具存放保护块；
53,55,57,60,68,100～102,105～108,110,112—弯曲凹模；64,66—翻边凹模；65—卸料螺钉；69—下垫脚；
70—下托板；71—下模座；72—导柱；79,84,87,89,93,95—异形凸模；80,85,88,90,94,96—异形凹模；
81,82,86—凹模辅助板；83—下模浮料块；99,103,104,109,111—卸料板镶件

次为空工位；进入第十五次为冲切外形废料；进入第十六次为冲切外形废料；第十七次为空工位；进入第十八次为翻边（见图 11-59 中 G 向视图）；第十九次为空工位；进入第二十次为弯曲（见图 11-59 中 H 向视图）。这时整个制件的弯曲成形已经结束，最后（第二十一次）将载体与制件分离。此时将自动送料器调至自动的状态可进入连续冲压。

　　技巧

　　➢ 为使模具结构简单化，方便调试、维修，该模具采用三大组独立模板组合而成一副多工位级进模。分别为：第一组为纯冲裁；第二组主要为弯曲；第三组主要为冲裁、弯曲及翻边成形和落料。

　　➢ 本结构冲裁凹模和弯曲凹模设计成镶块镶入凹模固定板内，方便修磨刃口及调整弯曲回弹。

　　➢ 该制件的头部第三、四次弯曲后，弯曲凹模在弹簧及顶杆的作用下与带料一起顶出，带

料始终贴着弯曲凹模，从弯曲凹模中滑出送往下一工位（见图 11-60 中 C—C、F—F）。

经验

➢ 该制件头部由多个 R 组合而成，特别 R10.35mm 和 R8mm 的回弹较大，因此该制件的头部采用 4 次弯曲成形的工艺能很好地克服弯曲回弹的难题（具体见图 11-59 中 A—A、B—B、C—C、F—F）。

11.12 U形钩多工位级进模

(1) 工艺分析

图 11-61 所示为日光灯上的挂件铁链 U 形钩，材料为 SUS301 不锈钢，板厚为 0.8mm，年产量为 4000 多万件。制件外形简单，形状对称、规则、尺寸要求不高，但毛刺应向内。制件的 U 形弯曲半径处（R＝2.6mm）在弯曲成形后回弹较大，但对使用性能无影响。制件中有 2 个梯形孔，其作用是将另一个制件的头部穿过梯形孔，把 U 形弯曲的圆弧形吊装在梯形孔上，依次一个制件接一个制件穿过，这样就形成了一个完整的链条。

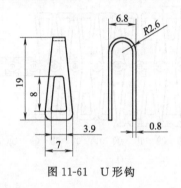

图 11-61 U形钩

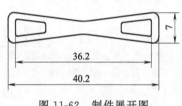

图 11-62 制件展开图

(2) 排样设计

该制件的排样设计主要应考虑如下。

① 将复杂的型孔分解成若干个简单的孔形，并分成几个工位进行冲裁，使模具制造简单化。

② 在排样设计时尽可能考虑材料的利用率，尽量按少、无废料的排样，以便降低生产成本，提高经济效益。

③ 为保证带料送进步距的精度，在排样设计时应设置侧刃及导正销孔，导正销孔尽可能设置在废料上。

④ 制件与载体的连接应有足够的强度和刚度，以保证带料在冲压过程中连续送进的稳定性。

综合以上分析及结合制件的展开尺寸（见图 11-62），制件排样采用单排排列方式，前部分采用双侧载体连接方式，待制件外形大部分冲裁之后，再逐步利用中间载体的连接方式，使带料送进更稳定。

制件排样如图 11-63 所示。主要冲压工位为：冲导正销孔→冲切侧刃→冲切梯形废料→冲切外形废料→弯曲→冲切中间载体。制件共由 22 个工位组成，具体工位如下。

工位①：冲 3 个 φ1.8mm 的导正销孔。

工位②：导正（空工位）。

工位③：空工位。

工位④：冲切侧刃。

工位⑤：空工位。

工位⑥：冲切 2 个梯形废料。

工位⑦~⑨：空工位。

工位⑩：冲切外形废料。

工位⑪：空工位。

工位⑫：冲切另一端外形废料。

工位⑬：冲切头部废料。

工位⑭：空工位。

工位⑮：冲切另一端头部废料。

工位⑯~⑱：空工位。

工位⑲：U 形弯曲。

工位⑳、㉑：空工位。

工位㉒：冲切中部载体（制件与载体分离）。

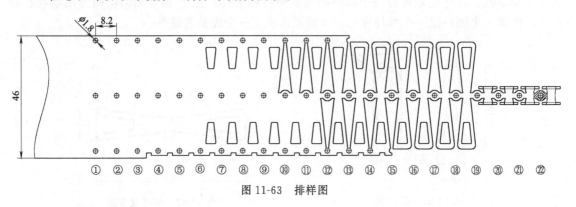

图 11-63　排样图

(3) 模具结构设计

图 11-64 所示为 U 形钩多工位级进模。该模具特点如下。

① 该模具是由钢板模座组成镶拼结构的冲载、弯曲多工位级进模。

② 该带料利用外导料板 25、26 及内导料板 22、27、30 导料，并用导正销 3 对带料精定位。

③ 凸模固定板 5、卸料板 9 及凹模固定板 10 之间设有小导柱、小导套辅助导向，提高了模具的导向精度。同时冲导正销孔的凸模 2 也得到了很好的保护。

④ 该模具外形尺寸小，卸料板滑动行程低，可采用高速压力机冲压，冲压速度可达到 200~300 次/min。

(4) 冲压动作原理

将原材料宽 46mm、料厚 0.8mm 的卷料吊装在料架上，通过整平机将送进的带料整平后再进入滚动式自动送料机构内（在此之前将滚动式自动送料机构的步距调至 8.25mm），开始用手工将带料送至模具的导料板，直到带料的头部覆盖 3 个 $\phi 1.8$mm 的导正销孔凹模刃口，这时进行第一次冲 3 个 $\phi 1.8$mm 的导正销孔；然后进入第二次将带料进入导正（空工位）；第三次为空工位；进入第四次为冲切侧刃，接着利用内部的导料板 30 的侧面处作侧刃的挡料；第五次为空工位；进入第六次为冲切 2 个梯形废料；第七至九次为空工位；进入第十次为冲切外形废料；第十一次为空工位；进入第十二次为冲切另一端外形废料；进入第十三次冲切头部废料；第十四次为空工位；进入第十五次冲切另一端头部废料；第十六至十八次为空工位；进

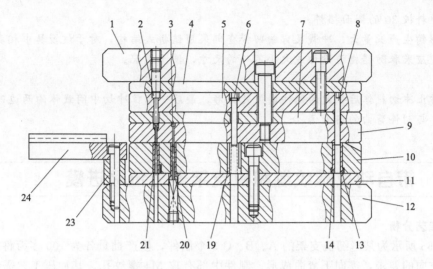

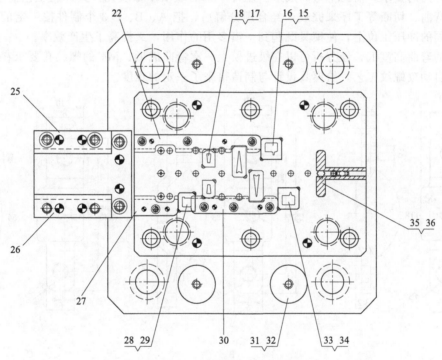

图 11-64　U 形钩多工位级进模

1—上模座；2—导正销孔凸模；3—导正销；4—凸模固定板垫板；5—凸模固定板；6—三角形凸模；7—卸料板垫板；
8—切断凸模；9—卸料板；10—凹模固定板；11—凹模垫板；12—下模座；13,14—落料凹模；15,33—异形凸模；
16,34—异形凹模；17—梯形凸模；18—梯形凹模；19—三角形凹模；20—套式顶料杆；21—导正销孔凹模；
22,27,30—内导料板；23—承料板垫板；24—承料板；25,26—外导料板；28—侧刃凸模；
29—侧刃凹模；31—上限位柱；32—下限位柱；35—弯曲凸模；36—弯曲凹模

入第十九次为 U 形弯曲，这时整个制件的弯曲成形已经结束；第二十、二十一次为空工位；最后（第二十二次）为冲切中间载体，也就是说载体与制件分离，使分离后的制件从右边滑下，此时将自动送料器调至自动的状况可进入连续冲压。

技巧

➢ 本模具的带料送进以外导料板 25 及内导料板 22 为基准，外导料板 26 及内导料板 27 对带料初始的宽度进行导料，而内导料板 30 对带料冲切侧刃后的宽度进行导料，带料冲切侧刃后依靠内导料板 30 的侧面挡料。

➤ U 形钩生产批量大，冲裁及弯曲凹模全部采用镶拼式结构，对于该模具中相类似形状的凹模外形，应采取防错措施设计成大小不一的尺寸，便于装配。

经验

➤ 为防止冲切载体后导致的制件圆弧处变形，最后一工位冲切中间载体的两边凹模刃口制作成弧形，与制件弯曲的内 R 配合。

11. 13　带自动攻螺纹缝纫机支架多工位级进模

(1) 工艺分析

图 11-65 所示为某缝纫机支架的 A、B、C 3 个制件，生产批量各为 100 多万件/年。此制件有毛刺方向的要求，需向下弯曲成形。制件中部有攻 M4 螺纹孔，其冲压工艺需经过冲裁、攻螺纹、弯曲、切断等工序来完成，经合理分解后，把 A、B、C 3 个制件按一定的成形顺序设置在不同的冲压工位上，使模具既起到一模多用的作用，又提高了生产效率。

制件的弯曲高度低，经分析可以在级进模上一次弯曲成形，M4 的螺纹孔要求在级进模内同时完成自动攻螺纹工艺，给模具设计与制造带来了一定的难度。

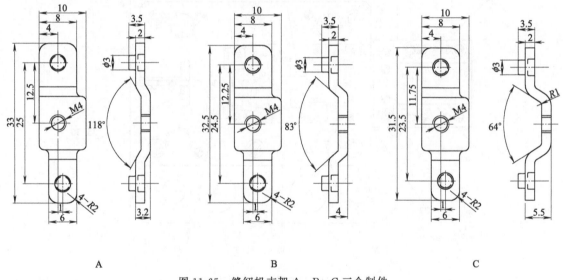

A　　　　　　　　　　B　　　　　　　　　　C

图 11-65　缝纫机支架 A、B、C 三个制件

(2) 排样设计

此制件排样设计时主要考虑如下。

① 模具刚性好、精度高的级进模通用模座，攻螺纹模块位于模具中部，因而模具结构设计成 3 大组模块：冲裁模块、攻螺纹模块、成形及制件分离模块。

② 合理制定工序数，以适应模座周界及考虑累积误差对制件精度的影响。

③ 合理制定步距，以适应凹模强度及攻螺纹模块的位置。

④ 由于制件带有切口、冲孔、弯曲、攻螺纹等工序，各工序的先后应按复杂程度而定，以有利于下道工序的进行为准，并应先易后难，先冲平面形状后冲复杂形状。

⑤ 排样时，必须合理安排导正销孔的位置，以适应制件精度要求。

⑥ 需要冲制的制件与载体的连接应具有足够的强度和刚度，以保证带料在冲压过程中连

续送进的稳定性。

经以上分析后，该制件共分为 22 个工位来完成，排样如图 11-66 所示，具体工位安排如下。

工位①：冲孔及冲切侧刃。

工位②：冲预冲孔（后续攻螺纹用）。

工位③～⑤：空工位。

工位⑥：攻螺纹。

工位⑦、⑧：空工位。

工位⑨、⑩：压凸。

工位⑪～⑬：冲切外形废料。

工位⑭：空工位。

工位⑮：制件 A 弯曲。

工位⑯：空工位。

工位⑰：制件 B 弯曲。

工位⑱：空工位。

工位⑲：制件 C 弯曲。

工位⑳、㉑：空工位。

工位㉒：切断（制件与载体分离）。

其中，为配合攻螺纹模块让出了 5 个空工位。

注：工位⑮制件 A 弯曲、工位⑰制件 B 弯曲，以及工位⑲制件 C 弯曲的切换方式，具体详见"技巧"中的解释。

(3) 模具结构设计

图 11-67 所示为带自动攻螺纹缝纫机支架多工位级进模，该模具结构特点如下。

① 此模具由三大模块组成，即冲裁模块、攻螺纹模块、成形及制件分离模块。

② 攻螺纹模块工作原理是通过装在上模座的蜗杆，带动攻螺纹模块中的蜗轮旋转，使模具上、下运动转换为攻螺纹模块中丝锥夹头的旋转运动，实现攻螺纹功能。当模具碰到异常时，蜗轮旋转部分自动分离，攻螺纹模块中丝锥夹头停止旋转运动，起到保护丝锥作用。

③ 该模具除了上、下模座采用滚珠导柱导向装置外，模具内部三大模块分别在凸模固定板、卸料板、凹模板之间各装有两套小导柱、小导套作为模具的精密内导向。小导柱与小导套采用标准件，导柱与导套的间隙控制在 0.005mm 左右，冲压时输入润滑油，产生的油膜填充导柱与导套的间隙，达到无间隙滑动导向的要求。导柱采用 SUJ2 轴承钢制造，导套外层也采用 SUJ2 轴承钢制造，内部与导柱滑动部分采用铜合金并开有油槽。安装时冲裁模块、成形及制件分离模块的小导柱固于凸模固定板上，攻螺纹模块一对小导柱固定于凹模垫板上。

④ 多工位级进模在冲压过程中，为了消除送料累积误差和高速冲压所产生的振动及冲压成形时所造成的带料窜动，通常由自动送料装置作送料粗定位，导正销作精定位。合理安排导正销位置与数量十分重要。在设计中前段工序先冲出导正销孔，并在以后的工序中，根据工序数优先在容易窜动的部位设置导正销。带料在攻螺纹模块攻螺纹时窜动尤为厉害，因而在攻螺纹模块前后两端各设 1 根导正销，导正销一定要在攻螺纹丝锥接触带料之前进入导正销孔，才能保证攻螺纹顺利进行。考虑到制件弯曲后送料容易造成带料变形，在弯曲与切断前增加两根导正销精定位。

⑤ 防倾侧结构设计。从排样图可以看出，带料的侧刃及部分边缘是单边冲切废料。因此该凸模采用防倾侧结构（在刃口的对面设置导向部分）。其工作过程：上模下行，凸模的头部导向部分先导入凹模，再进行冲切废料。

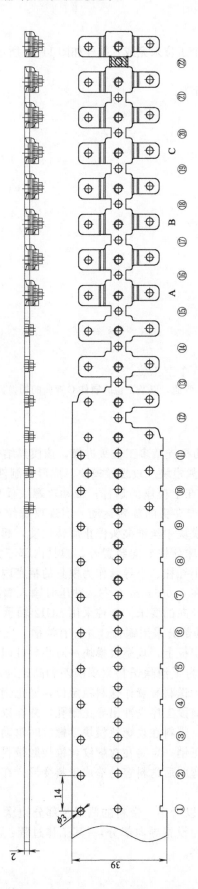

图 11-66　排样图

⑥ 凸模固定板垫板、卸料板垫板及凹模垫板设计。凸模固定板垫板、卸料板垫板及凹模垫板在冲压过程中直接与凸模、卸料板镶件及凹模接触，不断受到冲击载荷的作用，对其变形程度要严格限制，否则工作时就会造成凸、凹模等不稳定。因此其材料选用 Cr12，热处理硬度 53～55HRC，此材料具有很高的抗冲击韧性，符合使用要求。

⑦ 卸料板结构设计。卸料板采用弹压卸料装置，具有压紧、导向、保护、卸料的作用。材料选用高铬合金钢 Cr12MoV，热处理硬度 53～55HRC。此级进模卸料力较大，冲压力不平衡，采用矩形重载荷弹簧，弹簧放置应对称、均衡。

⑧ 凹模板结构设计。模具每组凹模板采用整体结构，既保证了各型孔加工精度，也保证了模具的强度，材料采用冷作模具钢 SKD11，热处理硬度 60～62HRC。此材料属于高耐磨性冷作工具钢，具有很高的硬度、耐磨性和抗压强度，渗透性也很高，热处理变形小，可达微变形程度。

⑨ 凸模设计。对于多工位级进模设计中，凸模的数量以及不同冲压工序的凸模种类非常多。在设计时，首先考虑工艺性要好，制造容易，模刃修整方便。因此冲切圆孔所使用的凸模按整体式设计，为改善强度，在中间增加过渡阶梯，大端部用台阶固定。对于截面较大但形状复杂的凸模，采用直通式设计，以利于线切割加工。该模具凸模与凸模固定板的配合关系改变了传统的过盈压入，而采用小间隙浮动配合，凸模与凸模固定板单面间隙为 0.01mm，凸模工作部分与卸料板精密配合，单面间隙仅 0.01mm，当凸模通过卸料板后，能顺利进入凹模，间隙均匀。这种结构反而提高了凸模的垂直精度，同时卸料板对凸模起到了保护作用，并使凸模装配简单，维修和调换易损件更加方便。

(4) 冲压动作原理

将原材料宽 39mm、料厚 2.0mm 的卷料吊装在料架上，通过整平机将送进的带料整平，然后再进入滚动式自动送料机构内（在此之前将滚动式自动送料机构的步距调至 14.05mm）。开始用手工将带料送至模具的导料板，直到带料的头部顶到内部的导料板 52（见图 11-67）带挡料装置的侧面处，这时进行第一次冲孔及冲切侧刃；依次进入第二次为冲预冲孔（后续攻螺纹用）；第三至五次为空工位；进入第六次为攻螺纹；第七、八次为空工位；进入第九、十次为压凸；进入第十一至第十三次为冲切外形废料；第十四次为空工位；进入第十五次为制件 A 弯曲；第十六至第二十一次为空工位；最后（第二十二次）为切断（制件与载体分离）。此时将自动送料器调至自动的状态可进入连续冲压。

技巧

➢ 本模具卸料板上设置了卸料板垫板，开始制作时，卸料板不采用镶件结构，卸料板垫板不起作用，当达到一定的产量后，卸料板的型孔磨损变大，此时将卸料板再割镶件，这时卸料板垫板直接与卸料板镶件接触，不断受到冲击载荷作用。

➢ 本结构在模具内部安装有自动攻螺纹模块，虽然给模具设计与制造增加了难度，但是减少了另加攻螺纹的工序，提高了生产效率。

➢ 图 11-67 所示为制件 A 的模具结构图，如冲压制件 B 及制件 C 时，需进行切换调整，具体安排如下。

① 若冲压制件 B 时，把斜楔 11 切换到工位⑰上。那么第十五、十六次为空工位；第十七次为制件 B 弯曲；第十八至二十一次为空工位。

② 若冲压制件 C，把斜楔 11 切换到工位⑲上，这时第十五、十八次为空工位；第十九次为制件 C 弯曲；第二十、二十一次为空工位。

冲压制件 B 及制件 C 时，除了以上两点的变化以外，其余冲压动作原理见制件 A。

经验

➢ 模内攻螺纹挤压螺纹底孔尺寸如表 11-1、表 11-2 所示。

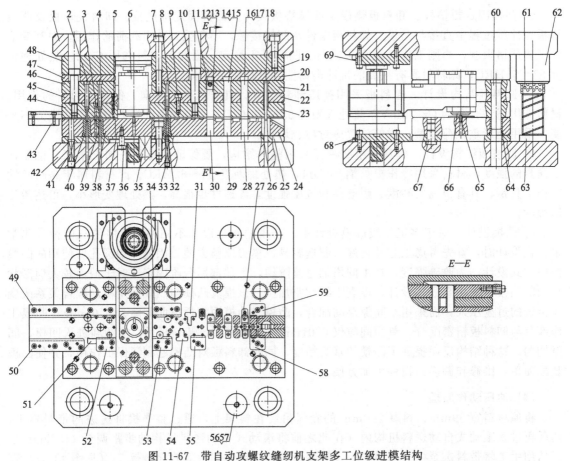

图 11-67　带自动攻螺纹缝纫机支架多工位级进模结构

1—上模座；2,4—圆形凸模；3—导正销；5,32—顶杆；6—攻螺纹机组件；7,9—螺钉；8—凸点凸模；10—卸料螺钉；
11—斜楔；12,13—A 件弯曲凸模；14,15—B 件弯曲凸模；16,17—C 件弯曲凸模；18—切断凸模；19,48—衬板；
20,47—凸模固定板垫板；21,46—凸模固定板；22,45—卸料板垫板；23,44—卸料板；24,38—凹模板；
25—凹模垫板；26—切断凹模；27,34,49,50,52,53,55,58,59—导料板；28—C 件弯曲凹模；29—B 件弯曲凹模；
30—A 件弯曲凹模；31,54—异形凸模；33—螺塞；35,41—弹簧；36—卸料螺钉；37—攻螺纹组件顶料板；
39,40—圆形凹模；42—下模座；43—承料板；51—侧刃凸模；56—上限位柱；
57—下限位柱；60,67—小导柱；61—保持圈；62—导套；63—导柱；64—小导套；65—丝锥；
66—丝锥夹头；68—下安装板；69—上安装板

表 11-1　模内攻螺纹挤压公制粗牙螺纹底孔尺寸　　　　　　　　mm

规格	挤压底孔			规格	挤压底孔		
	建议值	上限	下限		建议值	上限	下限
M2.0×0.25	1.88	1.89	1.86	M8.0×1.00	7.50	7.55	7.43
M2.2×0.25	2.08	2.09	2.06	M8.0×0.75	7.63	7.67	7.57
M2.3×0.25	2.16	2.17	2.14	M9.0×1.00	8.50	8.55	8.43
M2.5×0.35	2.32	2.35	2.30	M9.0×0.75	8.63	8.67	8.57
M2.6×0.35	2.40	2.41	2.38	M10×1.25	9.38	9.43	9.29
M3.0×0.35	2.83	2.85	2.80	M10×1.00	9.50	9.55	9.43
M3.5×0.35	3.32	3.35	3.30	M10×0.75	9.63	9.67	9.57
M4.0×0.50	3.75	3.79	3.72	M11×1.00	10.50	10.55	10.43
M4.5×0.50	4.25	4.29	4.22	M11×0.75	10.63	10.67	10.57
M5.0×0.50	4.75	4.79	4.72	M12×1.50	11.25	11.30	11.15
M5.5×0.50	5.25	5.29	5.22	M12×1.25	11.38	11.43	11.29
M6.0×0.75	5.63	5.67	5.57	M12×1.00	11.50	11.55	11.43
M7.0×0.75	6.63	6.67	6.57				

表 11-2　模内攻螺纹挤压公制细牙螺纹底孔尺寸　　　　　　　　　　mm

规格	挤压底孔			规格	挤压底孔		
	建议值	上限	下限		建议值	上限	下限
M2.0×0.25	1.88	1.89	1.86	M8.0×1.00	7.50	7.55	7.43
M2.2×0.25	2.08	2.09	2.06	M8.0×0.75	7.63	7.67	7.57
M2.3×0.25	2.16	2.17	2.14	M9.0×1.00	8.50	8.55	8.43
M2.5×0.35	2.32	2.35	2.30	M9.0×0.75	8.63	8.67	8.57
M2.6×0.35	2.40	2.41	2.38	M10×1.25	9.38	9.43	9.29
M3.0×0.35	2.83	2.85	2.80	M10×1.00	9.50	9.55	9.43
M3.5×0.35	3.32	3.35	3.30	M10×0.75	9.63	9.67	9.57
M4.0×0.50	3.75	3.79	3.72	M11×1.00	10.50	10.55	10.43
M4.5×0.50	4.25	4.29	4.22	M11×0.75	10.63	10.67	10.57
M5.0×0.50	4.75	4.79	4.72	M12×1.50	11.25	11.30	11.15
M5.5×0.50	5.25	5.29	5.22	M12×1.25	11.38	11.43	11.29
M6.0×0.75	5.63	5.67	5.57	M12×1.00	11.50	11.55	11.43
M7.0×0.75	6.63	6.67	6.57				

第12章

冲裁、拉深多工位级进模实例

12.1 端盖连续拉深模

(1) 工艺分析

图 12-1 所示为端盖，该制件为一微型电动机中结构附件的拉深件，其材料为 SECC-SV，塑性稍差于 08F 钢材，但与 10 钢板基本类同。其塑性条件完全适合于在不采用中间退火等处理工序时实现连续拉深的冲压生产。

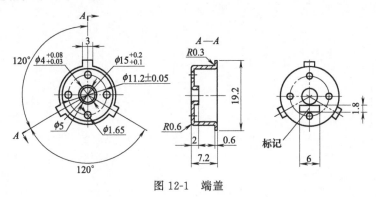

图 12-1 端盖

(2) 排样设计

如图 12-2 所示，排样采用以自动送料机构送进为粗定位，以拉深凸模为各拉深工序间的定距尺寸。该制件采用有切口的带料连续拉深工艺。在工艺切口冲切工位后，即安排了拉深工序，经一次拉深后，在其后的工位上设置了第二次拉深及整形工序，对直壁及凸缘与底部连接的过渡 R 逐步整修到位。在整形后，再分别用 3 个工位进行底部冲孔、翻孔、标记压印，最后为外形的整体落料工序。排样图中共 8 个工位，具体工位安排如下。

工位①：冲工艺切口。

工位②：首次拉深。

工位③：二次拉深。

工位④：整形。

工位⑤：冲 4 个小孔及冲翻孔预冲孔。

工位⑥：翻孔。

工位⑦：标记压印。

工位⑧：制件外形落料。

　　带料宽度与各工位间的间距尺寸是依据拉深件坯料展开计算法和工艺切口形式，以及考虑了带料连续拉深材料的变形特点后所推荐的搭边值。

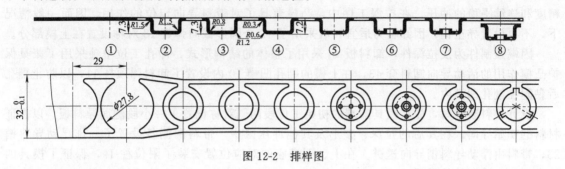

图 12-2　排样图

(3) 模具结构设计

　　图 12-3 所示为端盖连续拉深模。该模具的主要冲压工艺由冲裁与拉深两大部分组成，该

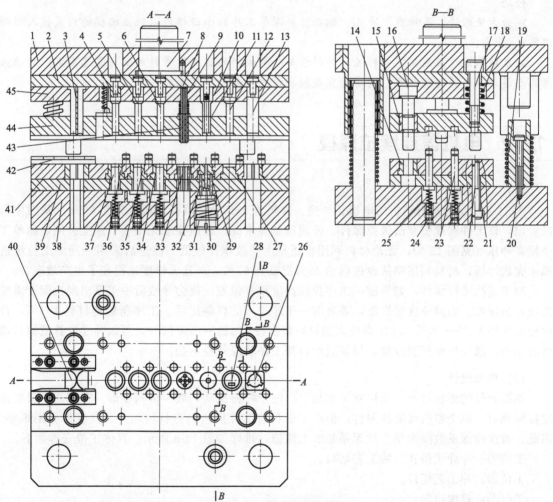

图 12-3　端盖连续拉深模

1—上模座；2—固定板垫板；3—冲缺口凸模；4,5—拉深凸模；6—整形凸模；7—模柄；8,9—冲孔凸模；10—翻孔凹模；11,32,37—顶杆；12—压印凸模；13—外形落料凸模；14,15—小导套；16—小导柱；17—卸料螺钉；18,25—弹簧；19—限位柱；20,21—螺钉；22—圆柱销；23—浮动导料销；24,31—螺塞；26—落料凹模镶块；27—凹模镶块；28—标记压印镶块；29—翻孔顶块；30—翻孔凸模；33—冲孔凹模镶套；34—整形凹模；35,36—拉深凹模；38—下模座；39—下垫板；40—冲缺口凹模镶块；41—凹模固定板；42—导料板；43—冲孔导向套；44—卸料板；45—凸模固定板

结构的凸模导向精度是由卸料板的导向精度来保证的，除模架导柱外，卸料板与凸模固定板之间还必须设置辅助小导柱 16，并分别在卸料板与凹模内都设置了小导套 14、15，以保证导向精度和连续平稳的冲压。在拉深工序中，凸模兼具了对带料导向定位的作用，因而一般情况下，不再设置导正销，因卸料力适宜，故采用了 12 个圆形截面弹簧 18 对称设置在上模部分。

因端盖制件为浅拉深件，卸料板 44 采用了整体的结构形式，冲孔工位单独采用了兼具保护凸模作用的活动导向卸料套 43，在上模的翻孔凹模 10 内设置了卸料弹顶杆 11，以防止翻孔后黏附在翻孔凹模内。

设计导料装置时，先在模具前端的初始工位段两侧对称设置了一小段侧面导料板，以保证材料的初始导向，在其后的拉深、整形及其他冲压区中，带料两侧各设置了一排浮动导料销 23，带料由浮动导料销导向送进。在上、下模座的对应位置安装了限位柱 19，保证了模具的闭合高度以及制件的质量。

为保证模具在高速、连续冲压下的导向精度，该模具模架采用了滚动导向结构的滚珠四导柱钢结构模架。

技巧

➢ 为方便维修，各冲裁、冲孔、翻孔、拉深等工序的小凹模均以独立凹模的形式镶入凹模固定板 41 内。

➢ 本结构前端采用固定导料板，导料板与导料板间的宽度按带料的初始宽度来定；后端采用圆形浮动导料销结构形式，两者的宽度按拉深收缩后的宽度来定。

12.2 电机盖连续拉深模

(1) 工艺分析

图 12-4 所示为某电动机的电机盖外壳。材料为 08F 冷轧钢板，料厚为 0.6mm。从图中可以看出，该工件属薄壁宽凸缘拉深件，外观质量要求高，表面要求无伤痕。原工艺用 9 副单工序模来冲压（见图 12-5），无论材料利用率还是生产效率都较低。改进后采用一副多工位级进模来完成冲压，材料利用率从改进前的 47％提高到 67％，而且大幅度地提高了生产效率。

对于宽凸缘拉深件，如果前一工序拉深高度稍有偏差，就会导致后一工序出现拉深严重变薄或开裂现象。为避免这些措施，要将前一工序拉入的材料比后一工序所需的材料多 1％，首次拉深多拉入 3％～5％，这样多拉入的材料每次按 1％返回凸缘部分，可以补偿计算或模具调整的误差。减少拉深开裂现象，保证后续拉深工序凸缘外径不变。

(2) 排样设计

根据制件的形状特点，采用双工艺切口，便于材料流动，减少带料变形。有工艺切口的连续拉深相对于单个带凸缘的拉深件，但由于带料与工件搭边仍有材料相连，其变形会困难些。因此，首次拉深系数要取单个拉深系数的上限值，排样如图 12-6 所示。具体工位安排如下。

工位①：冲导正销孔、冲工艺切口。

工位②：冲工艺切口。

工位③：首次拉深。

工位④：二次拉深。

工位⑤：三次拉深（阶梯拉深）。

工位⑥：四次拉深。

工位⑦：整形。

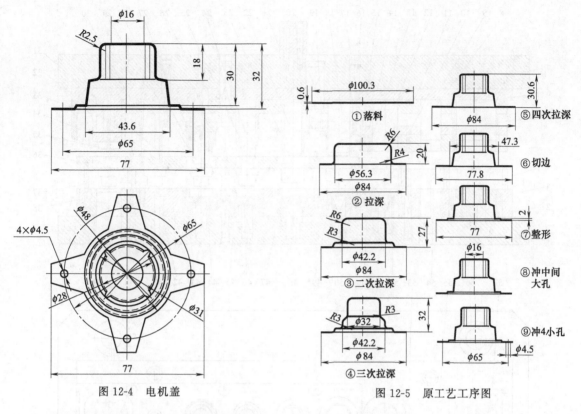

图 12-4 电机盖

图 12-5 原工艺工序图

工位⑧：冲孔（冲中间孔和凸缘处四个小孔）。
工位⑨：落料（制件与载体分离）。

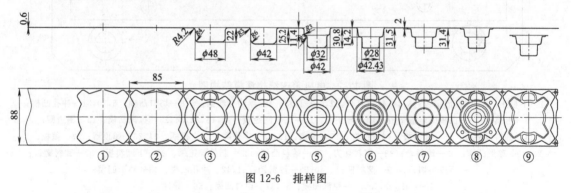

图 12-6 排样图

(3) 模具结构设计

图 12-7 所示为电机盖连续拉深模。该模具为切口、拉深、冲孔及落料等 9 个工位的级进模结构，具体结构特点如下。

① 为了确保卸料板 15 与凹模板保持平行，该模具采用卸料螺钉固定卸料板。为了确保前部分的卸料板在冲压时不至于因受力不平衡而倾斜，同时防止首次拉深压力过大，在卸料板底面磨出深度等于料厚的凹槽。为了减少冲压过程中料带有一定角度的段差，本结构在卸料板 15 处镶入压边圈，并在两侧开斜槽，避让料带两侧载体。

② 带料在送料时通过浮动导料销导向和浮料销来辅助抬料。带料的浮起高度应大于拉深的高度，确保送料顺畅。为了减少冲压过程中料带的倾斜，前部分的浮动导料销和后部分的浮料销不同步，后部分的浮料销通过弹顶器 21、26 压下 10mm 后与下卸料板 36 一起压下，将料

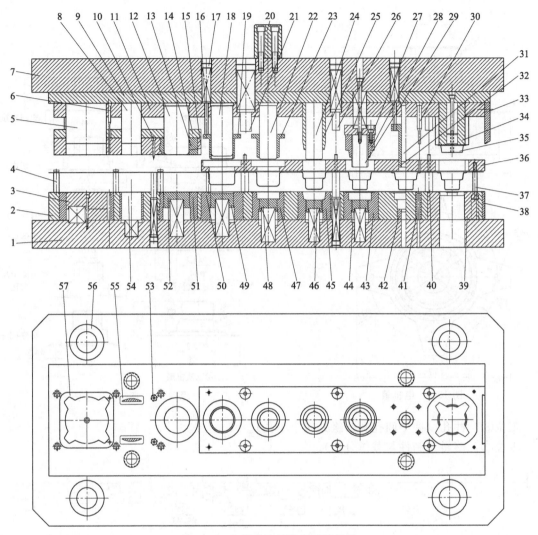

图 12-7 电机盖连续拉深模结构图

1—下模座；2—凹模固定板；3,44,46,48,49,52,54—顶块；4—浮动导料销；5,8—切口凸模；6,30,31—冲孔凸模；
7—上模座；9—凸模固定板垫板；10—导正销；11—凸模固定板；12,18,22,24,25—拉深凸模；13—压边圈；
14—卸料板垫板；15—卸料板；16—顶杆；17—螺塞；19,23—定位圈；20—模柄；21,26—弹顶器；27—盖板；
28,29—整形凸模；32—卸料套；33—废料切刀；34—落料凸模；35—制件导正销；36—下卸料板；37—卸料螺钉；
38—下废料切刀；39—落料凹模；40,53—浮料销；41,42—冲孔凹模；43—整形凹模；
45,47,50,51—拉深凹模；55,57—切口凹模；56—导柱

带平贴在凹模固定板上。

③ 当首次拉深完成后，再拉深时带料会倾斜。为确保后工序在拉深过程中能得到很好的定位，本模具在拉深凸模上设置了定位圈 19、23 对工序件内孔径定位，同时定位圈在拉深过程中还对工序件起压边作用，以防工序件起皱。

④ 导正销设计。导正销是个关键的定位装置，它对制件的精度有较大的影响，本模具在工位①冲了 2 个 ϕ3mm 的孔，后续各工位都用这 2 个孔进行导正定位，这样能够较好地保证制件的精度。由于导正孔较小，为了提高导正销寿命，导正销固定在卸料板上。设计时，要注意控制导正销的长度，这样可以有效地避免料带卡在导正销上，在冲床上高速冲压时，如果带料卡在导正销上，会导致难以送料，严重者会损坏模具。

⑤ 凸、凹模设计。本模具全部凹模设计成镶块式，镶入凹模固定板中，可节省模具材料，

便于加工和模具维修。圆形拉深凹模和拉深凸模设计成带台肩式结构，非圆形凸模和凹模设计成直通式结构，便于加工。对于外形为圆形的而型孔为非圆形的凹模，采用销钉定位，防止其转动。

技巧

➤ 为提高材料利用率，在排样时将制件凸缘部分旋转 45°摆放，恰好凸缘的 4 耳朵部分安排在载体的余料上如图 12-6 所示。

➤ 为简化模具结构，方便维修，本结构将下卸料板 36 安装在凹模固定板 2 上。

➤ 本结构在工位④二次拉深及工位⑤三次拉深（阶梯拉深）的凸模设置有定位圈 19、23。它既对工序件起定位作用，又对工序件在拉深时起压边作用，使拉深均匀变形。

12.3 电位器外壳多工位级进模

（1）工艺分析

图 12-8 所示的电位器外壳，材料为冷轧钢板，料厚 0.5mm。该制件外形比较特殊，在内径 $\phi15.3^{+0.1}_{0}$ mm 圆筒的端面上，中心角 100°范围内有高 2.3mm 的缺口；中心角 23°对称位置有 4 个 $2^{0}_{-0.1}$ mm×4mm（B 向）凸耳，外壳底面有 2mm×1.2mm 的长方孔，角部有高 3mm、宽 $2^{+0.05}_{-0.1}$ mm 的止挡台。该制件有如下特点。

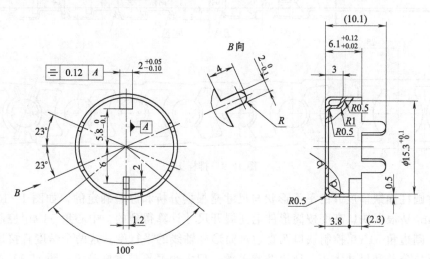

图 12-8 电位器外壳

① 圆柱面缺口的形成。即在中心角 100°范围内、高 2.3mm 这个缺口形状采用什么方式加工而成。如果缺口在拉深成形后切出，必须采用横向冲切结构，使模具结构变得较为复杂，排除切下来的废料也有困难；如果采用平面冲裁后再拉深成缺口，这要经过一定的分析和试验以后，才能得到满意的形状和尺寸。

② 底部小长方孔和止挡台的冲压成形。即能否在一次冲压工位中完成，如何保证止挡台对轴线的对称度，以及小凸模易折断的控制和保护。

③ 4 个凸耳的成形。既要保证 4 个凸耳拉直，又要保证制件切开后不能离开带料，这样的拉直工序才能进行。

④ 首次拉深、二次拉深高度为 5.3mm，整形工位达到高度 5.6mm，这个高度到切开工位保持不变，制件的最终高度是在落料时通过翻边来达到的。

(2) 排样设计

根据制件特点并经分析后确定，圆柱面缺口采用在平面上冲出，然后拉深成形，使得模具结构简单化。由于圆筒的精度要求较高，筒底圆角半径较小，因而采用了包括冲止挡台和整形在内的 4 个工位完成圆筒拉深成形，接着冲小长方孔和切开外形，但坯件不能离开带料，最后靠翻边拉直小凸耳并落下制件的方法完成制件的全部冲压加工。

排样如图 12-9 所示，料宽 31.5mm，步距 28mm，共设 9 个工位，各工位冲压安排如下。

工位①：冲工艺槽。

工位②：冲缺口，为拉深成形圆柱面缺口做准备。

工位③：首次拉深，内径基本达到制件要求，但圆角 R 还比较大。

工位④：二次拉深，减小圆角半径。

工位⑤：冲止挡台，并进一步通过整形减小圆角半径。

工位⑥：整形。

工位⑦：冲方孔。

工位⑧：切开外形并复位。

工位⑨：翻边拉直小凸耳并落料。

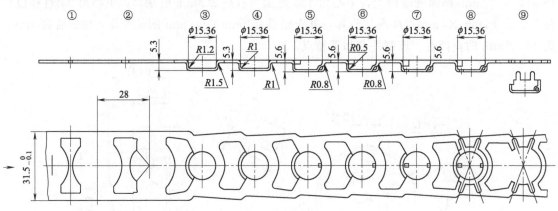

图 12-9　排样图

该制件圆柱面缺口展开的平面形状与尺寸是根据分析和经验确定的，如图 12-10 所示，其中 $R10.6$mm 是根据缺口高度按筒形件毛坯展开尺寸计算得到的，中心角 53°40′ 控制拉深后缺口的宽度；侧边角 51°20′ 控制缺口两直边对筒形件轴线的平行度。这两个角度直接影响到成形后缺口的形位公差和尺寸大小，所以非常关键，但大小又不是太好确定。图 12-11（a）为制件拉深成形后的理想外形，图 12-11（b）为制件展开后的毛坯尺寸。在拉深过程中，由于应力应变的复杂变化，切向压应力的作用，必须使毛坯中心角 $\alpha' > \alpha$（制件中心角），才能保证拉深后缺口中心角符合要求。实践表明，α' 与 α 大小的差异与制件缺口相对高度 h/D 有关，h/D 越大，则 α' 与 α 的差异越大。

为了保证缺口两直边 A 对筒形线的平行，在毛坯的两侧增加边角 β，其大小与相对高度有关。由于 $H/D < h/D$，筒形件缺口上部受到的切向压应力大于缺口下部的切向压应力。若毛坯图中仅有 α' 角，或 β 角太小，则拉深后必然出现如图 12-11（c）所示（即缺口上部小、下部大）的倾斜形状。为了克服这个缺陷，必须增加 β 角。但 β 角过大，会出现如图 12-11（d）所示（即缺口上部大、下部小）的倾斜形状。因此，α'、β 都要取得合适。

设计临时凸缘作为冲切外形尺寸的依据。这是为了使落料时筒形件外形不被擦伤、切开后的制件又不能离开带料而采取的一项措施。具体方法是在本排样的切开工位（实为落料，但要

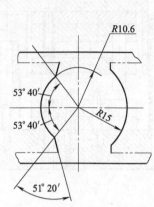

图 12-10　制件展开形状和尺寸

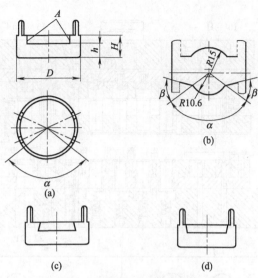

图 12-11　毛坯形状对制件缺口的影响

求尚未全部成形为最后形状和尺寸的坯件不能离开载体）落料时增加一凸缘，凸缘尺寸为 $\phi 18mm$，见图 12-12。这样，在切开落料时便不会擦伤筒壁，顶件器设计成一内孔为 $\phi 16.36mm$、深度大于 5.6mm、外径为 $\phi 18mm$ 的圆筒，4 个凸耳与其相连为一整体。当冲压后，在顶出制件时，4 小凸耳和凸缘同时受力被顶，制件压回载体（带料）时就不会变形了。

冲压的最后一个工位是凸缘翻边、拉直 4 小凸耳和落料。凸缘翻边后变为制件筒壁的一部分，因此，制件的最后尺寸是在该工位得到。凸缘翻边时产生的切向挤压应力容易将 4 小凸耳挤歪变形，为此，在凸缘与凸耳的交接处设计有 0.4mm×0.3mm 工艺缺口让位。

为了保证切开后的制件可靠地连在带料上，除靠顶件器将坯件压回带料外，凸耳的头部留一小点与带料相连不切断。具体方法是在切开凸模 4 凸耳头部开有 $R0.3mm$ 凹弧，而凹模上没有相应凸台，利用凸模与凹模在此处有 0.3mm 的间隙，此处材料切不断，即能保证切开后的制件仍可靠地留在带料上。

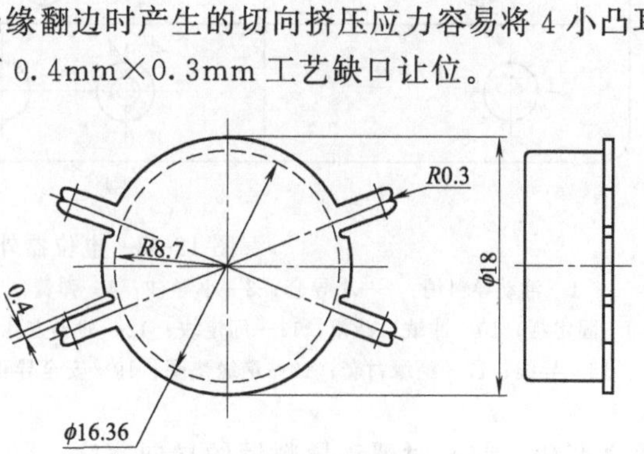

（3）模具结构设计

图 12-13 所示为电位器外壳多工位级进模

图 12-12　落料时外形相关尺寸

结构。该模具在 150～400 次/min 冲压条件下工作。本模具有如下特点。

① 为保证卸料板 8 运动平稳，不倾斜，以及和凹模相对位置的一致性，卸料板采用整体式结构，并在模具内设有 4 个 $\phi 18mm$ 的小导柱。小导柱装在固定板上与卸料板、凹模通过小导套成 H7/h6 配合，模架采用四导柱滚动导向钢模架结构。

② 送料靠压力机上的自动送料装置精确定位，利用冲孔工位的卸料导向套 13 和翻边拉直工位的翻边拉直凸模 15 兼作导正销，件 13、15 与制件内孔成配合状态，且加长，使带料在被压紧之前已对带料各工位进行精确定位。卸料导向套 13 同时还对冲小方孔凸模 12 起保护和卸料作用，导向套 13 与卸料板成 H7/h6 配合，靠两个弹簧和压板进行弹压卸料，其侧向简图如图 12-14 所示。

③ 带料在模具中的导向与抬料。模具的入口处有侧面导板，大部分主要靠分布在带料送料方向两侧的 7 对浮动导料销 1 导向。随着各拉深工序变形程度的增大，带料在各工位宽度也

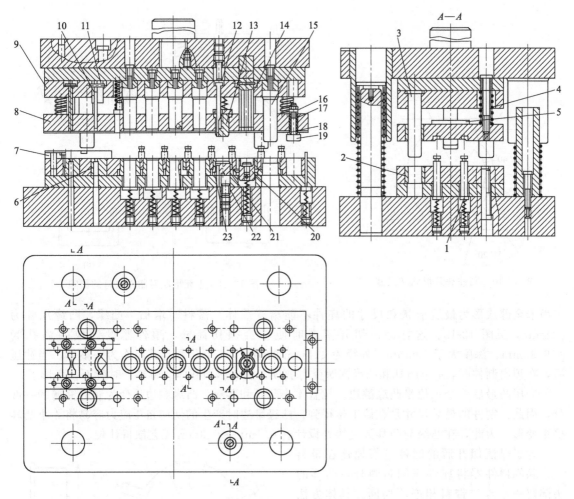

图 12-13　电位器外壳多工位级进模结构

1—浮动导料销；2—小导套；3—小导柱；4—弹簧；5—压板；6—冲缺口凹模镶件；7—导料板；8—卸料板；
9—固定板；10—冲缺口凸模；11—固定块；12—冲小方孔凸模；13—卸料导向套；14—切开凸模；15—翻边拉直凸模；
16—导线；17—绝缘衬套；18—绝缘垫圈；19—安全导正销；20—顶件器；21—冲孔凹模；22—顶柱；23—定位圈

随之变化。前 5 对浮动导料销的导向宽度，随着各工位带料宽度的变化而逐渐减小，后两对导向宽度因为后面工位带料宽度基本稳定而不变，从而保证了对各工位宽度不等的带料进行导向。

利用浮动导料销，冲压结束，上模回升，带料在浮动导料销导向槽台阶的作用下将料抬起，离开凹模平面继续进行送料。在冲小方孔工位中，这些浮动导料销又起到从卸料板的导向套 13 上卸下带料的作用。

④ 考虑到冲缺口工位的形状与尺寸的不确定性，也为了便于试模修正，将冲缺口凸模 10 先固定到固定块 11 内，再固定到固定板 9 上，凹模 6 也采用镶拼件结构。

⑤ 为控制带料拉深后的宽度收缩，保证带料导向的可靠和落料时制件的完整，在首次拉深和前面冲槽工序之间加了两个挡料钉，插入冲槽的槽中，如图 12-15 所示。图中双点画线为挡料钉插入位置，利用挡料钉上的台阶阻止材料的过度流动，不致使首次拉深后带料变得太窄，把材料宽度控制在要求范围内。

⑥ 卸料板下面开一深 0.5mm、宽 34mm 的凹槽（图 12-14），使带料置于槽中，保证拉深

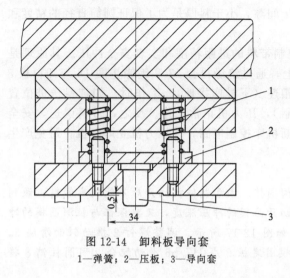

图 12-14 卸料板导向套
1—弹簧;2—压板;3—导向套

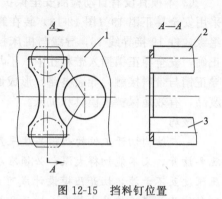

图 12-15 挡料钉位置
1—带料;2,3—挡料钉

过程中材料顺利流动,不使制件随拉深深度的逐渐加大、压边力也逐渐增大时,带料不会被越压越紧。

⑦ 所有拉深凸模采用螺钉并通过垫板拉紧固定,当冲裁凸模刃磨时,为了保持成形凸模的工作端与其他凸模长短差不变,比较方便地拆下拉深成形凸模,对其固定端端面修磨。

⑧ 工位⑤为冲止挡台,位置刚好处在拉深件变薄最严重的凸模圆角处,此处极易冲裂。为此,在工位的③、④拉深凸模冲止挡台的相应位置圆角处,开一宽 3mm、角度为 45°的斜槽,如图 12-16 所示,使其在此处的拉深变薄程度减小,局部提高了制件圆角部分强度。拉深凸模的固定处要考虑设计防转功能元件。

⑨ 为了保证小凸模 12 损坏后能快速更换,小凸模采用在上模座中用螺塞加垫柱顶住的办法固定,使其能直接从上模座的螺孔内装上和取出。凸模 12 与凸模固定板 9 成 H7/h6 配合,且在上下方向有一定的调整量,在刀口刃磨后,可通过调节螺塞来控制其相对长度。

⑩ 冲孔凹模 21 与定位圈 23 的相对高度应根据制件高度通过螺塞来调整,冲孔凹模上设计成两个 2mm×1.2mm 的方孔,当一个孔的刃口磨损后,转过 180°用另一个孔,延长了凹模使用寿命。

⑪ 该制件的拉深直径在各次拉深中基本不变,但各次的拉深间隙不同,首次拉深单面间隙取 1.1t (t 为料厚);第二次 1.05t;整形时为 1.03t,冲长方孔时,圆筒凸、凹模间隙单边

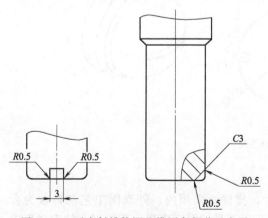

图 12-16 开有斜槽拉深凸模圆角部分示意图

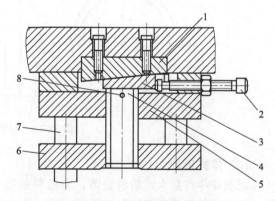

图 12-17 凸模高度微调机构
1—斜垫板;2—调整螺钉;3—滑块;4—凸模;5—固定板;
6—卸料板;7—小导柱;8—圆柱销

为 1.0t，最后翻边拉直时，圆筒单边采取 0.97t 间隙，小于料厚是为了保证圆筒直径的精度和减少圆角半径。

⑫ 本模具设有自动检测安全保护装置。控制带料的进距精度和实现安全冲压。其原理是采用安全导正销 19（图 12-13）装在卸料板 8 上，通过绝缘衬套 17 和绝缘垫圈 18 与卸料板 8 绝缘，件 19 接导线 16，导线与机床控制电路相连（下模座接地）。工作时，如带料送进位置正确，安全导正销插入带料孔中（不与带料接触），压力机正常工作。反之，带料误送，安全导正销与带料接触，导通电路，形成回路，切断机床控制电路，使压力机立即停机，避免产生废品，有效地保护了模具和机床。

技巧

➤ 本结构切开工位的凸模高度采用微调机构调整。由于制件被切开后不能脱离带料，做到既要切开，又不能切得太深，必须准确地控制切开凸模的冲压深度，又要保证与拉深凸模的冲压深度互不干涉，切开凸模设计成可调结构，如图 12-17 所示。调整螺钉 2 推动斜面滑块 3，改变切开凸模 4 的升出长度，切开凸模 4 与凸模固定板 5 成 H7/h6 滑动配合，用圆柱销 8 将凸模 4 挂在固定板 5 上。

12.4 集装箱封条锁下盖连续拉深模

(1) 工艺分析

图 12-18 所示为集装箱封条锁下盖，材料为马口铁（SPTE），料厚为 0.25mm，产量 3000 万/年。从图中可以看出，该制件的外形近似半球形，最大外形由直径 ϕ15.7mm 及高 10.35mm 组成，球形部分 R 为 6.85mm，该制件的半球形顶部有一长方槽，其长为 8.3mm，宽 1.2mm。

根据相关资料上的公式及结合实际的经验计算出制件的毛坯直径为 ϕ28mm。经过拉深系数的计算，该制件可以一次拉深成形，因制件外形近似半球形，因此，首次拉深时，先拉成圆筒形，到二次拉深时再拉成球形状较为合理，经分析，采用一副多工位连续拉深模设计才能满足年产量的需求。

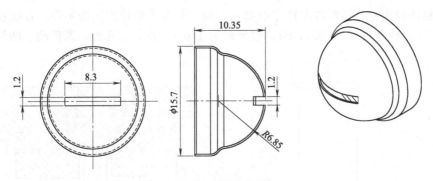

图 12-18 集装箱封条锁下盖

(2) 排样设计

因制件年产量大，板料较薄，为送料的稳定性，排样时采用内、外双圈工艺切口较为合理，该工艺切口类型在拉深过程中，带料的料宽与步距不受拉深而变形，即带料在拉深过程中是平直的，那么可在带料的搭边上设置导正销孔精确定位。

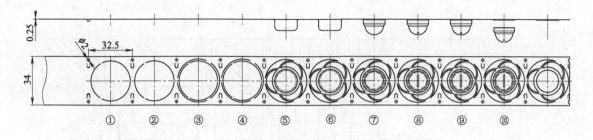

图 12-19 排样图

经分析，该制件采用单排排样较为合理，因制件坯料直径为 $\phi28mm$，根据经验值计算得：带料宽为 34mm；步距为 32.5mm。可在两工位间的余料处设计两个 $\phi2mm$ 的导正销孔及两个切舌挡料，排样如图 12-19 所示。该排样共设计成 10 个工位，具体工位安排如下。

工位①：冲切导正销孔、切舌及冲切内圈工艺切口。

工位②：空工位。

工位③：冲切外圈工艺切口。

工位④：空工位。

工位⑤：首次拉深。

工位⑥：空工位。

工位⑦：二次拉深兼整球形状。

工位⑧：冲底部长方槽。

工位⑨：空工位。

工位⑩：落料。

(3) 模具结构设计

图 12-20 所示为集装箱封条锁下盖模具结构，该模具最大外形长为 435mm，宽为 288mm，闭合高度为 217mm。其结构特点如下。

① 为确保上、下模具的对准精度，模架采用 4 套 $\phi32mm$ 的滚珠导柱、导套配合导向；模板采用 10 套小导柱导向。

② 承料板设计。从图 12-20 件号 1 中可以看出，本结构的承料板比较特殊，因该模具为连续拉深模，为确保拉深的稳定性，在拉深时带料上要添加润滑油，因此本结构在承料板上加工出方形的储油槽，在油槽中加一块海绵，当润滑油从加油接口 33 注入，使海绵上的油能传递到带料上可以进行连续拉深。

③ 切舌结构设计。在连续拉深带料的余料上设切舌结构与其他冲裁、弯曲及成形等带料的余料上设工艺切舌的功能相同，均可代替侧刃，也是防止带料送料过多时起挡料作用，这样一来可以代替边缘的侧刃，从而大大提高了材料利用率，在生产中使送料更加稳定。如图 12-21 所示，其结构为，上模下行，在工位①首先利用切舌凸模 7 对带料进行切舌。上模上行，利用切舌顶料 2 将带料从切舌凹模 3 内顶出。这时带料开始送往下一工位，用切舌挡块（图中未画出）对带料进行挡料。上模再次下行时，利用卸料板把切舌部位进行压平，可以送往下一工序。但要注意的是，切舌挡块浮出的高度要比带料浮出的高度低 $0.2\sim0.5mm$，防止卸料板对带料上切舌的部位压平后出现弹复现象，影响带料的送进。

④ 本结构中的带料是靠浮动挡料销 31 来传递各工位间的冲压成形，同时也能很好地保证模具的强度。

⑤ 空工位设计。该模具在工位②、工位④、工位⑥及工位⑨各留一个空工位，其中工位

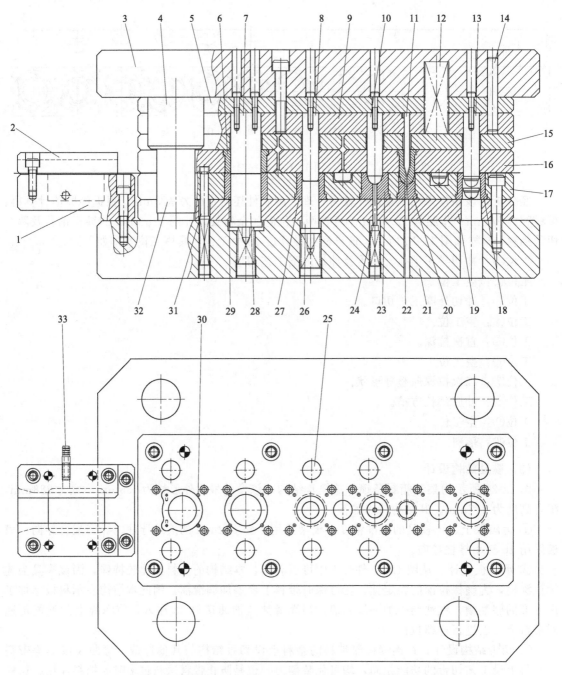

图 12-20 集装箱封条锁下盖连续拉深模

1—承料板；2—导料板；3—上模座；4—导套；5—上垫板；6—外圈切口卸料板镶件；7—外圈切口凸模；8—拉深凸模；
9—凸模固定板；10—拉深兼整形凸模；11—冲底部长方槽凸模；12—弹簧；13—落料凸模；14—圆柱销；
15—卸料板垫板；16—卸料板；17—凹模固定板；18—落料凹模；19—下垫板；20—冲底部长方槽凹模；
21—下模座；22—冲底孔卸料板镶件；23—拉深兼整形凹模；24—小顶杆；25—小导柱；26—拉深顶杆；
27—拉深凹模；28—外圈切口顶杆；29—外圈切口凹模；30—导正销；31—浮动挡料销；32—导柱；33—加油接口

②和工位④的空工位是为了内、外圈切口后校平作用；在工位⑥安排一个空工位，是为首次拉深与二次拉深导致载体的送料面与模面的表面不平行，即拉深的轴心线和模具表面产生一定的斜角，本结构以空工位来保证带料的工作长度，以此减小料带的倾斜角；在工位⑨留一个空工

位，必要时可作为后备拉深及整形工序使用。

技巧

➤ 该制件在排样设计时毛坯采用了双圈圆形三面切口的搭边方式，既保证料带平直不变形，又要减少拉深的阻力。

➤ 为方便调整，本结构上垫板 5、凸模固定板 9、凹模固定板 17 及下垫板 19 采用整体式结构，而卸料板垫板 15 及卸料板 16 采用分段式结构，共分为 3 组，分别为内、外圈切口一组，首次拉深单独一组，二次拉深兼整球形状、冲底部长方槽及落料共为一组。

经验

➤ 该制件年产量较大，为确保各工序拉深凹模及落料刃口的使用寿命和稳定性，各工位的拉深凹模及落料刃口采用硬质合金（YG20）镶拼而成，其中拉深兼整球形凹模 23 较为复杂，到专业的标准件厂家制作，其工作部分的粗糙度值 Ra 为 $0.04\mu m$。

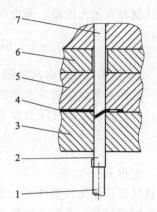

图 12-21　切舌结构示意图
1—顶杆；2—切舌顶块；3—切舌凹模；
4—带料；5—卸料板；6—卸料板垫板；
7—凸模

12.5　长圆筒形件连续拉深模

(1) 工艺分析

图 12-22 所示为无凸缘长圆筒形拉深件，材料为 SPCE，板料厚为 0.3mm。年产量 100 多万件。旧工艺采用 5 副单工序模，分别为：①落料拉深复合模；②二次拉深；③三次拉深；④四次拉深；⑤拉深带整形；⑥车床进行口部及内口倒角加工。在车床进行口部及内口倒角加工方式需要设计专用的夹具，且容易引起断面形状的改变。这样不仅生产效率低，生产成本高，产品质量不稳定，而且不能满足大批量生产的要求。为满足大批量的生产，采用多工位连续拉深模设计，在末次采用拉深与挤边复合工艺。

从图 12-22 可以看出，由于在带料上连续生产无凸缘拉深件。其修边余量也应在带料平面上考虑，而不应沿制件高度方向考虑。

图 12-22 所示该拉深件高度 h 为 $(46\pm0.05)mm$ 及内口部有 30°角的要求。旧工艺是采用单工序拉深结束后再用车床加工，然后再进行内口部倒角。经过分析在末次拉深时系数适当取大些，并设计成拉深带挤边复合工艺。能解决制件高度 $(46\pm0.05)mm$ 的尺寸及内口部有 30°角的要求。

(2) 拉深工艺的计算

1) 毛坯的计算

从资料查得，当连续拉深件直径为 ≥25mm 时，查表 2-18 得修边余量 $\delta=2.0mm$，结合实际经验把修边余量调整为 $\delta=3mm$，得凸缘直径 $d_{凸}=2\times3+19=25mm$。可以代入相关的公式求得毛坯直径 D 为 $\phi63.3mm$。

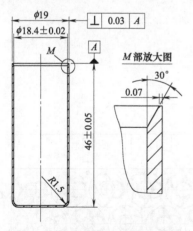

图 12-22　无凸缘长圆筒形拉深件

考虑到相对板料厚度很薄，为了防止后续拉深出现拉破现象，按经验值首次拉深按表面积计算多拉入 4% 的材料。在后续拉深再将多拉入的料逐步返回凸缘处。就可防止再拉深时因凸缘区材料再流入凹模，而出现拉破现象，故实际采用的毛坯直径 D_1 为：

$$D_1 = \sqrt{1.04}\,D = \sqrt{1.04 \times 63.3} \approx 64.5\text{mm} \quad （实取 64.4\text{mm}）$$

2）拉深系数及各次拉深直径计算

拉深系数是拉深工艺中的一个重要参数，该制件首次拉深把凸缘部分的材料全部拉入凹模内，因此首次拉深按无凸缘零件计算拉深系数，由毛坯相对厚度：

$$\frac{t}{D_1} \times 100 = \frac{0.3}{64.4} \times 100 \approx 0.47$$

查得 $m_1 = 0.55 \sim 0.58$，$m_2 = 0.78 \sim 0.79$，$m_3 = 0.80 \sim 0.81$，$m_4 = 0.82 \sim 0.83$。首次拉深材料还没硬化，塑性好，那么拉深系数可取小些，由于制件再拉深的硬化指数相对较高，而塑性越来越低，变形越来越困难，故拉深系数一道比一道大，该制件在连续拉深中，中间并无退火工序，那么拉深系数相对取大些。根据经验值调整后的拉深系数为：$m_1 = 0.55$，$m_2 = 0.79$，$m_3 = 0.80$，$m_4 = 0.85$。那么求得各工序拉深直径如下。

$$d_1 = m_1 D_1 = 0.55 \times 64.4 = 35.42（实取 35.5\text{mm}）$$
$$d_2 = m_2 d_1 = 0.79 \times 35.5 \approx 28\text{mm}$$
$$d_3 = m_3 d_2 = 0.80 \times 28 = 22.4\text{mm}$$
$$d_4 = m_4 d_3 = 0.85 \times 22.4 \approx 19\text{mm}$$

(3) 排样设计

为提高材料利用率，该制件采用一出三排样较为合理，求得料带宽度为 202mm，步距为 72mm。该排样共设计为 11 个工位来完成，排样如图 12-23 所示，具体工位安排如下（以下各工位的命名以排样图中 $A—A$ 剖视图为准）。

工位①：冲导正销孔。

工位②：空工位。

工位③：内、外圈复合工艺切口。

工位④：空工位。

工位⑤：首次拉深。

工位⑥、⑦：空工位。

工位⑧：二次拉深。

工位⑨：空工位。

工位⑩：三次拉深。

工位⑪：四次拉深与挤边复合工艺。

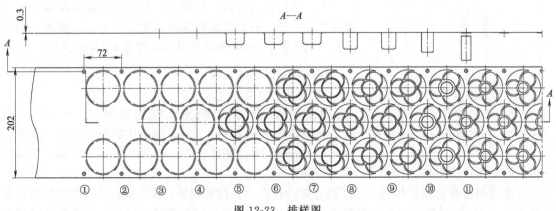

图 12-23　排样图

(4) 模具结构设计

图 12-24 所示为长圆筒形件连续拉深模结构。该结构为多组模板组合而成的一副较精密的连续拉深模，以便调试，维修。各工序的结构较为复杂（有复合内外切口及拉深与挤边复合工艺等）。为了确保制件的精度，此模具采用 4 个精密滚珠钢球导柱。以滚动送料器为粗定距，以内部导正销为精定距。使模具在生产中更稳定。并在模具外部安装误送检测装置（未绘制出）。当带料送错位或模具碰到异常时，压力机即自动停止冲压。

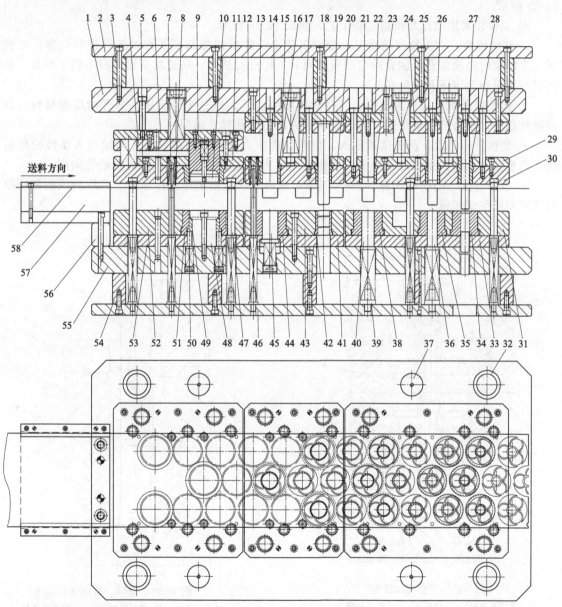

图 12-24　长圆筒形件连续拉深模结构

1—上模座；2—上托板；3—上垫脚；4,13,24—固定板；5,20,30—卸料板；6,12,22—固定板垫板；7—导正销；8,36,40,45,50—顶杆；9—凸凹模；10—内卸料块；11,17,29—卸料板垫板；14,21,26—拉深凸模；15—螺塞；16,23,25,28—卸料板镶件；18—小导柱；19,42—小导套；27—拉深、挤边凸模；31,43,52—下模板；32—导柱；33,41,53—下模板垫板；34—拉深、挤边凹模；35,38,44—拉深凹模；37—限位柱；39—弹簧垫圈；46—下托板；47—浮动导料销；48—下凸模；49—顶料圈；51—下模镶件；54—下垫脚；55—下模座；56—垫块；57—导料板；58—带料

① 该制件年产量较大，为确保拉深凹模的使用寿命和稳定性，各工位的拉深凹模采用硬质合金镶拼而成。

② 本模具带料送进时，首先用两个导正销 7 精定位；各次拉深凸模及凹模 R 角作送料时的粗定位。

③ 切口结构。由于模具长度的限制，把常规的内圈切口及外圈切口两个工位合并为复合切口一个工位来完成。这样既减少了模具的工位、减短了模具的长度，又使送料更稳定，如图 12-25 所示。

④ 工位⑪采用拉深与挤边复合工艺，如图 12-26 所示。

a. 其结构是：首先拉深凸模进入带料工件中，随着拉深凸模下行对工件进行拉深，在拉深工序结束时，拉深凸模的台阶与凹模共同对工件进行挤边。挤边的变形过程不同于冲裁，挤边过程可分解为以下几个阶段。

• 弹性变形阶段。拉深凸模上的台阶接触前一工位送过来的工序件后开始压缩材料。材料弹性压缩，随着凸模的继续压入，材料的内应力达到弹性极限。

• 塑性变形阶段。凸模继续压入，材料的内应力达到屈服极限时，开始进入塑性变形阶段，凸模挤入材料的深度逐渐增大。即弹性变形程度逐渐增大，变形区材料硬化加剧。

• 挤边阶段。凸模继续向下，"无间隙"地通过凹模把工件进行切断。工件挤压面和切断面表面粗糙度值较低。

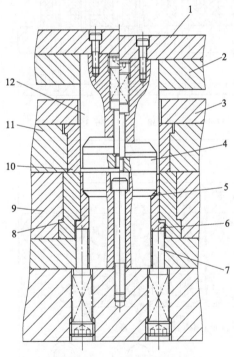

图 12-25 复合切口结构
1—固定板垫板；2—固定板；3—卸料板垫板；4—内卸料；5—凸模；6—推料圈；7—顶杆；8—下模镶件；9—下模板；10—卸料板镶件；11—卸料板；12—凸、凹模

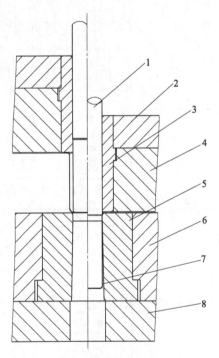

图 12-26 拉深、挤边复合结构
1—凸模；2—卸料板垫板；3—卸料板镶件；4—卸料板；5—拉深、挤边凹模；6—下模板；7—制件；8—下模垫板

b. 拉深挤边具有以下特点。

• 挤边过程是凸模利用尖锐的环状台阶从水平方向挤压工件，使侧壁与余边逐渐分离。

　　• 由于拉深和挤边总是相伴而行，挤边刃口只是拉深凸模（或凹模）的一部分，即省去了专用切边模。

　　拉深与挤边后制件边缘内口部的形状如图 12-22（*M* 部放大图）所示。其中 *M* 部放大图 30°角的大小与挤边工位的凸模参数相关联，经过调试后达到制件使用性能的要求。

技巧

➤ 无凸缘拉深件在连续拉深模中，其修边余量按有凸缘的计算，最后从凸缘处落料即可。

➤ 由于模具长度的限制，本结构采用内、外圈在同一个工位上冲切的复合切口结构（冲切深度为 1.0～1.5mm），其带料与拉深件间采用三点搭边来连接。使拉深后带料保持平直、不变形。

经验

➤ 最后一工位采用拉深与挤边复合工艺，其拉深系数适当取大些。不仅保证了内口部 30°角的要求，而且解决了制件高度 (46±0.05)mm 的尺寸，大大提高了生产效率，具体如图 12-26 所示。

➤ 拉深挤边的变形过程不同于冲裁，挤边过程可分解为以下几个阶段。

① 弹性变形阶段。拉深挤边凸模上的台肩接触拉深件后开始压缩材料。材料弹性压缩，随着凸模的继续下行，材料的内应力达到弹性极限。

② 塑性变形阶段。拉深挤边凸模继续下行，材料的内应力达到屈服极限时，开始进入塑性变形阶段，拉深挤边凸模挤入材料的深度逐渐增大。即弹性变形程度逐渐增大，变形区材料硬化加剧。

③ 挤边阶段。拉深挤边凸模继续向下，"无间隙"地通过凹模把拉深件进行切断。拉深件挤压面和切断面表面粗糙度值较低。

　　从拉深挤边工作过程可以看出，拉深挤边具有以下特点。

① 挤边过程是凸模利用尖锐的环状台肩从水平方向挤压制件，使侧壁与凸缘的环状废料逐渐分离。

② 挤边进行制件拉深的最后阶段，拉深和挤边总是相伴而行。

③ 拉深挤边后制件边缘内口部的形状如图 12-22 中 *M* 部放大图所示。其中 *M* 部放大图 35°角的大小与挤边的凸模参数相关联。

④ 由于拉深和挤边总是相伴而行，挤边刃口只是拉深凸模（或凹模）的部分。既省去了专用的切边模，又可以免去车床加工倒角的工序，故拉深挤边能减少冲压工序，提高生产效率，从而获得较高的综合经济效益，能有效地控制该制件的高度和侧壁的垂直度，提高产品的质量。

12.6　天线外壳连续拉深模

(1) 工艺分析

　　图 12-27 所示为天线外壳，该制件是 TV 天线的主要部件，材料为 SPCD，板料厚度为 0.25mm。由于需求量较大（年产量为 2500 多万件），从图中可以看出，该制件结构较复杂，为阶梯筒形件，最大外形为 $\phi(10.8\pm0.05)$ mm，最小外形为 $\phi(9.2\pm0.03)$ mm，总高为 24.5mm，底部 $\phi(7.3\pm0.03)$ mm 需冲孔后再向内成形。

(2) 拉深工艺的计算

　　当无凸缘圆筒形阶梯拉深件直径≤25mm 时，查得连续拉深的修边余量 $\delta=1.5$ mm，结合实际经验及拉深件的技术要求，把修边余量调整为 $\delta=2.1$ mm，得凸缘直径＝2.1×2＋10.8＝

15mm。代入相关公式求得毛坯直径 D 为 $\phi34$mm。计算得各工序的拉深直径为 $d_1 \approx 18.0$mm；$d_2 \approx 14.5$mm；$d_3 \approx 12.0$mm；$d_4 \approx 10.2$mm；$d_5 \approx 9.2$mm。

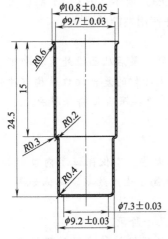

图 12-27　天线外壳

(3) 排样设计

该制件采用单排双侧载体形式排列。因制件坯料直径为 $\phi34$mm，计算出带料宽度为 42mm，步距为 41mm。

因为冲压件材料较薄，为了提高材料的利用率，旧工艺采用送料方式改为新工艺的拉料方式，料带宽度从原来 42mm 调整为现在的 40mm，步距从原来 41mm 调整为 38.5mm。为简化内、外切口的结构，由传统工艺在同一个工位上进行冲压改为新工艺分别在 2 个工位上进行冲压，而且还在内圈切口、外圈切口及首次拉深后工位分别留有空工位，以确保模具的强度。该制件共设计成 14 个工位，排样如图 12-28 所示。具体工位安排如下。

工位①：冲导正销孔。
工位②：内圈切口。
工位③：空工位。
工位④：外圈切口。
工位⑤：空工位。
工位⑥：首次拉深。
工位⑦：空工位。
工位⑧：二次拉深。
工位⑨：三次拉深。

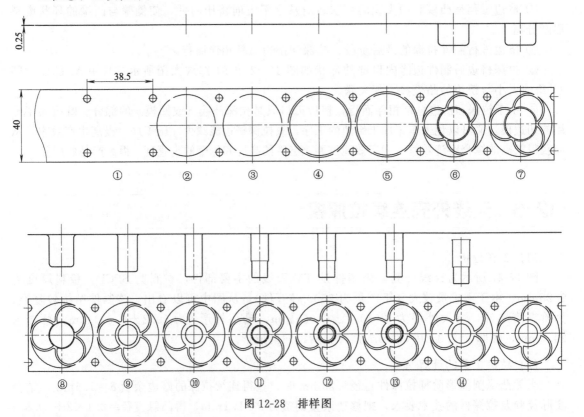

图 12-28　排样图

工位⑩：四次拉深。

工位⑪：五次拉深（阶梯拉深）。

工位⑫：冲底孔。

工位⑬：底部成形。

工位⑭：落料。

(4) 模具结构设计

图 12-29 所示为天线外壳连续拉深模结构。该模具特点如下。

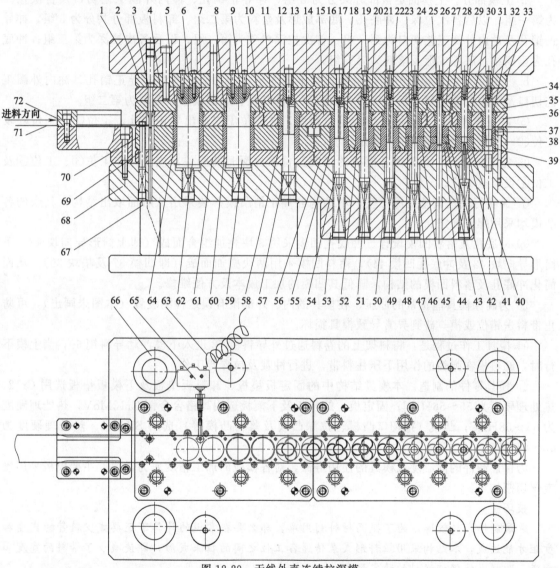

图 12-29　天线外壳连续拉深模

1—上模座；2,33—固定板垫板；3—导正销孔凸模；4,34—固定板；5,11,16,27,35—卸料板垫板；6,9—切口凸模；
7,8,12,18,20,21,23,26,30,32—卸料板镶件；10,14,15,28,36—卸料板；13—首次拉深凸模；17—二次拉深凸模；
19—三次拉深凸模；22—四次拉深凸模；24—五次拉深凸模（阶梯拉深凸模）；25—冲底孔凸模；29—底部成形凸凹模；
31—落料凸模；37—落料凹模；38,70—下模板；39—落料凹模垫块；40—底部成形凹模；41—成形凸模；
42,43,48—导向块；44—冲底孔凹模；45—阶梯拉深凹模；46,50,51,54,57,59,62—顶杆；47—限位柱；
49—四次拉深凹模；52—三次拉深凹模；53—弹簧底板；55—二次拉深凹模；56,61—下模板垫板；
58—首次拉深凹模；60,64—切口凹模；63—检测装置连接线；65—微动开关；66—导柱；67—下垫脚；
68—下模座；69—浮动导料销；71—料带；72—外导料板

① 模具结构为多组模板组合而成的一副较精密的连续拉深模，以便调试、维修。

② 各工位的结构较为复杂（有拉深、阶梯拉深、冲底孔等）。为了确保制件的精度，该模具在上、下模座上设有 4 套 $\phi38\text{mm}$ 的外导柱，在各模板上设有 14 套 $\phi13\text{mm}$ 的小导柱进行精密导向，从而很好地保证了上、下模的对准精度。

③ 因制件年产量较大，为确保拉深凹模及落料刃口的使用寿命和稳定性，各工位的拉深凹模及落料刃口采用硬质合金 YG15 镶拼而成。

④ 模具的组成。

a. 上模部分。上模固定板部分共分为 2 组，冲导正销孔、冲内外圈工艺切口及首次拉深为第一组；以后各次拉深、冲底孔、底部成形及落料为第二组。卸料板部分共分为 5 组，冲导正销孔及冲内外圈工艺切口为第一组；首次拉深单独为第二组；以后各次拉深为第三组；冲底孔为第四组；底部成形及落料为第五组。

b. 下模部分。下模部分的分组形式与上模固定板相对应，即为冲导正销孔、冲内外圈工艺切口及首次拉深为第一组；以后各次拉深、冲底孔、底部成形及落料为第二组。

⑤ 导正销设计。为确保带料的定位精度，在工位①先冲出导正销孔，工位②～工位⑥及工位⑫～工位⑭设有导正销精确定位。

⑥ 空工位设计。为确保各模板的强度及首次拉深时的段差，该模具在工位③、工位⑤及工位⑦设有空工位。

⑦ 为实行快速调整拉深凸模，本结构冲导正销凸模拆装采用从后面取出结构，其余的各凸模均采用螺钉固定。

⑧ 冲底孔及落料凹模设计。冲底孔凹模采用 3 块叠加组合而成（即上筒形导向块 42、下筒形导向块 43 及冲底孔凹模 44），落料凹模采用两块叠加而成（即凹模 37 及垫块 39）。从而简化冲底孔及落料凹模的结构，降低其凹模的加工成本及方便维修。

⑨ 为确保模具能正常的冲压，在模具的内、外部设有误送检测装置（本图未画出），可防止带料送错位或模具碰到异常导致模具损坏。

⑩ 模具工作过程是：将料架上的卷料通过外导料板 72 进入下模浮动导料销 69，当上模下行时，卸料板在弹簧的作用下压住料带，进行冲裁及拉深等工作。

⑪ 模具零件的制造。本模具结构中的固定板垫板、卸料板垫板及下模板垫板选用 Cr12，热处理硬度为 55～56HRC；固定板、卸料板及下模板选用高铬合金钢 Cr12MoV，热处理硬度为 55～58HRC；凸模（指切口凸模、拉深凸模及落料凸模等）选用 SKH51，热处理硬度为 62～64HRC。

为保证制件的同心度及模具的使用寿命，对各模板的加工精度尤为重要，主要模板采用慢走丝切割加工。

技巧

➤ 该制件带料较薄，为了提高材料利用率，那么要在常规的计算下还要减少料带的宽度和步距才能达成，本结构采用拉料形式来传递各工位之间的拉深成形，即使减少了带料的宽度和步距，同样也能保证送料的稳定性。

➤ 本结构首次拉深采用带压边圈的方式，以后各次拉深均采用不带压边的方式，那么卸料板起卸料及拉深后凸缘处整平作用，所以要设置反推的机构。

经验

➤ 本结构中的内、外圈切口结构与第 12.5 节"长圆筒形件连续拉深模"相比，增加了一道空工位及一道切口工序，在工位数允许的条件下采用，可以简化内、外圈切口的模具结构，增加模具的使用寿命，同时也方便维修。

12.7 正方盒连续拉深模

(1) 工艺分析

图 12-30 所示为是正方盒。材料为 LGP2-QFK（日本牌号），相当于热镀锌钢带 DC56D（中国牌号），板料厚度为 0.5mm，抗拉强度为 310MPa，屈服强度为 159MPa，伸长率为 48%。该制件是一个方形拉深件，特别是侧面 $\phi 0.9$mm 的预冲孔和侧面外径 $\phi(3.25\pm0.015)$mm 的翻孔要求较高。

该制件旧工艺采用 8 副单工序模来生产。分别采用工序 1 为落料拉深复合模；工序 2 为二次拉深；工序 3 为整形模；工序 4 为侧冲孔；工序 5 为冲底孔；工序 6 为翻底孔、刻印（图 12-30 中未画出）；工序 7 为侧翻孔；工序 8 为落料。特别是侧面预冲孔与侧面翻孔两道工序，手工放置半成品有误差，导致侧面变薄翻孔口部不平整影响制件质量。这样既增加了冲压的人工成本和制件废品率，又降低了机床利用率，且机床投资成本也较大。

经过从单冲模改成连续拉深模之后，不仅提高了生产效率及减少废品率，而且节约了人工成本和减少占用机床成本，有效保证了制件的质量及产量。

从图 12-30 可以看出，该制件精度要求较高，特别是侧面翻孔有高度的要求，材料厚为 0.5mm，孔外径是 $\phi(3.25\pm0.015)$mm，高度 $\geqslant 1.5$mm，符合图纸要求必须要变薄翻孔才能达成，按理论计算，这样一次变薄已经到极限。它的口部平整度要求高，而且不允许有开裂现象；此翻孔又是从盒体的外形往内形翻。

按理论计算，$H/B<0.7\sim0.8$（冲压件高度比宽度 $<0.7\sim0.8$）时的方形拉深件毛坯，从 H/B 值看，这种方形拉深件可以一次性拉成，但转角半径 $r_c/B<0.1$（冲压件转角半径/宽度）时，转角区变形过于激烈，很容易使其底角处拉破，需采用两次拉深成形。因设备限制必须一次拉成，经过积累的经验把拉深凹模直边和转角处圆弧的 R 角作了不规则的调整，使一次拉深获得了成功。

(2) 拉深工艺的计算

此方形拉深件是小凸缘拉深，从资料查得修边余量 $\delta=1.6$mm。

当 $h/B\leqslant0.6$ 时，可以按以下公式求展开。

① 直边部分按弯曲件求展开 l。

$$l=\frac{B_f-B}{2}+h+0.57r_0-0.43r_a$$

$$=\frac{79.1-68.5}{2}+37+0.57\times3.85-0.43\times0.6$$

$$=44.2365\approx44.2\text{mm}$$

式中 B_f——方形凸缘边长，mm；

B——方形拉深件边长，mm；

h——制件高度，mm；

r_0——方形件底部圆弧半径，mm；

r_a——方形件凸缘处圆角半径，mm。

② 四周角拼成带凸缘的圆筒求展开半径 R_0。

按"带凸缘筒形件的拉深"计算公式求展开直径，再

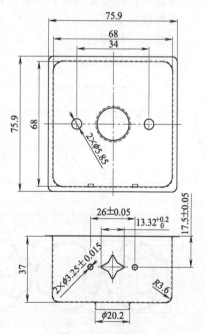

图 12-30 正方盒

除以 2，即得展开半径 R_0。带凸缘筒形件的拉深可以代入表 2-21 序号 20 公式求展开。

$$D = \sqrt{d_1^2 + 4d_2 h + 2\pi r(d_1 + d_2) + 4\pi r^2 + d_4^2 - d_3^2}$$

$$= \sqrt{4^2 + 4 \times 11.7 \times 32.3 + 2 \times 3.14 \times 3.85 \times (4 + 11.7) + 4 \times 3.14 \times 3.85^2 + 20.2^2 - 13.2^2}$$

$$= \sqrt{2327.2} \approx 48.24 \text{mm}$$

$$R_0 = \frac{D}{2} = \frac{48.24}{2} = 24.12 \text{mm}$$

③ 展开图的宽度 K 为：

$$K = B - 2r_0 + 2l$$
$$= 68.5 - 2 \times 3.85 + 2 \times 44.2$$
$$= 149.2 \text{mm}$$

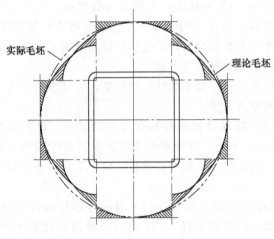

图 12-31　制件毛坯展开图

该制件拉深较高，而相对圆角较小，$r/h < 0.6$（冲压件转角半径/高度<0.6）时，可用圆弧连接。详见图 12-31 理论毛坯初步修正确定。

如图 12-31 所示，理论毛坯初步修正近似为圆形，为简化毛坯的形状，使工位①、工位③凸模和凹模便于加工，此拉深件毛坯采用圆形。经过进一步修整，方形拉深件的毛坯直径确定为 $\phi148$mm。

（3）排样设计

该制件采用单排排样，结合实际经验值，把料带的宽度修整为 158mm；步距修整为 156mm。该排样共 14 步，如图 12-32 所示。具体工位安排如下。

工位①：冲导正销孔，切舌，内圈切口。

工位②：空工位。

工位③：外圈切口。

工位④：空工位。

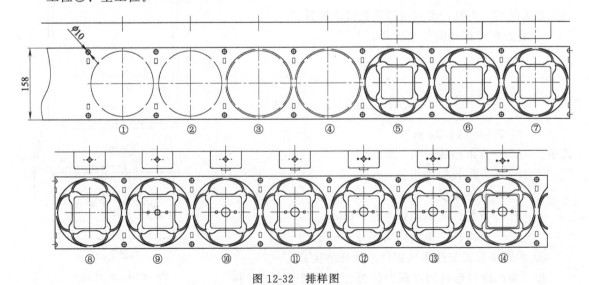

图 12-32　排样图

工位⑤：拉深。

工位⑥：空工位。

工位⑦：整形。

工位⑧：侧冲孔。

工位⑨：冲底孔。

工位⑩：翻底孔。

工位⑪：压字印（图中未绘制出）。

工位⑫：侧翻孔。

工位⑬：空工位。

工位⑭：落料。

工位①先冲出 ϕ10mm 的圆孔作为带料的导正销孔，以确保送料的精度，在带料排列当中留了几个空工位目的是增加模具的强度。

(4) 模具结构设计

图 12-33 所示为正方盒连续拉深模结构。该模具主要结构特点如下。

① 模具结构为多组独立的模具组合而成的一副较大的连续拉深模，以便调试、维修及节约成本，各工序的结构较为复杂（有拉深、侧冲孔、侧面变薄翻孔等）。为了确保制件的精度，此模具采用 6 个精密滚珠钢球导柱。

② 内、外圈切口结构。如图 12-33 所示，工位①和工位③是内、外圈切口，同一般浅拉深的切口结构有所不同，因为此拉深件材料较薄，拉深高度较高；如果按照常规结构设计，那么切口凸模同卸料板滑动距离太长，造成凸模容易磨损，为了减少凸模与卸料板的滑动距离，增加凸模的使用寿命。它采用双浮动（双层弹压）结构。

结构是：上垫板 89 和固定板 88 用螺钉连接，但与上模座 1 分开，不用螺钉连接，上模座 1 与固定板 88 是用卸料螺钉连接和小导柱导向，弹簧 7（轻载）压着上垫板弹压。固定板 88 与卸料板 87 用卸料螺钉连接和小导柱导向，然后弹簧 7（轻载）顶着上垫板 89 压着卸料板 87。这样一来在模具下行时，首先把弹簧 7 往下压，使卸料板 87 的下平面压到料带，直到上垫板与上模座闭死，当模具继续往下降时，将弹簧 13（重载）往下压，这样凸模就慢慢进入凹模切口。

③ 侧冲孔结构。工位⑧是侧冲孔，此工序的模具结构较为复杂（见图 12-34）。该凸模较小（头部直径为 ϕ0.9mm），又是从内向外冲，目的：a. 排废料方便；b. 后序变薄翻孔打好基础。因此凸模必须在上模侧面，如果凹模在下模侧面，凸模与凹模上下将很难对准，给模具调试和维修带来了很大的难度，所以在侧冲孔上模座下面设计了两块调节等高块 13，在调节等高块上面垫有专用垫片调节，上下对准精度可以达到 0.01mm 范围之内。此模具结构是利用杠杆原理。

其动作为：上模下行，首先是反推杆 10 把侧冲孔上模座 28 往下压，直到调节等高块 13 与工序件外定位块 17 闭合时，再使上顶块 5 接触到杠杆 6，使杠杆 6 撬动杠杆 7 再带动小凸模 20 从内往外进行冲压。

④ 侧翻孔结构。工位⑫是侧面变薄翻孔，其上下对准调节方法与图 12-34 侧冲孔一样（见图 12-35）；翻孔外径是 ϕ(3.25±0.015)mm，高度≥1.5mm，符合图纸要求必须要变薄翻孔。经计算：要从料厚 0.5mm 变薄到料厚 0.28mm 才能达成，这样一次性变薄已经到极限。它的口部平整度要求高，而且不允许有开裂现象；翻孔又是从外向内翻，所以结合前面侧冲孔必须从内往外冲孔，目的是使翻孔后口部不容易开裂。此工序的结构较为复杂，也是利用斜楔、杠杆原理。

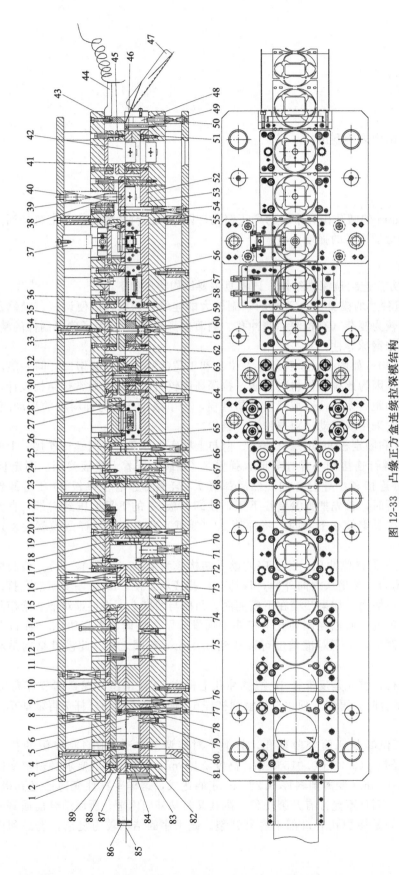

图 12-33　凸缘正方盒连续拉深模结构

1—上模座；2,5,12,29,30,42—凸模；3—上托板；4—上垫脚；7,13,20,27,39,61,70,79—弹簧；8,40,77—弹簧导销；9,25,35,88—固定板；10,23,33,36,41,89—上垫板；11,16,38,49,54,66,71—弹簧垫圈；14,15,32,87—卸料凸模；17—拉深凸模；18—小导柱；19—误送导正销；21—压板；22—微动开关；24—整形凸模；26—浮动导料销顶杆；28—子模上模座；31,45—卸料板垫板；34—翻边凸模；37,43—打杆；44—绝缘支架；46,58,63,64,83,84—凹模；47—废料斗；48—废料刀；50,60,67—顶料板；51—凹模垫板；52,57,73,82—下垫板；53—垫块；55—浮动导料销；56—导向板；59—翻边凹模；62—产品定位板；65—子模下模座；68—下顶块；69—下模座；72—拉深凹模；74—外切口凹模；75—顶块；76—导正销；78—套式顶料杆；80—下垫脚；81—下托板；85—料带；86—外导板

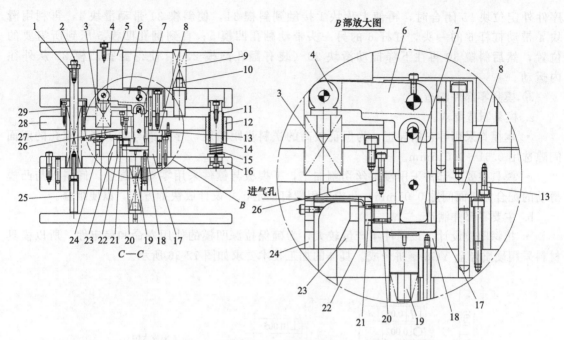

图 12-34 侧冲孔结构

1—等高杆；2—垫圈；3,9,27—弹簧；4—弹簧定位销；5—上顶块；6,7—杠杆；8—卸料板；10—反推杆；
11—保持圈；12—导套；13—调节等高块；14—导柱；15—线形弹簧；16—小模座；17—产品外定位块；
18—顶块；19—顶杆；20—小凸模；21—凹模；22—凹模垫板；23,24—挡块；25—圆柱销；
26—产品内定位块；28—侧冲孔上模座；29—压板

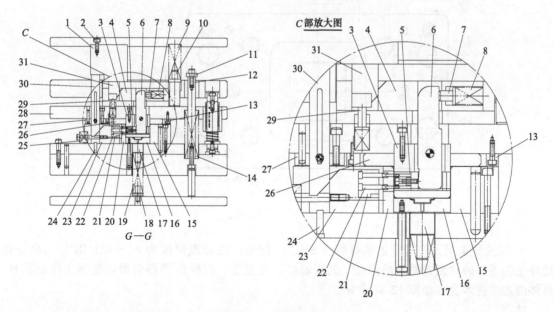

图 12-35 侧翻孔结构

1—上顶块；2—螺钉；3—产品内定位块；4,23—滑块；5—翻孔凹模；6—杠杆；7,29—弹簧顶杆；8,9,14,19,25—弹簧；
10—反推杆；11—垫圈；12—等高杆；13—调节等高块；15—产品外定位块；16—顶块；17—顶杆；
18—弹簧垫圈；20—翻孔凸模卸料板；21—翻孔凸模固定块；22—翻孔凸模；24—限位柱；
26—卸料板；27—斜楔固定板；28—侧翻孔上模座；30,31—斜楔

其动作为：上模下行，首先是反推杆 10 把侧翻孔上模座 28 往下压，直到调节等高块 13 与工

序件外定位块 15 闭合时，再使上顶块 1 接触到斜楔 31，使斜楔 31 带动滑块 4，再利用滑块 4 带动杠杆 6 的一头，杠杆 6 的另一头带动翻孔凹模 5；直到翻孔凹模 5 压到所需要的位置，然后斜楔 30 再往下降推动滑块 23（装有翻孔凸模 22）。使得翻孔凸模 22 从外往内运动。

⑤ 模具零部件制造。

a. 模具制造要求。

• 本模具采用导正销导正。为保证较高的送料步距精度，导正销与导正销固定孔的双面间隙选用 0.01～0.015mm。

• 模具主要零部件采用慢走丝切割加工，下模板与镶件采用零对零配合，卸料板与凸模滑动的配合为双面间隙 0.01mm，凸模采用螺钉固定，并设计成快拆方式，以便维修。

b. 主要零部件制造。

• 拉深凹模设计。该制件年产量较大，为确保拉深凹模的使用寿命和稳定性，所以模具材料采用硬质合金 YG8 镶拼合成。具体的加工技术要求如图 12-36 所示。

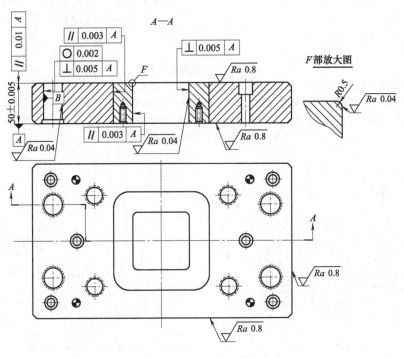

图 12-36　拉深凹模

• 误送导正销。误送导正销材料为 SKD11 制造，热处理硬度为 61～63HRC，为保证误送导正销能正确检测到料带的误区，其同轴度、垂直度、圆柱度等都会影响检测工作的质量，具体的加工技术要求如图 12-37 所示。

技巧

➢ 为了减少切口凸模与卸料板之间的滑动距离，由工位①、工位③内、外圈工艺切口采用双浮动结构形式，提高切口凸模与卸料板的使用寿命。

➢ 从模具结构图中可以看出，该制件为正向连续拉深模，因此，侧面预冲孔与侧面翻孔两道工序利用杠杆原理，采用调节块进行对凸、凹模上下调整，维修和调整都比较方便，快速解决了凸、凹模之间的定位问题。

➢ 在模具内、外都加装检测装置，当模具碰到冲压异常时，即自动停止冲压，蜂鸣器随着

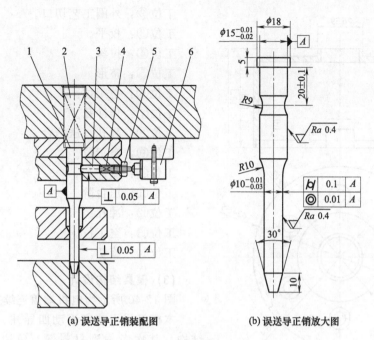

(a) 误送导正销装配图　　　　(b) 误送导正销放大图

图 12-37　误送导正销

1—误送导正销；2,4—弹簧；3—关联销；5—关联销螺塞；6—微动开关

发出声音。

经验

➢ 凸缘正方盒形件采用圆形毛坯，这样既能简化模具复杂几何图形，使拉深均匀变形，当然在 4 只角上的材料会有较多的积余，但又较好地起到了使连料处有足够强度的作用。

➢ 拉深凹模直边和转角处圆弧的 R 角作了不规则的修整，经多次调试，把单工序模由两次拉深改为连续拉深的一次拉深并获得了成功，从而提高生产效率。

➢ 拉深凹模采用镶拼的硬质合金（YG8）制造，可提高拉深凹模的耐磨性能，延长模具使用寿命。

12.8　电机端盖连续拉深模（一）

(1) 工艺分析

图 12-38 所示为某电机马达端盖的拉深件，材料为 08F 钢，料厚为 0.8mm，要求端部平齐，高度要一致，也就是说拉深后拉深件需要使用切边模具将端部冲切平齐，完成该制件主要工序有内、外圈工艺切口，多次拉深，整形，底部冲孔、翻孔，压凸台，侧冲孔及旋切等工序。为此，设计了带旋切机构的连续拉深模，即采用一副连续拉深模具就可完成所有生产工序。

(2) 排样设计

该制件采用单排双侧载体形式排列。因制件坯料直径为 $\phi44$mm，计算出带料宽度为 52mm，步距为 50mm。该排样共设计为 14 个工位来完成，如图 12-39 所示，具体工位安排如下。

工位①：冲导正销孔，内圈工艺切口。

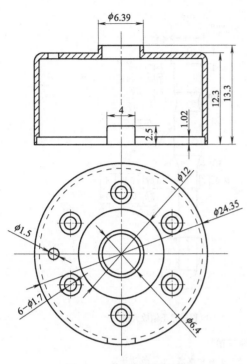

图 12-38　电机马达端盖

工位②：外圈工艺切口。

工位③：校平。

工位④：拉深。

工位⑤：整形。

工位⑥：空工位。

工位⑦：预冲孔。

工位⑧：翻孔，压凸台。

工位⑨：空工位。

工位⑩：侧冲孔。

工位⑪：压台阶。

工位⑫：冲孔。

工位⑬：空工位。

工位⑭：旋切。

(3) 模具结构设计

图 12-40 所示为电机端盖连续拉深模结构。

本模具采用精密滚动四导柱、导套的外导向结构。其次考虑到材料薄，单边冲裁间隙只有 0.04mm，又采用了内导向机构进行精确导向，内导向机构同样采用高精度滚动四导柱、导套。

工位⑭旋切机构的动作原理在于：将上模下行的垂直运动转变为制件相对于凸模的水平移动，在前、后、左、右 4 块导板上开有相互错位的凸轮槽，在凹模座上设计斜楔，与凸轮槽配合。在开模状态下，上模中的凹模座 23（外形设计有斜楔，中心部分为凹模刃口）在卸料螺钉和弹簧的作用下处于下死点，外滑块座 24 及滑块处于顶出位置，便于与带料接触时压料。凹模座的外形斜楔与 4 块导板 20 相互错位的凸轮槽接触；下模在浮升块作用下带料顺利送料到位，旋切凸模 27 在卸料螺钉作用下保持其高度与制件所需的高度相等。

当上模下行时，滑块座 24 周围的长顶杆先与滑块接触带料，使下模浮升块下行并带动拉深零件套 25 大凸模外侧，在此过程中，稍低于长顶杆 1.0mm 的滑块相对于拉深件作径向收缩滑动，将制件外围包紧定位。上模继续下行，这时凹模座除了作垂直向下运动外，其外侧的斜楔在前、后、左、右 4 个导板外形的凸轮槽作用下，带动制件作前、后、左、右 4 个方向的水平移动，从而完成制件的水平切边，即旋切动作。旋切完成后上模上行，上模滑块径向松开制件，带料及制件在浮升块作用下上升与旋切凸模 27 脱离，并在间歇吹气装置作用下将制件吹离模具。上模继续上行，旋切凹模座 23 在复位弹簧及卸料螺钉作用下回复到初始顶出状态。

技巧

➤ 本结构在工位①、工位②设置内、外圈切口工艺，为了保证拉深时不致使料带变形，同时也有利于拉深时材料流动能顺利的进行，其带料与拉深件间采用两点搭边来连接。

➤ 该模具关键技术在于旋切机构的运用，而旋切的顺利运行依靠旋切凹模的动作来保证，在此过程中凹模仅在 x、y 两个水平方向运动，冲压开始时，凹模处于顶出状态的下死点位置，四周与前、后、左、右导板凸轮槽接触，上模继续下行，其外侧的斜楔在前、后、左、右 4 个导板外形的凸轮槽作用下，带动制件作前、后、左、右 4 个方向的水平移动，从而完成制件的水平切边，即旋切动作。

经验

➤ 该制件有侧冲孔的工艺，结合端部的相关要求，因此，采用向上拉深的结构及配合旋切动作完成制件的水平切边较为合理，从而保证了制件的相关尺寸要求。

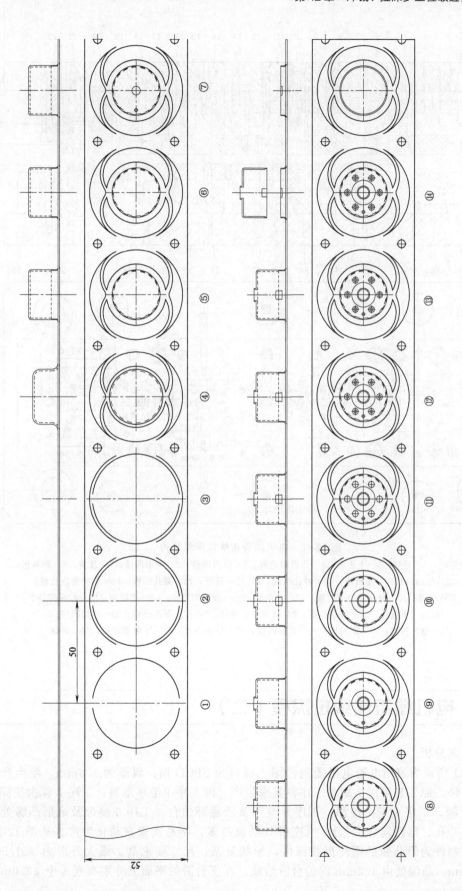

图 12-39 排样图

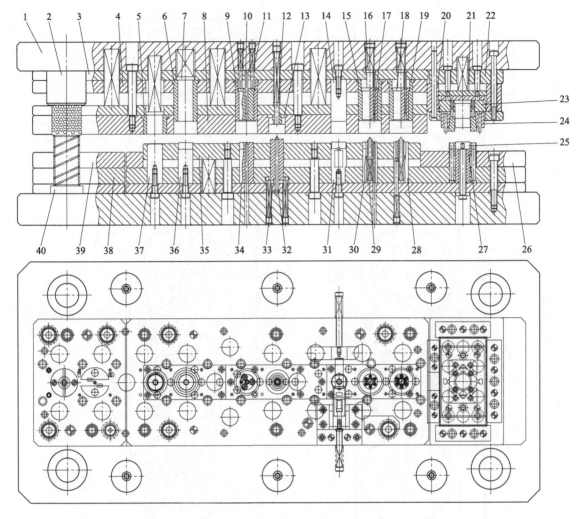

图 12-40   电机端盖连续拉深模结构

1—上模座；2—导套；3—上垫板；4—凸模固定板；5—拉深凹模；6—整形凹模；7—顶块；8—卸料板；
9,15,17,18,19,33—压料块；10—冲孔凸模；11,12—顶杆；13—翻孔凸模；14—侧冲滑块凸模；
16—半剪凸模；20—导板；21—打板；22—上垫块；23—旋切凹模座；24—滑块座；25—拉深零件套；
26,39—下模板；27—旋切凸模；28,34—冲孔凹模；29,32—翻孔凸模；30—半切凹模；
31—侧冲凹模；35—压料板；36—整形凸模；37—拉深凸模；38—下模固定板；40—导柱

12.9   电机端盖连续拉深模（二）

(1) 工艺分析

图 12-41 所示为家用电器电机盖制件图，材料为 SPCD 钢，料厚为 1.6mm，年生产批量为 100 多万件。原工艺采用 7 副单工序模具来生产（即工序 1 毛坯落料；工序 2 首次拉深；工序 3 二次拉深；工序 4 三次拉深；工序 5 整形及压底部凸台；工序 6 整形及成形凸缘处台阶等；工序 7 冲孔、落料复合工艺）。所需模具及设备多，不易实现自动化生产。从图 12-41 可以看出，该制件为带凸缘的圆筒形拉深件，形状复杂，尺寸要求高。最大外形为 $\phi 51.5$mm，高为 11.6mm，凸缘处由 1.2mm 深的台阶组成，在下台阶的平面上分别布置 4 个 $\phi 3.0$mm 的

凸点（使用时与其他部件配合作定位用）及两个月牙孔，中间与凸缘连接有一圆筒形拉深件，其尺寸公差、圆度及垂直度要求较高。

通过分析电机盖拉深件的结构特点和拉深成形的工艺，经计算及结合旧工艺，该成形工艺采用 3 次拉深、2 次整形工序才能达成制件的使用要求。那么完成该制件的整个冲压工艺需经过冲切毛坯的外形废料、拉深、整形、成形凸点、凸缘处和底部冲孔及落料等工艺。经分析，采用一出一的连续拉深模设计较为合理。

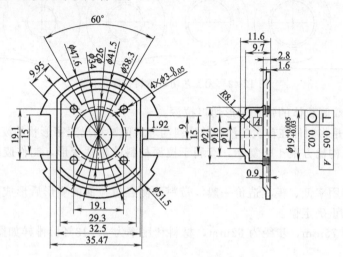

图 12-41　电机盖制件图

(2) 载体及工艺切口设计

1) 工艺切口设计

结合连续拉深的工艺特点，该制件又可以分为无工艺切口和有工艺切口两种。

① 无工艺切口。整料连续拉深时，由于相邻两个拉深件之间的材料相互影响，相互牵连，尤其是沿送料方向的材料流动比较困难，它不如单个毛坯拉深时那样材料较均匀自由的塑性变形。为避免拉深破裂，就应减少每个工位的变形程度，即采用较大的拉深系数，特别是首次拉深系数比有工艺切口的拉深系数大。这样拉深次数也要增加，但这种方法要比有工艺切口拉深节省材料。

② 有工艺切口。有工艺切口的连续拉深，在带料首次拉深工位前，带料上的被冲制件相邻处先切开一个带半双月形、工字形或其他的形状等。这样当首次拉深和以后各次拉深时，两制件间材料的相互影响、相互约束较小，有利于拉深材料的塑性变形。但比单工序模首次拉深系数要略大（基本接近单工序模具的拉深系数），比整料连续拉深系数要小，拉深次数当然也要减少。

2) 载体设计

根据以上工艺切口的分析及结合连续拉深的工艺特点，该制件可设计为边料载体和双侧载体，初步拟定如下 3 个方案。

方案 1：采用边料载体的无工艺切口整料拉深。

整料连续拉深时，由于相邻两个拉深件之间的材料相互影响，相互牵连，尤其是沿送料方向的材料流动比较困难。

优点：可以节省料宽和步距，提高材料利用率，模具结构简单，模具造价经济，一般适合于要求不高的制件。

缺点：材料流动比较困难，拉深工序数多，带料变形大（两边缘变形为凹凸不平整），难以设置导正销孔，送料稳定性差，制件废品率高。

计算得料宽为 63mm，步距为 59mm，材料利用率为 46.45％，排样如图 12-42 所示。

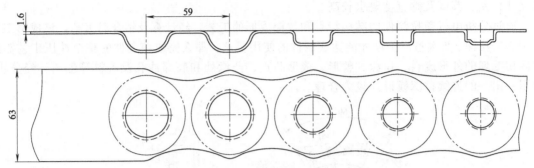

图 12-42　无工艺切口整料拉深排样图

方案 2：采用双侧载体的带工字形切口拉深。

带工字形切口是将制件在首次拉深前的坯料与坯料间冲切出工字形状的废料（见图 12-43）。

优点：模具结构比方案 1 略复杂，有利于拉深材料的塑性变形，制件废品率比方案 1 略有降低。

缺点：材料利用率低，模具造价一般，带料两侧经过拉深的变形后形成凹凸不平整，同样不能设置导正销孔正确定位。

计算得料宽为 75mm，步距为 62mm，材料利用率为 37.13％，排样如图 12-43 所示。

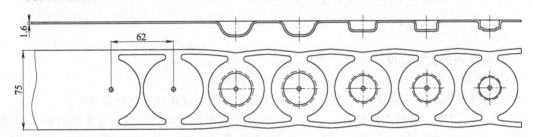

图 12-43　有工艺切口带工字形切口排样图

方案 3：采用双侧载体的带工艺伸缩带切口拉深。

带工艺伸缩带切口也属于有工艺切口之一，采用工艺伸缩带来连接制件与载体。

优点：在拉深后使载体仍保持于原来的状态，不产生变形、扭曲现象，有利于拉深材料的塑性变形，便于送料和设置导正销孔，冲压出的制件质量稳定。

缺点：材料利用率低，模具结构比方案 1、方案 2 复杂，模具造价高。

计算得料宽、步距及材料利用率与方案 2 相同，排样如图 12-44 所示。

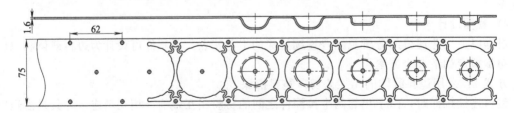

图 12-44　有工艺切口带工艺伸缩带切口排样图

根据以上 3 种方案的分析，方案 1 材料利用率虽然高，但材料在拉深时变薄严重，导致生产的稳定性差；方案 2 与方案 3 虽然材料利用率相同，但方案 2 带料的两侧经过拉深后凹凸不平整，不能设导正销孔，而方案 3 带料两侧经过拉深后仍然是平直的，可以设导正销孔精确定位，那么，送料自然比方案 2 稳定。结合制件的尺寸公差及相关技术要求，最终选择方案 3 带工艺伸缩带切口拉深的工艺较为合理。

(3) 排样设计

根据以上 3 种方案的设计及分析，最终选择了方案 3 采用双侧载体的带工艺伸缩带切口拉深较为合理，针对该制件的工艺特点及结合制件成形特点的基础上，共设 15 个工位进行冲压成形，排样如图 12-45 所示，具体工位安排如下。

工位①：冲导正销孔及底部预冲孔。

工位②、③：冲切毛坯外形废料。

工位④：首次拉深。

工位⑤：空工位。

工位⑥：第二次拉深。

工位⑦：第三次拉深。

工位⑧：整形及压底部凸台。

工位⑨：整形。

工位⑩：空工位。

工位⑪：4 个凸点及凸缘台阶成形。

工位⑫：冲切外形废料、冲底孔及分次冲切月牙形孔。

工位⑬：冲切外形废料及冲切剩余月牙形孔。

工位⑭：冲切外形废料。

工位⑮：落料（载体与制件分离）。

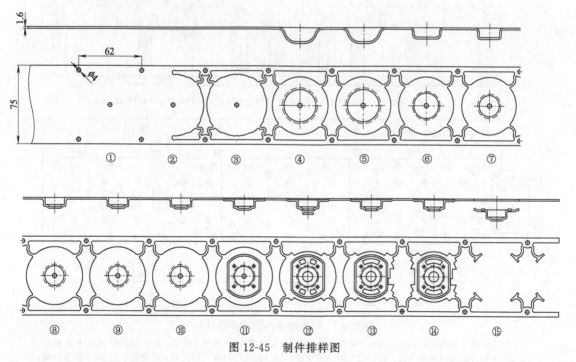

图 12-45　制件排样图

(4) AutoForm 软件模拟分析

根据图 12-45 的排样设计及 AutoForm 软件的模拟需要，在模拟时对主要的成形参数进行设置，如压边力、凸凹模的间隙、摩擦系数、虚拟冲压速度等设置后，再对其进行模拟分析。经分析出的制件符合设计时的理想要求，其结果如图 12-46 所示。

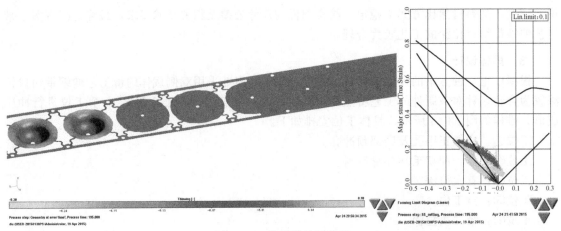

图 12-46　模拟结果示意图

(5) 模具结构

电机端盖连续拉深模结构如图 12-47 所示。具体模具结构特点如下。

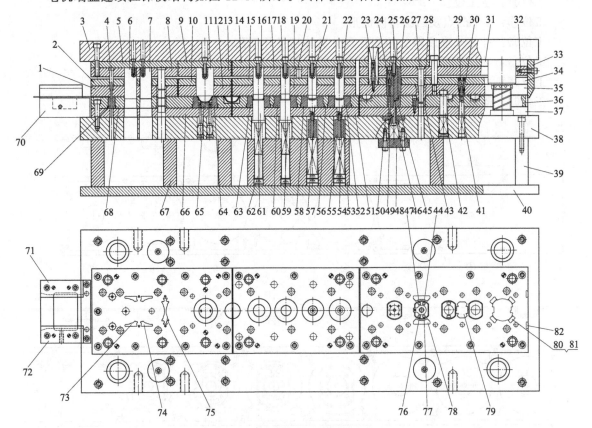

图 12-47　电机端盖连续拉深模结构

1,12,19,35—卸料板；2,10,15,34—卸料板垫板；3—上模座；4—预冲孔凸模；5,9,14,31—固定板垫板；
6,7,73～75,78,79—异形凸模；8,13,17,32—固定板；11,16,18—拉深凸模；20—内限位；21,22—整形凸模；
23—弹簧柱销；24,30—顶杆；25—制件矫正销；26—凸缘台阶成形凸模；27—冲底孔凸模；28—卸料板镶件；
29—导正销；33—上废料切刀；36,56,68—凹模板；37,51,66—凹模垫板；38—下模座；39,53,67—下垫脚；
40—下托板；41—套式顶料杆；42—浮动导料销；43—冲底孔凹模；44,47,76,77—冲月牙孔凸模；
45—凸缘台阶成形凹块；46—等高套管；48—弹簧盖板；49—凸点凸模；50—凸点凸模垫板；52,58—整形凹模；
54,57—整形顶块；55—限位垫柱；59,61—顶杆；60,63,64—拉深凹模；62—顶柱；65—顶块；
69—预冲孔凹模；70—承料板；71,72—导料板；80—切断凸模；81—切断凹模；82—下废料切刀

① 模架设计。该模具以四导柱模架进行导向，上、下模座均采用 45 钢制作，以增强刚性和稳定性，从而提高拉深成形时的精度。

② 该制件生产批量较大，采用滚动式自动送料机构传送带料的冲压工作。

③ 为确保卸料板与各凸模之间的导向间隙及凸模与凹模的冲裁、成形精度等，在卸料板及凹模板上各设有小导套，从而提高模具的使用寿命。

④ 该模具上模部分由 4 组模板组合而成，即第一组为冲切出要拉深的坯料外形及伸缩带（除坯料与载体连接的伸缩带外）；第二组为首次拉深（为方便调整拉深时的压边力，因此首次拉深设为单独的一组）；第三组为以后各次拉深及整形工序；第四组为压凸点、冲切制件外形废料、冲切凸缘处两个月牙孔及底孔和落料等。下模部分由 3 组模板组合而成，即第一组为冲切出要拉深的坯料外形、伸缩带及首次拉深；第二、三组与上模相对应。

⑤ 导正销设计。从图 12-41 中可以看出，制件有拉深、冲孔等工艺。为消除自动送料累积误差和冲压时所产生的振动、跳动及拉深所造成的带料窜动等现象，通常由自动送料装置作带料的粗定位，导正销作带料的精定位。因此，在带料开始的第一工位应先冲出导正销孔，并在以后的各工位中，根据成形及冲裁时容易跳动、窜动的工位应优先设置导正销。

⑥ 为方便材料的塑性变形，减少坯料在成形中的变薄现象，该结构的首次拉深凸模形状加工成大圆弧（近似半球形）。

⑦ 为减少首次拉深与第二次拉深在冲压过程中的段差，因此，在首次拉深与第二次拉深间设置一个空工位。

⑧ 该制件的板料厚度为 1.6mm，因此除细小及不在模板平面上的凹模刃口采用镶拼结构，其余的凹模刃口直接加工在凹模板上。

⑨ 从图示中可以看出，该制件凸缘处的两个月牙孔离筒壁的外形较单薄，因此把月牙孔分两次冲切的方法进行，即在前一工序先把两头冲切出，后一工序冲切出中间剩余的部分，从而提高凹模刃口的强度。

⑩ 为保证拉深件内孔径的尺寸公差，本模具在工位⑧及工位⑨上设置两次整形工序（即工位⑧整形带压底部凸台；工位⑨变薄整形）。

(6) 实际验证

该模具在 1600kN 的开式压力机上进行试冲，经实际生产，模具结构合理，运行稳定，实现了制件的自动化生产，生产效率高，且模具冲出的制件质量合格，稳定性好。该模具实物如图 12-48 所示，制件实物如图 12-49 所示。

图 12-48　模具实物

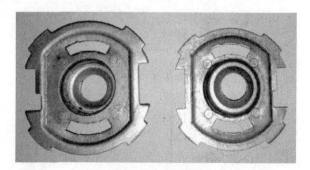

图 12-49　制件实物

经验

➢ 该制件在排样设计时，采用了 3 个方案进行比较，并对每一个排样方案进行了分析，采用逐一的排除法，首先排除了方案 1 无工艺切口整料拉深的排样方法，因为方案 1 在拉深时材料流动比较困难，拉深后制件严重变薄，带料两边缘变形凹凸不平整较，难以设置导正销孔等；剩余方案 2 与方案 3，虽然它的材料利用率相同，但方案 2 带料的两侧经过拉深后也是凹凸不平整，仍然不能设导正销孔，而方案 3 虽然在冲切废料的形状比方案 2 复杂，但后续带料在拉深后是平直不变形的，可以设导正销孔正确定位。那么，送料及定位精度比方案 2 稳定。经过综合的考虑，选择方案 3 带伸缩带切口拉深的工艺。

12.10　汽车开关接触片多工位级进模

(1) 工艺分析

图 12-50 所示为某汽车开关接触片，材料为 H70 黄铜，材料厚度 0.3mm，从图中可以看出，该开关接触片形状规则，具有对称性，是典型的带凸缘圆筒形拉深件，制件高 3.6mm，十字外形的最大外径为 $\phi9.6$mm，中心处有一 $\phi1.4$mm 的通孔，十字外形的四角上均有 0.5mm 的凸台，要求 4 个凸台保持在同一平面，拉深的圆筒外径 $\phi3.4$mm，成形过程中要求制件表面无毛刺、拉深痕、歪斜、裂纹等缺陷。

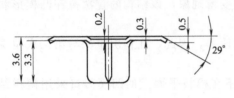

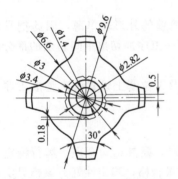

图 12-50　汽车开关接触片

(2) 排样设计

制件在排样前首先计算出制件的毛坯尺寸，经计算得出制件的毛坯直径为 $\phi13.5$mm。该排样在拉深前，首先在带料上冲切出内、外圈工艺切口，其目的使参与拉深的大部分毛坯与整体带料分离，极小部分仍与带料保持一定的连带关系，使拉深过程中材料更易流动，避免步距及料宽的改变，有利于拉深部分的材料成形时的变形，获得更好的拉深性能，排样图如图 12-51 所示，其工艺切口如图 12-51 工位②及工位③所示，具体工位安排如下。

工位①：冲导正销孔。
工位②：冲外圈工艺切口。
工位③：冲内圈工艺切口。
工位④：空工位。
工位⑤：首次拉深。
工位⑥：二次拉深。
工位⑦：三次拉深。
工位⑧：空工位。
工位⑨：四次拉深。
工位⑩：五次拉深。
工位⑪：六次拉深。
工位⑫：空工位。
工位⑬：冲底孔。
工位⑭：冲切凸缘外形废料。
工位⑮：十字处凸台及四处凸筋成形。
工位⑯：落料（载体与制件分离）。

(3) 模具结构设计

汽车开关接触片多工位级进模结构如图 12-52 所示。具体模具结构特点如下。

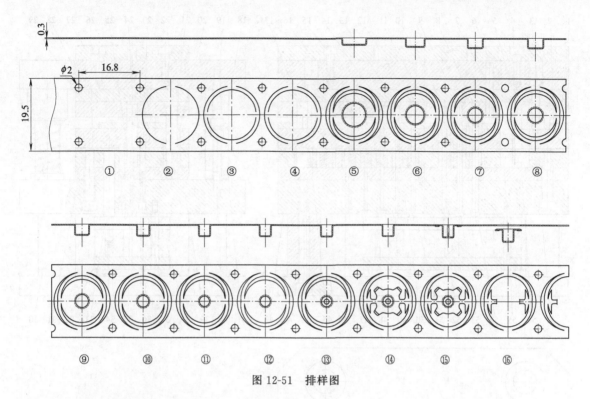

图 12-51 排样图

① 连续拉深的模具工作顺序是：在拉深前先冲切出工艺切口，本模具的凸模高度以工艺切口凸模的高度为基准，依次计算出落料凸模、拉深凸模及成形凸模的高度。

② 在连续拉深时，每工位拉深的高度在逐步增加，各工序件的拉深高度不一致，容易引起载体变形，为此在 6 个工位拉深的过程当中，适当增加了空工位兼顾前后，以便适当改善拉深条件。

③ 为弥补理论计算上的不足，方便调整拉深次数和拉深系数，在排样时适当增加空工位作为预备工位。

④ 模具采用双排浮动导料销 23 导料和顶杆抬料，因拉深工序较多且拉深的工序件高度不一致，如果每个工位拉深通过独立的弹簧进行顶料，在位置的限制下难以设置足够力的弹簧，容易导致顶出失败影响送料，严重时甚至损坏模具。为此，模具专门设计了顶件装置，使各具有相对高度尺寸的顶杆统一通过矩形弹簧的作用同步顶出工序件，实现带料的顺利送进，合模时，再通过反推杆 34 在机床上模下行压力的作用下，同时回复到预定工作状态。

⑤ 冲裁凹模镶块的设计。考虑到模具凹模板强度及凹模镶块布置应有足够的位置，在设计冲裁凹模镶件时，均把相邻的导正销孔直接设计在镶块上，使凹模板的加工工艺得到了改善。

⑥ 凸模的固定形式。为便于维修和刃口的刃磨，冲裁凸模镶块的固定形式，尽量使用在凸模上开设槽孔利用小压板进行固定的方法，但该模具部分凸模因投影呈细长形，如果采用小压板固定，会由于开槽而影响了切边凸模应有的刚度和强度，故采用台阶固定法。

技巧

➤ 与一般级进模具不同的是，该模具由两大部分组成：一部分是由常规 8 块模板构成的标准模具结构，即由上模座 28、固定垫板 29、凸模固定板 11、卸料板垫板 2、卸料板 1、凹模固定板 45、凹模垫板 31、下模座 42 等组成；另一部分是针对该模具专门顶件装置而设计，由 4 块方形下垫脚 30、弹簧垫板 32、弹簧顶板 33 和弹簧 38、47 等组成。

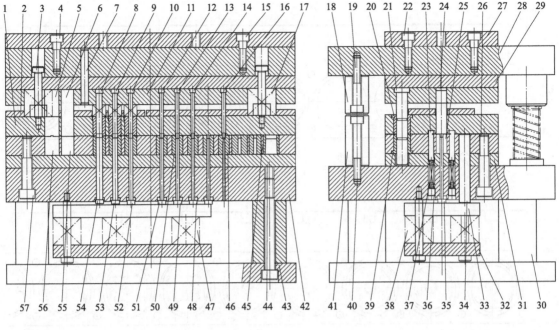

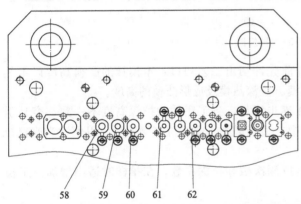

图 12-52　汽车开关接触片多工位级进模结构

1—卸料板；2—卸料板垫板；3—卸料螺钉；4,15,19,22,26,40,57—螺钉；5,6—工艺切口凸模；7—销钉；
8～10,12～14—拉深凸模；11—凸模固定板；16—冲底孔凸模；17,37,38,47—弹簧；18—上限位柱；
20,39—小导套；21—小导柱；23—浮动导料销；24—成形凸模；25—成形凹模；27—机床连接板；28—上模座；
29—固定垫板；30—下垫脚；31,44—凹模垫板；32—弹簧垫板；33—弹簧顶板；34—反推杆；
35,48,49,51～54—顶杆；36—螺塞；41—下限位柱；42—下模座；43—下托板；45—凹模固定板；
46—冲孔凹模；50—拉深凹模；55,56—工艺切口凹模；58～62—拉深凹模

12.11　阶梯圆筒形件连续拉深模

(1) 工艺分析

　　该圆筒阶梯形拉深件是某电子产品的重要部件，其形状及尺寸如图 12-53 所示，材料为 SPCE，板料厚度为 0.2mm。该制件结构较复杂，是一个无凸缘阶梯圆筒形拉深件，该产品有以下特点：①小内径与大内径尺寸有一定的严格要求；②各部位的同轴度在 0.1mm 范围以内，虽然同心度要求不是很高，但对于冲压件来说，要保证这样的尺寸要求，有一定的难度；③特别是制件的 R 角较小，符合要求必须在拉深之后加整形工位才能很好的保证其质量。

(2) 拉深工艺的计算

毛坯计算：当无凸缘圆筒形阶梯拉深件直径≤25mm时，查得连续拉深的修边余量 $\delta=1.5$mm，结合实际经验把修边余量调整为 $\delta=2$mm，得凸缘直径＝ $2\times2+12.2=16.2$mm。计算得制件毛坯的直径为 $\phi30$mm。

通过计算及结合经验值求得各工序的拉深系数为：$m_1=0.53$；$m_2=0.75$；$m_3=0.758$；$m_4=0.879$。

那么计算各工序的拉深直径为：①首次拉深 $d_1\approx\phi16$mm；②$d_2\approx\phi12$mm；③三次拉深（阶梯部位）$d_3\approx\phi9.1$mm；④四次拉深（阶梯部位）$d_4\approx\phi8$mm。

(3) 排样设计

该制件采用单排排样，因制件坯料直径为 $\phi30$mm，计算出料带宽度 35mm；步距 34.5mm，排样如图 12-54 所示。具体工位安排如下。

工位①：冲导正销孔。

工位②：内圈切口。

工位③：空工位。

工位④：外圈切口。

工位⑤：空工位。

工位⑥：首次拉深。

工位⑦：空工位。

工位⑧：二次拉深。

工位⑨：空工位。

工位⑩：三次拉深。

工位⑪：四次拉深。

工位⑫：整形。

工位⑬：整形。

工位⑭：空工位。

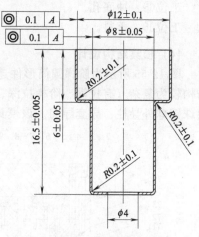

图 12-53　阶梯圆筒形件

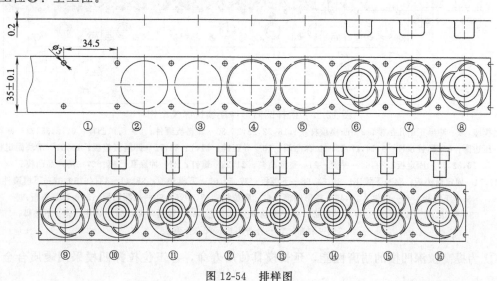

图 12-54　排样图

工位⑮：冲底孔。

工位⑯：落料。

（4）模具结构设计

图 12-55 所示为阶梯圆筒形件连续拉深模结构。模具结构为多组模板组合而成，各工序的结构较为复杂（有拉深、阶梯拉深、冲底孔等）。为了确保制件的精度，此模具采用 4 个精密滚珠钢球外导柱、导套导向。该模具有如下特点。

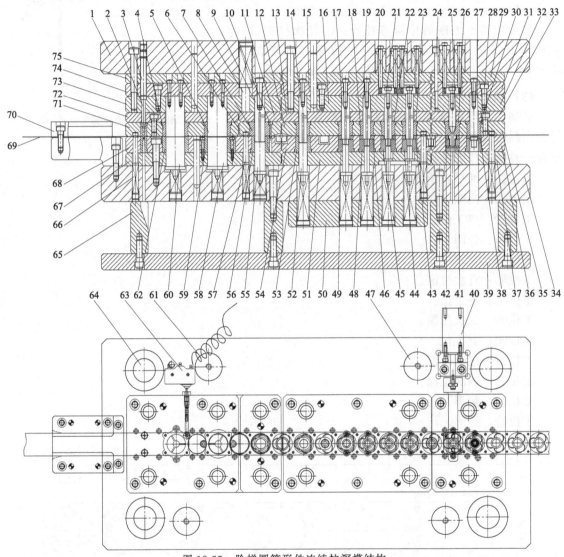

图 12-55　阶梯圆筒形件连续拉深模结构

1—上模座；2—冲导正销孔凸模；3—凸模顶杆；4,18,22,23,26,30—卸料板镶件；5—切口凸模；6,12,35,71—卸料板；
7—压边圈；8—弹簧顶杆；9,14,17,19—拉深凸模；10—导正销；11,13,33,72—卸料板垫板；15,31—滑块固定板；
16,32,73—固定板；20,66—弹簧；21—整形凸模；24,28—螺钉；25—冲底孔凸模；27—落产品凸模；
29,74—固定板垫板；34—下模座；36,54,68—下模板；37,51,67—下模垫板；38,41~43,46,59,62—下模镶件；
39—下托板；40—气缸；44,45—整形凹模；47—限位柱；48,49,53,56—拉深凹模；50—弹簧垫板；
52,55,58,60—顶杆；57—浮动导料销；61—微动开关连接线；63—微动开关；64—导柱；65—下垫脚；
69—料带；70—外导料板；75—上背板

① 为提高拉深凹模的耐磨性能，延长模具使用寿命，各工位拉深凹模采用硬质合金 YG8 制造。

② 工位⑮是冲底孔（见图 12-56），制件对毛刺要求较高，为了提高模具的使用寿命，此工位凸、凹模均为硬质合金（YG15）镶拼而成。因此，该结构采用斜楔配气缸的机构，对凸、凹模能起到很好的保护作用。

其结构是：当模具在正常冲压时，凸模固定块 1 始终顶在滑块 10 上面。反之，模具碰到异常时，在电器控制箱中电路控制器的作用下，使滑块 10 在气缸 11 受拉下自动退出，凸模 9 在弹簧 2 的拉力之下往上退，这样一来凸模刃口始终碰不到凹模或错位的料带，有效地保证了凸、凹模的使用寿命。

③ 此模具内、外安装了 3 个不同的误送检测装置（部分检测装置图中未绘出），能在冲压中对模具起到很好的保护作用。

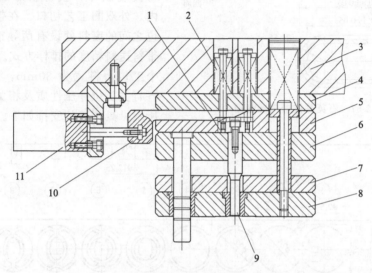

图 12-56 冲底孔结构

1—凸模固定块；2—弹簧；3—上模座；4—上背板；5—固定板垫板；6—固定板；
7—卸料板垫板；8—卸料板；9—凸模；10—滑块；11—气缸

技巧

➢ 从制件图中可以看出，此制件的各部位圆角半径较小（R 为 0.2mm）。因此在工位⑫、⑬设置了两次整形工序。此结构的凸模尾部加装有微调装置，能使调整及维修更方便。

➢ 本结构的阶梯拉深工艺，先把制件内径 $\phi12$mm 分两次拉深到位，接着再把制件内径 $\phi8$mm 也分两次拉深，最后利用两道整形工序把整个制件的圆角半径 R 整形到位。

经验

➢ 该制件对拉深后底部冲孔毛刺的要求较高，为提高冲底孔工序的使用寿命，该工位的凸、凹模均为硬质合金（YG15）镶拼而成。因此，该结构采用斜楔配气缸的机构，可以防止送料不到位或其他故障，导致凸凹模啃模后崩刃的现象，对凸、凹模能起到很好的保护作用。

12.12 石英晶体振荡器管帽连续拉深模

(1) 工艺分析

图 12-57 所示为石英晶体振荡器管帽，材料为 10 钢，料厚为 0.25mm。该制件为带小凸缘的腰圆形壳体，凸缘部分要求平整，和管基封装配套，精度要求较高，采用多工位拉深模经连续拉深、整形、镦台、落料加工，满足大批量生产要求。

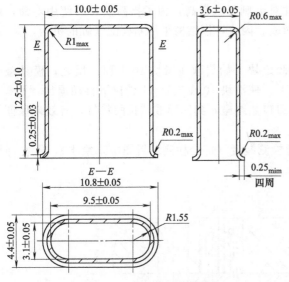

图 12-57　石英晶体振荡器管帽

毛坯尺寸可按毛坯与制件等面积的原理分两部分计算确定：一部分为制件两端圆弧部分当成带凸缘筒形件计算，可直接用公式法算得；另一部分为制件的直壁部分面积，按弯曲展开算得，最终计算经调整后的拉深毛坯直径为 $\phi22mm$。

（2）排样设计

排样如图 12-58 所示，为了使材料容易流动成形，获得较好的制件，采用了内、外双圈工艺切口、在带料两侧，两工位之间的废料处设有两导正销孔，以保证带料送料精度的排样方式。排样共设有 16 个工位。料宽为 30mm，步距为 24mm。各有关工位冲压性质及相关尺寸如表 12-1 所示。具体工位安排如下。

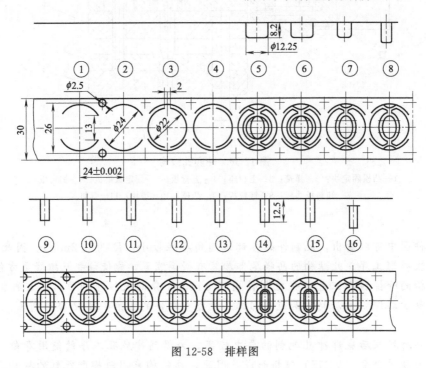

图 12-58　排样图

工位①：冲导正销孔，外圈切口。

工位②：空工位。

工位③：内圈切口。

工位④：空工位。

工位⑤：首次拉深。

工位⑥：空工位。

工位⑦：二次拉深。

工位⑧：三次拉深。

工位⑨：四次拉深。

工位⑩：空工位。

工位⑪：五次拉深。

工位⑫：六次拉深。

工位⑬：整形。

工位⑭：镦台。

工位⑮：空工位。

工位⑯：落料。

表 12-1　有关工位冲压性质及相关尺寸　　　　　　　　　　　mm

工序拉深简图	尺寸	冲压性质					
		工位 7 （拉深Ⅱ）	工位 8 （拉深Ⅲ）	工位 9 （拉深Ⅳ）	工位 11 （拉深Ⅴ）	工位 12 （拉深Ⅵ）	整形
	A	11.93	11.32	10.9	10.45	10.2	9.97
	B	8.97	6.25	4.8	4.03	3.73	3.56
	r_a	8	2.5	2.25	2	1.87	1.78
	R	6.7	10.8	36.46	—	—	—
	r_b	2	1.5	1	0.6	0.4	0.2
	r_c	1.5	1	1	1	0.6	0.4
	H	8.3	10.3	10.96	11.8	12.5	12.5

(3) 模具结构设计

图 12-59 所示为石英晶体振荡器管帽连续拉深模结构。

① 模架上、下模座采用 45 钢经调质处理，厚度分别为 50mm、70mm。4 根滚动式导柱、导套导向副，采用倒装形式，便于刃磨。

② 凸、凹模与固定板采用 H6/h5 配合。将件 13、件 15 和压板 21 卸下，凸、凹模可方便从固定板中取出，进行维修或更换。

③ 凸、凹模间双面间隙为：首次拉深为 0.55mm；二次拉深为 0.55mm；三次拉深为 0.54mm；四次拉深为 0.53mm；五次拉深为 0.52mm；六次拉深为 0.5mm。整形工位取负间隙为 0.48mm。

④ 卸料板除了进行卸料、压料的作用外，还对凸模起到精密的导向和保护作用。卸料板 9 和 16 分别由 4 根和 2 根辅助小导柱 7 及 19 将上下模连成一体，并由顶柱 23 [见图 12-59 (b)] 把卸料板吊在固定板上。卸料板靠导套 22（采用硬铝青铜 QA19-4 制成）与辅助导柱滑动。

⑤ 采用拉式气动送料器实现自动送料，由浮动导料销 5 导料，托料杆 6 顶出凹模一定高度，导正销 8 精定位进行正常作业。带料进入模具前，装于进料模外的支承板上设有带油棉织物（图中未表示），对带料表面的附着物起擦净作用。

技巧

➤ 首次拉深工序，在下模设有调压装置 [见图 12-59 (c)] 及弹簧、螺塞。当卸料板压料时，始终处于压力均衡状态，对防止制件凸缘起皱起到良好的作用。

➤ 本结构每道拉深工序卸料用的卸料板都是独立设置的，这样在试模中调压及维修都比较方便。分别由顶料导杆 2 及下模座中装的强力弹簧支撑。凸模与卸料板的间隙取 0.005～0.01mm。在拉深过程中，每块卸料板对称于凸模的两边，设有两个缓冲柱 [见图 12-59 (d) 件 27]。对卸料板起着缓冲作用，以保持卸料板的平稳性。

经验

➤ 本结构首次拉深为圆筒形状，但筒底采用椭圆形由凸模形状决定，如图 12-59 (e) 所示，这样有利于制件后续工位形状过渡。凸模的材料为 W6Mo5Cr4V2，凹模的材料为 YG8，内腔加工采用两次线切割法。第一次粗切，第二次用慢走丝精切，并留精磨余量 0.08～0.1mm。

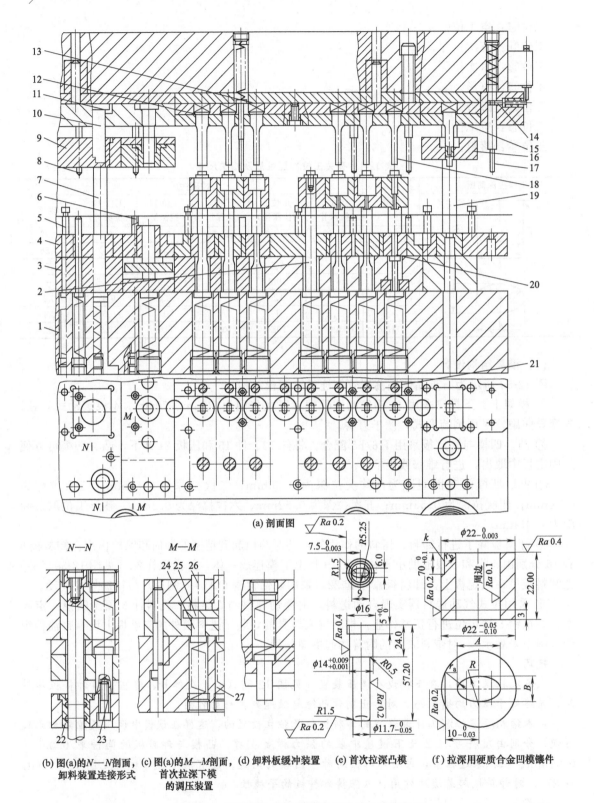

(a) 剖面图　$\sqrt{Ra\ 0.2}$

(b) 图(a)的N—N剖面，卸料装置连接形式　(c) 图(a)的M—M剖面，首次拉深下模的调压装置　(d) 卸料板缓冲装置　(e) 首次拉深凸模　(f) 拉深用硬质合金凹模镶件

图 12-59　石英晶体振荡器管帽多工位级进模结构

1—4 导柱滚动导向模架；2—顶料导杆；3—下垫板；4—凹模固定板；5—浮动导料销；6—浮动托料杆；7,19—小导柱；8—浮动导正销；9,16—卸料板；10—切口凸模；11,12—微调垫片；13,15—固定板；14—接触销；17—浮动安全检测销；18—凸模；20—凹模；21—压板；22—导套；23—顶柱；24,26—顶杆；25—托板；27—缓冲柱

用坐标磨达到尺寸要求。然后用研磨膏和木棒进行镜面抛光。在精磨型腔的同时，把凹模定位的直线部分［见图 12-59（f）中 k 面］一起磨出，以确保装配时，凹模在固定板中定位精度的一致性。

12.13　罩壳拉深、翻孔多工位级进模

(1) 工艺分析

图 12-60 所示为某家用电器的罩壳，材料为 SUS304 不锈钢，料厚为 0.2mm，年产量较大。形状由外径 $\phi(10\pm0.02)$mm 和凸缘 $\phi(16\pm0.03)$mm 的尺寸组成，高度为（30 ± 0.05）mm，底部由一个内径为 $\phi(4.6\pm0.02)$mm 的翻孔和翻孔高度为 1.7mm 的尺寸组成。从图中可以看出，该制件是一个小凸缘圆筒件，形状看似简单，但尺寸要求高，冲压工艺复杂。其冲压工艺由工艺切口、冲孔、拉深、翻孔及落料等工序组合而成。经分析，设计一副精密的连续拉深模冲压才能达成。

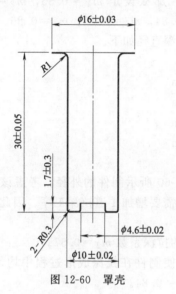

图 12-60　罩壳

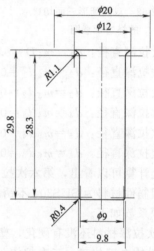

图 12-61　按料厚中心线绘出

(2) 工艺计算

1）毛坯直径计算

如图 12-60 所示，该制件为小凸缘拉深件。从相关资料查得，当凸缘直径为 $\phi16$mm 时，查得修边余量 $\delta=2.0$mm，计算毛坯的凸缘直径 $d_凸=16+2\times2=20$mm。其毛坯尺寸按料厚中心线绘制，如图 12-61 所示。

该制件计算毛坯相关尺寸可参考图 12-61 所示（当料厚 t 小于 0.5mm 时，也可按制件的内径或外径计算毛坯尺寸）。按相关资料中的公式计算毛坯 D，式中的符号见表 2-21 序号 20 所示。

$$D = \sqrt{d_1^2+6.28rd_1+8r^2+4d_2h+6.28r_1d_2+4.56r_1^2+d_4^2-d_3^2}$$

$$= \sqrt{9^2+6.28\times0.4\times9+8\times0.4^2+4\times9.8\times28.3+6.28\times1.1\times9.8+4.56\times1.1^2+20^2-12^2}$$

$$= \sqrt{1543.465} \approx 39.29\text{mm}$$

考虑到拉深后的壁厚总体会有一定的变薄，因此按经验值调整后得制件的实际毛坯直径为 39.2mm。

2）确定拉深类型

由 $\dfrac{t}{D} \times 100 = \dfrac{0.2}{39.2} \times 100 = 0.6$，可得 $\dfrac{d_凸}{d} = \dfrac{20}{9.8} \approx 2.04$，$\dfrac{h}{d} = \dfrac{29.8}{9.8} \approx 3.04$。

从相关资料查得 $\dfrac{h}{d}$ 的值较大，决定采用有工艺切口的连续拉深排样。因该制件为连续拉深冲压，在拉深过程中，既要保证料带平直不变形，又要减少拉深的阻力，使材料容易流动成形，冲压后获得较高的产品质量。最终决定该制件的毛坯在带料上采用双圈圆形三面切口的搭边方式，并在带料两侧，两个工位之间的余料处设有两个 $\phi 4.0\mathrm{mm}$ 的导正销孔（见图 12-62）。

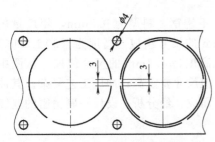

图 12-62　双圈圆形三面切口
的搭边示意图

3）拉深系数及各次拉深直径计算

拉深系数是拉深工艺中的一个重要参数，制件第一次拉深时把凸缘部分的材料全部拉入凹模内，因此首次拉深按无凸缘拉深件计算拉深系数，以后各次拉深系数按带凸缘筒形拉深件计算。查得，第一次拉深系数 $m_1 = 0.50 \sim 0.55$，以后各次拉深系数 m_2、m_3、…、$m_n = 0.82 \sim 0.85$。那么设定 $m_1 = 0.55$，$m_2 = 0.82$，$m_3 = 0.83$，$m_4 = 0.84$，$m_5 = 0.85$，$m_6 = 0.86$。

求得各工序拉深直径如下。

第一次拉深直径：$d_1 = m_1 D = 0.55 \times 39.2 \approx 21.6\mathrm{mm}$

第二次拉深直径：$d_2 = m_2 d_1 = 0.82 \times 21.6 \approx 17.7\mathrm{mm}$

第三次拉深直径：$d_3 = m_3 d_2 = 0.83 \times 17.7 \approx 14.7\mathrm{mm}$

第四次拉深直径：$d_4 = m_4 d_3 = 0.84 \times 14.7 \approx 12.3\mathrm{mm}$

第五次拉深直径：$d_5 = m_5 d_4 = 0.85 \times 12.3 \approx 10.4\mathrm{mm}$

第六次拉深直径：$d_6 = m_6 d_5 = 0.86 \times 10.4 \approx 8.9\mathrm{mm}$

从以上计算可以看出，第六次拉深直径 d_6 小于图 12-60 所示制件的外径。考虑该制件拉深较高，因制件材料为 SUS304 不锈钢，根据经验分析，需要增加 1 道拉深工序。因此，经调整后的拉深系数如下。

① 首次拉深材料还没有硬化，塑性好，那么调整后的拉深系数 $m_1' = 0.57$。

② 该结构在工位二、三次拉深设计有定位套装置，使制件在拉深成形过程中均匀变形，因此拉深系数无须取较大值，故拉深系数 $m_2' = 0.82$，$m_3' = 0.84$。

③ 由于不锈钢制件以后各次拉深的硬化指数相对较高，而塑性越来越低，变形越来越困难，故拉深系数一道比一道大，那么拉深系数 $m_4' = 0.86$，$m_5' = 0.88$，$m_6' = 0.90$。

④ 最后一次拉深兼带整形，因此拉深系数取大些，故拉深系数 $m_7' = 0.94$。

根据以上拉深系数的取值，重新计算各工序的拉深直径。

第一次拉深直径：$d_1' = m_1' D = 0.57 \times 39.2 \approx 22.34\mathrm{mm}$（实际取值：22.5mm）

第二次拉深直径：$d_2' = m_2' d_1 = 0.82 \times 22.5 = 18.45\mathrm{mm}$（实际取值：18.5mm）

第三次拉深直径：$d_3' = m_3' d_2 = 0.84 \times 18.5 = 15.54\mathrm{mm}$（实际取值：15.5mm）

第四次拉深直径：$d_4' = m_4' d_3 = 0.86 \times 15.5 = 13.33\mathrm{mm}$（实际取值：13.5mm）

第五次拉深直径：$d_5' = m_5' d_4 = 0.88 \times 13.5 = 11.88\mathrm{mm}$（实际取值：11.8mm）

第六次拉深直径：$d_6' = m_6' d_5 = 0.9 \times 11.8 = 10.62\mathrm{mm}$（实际取值：10.6mm）

第七次拉深直径：$d_7' = m_7' d_6 = 0.94 \times 10.6 \approx 9.96\mathrm{mm}$（实际取值：10mm）

从以上的计算可以看出，该制件为 7 次拉深即可。

4）凸、凹模圆角半径的计算

① 首次拉深凹模圆角半径可按公式（2-26）计算。

$$r_{d1} = 0.8\sqrt{(D-d)t} = 0.8\sqrt{(39.2-22.5)\times0.2} \approx 1.5\text{mm}$$

以后各次拉深凹模圆角半径按相关公式计算得：$r_{d2} = 1.4\text{mm}$，$r_{d3} = 1.3\text{mm}$，$r_{d4} = 1.2\text{mm}$，$r_{d5} = 1.2\text{mm}$，$r_{d6} = 1.1\text{mm}$，$r_{d7} = 1.0\text{mm}$。

② 凸模圆角半径按公式（2-28）计算。由 $r_p = (0.6\sim1)r_d$，计算出 $r_{p1} \approx 1.5\text{mm}$，$r_{p2} \approx 1.4\text{mm}$，$r_{p3} \approx 1.3\text{mm}$，$r_{p4} \approx 1.1\text{mm}$，$r_{p5} \approx 0.8\text{mm}$，$r_{p6} \approx 0.5\text{mm}$，$r_{p7} \approx 0.3\text{mm}$。

5）各次拉深高度的计算

该制件的凸缘直径比第一次拉深的直径小，因此第一次可按无凸缘计算拉深高度（注意：第一次拉深不能过深，也就是说刚把凸缘拉完即可，否则会导致载体与第一次拉深件的搭边拉断，从而无法实现连续送料）计算。而在以后工序的拉深中，当拉深直径同凸缘的直径相接近时，这时开始留出凸缘。那么该制件的第一次拉深高度可按无凸缘拉深计算，第二次至第六次拉深高度可按带凸缘计算，最后一次拉深等于制件的高度，具体计算如下。

① 第一次拉深高度计算：

$$H_1 = 0.25(Dk_1 - d_1) + 0.43\frac{r_1}{d_1}(d_1 + 0.32r_1)$$

$$= 0.25\times(39.2\times1.754 - 22.5) + 0.43\times\frac{1.5}{22.5}\times(22.5 + 0.32\times1.5) \approx 12.2\text{mm}$$

② 第二次拉深高度计算。

第二次拉深假想毛坯直径 D_2 按如下公式计算：

$$D_2 = \sqrt{(1+x)D^2}$$
$$= \sqrt{(1+0.06)\times39.2^2} \approx 40.3\text{mm}$$

式中，x 值取 6%。

第二次拉深高度按如下公式计算：

$$H_2 = \frac{0.25}{d_2}(D_2^2 - d_凸^2) + 0.43(r_2 + R_2) + \frac{0.14}{d_2}(r_2^2 - R_2^2)$$

$$= \frac{0.25}{18.5}\times(40.3^2 - 20^2) + 0.43\times(1.4 + 1.4) + \frac{0.14}{18.5}\times(1.4^2 - 1.4^2) \approx 17.8\text{mm}$$

③ 第三次拉深高度计算。

第三次拉深假想毛坯直径 D_3 按如下公式计算：

$$D_3 = \sqrt{(1+x_1)D^2} = \sqrt{(1+0.05)\times39.2^2} \approx 40.16\text{mm}$$

第二次拉深进入凹模的面积增量 x，在第 3 次拉深中部分材料返回凸缘上。那么式中 x_1 值取 5%。

第三次拉深高度按如下公式计算：

$$H_3 = \frac{0.25}{d_3}(D_3^2 - d_凸^2) + 0.43(r_3 + R_3) + \frac{0.14}{d_3}(r_3^2 - R_3^2)$$

$$= \frac{0.25}{15.5}\times(40.16^2 - 20^2) + 0.43\times(1.3 + 1.3) + \frac{0.14}{15.5}\times(1.3^2 - 1.3^2) \approx 20.8\text{mm}$$

④ 第四次拉深高度计算。

第四次拉深假想毛坯直径 D_4 按如下公式计算：

$$D_4 = \sqrt{(1+x_2)D^2} = \sqrt{(1+0.04)\times39.2^2} \approx 39.97\text{mm}$$

第三次拉深进入凹模的面积增量 x_1，在第四次拉深中部分材料返回凸缘上。那么式中 x_2 值取 4%。

第四次拉深高度按如下公式计算：

$$H_4 = \frac{0.25}{d_4}(D_4^2 - d_凸^2) + 0.43(r_4 + R_4) + \frac{0.14}{d_4}(r_4^2 - R_4^2)$$

$$= \frac{0.25}{13.5} \times (39.97^2 - 20^2) + 0.43 \times (1.1 + 1.2) + \frac{0.14}{13.5} \times (1.1^2 - 1.2^2) \approx 23.1mm$$

⑤ 第五次拉深高度计算。

第五次拉深假想毛坯直径 D_5 按如下公式计算：

$$D_5 = \sqrt{(1+x_3)D^2} = \sqrt{(1+0.03) \times 39.2^2} \approx 39.78mm$$

第四次拉深进入凹模的面积增量 x_2，在第 5 次拉深中部分材料返回凸缘上。那么式中 x_3 值取 3%。

第五次拉深高度按如下公式计算：

$$H_5 = \frac{0.25}{d_5}(D_5^2 - d_凸^2) + 0.43(r_5 + R_5) + \frac{0.14}{d_5}(r_5^2 - R_5^2)$$

$$= \frac{0.25}{11.8} \times (39.78^2 - 20^2) + 0.43 \times (0.8 + 1.2) + \frac{0.14}{11.8} \times (0.8^2 - 1.2^2) \approx 25.9mm$$

⑥ 第六次拉深高度计算。

第六次拉深假想毛坯直径 D_6 按如下公式计算：

$$D_6 = \sqrt{(1+x_4)D^2} = \sqrt{(1+0.02) \times 39.2^2} \approx 39.59mm$$

第五次拉深进入凹模的面积增量 x_3，在第 6 次拉深中部分材料返回凸缘上。那么式中 x_4 值取 2%。

第六次拉深高度按如下公式计算：

$$H_6 = \frac{0.25}{d_6}(D_6^2 - d_凸^2) + 0.43(r_6 + R_6) + \frac{0.14}{d_6}(r_6^2 - R_6^2)$$

$$= \frac{0.25}{10.6} \times (39.59^2 - 20^2) + 0.43 \times (0.5 + 1.1) + \frac{0.14}{10.6} \times (0.5^2 - 1.1^2) \approx 28.2mm$$

⑦ 第七次拉深高度等于制件的高度，故 H_7 为 29.8mm。

以上拉深高度为理论计算的数据，供设计拉深凸模的高度用，在实际冲压中要进一步调整。

以上式中的符号见 2.3.5 节。

6) 计算和确定工艺切口的相关尺寸、料宽和步距等

工艺切口有关尺寸计算是从表 3-6 序号 3 查得的。

料宽：$B = D + 2n + 2b_2 = 39.2 + 2 \times 1.4 + 2 \times 2.5 = 47mm$

步距：$A = D + 3n = 39.2 + 3 \times 1.4 = 43.4mm$

由相关资料及结合经验得：$n = 1.4mm$，$b_2 = 2.5mm$。

(3) 排样设计

连续拉深的排样设计是连续拉深模设计的重要环节之一，也是连续拉深模设计的前提和基础，它具体反映了制件在整个拉深过程中的工位位置和各工序拉深次数、拉深高度及拉深直径大小的相互关系等。

通过对制件的相关工艺计算，绘制出如图 12-63 所示的排样图，该排样采用双侧载体，考虑到凹模的强度、减少带料的倾斜度及整体模具的布置，在适当的位置上增设空工位。该排样共设计成 17 个工位，具体工位安排如下。

工位①：冲导正销孔及内圈切口。

工位②：空工位。

工位③：外圈切口。

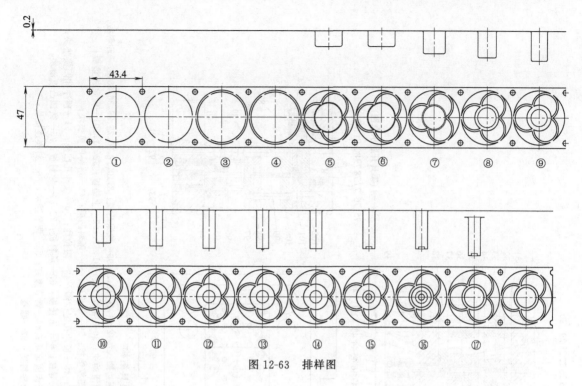

图 12-63　排样图

工位④：空工位。

工位⑤：第一次拉深。

工位⑥：空工位。

工位⑦：第二次拉深。

工位⑧：第三次拉深。

工位⑨：第四次拉深。

工位⑩：第五次拉深。

工位⑪：第六次拉深。

工位⑫：第七次拉深。

工位⑬：底部预冲孔。

工位⑭：空工位。

工位⑮：翻孔。

工位⑯：空工位。

工位⑰：落料。

(4) 模具结构设计

图 12-64 所示为罩壳连续拉深模具结构，模具外形长为 954mm，宽为 420mm，闭合高度为 342mm。

1) 模具结构特点

① 该制件带料厚度较薄（料厚为 0.2mm），为了使送料更稳定，该模具采用拉料机构（该结构图中未画出）来传递各工位之间的冲压工作。

② 为确保各工序拉深凹模及落料刃口的使用寿命和稳定性，各工位的拉深凹模及落料刃口采用硬质合金（YG8）制造。

③ 为使各工序调整及维修更方便，该模具由多组模板组合而成的，具体模板分组如图 12-64 所示。

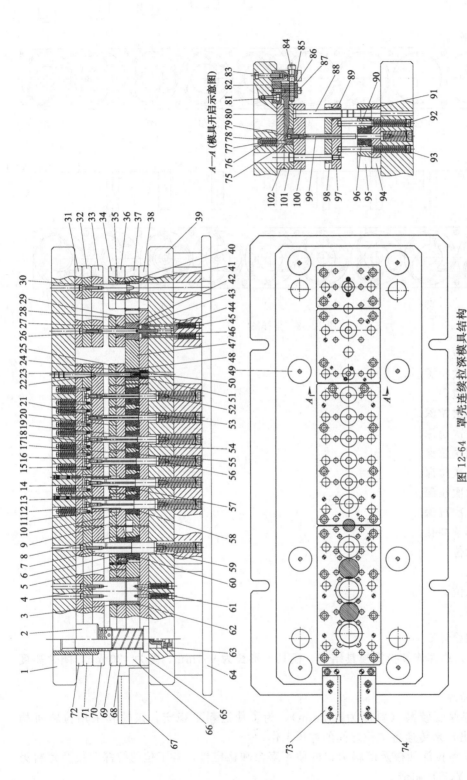

图 12-64　罩壳连续拉深模具结构

1—上模座；2—导柱；3—切口滑动块；4—切口凸模；5,9,15,19,24,28,34,69,98—卸料板；6—压边圈；7,12,14,16,18,21,99—拉深凸模；8,10,17,20,25,29,36,68,97—卸料板；11—定位套；13—顶针；22—顶冲孔凸模；23—顶冲孔滑动块；26—翻孔凹模；27—翻孔凹模滑动块；30—落料凸模；31,72,102—上垫板；32,71,101—固定板垫板；33,70,100—固定板；35—落料滑动块；37,47,66,95—凹模垫板；38,65,94—凹模固定板；39—下模座；40—落料凹模；41—落料凹模；42—凹模垫板（兼预冲孔固定板）；43—翻孔固定板；44—顶杆；45—翻孔凸模；46—翻孔卸料块；48—预冲孔定位圈；49—预冲孔定位圈；50—顶冲孔凹模；51—顶冲孔凹模垫块；52,56,59—拉深顶杆；53~55,57,58,60,96—拉深凹模；61—切口顶块；62—切口凹模；63—导柱；64—下托板；67—承料板；73,74—导料板；75—微调凸模滑块；76,93—弹簧；77—卸料螺钉；78—垫圈；79,81,83,87—螺钉；80—斜楔；82—带齿固定块；84—调节螺钉；85—调节导料销；86—斜楔连接块；88—小导柱；89,91—小导套；90—浮动导料销；92—螺塞

A—A（模具开启示意图）

④ 为保证拉深件得到较好的定位，使拉深件成形时塑性变形较均匀。该模具除带料两侧两个工位之间的载体上设有 $\phi4.0mm$ 的导正销孔精定位之外，还在工位⑦第 2 次拉深和工位⑧第 3 次拉深的凸模上各安装不同大小的定位套（见图 12-64 中的件号 11）。

⑤ 浮动导料销设计。该模具的浮动导料销有 3 种高度不一的规格，较低的浮动导料销分布在模具的头部和尾部，特别是接近拉料机构时，其高度几乎与拉料机构的高度相等，是为了减少带料拉料时的落差。

⑥ 不锈钢制件拉深同普通制件拉深有所不同，因为不锈钢制件拉深在冬天冲压时，各工位在成形中坯件经过多次的剧烈塑性变形之后所产生较高的温度，瞬间接触外界较冷的气候，引起制件的冷作硬化，在存放过程中造成口部开裂及表面龟裂现象，使制件有较多的不良。为了避免这些问题，必须采取以下几点措施。

a. 在工位⑦第 2 次拉深及工位⑧第 3 次拉深的凸模上各设有不同大小的定位套，使坯件在成形过程中均匀变形。

b. 在允许的条件下，尽可能加大凹模的 R 角。

c. 减少凹模的摩擦力，拉深凹模材料选用硬质合金（YG8）来制造，具体加工要求如图 12-65（b）所示。

⑦ 检测装置设计。在模具尾部拉料机构的后面安装有误送检测导电探针（该结构图中未画出）。当料带送错位或模具碰到异常时，误送导电探针发出感应信号，压力机即停止冲压。

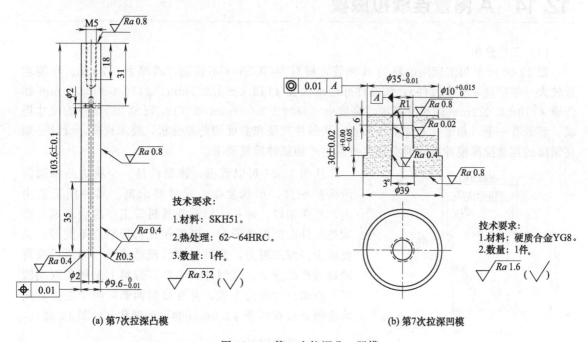

(a) 第7次拉深凸模

技术要求：
1. 材料：SKH51。
2. 热处理：62～64HRC。
3. 数量：1件。
$\sqrt{Ra\,3.2}$ $\sqrt{\ }$

(b) 第7次拉深凹模

技术要求：
1. 材料：硬质合金YG8。
2. 数量：1件。
$\sqrt{Ra\,1.6}$ $(\sqrt{\ })$

图 12-65 第 7 次拉深凸、凹模

2）拉深凸、凹模设计与制造

拉深凸模与凹模是连续拉深模中的重要工作零件，它不仅直接担负着拉深工作，而且是在模具上直接决定制件形状、尺寸大小和精度最为关键的零件。拉深模具中的凸、凹模和其他模具中的凸、凹模一样，都是配对使用，缺一不可。图 12-65 所示为第 7 次拉深凸模与凹模加工技术要求，其余的拉深凸模与凹模的加工要求也相同，这里不一一地列出。

技巧

➢ 微调机构设计。该模具除第 1 次拉深凸模外，其余以后各次拉深凸模均设置微调装置

（共 6 处），当拉深的尺寸过高或偏低时，无需卸下模具或拉深凸模，直接在上模的侧面调整其高度即可。

微调机构的动作原理：如要调整第 7 次拉深凸模的高度时，如图 12-64 中的 *A—A* 所示，放松螺钉 87，使带齿斜楔连接块 86 靠自重下滑，如不能靠自重下滑，用内六角扳手把调节螺钉左右旋转，就能把带齿固定块 82 的底部齿条与带齿斜楔连接块 86 的顶部齿条脱离开，这时进入调整的状态。如此工序的拉深高度过低，则要加长拉深凸模 99，那么把调节螺钉 84 往右方向旋转，带齿斜楔连接块 86 和斜楔 80 在调节螺钉 84 的带动下向内伸进，在斜楔头部斜面的作用下，带动微调凸模滑块 75 和拉深凸模 99 向下伸出；反之，拉深高度过高，则要减短拉深凸模 99，那么把调节螺钉 84 往左方向旋转，带齿斜楔连接块 86 和斜楔 80 在调节螺钉 84 的带动下向外退出，在弹簧 76 的弹力下，微调凸模滑块 75 的斜面紧贴着斜楔 80 头部的斜面上，使拉深凸模 99 向内缩进。调整完毕后，带齿斜楔连接块 86 的顶部齿条与带齿固定块 82 的底部齿条的两齿之间在螺钉 87 的作用下咬合在一起不会松动。

注：微调凸模滑块 75 和拉深凸模 99 不管往左还是往右方向调整，均在弹簧 76 的弹力下，使微调凸模滑块 75 的斜面永远紧贴着斜楔 80 头部的斜面上，在拉深过程中凸模上下不会被松动。

以上为第 7 次拉深的微调机构动作原理，其余的第 2 次至第 6 次拉深的调整机构也相同。

12.14　A 侧管连续拉深模

(1) 工艺分析

图 12-66 所示为某家用电器的 A 侧管，材料为 SUS304 不锈钢，料厚为 0.2mm。年需求量较大（年产量 900 多万件）。该制件外形由内径 $\phi(13.6\pm0.02)$mm、$\phi(16.6\pm0.02)$mm 和凸缘 $\phi(19\pm0.02)$mm 的尺寸组成，高度由 (18.4 ± 0.03)mm 和 (19.3 ± 0.03)mm 的尺寸组成，底部有一个六角形孔和 4 个小凸点，从制件直径和高度的公差分析，要求较高，设计一副高精度的连续拉深模冲压，能实现大批量生产和制件质量要求。

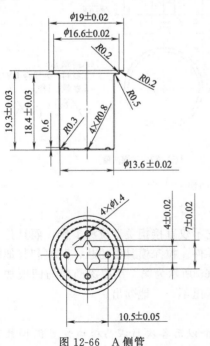

图 12-66　A 侧管

从图 12-66 可以看出，该制件是一个狭边凸缘圆筒阶梯拉深件，形状复杂，尺寸要求高。其冲压工艺由内、外圈切口、冲孔、拉深及落料等工序组合而成，特别是制件在拉深成形时，既要保证料带平直不变形，又要减少拉深的阻力，使材料容易流动成形，冲压后获得较高的产品质量。该制件的毛坯在带料上采用了双圈圆形三面切口的搭边方式，并在带料两侧，两个工位之间的废料处设有两个 $\phi4.0$mm 的导正销孔（见图 12-62）。

(2) 排样设计

连续拉深排样设计，它反映了制件在整个冲裁、拉深成形过程中的工位位置和各工序拉深次数、拉深高度及拉深直径大小的相互关系。

经分析，该制件采用单排排列较为合理，因制件坯料直径为 $\phi39.5$mm，根据经验值得，切口搭边宽为 3.4mm，制件搭边宽为 1.05mm，侧搭边宽为 2.7mm，求得带料宽度为 47mm，步距为 45mm。该排样共设计成 17 个工位（见图 12-67），具体工位排列如下。

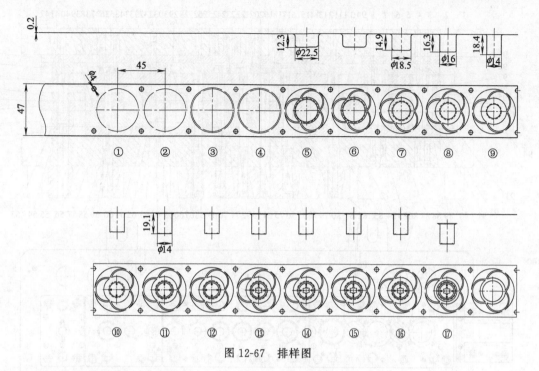

图 12-67 排样图

工位①：冲导正销孔及内圈切口。

工位②：空工位。

工位③：外圈切口。

工位④：空工位。

工位⑤：首次拉深。

工位⑥：空工位。

工位⑦：二次拉深。

工位⑧：三次拉深。

工位⑨：四次拉深。

工位⑩：底部压凸。

工位⑪：阶梯拉深。

工位⑫：空工位。

工位⑬：冲底孔。

工位⑭：空工位。

工位⑮：整形。

工位⑯：空工位。

工位⑰：落料。

(3) 模具结构图设计

图 12-68 所示为 A 侧管连续拉深模结构，该制件年产量较大，该模具结构较为复杂，有拉深、阶梯拉深、冲底孔等。具体结构特点如下。

① 该制件带料厚度较薄，为了使送料更稳定，该模具采用拉料机构（图中未画出）来传递各工位之间的冲压工作。

② 为确保各工序拉深凹模及落料刃口的使用寿命和稳定性，各工位的拉深凹模及落料刃口采用硬质合金（YG15）镶拼而成。

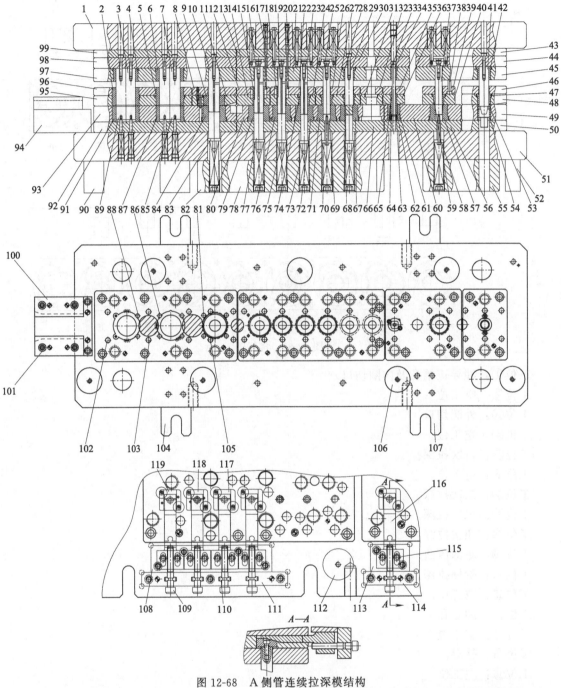

图 12-68　A 侧管连续拉深模结构

1—上模座；2—内圈切口滑动块；3—内圈切口凸模；4—内圈切口凸模固定块；5—外圈切口滑动块；6—外圈切口凸模固定块；
7—外圈切口凸模；8,12,22,26,32,35,39,46,96—卸料板垫板；9—首次拉深压边圈；10—首次拉深凸模；
11,14,24,27,31,36,40,48,95—卸料板；13,43,99—衬板；15,18—定位套；16—二次拉深凸模；17,20—顶针；
19—三次拉深凸模；21,45,97—凸模固定板；23—四次拉深凸模；25—压凸点凸、凹模；28—口部拉深凸模固定板；
29—口部拉深凸模；30,44,98—凹模固定板垫板；33—冲底孔凸模固定块；34—冲底孔凸模；37—整形凸模；
38—内限位销；41—落料凸模；42—落料凸模固定块；47—落料滑动块；49,60,80,93—凹模固定板；50,56,66,92—凹模垫板；
51—下模座；52,78,90,104,107—下垫脚；53—落料凹模；54—落料凹模垫块；55,82—弹簧底板；57—整形凹模；
58—等高套筒；59—整形滑动块；61—制件导向块；62—冲底孔凹模固定块；63—冲底孔凹模垫块；64—冲底孔凹模；
65—冲底孔滑动块；67—口部拉深凹模；68—口部拉深滑动块；69—凸点成形顶杆；70—垫圈；71—压凸点凹模；
72—四次拉深凹模；73—四次拉深顶杆；74—四次拉深滑动块；75—三次拉深顶杆；76—三次拉深凸模；
77—二次拉深凹模；79—二次拉深顶杆；81,86,88—套式顶料杆；83—首次拉深凹模；84—首次拉深凹模；
85—外圈切口顶杆；87—外圈切口凹模；89—内圈切口顶杆；91—内圈切口凹模；94—承料板；100,101—导料板；
102,103,105—浮动导料销；106—下限位柱；108,113—锁紧压板；109—调节螺钉；110—调节螺钉固定销；
111,114—调节挡块-1；112—上限位柱；115—斜楔连接块；116—斜楔；117～119—微调凸模固定块

③ 为使各工序调整及维修更方便，该模具由多组模板组合而成一副精密的连续拉深模，具体模板分组如下（见图 12-68）。

a. 衬板、凸模固定板垫板及凸模固定板分别由 3 组模板组合而成。

b. 卸料板垫板及卸料板分别由 9 组模板组合而成。

c. 凹模固定板及凹模垫板分别由 4 组模板组合而成。

上模部分和下模部分的各组模板分别安装在整体的上模座及下模座上，并用 4 套 ϕ38mm 的精密滚珠导柱、导套及 20 套小导柱、小导套作为导向。

④ 定位套设计（见图 12-69）。为保证以后各次拉深件能得到较好的定位，使拉深件在成形时塑性变形较均匀。该模具在工位⑦二次拉深及工位⑧三次拉深的凸模上各设有不同大小的定位套（见图 12-69），此结构在连续拉深模中设计较复杂，制作精度要求也较高。

工作过程是：当上模下行时，定位套 3 首先进入前一工位送进的拉深件内径将坯件定好位后，上模再继续下行，拉深凸模 1 进入拉深凹模 7 进行拉深成形。

⑤ 空工位设计。该模具在工位②、工位④、工位⑥、工位⑫、工位⑭及工位⑯各留一个空工位，其中工位②和工位④的空工位是为了内、外圈切口后校平作用；在工位⑥安排一个空工位，当后序拉深成形时，由于不同的拉深高度导致带料表面与模板的表面不平行，即拉深的轴心线和模具表面产生一定的斜角，这对后序拉深件的质量有影响。为确保制件的质量，以空工位来增加料带的工作长度，减小料带的倾斜角；由于该制件拉深次数多，在工位⑫留一个空工位，必要时可作为后备拉深工序；为了减少拉深工序同冲底孔工序之间的断差，在工位⑭及工位⑯各留一个空工位以此减小料带的倾斜角。

⑥ 微调机构设计。该模具在拉深凸模及整形凸模上设置有 5 处微调机构［见图 12-68 模具总装图（上模部分局部放大图 A—A 剖视图）］，当拉深凸模或整形凸模的尺寸过高或偏低时，无须卸下拉深凸模或整形凸模，直接在上模的侧面调整其高度即可。

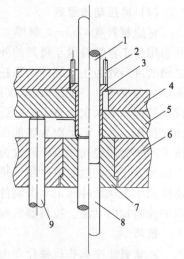

图 12-69　定位套结构
1—拉深凸模；2—顶针；3—定位套；
4—卸料板垫板；5—卸料板；
6—凹模固定板；7—拉深凹模；
8—顶杆；9—反推杆

调整过程如下：首先松动固定在斜楔连接块 115，用内六角扳手调整调节螺钉，利用调节螺钉的左右旋转带动斜楔连接块 115 及斜楔 116 的进出，再带动拉深凸模或整形凸模的伸出或缩进。当高度调整完毕时，再固定斜楔连接块 115 即可。

⑦ 冲底孔凸模设计（见工位⑬）。该凸模（件号 34）为六角形，外形小而复杂，不便于用螺钉及凸肩（挂台）固定，因此选用穿销固定。但凸模维修时，把固定在上模座 1 上的螺塞卸下，取出圆柱销，即可卸下凸模，待凸模刃口修磨完毕（如凸模刃口修磨 0.5mm，那么垫在凸模穿销固定下的垫片也跟随着修磨 0.5mm，这样凸模可以往下调，使冲裁的深度同维修前的深度一样），直接从后面安装，再放入圆柱销，拧紧螺塞即可。

⑧ 浮动导料销设计。该模具的浮动导料销有 3 种高度不一的规格，较低的浮动导料销分布在模具的头部，特别是接近拉料机构时，其高度几乎同拉料机构的高度相等，是为了减少带料送料时的落差。

⑨ 不锈钢制件拉深与普通制件拉深有所不同，因为不锈钢制件拉深在冬天冲压时，各工位在成形中坯件经过多次的剧烈塑性变形之后所产生较高的温度，瞬间接触外界较冷的气候，引起制件的冷作硬化，在存放过程中造成口部开裂及表面龟裂现象，使制件有较多的不良。为了避免这些问题，必须采取以下几点措施。

a. 在工位⑦二次拉深及工位⑧三次拉深的凸模上各设有不同大小的定位套，使坯件在成形过程中均匀变形。

b. 尽可能加大凹模的 R 角。

c. 减少凹模的摩擦力，拉深凹模材料选用硬质合金（YG15）来制造，并采用镜面抛光处理。

⑩ 该制件年产量较大，因此在卸料板上设置相对应的滑动块，以便维修、调整，如图 12-68中件号 2、5、47、59、65、68、74 所示。

⑪ 检测装置设计。在模具尾部拉料机构的后面安装有误送检测导电探针（图中未画出）。当料带送错位或模具碰到异常时，误送导电探针发出感应信号，当压力机接收到此感应信号时即自动停止冲压。

(4) 冲压动作原理

将原材料宽47mm，料厚0.2mm的卷料吊装在料架上，通过整平机将送进的带料整平后，开始用手工将带料送至模具的外导料板，进入第一组的浮动导料销，直到进入工位①同工位②之间的废料处为止（第一次送进时避开 2 个 ϕ4mm 的导正销孔），这时进行第一次内圈切口；第二次为校平（空工位）；依次进入第三次内圈切口；第四次为校平（空工位）；进入第五次为首次拉深；第六次为空工位；进入第七次为二次拉深；进入第八次为三次拉深；进入第九次为四次拉深；进入第十次为底部压小凸点；第十一次为阶梯拉深；第十二次为空工位；进入第十三次为冲底孔；第十四次为空工位；为保证制件的质量，进入第十五次为整形工序；第十六次为空工位；这时整个制件拉深成形已全部结束，最后（第十七次）将载体与制件分离，再连续用手工送至冲压出 3 个制件，利用制件与载体分离后，留在载体上的圆环形废料进入拉料器的拉料钩内（注：拉料器机构没有在图中画出），即可进行自动拉料冲压。

技巧

➤ 该制件冲底孔凸模外形小而复杂，不便于用螺钉及凸肩（挂台）固定，因此，采用穿销结构，用圆柱销顶柱、螺塞固定的方式，可直接从上模座后面拆出（见图 12-68件号 34）。

➤ 为保证拉深件得到较好的定位，使拉深件成形时塑性变形较均匀。该模具除带料两侧两个工位之间的载体上设有 ϕ4.0mm 的导正销孔精定位之外，还在工位⑦二次拉深及工位⑧三次拉深的凸模上各设有不同大小的定位套（见图 12-69）。

经验

➤ 该模具除第 1 次拉深凸模外，其余以后各次拉深凸模均设置微调装置（共 5 处），当拉深的尺寸过高或偏低时，无需卸下模具或拉深凸模，直接在上模的侧面调整其高度即可（可在 3min 内实行调整拉深高度）。微调凸模滑块和拉深凸模不管往左还是往右方向调整，均在弹簧的弹力下，使微调凸模滑块的斜面永远紧贴着斜楔头部的斜面上，在拉深过程中凸模上下不会窜动。

12.15 管座与管壳套料及自动攻螺纹多工位级进模

(1) 工艺分析

图 12-70 所示为家用电器的管座、管壳制件图，材料为 SPCE，料厚为 1.0mm，这两个制件为配套使用，生产批量大。原工艺管座、管壳各采用一副连续拉深模来生产，再将冲下的管壳再进入攻螺纹工序，那么所需设备多，同时也占用了较多的冲压工，导致制件的冲压成本高。特别在攻螺纹工序，用手工放置半成品时垂直度差，导致攻螺纹后制件的废品率高。为

此，将管座、管壳采用套料的方式与管壳的攻螺纹工序设计成自动送料的一副连续拉深模来冲压，不仅大大提高了生产效率，使制件在生产中更稳定，而且节约了工人的劳动强度和减少占用机床成本及生产场地。

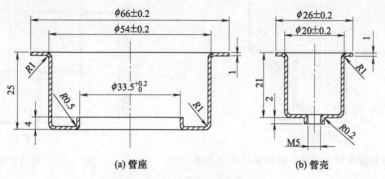

图 12-70　管座、管壳制件

通过分析管座、管壳拉深件的结构特点和拉深成形的工艺，从图 12-71 可以看出，这两个制件均为带凸缘的圆筒形拉深件，结构简单，尺寸要求不高。

管座由凸缘直径 $\phi(66\pm0.2)$mm、圆筒形外径 $\phi(54\pm0.2)$mm 及翻孔内径 $\phi33.5^{+0.2}_{0}$mm 的尺寸和制件总高为 25mm 与翻孔高 4mm 组成一个完整的制件 [见图 12-70（a）]，那么完成该制件需经过冲裁、拉深及翻孔等工艺。

管壳由凸缘直径 $\phi(26\pm0.2)$mm、圆筒形外径 $\phi(20\pm0.2)$mm 及底部翻孔后攻 M5 的螺纹孔和制件总高为 21mm 与翻孔高 2mm 组成一个完整的制件 [见图 12-70（b）]，为了满足制件的结构要求，该制件在连续拉深模中要安排攻螺纹工序，为确保模具的清洁，必须采用挤压螺纹较为合理，为满足 M5 挤压螺纹的抗拉强度要求，经过实践经验得出，在冲压中，翻孔后的壁厚不能低于 0.85mm，对攻螺纹前翻孔后的内孔径必须控制在 $\phi(4.75\pm0.03)$mm 之内，且孔壁的垂直度要好。如翻孔后的螺纹底孔偏大，会造成 M5 的螺牙不饱和，影响螺纹的安装强度，反之，螺纹底孔偏小造成挤压丝锥在连续生产时容易折断，将无法实现正常生产。完成该制件需经过冲裁、拉深、翻孔及攻螺纹等工序。

管座、管壳两个制件用套料的方式合在一副多工位级进模上进行冲压，其前提是必须将管座底部翻孔前的预制孔直径计算出，才能确定能否成功的采用套料方式。如预制孔的孔径大于管壳凸缘的直径，那么，可以采用套料的方式来冲压。

(2) 工艺计算

1）预制孔计算

① 管座预制孔计算。

$$d_0 = D_1 - \left[\pi\left(r + \frac{t}{2}\right) + 2h\right] = 36.5 - \left[\pi\left(0.5 + \frac{1}{2}\right) + 2\times2.5\right] \approx 28.4\text{mm}$$

式中，相关参数如图 2-13 所示。

通过以上的计算，管座和管壳可以采用套料的方式来冲压。那么，以下将管座和管壳的两个制件组合成一个阶梯圆筒形拉深件，如图 12-71 所示。

② 管壳预制孔计算。

$$d_0 = D_1 - \left[\pi\left(r + \frac{t}{2}\right) + 2h\right] = 7.15 - \left[\pi\left(0.2 + \frac{1}{2}\right) + 2\times1.8\right] \approx 1.4\text{mm}$$

式中，相关参数如图 12-72 所示。

2）拉深工艺计算

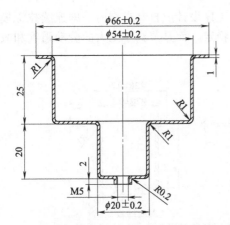

图 12-71　管座和管壳组合后成为阶梯筒形件示意图

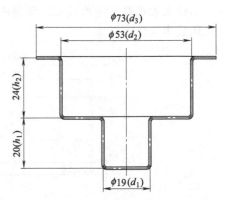

图 12-72　坯料尺寸计算图

① 毛坯直径计算。

当小凸缘阶梯筒形件的直径小于 50～100mm 时，从冲模设计资料查得修边余量 δ 为 3.5mm，得凸缘直径 $d_3=3.5\times2+66=73$mm。

可按表 2-21 序号 4 公式求展开。

$$D=\sqrt{d_3{}^2+4(d_1h_1+d_2h_2)}$$
$$=\sqrt{73^2+4\times(19\times20+53\times24)}=\sqrt{11937}\approx109\text{mm}$$

式中，相关代号及参数如图 12-72 所示。

② 拉深系数及各次拉深直径计算。

拉深系数是拉深工艺中的一个重要参数，它决定了拉深的成败。当毛坯相对厚度 $t/D\times100\approx0.92$ 时，从资料查得极限拉深系数 $m_1=0.53\sim0.55$，$m_n=0.76\sim0.88$。由于在连续拉深模中，中部并未设退火工序，以后再拉深的硬化指数相对较高，塑性越来越低，相对变形也越来越困难，那么，拉深系数逐渐增大，暂定为 $m_1=0.53$，$m_2=0.78$，$m_3=0.80$，$m_4=0.82$，$m_5=0.84$，$m_6=0.86$，$m_7=0.88$，$m_7=0.9$。

a. 阶梯上圆筒形拉深直径计算。

首次拉深直径：$d_1=m_1D=0.53\times109\approx57.7$mm

第二次拉深直径：$d_2=m_2d_1=0.78\times57.7\approx45$mm

注：当第二次拉深直径以小于上圆筒形直径时，那么，要重新调整首次拉深与第二次拉深的系数，调整后的拉深系数为 $m_1=0.58$，$m_2=0.86$。

首次拉深直径：$d_1=m_1D=0.58\times109\approx63.22$mm（实取 63mm）

第二次拉深直径：$d_2=m_2d_1=0.86\times63\approx54.18$mm（实取 54mm）

b. 阶梯下圆筒形拉深直径计算。

阶梯下圆筒形拉深直径是在阶梯上圆筒形拉深直径的基础上再继续拉深而得。

第三次拉深直径：$d_3=m_3d_2=0.80\times54\approx43.2$mm（实取 43mm）

第四次拉深直径：$d_4=m_4d_3=0.82\times43\approx35.26$mm（实取 35mm）

第五次拉深直径：$d_5=m_5d_4=0.84\times35\approx29.4$mm（实取 29mm）

第六次拉深直径：$d_6=m_6d_5=0.86\times29\approx24.94$mm（实取 25mm）

第七次拉深直径：$d_7=m_7d_6=0.88\times25\approx22$mm

第八次拉深直径：$d_8=m_8d_7=0.9\times22\approx19.8$mm（实取 20mm）

从以上计算可以看出，d_8 的直径刚好等于图 12-71 制件的下圆筒形外径，那么按以上的拉深系数是合理的，无需再进行调整。

③ 凸、凹模圆角半径的计算。

a. 首次拉深凹模圆角半径可按公式（2-26）计算：

$r_{d1} = 0.8\sqrt{(D-d)t} = 0.8 \times \sqrt{(109-63) \times 1} \approx 5.42\text{mm}$（实取 5mm）。

以后各次拉深凹模圆角半径按公式（2-27）计算 $r_{dn} = (0.6 \sim 0.9)r_{dn-1}$，计算出 $r_{d2} = 4.0\text{mm}$，$r_{d3} = 3.2\text{mm}$，$r_{d4} = 2.5\text{mm}$，$r_{d5} = 2.0\text{mm}$，$r_{d6} = 1.6\text{mm}$，$r_{d7} = 1.2\text{mm}$，$r_{d8} = 1.0\text{mm}$。

b. 凸模圆角半径按公式（2-28）计算 $r_p = (0.6 \sim 1)r_d$，计算出 $r_{p1} \approx 5.5\text{mm}$，$r_{p2} \approx 4.5\text{mm}$，$r_{p3} \approx 3.5\text{mm}$，$r_{p4} \approx 2.5\text{mm}$，$r_{p5} \approx 2.0\text{mm}$，$r_{p6} \approx 1.5\text{mm}$，$r_{p7} \approx 1.2\text{mm}$，$r_{p8} \approx 1.0\text{mm}$。

(3) 排样设计

从制件图中可以分析出，完成该制件的冲压，其工艺要带有切口、拉深（包括阶梯拉深）、冲孔、翻孔、攻螺纹及落料等工序，各工序的先后应按一定的次序排列，以有利于下工序的进行为准。因此，该制件应先切口、拉深、接着冲孔、翻孔（要攻螺纹的底孔）、再攻螺纹，最后接下来管壳的落料及管座冲底孔、翻孔、落料等工作，前后次序不能对调。

对于料厚为 1.0mm 的阶梯圆筒形件。根据制件、毛坯尺寸的大小及工位数等，该制件在排样时选用内、外圈工艺切口四点搭边的单排排列方式较为合理。因该工艺切口类型在拉深过程中，带料的料宽与步距不受拉深而变形，即带料在拉深过程中是平直的，使送料更稳定，并在带料两侧两个工位之间的余料处设置导正销孔作带料的精定位（见图 12-73）。

工艺切口有关尺寸计算从表 3-6 序号 3 查得及结合实际经验值，当制件尺寸 > 100mm 时，那么 n 值取 2.0mm、b_2 值取 3.0mm。料宽 B 由以下公式计算。

$B = D + 2n + 2b_2 = 109 + 2 \times 2 + 2 \times 3 = 119\text{mm}$

步距 A 由以下公式计算：

$A = D + 3n = 109 + 3 \times 2 = 115\text{mm}$

按以上公式计算出该排样的料宽为

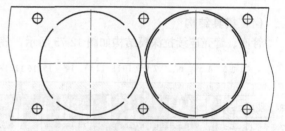

图 12-73　内、外圈工艺切口四点搭边示意图

119mm，步距为 115mm，共分为 21 个工位，如图 12-74 所示，具体工位安排如下。

工位①：冲导正销孔，内圈切口。

工位②：空工位。

工位③：外圈切口。

工位④：空工位。

工位⑤：首次拉深。

工位⑥：空工位。

工位⑦：第二次拉深。

工位⑧：第三次拉深（阶梯拉深）。

工位⑨：第四次拉深（阶梯拉深）。

工位⑩：第五次拉深（阶梯拉深）。

工位⑪：第六次拉深（阶梯拉深）。

工位⑫：第七次拉深（阶梯拉深）。

工位⑬：第八次拉深（阶梯拉深）。

工位⑭：空工位。

工位⑮：管壳底部预制孔。

工位⑯：管壳底部翻孔。

工位⑰：管壳底部攻螺纹。

工位⑱：落料（管壳与管座分离）。

工位⑲：管座底部预制孔。

工位⑳：管座底部翻孔。

工位㉑：落料（管座与载体分离）。

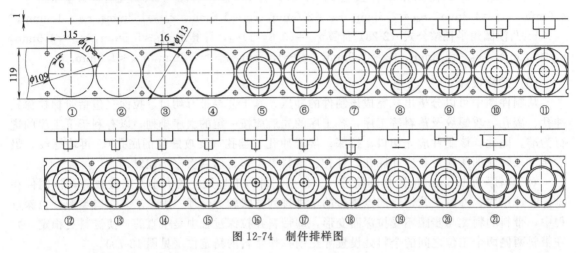

图 12-74　制件排样图

(4) 模具结构

管座、管壳连续拉深模结构如图 12-75 所示，该模具长×宽×高为 2555mm×490mm×515mm。

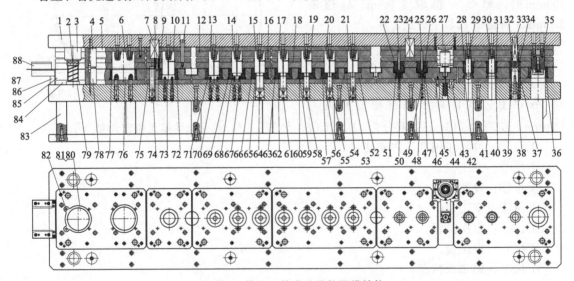

图 12-75　管座、管壳连续拉深模结构

1—上模座；2—保持圈；3—导套；4—上限位柱；5—上垫板；6,80—切口凸模；7,24,33,43—弹簧；8—导正销；
9,49—小顶杆；10,13～15,17,19～21—拉深凸模；11,67—卸料螺钉；12—凸模固定板；16—卸料板垫板；
18—卸料板；22,26,28,31—卸料板零件；23,30—预制孔凸模；25,38,39—翻孔凸模；27—攻螺纹组件；
29,35—落料凸模；32—顶杆；34,47—翻孔凹模；36,42—落料凹模；37—压料块；40—预制孔凹模；41—下托板；
44—丝锥；45—下浮料板；46,51,54,57,60,63,66—导向凹模；48—螺塞；50—预制孔凹模；
52,56,59,62,65,68,71,72—拉深凹模；53,55,58,61,64—拉深顶杆；69—整形凹模；70,73,76—顶件块；
74—浮动导料销；75,84—下垫板；77,81—切口凹模；78—下限位柱；79—导柱；82—冲孔凸模；
83—下垫脚；85—凹模固定板；86—垫块；87—承料板；88—导料板

1）模具结构特点

① 采用伺服自动送料机构传送带料并携带各工位的工序件进行冲裁、拉深、翻孔、攻螺

纹及落料等工作。

② 采用刚性好、精度高的定制模架。以确保上下模冲压时的对准精度，该连续拉深模采用 4 对精密滚珠钢球导柱、导套；为保证卸料板与各凸模之间的导向间隙，在卸料板及下模板上各设有小导套，从而提高模具的使用寿命。

③ 为提高模具加工精度，方便模具维修、调整。该模具由 7 组模板组合而成一副较大的连续拉深模，即第一组为冲导正销孔及工艺切口；第二组为首次拉深；第三组为第二至第四次拉深；第四组为第五至第八次拉深；第五组为管壳底部预制孔与翻孔工序；第六组为攻螺纹模块；第七组为管座、管壳落料及管座预冲孔、翻孔工序。

④ 从图中可以看出，管壳制件在攻螺纹的后一工序从凹模的漏料孔先落下，接下来再进行冲切管座底部预制孔、翻孔及落料工作，能很好地防止管座、管壳两个制件混合在一起的难题。

⑤ 模内攻螺纹的特点及工作原理。

a. 本结构采用模内攻螺纹装置，打破传统加工方法，其核心就是将传统"连续拉深后出来的制件"和"攻螺纹"技术"整合"在一起，实现冲压与攻螺纹一体化，在模具内直接成形。由于模内攻螺纹有效地避免了二次操作（先冲压，再攻螺纹），所以生产效率得到很大提高，特别适用于多工位级进模中。模内攻螺纹技术真正意义上实现了"无屑加工"，由于攻螺纹采用的是挤压丝锥，所以螺纹成形过程中不会产生因为切削而形成的切屑，在模具内做到了清洁环保，并且螺纹的强度得到了很好的提高。

为合理安排模内攻螺纹的工序，本模具把模内攻螺纹机构安排在拉深及翻孔（要攻螺纹的底孔）以后进行，接下来再进行管壳落料及管座翻孔等工作，前后次序不能对调。

b. 本模具攻螺纹模块工作原理与第 11.13 节"带自动攻螺纹缝纫机支架多工位级进模"中的攻螺纹模块工作原理相同，也是在压力机下行时，通过装在上模座 1 的蜗杆带动攻螺纹模块中的蜗轮进行转动，使模具的上、下直线运动转换为攻螺纹模块中丝锥夹头上的旋转运动，从而实现自动攻螺纹的功能。当攻螺纹丝锥碰到异常时，与蜗轮旋转部分自动分离，攻螺纹模块中丝锥夹头停止旋转运动，从而能很好地保护丝锥。

⑥ 在连续拉深的冲压过程中，为了消除伺服送料累积误差和冲压时所产生的振动、跳动及拉深所造成的带料窜动现象，通常由送料装置作带料的粗定位，导正销作带料的精定位。因此，合理安排导正销位置与数量非常重要。在带料开始的第一工位应先冲出导正销孔，并在以后的各工位中，根据各工位数优先最容易跳动、窜动的工位应设置导正销。根据经验所得，带料在自动攻螺纹模块攻螺纹时窜动尤为厉害，因而在自动攻螺纹模块前、后两端共设置 4 件导正销，且该导正销一定要在丝锥进入工序件攻螺纹之前导正，这样才能实现导正的功能，保证攻螺纹能顺利地进行。

2）模具零部件结构设计

① 上垫板、卸料板垫板及下垫板在冲压过程中直接与凸模、卸料板镶件及凹模接触，不断受到冲击载荷的作用，对其变形程度要严格限制，否则工作时就会造成凸、凹模等不稳定。故材料选用 Cr12 钢，热处理硬度为 53～55HRC，这种材料具有很高的抗冲击韧性，符合使用要求。

② 卸料板采用弹压卸料装置，对首次拉深的卸料板具有压料、卸料作用，对于其他各工序的卸料板具有压紧、导向、成形、保护及卸料的作用。故材料选用 Cr12MoV，热处理硬度为 53～55HRC。该制件主要为拉深成形，因此卸料力较大，冲压力不平衡，固采用矩形重载荷弹簧，弹簧放置应对称、均衡。

③ 为提高模具的使用寿命，方便凹模更换。凹模固定板采用镶拼式结构，既保证了各型孔加工精度，也保证了模具的强度要求，采用模具钢 Cr12MoV，热处理硬度为 55～58HRC。

④ 凸模设计。设计凸模时，首先考虑其工艺性要好，制造容易，模刃修整方便。本模具冲切导正销孔及要攻螺纹的预制孔、翻孔凸模按整体式设计，为改善其强度，在中间增加过渡阶梯，大端部分台阶用于固定。对于拉深凸模，采用直通式设计，直接用螺钉固定，维修或更换都较为方便。

凸模与固定板的配合关系改变了传统的过盈压入，而采用小间隙配合，凸模与固定板单面间隙为 0.015mm，而其工作部分与卸料板精密配合，单面间隙仅 0.01～0.015mm，凸模通过卸料板后，能顺利进入凹模，且间隙均匀。这种结构反而提高了凸模的垂直精度，同时卸料板对凸模还起到了保护作用。

⑤ 凹模镶件设计。冲裁、弯曲及翻孔凹模镶件材料采用 SKH-9，其热处理硬度为 60～62HRC，拉深凹模采用硬质合金（YG15）来制造。

技巧

➤ 通过分析管座、管壳的结构特点，对其原有的冲压工艺进行了改进，将旧工艺的两副连续拉深模和一道攻螺纹工序，改为新工艺的一副连续拉深套料带自动攻螺纹的多工位级进模，将冲压与攻螺纹集成一体，实现了多工位级进模的自动化生产。并解决了拉深件与攻螺纹工序"整合"在一起的难题。

12.16 等离子电视连接支架连续拉深、自动攻螺纹多工位级进模

(1) 工艺分析

图 12-76 所示为等离子电视连接支架。材料为 SPCD，料厚为 1.6mm，外形近似"Z"形弯曲件，长宽高为 31mm×21mm×13.6mm，平面部分有两个 φ4mm 小孔，另一侧有一个 M6×0.75 深 8.4mm 的螺纹盲孔，外周边有一缺口。

该制件原工艺采用 1 副多工位弯曲级进模和一副铆接模来完成，也就是说在专业厂家采购的铆钉和在多工位级进模生产出的弯曲件经过铆接模铆合在一起。所需模具及设备多，机床利用率低，而且成本较高，并且制件的铆接部分在流水线上安装时容易脱落、松动导致质量不稳定。经分析，新工艺设计成自动送料的一出二连续拉深多工位级进模来生产，并在级进模内设计有自动攻螺纹技术。其中 M6 的螺纹孔，要求在级进模内同时完成自动攻螺纹工艺。由压力机一次行程生产出 2 个完整的拉深、弯曲及攻螺纹的制件，故生产效率高，但同时在冲压过程中实现拉深、弯曲及自动攻螺纹等功能大大提高了模具设计与制造的难度。

根据制件形状和冲压工艺分析，需向下拉深、弯曲成形较为合理，要加工成该制件需要进行冲裁、拉深、攻螺纹、弯曲等工序，采用多工位级进模，所有冲压工序经合理分解与组合集中在一副多工位级进模上实现自动化生产，按一定的成形顺序要求设置在不同的冲压工位上。

(2) 排样设计

连接支架排样如图 12-77 所示，采用双侧载体，自动送料为粗定位，导正销为精定位，拉深、弯曲部位外

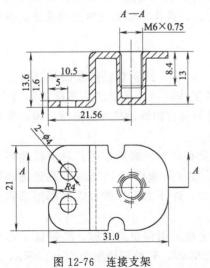

图 12-76 连接支架

侧切口、切除废料留制件一出二的方式送料冲压，冲压力较平行，生产率较高。排样图料宽121mm，步距43mm，共设22个工位，具体工位安排如下。

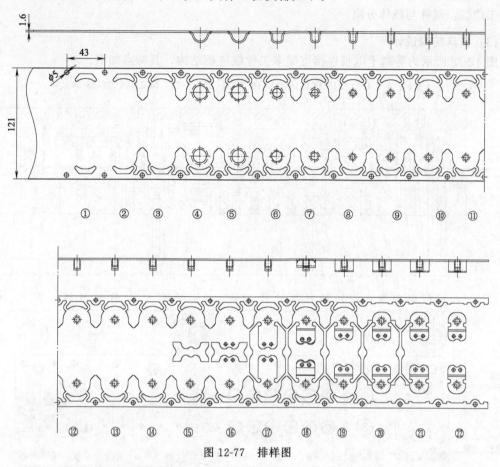

图 12-77 排样图

工位①：冲导正销孔及冲切废料。

工位②、③：冲切废料。

工位④：首次拉深。

工位⑤：空工位。

工位⑥：二次拉深。

工位⑦：三次拉深。

工位⑧：四次拉深。

工位⑨：五次拉深。

工位⑩：六次拉深。

工位⑪：整形。

工位⑫：空工位。

工位⑬：攻螺纹。

工位⑭：空工位。

工位⑮：冲切废料。

工位⑯：冲孔。

工位⑰：冲切废料。

工位⑱：弯曲45°。

工位⑲：弯曲90°。

工位⑳、㉑：冲切废料。

工位㉒：制件与载体分离。

(3) 模具结构设计

图 12-78 所示为等离子电视连接支架多工位级进模结构，其特点如下。

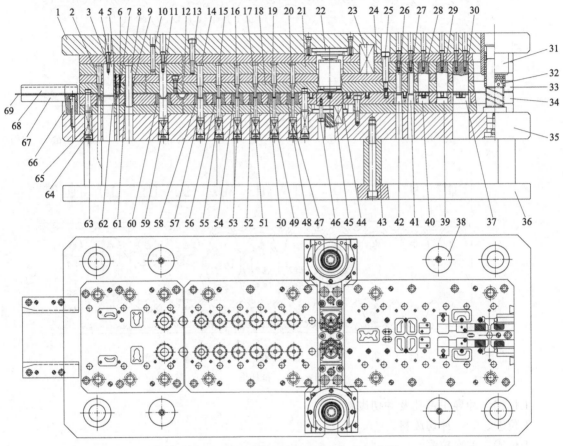

图 12-78　等离子电视连接支架多工位级进模

1—上模座；2,4,26,27,30—冲切废料凸模；3,13—螺钉；5,64—螺塞；6,23,45,65—弹簧；7—顶杆；8—小导柱；
9,61—小导套；10—圆柱销；11—首次拉深凸模；12—卸料板垫板；14—二次拉深凸模；15—三次拉深凸模；
16—四次拉深凸模；17—五次拉深凸模；18,33—卸料板；19—六次拉深凸模；20—整形凸模；21—固定板；
22—攻螺纹组件；24—固定板垫板；25,46—卸料螺钉；28—45°弯曲凸模；29—90°弯曲凸模；31—导套；
32—导柱；34—下模固定板；35—下模座；36—下托板；37,41,42,62—冲切废料凹模；38—限位柱；
39—90°弯曲凹模；40—45°弯曲凹模；43—下垫块；44—攻螺纹浮料板；47,49,51,53,55,57,59—顶杆；
48—整形凹模；50—六次拉深凹模；52—五次拉深凹模；54—四次拉深凹模；56—三次拉深凹模；
58—二次拉深凹模；60—首次拉深凹模；63—浮动顶料销；66—承料板垫板；67—承料板；
68—外导料板；69—带料

① 采用滚动式自动送料机构传送各工位之间的冲裁、拉深、攻螺纹及弯曲等工作，用浮动导料销导料、顶杆及顶块抬料，利用切断凹模将已成形好的制件从带料上切断，使分离后的制件左侧尾部下装有轻微的浮料块向上顶，沿着下模板铣出的斜坡滑下。

② 采用刚性好、精度高的级进模通用模架。以确保上下模对准精度，该模具采用 4 个精密滚珠钢球导柱；为保证卸料板与各凸模之间的间隙，在卸料板及下模板上设计了小导套，从而大大增加模具的使用寿命。该模具由 4 大模块组成，即冲裁、拉深模块，单独拉深模块，攻

螺纹模块，弯曲及载体与制件分离模块。

③ 攻螺纹模块工作原理。本模具攻螺纹模块工作原理与第 12.15 节中的攻螺纹模块工作原理相同，也是在压力机下行时，通过装在上模座的蜗杆，带动攻螺纹模块中的蜗轮旋转，使模具的上、下运动转换为攻螺纹模块中丝锥夹头的旋转运动，从而实现攻螺纹功能。当模具碰到异常时，蜗轮旋转部分自动分离，攻螺纹模块中丝锥夹头停止旋转运动，这样能很好地起到保护丝锥作用。

④ 该模具除了上、下模座采用滚动导向装置外，模具内部 4 大模块分别在上模固定板、卸料板、凹模板之间各装有 4 对及 2 对不同的小导柱、导套作模具的精密内导向。小导柱与小导套采用标准件，导柱与导套的间隙可控制在 0.005mm 左右，冲压时输入润滑油，产生的油膜填充了导柱与导套的间隙，达到无间隙滑动导向的要求。在安装时其中冲裁、拉深模块、单独拉深模块，弯曲及载体与制件分离模块的小导柱固定于上模固定板上，攻螺纹模块的小导柱固定于凹模垫板上。

⑤ 合理安排导正销位置与数量十分重要。本模具在设计中前段工位先冲出导正销孔，在后一工位必须先用导正销导正，其余的工位，根据工位数容易窜动的部位设置导正销正确定位。本结构在攻螺纹模块前后两端各设两个导正销，且该导正销一定要在攻螺纹丝锥接触带料之前进入导正孔，这样才能保证攻螺纹顺利进行。考虑到制件弯曲后送料容易造成变形，在弯曲区及切断前各增加了两个导正销定位。

⑥ 固定板垫板、卸料板垫板及下模板垫板在冲压过程中直接与凸模、卸料板镶件及凹模接触，不断受到冲击载荷的作用，对其变形程度要严格限制，否则工作时就会造成凸、凹模等不稳定。故材料选用 Cr12 钢，热处理硬度为 53～55HRC，这种材料具有很高的抗冲击韧性，符合使用要求。

⑦ 卸料板采用弹压卸料装置。故材料选用冷作模具钢 SKD11，热处理硬度为 58～60HRC。卸料板与凸模单面间隙为 0.01～0.02mm。因级进模卸料力较大，冲压力不平衡，固采用矩形重载荷弹簧，弹簧放置应对称、均衡。

⑧ 该模具下模固定板采用镶拼式结构，既保证了各型孔加工精度，也保证了模具的强度要求，采用模具钢 SKD11，热处理硬度为 58～60HRC。

⑨ 凹模镶件设计。冲裁、弯曲凹模镶件材料采用冷作模具钢 SKH-9，其热处理硬度为 60～62HRC，拉深凹模采用硬质合金（YG15）来制造。

⑩ 凸模设计。首先考虑其工艺性要好，制造容易，模刃修整方便。冲裁圆孔及拉深所使用的凸模按整体式设计，为改善其强度，在中间增加过渡阶梯，大端部分台阶用于固定。对于截面较大但形状复杂的凸模，采用直通式设计，以便于线切割加工。该凸模采用小间隙浮动配合，凸模与固定板单面间隙为 0.015mm，而其工作部分与卸料板精密配合，单面间隙仅 0.01mm，凸模通过卸料板后，能顺利进入凹模，且间隙均匀。这种结构反而提高了凸模的垂直精度，同时卸料板对凸模还起到了保护作用，并使凸模装配简易，维修和调换易损备件更加方便。

技巧

➢ 本结构采用模内攻螺纹装置，打破传统加工方法，其核心就是将传统的"连续拉深后出来的制件"和"攻螺纹"技术"整合"在一起，实现冲压与攻螺纹一体化，在模具内直接成形。由于模内攻螺纹有效地避免了二次操作（先冲压，再攻螺纹），所以生产效率得到很大提高，特别适用于多工位级进模中。模内攻螺纹技术真正意义上实现了"无屑加工"，由于攻螺纹采用的是挤压丝锥，所以螺纹成型过程中不会产生因为切削而形成的切屑，在模具内做到了清洁环保，并且螺纹的强度得到了很大的提高。

➢ 为提高模内攻螺纹时的稳定性及攻螺纹时带料有足够的强度，本模具把模内攻螺纹机构安排在拉深以后，冲切要弯曲的周边废料之前。

经验

➤ 因该拉深件直径小，板料厚，对螺纹底孔的内径要求较高，为此，对各工序的拉深变薄率控制较为严格，为使减少首次拉深的变薄率，使带料在拉深时能顺利地进入凹模，本结构的首次拉深凸模设计为半球形。

➤ 该制件内孔为 M6 的挤压攻螺纹，经过实践经验得出，满足该制件的 M6 螺牙，那么对攻螺纹前底孔拉深成的内径应控制在 $\phi(5.65\pm0.02)$mm 之内。如攻螺纹前底孔拉深的内孔径偏大会造成 M6 的螺牙不饱和，反之底孔的内径偏小造成挤压丝锥容易折断，将无法正常生产。

➤ 为延长模内攻螺纹时丝锥的寿命，防止丝锥过热，良好的冷却润滑可以降低丝锥温度和摩擦力防止丝锥黏结，该模具采用汽化油雾冷却，也就说在丝锥处精确定位，雾化均匀，保证产品清洁。

12.17　不锈钢管帽连续拉深模

(1) 工艺分析

图 12-79 所示为管帽，材料为 SUS-304 不锈钢，板料厚为 0.2mm。该制件为圆筒形拉深件，年产量 2000 多万只。旧工艺是日本某厂家设计（一出一排样）。其工艺分别为：冲工艺孔→内、外圈切口→首次拉深→二次拉深→三次拉深→四次拉深→五次拉深→六次拉深→七次拉深→底部压筋→成形卡口→冲底孔→落料。该工艺主要问题是拉深次数多，容易形成外观有较多的拉深痕及表面变形不均匀造成凸缘废料周边大小不一的问题，使制件在落料时产生口部开裂等现象，引起较高不良率。

随着产量不断的增长，为此设计一副一出三排列的冲孔、落料、拉深连续模，并把旧工艺采用 7 次拉深改为新工艺的 4 次拉深，大大提高了材料利用率和生产效率，取得了良好的经济效益。

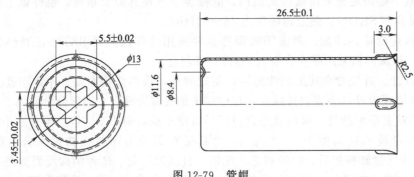

图 12-79　管帽

旧工艺首次拉深结束后送往下一个工序继续拉深是靠料带上的工艺孔及拉深凹模的 R 角来对准定位，而板料较薄，稍有偏差就难免存在有外观的缺陷及表面变形不均匀造成废料周边大小不一的问题，使制件在落料时产生口部开裂等现象。因为拉深次数越多，存在的问题也越多。针对旧工艺的一些问题，经分析，要减少拉深次数并在工位⑪、工位⑬设置定位套定位才能达成。

(2) 拉深工艺的计算

经计算，该制件毛坯直径为 $\phi39$mm，共分为 4 次拉深，各次拉深直径为 $d_1\approx21.5$mm、$d_2\approx17$mm、$d_3\approx14$mm、$d_4\approx12$mm。

(3) 排样设计

为提高材料利用率，节约人工成本，减少占用机床成本，从旧工艺（一出一）改为新工艺的一出三排列。计算出带料宽度为 126mm，步距为 45mm，共设计 22 个工位完成，排样如图 12-80 所示，具体工位安排如下（以下各工位的命名以排样图中的 A—A 剖视图为准）。

工位①：冲导正销孔等。

工位②：空工位。

工位③：内圈切口。

工位④：空工位。

工位⑤：空工位。

工位⑥：外圈切口。

工位⑦：空工位。

工位⑧：首次拉深。

工位⑨：空工位。

工位⑩：空工位。

工位⑪：二次拉深。

工位⑫：空工位。

工位⑬：三次拉深。

工位⑭：四次拉深。

工位⑮：空工位。

工位⑯：整形、底部压筋。

工位⑰：空工位。

工位⑱：成形卡口。

工位⑲：空工位。

工位⑳：冲底孔。

工位㉑：空工位。

工位㉒：落料。

(4) 模具结构设计

图 12-81 所示为不锈钢管帽连续拉深模结构。该结构为多组模板组合而成一副较精密的连续拉深模，主要结构特点如下。

① 为了确保制件的精度，此模具采用 4 个精密滚珠钢球导柱，在模具内部设计有切舌装置，在带料送料过多时起挡料作用，这样可以代替边缘的侧刃，在生产过程中使送料更加稳定。

② 在模具内、外安装不同的误送检测装置。当料带送错位或模具碰到异常时，起到保护模具作用。

③ 该制件年产量较大，为确保拉深凹模及落料刃口的使用寿命和稳定性，各工位的拉深凹模及落料刃口采用硬质合金（YG8）镶拼合成。

④ 定位套结构。为了使拉深件得到较好的定位，使板料在塑性变形中较均匀，在第二、三次拉深设计有定位套装置（其结构原理与第 12.14 节"A 侧管连续拉深模"中的图 12-69 相同）。

⑤ 底部冲孔结构。工位⑳为冲底孔（结构见图 12-82），它同一般模具冲底孔结构有所不同，因制件材料较薄、高度较高，如果按照常规结构设计，凸模 4 与卸料板导向件 11 滑动距离过长，易造成凸模容易磨损，为了增加凸模的使用寿命，必须要减短凸模 4 与卸料板导向件 11 之间的滑动距离，所以此工位采用双浮动结构。

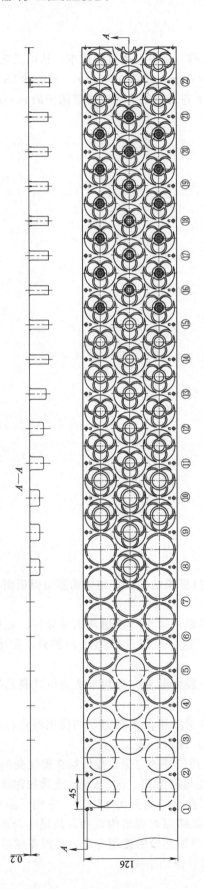

图 12-80 排样图

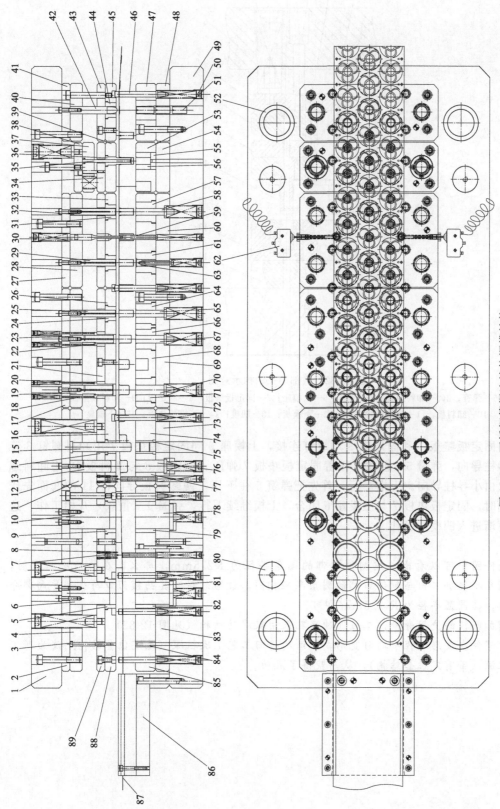

图 12-81　不锈钢管帽连续拉深模结构

1—上模座；2、12、17、27、38、41—固定板垫板；3、6、10、13、19、23、25、29、32、35、42—凸模；4、11、28、37、40—固定板；5、9、24、31、36、44—卸料板镶件；7—导正销；8、18、58、63、65、67、70、76、78、81—顶杆；14、21、34、43、89—卸料垫板；15—小导柱；16、26、33、39、45、88—卸料板；20、22—定位套；30—误送导正销；46—浮动导料销；47、53、68、74、85—下模板；48、54、60、69、72、73、83—下模板垫板；49—制件；50—下模座；51—制件；52—导柱；55—承料板；56—制件导向件；57、61、64、66、71、77、79、82、84—凹模；59—套式顶料杆；62—微动开关；75—小导套；80—限位柱；86—承料板；87—带料

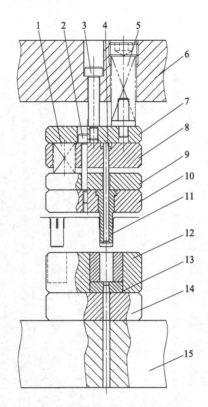

图 12-82　底部冲孔结构示意图

1,5—弹簧；2,3—卸料螺钉；4—凸模；6—上模座；7—固定板垫板；8—固定板；9—卸料板垫板；
10—卸料板；11—卸料板导向件；12—下模板；13—凹模；14—下模板垫板；15—下模座

结构：固定板垫板 7 和固定板 8 用螺钉连接，上模座 6 同固定板垫板 7 用卸料螺钉 3 连接，由小导柱导向，弹簧 5（轻载）压着固定板垫板 7 弹压。固定板 8 与卸料板 10 用卸料螺钉 2 连接，由小导柱导向。上模下行，首先把弹簧 5 往下压，使卸料板导向件 11 的底面先压到制件底面时，固定板垫板 7 与上模座 6 闭合，上模继续下行，弹簧 1（重载）开始工作，这样凸模就逐渐进入凹模冲底孔。

技巧

➤ 从制件图中可以看出，该制件口部的圆角半径为 $R2.5mm$，那么，在第四次拉深时，将凹模的圆角半径加工出与制件口部的圆角半径相同，最后落料时其凸模刃口与头部导向部分用圆弧连接，其圆弧半径为 $R2.5mm$ 即可。

➤ 为增加凸模的使用寿命，工位⑳冲底孔采用双浮动结构（见图 12-82）。

➤ 为拉深件在成形过程中均匀变形，本结构将旧工艺 7 次拉深（无定位套结构）改为新工艺的 4 次拉深（带有定位套结构），从而获得了成功。

第**13**章

冲裁、成形多工位级进模实例

13.1 管夹上卡级进模

(1) 工艺分析

图 13-1 所示为重型管夹上卡，材料为 Q235，板厚为 2.5mm，该制件中心距、两端成形高度以及压筋深度都有公差要求，作为夹紧零件，翻孔壁厚要求均匀，避免攻螺纹后出现局部强度不满足影响其强度。原工艺采用两副单工序模完成（分别工序①为落料、压印及冲孔；工序②为弯曲、翻孔、压筋等），由于单工序模具冲压，难以得到很好的定位，使翻孔壁厚不均匀，两端弯曲高度和角度不一致等缺陷，因此采用一副多工位级进模来冲压。

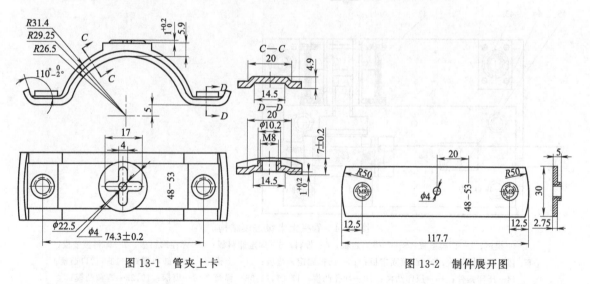

图 13-1 管夹上卡   图 13-2 制件展开图

(2) 排样设计

综合考虑制件的结构特点以及各尺寸的精度要求，根据图 13-2 制件展开图，采用少废料的排列方式，排样见图 13-3 所示，具体工位安排如下。

工位①：冲切工艺切口、压印。

工位②：切断、翻孔、弯曲、成形复合工艺。

(3) 模具结构设计

图 13-4 所示为管夹上卡切口、弯曲及成形 2 个工位的级进模结构。

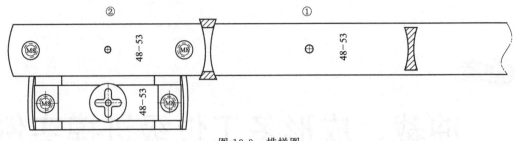

图 13-3　排样图

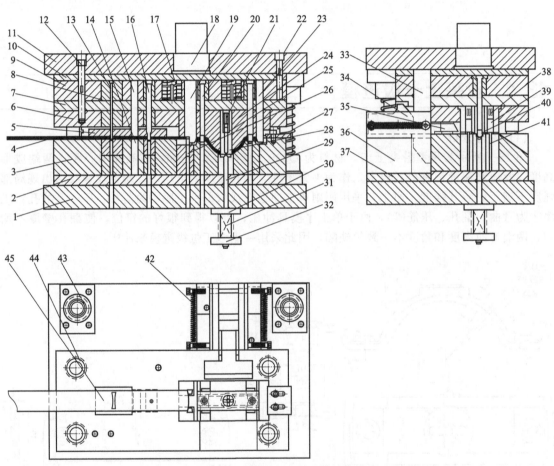

图 13-4　管夹上卡级进模结构

1—下模座；2—凹模垫板；3—凹模固定板；4—带料；5—固定卸料板；6—弹性卸料板；7—卸料板垫板；
8—切口凸模固定块；9—凸模固定板；10—凸模固定板垫板；11—上模座；12—卸料螺钉；13—切口凸模；
14—压印镶件；15—压印凸模；16—冲孔凸模；17,21,31,38—弹簧；18—模柄；19,23—弯曲凸模；
20—翻孔凸模；22—螺钉；24—成形凸模；25,29—顶杆；26—切断凸模；27—定位块；28—压包凸模；
30—弹簧顶板；32—弹簧垫板；33—斜楔；34—滑块；35—推杆；36—滑块底座；37—滑块垫板；
39—卸料板镶件；40—压筋凸模；41—挡料块；42—拉簧；43—导柱；44—小导柱；45—切口凹模

1）模具结构特点

① 采用快换镶块凸、凹模结构。冲孔、翻孔、切断、压字、切口凸模镶件采用台肩式固定于凸模固定板 9 上，当冲压过程中发现凸模折断或磨损时，能够实现快速修复或更换。凹模镶块以过渡配合镶嵌在凹模固定板 3 内，用螺钉固定，防止冲压过程中凹模镶块随带料带出凹模固定板。

②　由于管夹板料较厚，需要的冲压力比较大，在凸模固定板 9 与弹性卸料板 6 上要加装有一定硬度的卸料板垫板 7，以承载冲压力和弯曲力的冲击。成形凸模的两端用线切割加工出台肩，固定于弹性卸料板 6 上，与两端的弯曲凸模、压筋凸模镶拼在一起组成。弯曲凸、凹模同样采用镶拼方式镶嵌于凹模固定板内，从而可以实现对制件压筋深度、两端翻孔回弹角度的调整与修复。并能对冲压过程中成形凸、凹模易损部位进行修复或更换，避免了需对整个弯曲凸、凹模进行修复或更换。

③　选用的滑块推件装置能够保证冲压过程中不与弯曲凸模发生干涉，并能顺利将制件推出。

④　本模具导料板与固定卸料板作为一整体线切割成形，使固定卸料板 5 实现对带料刚性卸料的同时，完成对带料的侧向导向定位。

2）模具工作过程

自动送料机构送进带料 4，由定位块 27 对带料作前后定位。上模下行，上顶杆 25 在弹簧 21 的弹力作用下与下模顶杆 29 共同压紧带料并定位，使带料在送进方向不发生位移。由挡料块 41 对带料左右定位。切断凸模 26 完成对带料进行切断。上模继续下行，压筋凸模 40、成形凸模 24 对带料进行成形，此时卸料板镶件 39 在弹簧 38 的作用下压紧带料，在下压过程中卸料板镶件 39 下端面退回至与成形凸模 24 下端面平齐，参与对制件的成形工作，压筋凸模 40 压出筋条，压包凸模 28 压出凸包。上模继续下行，至凸模固定板 9 与卸料板垫板 7 贴合，弯曲凸模 19、23 将制件两端压弯，并同时完成翻孔等成形。上模上行，弯曲压弯凸模 19、23、翻孔凸模 20、压印凸模 15、切口凸模 13 上行，此时制件仍处于弯曲状态。弹簧 17 恢复到自由高度时，上模继续上行，成形凸模 24、切断凸模 26 离开制件表面，卸料板镶件 39 与顶杆 25、29 复位。上模上行过程中，滑块 34 下行，带动推杆 35 在斜楔 33 作用下退出工作区域。斜楔 33 脱离滑块 34，并在拉簧 42 的作用下，带动推杆 35 将制件推出模外。

技巧

➢ 该模具采用少废料的排列方式，最后采用切断凸模 26 与带料分离的同时，上模继续下行，即成形凸模 24 对毛坯进行成形。

➢ 该模具制件成形后，在上模上行过程中，滑块 34 下行，带动推杆 35 在斜楔 33 作用下退出工作区域。斜楔 33 脱离滑块 34，并在拉簧 42 的作用下，带动推杆 35 将制件推出模外。

13.2　通孔凸缘多工位级进模

(1) 工艺分析

图 13-5 所示为通孔凸缘件，材料为 10F 钢，料厚为 1.0mm。该制件形状简单，尺寸要求不高，但要求翻孔后毛刺向内。根据制件的特点采用多工位级进模来完成较为合理。

(2) 排样设计

采用级进模冲压，需经过预冲孔、翻孔及落料等 4 个工位来完成，考虑翻孔后毛刺向内，因此，要向上翻孔才能达成。排样如图 13-6 所示，带料宽为 38mm，步距为 36mm，具体工位安排如下。

工位①：冲孔。

工位②：翻孔。

工位③：空工位。

工位④：落料。

（3）模具结构设计

图 13-7 所示为通孔凸缘级进模结构。该模具采用标准滑动导向模架。

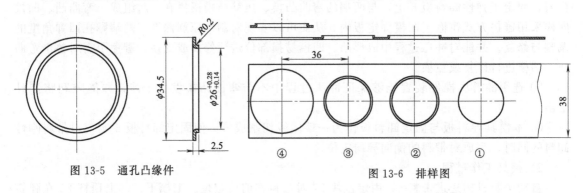

图 13-5 通孔凸缘件

图 13-6 排样图

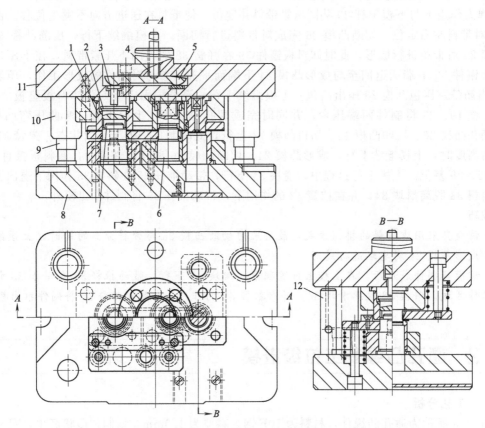

图 13-7 通孔凸缘级进模结构

1—凹模；2—顶出器；3—推杆；4—杠杆；5—杠杆式推板；6—凸模；7—导正销；
8—下模座；9—导柱；10—导套；11—上模座；12—限位柱

模具工作时，带料开始用手工送进完成第①工位冲制件的预制孔，接着送到第②工位时，由凸模 6 头部的导向部分将已冲好的预制孔定位，接着再翻孔；在第④工位是由导正销 7 定位后，从下向上将制件冲切出，接着采用自动送料装置来实现自动化冲压。为便于出件，模具安装在可倾式压力机上，落下的制件留在凹模 1 内。当压力机滑块上行时，由顶出器 2、推杆 3、杠杆式推板 5 和杠杆 4 组成的顶出机构将制件顶出凹模 1。制件在落下过程中，被装在压力机上的压缩空气吹出模具。

技巧

➤ 本模具的特点为：顶出器 2 偏离模具中心较远，故采用带杠杆式推板的顶出机构将落下的制件从凹模内推出，并用压缩空气将其吹到制件箱内。

经验

➤ 为增加翻孔凸模的使用寿命，从制件图中可以看出，翻孔后的内孔径尺寸为 $\phi 26^{+0.28}_{+0.14}$ mm，通常凸模直径的确定为上偏差的 95%，计算得到本模具的翻孔凸模直径为 $\phi 26.27$mm。

13.3 外链板多工位级进模

(1) 工艺分析

如图 13-8 所示，外链板是 CA 系列农机链条上的 1 个零件，材料为 45Mn 钢，厚度 3.0mm，属大批量生产。从图中可以看出，链板中间有 1 处压筋，压筋时极易产生链板平面度超差。该制件孔距要求较高，孔的要求垂直度较好，以保证链条装配后不产生扭曲。传统的加工工艺是采用小吨位敞开式压力机，单工序模，多工序冲压加工，生产效率低，成本高。为了降低成本，迫切需要寻求一种更经济的生产工艺。

(2) 排样设计

传统工艺为：条料切断、落料、软化退火、压筋、整形（校平）、冲孔（外形定位）。缺点是：①工序多，生产效率低；②以外形定位，冲孔位置度误差大。经分析和多次工艺试验，决定采用多工位级进模高速连续冲压。排样如图 13-9 所示，具体工位安排如下。

工位①：冲导正销孔，压筋成形。

工位②：冲孔，压筋成形。

工位③：冲孔。

工位④：落料。

工位⑤：空工位。

工位⑥：落料。

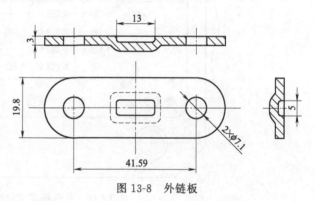

图 13-8 外链板

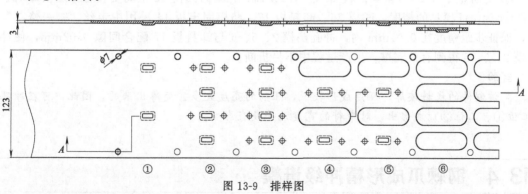

图 13-9 排样图

(3) 模具结构设计

图 13-10 所示为外链板多工位级进模结构。该模具结构要点如下。

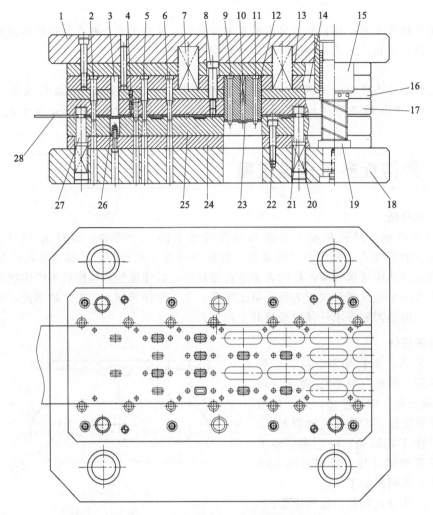

图 13-10　外链板多工位级进模结构

1—上模座；2,5,6—冲孔凸模；3—成形凸模；4,10—顶杆；7,20—弹簧；8—卸料螺钉；9,11—导正销；12—落料凸模；
13—固定板垫板；14—凸模固定板；15—导套；16—卸料板垫板；17—卸料板；18—下模座；19—导柱；
21,27—浮动导料销；22—螺钉；23—制件；24—凹模垫板；25—凹模；26—下模镶件；28—带料

① 为防止制件 23 被落料凸模 12 带出凹模面，在落料凸模 12 中间安装有弹性顶杆 10。

② 为保证模具的精度，凹模 25、卸料板 17、凸模固定板 14 采用中走丝"割一修二"加工，保证步距精度在 0.01mm 内，冲孔凸模 2、5、6 与卸料板 17 配合间隙 0.02mm，使冲孔凸模 2、5、6 得到有效支撑，生产过程中不易折断。

经验

➤ 该制件的板料较厚，压筋成形较低，压筋的高度大多靠变薄出来的，因此，可在冲孔前（工位①、工位②）成形出，对带料的宽度几乎没有影响。

13.4　钢棘爪成形精冲级进模

(1) 工艺分析

图 13-11 所示为钢棘爪制件图，它是汽车安全带系统中作为安全带调节的关键零件，材料

为 45 钢，板厚为 4.0mm，一般精冲成形此类尖齿塌角高度为料厚的 35%，而钢棘爪塌角高度要求小于 0.5mm，同时齿部冲裁面要求光洁，无法使用一般精冲方法进行冲裁成形，从图中可以看出，制件凸包高度为 4.8mm，大于材料厚度，且 45 钢成形时金属流动性差，凸包成形困难。通过资料查得，该制件的精冲难度等级为 S3 以下，难度等级达到最高。

(2) 排样设计

根据钢棘爪的特点及要求，采用精冲级进模对制件进行冲压成形。为提高材料利用率及节约制造成本，该排样采用一出二的排列方式，排样如图 13-12 所示，计算出材料利用率为 30%。为满足制件尖齿处的塌角高度要求，若采用直接精冲塌角高度最大为料厚的 35% 左右（计算出塌角高度为 1.4mm 左右），难以达到制件图的要求。因此，通过修齿的方法逐步冲切外形废料，以保证塌角高度的要求，具体工位安排如下。

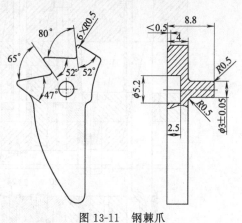

图 13-11　钢棘爪

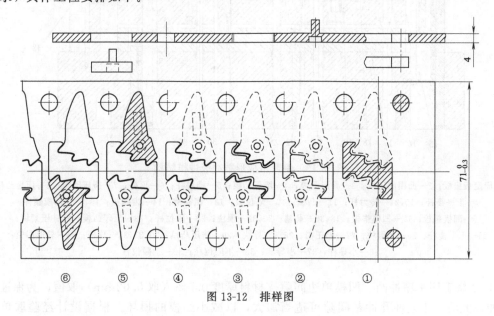

图 13-12　排样图

工位①：冲定位孔，预冲缺口，一次修边，单边余量 1mm。

工位②：导正销定位，挤压凸包（中间支撑）。

工位③：导正销定位，二次修边，从下往上压扁，单边余量 0.18mm。

工位④：导正销定位，压印。

工位⑤：上腔精修齿部，落料。

工位⑥：下腔精修齿部，落料。

(3) 模具结构设计

图 13-13 所示为钢棘爪精冲、压扁、成形及落料等 6 个工位的级进模结构，其结构特点如下。

① 该模具冲压过程中定位精度主要依靠导正销进行精确定位，导正销与导正销孔的间隙取 0.025mm，并采用多个导正销同时对带料进行定位，保证凸包相对外轮廓的位置度，使得精修时切料均匀保证制件齿部的表面粗糙度。

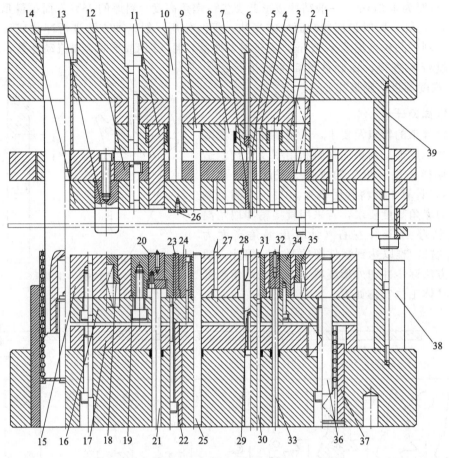

图 13-13　钢棘爪成形精冲级进模结构

1—固定板垫板；2—凸模固定板；3—异形凹模；4—圆形凸模；5—推料杆；6—顶杆；7—挤压凹模；8—压扁凸模；
9—上平衡杆；10,21—传力杆；11—凸模；12—限位板；13—锁模销；14—齿圈板；15,19—凹模镶件；
16—凹模垫板；17—凹模垫板；18,35—孔塞；20,32—顶块；22—限位杆；23—压印凸模；24—压紧块；
25—下平衡杆；26—平衡块；27—导正销；28—支撑块；29—挤压凸模；30,31,33—顶杆；34—异形凹模；
36—小导柱；37—小导套；38—下限位柱；39—上限位柱

② 精修工序中精冲凸、凹模单边间隙按材料厚度 0.5%（取 0.02mm）取值，为保证制件齿部冲裁光洁，工艺冲孔冲裁间隙可适当加大，以减小凸模的损坏，根据设计经验取单边余量 0.1mm。

③ 制件的凸包在毛刺面，为便于制件脱离凸模，采用浮动式凹模结构。由于挤压凸包高度大于料厚，因此，对挤压凹模必须进行镜面抛光，以保证凹模工作部位的表面粗糙度，并在凹模工作部位进行 TiCN 涂层处理，保证凸包的成形质量，同时提高模具的使用寿命。因挤压凸模在挤压成形过程中受力大，考虑其易磨损，凸模材料选用 SKH51，硬度为 60~63HRC，并在其表面也做 TiCN 涂层，以提高耐磨性。

④ 模具制造过程中，考虑到级进模的精度要求，加工齿圈板、凹模型腔和凹模镶件时，各加工部位相对模板中心位置要求严格，位置度要求小于 0.005mm，一些重要型腔孔及定位导向结构部件要求进行慢走丝切一修三加工。

经验

➤ 该制件在设计时打破了传统的工艺，传统的工艺通常设计如下：① 二次压扁工序没起到修齿的作用，压扁时，挤压材料向中间聚集，导致精修尖角时刃口周边聚集了过多的材料，在后续冲切时，刃口周边材料仍然存在较大的塑性变形，使塌角过大。② 制件在压扁后发生了加工硬化，材料组织发生改变，在冲切外形时，断面处出现撕裂现象。③ 中间支撑面小，凸包挤压成形时，部分材料向空余处横向流动，使材料向凹模内流动减少，导致凸包高度达不到设计要求。通过对传统工艺的缺陷分析，该模具在设计时，改变了二次修边工序的压扁方向，以减少压扁时刃口周边材料，同时增大支撑柱的面积，减少凸包挤压成形时材料横向流动；调整挤压凸模的结构，挤压凸模头部采用 3 级台阶式，以减缓材料流速，防止材料因流速过快而侧向分流。

13.5　接地板多工位级进模

(1) 工艺分析

图 13-14 所示为接地板，该制件形状简单，尺寸要求并不高，外形较小。从图中可以看出，完成该制件的冲压需经过冲裁、翻边及弯曲等工序。因此，采用多工位级进模进行冲压，但从制件的外形分析，载体与制件的搭边较为困难。经分析，最后一工位采用先切断、再弯曲的复合工艺同步进行冲压出一个完整的制件。

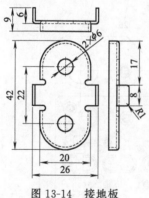

图 13-14　接地板

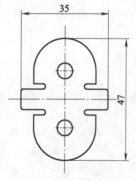

图 13-15　展开图

(2) 排样设计

结合图 13-15 制件展开图综合分析该制件的特点发现，该制件排样时采用向下翻边，向上弯曲，并用弯边的端部作为制件与载体的搭边，排样如图 13-16 所示，料宽为 45mm，步距为51mm，具体工位安排如下。

工位①：冲导正销孔、冲切废料。

工位②～④：冲切废料。

工位⑤：翻边。

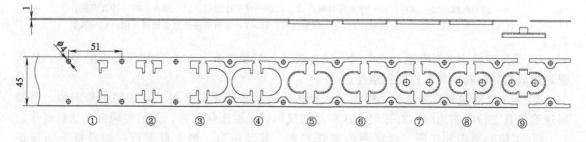

图 13-16　排样图

工位⑥：空工位。

工位⑦：冲圆孔。

工位⑧：空工位。

工位⑨：切断、弯曲复合工艺。

（3）模具结构设计

图 13-17 所示为接地板多工位级进模结构。其特点如下。

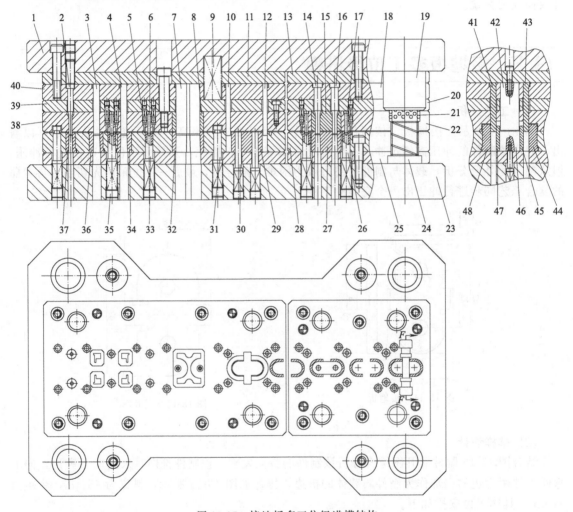

图 13-17　接地板多工位级进模结构

1—上模座；2,14,16—冲孔凸模；3,4,7—异形凸模；5—顶杆；6,17—导正销；8,15—卸料板镶件；9—弹簧；
10,12—成形凸模；11,13—固定板垫板；18,40—固定板；19—导套；20,39—卸料板垫板；21—保持圈；
22,38—卸料板；23—下模座；24—导柱；25—下模板垫板；26,33—套式顶料杆；27—凹模；28—下模板；
29—成形凹模；30—顶杆；31—浮动导料销；32,34,36—异形凹模；35—螺塞；37—冲孔凹模；
41,43—切断凸模；42—弯曲凸模；44,48—切断凹模；45,47—切断凹模及弯曲凹模共用；46—顶块

① 采用四导柱自制模架，固定板、卸料板及下模板另有 8 对小导柱作精密的导向，从而保证模具的导向精度和工作的稳定性。

② 采用气动送料装置送料。带料进入模内，开始采用手动送料、导正销为精定位，当带料送到模具工位⑨右边时，打开气动送料器的气阀，夹钳压住带料，开始实现自动送料动作。

③ 工位⑨采用先切断、再弯曲的复合工艺。其动作为：当上模下行，卸料板上的导正

销 17 首先进入带料的导正销孔，上模继续下行，卸料板与下模板将带料压紧，切断凸模刃口 41、43 首先切断搭边处的废料。上模再继续下行，弯曲凸模底面接触制件进入弯曲凹模 45、47 开始工作，完成制件的弯曲。当上模回程时，顶块 46 将制件顶出凹模并用压缩空气吹出。

技巧

➢ 制件中两个 $\phi6$mm 的圆孔，安排在翻边后冲出，能很好地防止因翻边导致两个 $\phi6$mm 圆孔的变形问题。

➢ 最后一工位采用先切断、再弯曲的复合工艺，解决了制件与载体间无法搭边的难题。

➢ 为减少模具的重量，该模架将空余的位置做避空处理。

13.6 高速列车安装板多工位级进模

(1) 工艺分析

图 13-18 所示为高速列车中的某个零件安装板，材料为 DC03 钢（相当于 ST12 或 SPCD），料厚为 2.0mm，年产量大。制件总体形状简单，尺寸要求并不高，但成形工艺复杂。从图 13-18 可以看出，该制件总体为不规则的"Z"字形结构，外形长为 275.32mm，宽为 112.59mm，高为 29.43mm，内形由一个 23.5mm×20.2mm 的方孔，一个 $\phi18.7$mm×13.5mm 的方孔，一个 $\phi15.5$mm 的圆孔和一个 12.2mm×8.2mm 的腰形孔组成，为增加制件弯曲处的强度，在制件的中间设有一条加强筋。从制件整体结构分析，需经过冲孔、成形及冲切载体等工序来完成。

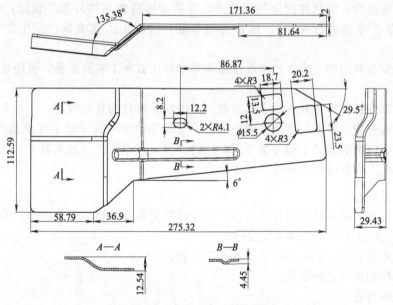

图 13-18 高速列车零件安装板

该制件的成形工艺不规则，在模具设计时，按公式计算展开，展开出的外形尺寸难以符合制件外形的要求，因此用 Dynaform 的软件利用网格划分的方式进行分析和计算展开，展开后外形如图 13-19 所示。

根据制件的形状特点，在尺寸、精度及材料均符合冲压工艺要求的前提下，提出以下 3 种冲压方案。

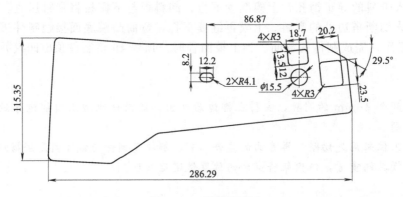

图 13-19　制件展开图

方案 1：采用 4 副单工序模进行冲压。工序分别为：工序①为压筋，冲 1 个 23.5mm×20.2mm 的方孔，1 个 φ15.5mm 的圆孔，1 个 12.2mm×8.2mm 的腰形孔及冲切外形部分废料；工序②冲 1 个 18.7mm×13.5mm 的方孔及剩余的外形废料；工序③为预成形；工序④为成形。

方案 2：采用一副压筋、冲孔及落料的多工位级进模和 2 副单工序模进行冲压。工序分别为：工序①为一副多工位级进模（压筋，冲出圆孔、方孔和腰形孔）；工序②为预成形；工序③为成形。

方案 3：采用一副多工位级进模完成整个制件的冲压工作（其冲压工艺需经过冲孔、压筋、成形及冲切载体等工序来完成）。

根据以上 3 种方案的分析作出如下结论：

方案 1 的难点为：①制件的定位次数多，导致冲压后的制件外形不稳定；②所需模具多（需经过 4 副单工序模进行冲压），设备利用率低，占用人工成本高；③生产效率低，废品率高。

方案 2 在设备利用率、生产效率及废品率等方面比方案 1 有所改善，但还是满足不了大批量生产的需求。

方案 3 可以弥补方案 1 和方案 2 的缺点，但增加了模具的复杂程度。

综合上述的分析，经采用方案 3 用一副多工位级进模在一台压机上完成整个制件的冲压、成形等工序，可以解决方案 1 和方案 2 所产生的难点，在保证产量的前提下，还可以确保生产的安全性，降低工人的劳动力和生产成本。

(2) 排样设计

综合以上分析，结合制件展开的形状，该排样采用单排排列方式较合理，共分为 9 个工位来完成，如图 13-20 所示，具体工位安排如下。

工位①：冲导 2 个正销孔，冲 2 个方孔，压筋。

工位②：冲切废料，冲圆孔。

工位③：冲方孔。

工位④：预成形（见图 13-21 中 A 向预成形结构图）。

工位⑤：成形（见图 13-21 中 B 向成形结构图）。

工位⑥：空工位。

工位⑦：冲切端部外形废料。

工位⑧：空工位。

工位⑨：冲切载体（制件与载体分离）。

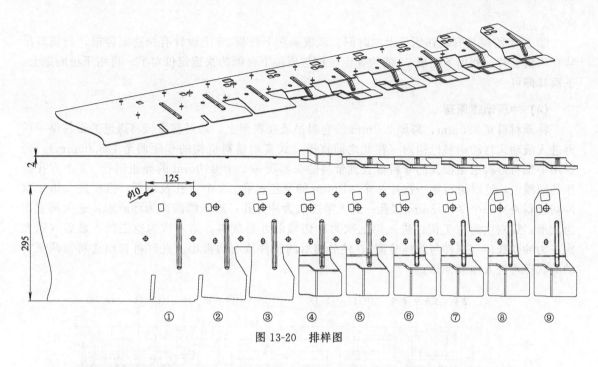

图 13-20　排样图

(3) 模具结构图设计

图 13-21 所示为高速列车零件安装板多工位级进模结构，该模具结构紧凑、成形工艺复杂。根据排样图的分析，细化了模具工作零件和成形工位，设置模具紧固件、导向装置、浮料装置、卸料装置和制件成形避空空间等，其模具结构特点如下。

① 为提高生产效率，采用滚动式自动送料机构传送各工位之间的冲裁及成形等工作。

② 为保证模具的上下对准精度，该模具采用内、外双重导向，外导向采用 4 套 φ38mm 的钢球导柱，内导向第一组采用 4 套 φ20mm 小导柱、小导套导向；第二组上模采用 4 套 φ20mm 小导柱、小导套导向，下模采用 2 套 φ20mm 小导柱、小导套导向（注：第二组小导柱上模与下模不贯通）；第三组采用 4 套 φ20mm 小导柱、小导套导向。

③ 为使模具结构简单化，方便调试、维修，该模具采用三大组独立模板组合而成一副多工位级进模。

④ 该模具凸、凹模之间的冲裁间隙单边为 0.10mm，凹模直壁刃口高为 5mm，锥度单边 1.2°。

⑤ 浮动导料销设计。一般的浮动导料销采用圆形，制造方便，造价低。该模具比较特殊，分别有圆形浮动导料销和方形浮动导料销两种形式。在带料的前部分及一边不冲切边缘部分的采用圆形浮动导料销，而另一边的带料经过工位②冲切边缘的废料后，用圆形无法稳定导向，因此采用方形浮动导料销结构较为合理（见图 13-21 件号 56）。

⑥ 工位④预成形设计。为保证制件稳定性及减少制件的回弹量，该模具在成形前先采用预成形工艺。该工位的预成形结构复杂，为上、下压料结构（见图 13-21 中 A 向预成形结构图）。

其工作过程为：上模下行，带料中的工序件上表面首先接触卸料板 79，下表面接触下浮料板 68，在卸料板 79 同下浮料板 68 受两方向弹簧的压力下紧压着带料中的工序件下行，直到下浮料板 68 的底面先贴紧下浮料板垫板 74，上模继续下行再进行预成形工作。

⑦ 工位⑤成形设计（见图 13-21 中 B 向成形结构图）：该工位成形时为单向受力，结构是：凹模板 87 固定在下模座上，利用挡块 75 挡住凹模板 87 的受力一侧，可以防止凹模板 87 成形受力时发生外移现象。而成形凸模 84 在螺钉和键 83 的固定下也可以防止成形时承受的侧

向力。

⑧ 为节约模具安装在压机上的时间，该模具在下托板 25 上设计有快速定位槽，当模具吊装在压机上时，利用下托板 25 的快速定位槽与压机下台面的快速定位对准，再用压板固定上、下模具即可。

(4) 冲压动作原理

将原材料宽 295mm、料厚 2.0mm 的卷料吊装在料架上，通过整平机将送进的带料整平后再进入滚动式自动送料机构内（在此之前将滚动式自动送料机构的步距调至 125.05mm），开始用手工将带料送至模具的导料板直到带料的头部覆盖 2 个 ϕ10mm 的导正销孔、2 个方孔及压筋凹模上，这时进行第一次冲 2 个 ϕ10mm 的导正销孔、2 个方孔及压筋；依次进入第二次冲切废料及冲一个 ϕ15.5mm 圆孔；进入第三次为冲方孔；进入第四次为预成形；进入第五次为成形；第六次为空工位；进入第七次为冲切端部外形废料；第八次为空工位；最后（第九次）为冲切载体（制件与载体分离），使分离后的制件从右边滑出。此时将自动送料器调至自动的状况可进入连续冲压。

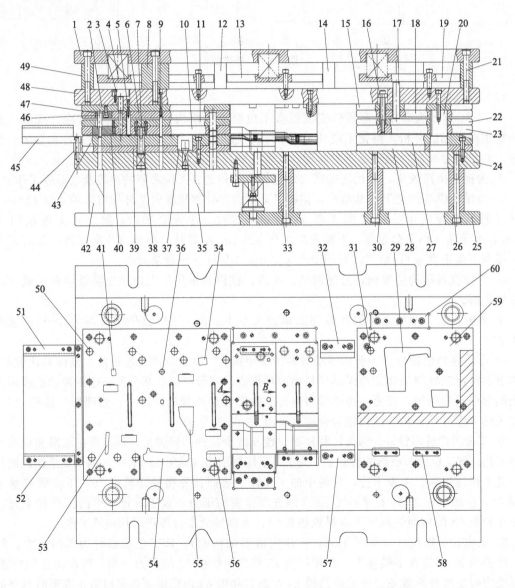

A向（预成形结构）

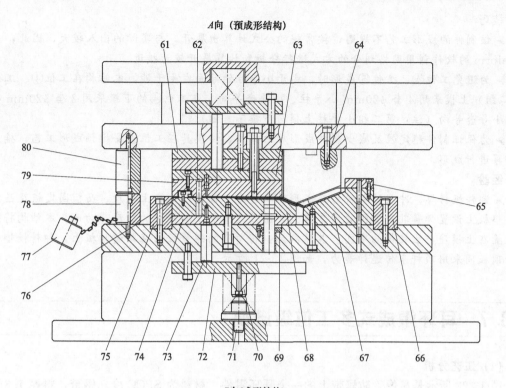

B向(成形结构)

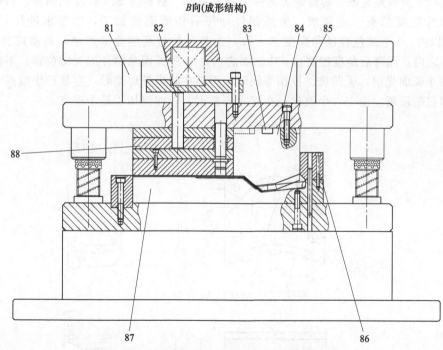

图 13-21　高速列车零件安装板多工位级进模结构

1—上托板；2,15,61—凸模固定板垫板；3—快卸凸模垫块；4,13,19—上弹簧顶板；5—压筋凸模；6,18,88—凸模固定板；
7,31,62—导正销；8,12,14,21,49,81,85—上垫脚；9—长圆形凸模；10,23,79—卸料板；11,22,63—卸料板垫板；
16—卸料螺钉组件；17,73,82—弹簧顶杆；20—切断凸模；24—下模座；25—下托板；26,30,33,35,42—下垫脚；
27,43,59,67,87—凹模板；28,39—凹模垫板；29,53~55—异形凸模；32,57,58,65,76,86—内导料板；
34,41—方形凸模；36,46—圆形凸模；37—下顶块；38—套式顶料杆；40—卸料板镶件；44—承料板垫板；45—承料板；
47—凸模固定块；48—上模座；50—圆形浮动卸料销；51,52—外导料板；56—方形浮动导料销；60,66,75—挡块；
64,84—成形凸模；68—下浮料板；69—导柱压板；70—弹簧柱；71—弹簧垫圈；72—下弹簧顶板；74—下浮料板垫板；
77—模具存放保护块；78—下限位柱；80—上限位柱；83—键

技巧

➤ 该制件的成形工艺不规则，按常规的公式计算出展开，与实际的出入较大，因此，采用 Dynaform 的软件利用网格划分的方式进行分析和计算展开较为接近。

➤ 为避免工位④、工位⑤成形时，由于小导柱的导向发生干涉，本结构在工位④、工位⑤（第二组）上模采用 4 套 $\phi 20$mm 小导柱、小导套导向，在工位④的下模采用 2 套 $\phi 20$mm 小导柱、小导套导向（注：第二组小导柱上模与下模不贯通）。

➤ 为保证制件稳定性及减少制件成形后的回弹，该模具在工位④安排预成形工艺，接着工位⑤再进行成形。

经验

➤ 制件板料厚，冲裁的卸料力及成形的压边力都较大，如在上模座、凸模固定板及凸模固定板垫板上设置弹簧孔，其弹簧力不够大，而且还影响了各模板的强度。为此，本结构将弹簧组设置在上模座与上托板的中间。其结构为：将所有的弹簧设置在弹簧顶板上，卸料板垫板与弹簧顶板间采用顶杆来传递弹簧力，如图 13-21 所示。

13.7　耳环集成式多工位级进模

(1) 工艺分析

图 13-22 所示是显像管防爆带上的一个耳环零件。材料为 SPCC 冷轧钢带，料厚 1.8mm。外形和尺寸精度都有一定要求，虽然制件冲压后还需滚磨加工，但要求冲压件的毛刺≤0.05mm 以内，3 个鼓包直径和高度要一致，尤其是鼓包高度要求严格，必须控制在 (0.8 ± 0.1)mm 之内，压弯后角度控制在 $89° \pm 30'$ 之内，而 R 弧面是制件的关键位置，不仅尺寸要合格，还要求弧面光滑，无凹坑、拉伤等缺陷，否则在防爆带焊接时，容易产生溅点、虚焊，最后影响整机的质量。由于 3 个鼓包是在直立的弧面上，如何加工是个难点。

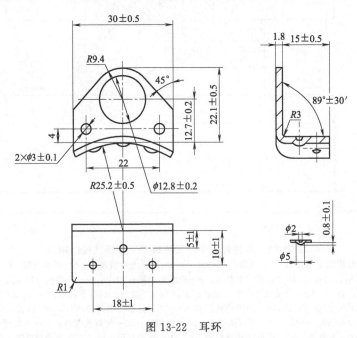

图 13-22　耳环

该制件生产批量很大，每年要求 1000 万件以上。因此，不仅要求模具生产率高，而且要求模具使用寿命长，还要求模具便于维修、调整和使用方便。

生产初期，为了满足使用急需和基于对该制件形状尺寸等技术要求，严格控制还不是太有把握，曾采取单工序经落料→压弯→压包→冲孔四道工序，四副模具分别由 4 个生产工人占用 4 台冲压设备，还要有一名检验人员随时巡回抽检，一遇到质量问题便停机待工，由于效率低，严重地影响了生产任务的完成。经分析，决定采用多工位级进模生产。

(2) 排样设计

为了提高生产效率和节约材料，采用了对称排，在压力机冲一次行程中出 2 件的排样形式。根据制件的特点，为保证制件的质量，在工序的顺序方面，冲切外形废料、压弯工序在前，打包工序在中间，最后为冲孔、切断载体分离制件。排样如图 13-23 所示，共设有 17 个位。具体工位安排如下。

工位①：借用制件孔 $\phi(12.8\pm0.2)$mm 冲导正销孔 $\phi6.5$mm，作为以后工位定距导正用，并在两制件切断的中间废料处冲一长方孔 14mm×12mm，此孔也是为后面工位定位用。

工位②：冲异形双侧刃定距兼冲切制件间多余废料。

工位③～⑥：空工位。

工位⑦：向上压弯 89°。

工位⑧～⑪：空工位。

工位⑫：打包（由内向外打）。

工位⑬、⑭：空工位。

工位⑮：冲制件中的两个 $\phi(3\pm0.1)$mm 及一个 $\phi12.8$mm 的圆孔，由于其上已冲过 $\phi6.5$mm 孔，因此，冲下的废料为一圆垫圈，不仅废物利用，也提高了材料的利用率。

工位⑯：空工位。

工位⑰：冲切载体，制件与载体分离。

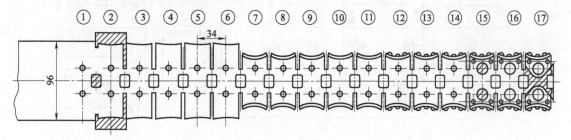

图 13-23　排样图

(3) 模具结构设计

图 13-24 所示为耳环集成式多工位级进模结构。

它不同于常规的多工位级进结构，这是在一套大模架上装有四副（Ⅰ～Ⅳ）独立的子模具。根据排样安排，四副独立子模具分别完成冲切外形废料、压弯成形、打包和冲孔切断分离制件的冲压任务。各子模具由圆柱销定位，并由螺钉分别固定在大模架上。各子模具间均保持一定的距离，并符合步距不变的原则，调整好它们之间相互位置，符合级进冲压的要求。

大模架的上下模座较厚，上面装有四对独立式滚动导柱，每副子模具也都装有滚珠导柱因而模具在使用过程中，刚度、导向性、稳定性较好。小模具的拆装比较方便，对维修十有利。

各子模具圆柱销的位置孔由坐标镗加工保证精度。

模架下模座 5 的底面，左中右分别垫有下垫板 4，其主要作用是增大模具闭合高度具的最小闭合高度达到大于压力机的最小装模高度范围之内，否则模具不能使用。并板4以后，下模座5与压力机台面之间存在一定空间，有利于观察冲压过程中的漏料情况。

模具安装在1100kN开式压力机上，冲速50～60次/min。

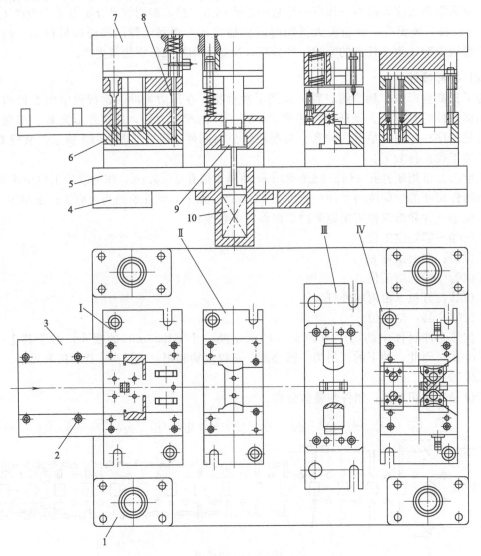

图13-24 耳环集成式多工位级进模结构

Ⅰ—冲切外形子模具；Ⅱ—压弯子模具；Ⅲ—打包子模具；Ⅳ—冲孔切断子模具；

1—独立滚动导向副；2—导料柱；3—外导料板；4—垫板；5—大模架下模座；6—凹模；7—大模架上模座；

8—安全检测销；9—下推板；10—弹顶器

1）冲切外形废料子模具

本部分实际上是一副简单的小型冲裁级进模。结构完全和常规的三板式级进模相同，卸料□□式结构，凹模为整体结构，采用强度和耐磨性较高的高铬工具钢Cr12MoV制造，淬□□RC。刃口有效高度小于10mm，冲压时凸模进入凹模适当多一些，正常情况下□□□过3片，这样对凹模寿命有利。凸模采用W18Cr4V高速钢制造，淬硬至□□□□送料装置经导料板和导料柱沿正确方向送入模具后，完成冲φ6.5mm□□孔使用），冲长方孔和在带料的两侧通过异形侧刃切去废料等冲切任务。□□测装置，一旦料送不到位，探头缩回，机床停止工作。

2）压弯成形子模具

这是一副带有压和推料装置的压弯成形模，自由状态下，下推板 9 高出 I 子模具凹模 6 平面约 7mm，压弯成形开始时，利用圆孔的导正定位，上凸模将料压紧状态下，两侧边料向上弯成 89°，并形成弧面。压到底时，即下推板 9 底平面与 II 子模具下模座平面压死，起到整形作用。此时的下推板上平面比凹模 6 平面低 7mm，以减少带料在冲制过程中的弯曲变形。

下推板下设专用弹顶器，固定在大模架的下模座上（伸出部分正好在压力机台面孔里），弹压力大小不仅要足够，而且能可调。弹顶器是由十几块 $\phi80mm×20mm$ 的真空橡皮组成。

3）打包子模具

图 13-25 所示为打包模的侧剖面结构简图。在图 13-24 中的安装位置如 III 所示。其动作过程是上模下行，在左右斜楔的作用下推动左右外滑块 3，随同凹模 2 送到位，上模继续下行，中间斜楔 12 开始起作用，将中间滑块 4 带动打包凸模用力往外挤压，完成打包工序。上模上行，各滑块在复位弹簧的作用下迅速回到原位，然后进行下一循环动作。

图中件 11 为 4 个 $\phi30mm$ 外径的弹簧，自由状态下，外露上模板 9 平面高约 30mm，但需 4 个件齐平。

卸料板 7 采用 SKD11 钢制造，淬硬至 58～60HRC，由 6 个螺钉连接，通过固定板吊在模板上。卸料板与固定板之间的有效空间为 25mm。

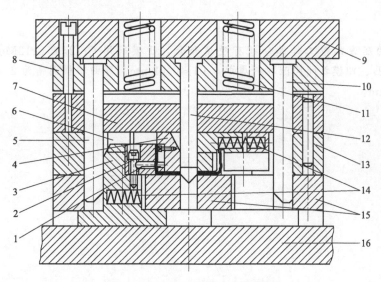

图 13-25　打包模侧剖面结构简图

1—打包凸模；2—凹模镶件；3—外滑块；4—中间滑块；5—外斜楔；6—导轨；7—卸料板；8—固定板；9—上模板；
10—外斜楔；11—弹簧；12—中间斜楔；13—挡块 14—复位弹簧；15—导板挡块；16—下模板

为了挡住外斜楔，免受侧向力，卸料板上装有挡块 13，每块挡块用 2 个 $\phi8mm$ 圆柱销及螺钉固定。

打包工作过程中力量较大（约有 60kN），除靠斜楔自身的刚性外，导板挡块 15 分别对两侧外斜楔和中间斜楔起到定位和稳定作用。打包时挤压力较大，又是自动化连续生产，斜楔和滑块间产生的摩擦热不可避免，其中滑块负载最大，为此，滑块的材料选用 W18Cr4V，淬硬到 60～63HRC，同时在卸料板中间加有油槽，保证运动副及时得到润滑，使生产顺利进行。

中间滑块 4 在导轨 6 中运行，必须保持松紧合适、活动自如，它们之间应有良好的合。弹簧要能使中间滑块 4 复位到预定位置，这样在斜楔工作时，做到滑块受力均匀，块同时工作，不会出现有先有后的不正常现象。

打包凸、凹模采用镶件结构，在保证包的大小、高低以及角度等控制过程中，较为方便。

4）冲孔和切断分离子模具

此部分工作工位有 2 个，即冲 2 个 ϕ3mm 孔和 ϕ12.8mm 大孔为一个工作工位，另一个工作工位即切断废料分离制件。冲下 ϕ12.8mm 孔的废料正好是一个可利用的垫圈。

模具的凹模全部采用 YG20 硬质合金，做成镶拼件，刃口有效高度为 4～5mm。镶拼件通过凹模固定板固定并由导板紧压，导板上装有气孔，每冲一次可把切断分离后的成品耳环吹入容器内。

凸模采用 SKD11 材料，淬硬至 60～62HRC。

技巧

➢ 该制件的冲压工作由冲切外形废料、压弯成形、打包和冲孔切断四个单元组成。考虑到这四个单元的模具都采用独立的子模具，安装在一大模架上，安装子模具必须有足够的空间，又因为冲切外形废料、打包、切断单元在冲压过程中，凹模平面基本保持同一水平，工作工位排列可以紧凑些；而成形部分有一高度差，当推板顶起时，高于其他三部分一个成形高度，所以压弯成形部分应离切外形和打包部分稍远比较好，这有利于带料的送进和运行，减少带料运行过程中的变形。因此，在模具中设置有较多空工位。

➢ 为实现在级进模的两侧由内向外打包，本结构采用中间斜楔与外斜楔配合中间滑块与外滑块进行打包。

经验

➢ 本结构的压弯凹模工作部分镶有硬质合金，凸模采用 Cr12 或 Cr12MoV 制造，硬度 58～62HRC。凸、凹模之间间隙取料厚加 0.01～0.02mm。弯曲凹模圆角为 2～3mm，表面粗糙度 $Ra \leqslant 0.4\mu m$。

参 考 文 献

[1] 张鼎承. 冲模设计手册 [M]. 北京：机械工业出版社，1999.

[2] 徐政坤. 冲压模具设计与制造 [M]. 北京：化学工业出版社，2003.

[3] 段来根. 多工位级进模与冲压自动化 [M]. 北京：机械工业出版社，2004.

[4] 金龙建，陈炎嗣. 罩壳拉伸翻孔多工位级进模设计 [J]. 模具制造，2018 (1)：1-7.

[5] 洪慎章，金龙建. 多工位级进模设计实用技术 [M]. 北京：机械工业出版社，2010

[6] 陈炎嗣. 多工位级进模设计手册 [M]. 北京：化学工业出版社，2012.

[7] 金龙建. 冲压模具排样工艺图册——多工位级进模 [M]. 北京：化学工业出版社，2013.

[8] 金龙建. 多工位级进模实例图解 [M]. 北京：机械工业出版社，2013.

[9] 金龙建. 多工位级进模设计实用手册 [M]. 北京：机械工业出版社，2015.

[10] 金龙建. 冲压模具结构设计技巧 [M]. 北京：化学工业出版社，2015.

[11] 金龙建. 冲压模具设计要点 [M]. 北京：化学工业出版社，2016.

[12] 金龙建. 多工位级进模实例精选 [M]. 北京：机械工业出版社，2016.

[13] 陈炎嗣. 冲压模具实用结构图册 [M]. 北京：机械工业出版社，2016.

[14] 金龙建. 多工位级进模排样设计及实例精选 [M]. 北京：机械工业出版社，2016.

[15] 金龙建. 滤波盒落料-冲孔-拉深级进模 [J]. 模具技术，2010 (1)：25-29.

[16] 金龙建，洪慎章. 键盘接插件外壳级进模设计 [J]. 锻压装备与制造技术，2010 (1)：95-98.

[17] 金龙建. 阶梯圆筒形件级进模设计 [J]. 模具工业，2010 (2)：14-17.

[18] 金龙建. 窗帘支架弹片多工位级进模设计 [J]. 模具工业，2010 (4)：34-37.

[19] 金龙建. 天线外壳连续拉深模设计 [J]. 模具技术，2010 (4)：15-18，21.

[20] 金龙建. 爪件级进模设计 [J]. 模具制造，2010 (5)：12-15.

[21] 金龙建，洪慎章. 安装板多工位级进模设计 [J]. 模具技术，2010 (5)：20-22，45.

[22] 金龙建. 不锈钢管帽拉深级进模设计 [J]. 模具工业，2010 (6)：21-25.

[23] 金龙建. 扣件多工位级进模设计 [J]. 模具制造，2010 (7)：16-18.

[24] 金龙建. 微形网孔级进模设计 [J]. 东方模具，2010 (10)：44-46.

[25] 金龙建. 拉深-挤边多工位连续模设计 [J]. 金属加工，2010 (11)：52-53、74.

[26] 金龙建，洪慎章. 圆筒形拉深挤边级进模设计 [J]. 模具工业，2010 (11)：41-45.

[27] 张金营，宋满仓等. PEMFC金属双极板成形工艺分析及数值模拟 [J]. 模具工业，2010 (12)：18-21.

[28] 金龙建，金龙周，洪慎章. 三种垫片套料连续模设计特点 [J]. 金属加工，2010 (22)：52-54.

[29] 刘鹏，孙晓琴. 电梯按钮级进模设计 [J]. 模具工业，2011 (2)：34-37.

[30] 金龙建，金龙周. 阶梯拉伸件多工位级进模 [J]. 模具制造，2011 (4)：16-19.

[31] 金龙建，金龙周. 过滤网多工位级进模设计 [J]. 金属加工，2011 (11)：61-63.

[32] 金龙建. 连接板级进模设计 [J]. 模具工业，2011 (6)：17-20.

[33] 金龙建. 支架自动攻丝级进模设计 [J]. 模具工业，2011 (7)：15-18.

[34] 金龙建. U形弯曲件级进模设计 [J]. 模具工业，2011 (10)：37-39、42.

[35] 金龙建，洪慎章. 方形垫片多工位级进模设计 [C]. 模具设计及制造技术论文大奖赛论文集，2011 (11)：88-90.

[36] 金龙建. 连接支架自动攻丝多工位级进模设计 [J]. 模具制造，2011 (12)：84-87.

[37] 金龙建. 管子卡箍多工位级进模设计 [J]. 模具制造，2012 (9)：32-36.

[38] 金龙建，陈炎嗣. 多工位级进模排样工艺分析 [J]. 模具制造，2012 (10)：44-50.

[39] 向小汉. 前隔板侧板多工位级进模设计 [J]. 模具工业，2012 (10)：28-32.

[40] 金龙建. A侧管连续拉伸级进模设计 [J]. 模具制造，2012 (12)：39-43.

[41] 金龙建，蒋红超. U形钩多工位级进模设计 [J]. 模具工业，2013 (1)：40-42.

[42] 彭一航，周俊荣，谢辉，李志飞. 管夹上下卡级进模设计 [J]. 模具工业，2013 (1)：43-47.

[43] 金龙建. 高速列车安装板多工位级进模设计 [J]. 模具工业，2013 (3)：28-31.

[44] 刘军辉，梁国栋. 汽车座椅连接件成形级进模设计 [J]. 模具工业，2013 (5)：37-39.

[45] 金龙建. 卡片多工位级进模设计 [J]. 金属加工，2013 (6)：60-62.

[46] 武晓红. 电机盖级进模的设计 [J]. 模具制造，2013 (10)：12-14.

[47] 金龙建. 多工位级进模排样图设计步骤 [J]. 模具制造，2013 (12)：19-22.

[48] 伊春辉，张光宇. 侧向冲裁底座级进模设计 [J]. 模具制造，2014 (1)：26-28.

[49] 孟玉喜. B形插座端子多工位级进模设计 [J]. 模具制造，2014 (3)：29-34.

［50］ 金龙建. 网孔排样设计步骤［J］. 模具制造，2014（8）：26-28.

［51］ 金龙建. 复杂成形件排样图设计步骤［J］. 模具制造，2014（10）：1-3.

［52］ 金龙建. 小电机风叶多工位级进模设计［J］. 模具技术，2015（1）：12-15，36.

［53］ 金龙建. 管座与管壳套料及自动攻螺纹多工位级进模设计［J］. 模具工业，2015（5）：46-50.

［54］ 金龙建. 圆筒形拉伸件多工位级进模设计与制造［J］. 模具制造，2015（6）：17-21.

［55］ 金龙建，陈炎嗣. 电机盖连续拉伸模排样设计与分析［J］. 模具制造，2016（3）：4-8.

［56］ 赵勇，金龙建. ELG 外壳连续拉深模设计［J］. 锻压技术，2016（3）：99-104.

［57］ 万俊，王祖华，郭银芳，周劲松. 钢棘爪精冲模设计及优化［J］. 模具工业，2016（10）：32-35.

［58］ 孟玉喜. 汽车开关接触片冲裁拉深级进模设计［J］. 模具工业，2017（3）：24-28.